Deutschland lässt sich in die Karten schauen …: Das Nationalatlas-Projekt

Das eigene Land in all seinen Facetten thematisch-kartographisch abzubilden, ist das Ziel eines Nationalatlas, wie ihn die meisten europäischen Länder bereits seit geraumer Zeit besitzen. Schon lange ist ein solches Werk für das deutsche Staatsgebiet ein Desiderat gewesen. Der „Nationalatlas Bundesrepublik Deutschland" füllt nun diese – zumal nach der Wiedervereinigung – schmerzlich empfundene Lücke. Zwölf Themenbände dieses *schier allumfassenden Selbstbeschreibungsprojekts* (DIE ZEIT) werden die ganze Vielfalt der geographisch-raumbezogenen Phänomene und Fragestellungen für unser Land darstellen und erläutern. Dabei verfolgt das Werk einen ganzheitlichen Ansatz, um Bevölkerungsstruktur, Wirtschaft, Natur- und Kulturressourcen, Raumordnung und gesellschaftliche Transformationsprozesse in ihrer Dynamik zu veranschaulichen. In Karten, Grafiken und Texten werden so die über lange Zeiträume ablaufenden nationalen, regionalen und lokalen Veränderungen an der Basis des Staates transparent.

Dieses breit angelegte Atlaswerk stellt nicht nur eine faszinierende, wissenschaftlich fundierte Informationsquelle für die interessierte Öffentlichkeit dar, sondern wird sich auch als unverzichtbare Arbeitshilfe für Geographen und Sozialwissenschaftler, Behörden und Organisationen, Schulen und Universitäten erweisen.

Jeder Band umfasst mindestens 150 Seiten mit jeweils 40 bis 60 zwei- und vierseitigen Themenbeiträgen. Die ungefähr 50 großformatigen und ebenso vielen kleineren neu erstellten Originalkarten bieten in verdichteter Form eine Fülle von aktuellen Informationen und werden von verständlich geschriebenen Texten begleitet. Eine Vielzahl von Fotos, Luft- und Satellitenbildern sowie fast 150 Grafiken, Abbildungen und Tabellen veranschaulichen die behandelten Themen. Zudem sind zahlreiche Fachbegriffe in einem Glossar erläutert. Ein Stichwortverzeichnis erschließt den Inhalt jedes Bandes.

Der gedruckte Atlas wird ergänzt durch eine elektronische Ausgabe (CD-ROM), die sich eng an den Inhalten der jeweiligen Print-Bände orientiert, aber funktionell darüber hinausgeht: So bietet sie ein interaktives Programm zur dynamischen Erstellung eigener thematischer (Deutschland-)Karten.

Der Band „Relief, Boden und Wasser"

Der neue Band des „Nationalatlas Bundesrepublik Deutschland" widmet sich als erster von zwei Bänden den physisch-geographischen Gegebenheiten unseres Landes. Welche typischen Landschaftsformen begegnen uns zwischen Nordsee und Alpen? Wie sind sie erdgeschichtlich entstanden und in welcher Weise greift der Mensch in die natürlichen Prozesse ein? Wie sieht der geologische „Unterbau" Deutschlands aus? Wo liegen wichtige Bodenschätze und Grundwasserreserven? Wie werden die Böden genutzt? Welche Regionen sind in besonderem Maße von „Geogefahren" wie Erdbeben und Massenbewegungen bedroht? Wie verteilen sich die Einzugsgebiete der großen Flüsse? Wie steht es um Wasserqualität und Hochwasserschutz?

Ausgehend von solchen Fragestellungen vermittelt der vorliegende Band in bewährter „Nationalatlas"-Qualität vielfältige Einsichten in die Gesetze und Prozesse des Naturraumes – und damit gewissermaßen in die „bodenständigen" Faktoren des gesamten wirtschaftlichen und sozialen Gefüges unseres Landes. Die fast 60 Beiträge, die sich den vier großen Themenkomplexen Erdgeschichte, Oberflächenformen, Böden sowie Wasser und Gewässer widmen, machen dabei die enge Verzahnung von Alltagswelt und physischen Gegebenheiten deutlich, die uns in unserer globalisierten und technisierten Zivilisation oft gar nicht mehr bewusst ist – oder erst in Form von Naturkatastrophen oder Umweltskandalen wieder unmittelbar vor Augen tritt.

INSTITUT FÜR LÄNDERKUNDE

Herausgeber des „Nationalatlas Bundesrepublik Deutschland" ist das renommierte **Institut für Länderkunde (IfL)** in Leipzig, das als außeruniversitäres Forschungsinstitut gemeinsam von der Bundesrepublik Deutschland und dem Freistaat Sachsen getragen wird. In den Händen des IfL liegen die Grundkonzeption für das Atlaswerk, die gesamte Redaktion und kartographische Bearbeitung bis zur Druckvorstufe sowie die Erstellung der elektronischen Ausgabe. Als Trägergesellschaften sind die Deutsche Gesellschaft für Geographie (DGfG), die Deutsche Gesellschaft für Kartographie (DGfK) und die Deutsche Akademie für Landeskunde (DAL) an diesem bedeutenden Großprojekt beteiligt. Die wissenschaftliche Seite wird überdies noch durch beratende Gremien und einen Beirat abgesichert, die dem Herausgeber in Fragen der Konzeption, der Finanzierung und der Informationsbasis zur Seite stehen. 30 namhafte Wissenschaftler aus ganz Deutschland haben die Koordination der einzelnen Bände übernommen, die wiederum unter der Mitarbeit von über 500 Autoren aus allen Bereichen der Geographie und ihrer Nachbarwissenschaften entstehen.

Der Band **„Relief, Boden und Wasser"** ist mitherausgegeben von Herbert Liedtke, Roland Mäusbacher und Karl-Heinz Schmidt.

Herbert Liedtke ist emeritierter Professor für Physische Geographie an der Ruhr-Universität Bochum. Seine Hauptforschungsgebiete sind Geomorphologie, Oberflächengestaltung Deutschlands, Eiszeitforschung und Landschaftsnamen. Forschungsreisen führten ihn nach Neuseeland, Australien und Spitzbergen sowie auf die pazifischen Inseln. Er ist Mitglied der Deutschen Akademie für Landeskunde, der Geomorphologischen Kommission der Bayerischen Akademie der Wissenschaften und der Geographischen Kommission für Westfalen.

Roland Mäusbacher hat den Lehrstuhl für Physische Geographie am Institut für Geographie der Friedrich-Schiller-Universität Jena inne. Zu seinen Forschungsschwerpunkten gehören die Geoökologie, Paläoklimatologie, Geomorphologie, Hochgebirgsmorphologie und aktuelle Prozessforschung. Regionale Arbeitsgebiete sind Thüringen, Baden-Württemberg, Antarktis, Arktis und Nepal. Er ist Sprecher des Arbeitskreises „Polargeographie" in der Deutschen Gesellschaft für Geographie (DGfG).

Karl-Heinz Schmidt hat den Lehrstuhl für Physische Geographie am Institut für Geographie der Martin-Luther-Universität Halle-Wittenberg inne. Seine Forschungsschwerpunkte sind Fluvialgeomorphologie, Strukturgeomorphologie, Feststofftransport in Fließgewässern und Massenbewegungen, seine regionalen Arbeitsschwerpunkte Mitteldeutschland, Nordrhein-Westfalen, Nordamerika, Nordafrika und Skandinavien. Er ist Mitglied des Vorstandes des Deutschen Arbeitskreises für Geomorphologie in der Deutschen Gesellschaft für Geographie (DGfG).

Die weiteren Bände

- Gesellschaft und Staat *(bereits erschienen)*
- Klima, Pflanzen- und Tierwelt
- Bevölkerung *(bereits erschienen)*
- Dörfer und Städte *(bereits erschienen)*
- Bildung und Kultur *(bereits erschienen)*
- Arbeit und Lebensstandard
- Unternehmen und Märkte
- Verkehr und Kommunikation *(bereits erschienen)*
- Freizeit und Tourismus *(bereits erschienen)*
- Deutschland in der Welt
- Deutschland im Überblick
- *Registerband*

Nationalatlas Bundesrepublik Deutschland – Relief, Boden und Wasser

Nationalatlas Bundesrepublik Deutschland

1. Gesellschaft und Staat
2. **Relief, Boden und Wasser**
3. Klima, Pflanzen- und Tierwelt
4. Bevölkerung
5. Dörfer und Städte
6. Bildung und Kultur
7. Arbeit und Lebensstandard
8. Unternehmen und Märkte
9. Verkehr und Kommunikation
10. Freizeit und Tourismus
11. Deutschland in der Welt
12. Deutschland im Überblick

Registerband

Diese Reihenfolge entspricht nicht der Erscheinungsreihenfolge. Das Gesamtwerk soll bis zum Jahre 2005 abgeschlossen sein; Informationen über die geplanten Erscheinungstermine der einzelnen Bände erhalten Sie beim Verlag. Markierte Titel sind lieferbar.

Institut für Länderkunde, Leipzig (Hrsg.)

Nationalatlas Bundesrepublik Deutschland

Relief, Boden und Wasser

Mitherausgegeben von Herbert Liedtke, Roland Mäusbacher und Karl-Heinz Schmidt

Spektrum Akademischer Verlag Heidelberg · Berlin

Bibliografische Information Der Deutschen Bibliothek
Die Deutsche Bibliothek verzeichnet diese Publikation in der Deutschen Nationalbibliografie; detaillierte bibliografische Daten sind im Internet über http://dnb.ddb.de abrufbar.

ISBN 3-8274-0953-5

Nationalatlas Bundesrepublik Deutschland
Herausgeber: Institut für Länderkunde, Leipzig
Schongauerstr. 9
D-04329 Leipzig
Mitglied der Wissenschaftsgemeinschaft Gottfried Wilhelm Leibniz

Relief, Boden und Wasser
Mitherausgegeben von
Herbert Liedtke, Roland Mäusbacher und Karl-Heinz Schmidt

Nationalatlas Bundesrepublik Deutschland
Projektleitung: Prof. Dr. A. Mayr, Dr. S. Tzschaschel
Lektorat: S. Tzschaschel
Redaktion: V. Bode, K. Großer, D. Hänsgen, C. Hanewinkel, A. Mayr, S. Tzschaschel
Kartenredaktion: S. Dutzmann, K. Großer, B. Hantzsch, W. Kraus
Umschlag- und Layoutgestaltung: WSP Design, Heidelberg
Satz und Gesamtgestaltung: J. Rohland
Druck und Verarbeitung: Appl Druck GmbH & Co. KG, Wemding

Umschlagfotos: PhotoDisc

Geleitworte

Wir leben auf der Erde, in der Erde, von der Erde, mit der Erde.

Zu selbstverständlich ist uns diese Aussage, zu simpel, als dass wir uns tagtäglich Gedanken darüber machten. Es sind die spektakulären Naturereignisse auf dieser Welt, die uns immer wieder deutlich machen, dass ein sicherer Ort auf der Erde beileibe keine Normalität ist. Es sind Erdbeben und Vulkanausbrüche, die die Instabilität der Erdkruste immer wieder unter Beweis stellen – wenn dies auch in unserem Land eher selten geschieht. Dass wohlgeordnete Kulturlandschaften auch bei uns aus dem Gleichgewicht geraten können, wissen wir spätestens, seit die Überflutungen der letzten Jahre weite Landstriche in Deutschland in Mitleidenschaft gezogen haben.

Für viele sind Rohstoffe einfach so da. Dabei bedarf es erheblicher Aufwendungen über und unter Tage (unter der Erde), um Erze zu gewinnen, deren industrielle Produkte der Weiterverarbeitung unser Leben attraktiver gestalten, in moderner Zeit sogar erst möglich machen. Wer denkt schon an Chromerze, wenn er morgens sein Besteck beim Frühstück benutzt, wer an Kaolin, der dem Papier jener Zeitschrift den Glanz verleiht, die er täglich liest? Es waren schließlich die seltenen Minerale der Platingruppenelemente, die es möglich machten, schadstoffarme Autos zu fahren.

Noch selbstverständlicher war uns lange Zeit der Boden als Standort für die Nahrungsproduktion, als Erde, von der wir leben. Während frühere Generationen den Boden als Lebensgrundlage wie kaum ein anderes Element schützten, verkam er im Zeitalter der Industrialisierung zunehmend als angeblich unbegrenzt verfügbare Ressource. Erst die alarmierenden Zahlen über unwiderruflich devastierte Landschaften, Flächenverluste durch Bebauung und Zersiedelung sowie Belastungen der Böden mit Schwermetallen und organischen Schadstoffen führten dazu, dass dem Boden in jüngster Zeit wieder jene Beachtung geschenkt wird, die ihm gebührt.

Gleiches gilt für das Grundwasser, das als schier endlos erscheinende Ressource gefördert wurde, ohne dass man sich erhebliche Gedanken über Fragen der Nachhaltigkeit machte. Dass zeitgleich Nähr- und Schadstoffe aus intensiver Landbewirtschaftung und Stellen der Abfallentsorgung im Untergrund versickerten, wurde erst langsam erkannt. Es waren schließlich nationale und internationale Initiativen, die den Schutz von Boden und Grundwasser so stark forderten, dass wir heute Hoffnung schöpfen dürfen, dass diese elementaren Lebensgrundlagen dauerhaft auch für nachfolgende Generationen verfügbar sind.

Möglich wurden viele dieser Initiativen zur nachhaltigen Nutzung der Geosphäre und zum Schutz von Boden und Grundwasser erst mit der Erkenntnis, dass der Mensch nur mit der Erde leben kann, im Einklang mit ihr, ohne sie zu zerstören. Hintergründe für diese Erkenntnisse liefern Geowissenschaftler in aller Welt, aus unterschiedlichsten Teildisziplinen, die - wie zum Beispiel die Mitarbeiter vom GeoZentrum Hannover – im In- und Ausland aktiv sind.

Das Institut für Länderkunde als Herausgeber des Nationalatlas Bundesrepublik Deutschland hat es sich zur Aufgabe gemacht, unser Land in seiner Vielfalt darzustellen, dabei sein Landschaftsbild ebenso zu betrachten wie die Potenziale, die im Untergrund schlummern und dadurch letztendlich das heutige Aussehen unserer Erde wesentlich mit gestaltet haben. Es trägt dadurch in hervorragender Weise dazu bei, die Aufmerksamkeit jedes Einzelnen auf unsere Erde insgesamt zu lenken und dadurch die Rolle der Geowissenschaften für nachhaltige Nutzung und Schutz unserer Erde deutlich zu machen.

Den Mitarbeitern des Instituts für Länderkunde danke ich an dieser Stelle für ihr großes Engagement bei Konzeption und Realisierung dieses Atlaswerkes. Ich bin sicher, dass das Werk auf großes Interesse in Fachwelt und Öffentlichkeit stößt und wünsche Herausgeberschaft und Verlag die diesem Vorhaben gebührende Leserschaft.

Hannover, im März 2003

Prof. Dr.-Ing. Dr. h.c. mult.
Friedrich W. Wellmer
Präsident Bundesanstalt für Geowissenschaften und Rohstoffe

Thales erkannte nicht als erster, dass Wasser das Prinzip aller Dinge ist. Wasser hat schon immer als wertvollster Rohstoff und strategische Größe Bedeutung und ist heute in aller Munde als Lebensmittel Nr.1 und hohes Schutzgut. Zu einer lebenswerten Umwelt gehört sauberes Wasser ebenso wie Boden und Luft. Es ist ein wichtiger Faktor im Wärmehaushalt der Erde und das lebensbestimmende Element für Pflanze, Tier und Mensch.

Neben seiner klassisch-kulturellen Bedeutung als Mythos und Lebenselexier treten heute unter dem Druck zunehmender Nutzungsansprüche und Weltbevölkerung immer stärker solche Aspekte wie Wasser als knappes Gut oder gar als Bedrohung in den Vordergrund. Die Relationen zwischen Wasserressourcen, Wasserbedarf und Wasserhaushalt bzw. -kreislauf sind stärker denn je in Bewegung geraten und erschweren eine zuverlässige Vorausschau. Weltweit wird dabei das Verhältnis Wasserdargebot zu Wasserbedarf ständig ungünstiger, weil sauberes Wasser knapp und nicht vermehrbar ist, und dazu im Kreislauf die Qualität immer schlechter wird. Das gilt sowohl für echtes Grundwasser als auch für filtriertes Oberflächenwasser.
Der Appell kann konsequenterweise nur lauten: „Haushalten und wirtschaften!“ Wasserwirtschaftliches Handeln ist angesagt, wenn den Menschen das Wasser durch ein Zuviel bedroht oder es sich durch ein Zuwenig der ungestörten Nutzung entzieht. Dazu muss der Zugriff auf Wasserressourcen so gesteuert und begrenzt werden, dass es für alle Bedürfnisse in ausreichender Menge, in angemessener Güte und am richtigen Ort zur Verfügung steht. Ziel ist zum einen die Schonung der natürlichen Ressourcen, zum anderen die Erhaltung der natürlichen Lebensgrundlagen, der Lebensqualität und der sozialen und kulturellen Errungenschaften.

Der Nationalatlas Bundesrepublik Deutschland insgesamt und der Band „Boden, Relief und Wasser“ im besonderen sollen helfen, durch eine transparente Darstellung der geo- und hydromorphologischen Aspekte die Entwicklung und den heutigen Zustand der Erdoberfläche im Hinblick auf ihre Textur und der sie durchwirkenden Wasserströme und Seen abzubilden und verständlich zu machen. Hierzu sind sowohl die räumliche und zeitliche Verteilung als auch die chemischen und biologischen Eigenschaften anzusprechen, und zwar für Böden, Sedimente und Wasser.

Böden und Pflanzen haben neben der atmosphärischen und Grundwasserspeicherung ganz erheblichen Anteil am Wasserkreislauf der Erde. Die Flüsse sind dabei die Adern im Gewebe der Erdoberfläche, sie regulieren u.a. den Haushalt von Oberflächen- und Grundwasser und transportieren feste und in Wasser gelöste Stoffe zu Tal bis in die Meere und Seen. Dabei spielen neben den Niederschlagsereignissen die abflussbildenden Größen in der Fläche wie z.B. Relief, Nutzung und Bodenbeschaffenheit die wesentliche Rolle für den Abflussverlauf im Gewässer selbst. Das wiederum gibt allgemeine Eingangsbedingungen für den Hochwasserschutz und eine nachhaltige Bewirtschaftung der Flüsse und Einzugsgebiete vor. Die verschiedenen Karten und Tabellenwerke des Bandes geben dazu einen Überblick über die Einzelfunktionen und deren Zusammenhänge.

Die Beanspruchung der Erde und ihrer Ressourcen ist immer ein Spiegelbild der jeweiligen gesellschaftlichen und politischen Landschaft. So sind denn auch die vielfältigen Nutzungen von Wasser als Trink- und Brauchwasser, als Energiequelle und Produktionshilfe, als Träger der Schifffahrt und als Medium der Erholungsfunktion in der vom Menschen geprägten Kulturlandschaft zu verstehen. Bei allem menschlichen Tun im Bereich natürlicher Ressourcen gilt deshalb umso mehr: „Global denken – regional planen – lokal handeln!“ Sowohl national als auch international widmen sich z.B. die DFG als auch EU und UNESCO den zentralen Themen zur Zukunftssicherung des Wassers.

Das Institut für Länderkunde hat sich dankenswerterweise vielfältiger Themen angenommen, um dem Leser ein abgerundetes Bild von Deutschland zu vermitteln.

Nahtlos wird mit dem Band „Relief, Boden und Wasser“ angeknüpft an den „Hydrologischen Atlas von Deutschland“, der sich in besonderer Weise als modernes und offenes Informationswerk vertieft den wasserrelevanten Themen widmet. Da wie dort ist besonders den Lieferanten der vielfältigen Daten und Informationen zu danken, ohne die solche Flächenwerke nicht entstehen können.

Koblenz, im März 2003

Professor und Direktor Volkhard Wetzel
Leiter der Bundesanstalt für Gewässerkunde

Abkürzungsverzeichnis

Zeichenerläuterung

❶ Verweis auf Abbildung/Karte
▶▶ Verweis auf anderen Beitrag
→ Hinweis auf Folgeseiten
▶ Verweis auf blauen Erläuterungsblock
▷ Verweis auf Eintrag im allgemeinen Glossar (S. 154ff.)

Die Länder der Bundesrepublik Deutschland

BB	Brandenburg	NI	Niedersachsen
BE	Berlin	NW, NRW	Nordrhein-Westfalen
BW	Baden-Württemberg	RP	Rheinland-Pfalz
BY	Bayern	SH	Schleswig-Holstein
HB	Bremen	SL	Saarland
HE	Hessen	SN	Sachsen
HH	Hamburg	ST	Sachsen-Anhalt
MV	Mecklenburg-Vorpommern	TH	Thüringen

Allgemeine Abkürzungen

Abb. – Abbildung
aL – alte Länder
Anm. – Anmerkung (im Anhang)
BBR – Bundesamt für Bauwesen und Raumordnung
Bd. – Band
BIP – Bruttoinlandsprodukt
BRD – Bundesrepublik Deutschland
BSP – Bruttosozialprodukt
bspw. – beispielsweise
bzw. – beziehungsweise
ca. – circa
DDR – Deutsche Demokratische Republik
DM – Deutsche Mark
dt., dtsch. – deutscher/e/es
dzt. – derzeit
ehem. – ehemals, ehemaliger/e/es
engl. – englisch
etc. – et cetera, und so weiter
EU – Europäische Union
Ew., EW – Einwohner
franz. – französisch
ggf. – gegebenenfalls
h – Stunde
Hrsg. – Herausgeber
i.d.R. – in der Regel
IfL – Institut für Länderkunde
inkl. – inklusive
ital. – italienisch
J. – Jahr/e
Jh./Jhs. – Jahrhundert/s
k.A. – keine Angabe (bei Daten)
Kfz – Kraftfahrzeug
km – Kilometer
lat. – lateinisch
m – Meter
Max./max. – Maximum/maximal
Min./min. – Minimum, minimal
mind. – mindestens
Mio. – Million/en
Mrd. – Milliarde/n
N – Norden
n. Chr. – nach Christus
nL – neue Länder
NUTS – nomenclature des unités territoriales statistiques [1]
O – Osten
o.g. – oben genannter/e/es
ÖPNV – öffentlicher Personennahverkehr
Pkw – Personenkraftwagen
rd. – rund
s – Sekunde
S – Süden
S. – Seite
s. – siehe
sog. – so genannter/e/es
Tsd. – Tausend
u.Ä. – und Ähnliches
u.a. – und andere, unter anderem
u.U. – unter Umständen
usw. – und so weiter
v. Chr. – vor Christus
v.a. – vor allem
vgl. – vergleiche
W – Westen
z.B. – zum Beispiel
z.T. – zum Teil

Spezielle Abkürzungen für Band 2

...bge. – ...berge
...geb. – ...gebirge
...k., kan. – ...kanal
^{226}Ra – Radon
A ..(Nr.) – Bundesautobahn Nr. ...
a – Jahre
BfG – Bundesanstalt für Gewässerkunde
BfS – Bundesamt für Strahlenschutz
BGR – Bundesanstalt für Geowissenschaften und Rohstoffe
Bq – Becquerel
C – Celsius
g – Gramm
Geb. – Gebirge
GFZ – GeoForschungszentrum Potsdam
griech. – griechisch
HAD – Hydrologischer Atlas von Deutschland
Ka – Kilojahre, Jahrtausende; Altersangabe bei prähistorischen Datierungen
kBq – Kilobecquerel, 1000 Bq
kW – Kilowatt
kWh – Kilowattstunden
LAWA – Länderarbeitsgemeinschaft Wasser
Ma – 1.000.000 Jahre
MW – Megawatt
NN – über Normal Null
NSG – Naturschutzgebiet
nSv – Nano-Sievert
pH – logarithmische Maßzahl für die Kennzeichnung von basischen, neutralen oder sauren Reaktionen von Lösungen
ppm – *parts per million*, pro Million
slaw. – slawisch
slowen. – slowenisch
Sv – Sievert, Maßeinheit für Strahlungsmessung
th – thermisch
ü.M. – über dem Meeresspiegel
v.h. – vor heute

[1] Ebenen der EU-Statistik. Die Ebene NUTS-0 bilden die Staaten; NUTS-1 die nächstniederen Verwaltungseinheiten, in Deutschland die Länder; NUTS-2 sind in Deutschland die Regierungsbezirke, NUTS-3 die Kreise.

Inhaltsverzeichnis

Geleitworte ... 5
Abkürzungsverzeichnis ... 6
Vorwort des Herausgebers ... 9
Deutschland auf einen Blick *(Dirk Hänsgen und Birgit Hantzsch)* ... 10

Einleitung

Relief, Boden und Wasser – eine Einführung *(Herbert Liedtke, Roland Mäusbacher und Karl-Heinz Schmidt)* ... 12
Reliefenergie – wo die Höhenunterschiede am stärksten sind *(Antje Burak, Harald Zepp und Ludwig Zöller)* ... 26
Geoökologische Landschaftstypen *(Antje Burak und Harald Zepp)* ... 28
Landschaften und ihre Namen *(Herbert Liedtke)* ... 30

Erdgeschichte

Die Geologie von Deutschland – ein Flickenteppich *(Kristine Asch, Lothar Lahner und Arnold Zitzmann)* ... 32
Der tektonische Bau Deutschlands *(Martina Küster und Bernhard Stöckhert)* ... 36
Naturwerksteine – Vorkommen und Verwendung *(Johannes H. Schroeder)* ... 38
Temperatur im Untergrund – Erdwärme als Mega-Energiequelle *(Fritz Rummel und Rüdiger Schellschmidt)* ... 42
Wo in Deutschland die Erde bebt *(Gottfried Grünthal)* ... 44
Das Erdbeben von Roermond *(Rolf Pelzing)* ... 46
Lagerstätten von mineralischen und Energierohstoffen *(Lothar Lahner und Walter Lorenz)* ... 48
Die Bergbaufolgelandschaft bei Ronneburg *(Uwe Hoepfner und Michael Paul)* ... 52
Landschaft nach der Kohle – der Südraum Leipzig *(Andreas Berkner)* ... 54
Salzlagerstätten und Auslaugung – das Beispiel Südwestthüringen *(Jürgen Ellenberg)* ... 56

Oberflächenformen

Grundzüge der Reliefgliederung *(Herbert Liedtke und Roland Mäusbacher)* ... 58
Als in Deutschland die Berge noch Feuer spien *(Hans-Ulrich Schmincke)* ... 60
Der Kaiserstuhl – ein Vulkan im Oberrheingraben *(Rüdiger Mäckel und Jochen Seidel)* ... 64
Deutschland zur letzten Eiszeit *(Herbert Liedtke)* ... 66
Das Relief der Jung- und Altmoränenlandschaften *(Herbert Liedtke und Joachim Marcinek)* ... 68
Die Wurzeln der Riss-Iller-Lech-Platten *(Karl Albert Habbe)* ... 70
Blockhalden in Mittelgebirgen – Relikte der Eiszeiten *(Martin Gude und Roland Molenda)* ... 72
Das Antlitz der deutschen Küsten *(Manfred J. Müller)* ... 74
Nacheiszeitliche Küstenentwicklung an der Nordsee *(Karl-Ernst Behre)* ... 76
Küstenformen an der Nordsee: Inseln, Watt und Marsch *(Manfred J. Müller)* ... 78
Nacheiszeitliche Küstenentwicklung an der Ostsee *(Reinhard Lampe)* ... 80
Küstentypen der Ostsee *(Reinhard Lampe)* ... 82
Schichtstufenlandschaften *(Ingo Beyer und Karl-Heinz Schmidt)* ... 84
Rumpfflächenlandschaften *(Klaus Hüser und Arno Kleber)* ... 88
Fluss- und Tallandschaften *(Jürgen Herget)* ... 90
Stromregulierung des Oberrheins *(Rüdiger Mäckel und Jochen Seidel)* ... 92
Karstlandschaften *(Karl-Heinz Pfeffer)* ... 94
Relief und Prozesse im Alpenraum *(Michael Becht, Tobias Heckmann, Timm Mittelsten Scheid und Volker Wichmann)* ... 96
Nationale Gefahrenhinweiskarte gravitativer Massenbewegungen *(Richard Dikau und Thomas Glade)* ... 98

Böden

Böden im Überblick *(Gert Adler, Jürgen Behrens, Wolf Eckelmann, Reinhard Hartwich und Andreas Richter)* ... 100
Bodengüte der landwirtschaftlichen Nutzflächen *(Herbert Liedtke und Bernd Marschner)* ... 104
Bodenerosion *(Nicola Fohrer, Konrad Mollenhauer und Thomas Scholten)* ... 106
Bodenerosion durch Wind *(Konrad Mollenhauer und Thomas Scholten)* ... 110
Bodenbelastung durch Schwermetalle *(Jörg Völkel)* ... 112
Bodenbelastung durch Radionuklide *(Jörg Völkel)* ... 114
Paläoböden *(Bernhard Eitel und Peter Felix-Henningsen)* ... 116

Wasser und Gewässer

Nord- und Ostsee

Nord- und Ostsee: Gezeiten, Strömungen, Wasserschichtung *(Ekkehard Mittelstaedt)* 118
Sturmfluten und Küstenschutz *(Manfred J. Müller)* 120
Natürliche Bedingungen und Schadstoffbelastungen in Nord- und Ostsee *(Hartmut Heinrich und Günther Nausch)* 122

Oberflächenwasser

Die Hauptflüsse und ihre Einzugsgebiete *(Ralf Busskamp und Peter Krahe)* 124
Mittlerer jährlicher Abfluss und Abflussvariabilität *(Ralf Busskamp und Karl-Heinz Schmidt)* 126
Wasserreiche und wasserarme Regionen *(Gerhard Glugla und Petra Jankiewicz)* 130
Hochwasserschutz *(Ralf Busskamp und Klaus Wilke)* 132
Die Wasserqualität unserer Flüsse *(Katrin Blondzik und Bettina Rechenberg)* 134
Schwebstofftransport – die Fließgewässer als Transportbänder *(Karl-Heinz Schmidt und Maik Unbenannt)* 136
Natürliche und künstliche Seen *(Franz-Josef Kern und Christian Leibundgut)* 138
Die Gewässergüte im Potsdamer Seengebiet *(Olaf Mietz)* 140

Grundwasser

Grundwasserergiebigkeit *(Hellmut Vierhuff)* 142
Mittlere jährliche Grundwasserneubildung *(Jörg Neumann und Peter Wycisk)* 144
Geogene Grundwasserbeschaffenheit *(Werner Hiltmann und Wilfried Kantor)* 146

Wasserhaushalt

Abflussbilanz und Bilanzierung der Wasserströme *(Petra Jankiewicz und Peter Krahe)* 148
Unsere Wasserversorgung *(Ralf Busskamp)* 150

Anhang 152
Geologische Zeittafel 154
Allgemeines Glossar 154
Quellenverzeichnis – Autoren, kartographische Bearbeiter, Datenquellen, Literatur und Bildnachweis 157
Sachregister 171
Ortsregister 173

In der hinteren Umschlagklappe finden Sie Folienkarten zum Auflegen auf die Atlaskarten mit der administrativen Gliederung der Bundesrepublik Deutschland (Gebietsstand 1999) mit Grenzen und Namen der Kreise in den Maßstäben 1:2,75 Mio. und 1:3,75 Mio. sowie eine topographische Übersichtskarte im Maßstab 1:2,75 Mio.

Vorwort des Herausgebers

Die Schlagworte zur aktuellen Entwicklung unserer Gesellschaft kreisen heutzutage meist um Globalisierung, Genforschung oder Mikrotechnologie. Angesichts dieser Themen mag es dem Laien so erscheinen, als habe sich die moderne Welt von den buchstäblich bodenständigen Faktoren der menschlichen Existenz emanzipiert. Gelegentlich auftretende Naturkatastrophen wie das „Jahrhunderthochwasser“ vom August 2002 – normale natürliche Ereignisse, die für den Menschen katastrophale Folgen haben, wenn er sich nicht genügend auf ihr mögliches Eintreffen einstellt – rufen uns jedoch wieder ins Bewusstsein, dass die elementaren Prozesse auf der Erde im ganz alltäglichen Leben von hoher Bedeutung sind. Auch jenseits von Katastrophen und Umweltskandalen ist die wirtschaftliche Entwicklung unserer Welt kaum ohne Einsichten in die Gesetze und Prozesse des Naturraums zu verstehen. Die enge Verzahnung von Alltagswelt und physisch-geographischen Gegebenheiten lässt sich sehr anschaulich illustrieren, wenn man einmal die Herkunft und Verarbeitungswege der einzelnen Rohmaterialen zurück verfolgt, die in jedem beliebigen Industrieprodukt enthalten sind.

Ein wichtiger Teil des naturwissenschaftlichen Wissens sind Kenntnisse über die Struktur und Entwicklung der Erdoberfläche, die von den verschiedenen Disziplinen der Geowissenschaften untersucht werden. Ein Großteil dieses Geowissens wird in Karten dokumentiert, die im Zentrum des vorliegenden Atlasbandes stehen. Einige ihrer Themen – wie die Paläoböden oder die Klassifikation der Reliefformen – dienen vorwiegend der Darstellung von Grundlagen, andere dagegen weisen einen unmittelbaren Nutzen für die Praxis auf. Als Beispiel für einen aktuellen Anwendungsbezug lässt sich – nochmals auf das Elbe-Mulde-Hochwasser des Sommers 2002 anspielend – der Beitrag über das Abflussverhalten der Flüsse anführen.

Autoren, Koordinatoren und Redaktion haben sich auch in diesem Atlasband um eine allgemein verständliche Darstellung der Themen bemüht. Dennoch mussten immer wieder Begriffe verwendet werden, die einem Nichtfachmann kaum geläufig sind. Um die wiederholte Erklärung derselben Termini in den Glossarkästen verschiedener Beiträge zu vermeiden, enthält der vorliegende Band erstmals ein allgemeines Glossar, auf das bei entsprechenden Ausdrücken im Text verwiesen wird. Wie gewohnt sind jene Begriffe mit blauem Pfeil ▸ und blauer Schrift gekennzeichnet, die in einem blauen Kasten des jeweiligen Beitrags erläutert werden. Darüber hinaus gibt es eine neue Kennzeichnung mit einem blauen Hohlpfeil ▷ und blauer Schrift, die auf eine Erklärung im allgemeinen Glossar verweist. Damit eng verbunden ist die geologische Zeittafel, die die Abfolge von geologischen Schichten bzw. Erdzeitaltern darstellt und die Einordnung geologischer Fachausdrücke erleichtert, die sich auf Ablagerungen und Zeiträume beziehen. Je älter eine Schicht bzw. ein Fund ist, desto ungenauer können allerdings Datierungen werden, so dass Jahresangaben für ein Erdzeitalter bei den verschiedenen Fachleuten voneinander abweichen können, wenn diese sich auf unterschiedliche Datierungen von Epochen beziehen.

Anders als die bereits erschienenen Bände das Nationalatlas Bundesrepublik Deutschland wurde der Band 2 allein aus Haushaltsmitteln des Instituts für Länderkunde (IfL) finanziert. Der Dank für die finanzielle Förderung gilt daher den Zuwendungsgebern des IfL, d.h. dem Sächsischen Staatministerium für Wissenschaft und Kunst und dem Bundesministerium für Verkehr, Bau- und Wohnungswesen. Ergänzend fand die Summe Verwendung, die dem Nationalatlas Bundesrepublik Deutschland als 1. Preisträger des Leipziger Wissenschaftspreises im April 2001 zuerkannt wurde.

Großzügige wissenschaftliche und kartographische Unterstützung erfuhr der Band durch mehrere Bundesämter und wissenschaftliche Institute. An erster Stelle seien die Bundesanstalt für Gewässerkunde Koblenz (BfG) und das Institut für Hydrologie der Universität Freiburg (IHF) genannt. So stellte das IHF für fast alle Beiträge im Kapitel Gewässer kartographische Daten aus dem Hydrologischen Atlas von Deutschland (HAD) bereit. Mit Rat und Tat in Form von Daten, Karten und Unterlagen unterstützten uns des weiteren die Bundesanstalt für Geowissenschaften und Rohstoffe Hannover (BGR), das Bundesamt für Strahlenschutz Salzgitter und das GeoForschungsZentrum Potsdam. Ihnen allen und namentlich stellvertretend für viele sei Herrn Dr. R. Busskamp vom BfG, Herrn Dipl.-Ing. J. Strub (IHF) und Herrn Dr. W. Eckelmann vom BGR hiermit ganz herzlich gedankt. Wir hoffen, dass der Lohn für ihre Mühen auch darin bestehen möge, dass ihre Arbeit durch den Nationalatlas einem neuen Interessentenkreis bekannt gemacht wird.

Leipzig, im Februar 2003

Alois Mayr
(Projektleitung)
Sabine Tzschaschel
(Projektleitung und Gesamtredaktion)
Konrad Großer
(Kartenredaktion)
Christian Hanewinkel
(elektronische Ausgabe)

Deutschland auf einen Blick

Dirk Hänsgen und Birgit Hantzsch

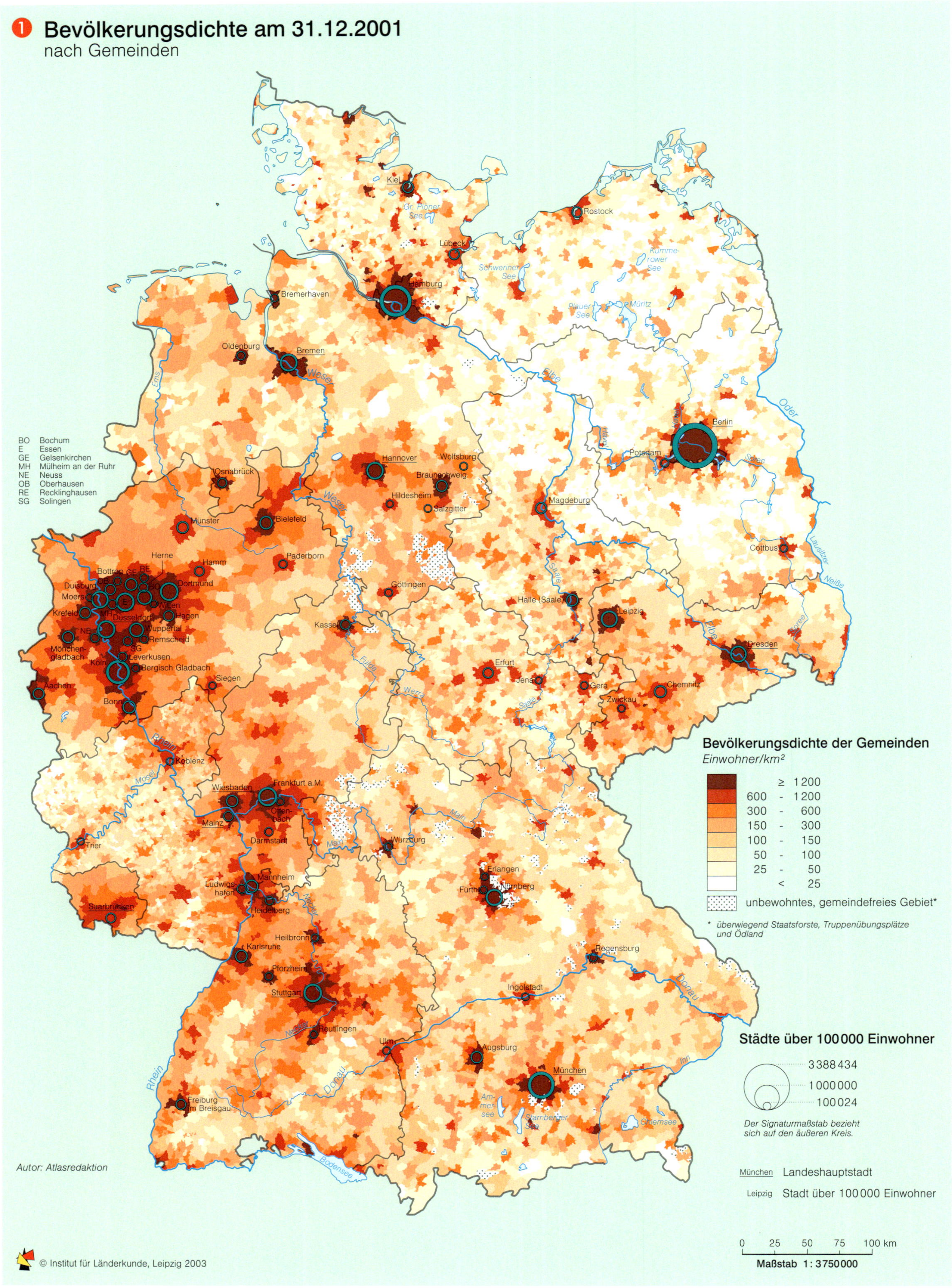

Deutschland liegt in Mitteleuropa, hat ein kompakt geformtes Territorium mit einer Bodenfläche von 357.031 km² und grenzt auf einer Länge von 3757 km an neun Nachbarstaaten. Die Hoheitsgrenze im Meer beträgt in der Nordsee 267 km und in der Ostsee 387 km.

Äußerste Grenzpunkte (Gemeinden): List (SH) 55°03′33″N / 8°24′44″E, Oberstdorf (BY) 47°16′15″N / 10°10′46″E, Selfkant (NW) 51°03′09″N / 5°52′01″E, Neißeaue (SN) 51°16′22″N / 15°02′37″E

N-S-Linie der Grenzpunkte: 876 km

W-O-Linie der Grenzpunkte: 640 km

Gliederung des Staatsgebiets

Das Bundesgebiet gliedert sich in verschiedene Gebietskörperschaften. Die föderative Struktur der 16 Länder trägt den regionalen Besonderheiten Deutschlands Rechnung. Die 323 Landkreise/Kreise, 117 kreisfreien Städte/Stadtkreise und 13.415 Gemeinden bilden die Basis der verwaltungsräumlichen Gliederung (Stand 31.12.2001).

Landesnatur

Die landschaftliche Großgliederung 2 Deutschlands ordnet sich in die für Mitteleuropa typischen Großlandschaften: Tiefland, Mittel- und Hochgebirge. Im Norden befindet sich das *Norddeutsche Tiefland*. Eine besondere Differenzierung erfährt die Mittelgebirgslandschaft durch das *Südwestdeutsche Schichtstufenland* und den *Oberrheingraben*. Im Süden stellt das *Süddeutsche Alpenvorland* den Übergang zu der Hochgebirgsregion der *deutschen Alpen* dar.

Höchste Erhebungen: Zugspitze (2962 m), Hochwanner (2746m), Höllentalspitze (2745m), Watzmann (2713 m), Plattspitze (2679m), Hochfrottspitze (2649m), Mädelegabel (2645m)

Längste Flussabschnitte: Rhein (865 km), Elbe (700 km), Donau (647 km), Main (524 km), Weser (440 km), Saale (427 km), Spree (382 km)

Größte Seen: Bodensee (dt. Anteil 305 km², Gesamtfläche 571,5 km²), Müritz (110,3 km²), Chiemsee (79,9 km²), Schweriner See (60,6 km²), Starnberger See (56,4 km²)

Größte Inseln: Rügen (930 km²), Usedom (dt. Anteil 373 km², Gesamtfläche 445 km²), Fehmarn (185,4 km²), Sylt (99,2 km²)

Bevölkerung, Siedlung, Flächennutzung

Auf der Fläche Deutschlands lebten im Jahr 2001 rund 82,4 Mio. Menschen, bei einer mittleren Bevölkerungsdichte 1 von 231 Ew./km². Die reale Verteilung weist ein ausgeprägtes West-Ost-Gefälle auf. Die Siedlungs- und Verkehrsfläche beansprucht 12,3 % des Territoriums. Die größten Anteile an der Bodenfläche werden von der Landwirtschaftsfläche (53,5%) und der Waldfläche (29,5%) eingenommen.

Höchste und niedrigste Ortslage: Balderschwang (BY) (1044 m), Neuendorf bei Wilster (SH) (–3,5 m)

Höchste und niedrigste Bevölkerungsdichte (Kreise): kreisfreie Stadt München (3955 Ew./km²), Landkreis Müritz (41 Ew./km²)

Größte Städte: Berlin (3,39 Mio. Ew.), Hamburg (1,73 Mio. Ew.), München (1,23 Mio. Ew.), Köln (0,97 Mio. Ew.), Frankfurt a.M. (0,64 Mio. Ew.)

Geographische Übersicht

Relief, Boden und Wasser – eine Einführung

Herbert Liedtke, Roland Mäusbacher und Karl-Heinz Schmidt

Die deutschen Großlandschaften (*von oben nach unten*): Nordseeküste – Leuchtturm Westerhever; Tiefland – Norderdithmarschen mit der Eider; Mittelgebirge – der Thüringer Wald; Hochgebirge – die Mädelegabelgruppe in den Allgäuer Alpen

Spätestens seit Friedrich Ratzel (1844-1904) und Alfred Hettner (1859-1941) wurde in der klassischen Geographie die Beschaffenheit der natürlichen Umwelt als Basis aller menschlichen Lebensformen gesehen, und bis weit ins 20. Jh. hinein gab es geodeterministische Haltungen, die davon ausgingen, dass die physischen Verhältnisse und die Gesetze der physischen Welt bestimmend für die sozialen und kulturellen Ausprägungen des menschlichen Lebens seien. Diese vorherrschende Lehrmeinung ist inzwischen von einer vernetzten Betrachtungsweise abgelöst worden, nach der Natur- und Kulturlandschaft als vielfältig verzahnt und voneinander abhängig gesehen werden. Auf der praktischen Ebene beschäftigen sich verschiedene Bereiche der Umweltforschung mit diesen Vernetzungen. Für ihr Verständnis sind – aus physisch geographischer Sichtweise – grundlegende Kenntnisse der Beschaffenheit und der Veränderungsprozesse der Erde unverzichtbar.

Die natürlichen Verhältnisse Deutschlands werden von mehreren Wissenschaften untersucht, die mehr oder weniger stark miteinander verwoben sind. Auf der Grundlage des Kenntnisstandes der Antike hat anfangs die Geographie das Wissen über unsere Erde gesammelt, gesichtet und gegliedert, bis sich in den letzten 250 Jahren größere oder kleinere Bereiche davon zu eigenständigen Wissenschaftsgebieten erklärten, wie Geologie, Bodenkunde, Hydrologie, Klimatologie oder Meteorologie. Die Geographie fasst – neben ganz anderen neuen Aufgaben – auch heute noch die Grundzüge dieser Wissenschaften unter den Gesichtspunkten vornehmlich räumlicher Strukturen bestimmter Phänomene zusammen wie Klimate der gemäßigten Tropen oder die Pflanzenwelt der Savannen. Von den beiden Bänden des Nationalatlas, die den natürlichen Grundlagen Deutschlands gewidmet sind, betrachtet der vorliegende Band geologisch-geographische, bodenkundliche und hydrologische Aspekte, während sich der folgende Band mit dem Klima, der Pflanzenwelt und der Tierwelt befasst.

Die Auswirkungen geodisziplinärer Vorgänge äußern sich im Relief. Meist handelt es sich um nur langsam voranschreitende Vorgänge, die erst nach langer Zeit zu deutlichen Veränderungen auf der Erdoberfläche führen. Das gilt allerdings nicht nur für das Relief, sondern auch für die Bodenarten oder die hydrologisch-hydrographischen Verhältnisse.

Die Naturwissenschaften der Antike als Hort der Geowissenschaften

Die Darstellung des Prozessgefüges und der Entwicklung des Reliefs wird von den Geomorphologen betrieben, die als Naturgeographen, auch Physische Geographen, zu den Geowissenschaftlern gehören. Schon im frühen Altertum sammelte man geographische Angaben über Gebirge, Flüsse und Orte. Solche Kenntnisse waren Voraussetzung, um im 2. und 3. Jahrtausend v.Chr. im Staatsdienst der Ägypter, Assyrer oder Babylonier tätig werden zu können, denn man brauchte die geographischen Basisdaten nicht nur, um Kriege erfolgreich führen zu können, sondern auch für das Eintreiben von Steuern, ohne die ein Herrscher machtlos war und nicht einmal mehr die Grenzen seines Reiches erfolgreich verteidigen konnte.

Als später die Griechen an die Spitze des wissenschaftlichen Fortschritts traten, haben sie uns nicht nur Beschreibungen von Häfen und Städten, sondern auch von Inseln, Seerouten und fremden Ländern hinterlassen und darüber hinaus, wenn auch sehr mythenhafte, Vorstellungen über den Wasserkreislauf oder den Ursprung von Höhlen, Gebirgen oder Quellen. Gerade in der Antike waren es die Höhlen, die den Menschen faszinierten, denn sie galten als der Zugang zu einer düsteren und unbekannten gefürchteten Unterwelt, in der das Böse obsiegte, wogegen auf den höchsten Erhebungen der Sitz der Götter war, die den Lauf der Welt bestimmten.

Erstaunlich ist auch die Geschichte des Gedankens, dass es Klimazonen auf der Erde gibt. Bereits um 500 v.Chr. lehnte der griechische Mathematiker und Philosoph Pythagoras die Vorstellung ab, die Erde sei eine Scheibe, und vertrat entschlossen die Auffassung, die Erde sei eine Kugel. Um 350 v.Chr. erbrachte Aristoteles (384-322 v.Chr.) Beweise für die Kugelform der Erde, indem er auf den kreisrunden Schatten der Erde auf dem Mond bei einer Mondfinsternis hinwies, auf die unterschiedliche Länge des Schattens eines Gegenstandes zur gleichen Zeit, je nach dem, ob sich dieser Gegenstand weiter nördlich (länger!) oder weiter südlich (kürzer!) befindet, oder einfach auf die Tatsache, dass von Schiffen, die sich einem Hafen nähern, zuerst die Mastspitze und erst später das ganze Schiff zu sehen ist. Bereits im 3. Jh. v.Chr. hatte Eratosthenes aus Alexandria den Umfang und damit die Größe der Erde bis

1 Eratosthenes' Berechnung des Erdumfangs

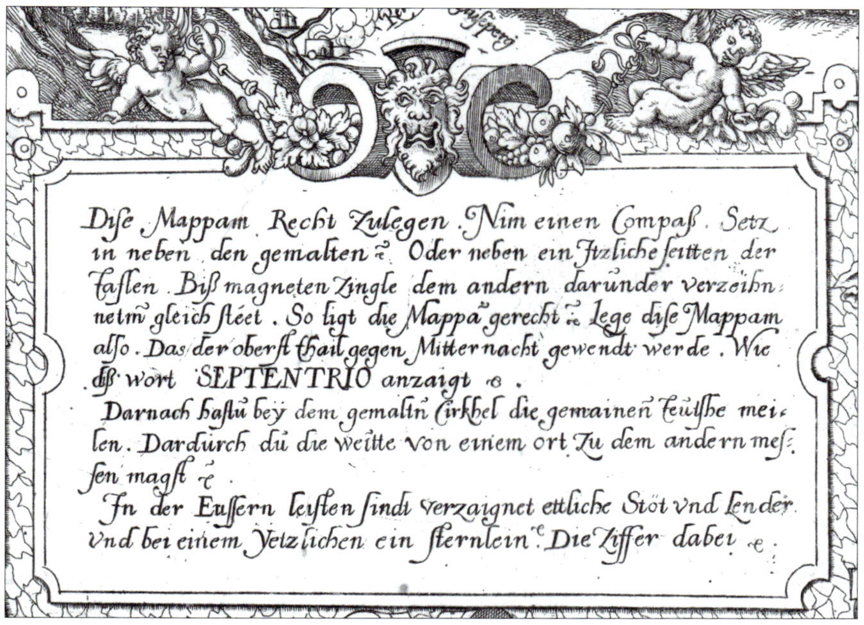

❷ Der Ausschnitt aus der von Weinerus 1579 veröffentlichten Karte zeigt das Gebiet von Bad Reichenhall bis zum Königssee. Man sieht phantasievoll dargestellte Einzelerhebungen („Maulwurfshügel"), genaue Einzelheiten zum Relief lassen sich jedoch nicht entnehmen. In der Karte ist auch eine Gebrauchsanweisung für die Einnordung des Kartenblattes sowie eine Maßstabsleiste enthalten. Eine „gemeine deutsche Meile" betrug etwa 7,4 km.

auf 0,2% Genauigkeit berechnet ❶. Man stellte sich die Erde als eine im Weltall frei schwebende Kugel vor, jedenfalls nicht als am Firmament hängend. Die Römer haben das Wissen der Griechen übernommen, aber sie haben diesem nur wenige neue Erkenntnisse hinzugefügt.

Mittelalter und Neuzeit

Das Erbe der Antike ging in Mitteleuropa in den Wirren der Völkerwanderung verloren und wurde durch Bibelgläubigkeit ersetzt, denn im Mittelalter sah man die Welt als von Gott gegeben an und machte sich keine Gedanken über das Werden und Vergehen von Gesteinen, Gebirgen, Tälern oder Flüssen. Aber bereits an der Wende vom Mittelalter zur Neuzeit hatte der geniale Naturbeobachter Leonardo da Vinci die ständigen Veränderungen (s. Abb. S. 23) von Flussläufen bemerkt und auf deren Folgen in Zeichnungen und Worten hingewiesen. Bald darauf begann man, die längst erkannten Versteinerungen von einstigen, den heutigen aber oft sehr ähnlichen Lebewesen (Fossilien) richtig zu deuten, studierte die Lagerung von Schichten und erkannte die Verfaltung, Überschiebung oder Schrägstellung ganzer Gesteinspakete. Jetzt fing man an, sich von den Texten der Bibel zu lösen.

Fast zu gleicher Zeit wie Leonardo da Vinci in Italien (1452-1519) beschäftigte sich in Deutschland der in Glauchau geborene Mediziner Georg(ius) Bauer (Agricola) (1494-1555) in St. Joachimsthal (heute Jáchymov) im böhmischen Teil des Erzgebirges mit dem Bergwesen und verfasste das 1556 erschienene Buch „De re metallica", das rund 200 Jahre lang ein Standardwerk im Metall- und Hüttenwesen blieb und der Mineralienkunde Auftrieb verschaffte. →

Von den frühen Forschungs- und Entdeckungsreisen wurden häufig dokumentarische fotorealistische Landschaftsbilder mitgebracht. Gleichzeitig entwickelten sich in der bildenden Kunst Ausdrucksformen, bei denen die Darstellung des subjektiven Landschaftsempfindens im Vordergrund steht, die Carl Gustav Carus mit seiner Begriffsschöpfung der „Erdlebenbildkunst" bezeichnete. Carus sah Darstellungen der Alpen (hier: Ernst Vollbehr (1876-1960): Alpenpanorama vom Wendelstein) als „das Erhabenste der Erdlebenbildkunst" an.

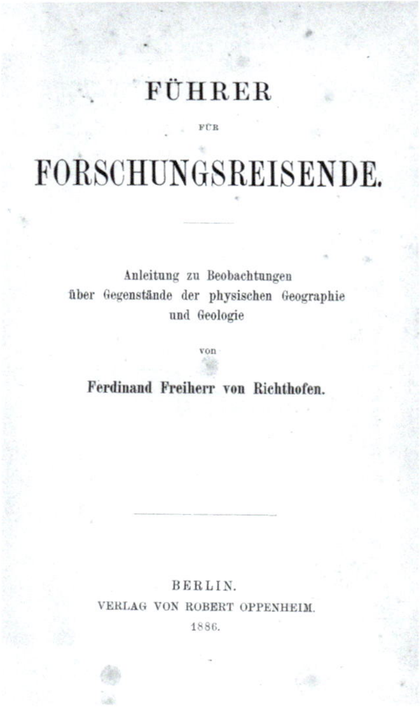

FÜHRER

FÜR

FORSCHUNGSREISENDE.

Anleitung zu Beobachtungen
über Gegenstände der physischen Geographie
und Geologie

von

Ferdinand Freiherr von Richthofen.

BERLIN.
VERLAG VON ROBERT OPPENHEIM.
1886.

Der Geomorphologe Ferdinand FREIHERR VON RICHTHOFEN (1833-1905) und Faksimile des „Führers für Forschungsreisende“

Mit dem Beginn des Zeitalters der Entdeckungen konnte die Geographie wieder neue Erkenntnisse sammeln, nachdem mit Hilfe des Jakobsstabes, der 1470 von Johannes MÜLLER-REGIOMONTANUS deutlich verbessert worden war, eine annähernde Ortsbestimmung in der Weite der Meere und damit auch bei der Lagebestimmung unbekannter Gestade möglich wurde. Wichtig für eine richtig lokalisierte Darstellung geographischer Objekte waren Erfindungen, die im 17. Jh. gemacht wurden. Um die Ortsbestimmung durch Vermessung zu vervollkommnen, erfand der niederländische Mathematiker und Physiker Willebrordus SNELLIUS in Leyden 1615 das Triangulationsnetz. Das gestattete den lagegetreuen Eintrag nicht nur von Orten und Wegen, sondern auch von Flüssen und Gebirgen. Die Höhe der Erhebungen ließ sich mittels des von dem italienischen Physiker und Mathematiker Evangelista TORRICELLI erfundenen Barometers bestimmen, nachdem 1658 auf dem 1464 m hohen Puy de Dôme die Abnahme des Luftdrucks mit der Höhe festgestellt worden war.

Diese Erfindungen dienten nicht nur der Verbesserung im Kartenwesen, sondern auch der Darstellung von geographischen Inhalten auf den Karten, wie dem Verlauf und der Höhe von Gebirgen oder der Lage von Pässen und Bergspitzen. Damit wichen die primitiven Eintragungen stereotyper Maulwurfshügel ❷ oder Gebirgsraupen einer realistischeren Darstellung. Doch erst als 1791 von DUCARLA-BONIFAS und DUPAIN-TRIEL die Höhenlinien und 1799 durch den sächsischen Kartographen und Offizier Johann Georg LEHMANN die Schraffen (graphisches Ausdrucksmittel für die Reliefdarstellung in Karten mittels Strichlinien) eingeführt wurden, waren die Voraussetzungen für eine brauchbare Vorstellung von einer Landschaft geschaffen. Gerade die Schraffenkarten

❸ Ausschnitt Harz und Umgebung aus der ersten geognostischen (geologischen) Karte von Deutschland, die durch Leopold VON BUCH (1774-1853) in 42 Blättern im umgerechneten Maßstab 1:1.100.000 ab 1826 in Berlin herausgegeben wurde.

Alexander V. HUMBOLDT (1769-1859) in seinem Arbeitszimmer in Berlin. Aquarell von E. Hildebrandt 1845.

waren es, die fast 150 Jahre lang die deutschen Generalstabskarten geprägt haben.

Auf brauchbare Karten konnte der deutsche Geograph Bernhard VAREN(IUS) (1622-1651) beim Verfassen seiner Schrift „Geographia Generalis“ noch nicht zurückgreifen. In ihr wird bereits in einigen Kapiteln auf ▷ geomorphologische Befunde hingewiesen, wie Höhlen, Gebirgspässe, Vulkane, unterirdische Flussläufe oder Quellen. Auch die Arbeit des fließenden Wassers bei der Verbreiterung eines Flussbettes oder die Aufschüttung von Sandbänken finden Erwähnung, und inzwischen wusste man auch, was Wind und Wellen an der Küste bewirken können.

In der Geologie setzte rund 150 Jahre später der Streit darüber ein, ob die Entstehung der Gesteine dem Absatz im Meer (Neptunisten) oder vulkanischen Ergüssen (Plutonisten) zu verdanken sei. Dieser Streit verlor an Bedeutung, als 1830 durch Georges BARON DE CUVIER die Katastrophentheorie aufkam, die ihrerseits vom Aktualismus verdrängt wurde, nach dem nicht plötzliche Umbrüche zu katastrophalen Veränderungen auf der Erde führen, sondern langsame Entwicklungsprozesse den heutigen Zustand des Reliefs bewirken, eine Theorie, die von Karl Ernst Adolf VON HOFF vertreten und von Charles LYELL unterstützt wurde.

Die geowissenschaftlichen Disziplinen entstehen

Um 1800 begann die systematische Bereisung großer Teile von Kontinenten, wie sie Alexander VON HUMBOLDT und später viele andere Forscher durchführten. Diese Reisen brachten Unterlagen für eine Präzisierung der Karten und, dank der Erforschung von unbekannten Naturschätzen, Artefakten und Lebensformen, einen erheblichen Aufschwung vor allem für die Naturwissenschaften und für die Länderkunde als Teilgebiet der Geographie (vgl. Landschaftsgemälde S. 13 unten). Innerhalb Letzterer schufen und verwendeten Carl Gustav CARUS 1841 und Karl Friedrich NAUMANN 1850-1854 erstmals den Begriff Geomorphologie für die Beschreibung „der Größtformen und der Skulpturen auf der Erdoberfläche“. Ferdinand VON RICHTHOFEN (▶ Foto) machte daraus das selbstständige Lehrgebiet der Geomorphologie als Wissenschaft von den Oberflächenformen auf der Erde. Grundlage war sein 1886 verfertigtes Buch „Führer für Forschungsreisende“. Es machte die Geomorphologie für 100 Jahre zur tragenden Säule im Bereich der Allgemeinen Naturgeographie.

Daneben hatte sich schon im 18. Jh. aus der die Gesteine betrachtenden Geognosie 1779 durch den Schweizer Naturforscher Honorace Bénédict DE SAUSSURE die Geologie als Wissenschaft von den Gesteinen und deren Entwicklung auf der Erde herausgebildet (▶▶ Beitrag Asch/Lahner/Zitzmann, S. 32), als deren bedeutendste Vertreter im Deutschland des beginnenden 19. Jhs. Alexander VON HUMBOLDT (▶ Foto) und Leopold VON BUCH ❸ zu erwähnen sind. Von dieser Geologie spaltete sich später in Zusammenarbeit mit der Chemie die Mineralogie ab, und aus der Verbindung der Geologie mit der Physik entstand die Geophysik, die sich mit den Gegebenheiten des Erdkörpers beschäftigt (▶▶ Beitrag Rummel/Schellschmidt, S. 42). Mit der Zeit spezialisierte sich auch die Geologie weiter. Paläontologen beschäftigen sich mit den Fossilien im Gestein, Geotektoniker entwirren die verzwickten Lagerungsverhältnisse großräumiger Gesteinskomplexe (▶▶ Beitrag Küster/Stöckhert, S. 36), und die Lagerstättenkunde ist zu einem eigenen Arbeitsgebiet geworden (▶▶ Beiträge Schroeder, S. 38 und Lahner/Lorenz, S. 48). Inzwischen bemühen sich Wissenschaftler und ganze Wirtschaftszweige nicht nur um die Lagerstätten sondern auch um die Beseitigung der ungewollten Folgen, die durch den Abbau von Lagerstätten entstanden sind (▶▶ Beiträge Hoepfner/Paul, S. 52 und Berkner, S. 54).

Die Paläogeographie als Zweig der Historischen Geologie beschäftigt sich mit der Rekonstruktion der geographischen Verhältnisse in den einzelnen Epochen der Erdgeschichte mit ihren durch die ▷ Plattentektonik verursachten fortlaufenden Veränderungen der Anordnung von Festland und Meer auf dem Globus. Einzelne Regionen wurden im Laufe der Zeit den unterschiedlichsten endogenen (z.B. Tektonik oder Vulkanismus) und exogenen Einflüssen (z.B. Wasser, Klima, Verwitterung) ausgesetzt. Jeder Zentimeter Erdschicht erzählt uns heute von diesen vergangenen, geographisch ganz anders gestalteten Welten ④, denen wir u.a. auch die Entstehung unserer Rohstoffe verdanken (▶▶ Beitrag Lahner/Lorenz, S. 48). Im ▷ Devon war Deutschland beispielsweise ein äquatornahes Tropenparadies an der Küste des „Old-Red-Kontinents" mit bunten Korallenriffen im Gebiet des heutigen Rheinlands. Über 100 Mio. Jahre später wanderte der Nordkontinent durch den Wüstengürtel der Erde, und Deutschland wurde im Zechstein zu einer riesigen, flachen Meereslagune, die immer wieder zur Salzwüste austrocknete. Zu Beginn des Jura überflutete das Meer weite Teile Westeuropas, und Deutschland wurde zur Inselgruppe. Das nächstgelegene Land war eine große Insel im Süden: die Vindelizische Schwelle, an deren Küste das heutige München gelegen hätte. In der Erdneuzeit drückte Afrika gegen den italienischen Stiefel und schob die Alpen auf. Unter dem starken Druck entstand eine 300 km lange Eintiefung: Der Rheingraben brach ein. Er senkte sich so tief, dass sich vor ca. 35 Mio. Jahren ein Meeresarm entwickelte, der Nordsee und Mittelmeer miteinander verband. 20 Mio. Jahre später floss dort der Ur-Rhein.

Auch in der jüngeren Erdgeschichte verlagerten sich noch die Küstenlinien. Merkbare Veränderungen gab es in →

(links) Der Geomorphologe Julius Büdel (1903-1983) verhalf der klimagesteuerten Betrachtung der Reliefentwicklung zum Durchbruch.

(rechts) Alfred Hettner (1859-1941), ein weit gereister Geograph mit großen Verdiensten um die Länderkunde. Er veröffentlichte 1921 das grundlegende Lehrbuch über „Die Oberflächenformen des Festlandes".

④ Vermutliche Verteilung von Land und Meer vom Devon bis zum Oligozän

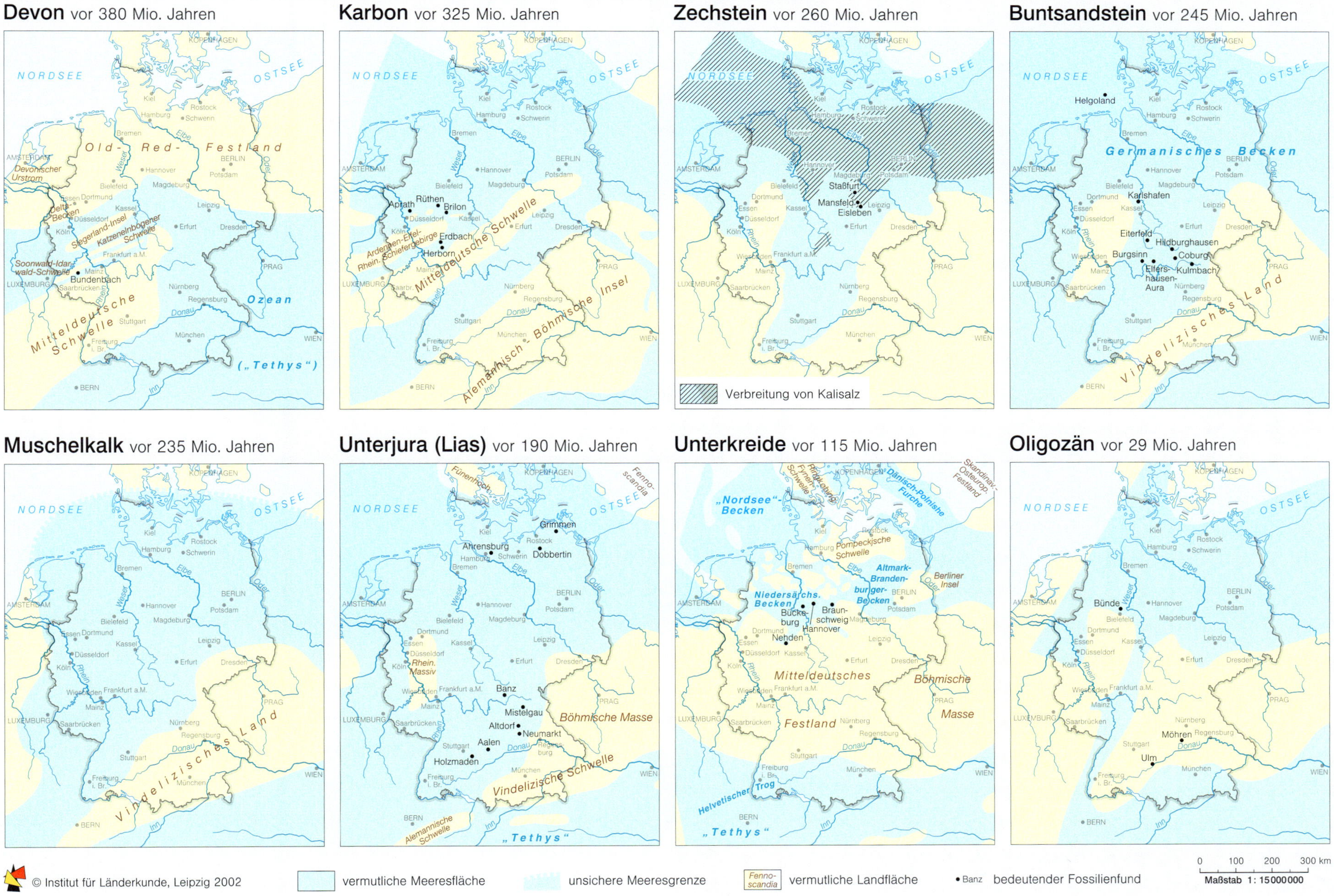

Der etwa 20 Mio. Jahre alte Basaltkegel Landeskrone bei Görlitz (420 m) ruht auf einer älteren Fläche (Vordergrund) und überragt seine Umgebung um rund 150 m.

der nacheiszeitlichen Phase (▶▶ Beiträge Behre, S. 76, und Lampe, S. 80), aber auch sie gehen aktuell ständig weiter (▶▶ Beiträge Müller, S. 74 und S. 78, und Lampe, S. 82).

Geomorphologie als Wissenschaft vom Relief

Auch Reliefbetrachtung wird von der Geologie betrieben, allerdings besonders unter dem Gesichtspunkt der Verallgemeinerung, wogegen die Geomorphologie im Rahmen der Geographie stärker die Entwicklung der Oberflächenformen über längere Zeiträume und im regionalen Maßstab untersucht.

Angesichts der Ähnlichkeit der Fragestellungen ist es nicht verwunderlich, wenn Geomorphologie anfangs sowohl von Geographen wie auch von Geologen betrieben wurde, wobei die Gesteinsstruktur im Vordergrund aller Betrachtungen stand. Um 1900 war unter dem Einfluss des Geologen William Morris Davis die Lehre von einer in festen Zyklen ablaufenden Entwicklung des Reliefs aufgekommen, wonach ein gegebenes Relief nacheinander die Phasen der Jugend, der Reife, des Alters und der Greisenhaftigkeit durchläuft (▶ Foto des Bohlen). Viele deutsche Geomorphologen schlossen sich dieser Auffassung an, andere lehnten sie ab und blieben bei der von Alfred Hettner (▶ Foto, S. 15) vertretenen, ganz von Gesteinshärte und Tektonik bestimmten Formung der Erdoberfläche. Allerdings haben auch heute noch die von Davis geäußerten Gedanken eine grundsätzliche Bedeutung, auch wenn sie sich nicht auf jede Region anwenden lassen, besonders nicht in Deutschland, wo wegen starker tektonischer Bewegungen meist nicht die nötige Zeit zur Verfügung stand, damit alle Phasen durchlaufen werden konnten.

Einen räumlich differenzierten, aber überall wirksamen Einfluss auf die Oberflächenformung hat das Klima, das regional oder zonal einen ganz bestimmten Formenschatz hervorrufen kann. Darauf haben besonders Siegfried Passarge (1912), Karl Sapper (1935) und Julius Büdel (1937; 1977) (▶ Foto, S. 15) hingewiesen. Man denke nur an den speziellen Formenschatz der Wüsten oder der Savannen oder an die während langer Zeiten unter tropischem Klima zu Rumpfflächen nivellierten Gebirge (▶▶ Beitrag Hüser/Kleber, S. 88). Das eiszeitliche Klima auf der Erde, letztmals vor 20.000 Jahren, bescherte dem Norden Deutschlands dreimal eine Bedeckung mit skandinavischem Inlandeis, und in Süddeutschland traten die Alpengletscher sogar viermal in das deutsche Alpenvorland hinaus (▶▶ Beiträge Liedtke, S. 66 und Liedtke/Marcinek, S. 68). Aber auch das zwischen nordischem und alpinem Eis gelegene Periglazialgebiet (*griech.* peri – um, herum; *latein.* glacies – Eis) veränderte sein Antlitz unter dem Einfluss des kalten polaren Klimas. Hänge wurden stark abgetragen (▶▶ Beitrag Habbe, S. 70), in den Tälern kam es zur Bildung breiter Talböden mit allsommerlichen plötzlich einsetzenden gewaltigen Abflüssen in verwilderten Flussarmen (▶▶ Beitrag Herget, S. 90), und Lösse und Dünen gelangten zur Ablagerung.

Das Pendel geomorphologischer Betrachtungsweise ist inzwischen wieder zurückgeschlagen. Heute weiß man, dass Struktur, Tektonik und Klimaeinfluss zusammen mit weiteren Prozessen das Bild des heutigen Reliefs (▶▶ Liedtke/Mäusbacher, S. 58) geschaffen haben und dass sogar eng benachbarte Landschaften (▶▶ Beitrag Liedtke, S. 30) sich durchaus in unterschiedlichen Stadien ihrer Reliefentwicklung befinden können.

Faktoren der Reliefgestaltung

Für die feinere Gestaltung und für das heutige Aussehen des Reliefs sind viele Faktoren verantwortlich, die außerdem noch durch Klimaeinflüsse modifiziert werden. Sie lassen sich zwei Gruppen von Prozessen zuordnen: den endogenen und den exogenen Prozessen.

Endogene Prozesse

Die endogenen Prozesse bezeichnen Vorgänge in der 16-40 km mächtigen Erdkruste:

1. Die **Geotektonik** ist das Ergebnis von thermischen Ausgleichsströmungen in der Erdkruste. Diese bewirken die Verschiebung von Kontinenten auf der Erde, wobei es zur Gebirgsbildung mit Verfaltungen und Überschiebungen von Schichten wie in den Alpen kommen kann, aber auch zu großen Bruchstrukturen wie im Grabenbruch des Oberrheingrabens, im emporgehobenen Horst des Thüringer Waldes, in der Pultscholle des Erzgebirges oder entlang von Verwerfungen wie im Lausitzer Granitmassiv. Durch die geotektonischen Bewegungen werden die Größtformen auf der Erde geschaffen wie das zusammengeschobene Mitteleuropa ❹ oder die an Südamerika angeschweißten Anden. Gebiete mit einer besonders aktiven Erdkruste geben sich durch häufige Erdbeben zu erkennen (▶▶ Beiträge Grünthal, S. 44 und Pelzing, S. 46).
2. **Vulkane** haben in Deutschland aus verschiedenen Zeiten Zeugnisse hinterlassen. Große Vulkangebiete aus der ▷ Permzeit beherrschen noch heute das Landschaftsbild im Saar-Nahe-Bergland, im Thüringer Wald oder in der Leipziger Tieflandsbucht. Viel jünger und oft sehr gut erhalten sind die Vulkanbauten, die im ▷ Tertiär gebildet wurden und die Rhön, den Kaiserstuhl (▶▶ Beitrag Mäckel/Seidel, S. 64), die Landeskrone (▶ Foto) oder den Vogelsberg schufen. Schließlich entstanden innerhalb der letzten 2,4 Mio. Jahre die zahlreichen Maare der Eifel mit dem jüngsten Vulkanen auf deutschen Gebiet, dem Laacher See, der erst vor 12.900 Jahren zum Ausbruch kam, und dem Ulmener Maar knapp 2000 Jahre später (▶▶ Beitrag Schmincke, S. 60).
3. Die **Gesteine** haben dank der ihnen eigenen unterschiedlichen Verwitterbarkeit auf der Erde oft so auffällige Oberflächenformen entwickelt, dass man ihnen eigene Namen gegeben hat: Teufelsturm im Elbsandsteingebirge oder Rosstrappe am Harzrand bei Thale. Bestimmte Gesteine eignen sich wegen ihrer Härte, Farbe oder Struktur besonders für eine Verwendung als Baumaterialien und zum Schmuck von Prachtbauten (▶▶ Beitrag Schroeder, S. 38).

Exogene Prozesse

Exogene Prozesse erfolgen auf der Erdoberfläche oder in Höhlen und voll- →

Die Bohlenwand bei Saalfeld. Der Aufschluss zeigt im Hangenden die hellen, horizontal gelagerten permischen Sedimente des Zechsteins, die diskordant (im Winkel) die liegenden, gefalteten und senkrecht stehenden rötlichen devonischen Metamorphite des Schiefergebirges überlagern. Die Erosionsdiskordanz (gestrichelte Linie) kennzeichnet die permische Landoberfläche.

Der mäanderartige, canyonähnliche Einschnitt des Rheins in das Rheinische Schiefergebirge bis auf etwa 68 m NN. Blick rheinabwärts vom rechts vorn sichtbaren Felsen der Loreley (194 m). Mehr als 120-150 m über dem Rhein gelegene breite Hauptterrassen begleiten beidseitig den scharfen Einschnitt.

5

Höhenstufen

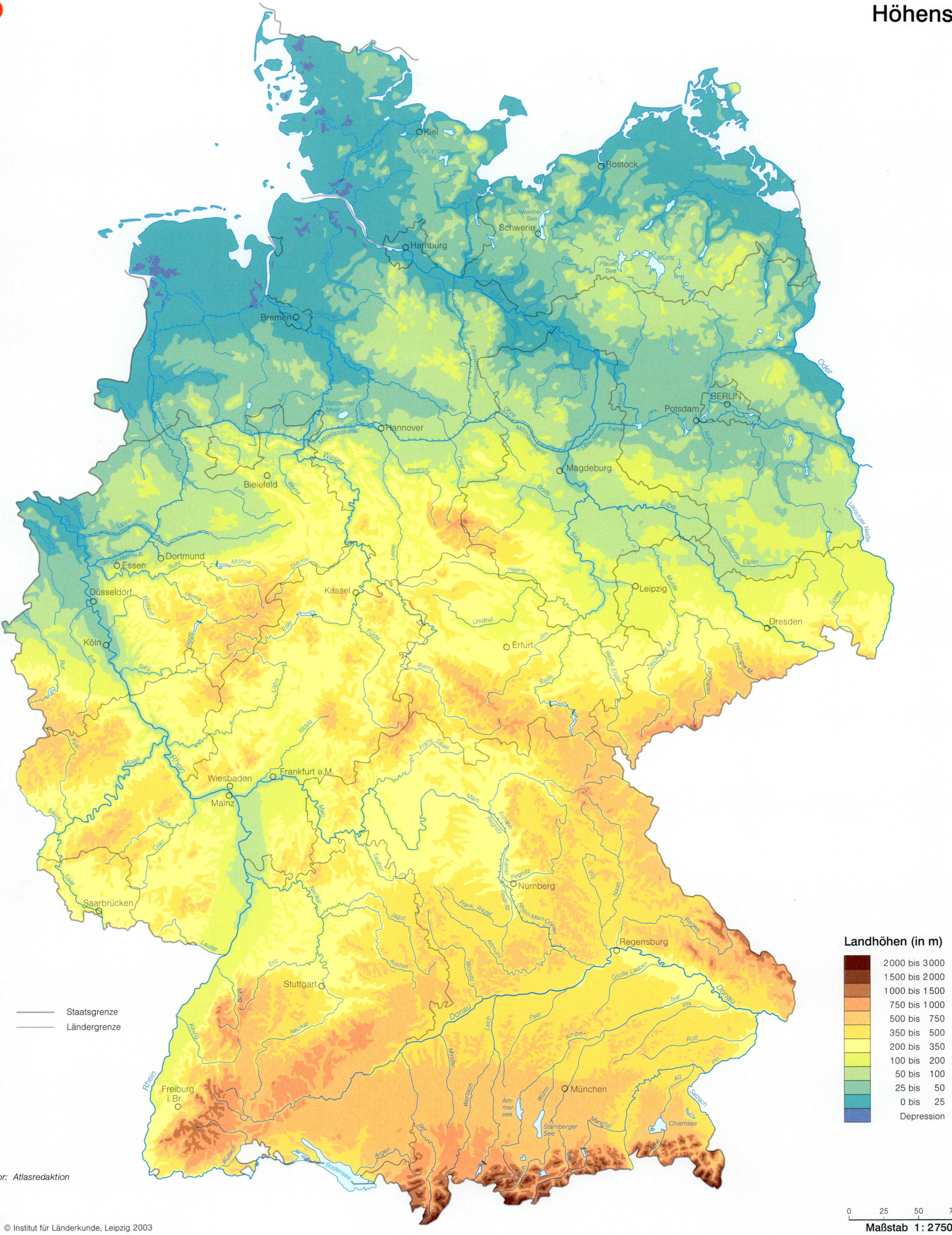

Autor: *Atlasredaktion*

0 25 50 75 100 km
Maßstab 1 : 2750000

6 Gebiet zwischen Ulm und Augsburg
Reliefbildkarte

Ausschnitt aus einer aus Satellitendaten erstellten Reliefbildkarte Bayerns mit dem Gebiet zwischen Ulm und Augsburg. Zu sehen sind u.a. Einschlagskrater von Meteoriten im Steinheimer Becken und im Ries, vor 14,7 Mio. Jahren entstanden; alter Donaulauf über Wellheim zur Altmühl vor 300.000 Jahren.

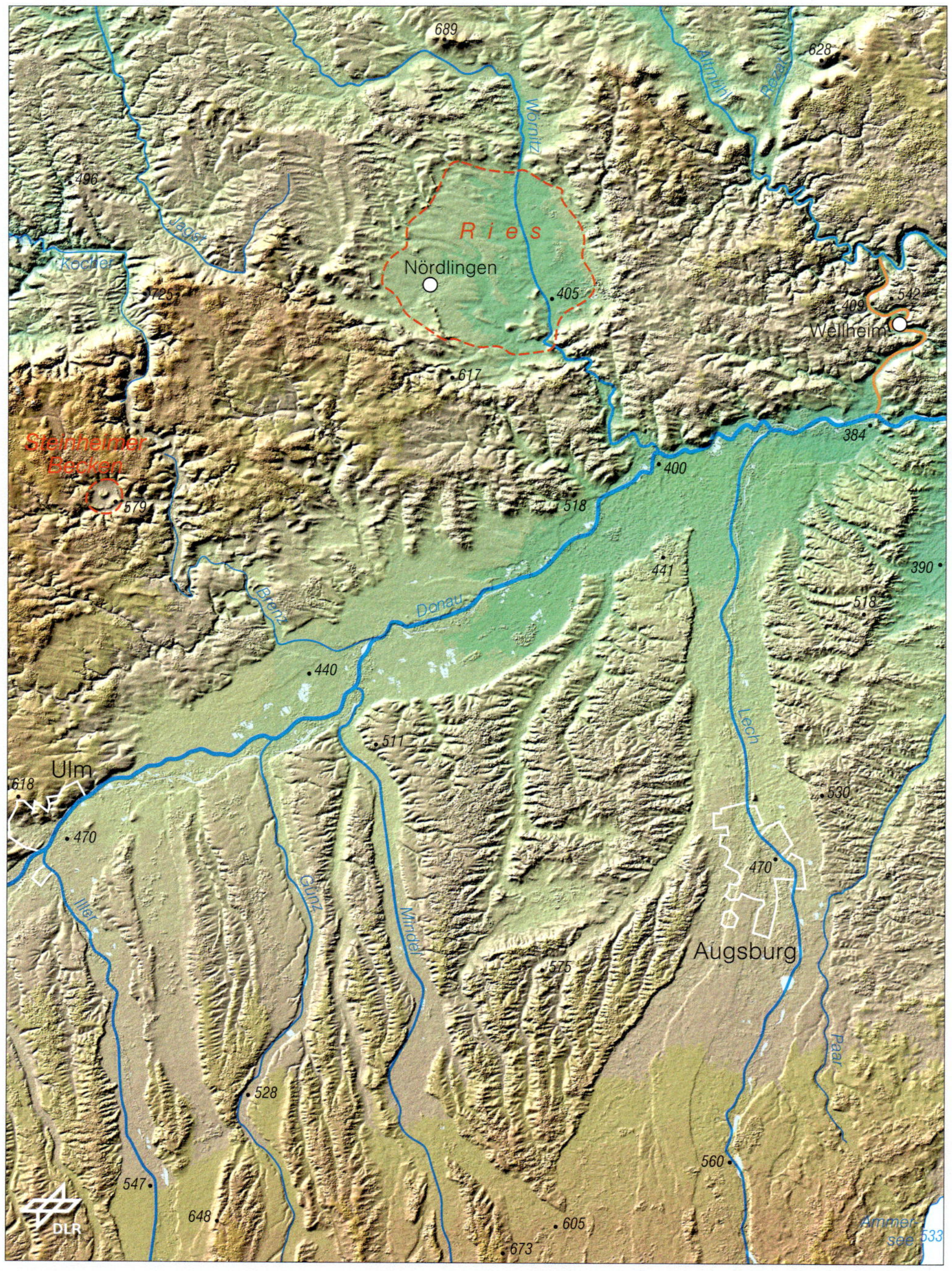

Einschlagskrater von Meteoriten vor 14,7 Mio. Jahren

alter Donaulauf zur Altmühl vor 300 000 Jahren

• 528 Höhenangabe

Institut für Länderkunde, Leipzig 2003 — Autor: H. Liedtke

0 10 20 Km
Maßstab 1 : 685 000

ziehen sich oftmals unmittelbar vor unseren Augen:

4. Die **Schwerkraft** lässt alle flüssigen und lockeren festen Teile auf der Erdoberfläche in eine abwärts gerichtete Bewegung geraten (gravitative Prozesse). Das kann durch plötzlichen Steinschlag oder Erdrutsch ebenso wie durch schleichend langsame Verlagerung von Material im Gekriech erfolgen (▶▶ Beiträge Gude/Molenda, S. 72, Beyer/Schmidt, S. 84, Becht u.a., S. 96 und Dikau/Glade, S. 98). Daraus resultieren spezifische Oberflächenformen. Nicht von ausschließlicher, aber meist von erheblicher Bedeutung ist dabei die Höhenlage, in der sich ein Gebiet befindet und das auch in hoher Lage durch tiefe Engtäler zerschnitten sein kann (▶ Foto, S. 16).

Durch Kombination verschiedener Satellitendaten und Methoden der digitalen Bildverarbeitung erzeugtes digitales Geländemodell. Der Ausschnitt mit einer Ausdehnung von ca. 34 x 41 km zeigt die Umgebung von Freiburg i. Breisgau mit dem Feldberg, der höchsten Erhebung des Schwarzwalds (mit Schneeresten).

5. **Verwitterung** lockert das Gestein und führt zur Zersetzung und Verkleinerung des Materials, wobei vorwiegend chemische oder physikalische ▷ Verwitterung wirksam werden. In diesem Zusammenhang sei auch auf sporadische oder auf periodische Frosteinwirkung hingewiesen.
6. **Lösung** kann nur an bestimmten löslichen Gesteinen erfolgen, wenn unter dem Einfluss von (minimal säurehaltigem) Wasser Material des Gesteins entfernt wird. Das kann bei Salzen sehr schnell gehen (▶▶ Beitrag Ellenberg, S. 56), wogegen Kalke und Dolomite sehr langsam gelöst werden. Durch das entfernte Material können (Tropfstein-)Höhlen entstehen, die zu Nachsackungen an der Erdoberfläche führen. Andererseits kann sich gerade gelöstes kalkiges Material wieder absetzen, so dass kuriose Formen entstehen, die als Karst bezeichnet werden (▶▶ Beitrag Pfeffer, S. 94).
7. Das **Wasser** bewegt Material zu tiefer gelegenen Stellen und transportiert gelöste oder suspendierte (schwebend mitgeführte) Bestandteile bis in den nächsten See oder hinaus in das Meer (▶▶ Beitrag Schmidt/Unbenannt, S. 136). Man spricht von fluvialen Vorgängen. Wenn Wasser in Kaltgebieten gefriert und sich Gletscher bilden, bewirken diese den glazialen Formenschatz (*lat.* glacies – Eis).
8. Der **Wind** kann feines Material wie Sand und Schluff entgegen der Schwerkraft in die Lüfte heben und mit der Luftströmung verlagern. Bei Verringerung der Windgeschwindigkeit sinkt das mitgeführte Material zu Boden und wird an ganz bestimmten Stellen immer wieder angehäuft, wenn beispielsweise vor dem Anstieg eines Gebirges die Windgeschwindigkeit regelmäßig gemindert wird. Man spricht von äolischen Prozessen (nach Äolus, dem griechischen Windgott). Das zu Boden gesunkene gröbere Material findet man im Binnenland als Dünensand oder den feineren ▷ Schluff als ▷ Löss, der weite Landschaften als ausgleichend glättende Decke überzieht. Das Ausgangsmaterial für den Löss und die Dünen stammt vornehmlich aus den breiten in der Eiszeit lange Zeit des Jahres trocken liegenden Talböden, aus denen es in Deutschland meist von den vorherrschenden Westwinden ausgeblasen wurde. Aber auch die breiten sandigen ▷ Urstromtäler kamen als Sandlieferanten in Betracht, heute noch sichtbar an flachen Mulden, aus denen der Sand ausgeweht worden ist.
9. Der **Mensch** wirkt ebenfalls auf das Relief ein, und zwar in den Ackerbaugebieten durch den meist wenig auffälligen und schleichend erfolgenden flächenhaften Bodenabtrag (▶▶ Beiträge Fohrer/Mollenhauer/Scholten, S. 106 und Mollenhauer/Scholten S. 110), durch die von Verkehrswegen hervorgerufenen linearen Aufschüttungen und Einschnitte sowie durch die großen Veränderungen, die in den Städten und Industriegebieten durch heute meist maschinelle Abschiebung von oberflächennahem Material vorgenommen werden.

Reliefdarstellungen

Die Oberflächenformen Deutschlands werden in Atlanten in generalisierter Form durch Höhenstufen dargestellt **5**. In modernen amtlichen Kartenwerken erfolgt eine differenziertere Darstellung durch Höhenlinien und – an besonders steilen Stellen – durch Schraffen. Es ist allerdings nicht einfach und bedarf langer Erfahrung, sich aus dem Verlauf von Höhenlinien ein Relief vorzustellen. Deshalb enthalten viele Karten eine zusätzliche Schummerung. Außerdem stehen uns heute Satellitenbilder zur Verfügung, die selbst bei kleinen Maßstäben die Grundzüge der feineren Reliefformung in hervorragender Weise zum Ausdruck bringen können, wie ein Ausschnitt aus einem Satellitenbild Bayerns erkennen lässt **6**.

Es zeigt im Norden die Nahtstelle zwischen Schwäbischer und Fränkischer Alb, die von dem 14,7 Mio. Jahre alten Meteoritenkrater des Nördlinger Rieses (▶▶ Beitrag Asch/Lahner/Zitzmann, S. 34) gebildet wird, in der Mitte das Donautal zwischen Ulm und Neuburg an der Donau und im Süden die weiten, oft lössbedeckten Schotterflächen zwischen der Iller und dem Lech bei Augsburg (▶▶ Beitrag Habbe, S. 70). Es handelt sich hier um eiszeitliche Ablagerungen, die im Laufe der Zeit in mehreren Etappen entlang von scharfen Rändern bis auf die heutigen Talböden von Flüssen zerschnitten wurden. Ganz anders wirkt dagegen das ungegliederte, verwirrende, krispelige Relief in der südöstlichen Ecke zwischen dem Lechtal und dem Ammersee, das zur ▷ Alt- und ▷ Jungmoränenlandschaft des Isar-Loisach-Gletschers (▶▶ Beiträge Liedtke, S. 66 und Liedtke/Marcinek, S. 68) gehört. Auch wenn uns das Satellitenbild viele Einzelheiten des Reliefs erkennen lässt, kann es die Karte nicht ganz ersetzen, denn manche der großen Strukturen, wie die hohen Schichtstufen der Alb (▶▶ Beitrag Beyer/Schmidt, S. 84), sind nur mit großer Mühe erkennbar. Hier erweist sich die Karte durch ihre Höhenangaben, die Höhenlinien und die Verwendung der Schummerung tatsächlich als gute und übersichtliche Informationsquelle.

Die Möglichkeiten der digitalen Bildverarbeitung haben das Spektrum der Reliefdarstellung um dreidimensionale Landschaftsmodelle auf Basis von Satellitendaten ergänzt, die in unterschiedlicher Detailliertheit inzwischen häufig für simulierte Flüge über eine Region, z.B. bei der Wetterprognose zur besseren Veranschaulichung verwandt werden (s. Abb. S. 18 unten).

Zusätzlich zur Reliefdarstellung gibt es auch Relief-Messverfahren, wobei die übliche Form der Messung die Erfassung der Reliefenergie ist, die aufgrund der Höhenunterschiede innerhalb von definierten Rasterfeldern die Steilheit von Geländeabschnitten wiedergibt (▶▶ Beitrag Burak/Zepp/Zöller, S. 26).

Böden und ihre Nutzung

Verwitterte Gesteine in Verbindung mit der Zersetzung von Biomasse bilden die Grundstoffe für den Bestandteil der Erdoberfläche, den man Boden nennt. Es gibt – je nach Ursprungsmaterial und äußeren Bedingungen – Böden unterschiedlicher Zusammensetzung und ganz verschiedener Mächtigkeit.

Bodenbewertungsverfahren 1831 von Thaer nach Stremme (1936) mit Werteverhältnissen von 0-100 Punkten. Die Bodenansprache erfolgt in erster Linie nach der Bodenart und dem Humusgehalt.

Die bewusste Nutzung des Bodens begann in Deutschland, wie archäologischen Funden zu entnehmen ist, bereits vor 7500 Jahren (Lüning 2000). In dieser Zeit erfolgte eine relativ schnelle Umstellung in der Nahrungsmittelbeschaffung vom Jagen und Sammeln zur aktiven Produktion sowohl über den Anbau von Feldfrüchten als auch über die Domestizierung von Tieren. Diese Phase in der Entwicklung des Menschen wurde bereits in den 1920er Jahren in der Archäologie als neolithische Revolution bezeichnet (Childe 1929), da sie sowohl im technischen als auch im sozioökonomischen Bereich mit nachhaltigen Veränderungen in wirtschaftlicher und kultureller Hinsicht verbunden war (Entwicklung der Feldgeräte, Töpferei, dörfliche Siedlungen).

Nach den derzeitigen Kenntnissen erfolgte die Freilegung der für den Anbau benötigten Flächen mit Hilfe von Äxten oder später durch Brandrodung, wie wir dies auch heute noch in verschiedenen Gebieten des tropischen Regenwaldes vorfinden (Amazonien, Borneo). Die mit dieser Rodung verbundenen deutlichen Veränderungen in der natürlichen Vegetationsbedeckung kann die Wissenschaft heute mit Hilfe der Pollenanalyse nachvollziehen.

Ein vereinfachtes Pollendiagramm 7 aus dem Gebiet der Wetterau zeigt für den Zeitraum von 9580 bis ca. 6800 Jahre vor heute, wie die Zahl der Baumpollen deutlich abnimmt, während die Zahl lichtliebender Gräser und Kräuter zunimmt und in der Vegetationszusammensetzung zum ersten Mal Getreidepollen erscheinen. Dies bedeutet, dass im ursprünglich geschlossenen Wald Freiflächen angelegt und vorwiegend als Ackerflächen genutzt wurden. Das Vieh, insbesondere Kühe, aber auch Schweine, Ziegen und Schafe, wurden in den Wald rund um die Siedlungen getrieben (Kalis u.a. 2002).

Bereits in dieser frühen Phase der Bodenbearbeitung und -nutzung entwickelten sich Kenntnisse über die unterschiedliche Qualität der Böden: Die Löss- oder Jungmoränengebiete mit ihren nährstoffreichen Böden wurden deutlich intensiver genutzt (▶▶ Beitrag Eitel/Felix-Henningsen, S. 116), und die dürftigen Sandböden blieben dem Wald überlassen.

Die Qualität der Böden spielt in allen Hochkulturen eine große Rolle, wenn auch schriftliche Überlieferungen darüber erst ab der Römerzeit existieren. Dies zeigen die Anlage ausgedehnter Bewässerungsflächen im Vorderen Orient, aber auch das gezielte Aufbringen von frischem Feinsediment auf Ackerflächen im Jemen seit mindestens 3000 Jahren (Brunner 1983).

Von den Römern ist die erste differenzierte Ansprache der Böden überliefert. Es werden fette, magere, zähe und mürbe Böden unterschieden, und es wird geprüft, inwieweit die Farbe und damit indirekt der ▷ Humusgehalt einen Einfluss auf die Standortqualität und damit auf die Pflanzenproduktion haben. Diese Qualitätsmerkmale wurden auch bei der Zuteilung von Pachtland und Grundbesitz an Siedler und Soldaten im gesamten römischen Reich herangezogen (Mückenhausen 1993).

8 **Die Bodeneinteilung von A. Thaer**

Nr.	Systematische Benennung	Gewöhnliche Bonitierungs-Benennung	Gehalt an Ton vH	Gehalt an Sand vH	Gehalt an Kalk vH	Gehalt an Humus vH	Wertverhältnis
1	Humoser Tonboden	Starker Weizenboden	74	10	4 1/2	11 1/2	100
2	Humoser strenger Boden	desgl.	81	6	4	8 2/5	98
3	desgl.	desgl.	79	10	4	6 1/2	96
4	Reicher Mergelboden	desgl.	40	22	36	4	90
5	Humoser loser Boden	Wiesen- oder Auenboden	14	49	10	27	?
6	Humoser Sandboden	Starker Gerstboden	20	67	3	10	78
7	Reicher Tonboden	Starker Weizenboden	58	36	2	4	77
8	Mergelboden	Weizenboden	56	30	12	2	75
9	Tonboden	desgl.	60	38	Sie enthalten unbedeutenden Kalk, welcher den anderen Erdarten, je nachdem er abschwemmbar oder körnigt war, verblieb	2	70
10	Lehmboden	desgl.	48	50		2	65
11	desgl.	desgl.	68	30		2	60
12	desgl.	Gerstboden erster Art	38	60		2	60
13	desgl.	Gerstboden zweiter Art	33	65		2	50
14	Sandiger Lehmboden	desgl.	28	70		2	40
15	desgl.	Haferboden	23 1/2	75		1 1/2	30
16	Lehmiger Sandboden	desgl.	18 1/2	80		1 1/2	20
17	desgl.	Roggenboden	14	85		1	15
18	Sandboden	desgl.	9	90		1	10
19	desgl.	6 jähriger Roggenboden	4	95		3/4	5
20	desgl.	9 jähriger Roggenboden	2	97 1/2		1/2	2

Das erste differenzierte Bodenbewertungsverfahren wurde 1831 von Albrecht Thaer entwickelt 8. Im Deutschen Reich erfolgte ab 1934 eine umfassende Bodenschätzung mit dem Gesetz über die Schätzung des Kulturbodens. Danach wurden u.a. Bodenart, Zustandsstufe, geologische Entstehung des Bodens, eine Bodenwertzahl sowie ein einfaches Bodenprofil festgestellt. Dass Fragen der Bodenbewertung zur Berechnung der Steuern auch heute noch ein aktuelles Thema sind, zeigt der Beitrag von Liedtke und Marschner (▶ S. 104) über den derzeitigen Wert der Böden in Deutschland. Das in diesem Beitrag dargestellte differenzierte Punktesystem wurde entwickelt, um eine möglichst gerechte Besteuerung des landwirtschaftlichen Grundbesitzes zu ermöglichen, und bildet derzeit die Grundlage für die Besteuerung der landwirtschaftlichen Betriebe. Darüber hinaus stellen die dafür erhobenen Daten eine wichtige Quelle für bodenkundliche Kartierungen und die Beurteilung des Schutzgutes Boden dar. →

9 **Bodenbelastung durch Schwermetalle in Straßennähe**
Blei, Zink, Cadmium

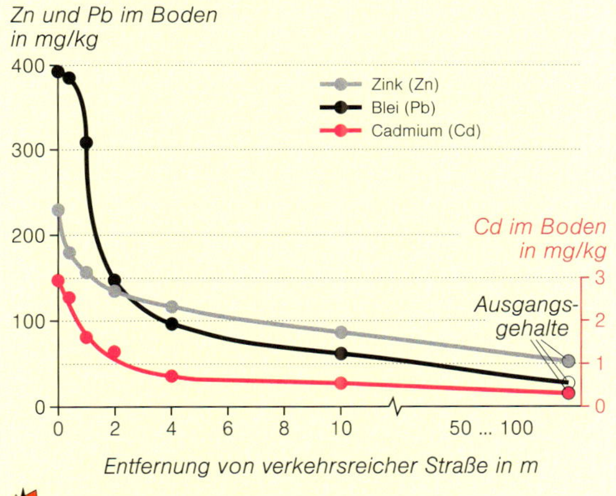

7 Wetterau
Pollendiagramm 9580-6810 v.h.

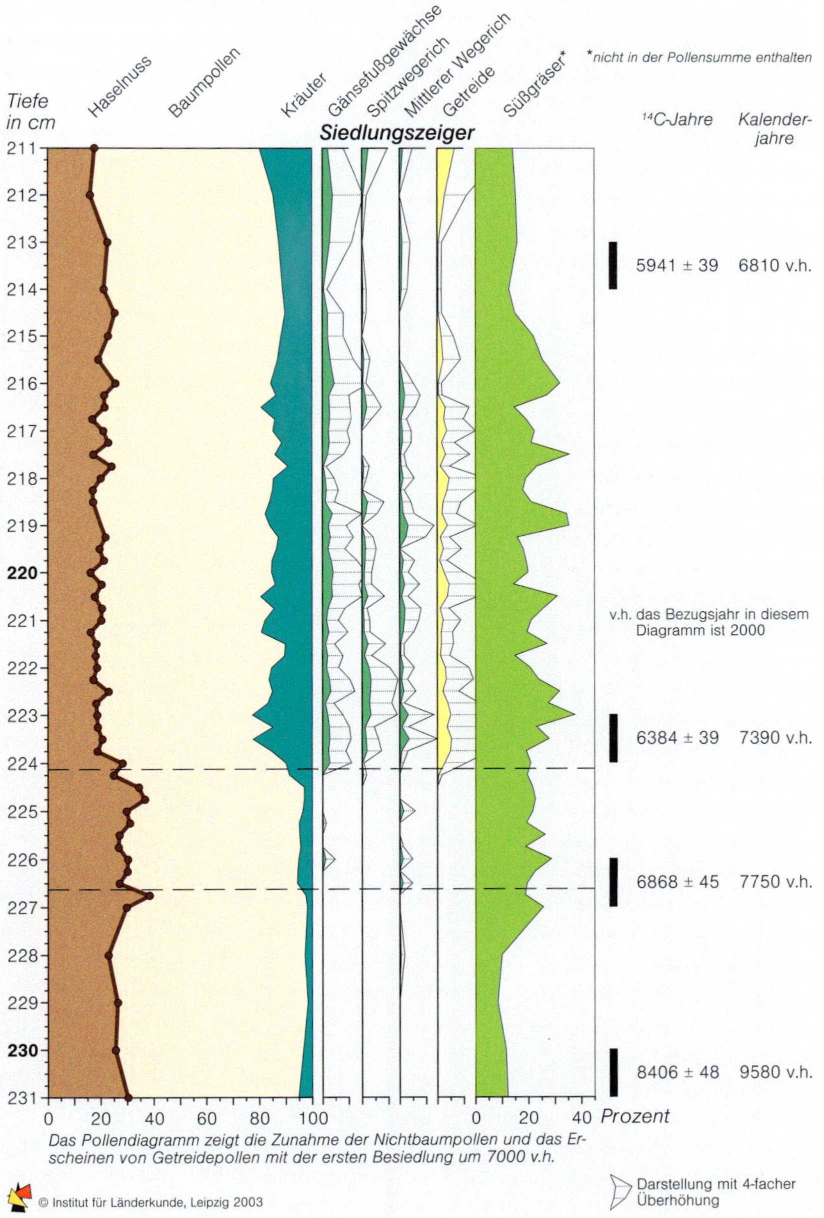

Das Pollendiagramm zeigt die Zunahme der Nichtbaumpollen und das Erscheinen von Getreidepollen mit der ersten Besiedlung um 7000 v.h.

10 Mitteleuropa

Schwermetalleinträge in Großstädten und ländlichen Gebieten sowie Grenzwerte gemäß Klärschlammverordnung 1992

	Arsen (As)	Blei (Pb)	Cadmium (Cd)	Crom (Cr)	Kupfer (Cu)	Nickel (Ni)	Queck-silber (Hg)	Zink (Zn)
Gesamteintrag g/ha pro Jahr	2 - 70	70 - 2400	1,5 - 35	2 - 47	10 - 200	5 - 150	0,2 - 7	100 - 6000
Großstädte	2 - 2000	40 - 1000	1 - 5	-	-	10 - 70	-	300 - 1000
ländliche Gebiete	-	20 - 80	0,8 - 4,5	-	-	7 - 27	-	500
Grenzwerte für Böden (n.d. Klärschlamm-verordnung) mg/kg Boden	-	100	1,5	100	60	50	1	150 - 200

Die Anfänge der Bodenkunde

Die stärker wissenschaftliche Auseinandersetzung mit den Böden beginnt erst im ausgehenden 18. Jh. und zu Beginn des 19. Jhs. Im Vordergrund stand dabei die Agrikulturchemie, die sich mit der Analyse der anorganischen (Mineralien) und organischen (Humus) Komponenten des Bodens beschäftigte. Zu nennen ist hier das 1840 erschienene Buch von Justus von Liebig „Die organische Chemie in ihrer Anwendung auf Agricultur und Physiologie", in dem zum ersten Mal herausgestellt wird, „dass die Pflanzenproduktion an einem Standort direkt abhängig ist von der anwesenden bzw. zugeführten Mineralmenge". Alle Untersuchungen dieser Zeit, die sich mit dieser Problematik beschäftigten, hatten das Ziel, Wege für eine Erhöhung der pflanzlichen Produktion zu finden, um die Nahrungsmittelversorgung insbesondere in schlechteren Jahren auf eine sichere Basis zu stellen.

Dass die Bodenchemie auch heute noch einen wesentlichen Teil der Bodenanalyse darstellt, machen die Beiträge über Schwermetalle und Radionuklide de (▶▶ Beiträge Völkel, S. 112 und S. 114) deutlich. Diese Beiträge zeigen, dass dem Boden insbesondere im 20. Jh. durch Einträge aus der Industrie und dem Autoverkehr **9**, aber auch aus Düngung und Pflanzenschutz, ohne Absicht Schadstoffe zugeführt wurden, die – wie sich erst später erwies – bei entsprechenden Konzentrationen eine direkte oder indirekte Gefahr für den Menschen darstellen.

Um eine verlässliche Risikoabschätzung darüber abgeben zu können, welches Gefährdungspotenzial langfristig existiert, ist eine großmaßstäbliche Bodenkarte unerlässlich, denn die biologische Verfügbarkeit der Schadstoffe hängt direkt von der Ausprägung der Böden (Humusgehalt, Tongehalt, pH-Wert) ab (Scheffer/Schachtschabel 2002). Dies verdeutlicht wiederum, dass ohne Grundlagenforschung keine Aussagen zu angewandten Fragen wie

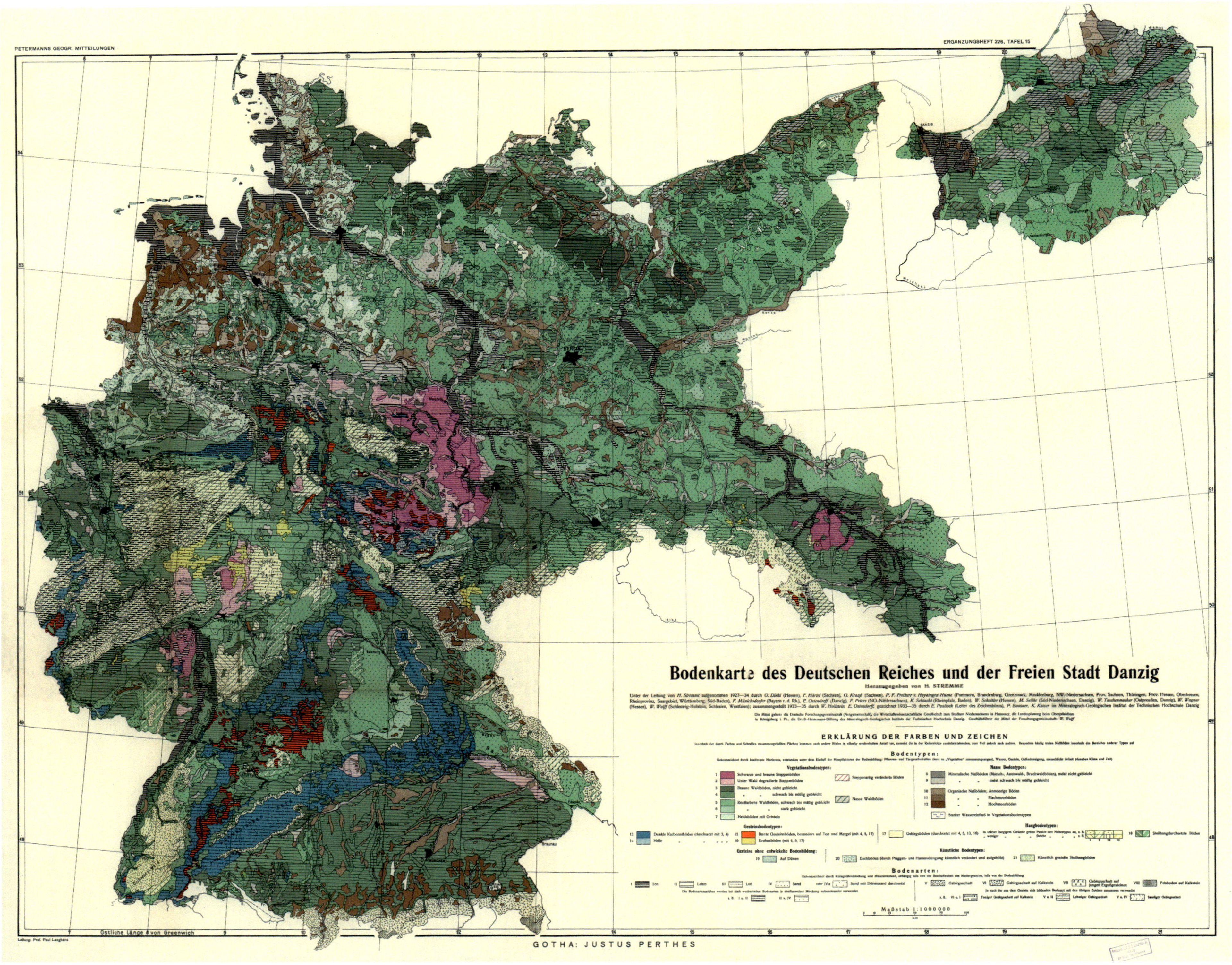

11 Reproduktion der Bodenkarte des Deutschen Reiches 1:1.000.000 von 1936, verkleinert auf etwa ein Fünftel; Original: 120 cm x 93 cm. Sie unterscheidet 14 Bodenarten (Substrate), auf denen 21 Bodentypen ausgewiesen sind.

⑫

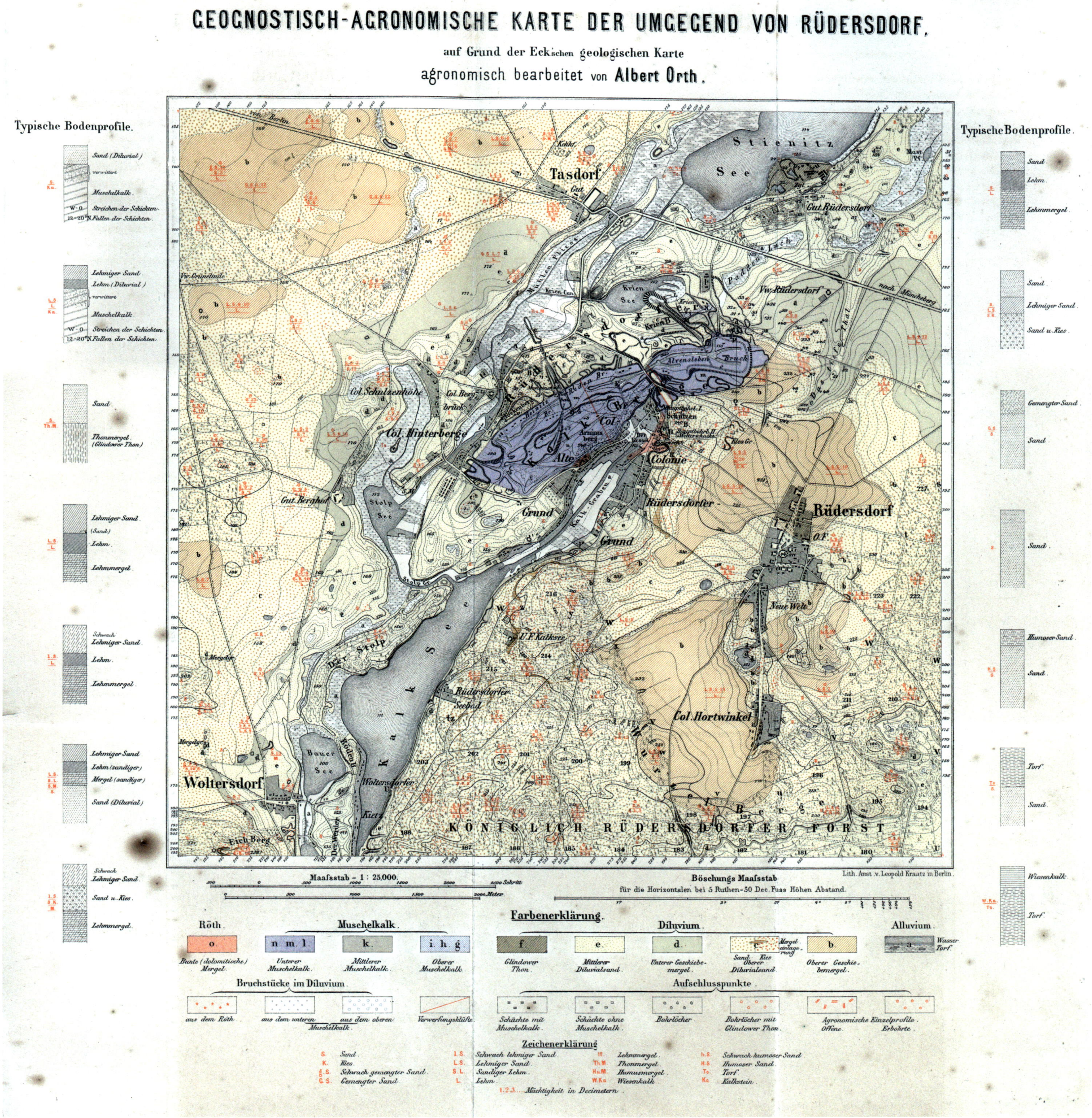

Schadstoffbelastung oder Erhaltung des Schutzgutes Boden möglich sind. Die Tabelle ⑩, die den Eintrag von Schadstoffen in den Boden am Beispiel von Schwermetallen darstellt, veranschaulicht die Bedeutung dieses Themas. Zusätzlich angegeben sind die derzeit gültigen Grenzwerte für diese Schwermetalle nach der Klärschlammverordnung. Dabei ist zu betonen, dass das Wirkungsgefüge dieser Stoffe, insbesondere die Langzeitwirkung oder →

Das 1877 erschienene geognostisch-agronomische Messtischblatt 3548 Rüdersdorf ist eine für die preußischen Gebiete typische Karte, die besonders den großen Gütern im Osten Preußens dank der roten Buchstaben die Abfolge oberflächennaher Substrate (Bodenarten) aufzeigte und damit wertvolle Hinweise zur besseren Landnutzung anbot. Das Beispiel liegt im Jungmoränengebiet östlich von Berlin, wo sich entlang von Stienitzsee und Kalksee eine glaziale Linie hindurchzieht und infolge von Salztektonik Muschelkalk bis dicht unter die Oberfläche aufdrang, der dort bis heute noch abgebaut wird.

die Kombinationswirkung mehrerer Elemente, bislang kaum bekannt ist (SCHEFFER/SCHACHTSCHABEL 2002). Die Bodenchemie ist damit ein sehr wichtiges Instrument für den Bodenschutz, dessen Leitbild heute die nachhaltige Nutzung und der Schutz der Ressource Boden ist.

Mit der Entwicklung der Agrikulturchemie wird auch erkannt, dass die flächenhafte Aufnahme des Bodens eine wichtige Grundlage für die räumliche Einordnung der chemischen Analysen und für die Beurteilung der Bodenentwicklung und Bodenentstehung darstellt. Den Beginn dieser flächenhaften Aufnahmen bildeten die Verfügung des preußischen Staates von 1867 über die Aufnahme von großmaßstäblichen geologischen Karten im Maßstab 1 : 25.000, aus denen Aussagen zum Boden abgeleitet werden, und die von A. ORTH 1870 publizierte geognostisch agronomische Karte des norddeutschen Schwemmlandes. Letztere bildete die Grundlage für die von der Preußischen Geologischen Landesanstalt später herausgegebenen geologisch-agronomischen Karten ⓬, die allerdings noch sehr stark auf die landwirtschaftlichen Belange ausgerichtet waren.

Die Hinwendung zur stärker grundlagenorientierten Bodenaufnahme, die die Basis auch der heutigen Bodenkarten (▶▶ Beitrag Adler u.a., S. 100) bildet, wurde 1926 von H. STREMME eingeleitet ⓫. Seine Kartierung basiert auf der genetischen Bodenansprache, also auf der Profilentwicklung des Bodens, die von den verschiedenen Boden bildenden Faktoren (Klima, Wasserhaushalt, Pflanzen, Mensch) gesteuert wird, und auf der Zusammenfassung der Bodentypen zu größeren Bodeneinheiten. Wie bei den Bodenbelastungen bereits ausgeführt, bilden diese Karten in den verschiedenen Maßstäben heute die wichtigste Grundlage für alle Fragen des Bodenschutzes. Der Beitrag von Adler u.a. (▶ S. 100) zeigt die heute für die

Probensequenz aus einem Nebenfluss des Neckars während mehrerer Hochwasserwellen. Die braune Farbe des Wassers wird durch das transportierte Bodenmaterial hervorgerufen.

Bundesrepublik Deutschland ausgewiesenen Bodengesellschaften im Überblick. Die Mehrzahl der charakteristischen Böden ist dort auf Fotos dargestellt.

Bodenschutz

Die nachhaltige Nutzung und der Schutz der Ressource Boden sind seit mehr als fünf Jahrzehnten ein Thema in der Wissenschaft, wurden aber erst vor wenigen Jahren in gesetzlichen Regelungen festgelegt (Bundes-Bodenschutzgesetz 1998). Es geht dabei sowohl um die Verhinderung von Schadstoffeinträgen, die aus sehr unterschiedlichen Quellen stammen können (▶▶ Beiträge Völkel, S. 112 und S. 114), als auch um den Schutz des Bodens vor Bodenerosion (▶▶ Beiträge Fohrer/Mollenhauer/Scholten, S. 106 und Mollenhauer/Scholten, S. 110). Der Bodenabtrag durch Wasser und Wind bildet auf globaler Ebene heute die größte Gefahr für eine ausreichende Versorgung mit Nahrungsmitteln. In Deutschland wird das

Durch Überschwemmung abgetragenes Bodenmaterial, das auf landwirtschaftlich genutzter Fläche abgelagert wurde.

Problem der Bodenerosion meist nur während stärkerer Unwetter mit Hochwasserabfluss wahrgenommen, wenn das durch Starkregen von den Feldern abgetragene Bodenmaterial als gelbbrauner Schlamm in den Häusern oder auf den landwirtschaftlichen Flächen in den Auen (▶ Foto unten) abgelagert wird. Messungen der Schwebstofffracht am Rhein zeigen bei Hochwasser (1998) eine Konzentration bis 350 mg Sedi-

⓭

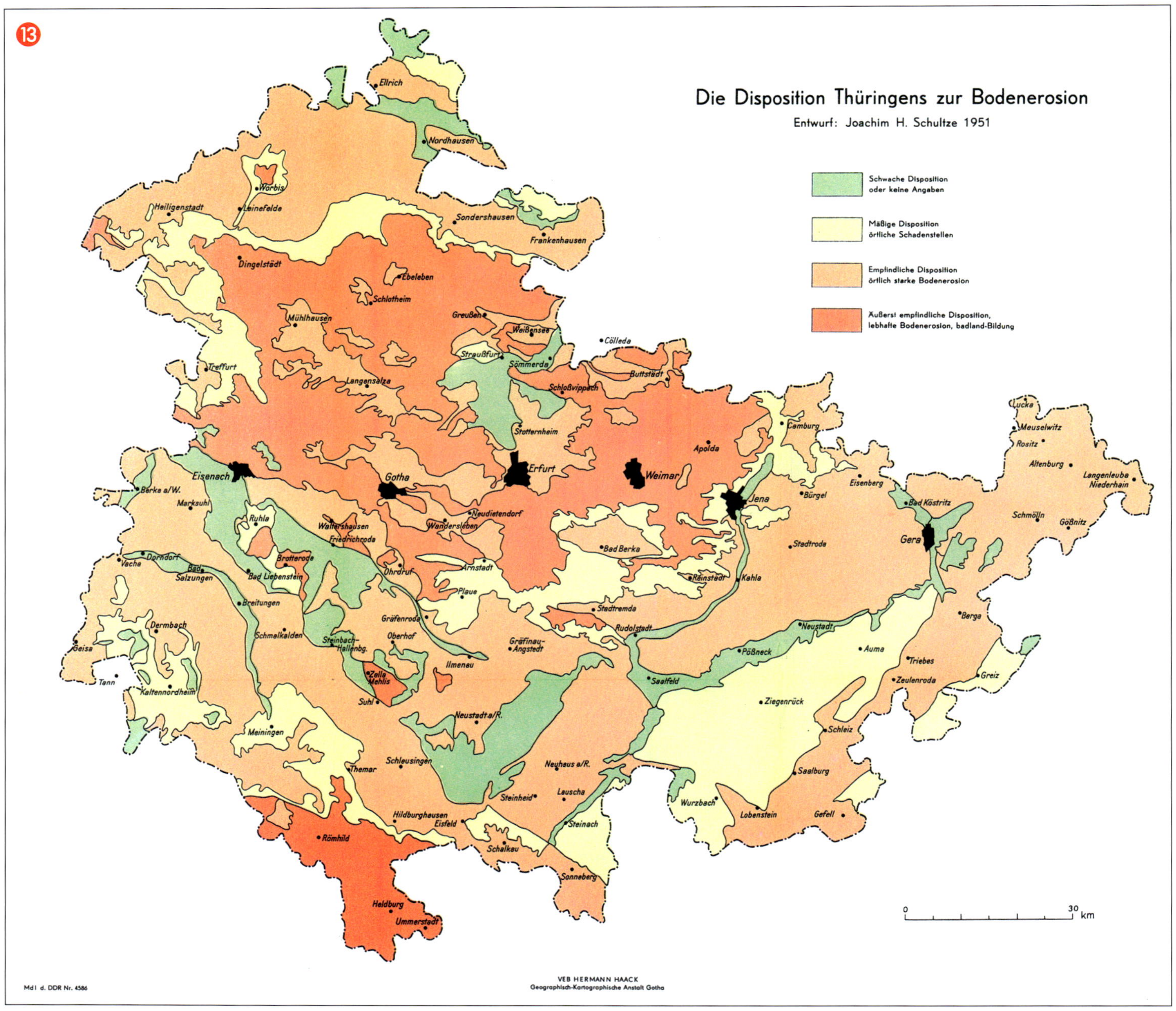

Karte der Bodenerosion von J. H. SCHULTZE. Dargestellt ist die Anfälligkeit der Flächen bezüglich der Bodenerosion durch Wasser und Wind (im Original 1 : 500.000).

⓮ Skizze eines Flussmäanders von LEONARDO DA VINCI (1506-1508/10)

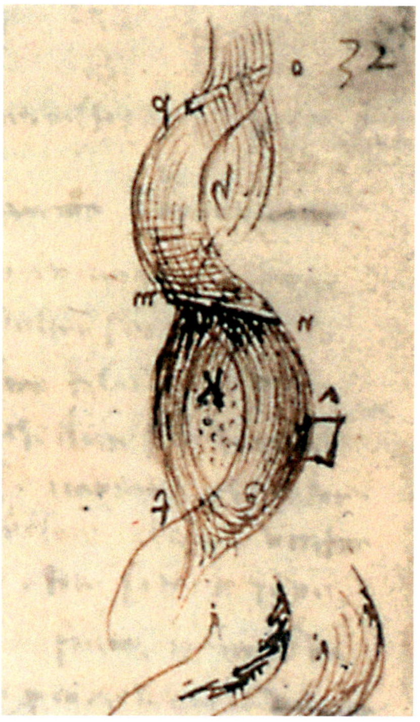

ment pro Liter Abfluss, was bei einem Abfluss von 4500 m^3/s (Hochwasser 1998) einem Transport von 1575 kg pro Sekunde bzw. 5670 t pro Stunde Bodenmaterial entspricht (▶ Foto oben) (▶▶ Beitrag Schmidt/Unbenannt, S. 136).

Aber nicht nur die im Wasser transportierten Bodensedimente stellen ein Problem dar, sondern auch die an die Bodenpartikel gebundenen anorganischen (Schwermetalle) und organischen Schadstoffe (Nitrat, Phosphat, Herbizide, Pestizide). Sie werden zum Teil in den meist staugeregelten Flüssen vor den Staustufen deponiert oder bis in Seen oder gar in das Meer weitertransportiert und dort abgelagert.

Die Bodenerosion verursacht damit sowohl auf den Feldern Schäden, wo das Bodenmaterial abgetragen wird, als auch in den Gewässern, in denen es transportiert oder deponiert wird. Was die Schäden der Bodenerosion auf den landwirtschaftlichen Nutzflächen betrifft, setzt das Problembewusstsein wesentlich früher ein als bei den Gewässern. So wird bereits zu Beginn des 19. Jhs. von F. HEUSINGER ein umfassender Maßnahmenkatalog zur Verhinderung der Bodenerosion publiziert (1826). In der Wissenschaft wird das Thema allerdings erst in den 30er Jahren des 20. Jhs. intensiver aufgegriffen, wobei KURON als Motor dieser Forschung zu nennen ist. Auf seine Anregung hin entstand auch die erste flächenhafte Aufnahme der Bodenerosion mit quantifizierenden Ansätzen durch SCHULTZE (1959) in Thüringen ⓭.

Das Wasser als Lebenselixier

Das Schicksal und das Wirken des Menschen sind eng mit dem Vorhandensein und der Nutzung des Wassers verbunden. Aus der Abhängigkeit vom Wasser erwuchs schon während der frühen Perioden der Kulturgeschichte eine enge Verbundenheit mit der Mythologie. Natürliche hydrologische Prozesse (Niederschlag, Gewitter, Hochwasser) und die Bestandteile des hydrologischen Kreislaufs (Quellen, Flüsse, Seen, Meere) wurden durch Gestalten der Mythologie (Götter, Geister) personifiziert. Erst in der Neuzeit bemühte man sich darum, die natürlichen hydrologischen Phänomene zu erklären. An die Stelle der Spekulation, des spirituellen Denkens und der Mystifizierung traten die wissenschaftliche Untersuchung und Ursachenforschung sowie die rechnerisch-quantitative Erfassung hydrologischer Prozesse durch Beobachtung und gezielte Messung. Die Naturwissenschaft ersetzte die Naturphilosophie.

Römisches Aquädukt bei Vussem in der Eifel

Die anhaltende weitere Entwicklung von menschlichen Siedlungen, die in der Frühphase immer eng an Gewässer als Handels- und Verkehrswege und Versorgungsstränge gekoppelt war, erforderte später immer mehr die Planung und den Bau von Wasserversorgungsanlagen. Dabei ergeben sich Schwierigkeiten, wenn das Volumen und die zeitliche Verteilung des Bedarfs oft von dem durch Klima, Jahreszeit und Topographie bestimmten ▷ Wasserdargebot gravierend abweichen (▶▶ Beiträge Jankiewicz/Krahe, S. 148 und Busskamp, S. 150). Es sind daher Eingriffe in die natürlichen Prozesse erforderlich, um das zeitlich diskontinuierliche und räumlich ungleich verteilte Wasserdargebot mit dem vom Lebens- und Arbeitsrhythmus des Menschen geprägten Bedarf in Einklang zu bringen. Der Beginn gezielter, großräumiger und hoch entwickelter Wasserversorgungstechnik fällt in die Römerzeit, die mit imponierenden Aquädukten (▶ Foto), Bädern und Thermen baulich neue Maßstäbe setzte.

Die frühesten Anfänge der geplanten Wasserversorgung und Bewässerung datieren bereits aus der Zeit der ersten Hochkulturen um 3500-2500 v.Chr. Das klassische Beispiel für die enge Verbundenheit zwischen Mensch und Wasser ist Ägypten, denn wie in keinem anderen Land ist hier das gesamte Leben vom Verhalten eines Flusses abhängig. Entlang des gesamten Nillaufs finden sich in Ägypten Wasserstandsmarken an Felsvorsprüngen oder an Bauwerken im Bereich der Flussufer sowie auch bezifferte und geeichte Skalen zur quantitativen Bestimmung der Wasserstände. Skalenleitern entlang von Treppen in besonderen Pegelbauwerken werden als „Nilometer" bezeichnet. Die ägyptischen Messeinrichtungen sind wohl die ältesten erhaltenen hydrometrischen Einrichtungen in der Geschichte der Hydrologie (BAUMGARTNER/LIEBSCHER 1996).

Neben der Lehre des meteoren Wassers (atmosphärischer Kreislauf), die in wesentlichen Teilen schon unserem heutigen Verständnis vom Wasserkreislauf nahe kam, hat sich die Theorie, dass alles Wasser aus einem unterhalb der Erde befindlichen Meer stammt, noch über das ganze Mittelalter hin gehalten und ist erst mit dem Aufkommen der Naturwissenschaften nach der Renaissance ganz verschwunden. Ein konkreteres wissenschaftliches Bild des Wasserkreislaufs und von Wasserbilanzen entwickelte sich mit der Etablierung der quantitativen messenden Hydrologie ab der Mitte des 19. Jhs. →

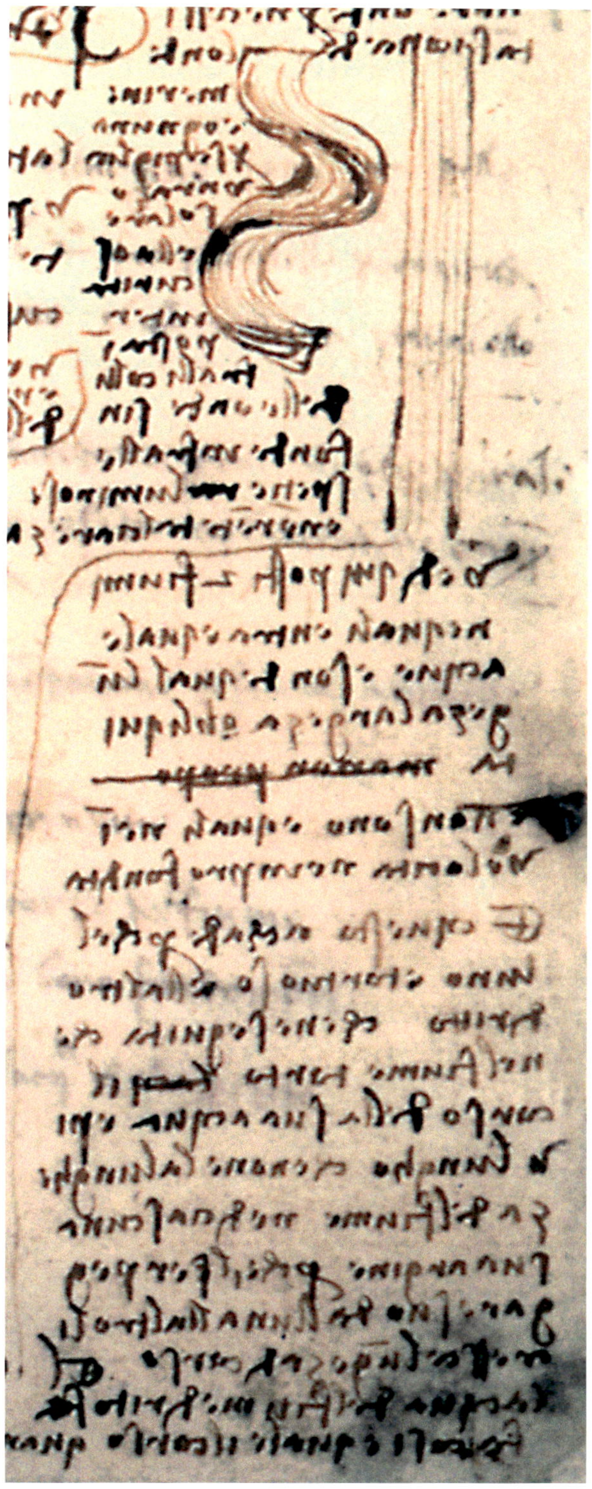

⓯ „Du siehst hier zwei Flüsse mit der gleichen Wassermenge und von gleicher Länge, Breite und Neigung, aber nicht gleich in der Geschwindigkeit und in der Tiefe. Und das kommt daher, daß der eine gewunden ist und der andere gerade; und daraus folgt, daß in dem gewundenen Fluß das Wasser einen längeren Weg zurücklegt, der weder die Länge des Flusses ist noch die seiner zwei Uferdämme, denn das Schlängeln von einem Damm zum anderen verlängert den Lauf des Wassers; doch das Wasser des geraden Flusses hat einen ebenso geraden Lauf wie seine zwei Dämme." (LEONARDO DA VINCI 1506-1508/10 im Codex Leicester, Blatt 5A, Folio 5 R; Anmerkung zur Reproduktion: LEONARDO schrieb grundsätzlich spiegelverkehrt.)

Die Jahrhundertflut - Hochwasser der Mulde bei Eilenburg am 15. August 2002

Die älteste Erwähnung von Regenmessungen findet sich allerdings bereits gegen Ende des 4. Jhs. v.Chr. im „Arthasastra“, dem bedeutendsten Werk der altindischen Staatsliteratur (BAUMGARTNER/LIEBSCHER 1996). Der Zweck der Messungen lag damals in der Festlegung von Steuererhebungen.

LEONARDO DA VINCI hat sich in seinem Codex Leicester (1506-1508/10) ausführlich einer Reihe von Fragen der Gewässerhydrologie und -geomorphologie (Messung der Fließgeschwindigkeit, Geschiebetransport, Mäander) zugewendet. Einen mäandrierenden Fluss beschreibt er, weit seiner Zeit voraus, bereits in zutreffender Weise ⓮. Leonardo hat sich auch intensiv mit Problemen des Wasserbaus beschäftigt. Er fertigte Skizzen zum Deichbau und zur Einrichtung von Wehren an ⓯. Sein Interesse am Wasserbau war sehr persönlicher Natur, denn „Ich habe ein Haus oben auf dem Flussufer, und das Wasser nimmt ihm unten den Boden weg, und so ist es kurz vor dem Abstürzen“ (Codex Leicester, Blatt 5 B, Folio 32 R). Von Leonardo stammt auch ein Satz, den man als Beginn des ökologischen Wasserbaus auffassen kann: „Die Wurzeln der Weiden lassen die Böschungen der Kanäle nicht zerfallen, und die Zweige der Weiden, die in der Querrichtung, also auf die Breite der Böschung gesetzt und später unten beschnitten werden, werden jedes Jahr dicker, und so bekommst Du ein lebendiges Ufer aus einem Stück“ (nach BAUMGARTNER/LIEBSCHER 1996, S. 33).

Die wissenschaftliche Beschäftigung mit dem Wasser

Die Wissenschaft vom Wasser (Hydrologie) gliedert sich entsprechend der Vielzahl der Erscheinungsformen des Wassers in mehrere Forschungsrichtungen auf. Die Ozeanographie beschäftigt sich mit dem Wasser in den Meeren. Im Atlas widmen sich die Beiträge von Mitelstaedt (▶ S. 118), Müller (▶ S. 120) und Heinrich/Nausch (▶ S. 122) ozeanographischen Fragestellungen an der Nord- und Ostsee. Das Wasser in der Atmosphäre ist Forschungsgegenstand der Meteorologie, Themen des atmosphärischen Wassers (Niederschlag, Verdunstung) sind der Klimageographie zuzuordnen (▶▶ Bd. 3, Klima, Pflanzen- und Tierwelt). Indirekt mit dem Wasser der Lufthülle beschäftigen sich die Beiträge Glugla/Jankiewicz (▶ S. 130) und Jankiewicz/Krahe (▶ S. 148).

Auf dem Festland tritt das so genannte Oberflächenwasser in Flüssen, Seen und Gletschern in Erscheinung. Das Wasser in den Fließgewässern (Ströme, Flüsse, Bäche) ist Forschungsobjekt der Potamologie. Eine hoch aufgelöste Darstellung der Verbreitung der Fließgewässer in Deutschland ⓰ zeigt deutlich die regionalen Unterschiede in der Gewässerdichte und in den Netzstrukturen. Gebiete hoher Gewässerdichte (ausgedrückt in Kilometer Fließgewässerlänge pro Quadratkilometer Fläche, km/km^2) liegen vor allem in den Alpen und in den aus ▷ paläozoischen Gesteinen bestehenden Mittelgebirgen wie im Rheinischen Schiefergebirge oder im Bayerischen Wald mit Dichten >3. Sehr geringe Dichten von <1 weisen die von verkarstungsfähigen Kalken gebildeten Schichtstufenflächen der Schwäbischen und Fränkischen Alb auf. Der Regelfall der Gewässernetzstruktur (*drainage pattern*) ist das dendritische (baumartig verzweigte) Netz, das in den Mittelgebirgen weit verbreitet ist. Ein Sonderfall ist das parallele Gewässernetzmuster, das im Übergang vom Pfälzerwald zum Rhein im Nordteil des westlichen Oberrheingrabens zu finden ist. Ein weiterer Sonderfall ist die radiale, von zentralen Erhebungen ausgehende Netzstruktur, wie wir sie im Rothaargebirge (Quellgebiet von Lenne, Ruhr, Diemel, Eder, Lahn, Sieg), im Fichtelgebirge (Quellgebiet von Main, Saale, Weißer Elster, Eger, Naab) und auf dem Vogelsberg finden.

Die Fließgewässer sind vernetzt in Systemen unterschiedlicher Größenordnung von den kleinen Nebenflüssen bis zu den Strömen mit ihren übergeordneten Einzugsgebieten (▶▶ Beitrag Busskamp/Krahe, S. 124). Die quantitative Hydrologie vermittelt Kenntnisse über die Wassermengen, die sich in den Fließgewässern bewegen, und über die Variabilität der Wasserführung (▶▶ Beitrag Busskamp/Schmidt, S. 126). Diese Inhalte sind von hoher wirtschaftlicher und sozialer Bedeutung sowohl für die Beurteilung von Zuständen der Wasserknappheit (extreme Niedrigwasser) als auch von Zuständen der Gefährdung durch großen Wasserüberschuss bei extremen Hochwässern (▶ Foto), wie sie in Deutschland in den letzten Jahren der Öffentlichkeit in z.T. erschreckender Weise ins Bewusstsein getreten sind (Rheinhochwässer 1993, 1995, Oderhochwasser 1997, Elbe- und Muldehochwasser 2002). Mit praxisbezogenen Fragen des Hochwasserschutzes beschäftigen sich die Beiträge von Busskamp/Wilke (▶ S. 132) und von Mäckel/Seidel (▶ S. 92).

Neben der Wassermengenbetrachtung sind seit der Industrialisierung und dem starken Zuwachs der Bevölkerung Fragen der Wasserqualität und der Fließgewässerbelastung durch Nähr- und Schadstoffe immer stärker in den Vordergrund gerückt (▶▶ Beitrag Blondzik/Rechenberg, S. 134). Teilweise kann die Wasserqualität zum limitierenden Faktor der Wasserversorgung werden. Die Kontrolle der Wasserqualität durch gezielte Messungen ist zu einer wesentlichen Aufgabe der Wasserbehörden geworden. In mittelbarem Zusammenhang mit der Wasserqualität steht die Schwebstoffführung der Fließgewässer (▶▶ Beitrag Schmidt/Unbenannt, S. 136), weil umweltbeeinträchtigende Stoffe an die Schwebpartikel gebunden sind und Schadstoffe durch Remobilisierung von Schwebstoffsedimenten aus Stauhaltungen und Talauen lange nach Ende der aktiven Emission wieder in die Gewässerökosysteme gelangen können.

Zwei Beiträge widmen sich Fragen der Seenkunde (Limnologie) mit der Darstellung der Verbreitung von natürlichen und künstlichen Standgewässern in Deutschland (▶▶ Beitrag Kern/Leibundgut, S. 138) und der Wasserqualität von Seen in Berlin und Brandenburg (▶▶ Beitrag Mietz, S. 140). Gletscher sind in den deutschen Alpen nur noch in äußerst geringer Ausdehnung existent und befinden sich im Prozess des weiteren Abschmelzens. Inhalte der Gletscherkunde (Glaziologie) können deswegen im Atlas nur bezogen auf die Vergangenheit des Eiszeitalters dargestellt werden (▶▶ Beitrag Liedtke, S. 66).

Das unterirdische Wasser (Grundwasser), das sich besonders in den geoökologischen Landschaftstypen (▶▶ Beitrag Burak/Zepp, S. 28) bemerkbar macht, wird wissenschaftlich von der Hydrogeologie untersucht. Wichtige Fragen betreffen die für die Wasserversorgung essenziellen Grundwasservorräte, die besonders in den Gebieten mit mächtiger Lockergesteinsbedeckung (z.B. Niederrheinische Bucht, norddeutsche Urstromtäler, Alpenvorland) reichlich vorhanden sind (▶▶ Beitrag Vierhuff, S. 142). Das regionale und lokale Grundwasserdargebot ist abhängig von der innerhalb des Wasserkreislaufs durch Grundwasserneubildung bereitgestellten Wassermenge, die je nach den Eigenschaften des oberflächennah vorhandenen Gesteins äußerst unterschiedlich ausgeprägt ist (▶▶ Beitrag Neumann/Wycisk, S. 144). Die Gesteinsattribute steuern auch den ▷ Chemismus des Grundwassers und dessen natürliche Güteeigenschaften (▶▶ Beitrag Hiltmann/Kantor, S. 146).

Zu diesem Band

Der vorliegende Atlasband kann bei Weitem nicht das gesamte Spektrum der räumlich differenzierten Naturfaktoren der Bundesrepublik Deutschland in den Bereichen Relief, Boden und Wasser darstellen. Er will jedoch einen Überblick über die wichtigsten Themen der Erdgeschichte, die wesentlichen Aspekte der Entwicklung und Gestaltung der Oberflächenformen, einige grundlegende Informationen über Böden und deren Schutz sowie über die Themenbereiche rund um Meeres-, Oberflächen- und Grundwasser geben. Dabei ergeben sich notwendigerweise immer wieder Verzahnungen mit Themen, die im Band 3 (Klima, Pflanzen- und Tierwelt) noch einmal aufgegriffen und vertieft behandelt werden. Die Koordinatoren hoffen, dass der Versuch, auch neueste Forschungsergebnisse allgemein verständlich darzustellen, geglückt ist.◆

Gewässernetz

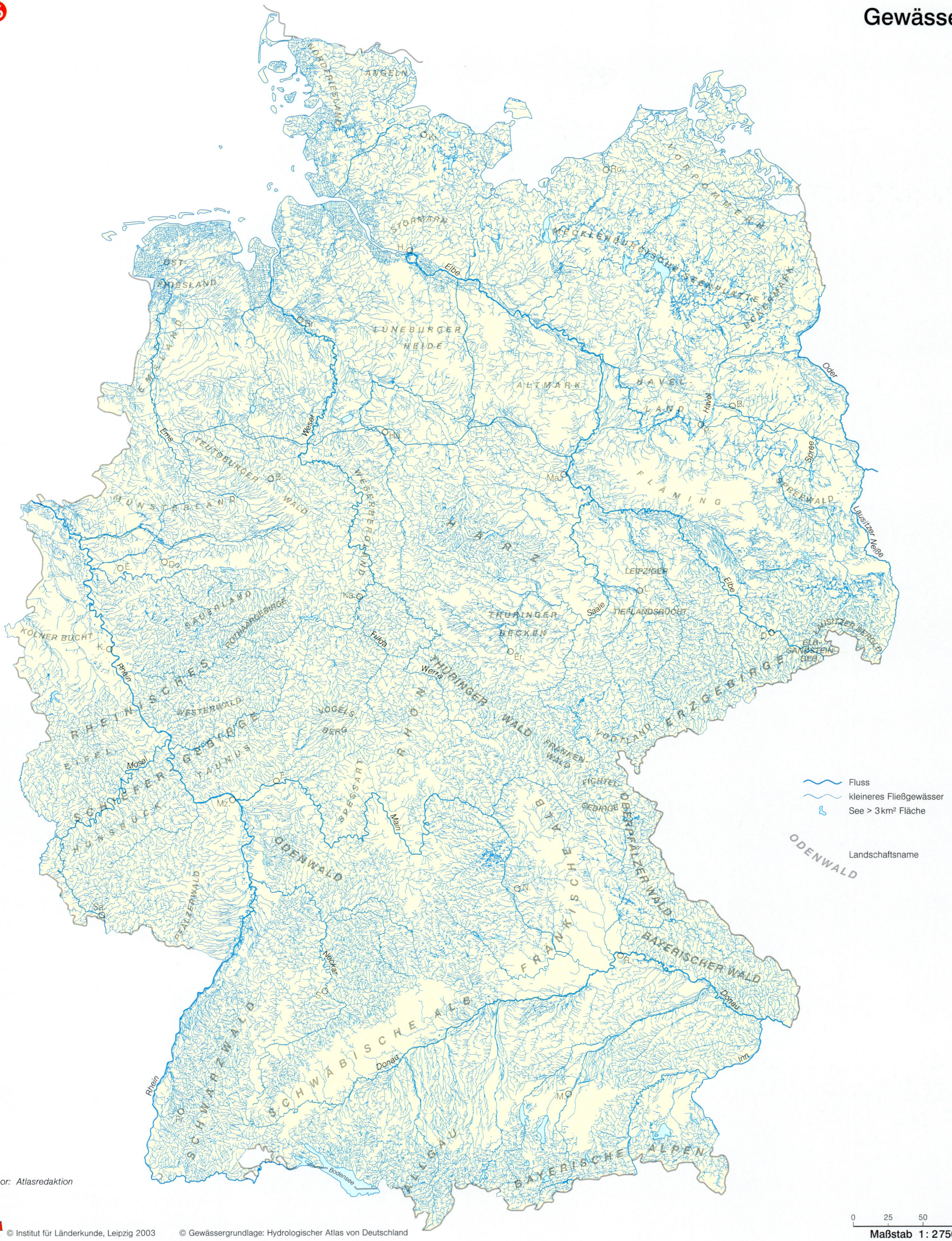

Autor: Atlasredaktion

Reliefenergie – wo die Höhenunterschiede am stärksten sind

Antje Burak, Harald Zepp und Ludwig Zöller

Die Karte der ▸ Reliefenergie ③ gibt einen Überblick über die relativen Höhen Deutschlands und unterscheidet sich damit von einer Höhenschichtenkarte (▸▸ S. 17), die die tatsächlichen Landhöhen darstellt. Die Reliefenergie ist von der absoluten Höhenlage gänzlich unabhängig. Ein Vergleich der absoluten Höhen entlang einer Profillinie mit der Reliefenergie macht dies deutlich ②.

① Reliefenergie und Bezugsraum

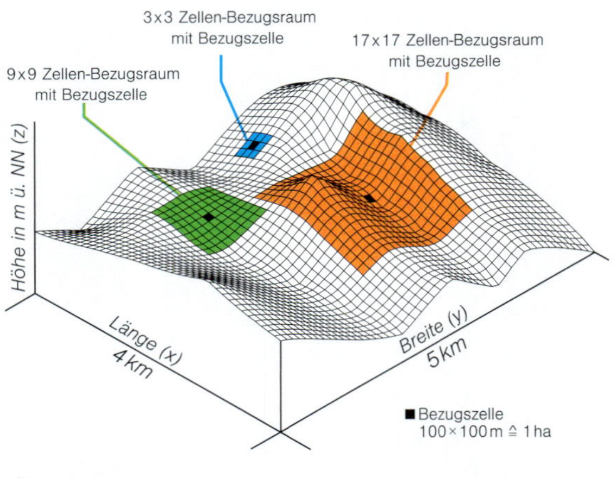

Taleinschnitt der Elbe im Elbsandsteingebirge

Bestimmung und Verteilung

Da sich die Reliefenergie aus dem höchsten und dem tiefsten Punkt eines Ausschnittes errechnet, ist sie nicht nur von der Lebhaftigkeit des Reliefs, sondern auch von der Größe des Bezugsraumes abhängig, innerhalb dessen sie bestimmt wird: Je kleiner der Bezugsraum, desto geringere Höhendifferenzen sind zu erwarten. Mit zunehmender Größe können größere Unterschiede erfasst werden. Für die vorliegende Karte wurde die Reliefenergie gleitend für jede Zelle des ▸ Digitalen Geländemodells für 17x17 Zellen (= 2,9 km^2) bestimmt (▸ Moving-Window-Technik ①).

In Norddeutschland, am Oberrhein und im Alpenvorland lassen sich deutlich Gebiete geringer Reliefenergie (0-50 m Höhenunterschiede auf 2,9 km^2) erkennen ③. In den Mittelgebirgen sowie in den Schichtstufenlandschaften überwiegt dagegen eine mittlere Reliefenergie (>50-300 m/2,9 km^2). Bei der hier gewählten Klassifizierung tritt hohe Reliefenergie (>300-1840 m/2,9 km^2) nicht nur in den Alpen, sondern auch im Schwarzwald und im Bayerischen Wald sowie kleinflächig in anderen Mittelgebirgen auf.

Reliefenergie und Reliefgenese

Relief kann durch ▹ endogene oder ▹ exogene Kräfte entstehen. Meist wirken beide Kräfte zusammen. Daneben spielt der Faktor Zeit eine entscheidende Rolle. Im Flachland kann sich auch über geologisch kurze Zeiträume eine beachtliche Reliefenergie entwickeln, wie durch Erosion und Ablagerungen eiszeitlicher Gletscher. Ihre Schmelzwässer erodierten im Norddeutschen Tiefland tiefe Rinnentäler, und das Eis hinterließ deutliche ▹ Endmoränenwälle. Die so entstandenen Landformen und die mit ihnen verbundene Reliefenergie werden aber meist in weniger als 1 Mio. Jahren wieder nivelliert. In gebirgigen Landschaften mit stärkerer Hebung führt das gegensätzliche Wirken endogener und exogener Kräfte zunächst zu einer Erhöhung der Reliefenergie infolge des Einschneidens der Fließgewässer und – bei entsprechender Höhenlage wie in den Alpen – des Ausschürfens durch Gletscher. Bei Nachlassen oder Aufhören der Hebung stellt sich infolge der Abtragung aber langfristig wieder eine Verminderung der Reliefenergie ein.

Einige Mittelgebirge wie das Rheinische Schiefergebirge, das Vogtland oder die Oberpfalz weisen über große Distanzen trotz beachtlicher Höhenlage über NN eine relativ geringe Reliefenergie auf. Dies ist durch mehrzyklische Reliefgenese in Zeiträumen von bis über 100 Mio. Jahren zu erklären. Ehemalige Gebirge waren durch lang andauernde Verwitterung und Abtragung bis zu flachwelligen Hügelländern oder Fastebenen „eingerumpft" (▸▸ Beitrag Hüser/Kleber, S. 88). Erst in jüngerer Zeit, im ▹ Tertiär und ▹ Quartär, erfolgte wieder eine stärkere Hebung mit oft phasenhaftem Einschneiden der Flüsse, was durch häufige und extreme Klimaschwankungen des Eiszeitalters noch begünstigt wurde. Dadurch entstand das Bild der von jungen steilwandigen Tälern zerschnittenen Altflächen (Rumpfflächen).

Reliefenergie und Wirtschaft

Die Reliefenergie hat auf verschiedene Wirtschaftszweige Auswirkungen. Für die Verkehrswege am Boden wirkt sich hohe Reliefenergie hinderlich aus. Sie folgen in den Gebirgen auf weite Strecken den engen, windungsreichen Tälern. In Mittelgebirgen mit ausgeprägtem Rumpfflächencharakter weichen sie vielfach auf die Hochflächen aus, wie beispielsweise die neue ICE-Trasse Köln – Frankfurt, die so weit wie möglich parallel zur A3 über die Rumpfflächen des Niederwesterwaldes führt, wo Geschwindigkeiten bis 300 km/h erreicht werden können. Der Verkehrsengpass des Elbedurchbruchtales im Elbsandsteingebirge (▸ Foto) soll durch Verlagerung des Durchgangsverkehrs auf die Schiene und auf eine Autobahn über die Hochflächen des Osterzgebirges entschärft werden.

Eine schlechte Verkehrserschließung behindert Industrie- und Gewerbeansiedlungen. Für den Bergbau dagegen war hohe Reliefenergie von Vorteil. Besonders förderlich wirkt sie sich über das ästhetische Landschaftsempfinden auf den Tourismus aus. Die Gewinnung regenerativer Energiequellen zeigt ebenfalls Abhängigkeiten von der Reliefenergie (Wasser, Wind). Vor allem die Anzahl und installierte Leistung von Windkraftwerken ist seit etwa 1980 exponentiell gewachsen (aktuell 3,2%). Die Anlage neuer, leistungsfähiger Verkehrswege, dezentrale regenerative Energiegewinnung und die Ansiedlung neuer Gewerbestandorte in ihrem Gefolge stellen eine Entwicklungsperspektive für bisher als eher strukturschwach eingeschätzte Räume der Hochflächen der Mittelgebirgsschwelle dar. Die reliefstarken Tallandschaften würden dadurch verkehrs- und emissionsentlastet und könnten ihr touristisches Angebot qualitativ verbessern.◆

Reliefenergie – Maß für die potenzielle Energie, die ein bestimmter Ausschnitt der Erdoberfläche besitzt. Sie berechnet sich aus dem Höhenunterschied zwischen dem höchsten und tiefsten Punkt dieses Ausschnitts und zeigt an, wo reliefreiche und wo flache, reliefarme Gebiete liegen.

Digitales Geländemodell (DGM) – Modell, das digital gespeicherte Werte zur Lage (x, y) und Höhe (z) eines Ausschnitts der Erdoberfläche enthält

Moving-Window-Technik – nachbarschaftsanalytisches Verfahren, bei dem ein Bezugsraum zellenweise über eine digitale Rasterkarte (z.B. DGM) bewegt wird. Aus den Werten innerhalb des Bezugsraumes wird für die Bezugszelle ein neuer Wert berechnet.

② Absolute Höhen und Reliefenergie – Nord-Süd-Profil

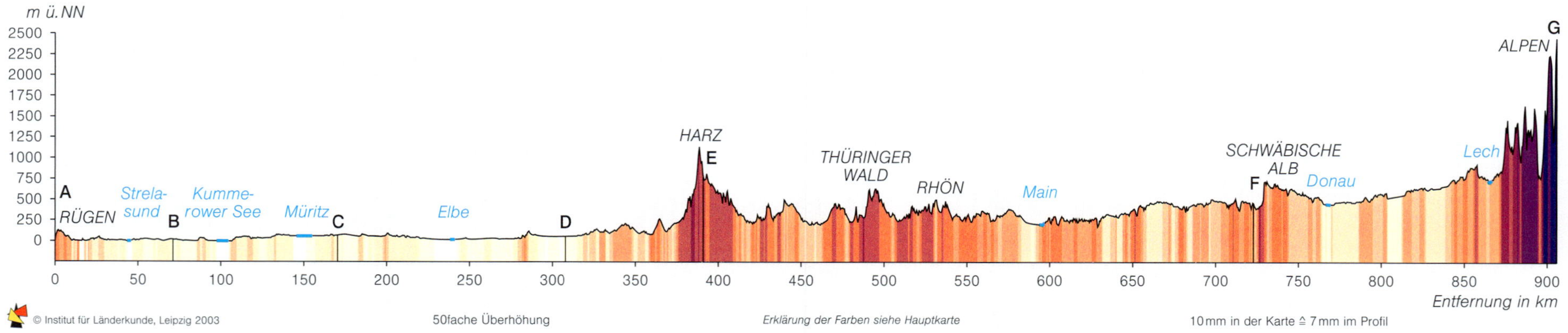

 50fache Überhöhung — Erklärung der Farben siehe Hauptkarte — 10mm in der Karte ≙ 7mm im Profil

3

Höhenunterschiede

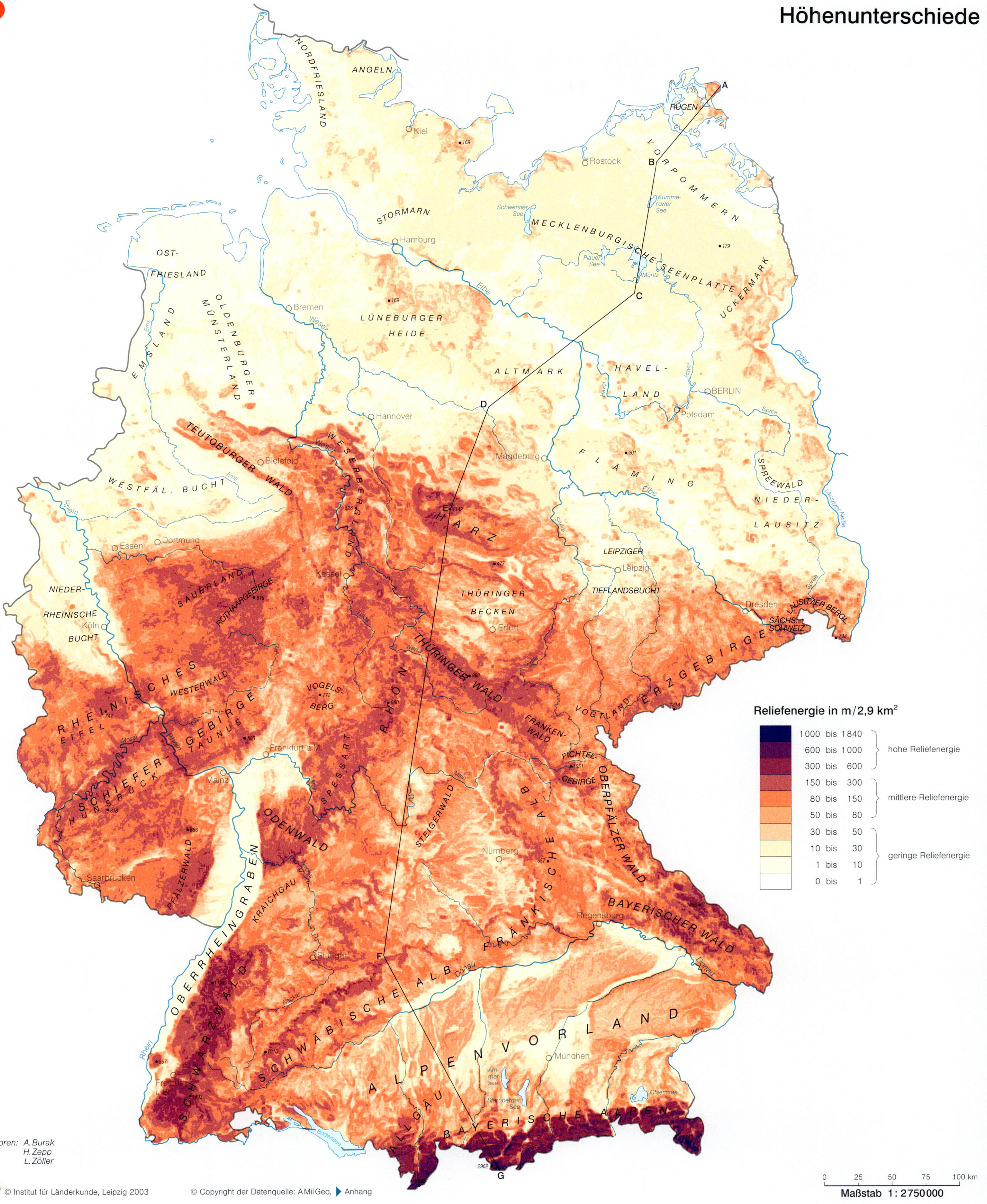

Autoren: A. Burak
H. Zepp
L. Zöller

Geoökologische Landschaftstypen

Antje Burak und Harald Zepp

Der ökologische Charakter einer Landschaft wird durch die Natur und den Menschen bestimmt: durch Relief, Boden, Klima, Vegetation und Landnutzung, vor allem aber durch die sie verbindenden Prozesse. Viele Prozesse sind dabei an Wasserflüsse auf und im Boden gebunden. Das Relief steuert, in welche Richtung (lateral, vertikal) und mit welcher Intensität diese ablaufen. Die Korngrößenzusammensetzung des Bodens bestimmt, wie gut der Boden das Wasser leiten kann. Der Aufbau des Bodens und die hydrologischen Verhältnisse bestimmen die Erscheinungsform des Wassers (Sicker-, Stau-, Hang- oder Grundwasser). Diese beeinflusst die ▶ Bodendynamik. Der Einfluss des Menschen auf die Landschaft erfolgt durch Eingriffe in den natürlichen ▶ Stoffhaushalt, vor allem über die Landnutzung.

Bodendynamik – umfasst alle Prozesse im Boden, die zu chemischen und physikalischen Veränderungen im Boden führen

Mosaik – räumliches Muster von Arealen, das durch bestimmte Standortfaktoren bedingt wird

Stoffhaushalt – umfasst den Stoffaustausch und die Stoffumsätze in einem Landschaftsökosystem

1 Groß- und Teillandschaften

Auf der Grundlage von Relief, Boden und Landnutzung wurden mit Hilfe von Geographischen Informationssystemen 15 Landschaftstypen (LT) gebildet, die sich durch charakteristische Bodenfeuchte-Landnutzungsmosaike auszeichnen **4**. Die innere Zusammensetzung der einzelnen Typen **2** kann sich von Region zu Region unterscheiden. Landschaftstypen schließen sich ihrerseits zu Landschaften zusammen und bestimmen den ökologischen Charakter einer Landschaft. Für Deutschland lassen sich fünf Großlandschaften erkennen, die z.T. in Teillandschaften differenziert sind **1**.

1. Norddeutsches Flachland

Das norddeutsche Flachland mit seinen eiszeitlichen und nacheiszeitlichen Ablagerungen zeichnet sich durch sicker-, stau- und grundwassergeprägte Dynamik mit überwiegend vertikalen Bodenwasser- und Stoffflüssen aus; der Stoffhaushalt wird hauptsächlich stark durch landwirtschaftliche Stoffein- und -austräge beeinflusst.

1a Ein hauptsächlich großflächiges ▶ Mosaik aus LT1, 3 und 2, von breiten Bändern aus LT4 durchzogen, prägt die flachwellige ▷ Jung- und ▷ Altmoränenlandschaft und die Ostseeküste. In Sachsen fallen große z.T. rekultivierte Tagebauflächen und Halden (LT15) auf. Im Westfälischen Tiefland und am Niederrhein wird das Mosaik kleinräumiger (LT1, 2, 3, 4, 5, 14, 13), am Niederrhein werden große Flächen von LT1 eingenommen.

1b Hauptsächlich LT2, 4, 3 und 1 kennzeichnen die flachen Marsch-, Geest- und Niederterrassenbereiche sowie die Nordseeküste mit vorgelagerten Inseln und dem empfindlichen Ökosystem Watt (LT11). Ein Band aus LT14 bildet den städtischen Verdichtungsraum Rhein-Ruhr mit urban-industriellen Stoffströmen.

2. Mittelgebirge

Die Mittelgebirge zeichnen sich durch hangwasser- und hangnässegeprägte Dynamik mit überwiegend lateralen Wasser- und Stoffströmen aus. Der Stoffhaushalt wird in stärker reliefierten Bereichen durch Waldnutzung gering und in weniger stark reliefierten durch Landwirtschaft stark beeinflusst.

2a Hauptsächlich durch LT8 lassen sich Sauerland, Ostharz, Teile der Eifel, Taunus, Hunsrück, Thüringer Wald, Odenwald, Spessart, Rhön, Pfälzerwald, Schwarzwald, Bayrischer Wald und Teile des Erzgebirges charakterisieren.

2b Hauptsächlich durch LT5 sind Bergisches Land, Teile der Eifel, Westrich, Alb, Kraichgau, Vogtland, Teile des Erzgebirges und das Oberpfälzische Hügelland geprägt.

2c Kleinräumige Mosaike aus LT6, 5, 1, 4 und 9 kennzeichnen Weserbergland, Thüringer Becken, Vogelsberg, Fränkisches und Schwäbisches Albvorland, Teile des Erzgebirges und des Vogtlandes.

2 Innere Struktur von Landschaftstypen
Beispiel

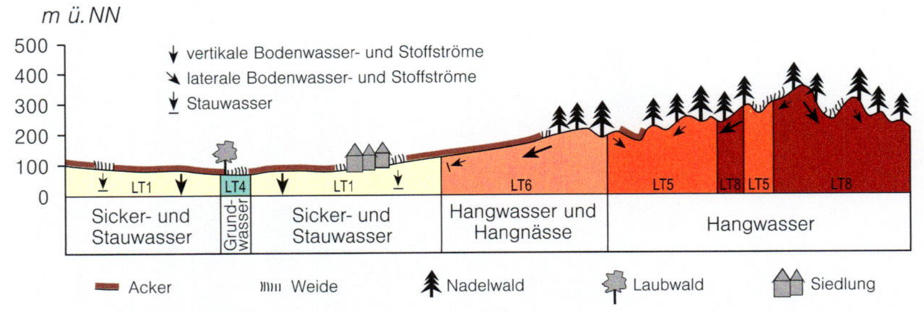

3 Anteil der geoökologischen Landschaftstypen an den Großlandschaften

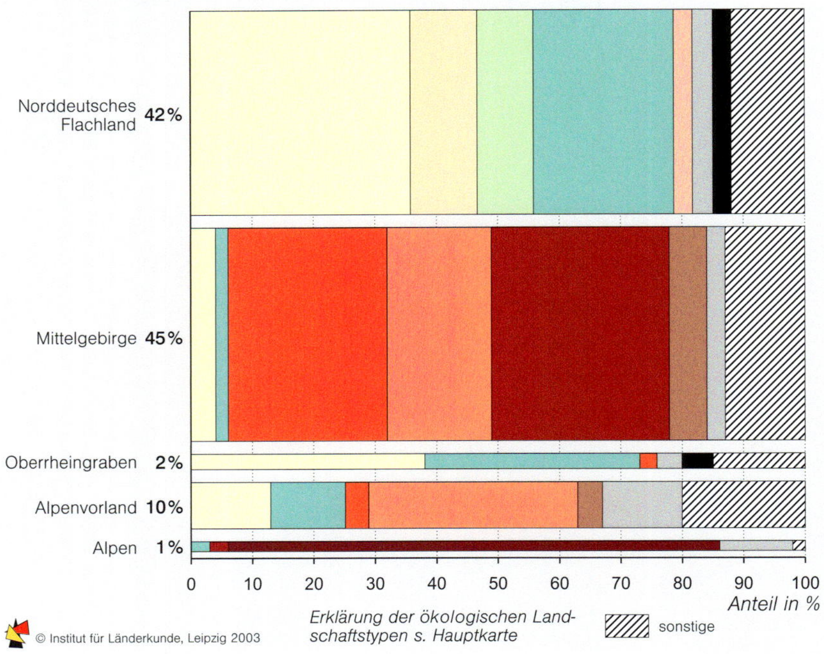

3. Oberrheingraben

Der Oberrheingraben ohne das Rheinhessische Plateau wird durch sicker- und grundwassergeprägte Dynamik mit überwiegend vertikalen Wasser- und Stoffströmen bei starker Stoffhaushaltsbeeinflussung durch intensive landwirtschaftliche Stoffein- und -austräge (LT1, 4) geprägt.

4. Alpenvorland

Das Alpenvorland zeichnet sich vor allem durch laterale, von Hangwasser und Hangnässe geprägte Stoffumsätze sowie Verlagerungsprozesse aus (große zusammenhängende Flächen aus LT6). In flachen Bereichen dominieren vertikale, sicker- und grundwassergeprägte Typen (LT1 und LT4). Der Stoffhaushalt wird im Süden und Südwesten durch Wald- und Weidenutzung gering, im Norden und Nordosten durch Ackerbau stark beeinflusst.

5. Alpen

Die Alpen sind durch intensive lateral gerichtete Wasser- und Stoffflüsse (LT10) mit Materialumlagerungen (z.B. Steinschlag, Muren) geprägt. Stärkere anthropogene Beeinflussung beschränkt sich auf Tallagen und Abschnitte geringerer Neigung; örtlich und saisonal werden Flächen durch unterschiedlich starke Freizeitaktivitäten beansprucht.◆

Geoökologische Landschaftstypen

4

Prozessmerkmale der Landschaftstypen

Hauptfaktor der Boden- feuchte- und Stoffdynamik	Beeinflussung des Stoffhaushaltes gering	mäßig	stark	
Sicker-/Hangwasser	LT 10	LT 8	LT 5	LT 1
Stauwasser				LT 2
Grundwasser				LT 4
Hangwasser, Hangnässe		LT 9	LT 6	
Sicker-/Hang-, Grundwasser			LT 7	LT 3
Abfluss	LT 14			
uneinheitlich	LT 13, 15			

vorherrschende Prozessrichtung	lateral	vertikal
Höhenunterschiede/Hangneigung	hoch	gering
Intensität der vertikalen Stoffströme	gering	hoch

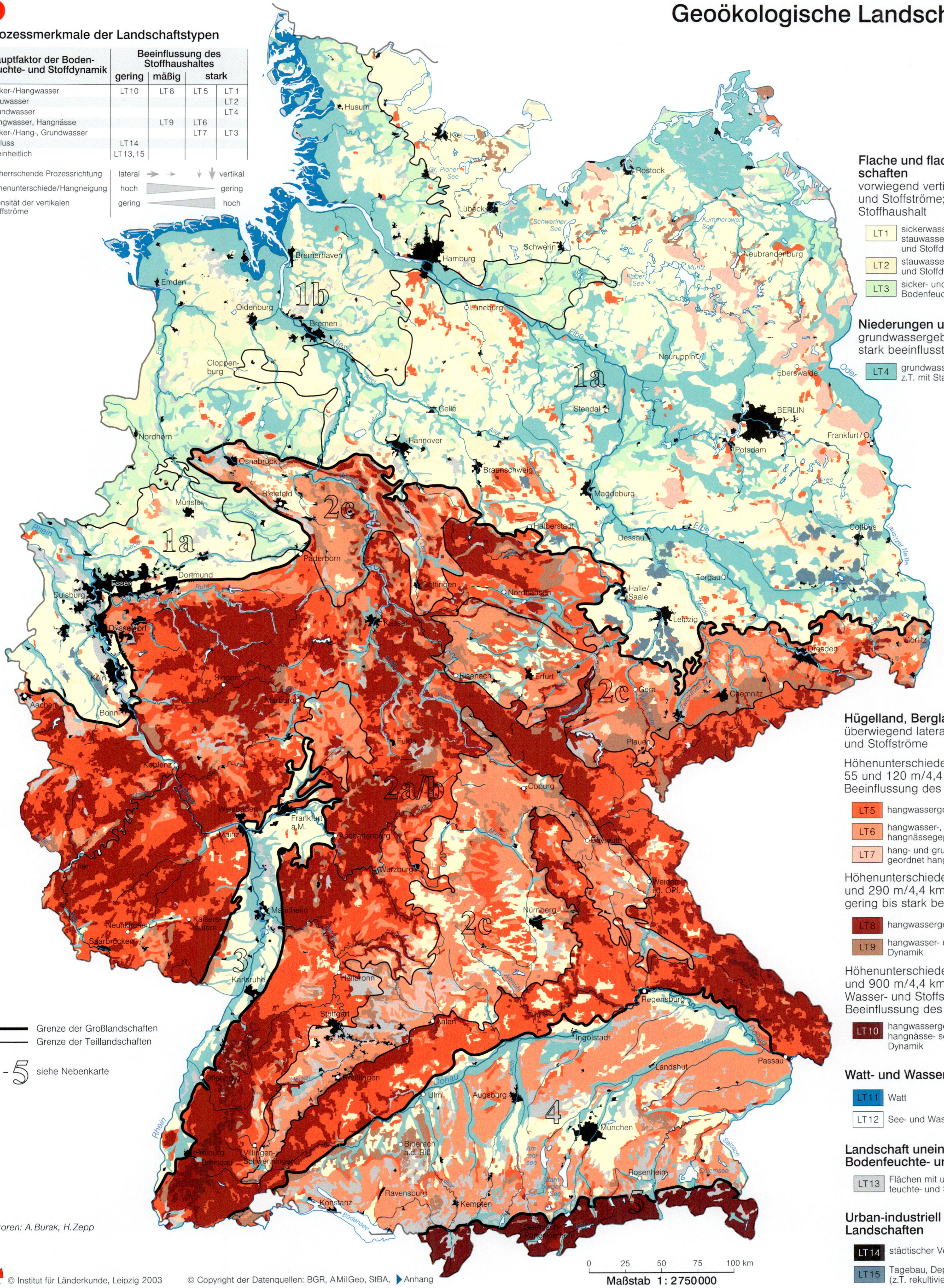

Flache und flachwellige Landschaften

vorwiegend vertikale Bodenwasser- und Stoffströme; stark beeinflusster Stoffhaushalt

- LT 1 sickerwassergeprägte, z.T. auch stauwassergeprägte Bodenfeuchte- und Stoffdynamik
- LT 2 stauwassergeprägte Bodenfeuchte- und Stoffdynamik
- LT 3 sicker- und grundwassergeprägte Bodenfeuchte- und Stoffdynamik

Niederungen und Flussauen

grundwassergebundene Stoffströme; stark beeinflusster Stoffhaushalt

- LT 4 grundwassergeprägte Stoffdynamik, z.T. mit Stauwasser im Oberboden

Hügelland, Bergland, Gebirge

überwiegend laterale Bodenwasser- und Stoffströme

Höhenunterschiede zwischen 55 und 120 m/4,4 km², starke Beeinflussung des Stoffhaushaltes

- LT 5 hangwassergeprägte Dynamik
- LT 6 hangwasser-, untergeordnet hangnässegeprägte Dynamik
- LT 7 hang- und grundwassergeprägte, untergeordnet hangnässegeprägte Dynamik

Höhenunterschiede zwischen 150 und 290 m/4,4 km², Stoffhaushalt gering bis stark beeinflusst

- LT 8 hangwassergeprägte Dynamik
- LT 9 hangwasser- und hangnässegeprägte Dynamik

Höhenunterschiede zwischen 500 und 900 m/4,4 km², intensive laterale Wasser- und Stoffströme, geringe Beeinflussung des Stoffhaushaltes

- LT 10 hangwassergeprägte, untergeordnet-hangnässe- sowie abflussgeprägte Dynamik

Watt- und Wasserflächen (ohne Meer)

- LT 11 Watt
- LT 12 See- und Wasserflächen

Landschaft uneinheitlicher Bodenfeuchte- und Stoffdynamik

- LT 13 Flächen mit uneinheitlichen Bodenfeuchte- und Stoffdynamikmosaiken

Urban-industriell geprägte Landschaften

- LT 14 stäctischer Verdichtungsraum
- LT 15 Tagebau, Deponie, Halde (z.T. rekultiviert)

Grenze der Großlandschaften

Grenze der Teillandschaften

1-5 siehe Nebenkarte

Autoren: A. Burak, H. Zepp

Anhang

Landschaften und ihre Namen

Herbert Liedtke

Die Notwendigkeit, sich in einem Gebiet zurechtzufinden, hat den Menschen schon früh dazu gezwungen, seine Umgebung mit Namen zu belegen, um Eigentumsrechte geltend zu machen, Wegbeschreibungen zu geben oder Eigenschaften eines Areals darzulegen. Je größer der Bereich wurde, den der Mensch sich erschloss, umso zahlreicher wurden die Gebiete, die einen bestimmten Namen erhielten. Meist waren es von der Natur geprägte Eigenarten, die zur Namensbildung führten, etwa der Erzreichtum im Erzgebirge oder die dichte Bewaldung in einem hochgelegen und landwirtschaftlich wenig ertragreichen Waldgebiet wie im Harz. Der Mensch war auf Grund seiner Erfahrungen schon früh fähig, ertragreiche von ungünstigen Lagen zu unterscheiden und verwendete gleiche Namen für Gebiete gleicher Ausstattung.

Eine leicht abgrenzbare Landschaft bildet der 80 km² große Elm bei Helmstedt, der sich durch seine Laubwaldbedeckung deutlich von der umliegenden kleinkammerigen Feldflur abhebt und der mit einer Höhe von 322 m als Folge tektonischer Heraushebung seine Umgebung um etwa 200 m überragt (▸ Foto).

Landschaft – ein regional umgrenzter kleinerer oder größerer Ausschnitt der Erdoberfläche mit eigenem Namen, der auf eine natürliche Ausstattung (Ried), einen Personennamen (Dithmarschen), einen Ortsnamen (Dübener Heide), eine historische Zugehörigkeit (Märkisches Land) oder eine besondere Prägung durch den Menschen hinweisen kann (Kannenbäckerland).

Herkunft und Deutung der Landschaftsnamen

Im Laufe der Zeit haben sich Benennungen für viele kleinere und größere Landschaften herausgebildet. Die meisten haben einen deutlichen Bezug zu natürlichen Bedingungen oder zu Besitzverhältnissen ①. Da letztere sich oft nicht lange gehalten haben, sind die meisten dieser Namen inzwischen längst vergangen. Die Mehrzahl der heute noch üblichen Landschaftsbezeichnungen, die einen historischen Bezug haben, geht auf Besitzungen zurück, wie sie bis zur Zeit des Reichsdeputationshauptschlusses 1803 bestanden, als unter dem Einfluss der Französischen Revolution die geistlichen Territorien in Deutschland aufgelöst und neu zugeordnet wurden; so entstand z.B. der Name Oldenburger Münsterland. Einige Landschaften verdanken ihren Namen auch einer speziellen Nutzung, so das Knoblauchsland oder die Hallertau.

Mit der Einführung des Erdkundeunterrichts in den deutschen Schulen in der zweiten Hälfte des 19. Jhs. bemühte man sich um eine übersichtliche Gliederung Deutschlands und schuf neue Namen für größere Regionen. So sind die heute geläufigen Begriffe Leipziger Tieflandsbucht oder Rheinisches Schiefergebirge entstanden, die in die Umgangssprache eingegangen sind und die wie gewachsene Landschaftsnamen empfunden werden.

Auch in der jüngeren Zeit wurden neue Landschaftsnamen geprägt, wie Ruhrgebiet oder Rhein-Main-Gebiet, und es werden sicher weitere Namen hinzu kommen. Andererseits verblassen Namen wie Krenland, oder Landschaften verändern ihre Grenzen wie im Allgäu, wo möglichst viele Orte von dem fremdenverkehrsträchtigen Landschaftsnamen profitieren wollen. Schließlich sei noch auf jene Namen hingewiesen, deren Ursprung nicht sicher festzustellen ist und selbst Sprachforschern Schwierigkeiten bei der Erklärung bereiten.

Mit der Herkunft der Namen beschäftigt sich die Namenforschung, die meist von der Germanistik ausgeht, aber auch andere Quellen heranziehen muss wie keltische, vorkeltische oder slawische Sprachen. Mancher Name geht auch auf die lateinische Sprache zurück (Ries von *lat.* raetia). Östlich von Elbe und Saale haben slawische Dialekte einer Vielzahl von Landschaften ihren Namen verliehen. So bezeichnet die *Zauche* (*slaw.* sucha, trocken) ganz trefflich ein Gebiet südwestlich von Potsdam, das vorwiegend aus dürftigen durchlässigen Sanden der letzten Eiszeit besteht.

Der waldbedeckte Elm zwischen Königslutter im NW, Schöppenstedt im S und Schöningen im SO liegt in der Mitte dieses Satellitenbildes. Bereits unsere Vorfahren hatten erkannt, dass der harte Muschelkalk des Elms mit seinen steileren Hängen viel schlechter zu nutzen war als die umliegenden schluffhaltigen ▷ Keuperböden oder der ▷ Löss. Im Osten des Bildes verläuft die Grenze zwischen Niedersachsen und Sachsen-Anhalt durch die Braunkohlengruben. Im NO berührt der bewaldete Lappwald das Bild (Lage des Ausschnitts, s. Karte).

Landschaften und naturräumliche Gliederung

Landschaften dürfen grundsätzlich nicht mit Einheiten der naturräumlichen Gliederung verwechselt werden. Während Landschaften volkstümlich benannte isolierte Gebiete sind (Barnim, Kellerwald), die sich gelegentlich berühren oder überlagern, wird bei der naturräumlichen Gliederung (Meynen u.a. 1953-62) das Gesamtgebiet Deutschlands hierarchisch von überall aneinander grenzenden Einheiten ② in sich ähnlicher natürlicher Ausstattung, aber unterschiedlicher Größe überzogen; Beispiele sind das Fulda-Werra-Bergland mit 2201 km² (Nr. 355) im Osthessischen Bergland (Nr. 35) oder die Oberhessische Schwelle mit 434 km² (Nr. 346) im Westhessischen Bergland (Nr. 34). Im Volksmund hat sich allerdings kaum einer der für wissenschaftliche Zwecke mit voller Berechtigung neu geschaffenen naturräumlichen Namen eingebürgert.◆

① Ursprung von Landschaftsnamen
Beispiele

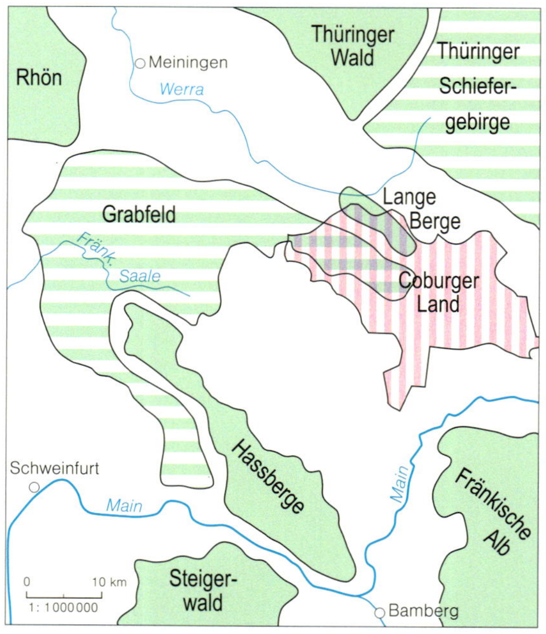

naturbezogene Landschaft
zur Landschaft gewordene naturnahe geographische Einheit
zur Landschaft gewordenes ehemaliges Territorium

Lage des Kartenausschnitts siehe Hauptkarte

 Autor: H. Liedtke

② Landschaften und naturräumliche Gliederung

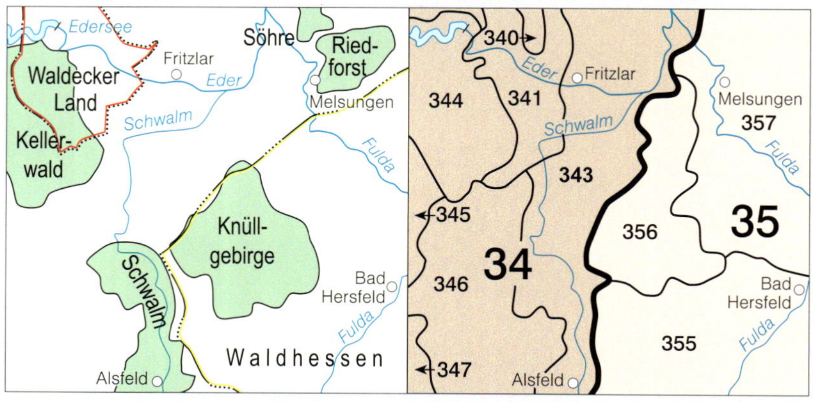

Autor: H. Liedtke *Lage des Kartenausschnitts siehe Hauptkarte*

0 10 20 km
1 : 1 000 000

34 Gruppe der naturräumlichen Haupteinheiten
346 naturräumliche Haupteinheit

Landschaften

Niedersächsisches Bergland
1 Wesergebirge
2 Süntel
3 Ottensteiner Hochfläche
4 Vogler
5 Kleiner Deister
6 Nesselberg
7 Osterwald
8 Ith
9 Thüster Berg
10 Külf
11 Sieben Berge
12 Vorberge
13 Duinger Berg
14 Sackwald
15 Selter
16 Helleberg
17 Heber
18 Elfas
19 Ahlsburg
20 Lichtenberge
21 Hainberg
22 Ambergau
23 Harplage
24 Goldene Mark

Hessisches Bergland
25 Rotes Land
26 Langer Wald

Östliches Westfalen
27 Lippischer Wald
28 Eggegebirge
29 Oberwälder Land
30 Nethegau
31 Soratfeld
32 Sintfeld
33 Haarstrang

Rheinisches Schiefergebirge
34 Briloner Hochfläche
35 Upland
36 Fredeburger Land
37 Wildenburgisches Land
38 Windhahn
39 Siebengebirge
40 Neuwieder Becken
41 Kondelwald
42 Wittlicher Senke
43 Meulenwald
44 Rheingaugebirge
45 Schwarzwälder Hochwald

Brandenburg
46 Ländchen Rhinow
47 Ländchen Friesack
48 Ländchen Bellin
49 Havelländisches Luch

Sachsen-Anhalt
50 Flechtinger Höhenzug
51 Großer Fallstein
52 Teufelsmauer

Thüringen
53 Ohmgebirge
54 Bleicheroder Berge
55 Kyffhäuser
56 Westerwald

Südwestdeutschland
57 Waldenburger Berge
58 Mainhardter Wald
59 Murrhardter Wald
60 Limpurger Berge
61 Frickenhofer Höhe

alteingebürgerte Landschaft mit oft natürlicher Begrenzung, z. B. Harz; gelegentlich Neuschöpfungen der beiden letzten Jahrhunderte, z.B. Bodenwöhrer Bucht
unsichere Begrenzung
Teilgebiete gleichen Hauptnamens, z. B. Hochschwarzwald
Begrenzung teils natürlicher, teils administrativer Art
historische Landschaft mit bis heute weitgehend erhaltenen administrativen Grenzen, z. B. Münsterland
historische Landschaft in Grenzen, die heute weder Kreis- noch Regierungsbezirksgrenzen sind
Wirtschaftslandschaft, z. B. Ruhrgebiet
Siedlungsfläche von Städten mit >100 000 Einwohnern

Nicht aufgenommen wurden Landschaftsbezeichnungen, die mit heutigen Verwaltungsgrenzen zusammenfallen, z.B. Oberfranken. Ferner fehlen Sande, Strände, Seemarschen und Halligen sowie ortsnamengebundene Landschaftsteile, z. B. Münsinger Alb. Forste sind erst ab ca. 50 km², Moore ab ca. 100 km² Fläche aufgenommen. Die zu Landschaftsnamen gewordenen geographischen Begriffe Rheinisches Schiefergebirge, Süderbergland, Oberrheingraben und Bayerische Alpen wurden weggelassen, um die Übersichtlichkeit zu erhalten. Die Karte enthält 710 Namen von Landschaften und deren Begrenzungen.

0 25 50 75 100 km
Maßstab 1 : 2 750 000

Autor: H. Liedtke

Die Geologie von Deutschland – ein Flickenteppich

Kristine Asch, Lothar Lahner und Arnold Zitzmann

Ammonit (*Xylophonerites*) aus dem mittleren Jura

Die geologische Geschichte von Deutschland ist komplex, interessant und genau so vielfältig wie das Muster, das uns die Karte ❷ zeigt. Wenn man diese geologische Karte von Deutschland betrachtet, erblickt man eine erstaunliche Vielfalt von bunt gefärbten Flächen und Strukturen, die sich auch in der Tiefe fortsetzen (Querschnitt ❶). Dieses Muster ist das Resultat von vielen, seit Hunderten von Jahrmillionen andauernden Prozessen, die unseren geologischen Untergrund geprägt haben: ▷ Sedimentation, Gebirgsbildung, Aufdringen von ▷ Magma und Vulkanausbrüche, ▷ Metamorphose, ▷ Abtragung und Vergletscherung.

In der Geologie werden Gesteine und Gesteinsgruppen in der Reihenfolge ihres Alters beschrieben, beginnend mit dem Ältesten. Dieser zeitlichen Reihenfolge folgt auch die nachstehende Beschreibung. In den Legenden geologischer Karten werden jedoch ganz oben die jüngsten Schichten und die ältesten ganz unten aufgeführt, so wie sie zumeist in der Natur vorkommen.

Im Verlauf der geologischen Geschichte wurde das Gebiet des heutigen Deutschlands immer wieder von Meeren überflutet und von Gebirgsbildungen beeinflusst. Die dabei entstandenen Gesteine lassen diese vielschichtige Entwicklung erkennen, die im Folgenden kurz beschrieben wird (vgl. ❹ und Geologische Zeittafel, S. 154/155).

Gesteine – Zeugen der Erdgeschichte

Die ältesten Gesteine Deutschlands entstanden im **Präkambrium** (vor mehr als 540 Mio. Jahren). Man findet sie in den Kristallingebieten, die sowohl aus ▷ metamorph umgewandelten Sedimentgesteinen als auch aus ▷ granitischen Tiefengesteinen bestehen. Dazu zählen der Bayerische und der Oberpfälzer Wald, das Erzgebirge und das Lausitzer Bergland, das sächsische Granulitgebirge, die Münchberger Gneismasse, der Schwarzwald sowie Teile des Odenwalds und Spessarts. Diese Gesteinskomplexe haben seit ihrer Entstehung starke Veränderungen durch Druck, Temperatur und wechselnden ▷ Chemismus erfahren und bilden heute jene metamorphen Gesteine, nach denen sie zum Teil sogar benannt sind (Granulitgebirge, Gneismasse).

Verborgen unter den mächtigen Sedimentmassen des Norddeutschen Tieflandes sind zudem durch Bohrungen Gesteine zu Tage gefördert worden, die zu den Ausläufern der ▷ Kaledoniden gehören, die vor etwa 500 bis 370 Mio. Jahren entstanden sind und sich von Schottland und Norwegen bis nach Norddeutschland ausdehnen.

Vom **Kambrium** bis ins **Silur** (vor 540 bis 410 Mio. Jahren) überfluteten flache Meere den deutschen Raum, wovon heute Tonschiefer und Sandsteine in Sachsen und Nordostbayern zeugen.

Im **Devon** (vor 410 bis 355 Mio. Jahren) vertieften sich diese Meere zu großen Becken, in denen sich mächtige Sedimente anhäuften, die heute im Rheinischen Schiefergebirge und im Harz sowie im Thüringisch-Fränkisch-Sächsischen Schiefergebirge als Tonschiefer, Sandsteine und Kalksteine zu finden sind.

Im **Unterkarbon** (vor 355 bis 320 Mio. Jahren) verstärkte sich die Bildung von Meeresbecken, die sich mit sandig-tonigen und kalkigen Sedimenten füllten. Zugleich wurden die seit dem Kambrium entstandenen Sedimentgesteine allmählich aufgefaltet. Dadurch entstand der ▷ variszische Gebirgsgürtel, in den teilweise auch die Kristallingebiete einbezogen wurden. Diese Varisziden ziehen sich von Deutschland über Frankreich und Südengland bis nach Spanien und verlaufen (*geologisch:* streichen) in der Regel von Südwesten nach Nordosten, wie z.B. im Rheinischen Schiefergebirge.

Im **Oberkarbon** (vor 320 bis 295 Mio. Jahren) war das Klima sehr warm. Große Teile Deutschlands waren von Urwald und Sümpfen bedeckt. Abgestorbene Bäume und anderes organisches Material sammelte sich in Senken und verwandelte sich im Laufe der Jahrmillionen durch die Auflast von überlagernden Sedimentpaketen zu ▷ Steinkohle, wie wir sie aus dem Ruhrgebiet kennen.

Die darauf folgende Zeit des **Perm** war durch ein warmes, trockenes Wüstenklima geprägt. Die rötlichen Wüstensandablagerungen des unterpermischen **Rotliegend** (vor 295 bis 260 Mio. Jahren), die oft – wie z.B. im Saar-Nahe-Gebiet – mit Vulkangesteinen vergesellschaftet sind, zeugen davon. In der anschließenden **Zechstein**-Zeit (vor 260 bis 250 Mio. Jahren) stießen von Norden her wiederholt flache Meere vor, die allmählich verdunsteten und Kalkstein, Dolomit und Salz hinterließen, z.B. die Stein- und Kalisalze, die noch heute in Norddeutschland und im Raum Hessen-Thüringen abgebaut werden (▶▶ Beitrag Ellenberg, S. 56).

Auch in der **Trias** bestand Deutschland hauptsächlich aus Festland, vor allem während der Epochen des Buntsandsteins (vor 250 bis 240 Mio. Jahren) und Keupers (vor 230 bis 203 Mio. Jahren), als in Flüssen und Seen Sand- und Tonsteine entstanden. Nur in der Zeit dazwischen überflutete das Meer unser Gebiet und hinterließ die Kalk- und Tonsteine des Muschelkalks.

Im **Jura** (vor 203 bis 135 Mio. Jahren) war hier wieder größtenteils →

❶ Geologischer Querschnitt durch Deutschland

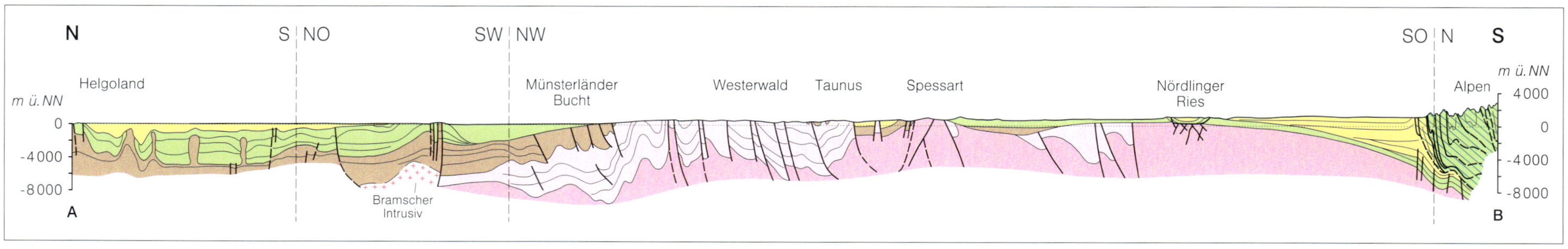

Deckgebirge
- Känozoikum
- Mesozoikum
- Jung-Paläozoikum

Grundgebirge
- variszisch
- prävariszisch
- gefaltet
- Plutonit
- geologische Grenze
- Störung

0 25 50 75 100 km
Maßstab 1 : 3750000

Das Profil ist fünffach überhöht dargestellt.

2

Geologie

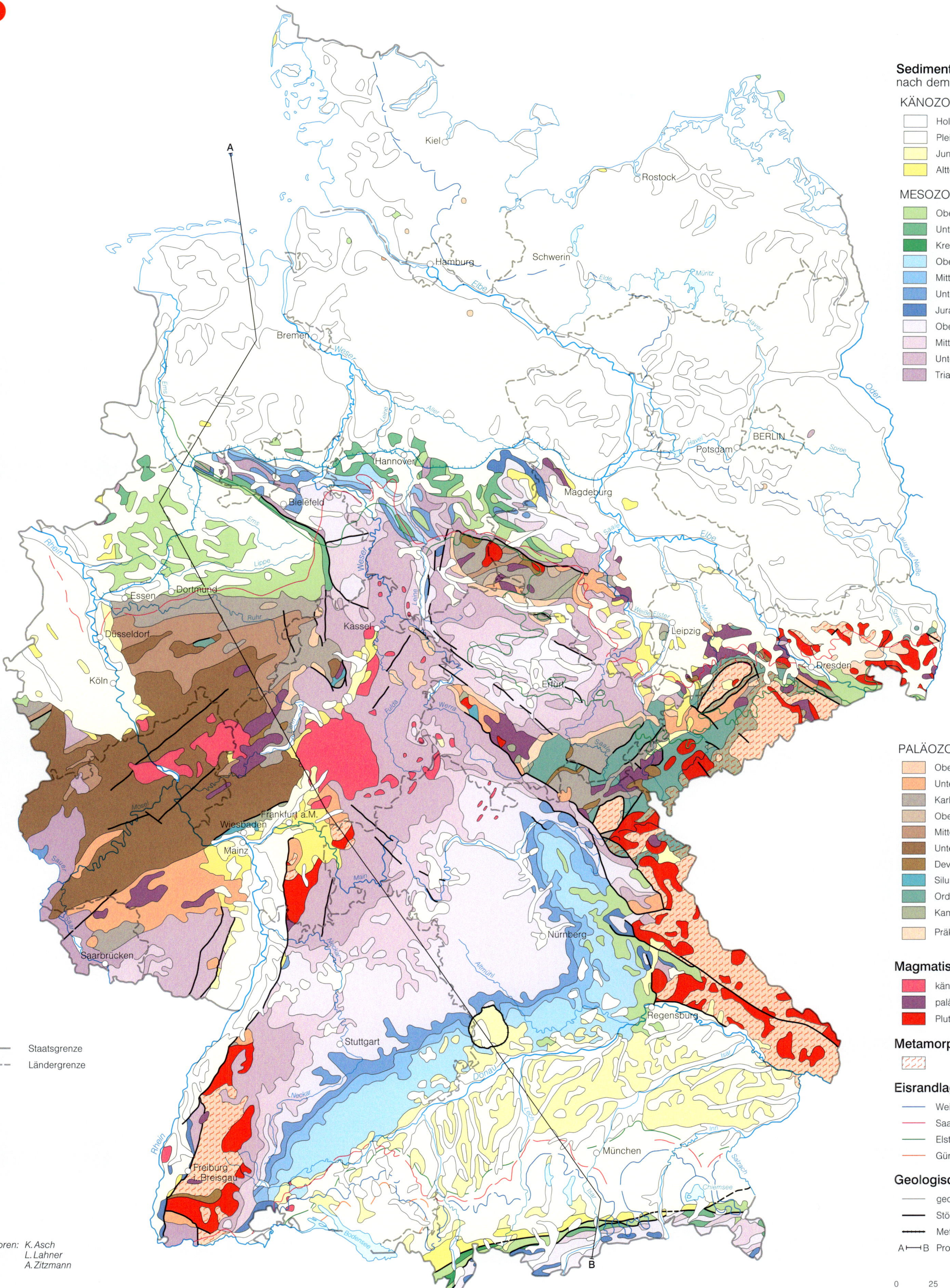

Sedimentgesteine
nach dem Alter

KÄNOZOIKUM

- Holozän } Quartär
- Pleistozän } Quartär
- Jungtertiär (Neogen)
- Alttertiär (Paläogen)

MESOZOIKUM

- Oberkreide
- Unterkreide
- Kreide (ungegliedert)
- Oberer Jura (Malm)
- Mittlerer Jura (Dogger)
- Unterer Jura (Lias)
- Jura (ungegliedert)
- Obere Trias (Keuper)
- Mittlere Trias (Muschelkalk)
- Untere Trias (Buntsandstein)
- Trias (ungegliedert)

PALÄOZOIKUM

- Oberes Perm (Zechstein)
- Unteres Perm (Rotliegend)
- Karbon
- Oberdevon
- Mittel- und Oberdevon
- Unterdevon
- Devon (ungegliedert)
- Silur
- Ordovizium
- Kambrium
- Präkambrium

Magmatische Gesteine

- känozoische Vulkanite
- paläozoische Vulkanite
- Plutonite

Metamorphe Gesteine

Eisrandlagen

- Weichsel-/ Würmeiszeit
- Saale-/ Risseiszeit
- Elster-/ Mindeleiszeit
- Günzeiszeit

Geologische Linien

- geologische Grenze
- Störung
- Meteoritenkrater
- A—B Profillinie

- Staatsgrenze
- Ländergrenze

0 25 50 75 100 km

Maßstab 1 : 2 750 000

Autoren: K. Asch
L. Lahner
A. Zitzmann

3 Nördlinger Ries
Ries und Trümmermassen

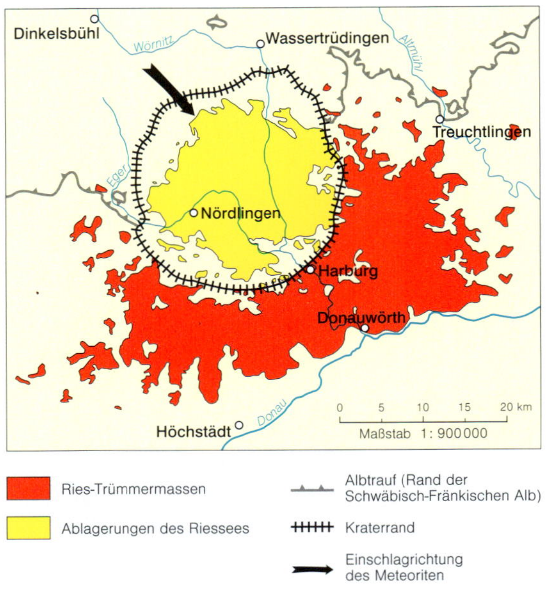

Meeresgebiet. In diesem Zeitraum wurden mächtige Schichten aus Kalk-, Sand- und Tonsteinen abgelagert, die zusammen mit denen der Trias die Schichtstufen und Schichtrippen in Süddeutschland und im Weser- und Leinebergland prägen (▶▶ Beitrag Beyer/ Schmidt, S. 84).

Die Überflutungen hielten wenigstens im Norden bis in die **Kreide** (vor 135 bis 65 Mio. Jahren) an. Neben der Schreibkreide, wie sie von Rügen bekannt ist, entstanden Kalk- und Tonsteine und in damaliger Küstennähe Sandsteine, die z.B. im Teutoburger Wald und Eggegebirge, im Deister und am Harzrand sowie im Elbsandsteingebirge und bei Zittau oft zu bizarr geformten Felsgebilden ausgewaschen wurden.

In der Kreide begann im Süden Europas die Entstehung der **Alpen**, die bis heute andauert. Die Alpen sind als geologisch junges Gebirge vergleichsweise hoch und noch nicht so weit durch ▷ Erosion abgetragen worden wie die älteren Gebirgszüge der Varisziden, die uns heute nur als Mittelgebirge bekannt sind. Die Alpen sind ein typisches Faltengebirge, unter anderem charakterisiert durch die Bildung ausgedehnter Gesteinskörper, die aus ihrem Verband gerissen, verschoben und zu Decken übereinander gestapelt wurden.

Im mittleren und südlichen Deutschland waren im **Tertiär** (vor ca. 65 bis 1,75 Mio. Jahren) zahlreiche Vulkane aktiv. Die ▷ Vulkanite von z.B. Vogelsberg, Knüll, Rhön, Habichtswald und Meißner in Hessen, in der Lausitz und in Nordbayern, im Westerwald und dem rheinischen Siebengebirge, vom Kaiserstuhl im Breisgau und dem Hohentwiel in Schwaben (vgl. historische Abb. S. 61) zeugen davon, und nicht zuletzt die Kraterseen der Eifelmaare, deren Entstehung bis tief ins Quartär reicht. Im Tertiär bildete sich die ▷ Braunkohle der Niederrheinischen, Mitteldeutschen, Lausitzer und Helmstedter Reviere.

Auch die Absenkung des Rheingrabens und seine allmähliche Füllung mit Sedimenten geschah im Tertiär, während im Alpenvorland die Schuttmassen aus den aufsteigenden Alpen als ▷ Molasse abgelagert und teilweise noch in die Faltung der Alpen einbezogen wurden.

Im Jungtertiär (vor ca. 14,7 Mio. Jahren) schlug bei Nördlingen ein Meteorit ein und veränderte Gesteine und Landschaft der Umgebung nachhaltig. Noch heute zeugt der Krater des Nördlinger Rieses mit einem Durchmesser von etwa 23 Kilometern von der Wucht des Einschlags **3**.

Als jüngste und bis heute andauernde geologische Periode begann das **Quartär** vor 1,75 Mio. Jahren. Im Pleistozän, bis vor 10.000 Jahren, wurde Deutschland durch Ablagerungen und Landschaftsformen des Eises geprägt, wie z.B.

Wie entsteht eine geologische Karte?

Die geologische Aufnahme eines Gebietes erfolgt in der Regel auf der Basis amtlicher topographischer Kartenblätter der Länder im Maßstab 1:25.000. Die überregionale Geologie wird in den Maßstäben 1:200.000 und kleiner dargestellt. Grundlage der geologischen Erfassung ist die Begehung des Geländes. Der Geologe bzw. die Geologin führt an Stellen, an denen Gesteine zu Tage treten (Aufschlüsse), eine erste Bestimmung mit Hammer und Lupe durch, er/sie misst die Lagerung (das Streichen und Einfallen) der Schichten mit einem speziellen Geologenkompass, nimmt Proben und trägt die Grenzen der Verbreitung der geologischen Einheiten in die topographische Karte ein.

Weitere wesentliche Arbeitsschritte finden dann in den Laboratorien unter Einbeziehung verschiedener Spezialdisziplinen statt. Fossilien (▶ Foto), die einen Hinweis auf das Alter der Schichten geben können, werden paläontologisch bestimmt, Gesteinsproben werden mineralogisch auf ihre Zusammensetzung untersucht und nach bestimmten Typen klassifiziert, und ihr Stoffbestand wird geochemisch ermittelt. Gegebenenfalls erfolgt auch eine Altersbestimmung mit Isotopenmethoden (K/Ar, C^{14} usw.).

Sobald diese Bausteine ermittelt sind, werden sie unter Einbeziehung weiterer Daten z.B. aus Bohrungen, geophysikalischen Messungen oder mineralogischen Befunden zu einem einheitlichen Ganzen zusammengefügt. Die fertige geologische Karte **2** zeigt dann die Verbreitung der Gesteine an der Oberfläche, wobei die einzelnen Einheiten nach Alter, Stoffbestand und Entstehung in der Legende mit Farben, Symbolen und einer Kurzbeschreibung dargestellt werden. Mit Hilfe von Schnitten und Tiefenprofilen wird eine räumliche Vorstellung über den Untergrund und den Bau der Schichten vermittelt.

Nutzen der Geologie und der geologischen Karte

Geologische Karten haben seit jeher grundsätzliches Wissen zur Verteilung natürlicher Ressourcen wie z.B. von Erz, Öl, Wasser oder Kohle enthalten. Sie können, richtig gelesen und interpretiert sowie durch geophysikalische und geotechnische Methoden unterstützt, vor natürlichen Gefahren wie z.B. Hangrutschungen oder Erdbeben warnen. Sie enthalten aber auch wichtige Informationen über die bestmöglichen Standorte zur Einrichtung von Wasserschutzgebieten, für Straßen, Deponien und Baugrund. Geologische Karten sind die Grundlage für Umwelt- und Regionalplanungen. Für Experten stellen sie nicht nur die Oberflächenverteilung von Gesteinen dar, sondern geben auch Hinweise zur Verteilung der Gesteine in der Tiefe und erlauben eine dreidimensionale Vorstellung.

Zunehmend werden geowissenschaftliche Daten in computergestützten Informationssystemen (GIS) vorgehalten, so dass die geologische Karte nur mehr eine von verschiedenen Abfragemöglichkeiten darstellt. Die geologischen Daten können mit den Daten anderer Fachgebiete (z.B. Bodenkunde, Hydrologie, Naturschutz) relativ einfach verglichen und kombiniert werden. So können bei akuten Fragestellungen, wie z.B. bei Überschwemmungen, Erdbeben oder auch bei Standortfindungsprozessen, Sofortmaßnahmen ergriffen bzw. die Entscheidungsfindung schnell und effektiv unterstützt werden.

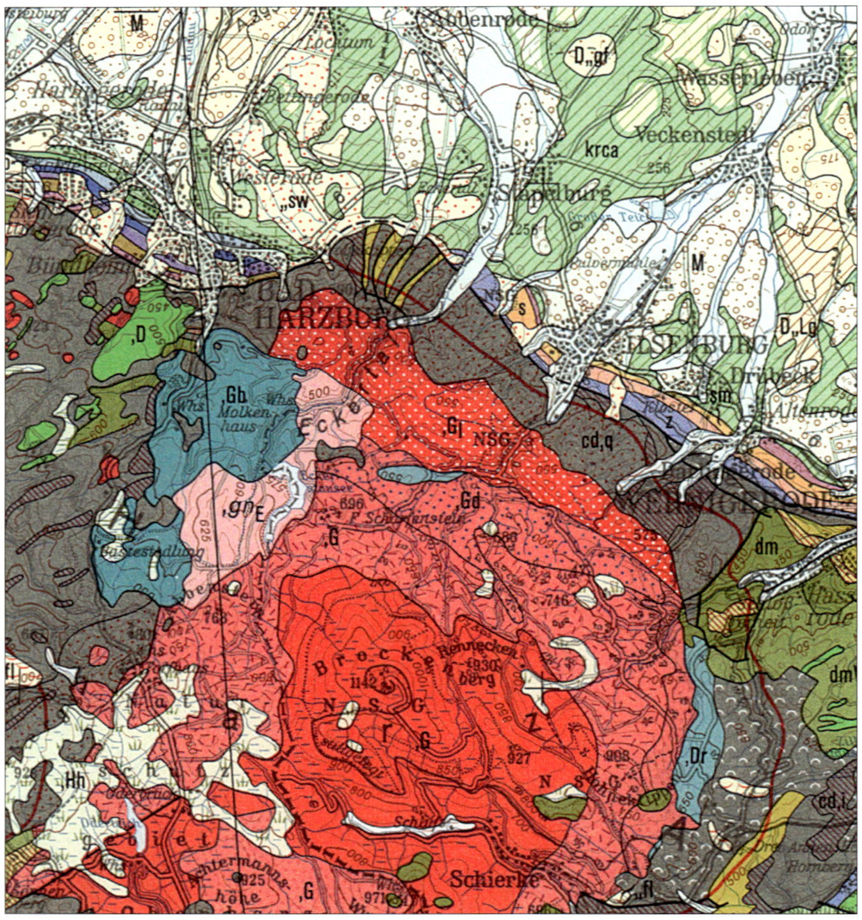

Der Brocken – Ausschnitt aus der geologischen Übersichtskarte 1 : 200.000 von 1986

▷ Endmoränen, ▷ Grundmoränen und ▷ Urstromtäler. In Norddeutschland reichten die Gletscher aus Skandinavien quer über die heutige Ostsee und nach Süden bis zu den Mittelgebirgen, während die Gletscher aus den Alpen von Süden her in das Alpenvorland vorstießen. Die Reichweite der drei Hauptvergletscherungen im norddeutschen und der vier Hauptvergletscherungen im alpinen Raum, jeweils durch Warmzeiten unterbrochen, ist gut anhand der Eisrandlagen in der Karte 2 nachvollziehbar (▶▶ Beitrag Liedtke, S. 66). Dem Eis ist es auch zuzuschreiben, dass große Teile Norddeutschlands und das Alpenvorland auf der Karte vergleichsweise einheitlich wirken: das Eis hat den Untergrund regelrecht abgeschmirgelt und bei seinem Rückzug mächtige Sedimente hinterlassen. Nur die Flussablagerungen des Holozän (10.000 Jahre alt und jünger), des Zeitabschnittes, in dem wir leben, unterbrechen dieses Bild.

Zur Entwicklung des Lebens

Die Entwicklung des Lebens begann im Meer. Sie ist eng mit der Erdgeschichte verbunden 4. Schon im Präkambrium gab es einfachste Lebensformen, z.B. Algen, aber erst mit dem Beginn des Paläozoikums setzte eine kräftige Entwicklung des Lebens ein. Zunächst herrschten niedere Tiere vor, wie z.B. Trilobiten und Brachiopoden. Im Devon übernahmen die Fische als erste Wirbeltiere diese Rolle. Zur gleichen Zeit erschienen auf dem Festland die ersten Pflanzen, die im Oberkarbon eine so große Rolle spielten. Aber auch die Tiere nahmen das Festland in Besitz. Im Karbon und Perm dominierten Amphibien (Lurche) zu Wasser und zu Land. Mit dem Beginn des Mesozoikums hingegen trat eine neue Tierwelt in den Vordergrund. Das Land wurde nun von Reptilien beherrscht, hauptsächlich Sauriern und Krokodilen. Zum ersten Mal traten auch Säugetiere und Vögel auf. Das Meer war von Ammoniten (▶ Foto, S. 32) und Seeigeln, aber auch von Fischen und Sauriern bevölkert. In der Pflanzenwelt entwickelten sich u.a. die Nadelbäume und schließlich die Blütenpflanzen. An der Wende von der Kreide zum Tertiär starben die Dinosaurier und andere Tierarten aus und ließen Raum für eine rasche Entwicklung der Säugetiere und Vögel und schließlich auch des Menschen.

Gebirge – Folge mobiler Kontinentalplatten

Nach heute gängiger Vorstellung schreibt man die Gebirgsbildungen dem Zusammenstoß großer kontinentaler Platten zu (▶▶ Beitrag Küster/Stöckhert, S. 36). Ozeanische Platten bilden den Boden unserer Ozeane. So hat die Kollision der Nordamerikanischen Platte mit dem präkambrischen Europa im frühen Paläozoikum zur Entstehung der Kaledoniden geführt, während die variszische Gebirgsbildung im späten Paläozoikum auf die Kollision von Europa und Gondwana, einem damals aus Afrika, Indien, Australien und Südamerika bestehenden Erdteil, zurückgeführt wird.

Die Alpen hingegen werden der Kollision der afrikanischen Platte (Gondwana war inzwischen zerfallen) mit der europäischen Platte zugeschrieben. Die bei diesem Zusammenstoß entstandenen Kräfte waren der Motor zur Faltung und Loslösung riesiger Gesteinskörper aus den ursprünglichen Gesteinsverbänden und zu ihrem Transport als Decken über beachtliche Entfernungen. Man kann davon ausgehen, dass z.B. die Gesteine der Kalkalpen über eine Entfernung von mehr als 100 Kilometern transportiert worden sind.

Diese dynamischen Vorgänge dauern heute noch an. So heben sich z.B. die Alpen – nach aktuellen Messungen in den Zentralalpen – bis zu einem Millimeter pro Jahr, und der Rheingraben vertieft und verbreitert sich noch. Das geologische Bild Deutschlands wird in einigen Millionen Jahren sicherlich anders aussehen, als sich uns heute darbietet.◆

4 Erdgeschichte im Überblick

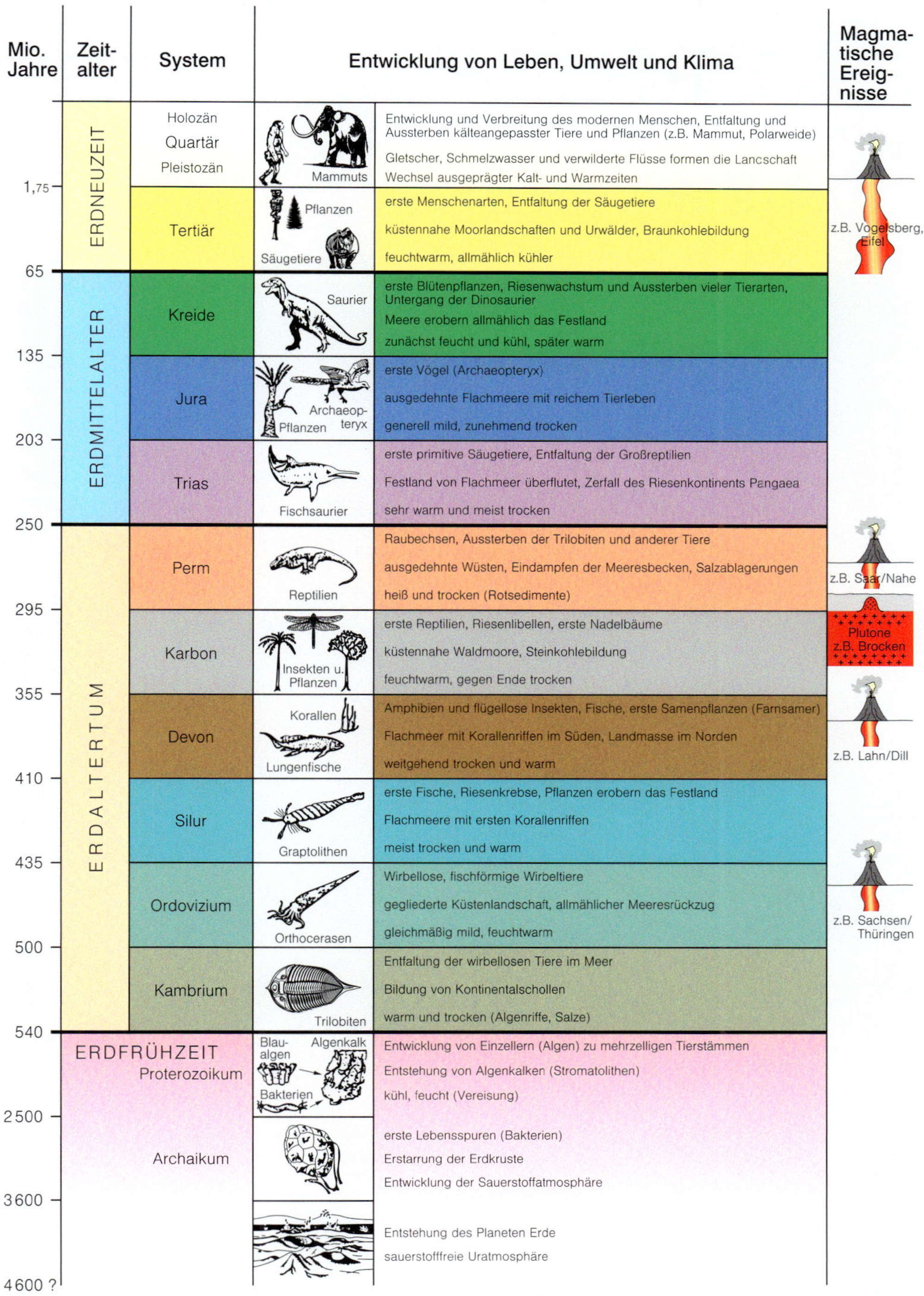

Institut für Länderkunde, Leipzig 2003

▶▶ vgl. Geologische Zeittafel im Anhang, S.154/155

5 Geologischer Querschnitt durch den Alpenrand bei Rosenheim

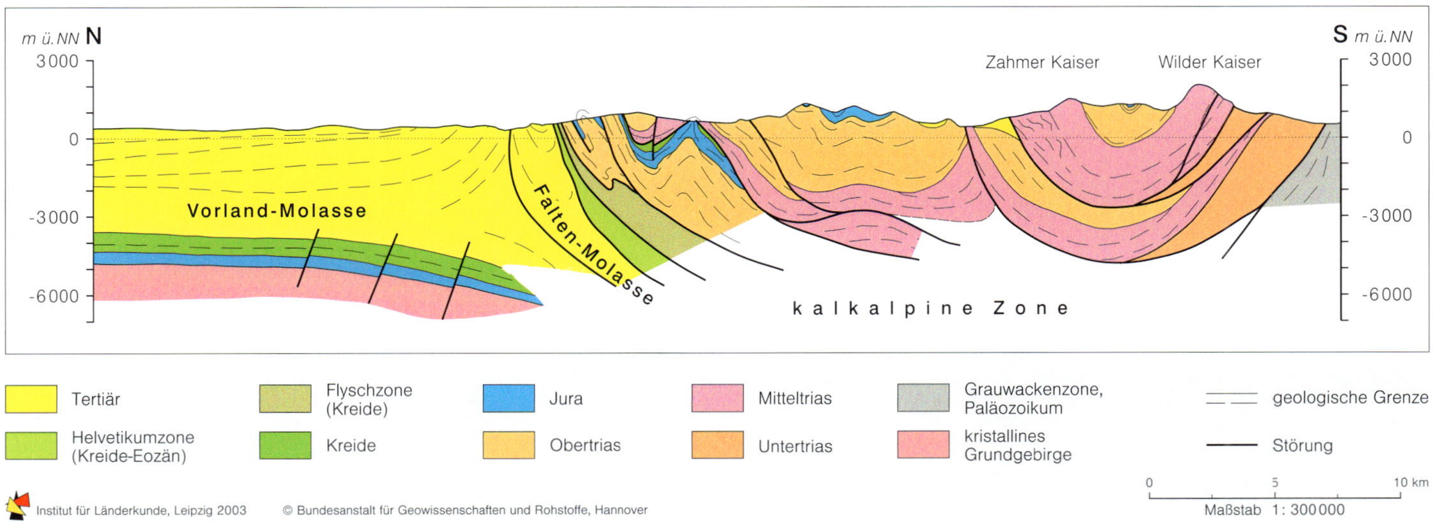

Institut für Länderkunde, Leipzig 2003

Der tektonische Bau Deutschlands

Martina Küster und Bernhard Stöckhert

1 Nordrand des Harzes bei Thale
Querprofil

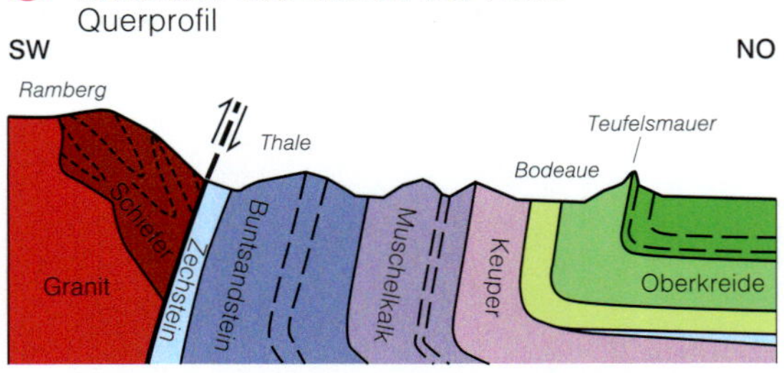

Das variszische Grundgebirge aus Schiefern und Granit ist von Süden auf das mesozoische Deckgebirge aufgeschoben, wobei diese Schichten steil gestellt wurden.

2 Salzstock im Untergrund Norddeutschlands
Profil

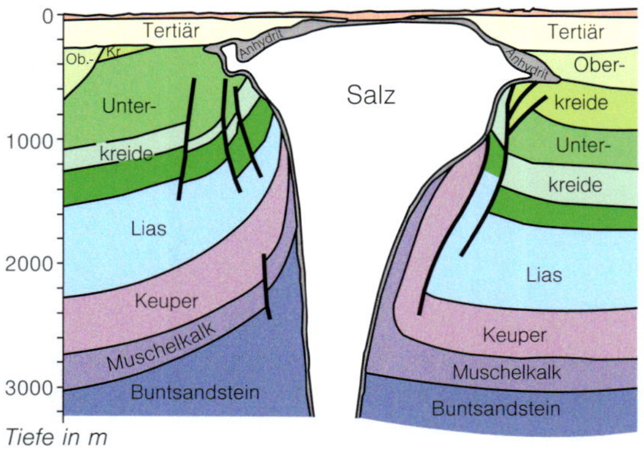

Das – im Gegensatz zu anderen Gesteinen – auch bei niedrigen Temperaturen fließfähige Salz steigt unter der Auflast der jüngeren Sedimentgesteine in Form von Salzstöcken auf, wobei die darüberliegenden Schichten verformt werden.

3 Oberrheingraben

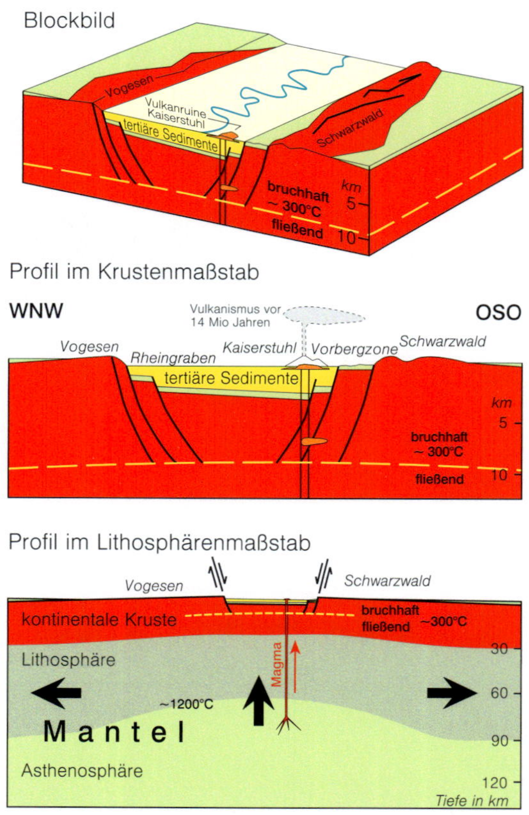

Die Störungen am Grabenrand reichen bis 10 km Tiefe. Dort beginnen die Gesteine bei Temperaturen von etwa 300°C sich (extrem langsam) plastisch zu verformen.

4 Rheinisches Schiefergebirge
Querprofil im Krustenmaßstab

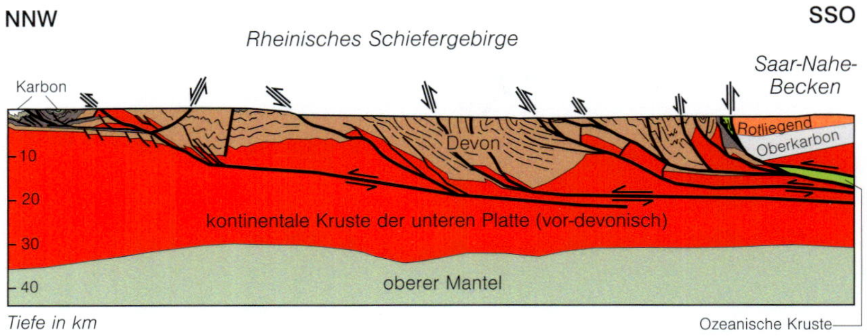

Bei der Kollision zweier Kontinente vor etwa 300 Millionen Jahren wurden die mächtigen devonischen Sedimentpakete durch Faltung und Überschiebung von ursprünglich etwa 300 km Breite auf etwa 150 km Breite zusammengestaucht.

Die Erde ist ein unruhiger Planet. Getrieben durch die Restwärme aus der Zeit ihrer Entstehung und durch die Wärmeproduktion beim radioaktiven Zerfall wird der Erdmantel kontinuierlich umgewälzt. Diese ▷ Konvektion erfolgt im festen Zustand und daher für menschliche Zeitmaßstäbe sehr langsam. Sie führt jedoch zu einer kontinuierlichen Verformung der Erdkruste, der äußersten Schale der Erde, auf deren Oberfläche sich unser Leben abspielt. Die Verformung der Erdkruste ist Gegenstand der ▷ Tektonik, eines Zweiges der Geowissenschaften.

Deutschland liegt auf kontinentaler Kruste im Inneren der Eurasischen ▶ Platte. Die nächsten Plattengrenzen liegen heute im Mittelmeerraum (▶ konvergent) und am mittelatlantischen Rücken (▶ divergent). Die Alpen repräsentieren eine geologisch junge Kollisionszone zwischen dem Mikrokontinent Apulia und Europa. Bei dieser Kollision, die im ▷ Tertiär vor weniger als 50 Mio. Jahren erfolgte, wurde die im Verhältnis zum Erdmantel spezifisch leichtere kontinentale Kruste verdickt und in Folge dessen mit Geschwindigkeiten von etwa einem Millimeter pro Jahr herausgehoben, was zur Entstehung des Hochgebirges der Alpen führte. Kollisionen zwischen größeren und kleineren Kontinenten haben in Mitteleuropa nördlich der Alpen zuletzt vor rund 400 bis 300 Mio. Jahren stattgefunden. Man spricht von der ▷ variszischen Gebirgsbildung. Die abgetragenen Gebirge aus jener Zeit bauen die unteren Stockwerke der kontinentalen Kruste unter Deutschland auf.

Nördlich der Alpen ist die Kruste etwa 30 km dick. Aufbau und Struktur der tieferen Stockwerke sind nur aus geophysikalischen Experimenten bekannt. Die tiefste deutsche Bohrung, die kontinentale Tiefbohrung (KTB) Oberpfalz bei Windischeschenbach hat 1994 mit 9101 m nicht einmal ein Drittel der Gesamtdicke der Kruste durchstoßen. Anhand von Oberflächenaufschlüssen, Bohrungen und Bergbau sowie Ergebnissen der geophysikalischen Tiefenerkundung lässt sich der Krustenaufbau in Deutschland räumlich und zeitlich wie folgt gliedern 5:

(1) Das **variszische Grundgebirge** besteht in Deutschland aus Gesteinen, die vor mehr als 300 Mio. Jahren im ausgehenden Erdaltertum (▷ Paläozoikum) in unterschiedlicher Tiefe bei entsprechenden Drucken und Temperaturen zum Teil sehr stark deformiert wurden. Es enthält außerdem Tiefengesteine, vor allem Granite, die durch langsame Abkühlung in großen ▷ Magmenkammern auskristallisierten. Im heutigen Mitteleuropa befanden sich damals mehrere Plattengrenzen mit dazwischenliegenden Kleinplatten, bei deren abschließender Kollision die heute zusammenhängende kontinentale Kruste Europas zu einem ausgedehnten Bereich innerhalb der Eurasischen Platte verschweißt wurde (variszische Gebirgsbildung). In der Karte wird – stark vereinfacht – unterschieden zwischen Grundgebirge aus mittel- bis hochgradig ▷ metamorphen Gesteinen, die einst in mehr als 15 km Tiefe bei Temperaturen von über 500 °C gelegen haben, Grundgebirge aus niedriggradig metamorphen Gesteinen, die bei der variszischen Gebirgsbildung weniger als etwa 15 km tief versenkt waren, sowie Grundgebirge aus gefalteten ▷ oberkarbonischen Sedimentgesteinen mit Steinkohleflözen.

(2) Die **spätvariszischen Sedimentbecken und Gräben** sind durch Dehnung der Kruste im frühen ▷ Perm (▷ Rotliegend) während der Abtragung des variszischen Gebirges entstanden. Sie sind mit ▷ grobklastischen Sedimentgesteinen gefüllt, dem Abtragungsschutt des variszischen Gebirges. Dazu wurden in heftigen Vulkanausbrüchen große Mengen von Magma gefördert, das zu vulkanischen Gesteinen erstarrte.

(3) Das **permo-mesozoische Deckgebirge** in Deutschland besteht aus den Sedimenten, die sich größtenteils in einem ▷ Schelfmeer im Zeitraum zwischen etwa 250 und 65 Mio. Jahren vor heute auf dem variszischen Grundgebirge abgelagert haben (▶▶ Beitrag Asch/Lahner/Zitzmann, S. 32). Die Öffnung des Atlantiks und der kleineren ozeanischen Bereiche im Süden Mitteleuropas wirkte sich im ▷ Mesozoikum auch in Mitteleuropa durch wiederholte Verformung aus, wobei sich neue Störungen bildeten und bereits existierende in unterschiedlicher Weise reaktiviert wurden 1. Diese bestimmen insbesondere im mittleren Teil Deutschlands das kleinräumige Verteilungsmuster von Grund- und Deckgebirge, während im Süden eine weiträumige Aufwölbung zur Entwicklung des Schichtstufenlandes (▶▶ Beitrag Beyer/Schmidt, S. 84) führte. Eine besondere Rolle spielt in Mitteleuropa das Salz, das im oberen Perm (Zechstein) abgelagert wurde. Da Salz im Gegensatz zu anderen Gesteinen schon bei den niedrigen Temperaturen der oberen Kruste im festen Zustand langsam fließen kann, bildeten sich im Verbreitungsgebiet der Zechsteinsalze in Norddeutschland zahlreiche Salzstöcke 2. Die überlagernden mesozoischen und tertiären Sedimentgesteinsschichten wurden dabei vom aufsteigenden Salz nach oben gebogen und zerbrochen. An einigen Stellen liegen diese vom Salz nach oben geschobenen Gesteine heute frei, umgeben von ▷ quartären Ablagerungen, z.B. auf Helgoland, in Lüneburg sowie in Rüdersdorf und Sperenberg bei Berlin.

(4) Die **alpinen Decken** wurden bei der Kollision im Tertiär auf den Südrand des europäischen Kontinents geschoben. Nur ihre vorderste Front liegt in Deutschland. Die vom Mikrokontinent Apulia stammenden Decken wurden relativ zu Europa um Hunderte von Kilometern überschoben. Unter ihrer Auflast senkte sich am Nordrand der Alpen die Kruste ab dem mittleren Tertiär, und das dabei entstehende ▷ Molassebecken nahm den Abtragungsschutt des im Süden aufsteigenden Gebirges auf. Die Mächtigkeit der Sedimentserien nimmt von Norden nach Süden zu und erreicht über 4 km. Am Alpenrand wurden die Sedimente der Molasse im späten Tertiär durch die fortschreitende Kollision zusammengestaucht und von den alpinen Decken um viele Kilometer überfahren.

(5) Zeitgleich mit der Kollision in den Alpen bildeten sich markante **tertiäre Gräben**. Sie sind Ausdruck einer horizontalen Dehnung der Kruste und

Plattentektonik

Erst seit den sechziger Jahren des 20. Jhs. haben die Geowissenschaftler mit dem Modell der Plattentektonik einen einheitlichen Rahmen zur Erklärung aller tektonischen Prozesse geschaffen. Die Lithosphäre, bestehend aus der Erdkruste und dem obersten Stockwerk des Erdmantels, zerfällt in eine Reihe von Platten, die sich unabhängig voneinander mit Geschwindigkeiten von einigen Zentimetern pro Jahr bewegen. Es gibt dabei zwei Arten von Kruste, die ozeanische Kruste, die etwa zwei Drittel der Erdoberfläche unterlagert, und die kontinentale Kruste. Sie unterscheiden sich in Dicke, Struktur, chemischer Zusammensetzung, Art der Gesteine sowie Entstehungsgeschichte und Alter grundlegend. Die Topographie der Erde wird von Art und Alter der Kruste sowie von deren tektonischer Geschichte bestimmt. Die Grenzen zwischen den Platten sind die Bereiche, in denen die Erdkruste am raschesten und intensivsten verformt wird. Je nachdem, ob sich die Platten voneinander weg, aufeinander zu oder tangential aneinander vorbei schieben, spricht man von **divergenten**, **konvergenten** oder **konservativen** Plattengrenzen. An divergenten Plattengrenzen wird neue ozeanische Lithosphäre gebildet, an konvergenten Plattengrenzen alte ozeanische Lithosphäre in den Erdmantel zurückgeführt; man spricht von Subduktion. Treffen an einer konvergenten Plattengrenze Kontinente aufeinander, so spricht man von Kollision. Die Subduktion kommt zum Stillstand und die Kruste der kollidierenden Kontinente wird übereinandergeschoben und zusammengestaucht. Dabei bilden sich Gebirgszüge.

durch steile ▷ Abschiebungen begrenzt, die zum Teil auch heute aktiv sind (▶▶ Beitrag Grünthal, S. 44). Dies gilt insbesondere für die Niederrheinische Bucht und den Oberrheingraben ❸, in dem die Mächtigkeit der tertiären Sedimente bis zu über 3 km beträgt. Um diesen Betrag hat sich die Grabensohle eingesenkt, während sich die Flanken in Schwarzwald und Vogesen um mehr als 1 km gehoben haben. Die ▷ Lithosphäre hat sich bei der Bildung des Oberrheingrabens um etwa 5 km senkrecht zum Verlauf des Grabens gedehnt.

(6) Weite Teile von Mitteleuropa wurden im jungen Tertiär und im Quartär um bis zu einigen hundert Metern gehoben, so das Rheinische Schiefergebirge ❹, der Harz und das Erzgebirge. In den herausgehobenen Gebieten ist das mesozoische Deckgebirge zum großen Teil abgetragen, und das Grundgebirge oder die darauf liegende Füllung der spätvariszischen Senken und Gräben sind freigelegt. Diese Hebung ist in vielen Bereichen mit der Entstehung von Vulkan-Feldern (▶▶ Beitrag Schmincke, S. 60) verbunden, zum Beispiel in Eifel und Westerwald. Vulkanismus ist auch an die tertiären Grabenstrukturen gebunden, zum Beispiel im Kaiserstuhl ❸ (▶▶ Beitrag Mäckel, S.64).◆

❺ **Tektonik**

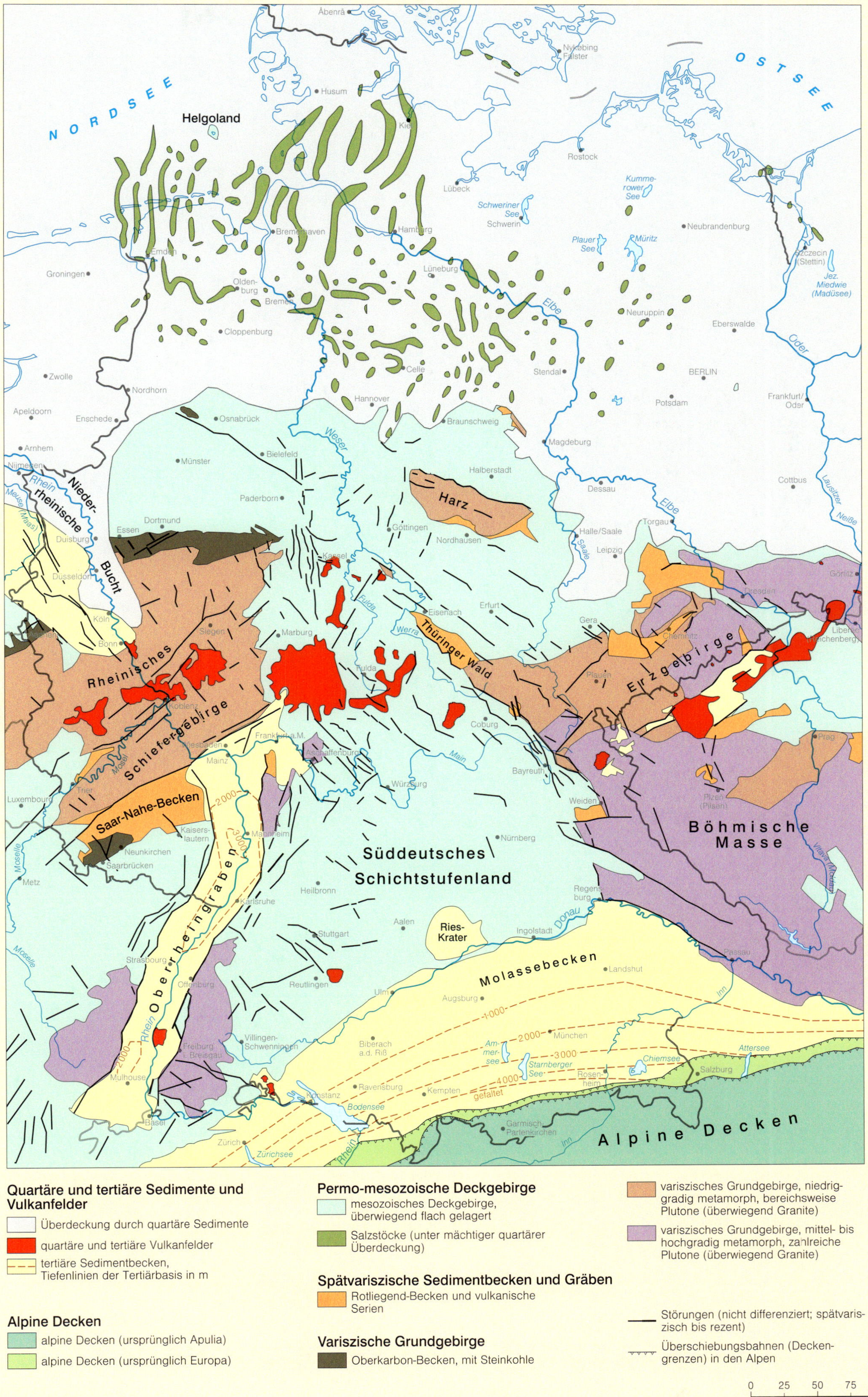

Naturwerksteine – Vorkommen und Verwendung

Johannes H. Schroeder

① Bergstadt Lehesten, Zentrum des Thüringer Schiefers (Nr. 34)
② Die Staumauer der Schwarzenbachtalsperre im Nord-Schwarzwald – Raumünzacher Granit (Nr. 99)
③ Das Heidelberger Schloss aus Buntsandsteinen der Region (Nr. 66 u.a.)
④ Der Dresdner Zwinger aus Elbsandstein (Nr. 22)

Unabhängig von Zeitalter, Region oder Kulturkreis hat der Mensch Steine immer genutzt. In der Vor- und Frühgeschichte dienten Höhlen im ▸ Gestein als Wohnung, somit zum Schutz vor Witterung, allerlei Getier und feindlichen Artgenossen. Sobald die technischen Möglichkeiten entwickelt waren, wurde der Stein gewonnen und – zunächst ohne, dann mit Bearbeitung – zum Bau von Behausungen, Befestigungen, Verkehrswegen (Straßen, Brücken) und Kultstätten verwendet; auch Kunstwerke wurden und werden aus Stein geschaffen. Der Dauerhaftigkeit dieses Materials sind viele Zeugnisse längst versunkener Kulturen in aller Welt wie auch unterschiedlicher historischer Epochen in Deutschland zu verdanken.

Herkunft

Die Steine reflektieren nach Art und Alter die regionalen geologischen Verhältnisse (▸▸ Beitrag Asch/Lahner/Zitzmann, S. 32). Früher wurden für Bauten die in unmittelbarer Nähe gewonnenen Gesteine genutzt. So findet man ❷ in Goslar (Harz, Nr. 9), Mayen (Eifel, Nr. 53) oder Lehesten (Thüringen, Nr. 34; ▸ Bild 1) häufig die schwarzen Schiefer des ▹ Devons, im Schwarzwald die Granite des Karbons (Nr. 99; ▸ Bild 2), in Freiburg und Heidelberg die roten Buntsandsteine der ▹ Trias (Nr. 66; ▸ Bild 3), in Dresden die beigefarbenen Elbsandsteine der ▹ Kreide (Nr. 22; ▸ Bild 4) sowie in und um Köln die vulkanischen Gesteine aus dem Quartär von Eifel und Siebengebirge (Nr. 50, 51, 52; ▸ Bilder 7, 8, 9). In den ausgedehnten, von eiszeitlichem Lockermaterial bedeckten Bereichen Norddeutschlands nutzte man die von Eismassen aus Skandinavien und dem Ostseeraum herantransportierten Findlinge (▸ Bilder 5, 6), auch Feldsteine genannt. Wenn die heimischen Gesteine den Ansprüchen nicht genügten, holte man geeignete, gewünschte oder moderne Naturwerksteine aus anderen Regionen. Damit spiegeln die Steine die jeweilige Geschichte der Verkehrswege zu Wasser und zu Land sowie der Verkehrsmittel vom Ochsenkarren zur Eisenbahn, vom Lastkahn auf einem Fluss oder Kanal bis zum Ozeandampfer wider wie auch die jeweilige Geschichte des Handels, der (wirtschafts-)politischen Grenzen und Allianzen, der Macht und der Moden sowie der Abbau- und Verarbeitungstechniken.

An der Wende zum 20. Jh. gab es in Deutschland rund 5700 Steinbrüche, an dessen Ende nur noch 160 (❶ ❷). Der Import – heute aus aller Welt – hat dagegen ständig zugenommen, vor allem weil andernorts die Arbeitskräfte billi-

Steine und Naturwerksteine

Steine, die zum Zwecke technischer Verwertung oder wirtschaftlicher Nutzung gewonnen werden, nennt man Natursteine. Der vorliegende Beitrag beschäftigt sich nur mit den Natursteinen, aus denen Quader und Platten zu Bauzwecken gewonnen werden, den Naturwerksteinen. Brechprodukte wie Schotter dagegen, Kunststeine wie Terrazzo aus Bruchstücken von Naturstein in einer zementartigen Grundmasse oder auch Rohstoffe, die selbst als Baumaterial (Sand, Kies) oder zur Herstellung von Baumaterial genutzt werden, wie Kalk für Zement oder Ton für Ziegel, werden hier nicht berücksichtigt (▸▸ Beitrag Lahner/Lorenz, S. 48).

❶ Naturwerksteine in der Erdgeschichte

Beispiele; Nummern siehe Karte

ALTER*	PERIODE		Gesteine (Handelsnamen)
1,75	QUARTÄR		Bärenthal-Kalktuff (96); Huglfinger Kalktuff (105) Langensalzaer Travertin (36); Cannstatter Travertin (93) Basaltlaven und Tuffe der Eifel (51, 52)
	TERTIÄR		Gauinger Travertin (92); Tengener Muschelkalk (103) Ries-Suevit (89); Bötzinger Phonolith (101) Hessische Trachyte (48); Drachenfels-Trachyt (50)
65	KREIDE	O	Baumberger Sandstein (2); Regensburger Grünsandstein (82) Anröchter Grünsandstein (5); Elbsandsteine (22)
		U	Bentheimer Sandstein (1) Obernkirchener Sandstein (6)
135	JURA	O	Dolomite: Kleinziegenfelder (75); Goldberg- (83); Wachenzeller (86) Kalksteine: Kelheimer (84); Marchinger Trosselfels (85); Solnhofener (87) Fränkische Jura- (88); Uracher (91); Tegernseer (106)
		M	
		U	Gemündaer Sandstein (73); Füssener Hierlatzkalk (104) Holzmadener Posidonien-Schiefer (90)
203	TRIAS	O	Velpker Ss. (13); Seeberger Ss. (37); Weiße, gelbe, grüne Mainsandsteine (72) Schönbuch-Sandsteine (94); Nordbadische Sandsteine (95)
		M	Muschelkalk (-stein): (12, 18, 30, 39, 68, 70, 71); Udelfanger Sandstein (58)
		U	Buntsandstein: (7, 31, 38, 40, 42, 43, 57, 59, 61, 66, 67, 69, 97, 98, 100) Bernburger Rogenkalk (16)
250	PERM	Zechstein	Cornberger Sandstein (41) Harzer Dolomit (10)
		Rotliegend	Pfälzer Rotliegend-Sandsteine (60) Rochlitzer Porphyr (26); Beuchaer Granitporphyr (28)
295	KARBON	O	Löbejüner Quarzporphyr (17); Ruhr- und Ibbenbürener Sandstein (3, 4) Granite: Harz- (11); Arnsdorfer (19); Erzgebirgs- (27); Fichtelgebirgs- (77) Oberpfälzer (79); des Bayerischen Waldes (80); Nordschwarzwald- (99)
		U	Gommerner Quarzit (15); Thüringer Schiefer (34) Malsburger Granit (102)
355	DEVON	O	Saalburger Marmore (32); Deutsch-Rot-Marmor (33); Hessische Pikrite (46); Aachener Blaustein (56); Wallenfelser Kalkstein (76)
		M	Lahn-Marmore (47); Lindlaer Grauwacke (49) Harzer Schiefer (9); Waldecker Schiefer (45)
		U	Moselschiefer (53); Grenzland-Gabbro (=Lamprophyr) (20) Taunus-Quarzit (63)
410	SILUR		Goldfleck-Marmor (35); Saalburger Meergrün (32)
435	ORDOVIZIUM		Theumaer Fruchtschiefer (29) Schevenhütter Schiefer (55)
500	KAMBRIUM		
540	PRÄKAMBRIUM		Wunsiedler Marmor (78) Lausitzer Granodiorite (21); Zöblitzer Serpentinit (24)

* in Millionen Jahren, nach Remane u.a., 2000

U Unter-, M Mittel-, O Ober-, Ss. Sandstein

Autoren: G. Schirrmeister, J. H. Schroeder

2

Naturwerksteine

1 Bentheimer Sandstein
2 Baumberger Sandstein
3 *Ruhrsandsteine*
4 Ibbenbürener Sandstein
5 Anröchter Grünsandstein
6 Obernkirchener Sandstein
7 *Rote und graue Weser-sandsteine*
8 Thüster Kalkstein
9 Harzer Schiefer
10 Harzer Dolomit
11 Harz-Granite
12 Elmkalk
13 Velpker Sandstein
14 Ummendorfer Sandstein
15 Gommerner Quarzit
16 Bernburger Rogenkalk
17 Löbejüner Porphyr
18 Rüdersdorfer Kalkstein
19 Arnsdorfer Granit
20 Grenzland-Gabbro
21 *Lausitzer Granodiorite*
22 *Elbsandsteine*
23 Roter Meißener Granit
24 Zöblitzer Serpentinit
25 Mittweidaer Granit
26 Rochlitzer Porphyr
27 *Erzgebirgs-Granite*
28 Beuchaer Granitporphyr
29 Theumaer Fruchtschiefer
30 Freyburger Muschelkalk
31 Nebraer Sandstein
32 *Saalburger Marmore*
33 Deutsch-Rot-Marmor
34 *Thüringer Schiefer*
35 Goldfleck-Marmor
36 Langensalzaer Travertin
37 Seeberger Sandstein
38 *Westthüringer Buntsandstein*

57 *Eifelsandsteine*
58 Udelfanger Sandstein
59 Brittener Sandstein
60 *Pfälzer Rotliegend-Sandstein*
61 *Pfälzer Sandsteine*
62 Taunus-Sericitgneis
63 Taunus-Quarzit
64 Odenwald-Quarz

65 *Odenwald-Buntsandstein*
66 Neckartäler Sandstein
67 *Rote Mainsandsteine*
68 *Fränkischer Muschelkalk*
69 Freudenbacher Sandstein
70 Crailsheimer Muschelkalk
71 Strahlunger Schaumkalk
72 *Weiße, gelbe und grüne Mainsandsteine*

73 Gemündaer Sandstein
74 Cadolzburger Sandstein
75 Kleinziegenfelder Dolomit
76 Wallenfelser Kalkstein
77 *Fichtelgebirgs-Granite*
78 Wunsiedler Marmor
79 *Oberpfälzer Granite*
80 *Granite des Bayerischen Waldes*
81 Fürstensteiner Diorit
82 *Regensburger Grünsandstein*
83 Goldberg-Dolomit
84 Kelheimer Kalkstein
85 Marchinger Trosselfels
86 Wachenzeller Dolomit
87 Solnhofener Kalkstein
88 *Fränkische Jura-Kalksteine*
89 Ries-Suevit
90 Holzmadener Posidonien-schiefer
91 Uracher Kalkstein
92 Gauinger Travertin
93 Cannstatter Travertin
94 *Schönbuch-Sandsteine*
95 *Nordbadische Sandsteine*
96 Bärenthal-Kalktuff
97 Pfinztäler Sandstein
98 *Roter Schwarzwald-Sandstein*
99 *Nordschwarzwald-Granite*
100 Lahrer Sandstein
101 Bötzinger Phonolith
102 Malsburger Granit
103 Tengener Muschelkalk
104 Füssener Hierlatzkalk
105 Huglfinger Kalktuff
106 Tegernseer Kalkstein
107 Brannenburger Nagelfluh
108 Ruhpoldinger Kalkstein

Schrift normal: Einzelgestein

Schrift kursiv: nach Region, Alter und Art zusammengefasste Gruppe

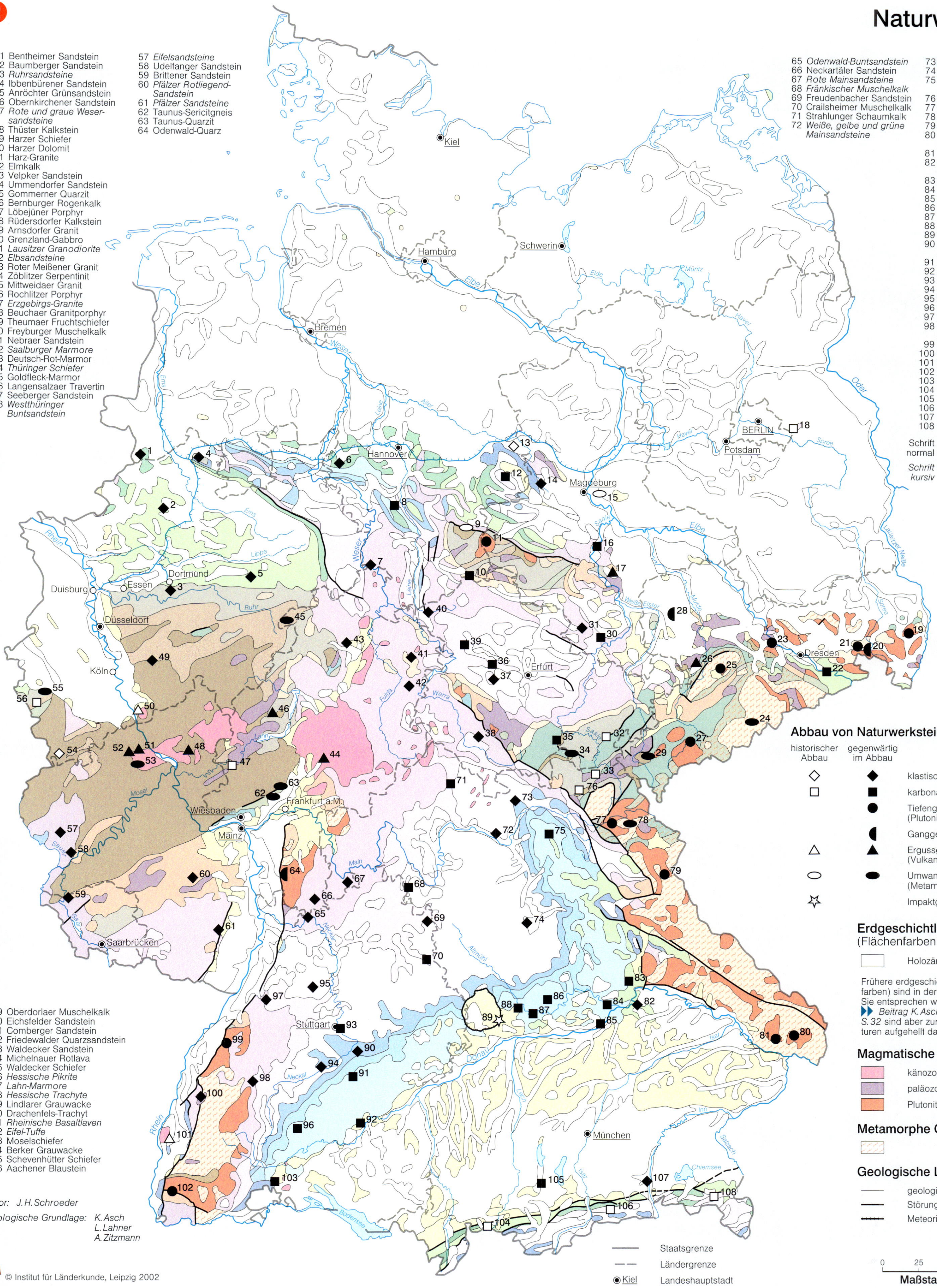

39 Oberdorlaer Muschelkalk
40 Eichsfelder Sandstein
41 Comberger Sandstein
42 Friedewalder Quarzsandstein
43 Waldecker Sandstein
44 Michelnauer Rotlava
45 Waldecker Schiefer
46 *Hessische Pikrite*
47 *Lahn-Marmore*
48 *Hessische Trachyte*
49 Lindlarer Grauwacke
50 Drachenfels-Trachyt
51 *Rheinische Basaltlaven*
52 *Eifel-Tuffe*
53 Moselschiefer
54 Berker Grauwacke
55 Schevenhütter Schiefer
56 Aachener Blaustein

Abbau von Naturwerksteinen

historischer Abbau	gegenwärtig im Abbau	
◇	◆	klastisches Sedimentgestein
□	■	karbonatisches Sedimentgestein
	●	Tiefengestein (Plutonit)
	◖	Ganggestein
△	▲	Ergussgestein (Vulkanit)
⬭	⬬	Umwandlungsgestein (Metamorphit)
☆		Impaktgestein

Erdgeschichtliche Perioden
(Flächenfarben)

Holozän

Frühere erdgeschichtliche Perioden (Flächenfarben) sind in der Tabelle (links) erklärt. Sie entsprechen weitgehend der Karte im ▶▶ *Beitrag K. Asch, L. Lahner, A. Zitzmann, S. 32* sind aber zur Hervorhebung der Signaturen aufgehellt dargestellt.

Magmatische Gesteine

känozoische Vulkanite

paläozoische Vulkanite

Plutonite

Metamorphe Gesteine

Geologische Linien

geologische Grenze

Störung

Meteoritenkrater

Staatsgrenze

Ländergrenze

Kiel Landeshauptstadt

0 25 50 75 100 km

Maßstab 1 : 2750000

Autor: *J. H. Schroeder*

Geologische Grundlage: *K. Asch, L. Lahner, A. Zitzmann*

ger sind und Transportkosten nur noch eine untergeordnete Rolle spielen.

Bildung und Umbildung

Aus dem Kreislauf der Gesteine ③ erschließt sich ihre Bildung. Er beginnt in Tiefen von einigen 10.000 Metern mit einer Gesteinsschmelze von breiiger Konsistenz, dem Magma. Steigt das Magma in Bereiche mit geringerem Druck und niedrigerer Temperatur, erstarrt es. Dabei entsteht je nach seiner Zusammensetzung und Abkühlungsgeschwindigkeit verschiedene ▶ Minerale in jeweils gesetzmäßiger Abfolge ausgeschieden; so entsteht eine Vielfalt von Gesteinen mit charakteristischen Zusammensetzungen und ▶ Gefügen. Als Erstarrungsgesteine (▷ magmatische Gesteine) bilden sich in der Tiefe Tiefengesteine (▷ Plutonite), z.B. Granit (▶ Bilder 1, 2, 5, 6), in aufwärts führenden Gängen Ganggesteine, z.B. Granitporphyr (Nr. 17; ▶ Bilder 11, 13) oder an der Oberfläche Ergussgesteine (Vulkanite), z.B. Basalt (▶ Bilder 7, 8, 12). Tiefen- und Ganggesteine gelangen infolge von Hebung und Abtragung überlagernder Gesteine an die Erdoberfläche. Dort verwittern sie, d.h. sie werden physikalisch, chemisch oder biologisch in ihre Bestandteile zerlegt. Bruchstücke bzw. Partikel unterschiedlicher Größe werden von Wind, Wasser oder Eis aufgenommen, transportiert und andernorts als Lockermaterial (Sediment), z.B. Sand, abgelagert. Gelöstes wird in Form von Ionen im Wasser transportiert, daraus direkt z.B. als Salz ausgefällt oder ▷ biogen in Schalen wirbelloser Organismen wie Muscheln gebunden und als Kalksand abgelagert. Das Lockermaterial wird durch physikalische und chemische Prozesse verfestigt zu Ablagerungsgestein (Sedimentgestein), z.B. Sandstein (▶ Bilder 3, 4) oder Kalkstein (▶ Bild 14). Dieses kann später verwittern und erneut in den Kreislauf eingehen.

Jedes Gestein kann mehrere tausend Meter tief versenkt werden; mit zunehmender Tiefe werden je nach Druck und Temperatur die Minerale und/oder das Gefüge verändert. Es entsteht ein Umwandlungsgestein (Metamorphit), z.B. Schiefer (Nr. 45, 53; ▶ Bild 1) oder

③ Kreislauf der Gesteine

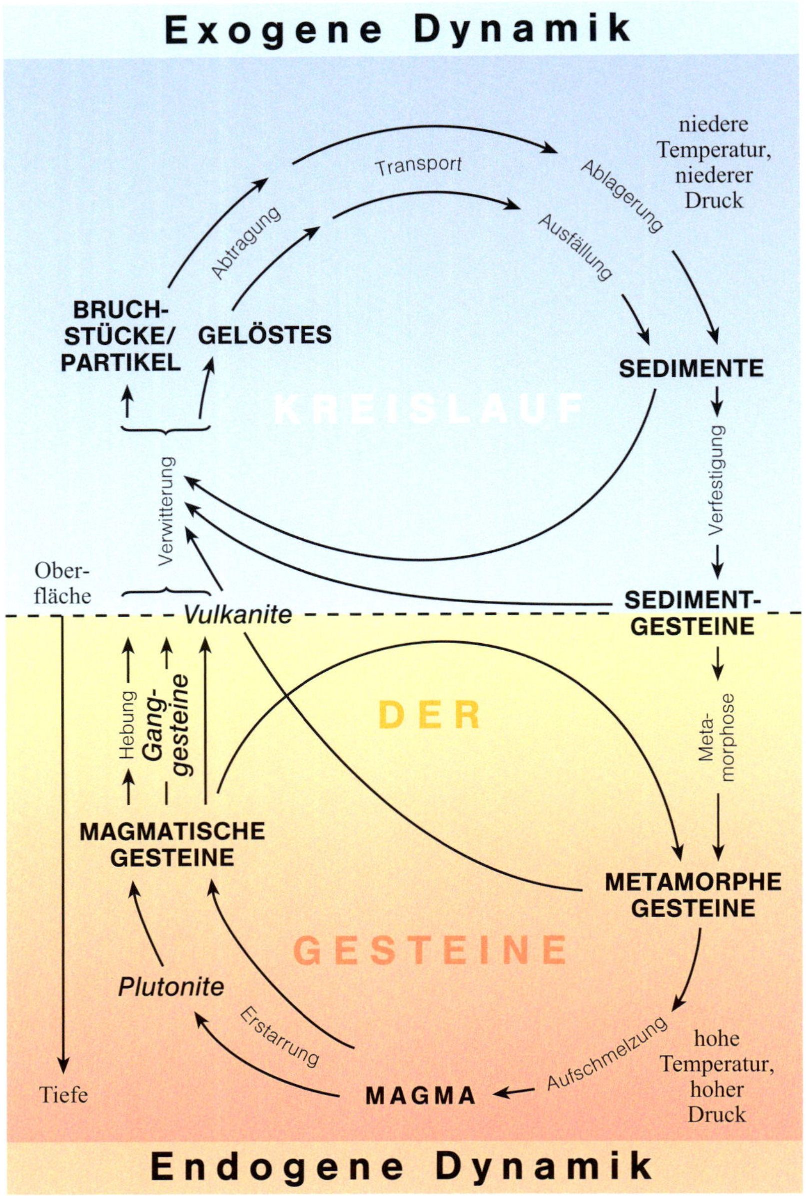

Autor: J.H. Schroeder

Gneis. Auch dieses kann mit der Zeit wieder an die Oberfläche kommen und erneut in den Kreislauf eingehen.

Alle diese Prozesse laufen in der Erdgeschichte ständig ab. Daher gibt es in Deutschland z.B. Sand- und Kalksteine unterschiedlichen Alters.

Exploration

Vor ihrer Gewinnung steht die Suche nach ▷ geogenen Rohstoffen. In Deutschland sind die wesentlichen Naturwerksteinvorkommen bekannt; angesichts der Auflassung von Steinbrüchen sind weitere Erkundungen hier nicht erforderlich. Bei Wiederöffnung alter Steinbrüche oder Weiterführung vorhandener ist eine Voruntersuchung in Bezug auf Lagerungsverhältnisse und Vorräte u.a. mit geophysikalischen Methoden, wie sie früher noch nicht bekannt waren, notwendig. Zudem müssen die Materialeigenschaften nach heute gültigen Normen überprüft werden. Beide Untersuchungen können das kaufmännische Risiko der Gewinnung minimieren.

Gefüge – Gestalt/Geometrie und räumliche Anordnung unterschiedlicher Komponenten im Gestein

Gestein (volkstümlich: Stein) – natürlicher, inhomogener, aus Mineralen, Bruchstücken von Mineralen oder Gesteinen bzw. mineralischen Organismenresten aufgebauter Festkörper, charakterisiert durch Mineral-Zusammensetzung und Gefüge

Mineral – natürlicher, strukturell chemisch und physikalisch homogener, meist anorganisch-chemischer Bestandteil der Erdkruste

Porosität – Hohlraumanteil am Gestein; Hohlräume zwischen oder in den Gesteinskomponenten

⑤ Der Markgrafenstein, der Rest eines vom Eis aus Skandinavien gebrachten Findlings aus Granit in den Rauenschen Bergen bei Fürstenwalde in Brandenburg
⑥ Große Schale im Berliner Lustgarten (Durchmesser 6,60 m), 1828-1831 aus Granit vom Markgrafenstein gefertigt
⑦ Basaltlavabruch bei Mendig in der Eifel (Nr. 51) mit typischen polygonalen Säulen
⑧ Mauer an der Rheinpromenade von Düsseldorf aus Basaltsäulen
⑨ Abteikirche Maria Laach – Fassaden mit Vulkaniten (hell: Tuff (Nr. 52), dunkel: Laven (Nr. 51)) und Dächer mit Moselschiefer (Nr. 53)

⑩ Kaisertreppenhaus des Berliner Doms (u.a. Nr. 47 und Nr. 87, vgl. unten)
⑪ Der Bärenbrunnen aus sächsischem Rochlitzer Porphyr (Nr. 26) am Werderschen Markt (Berlin-Mitte)
⑫ Straßenpflaster, Pariser Platz in Berlin-Mitte (dunkler Basalt und heller Rogenstein (Nr. 16))
⑬ Löbejüner Porphyr (Nr. 17) am Außenministerium (Berlin-Mitte)
⑭ Jurakalk (Nr. 88) auf einem Fußboden in der Staatsoper Unter den Linden in Berlin mit fossilen Schwämmen
⑮ Vom Steinmetz bearbeiteter Sandstein (z.B. Behrenstr. 39 in Berlin Mitte): Die Flächen der Quader sind bossiert, die Kanten mit einem Profil versehen.

④ Berliner Dom
Naturwerksteine im Kaisertreppenhaus

1 **Unika A** M. Devon; *Villmar, Lahngebiet*	5 **Schupbach Schwarz** O. Devon; *Schupbach, Lahngebiet*	9 **Nembro Giallo** Jura; *Verona, N Italien*
2 **Unika N** M. Devon; *Villmar, Lahngebiet*	6 **Portoro Nero** Jura, Lias; *Golf v. Spezia, N Italien*	10 **Hauteville** Kreide; *Dept. Ain, Frankreich*
3 **Grethenstein** M. Devon; *Villmar, Lahngebiet*	7 **Breccia Pernice** Jura, Lias; *N Verona, N Italien*	11 **Cipollino Apuano** Kreide; *Toskana, N Italien*
4 **Bongard Grau** M. Devon; *Villmar, Lahngebiet*	8 **Solnhofener Plattenkalk** Jura, Malm; *Solnhofen, Franken*	12 **Montragone** Kreide; *N Neapel, Italien*

Aufnahme: O. Hartenstein, G. Schirrmeister, J.H. Schroeder

Unika A – Handelsname
M. Devon; – geologische Periode
Villmar, Lahngebiet – Abbauort/-gebiet

Gewinnung

Naturwerksteine werden in Steinbrüchen gewonnen, zumeist übertage, besonders wertvolles Material (z.B. Schiefer, Nr. 45, 53) auch untertage. Soweit vorhanden werden bei der Gewinnung Klüfte und Fugen genutzt. Ihre Richtung und Dichte bestimmen Form und Größe der gewinnbaren Rohblöcke. Sind keine natürlichen Trennflächen vorhanden, muss man mittels Schrämmen, Sägen, Bohren und Sprengen oder Brennstrahlverfahren solche schaffen. Mit Brechwerkzeugen, verschiedenen Keilen oder Sprengstoff werden die Blöcke einzeln aus ihrem Verband gelöst. Die Rohblöcke werden dann entweder noch vor Ort oder in einem Werk weiter bearbeitet.

Bearbeitung

Rohblöcke werden je nach Verwendungszweck formatisiert. Mit speziellen Spaltmaschinen werden Pflastersteine aller gängigen Größen produziert. Mit verschiedenen Sägen werden Quader oder Platten hergestellt; diese werden dann je nach Anforderungen unterschiedlich fein geschliffen oder poliert. Häufig werden die Oberflächen zur Verschönerung mit Steinmetzwerkzeugen weiter bearbeitet und mit entsprechenden Mustern verziert; vielfältig ist auch die Bearbeitung von Quaderkanten, die mit Stufen, Schrägen, Hohlkehlen, Vollkehlen oder Kombinationen davon versehen werden (▸ Bild 15). Komplexe Profile und Ornamente leiten über zur künstlerischen Gestaltung der Quader. Relativ neu ist die Wasserstrahlsägetechnik: Mit einem Hochdruckstrahl werden feine, ja filigrane Ornamente gefertigt, wobei die Strahldüse computergesteuert wird – wie übrigens neuerdings viele traditionelle Säge- und Schleifmaschinen.

Eigenschaften

Die Widerstandsfähigkeit gegenüber Verwitterung sowie die Festigkeiten gegenüber mechanischer Belastung und dem gebrauchsbedingten Verschleiß, z.B. dem Abrieb, sind ausschlaggebend für die Qualität eines Gesteinstyps. Die ▸ Porosität ist entscheidend für Wasseraufnahmefähigkeit und Frostempfindlichkeit. Diese Eigenschaften limitieren die Einsatzmöglichkeiten.
Beispielsweise eignen sich lösliche Gesteine nur bedingt für den Außenbereich, solche mit geringer Festigkeit nicht als tragende Elemente oder solche mit geringer Abriebfestigkeit nicht als Bodenplatten. Fachmännisch ausgewählte Naturwerksteine sind dauerhafter Schmuck von Bauwerken (④ ▸ Bild 10). Schäden infolge von Witterungs- und anthropogenen Einflüssen machen jedoch eine regelmäßige Pflege notwendig.◆

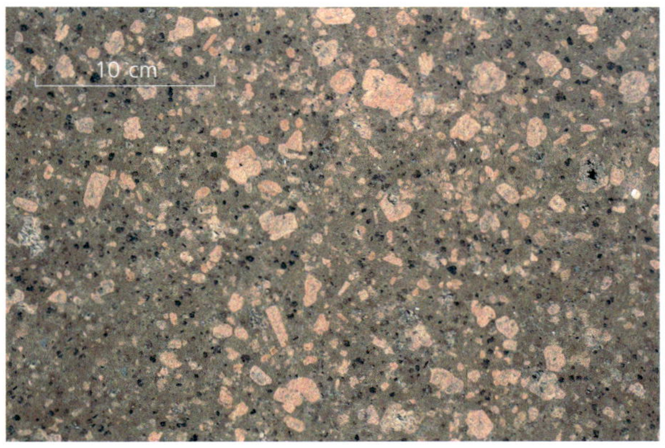

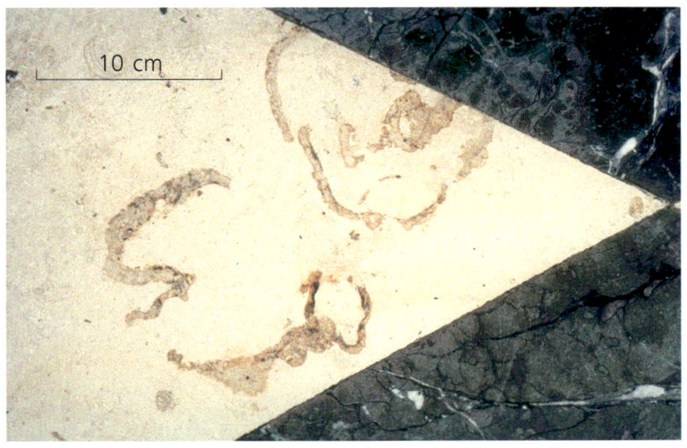

Temperatur im Untergrund – Erdwärme als Mega-Energiequelle

Fritz Rummel und Rüdiger Schellschmidt

Dampferzeugung im Europäischen Hot-Dry-Rock Forschungsprojekt Soultz-sous-Forêts im Elsaß

Nutzung von Geothermie aus 2300 m Tiefe im Thermalbad in Erding

1 Temperatur-Tiefenprofil für Deutschland
nach Messungen in ca. 10 000 Tiefbohrungen

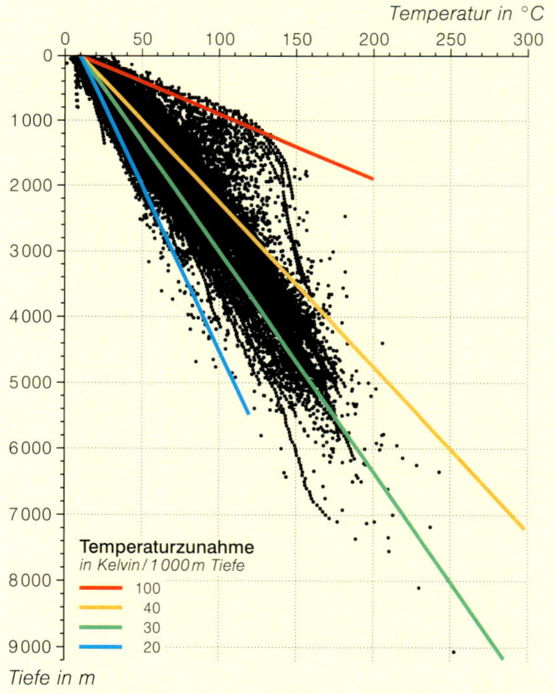

In den meisten Tiefbohrungen in Deutschland (grüne Linie) ist mit einer Temperaturzunahme von 3K je 100m zu rechnen.

Institut für Länderkunde, Leipzig 2002 © Institut für Geowissenschaftliche Gemeinschaftsaufgaben Hannover

Unsere Erde entstand vor rund 4,5 Mrd. Jahren durch Zusammenballung von kosmischen Gas- und Staubpartikeln zu einem Protoplaneten, der Ur-Erde. Der Kontraktionsprozess dürfte etwa 200 Mio. Jahre angedauert haben, in denen ein großer Teil der ▸ Gravitationsenergie beim Aufprall der Materie in Wärme umgewandelt und anschließend zum Teil wieder in den Weltraum abgestrahlt wurde. Trotz aller Unsicherheiten kann die Menge der Ursprungswärme der Erde auf $15x10^{30}$ bis $35x10^{30}$ Joule geschätzt werden. Dabei erfolgte ein Strahlungsausgleich zwischen Einstrahlung von der Sonne und Wärmeausstrahlung von der Erde. Sehr rasch stellte sich an der Erdoberfläche eine mittlere Temperatur von rund 14 °C ein, die bis heute im Wesentlichen konstant blieb.

Bei einer mittleren Wärmeabstrahlung von $3x10^{14}$ kWh pro Jahr wäre die Erde seit ihrer Entstehung längst erkaltet, wenn nicht der Zerfall der radioaktiven Isotope von Uran (U^{235}, U^{238}), Thorium (Th^{232}) und Kalium (K^{40}) für eine ständige Wärmeproduktion vor allem in der kontinentalen Erdkruste sorgen würde. Die potenzielle Energie noch vorhandener radioaktiver Isotope kann auf $12x10^{30}$ Joule oder $38x10^{10}$ ▸ Terawattjahre (TWa) geschätzt werden, obgleich die genaue Verteilung der radioaktiven Isotope im Inneren der Erde nicht bekannt ist. Bei Addition aller Energieinhalte, der heute noch vorhandenen Gravitationsenergie, des noch vorhandenen ▸ radiogenen Wärmepotenzials sowie des Wärmeinhalts kann ein Gesamtenergiegehalt der Erde von 38 bis $77x10^{10}$ TWa angenommen werden.

Die tatsächliche Temperatur im tiefen Erdinneren kann nur mit großer Unsicherheit angegeben werden. Sie dürfte zwischen 3000 und 5000 °C betragen. Im oberen Erdmantel an der Basis der kontinentalen ▹ Lithosphäre in rund 100 km Tiefe herrscht eine Temperatur von etwa 1200 °C ± 100°, eine Temperatur, die dem Schmelzpunkt der Mantelgesteine (Olivingesteine) nahe kommt. Die Temperatur im tieferen, festen Erdmantel dürfte mit 0,3-2° pro Kilometer zunehmen, was durch Abschätzung des Schmelzpunkts der ▹ Silikate der Mantelgesteine in Abhängigkeit des in der Tiefe herrschenden Drucks von 35-140 Giga-Pascal angenommen werden kann. Demgegenüber ist das Temperaturprofil in der Oberkruste aufgrund von Messungen in zahlreichen Tiefbohrungen bis 10 km Tiefe sehr gut bekannt. Der Temperaturgradient variiert in der kontinentalen Erdkruste zwischen 20 und 40° pro Kilometer, wenn man von aktiven Vulkangebieten wie Island oder alten Kontinentschilden wie Südafrika oder Südindien absieht. In der 9,1 km tiefen Forschungsbohrung des deutschen Kontinentalen Tiefbohrprojekts in der Nördlichen Oberpfalz wird z.B. ein Temperaturgradient von ca. 30° pro Kilometer beobachtet und eine Temperatur von 260 °C im Bohrlochtiefsten. In der 12 km tiefen russischen Tiefbohrung auf der Halbinsel Kola werden vergleichsweise „nur“ 215 °C erreicht, während man in Island oder Japan bereits in 1 km Tiefe Temperaturen von einigen 100 °C messen kann.

2 Strom aus geothermischen Kraftwerken 1990-2005

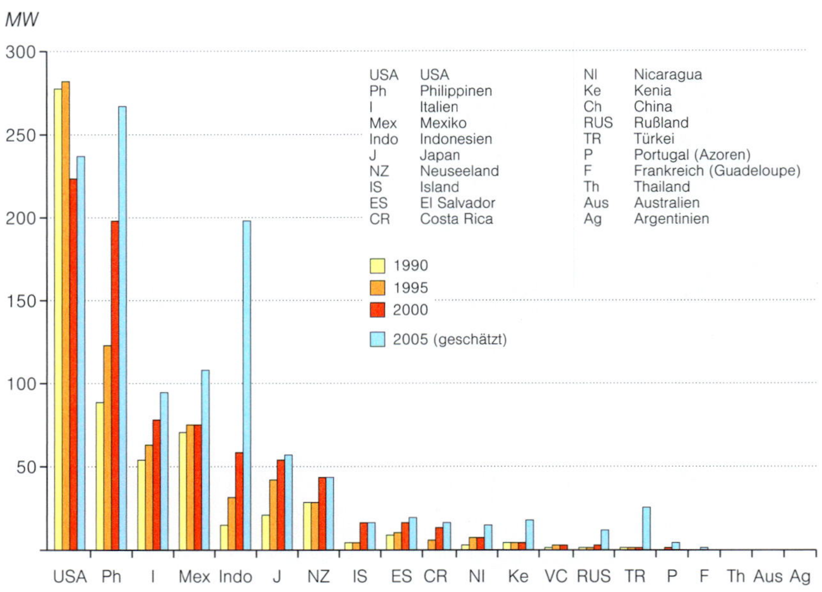

© Institut für Länderkunde, Leipzig 2002

Gravitationsenergie – Energie einer Masse durch Bewegungen aufgrund der Erdanziehungskraft

Joule – Einheit zum Maß des Heizwertes von Brennstoffen oder von Reaktionswärme bei chemischen Umsetzungen Ein Joule (1 J) ist die Energie, die verausgabt wird, wenn die Kraft ein 1 Newton (N) auf 1 m lang wirkt

Pascal – Einheit der Druckmessung (1 Pa = 1 N/m²)

radiogen – durch den Zerfall radioaktiver Substanzen entstanden

Terawatt – Energiemessgröße: 1 TW=10^{12} W = 1 Mio. Megawatt

Die Nutzung der Geothermik

Die Kenntnis des Temperaturfeldes in der oberen Kruste ist für eine Reihe von geowissenschaftlichen Fragestellungen von großem Interesse, z.B. die Nutzung geothermischer Energie oder die Identifizierung von Grundwasserströmungen. In einer Datenbank des Institutes für Geowissenschaftliche Gemeinschaftsaufgaben in Hannover werden die Daten gesammelt. In weiten Teilen Deutschlands nimmt die Temperatur mit der Tiefe um 20-40° pro Kilometer zu 1, während sich der Oberrheingraben durch sehr hohe Temperaturgradienten bis zu 100°/km in den oberen Gesteinsschichten auszeichnet. Untersuchungen im Rheingraben haben gezeigt, dass eine Umverteilung der Wärme durch Konvektion (Grundwasserströmung) in der oberen Kruste diese Temperaturanomalie hervorruft.

Die in der obersten Erdkruste bis 10 km Tiefe gespeicherte Erdwärme ist geeignet, eine gigantische Energiequelle für die Zukunft zu werden. Ein Kubikkilometer heißen Tiefengesteins kann ein 30 MW Kraftwerk für 30 Jahre mit Wärme versorgen, d.h. den Bedarf einer

❸ Erdwärme in 2000m Tiefe und Erdwärmenutzung

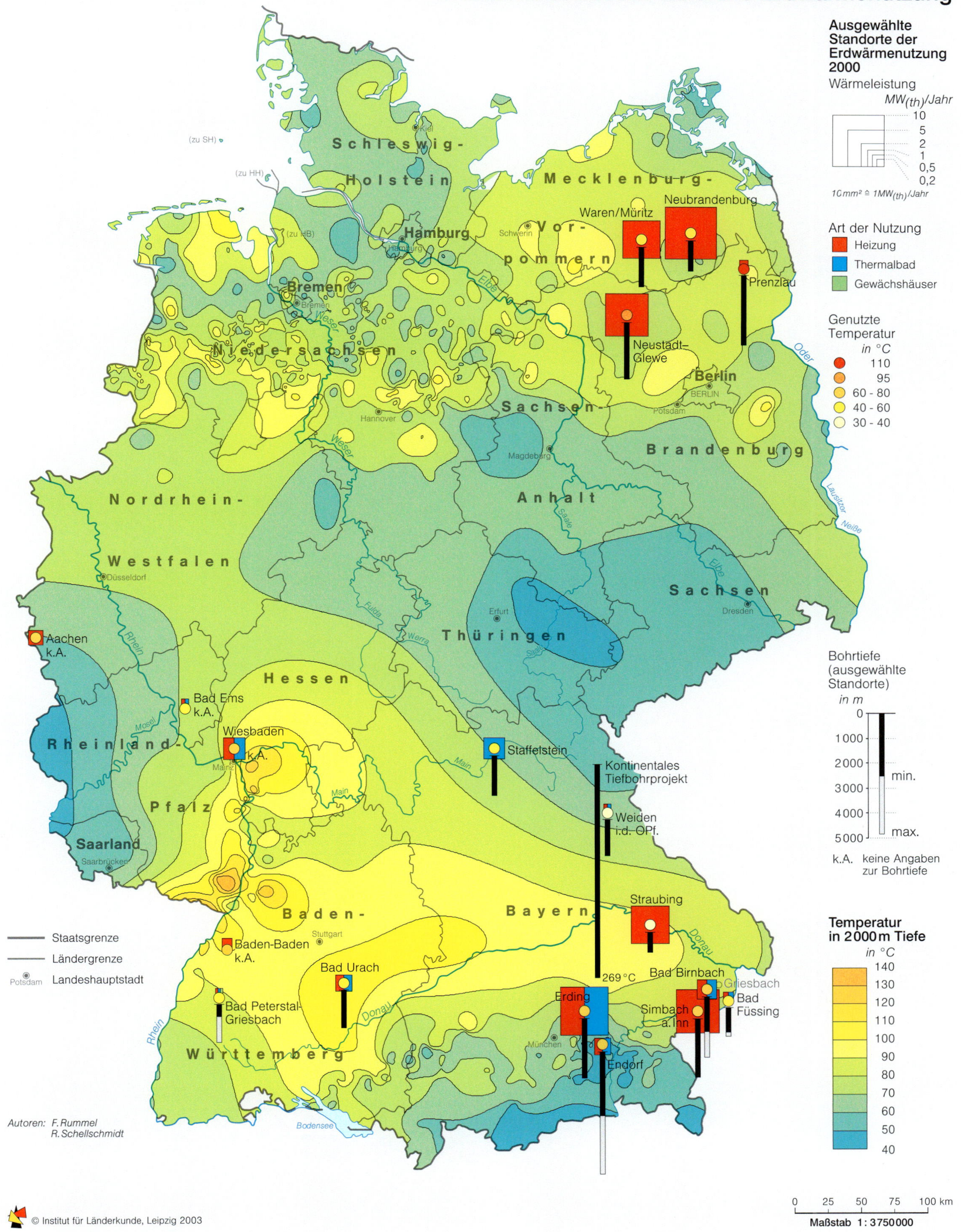

Stadt mit 20.000 Einwohnern decken. Die Römer nutzten schon vor 2000 Jahren – auch im heutigen Deutschland – Erdwärme für die Beheizung von Wohnanlagen und Thermalbädern. Die Maoris, seit 750 n.Chr. die Ureinwohner Neuseelands, kochen, waschen und heizen von alters her mit Thermalwasser. Seit 1827 wurde auf Vorschlag von Francesco Larderel der Dampf aus heißen Fumarolen (Heißdampfquellen) in der italienischen Toskana industriell zum Eindampfen von Borsäure verwendet. Und 1904 brachte Graf Piero Ginori Conti im toskanischen Larderello fünf Glühlampen mit Hilfe eines heißdampfbetriebenen Dynamos zum Leuchten.

Schon heute produzieren geothermische Kraftwerke in der Toskana elektrischen Strom mit einer Gesamtleistung von 500 MW. Mittlerweile ist weltweit eine geothermische Kraftwerksleistung von fast 10.000 MW installiert ❷. Hinzu kommt die direkte Nutzung von Erdwärme für die Beheizung großer Wohnanlagen z.B. im Pariser Becken (200.000 Wohnungen), für Prozesswärme z.B. in der Papierindustrie, für die Beheizung von Gewächshäusern und für Thermalbäder oder für die Deckung von 85% des Wärmebedarfs Islands.

Zentren deutscher Erdwärmenutzung ❸

Ein herausragendes Beispiel in Deutschland ist das niederbayerische Bäderdreieck Füssing/Birnbach/Griesbach im Rotttal mit jährlich 1 Mio. Kurgästen. Seit 1984 wurden in Deutschland erstmals geothermische Heizkraftwerke im Norddeutschen Becken in Neubrandenburg, Waren (Müritz), Prenzlau und Neustadt-Glewe in Betrieb genommen. In Bayern wird Erdwärme z.B. in Simbach am Inn/Braunau (Oberösterreich), in Straubing oder in Erding (▸ Foto) genutzt. Derzeit sind in Deutschland 28 größere Zentraleinrichtungen zur direkten Nutzung geothermischer Energie in Betrieb, d.h. Systeme mit einer installierten Wärmeleistung von mehr als 100 kW, die mehr als einen Endverbraucher mit Wärme versorgen. Da eine Mehrfach- oder Kaskadennutzung die Wirtschaftlichkeit der Erdwärmenutzung erhöht, stellen die meisten Anlagen eine Kombination aus hydrothermaler Gebäudeheizung, Thermalbädern, Gewächshausheizung und Trinkwasserversorgung dar.

Das Hot-Dry-Rock-Konzept

Um die Wärmeenergie kristalliner Tiefengesteine zu nutzen, entwickelten amerikanische Physiker 1970 erstmals das so genannte Hot-Dry-Rock-Konzept (HDR), nach dem in einer Tiefenbohrung kaltes Wasser in die Tiefe eingepresst wird; ein unterirdischer Wärmetauscher erhitzt das Wasser, das dann in einer zweiten Bohrung abgepumpt wird. Der gewonnene Wasserdampf treibt Turbinen an, die der Stromerzeugung dienen. Dieses HDR-Konzept wird seit 1987 im Europäischen HDR-Forschungsprojekt nahe der nordelsässischen Stadt Soultz-sous-Forêts westlich von Karlsruhe zur technischen Anwendung entwickelt und stellt einen Prototyp für die Stromerzeugung im gesamten Oberrheingraben von Basel bis Frankfurt dar (▸ Foto).◆

Wo in Deutschland die Erde bebt

Gottfried Grünthal

Für Menschen fühlbare Erdbeben gehören in Deutschland zu den seltenen Naturphänomenen. Die überwiegende Mehrzahl der ▶ Erdbebenherde konzentriert sich auf drei Schwächezonen in der Erdkruste: das Rheingebiet, die Schwäbische Alb sowie Ostthüringen und Westsachsen mit dem Vogtländischen Schwarmbebengebiet. Daneben werden auch weitreichende Wirkungen von Beben außerhalb des Landes beobachtet. So erschütterte beispielsweise das Roermond-Erdbeben (Niederlande) am 13. April 1992 (M=5,9, I_0=VII) Teile von Nordrhein-Westfalen (▶ Foto), Rheinland-Pfalz und benachbarte Bundesländer (▶▶ Beitrag Pelzing, S. 46). Das Friaul-Erdbeben (Italien) am 6. Mai 1976 (M=6,4, I_0=IX-X) wurde in weiten Teilen von Bayern, Sachsen und Thüringen gespürt und strahlte bis nach Berlin.

Die Erdbebentätigkeit ist in Deutschland zwar vergleichsweise gering, aber keinesfalls vernachlässigbar. Zahlreiche Schaden verursachende Beben sind aus der Vergangenheit bekannt ❸. Die Zeitspannen dazwischen sind jedoch derart groß, dass die Gefährdung im Vergessenheit gerät. Seit Beginn historischer Überlieferungen vor ca. 1000 Jahren sind innerhalb des heutigen Staatsgebiets insgesamt weniger als 10 Bebentote durch einstürzende Häuser bekannt geworden. Unmittelbar jenseits der heutigen Grenzen haben sich in dieser Zeit jedoch katastrophale Beben ereignet; so z.B. das Basel-Erdbeben am 18. Oktober 1356 (I_0=IX), zu dem von zahlreichen eingestürzten Gebäuden und 300 Toten berichtet wird. Mit derartigen Bebenszenarien ist prinzipiell auch in Deutschland zu rechnen. Daher trägt die nationale Norm DIN 4149 zum erdbebengerechten Konstruktionsentwurf von Bauten dazu bei, einen angemessenen Schutz der Bewohner vor Erdbebenschäden zu gewährleisten. Ein vollständiger Schutz vor Naturgefahren ist jedoch nie zu erreichen.

Die Epizentrenkarte der bisher beobachteten Bebentätigkeit in Deutschland ❹ verdeutlicht, dass die Bebenherde nicht gleichmäßig in der Fläche verteilt sind, sondern sich in wenigen Zonen einer erhöhten Bebenaktivität konzentrieren. Die höchste Bebenaktivität weist die ▷ Seismizitätszone des Rheingebietes auf, die sich im Süden vom Raum Basel bis in den Raum Köln im Norden erstreckt und sich von dort weiter westlich bis in das niederländische Limburg und nach Belgien fortsetzt. Einen Seismizitätsschwerpunkt im Niederrheingebiet stellt der Raum Aachen-Düren dar. Weitere Schwerpunkte befinden sich im nördlichen Oberrheingebiet und im südlichen Teil des Oberrheingrabens. In der Bebenzone der Schwäbischen Alb mit dem Schwerpunkt Albstadt wurde 1911 eines der größten Beben Deutschlands mit einer Epizentralintensität von VIII (M=6,1) registriert ❶. Mit den weiteren Schadenbeben in den Jahren 1943 und 1978 setzte diese Seismizitätszone den weitaus größten Teil der Bebenenergie des 20. Jhs. in Deutschland frei.

Ein weiteres Bebengebiet erstreckt sich vom Schwarmbebengebiet des Vogtlandes über Ostthüringen und den westlichen Teil Sachsens über den

❶ Ausgewählte Schadenbeben der letzten 250 Jahre

Datum	Ort und maximale Intensität		Magnitude	Tote; beschädigte Gebäude (bG); Schadenshöhe
18.02.1756	Düren (östl. Aachen)	VIII	6,1	Tote
26.08.1878	Tollhausen (westl. Köln)	VIII	5,9	Tote
16.11.1911	Albstadt (südl.Tübingen)	VIII	6,1	6 250 bG; 0,75 Mio. RM
27.06.1935	Saulgau (nord-östl. Konstanz)	VII-VIII	5,8	
28.05.1943	Albstadt	VIII	5,6	
14.03.1951	Euskirchen (westl. Bonn)	VII-VIII	5,7	
03.09.1978	Albstadt	VII-VIII	5,7	6 850 bG; 275 Mio. DM
13.04.1992	Heinsberg / Roermond (NL)	VII	5,9	7 200 bG 250 Mio. DM

❷ Erdbebengefährdung

90% Nichtüberschreitungswahrscheinlichkeit in 50 Jahren

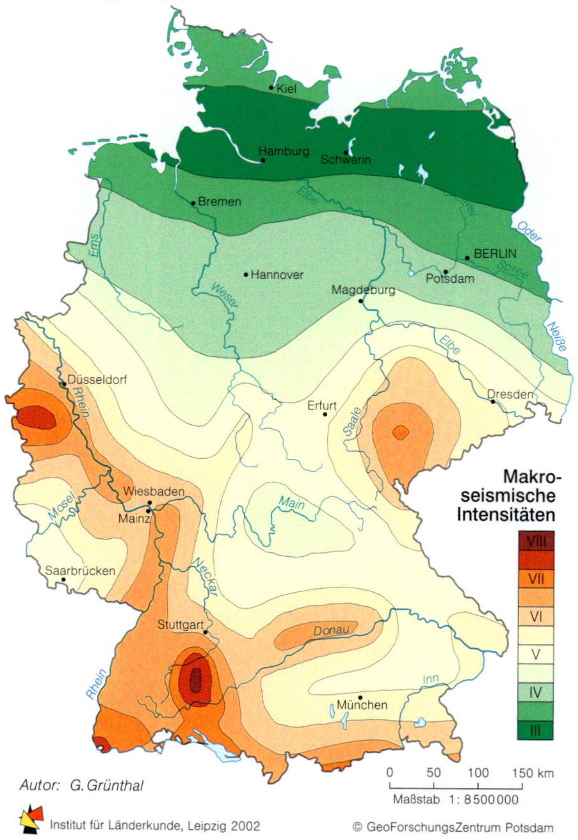

Autor: G. Grünthal

Institut für Länderkunde, Leipzig 2002

❸ Rheingebiet
Vollständigkeitsabschätzung von Katalogeinträgen

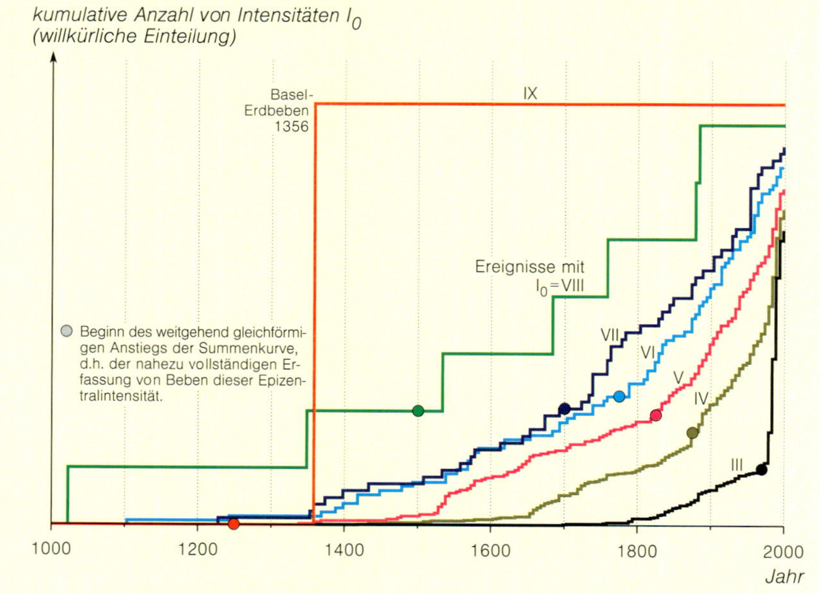

Institut für Länderkunde, Leipzig 2002 Autor: G. Grünthal

Das **Epizentrum** bezeichnet die auf die Erdoberfläche projizierte Lokation des **Erdbebenherdes** (Hypozentrum) bzw. bei größeren Erdbeben des Punktes, von dem die Ruptur auf der Erdbebenherdfläche ihren Ausgang nimmt.

Die Intensität I stellt eine Klassifizierung der Stärke der Bodenerschütterungen auf der Grundlage beobachteter Effekte in einem begrenzten Gebiet wie einer Ortschaft dar. Als Einschätzungsgrundlage dienen die Effekte auf Menschen und Objekte in Häusern sowie das Ausmaß an Gebäudeschäden. Intensitäten sind ein grobes, jedoch robustes Maß zur Stärkeklassifizierung, unterteilt in 12 Intensitätsgrade:

- I nicht gefühlt
- II vereinzelt gefühlt
- III schwach
- IV größtenteils beobachtet
- V stark
- VI leichte Schäden
- VII schadenbringend
- VIII stärker schädigend
- IX zerstörend
- X sehr zerstörend
- XI verwüstend
- XII vollständig verwüstend

Über dem **Hypozentrum** ist die Intensität am größten (maximale oder **Epizentralintensität**) und nimmt mit zunehmender Entfernung vom Epizentrum in Abhängigkeit von der Tiefe des Bebenherdes ab. Intensitäten bieten die einzige Möglichkeit, historische vorinstrumentelle Beben zu klassifizieren.

Die **Magnitude (M)** ist ein von Charles Richter 1935 eingeführtes instrumentelles Maß zur Stärkebestimmung von Beben. Sie wird aus dem Logarithmus des maximalen Ausschlages von Seismographen unter Berücksichtigung der Entfernung zum Erdbebenherd bestimmt. So entspricht die Magnitude 4 einem Beben, welches in 100 km Entfernung mit einem maximal 2800-fach vergrößernden Wood-Anderson-Seismographen aufgezeichnet, einen maximalen Ausschlag auf dem Seismogramm von 1 cm ergibt.

Die **Momentmagnitude** ist ein physikalisch begründetes und mit den übrigen Magnitudenarten abgestimmtes Stärkenmaß auf der Grundlage eines mechanischen Modells einer schlagartig aktivierten Störungsfläche als Reaktion auf eine Spannungsbeanspruchung. Die größte bisher beobachtete Momentmagnitude wurde 1960 mit einem Wert von 9,5 beim Chile-Erdbeben erreicht.

Zwischen den Magnitudenarten und der Intensität bestehen Umrechnungsbeziehungen, um die verschiedenen Größen ineinander zu überführen und auch historische Beben in Form von Magnituden zu klassifizieren.

Schwere Schäden gab es beim Erdbeben von Roermond am 13. April 1992 auch in Bonn.

Raum Gera bis nach Leipzig. Das stärkste Beben dieses Raumes ereignete sich am 3. März 1872 östlich von Gera mit einer Intensität von VII. Bei Vogtländischen Bebenschwärmen, z.B. in den Jahren 1903, 1908 und im Winter 1985/1986, werden bis zu ca. 10.000 Beben instrumentell registriert mit bisher stärksten Stößen M = 4,7 und moderaten Intensitäten von VI-VII.

Die übrigen Gebiete Deutschlands sind keinesfalls als bebenfrei anzusehen, weisen aber eine nur sehr geringe Bebentätigkeit auf. Die Erdbeben ereignen sich in Deutschland hauptsächlich im Tiefenbereich von 5-20 km mit dem Schwerpunkt der seismischen Energiefreisetzung in ca. 10 km.

Zur Erfassung der Bebentätigkeit ist derzeit ein ca.100 Registrierorte umfassendes Seismometernetz in Betrieb. Die ersten Seismographen wurden zu Beginn des 20. Jhs. eingesetzt. Aus der vorinstrumentellen Zeit existieren z.T. außerordentlich detaillierte Berichte über Bebenwahrnehmungen oder beobachtete Schäden in zumeist städtischen Chroniken. Diese historischen Quellen erlauben die Erweiterung des Bebenkatalogs bis zu den Anfängen chronischer Aufzeichnungen.

Es ist klar, dass die Katalogeinträge um so unvollständiger werden und nur die stärksten Beben erfassen, je weiter man zurückblickt. Eine anschauliche Form der Analyse der Vollständigkeit der katalogisierten Daten illustriert die Graphik 3, in der exemplarisch für das Rheingebiet für einzelne Intensitätsklassen (III-IX) deren Nennung im Katalog ab dem Jahr 1000 dargestellt ist. So ergibt sich für die Einträge z.B. der Intensität VIII ein weitgehend gleichförmiger Anstieg seit etwa 1500. Für Beben der Intensität VII ist ein hinreichend gleichförmiger Anstieg der Kurve ab etwa 1700 zu beobachten, für die Intensität VI ab ca. 1775 usw. Basierend auf den so ermittelten Vollständigkeiten lassen sich anhand der beobachteten Bebentätigkeit statistische Aussagen über die mittleren Wiederkehrperioden von Beben treffen. Auf der Grundlage solcher statistischer Angaben für die einzelnen Erdbebenherdzonen lassen sich Erdbebengefährdungskarten für verschiedene Wahrscheinlichkeitsniveaus berechnen. Die Karte 2 für die 90%-Nichtüberschreitenswahrscheinlichkeit in 50 Jahren bildet die seismologische Grundlage für die Ableitung der Erdbebenzonen der neuen erdbebengerechten Baunorm.◆

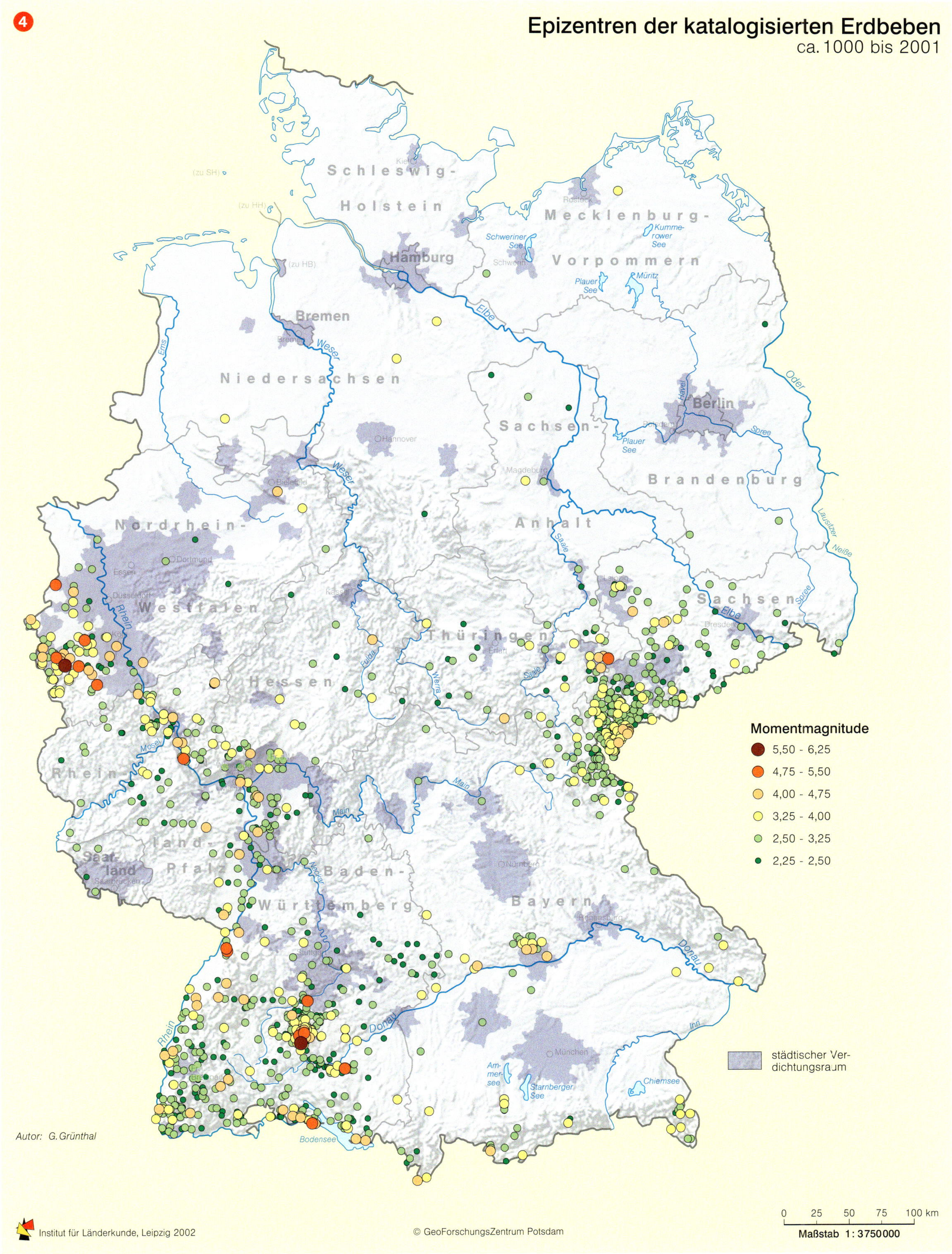

Das Erdbeben von Roermond

Rolf Pelzing

Erdbebenschaden in der Niederrheinischen Bucht

Die Niederrheinische Bucht und das Niederrheinische Tiefland liegen auf einer Trennfuge, die ganz Europa von der Nordsee bis zum Mittelmeer durchzieht. Vor etwa 30 Millionen Jahren setzten ▷ tektonische Bewegungen ein, die zum Einsinken der Niederrheinischen Bucht und zur Heraushebung des Rheinischen Schiefergebirges führten. Dabei entstand in der Niederrheinischen Bucht ein Mosaik von nach Nordosten gekippten Schollen, die von tief reichenden ▷ Verwerfungen begrenzt sind. Die bedeutendsten sind die Rurrand-Verwerfung, der Erft-Sprung und der Viersener Sprung.

Die einzelnen Schollen bewegen sich an den Verwerfungen relativ zueinander mit einer Geschwindigkeit von einigen Zehntelmillimetern pro Jahr. Aufgrund des Reibungswiderstandes des Gesteins verläuft diese Bewegung jedoch nicht gleichmäßig, sondern ruckartig in Form von Erdbeben in unregelmäßigen Abständen und mit zwischenzeitlichen Phasen der Ruhe dazwischen.

Chronik der Erdbeben

Historische Chroniken berichten seit mehr als tausend Jahren immer wieder über Schaden verursachende Erdbeben in der Niederrheinischen Bucht. Da es keine seismischen Aufzeichnungen aus früheren Jahrhunderten gibt, kann die ▶ Magnitude nur aus den jeweiligen Wirkungen geschätzt werden. Das stärkste bisher bekannte Erdbeben in der Niederrheinischen Bucht mit der Stärke 6,3 auf der ▶ Richter-Skala ereignete sich am 18. Februar 1756 bei Düren und war Teil einer zwei Jahre andauernden Erdbebenserie (▶▶ Beitrag Grünthal, S. 44). Dabei kam es zu erheblichen Gebäudeschäden im Gebiet zwischen Aachen, Köln und Jülich. Das Beben war noch in Halle/Saale, Straßburg und London zu spüren (Sieberg 1940).

Auch im 19. und im 20. Jh. kam es zu Schadenbeben in der Niederrheinischen Bucht, so am 26. August 1878 bei Tollhausen und am 14. März 1951 bei Euskirchen. Die historischen Schadenbeben sind (vor 1980) in der Karte ❶ im Hintergrund als grau gefüllte Kreise dargestellt. Der Schwerpunkt der ▷ Seismizität lag in historischer Zeit im Südwesten der Niederrheinischen Bucht (Leydecker 1986).

Die Beben zwischen 1980 und 2000

Um die mit den tektonischen Vorgängen im Rheinland verbundene Erdbebenaktivität genauer erfassen zu können, errichtete der Geologische Dienst Nordrhein-Westfalen im Jahr 1980 ein Erdbebenstationsnetz mit hochempfindlichen digitalen Registrierapparaturen ❷. Bei einigen Stationen sind die ▶ Seismometer in bis zu 400 m tiefen Bohrlöchern installiert.

Im Zeitraum von 1980 bis 2000 wurden an diesen Stationen mehr als 600 natürliche Erdbeben in der Niederrheinischen Bucht und ihrer unmittelbaren Umgebung registriert. Einige davon wurden auch von Menschen gespürt, die meisten blieben jedoch unterhalb der Fühlbarkeitsgrenze von etwa 2,5 auf der

Erdbebenregistrierung

Der Punkt, an dem ein Erdbeben im Erdinneren beginnt, ist das **Hypozentrum**; das **Epizentrum** liegt genau darüber an der Erdoberfläche. Durch die plötzliche Bewegung werden seismische Wellen erzeugt, die sich durch den Untergrund ausbreiten. Bei den so genannten **P-Wellen** schwingen die Bodenteilchen wie bei Schallwellen in Richtung der Ausbreitung der Welle, bei den so genannten **S-Wellen** schwingen sie senkrecht zur Ausbreitungsrichtung. Die P-Wellen breiten sich schneller aus als die S-Wellen und treffen daher als erste ein. Die S-Wellen haben in der Regel die größeren Schwingungsamplituden.

Die durch die **seismischen Wellen** erzeugten vertikalen und horizontalen Schwingungen des Bodens werden an einer Erdbebenstation mit Hilfe von **Seismometern** gemessen. Ein Seismometer besteht im einfachsten Fall aus einer Masse, die beim Horizontalseismometer an einem Draht und beim Vertikalseismometer an einer Feder aufgehängt ist. Bei einem Erdbeben wird die Masse relativ zum Gehäuse in Schwingungen versetzt. Durch einen Stift werden diese Bewegungen auf einer rotierenden, mit Papier belegten Trommel aufgezeichnet. An modernen Erdbebenstationen werden die Schwingungen in elektrische Signale umgewandelt und auf digitale Datenträger aufgezeichnet.

Mit der Entfernung vom Epizentrum nimmt die Schwingungshöhe der seismischen Wellen ab, Schäden entstehen daher gewöhnlich nur im Epizentralbereich. Empfindliche Messgeräte registrieren starke Erdbeben jedoch weltweit.

Aus der Bebenaufzeichnung – dem Seismogramm – werden die für den Geowissenschaftler wichtigen Informationen über das Beben abgeleitet. In erster Linie sind das die Lage des Hypozentrums und die Stärke des Bebens. Die Stärke eines Erdbebens wird üblicherweise als **Magnitude** auf der nach oben offen **Richter-Skala** angegeben und aus den instrumentell aufgezeichneten Schwingungsamplituden und der Entfernung zum Erdbebenherd berechnet. Es handelt sich dabei um eine logarithmische Skala, das heißt, von einer Einheit zur nächsten verändert sich die Schwingungsamplitude um den Faktor 10.

❶ Niederrheinische Bucht
Erdbebentätigkeit 1980-2000

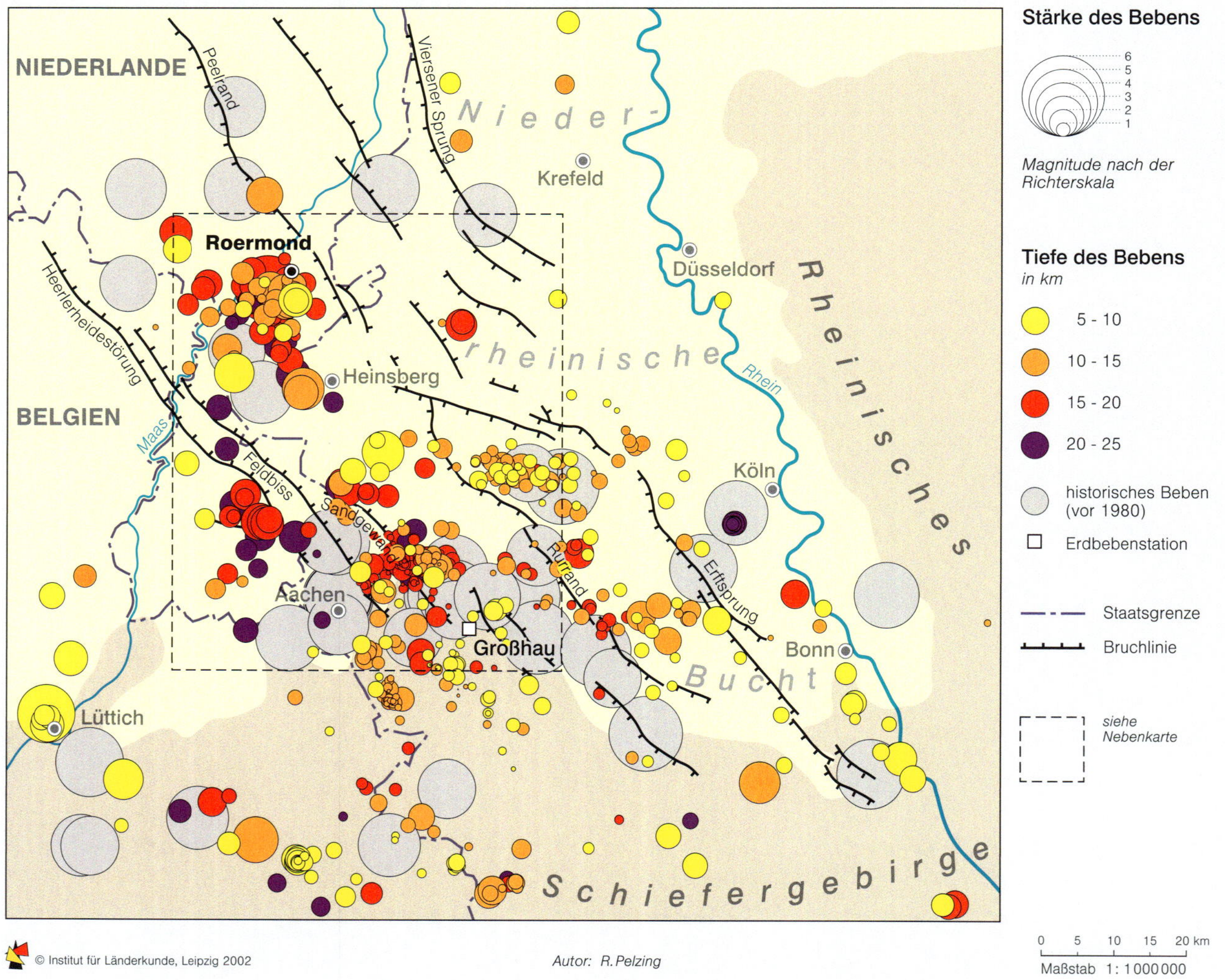

2 Vertikalseismometer

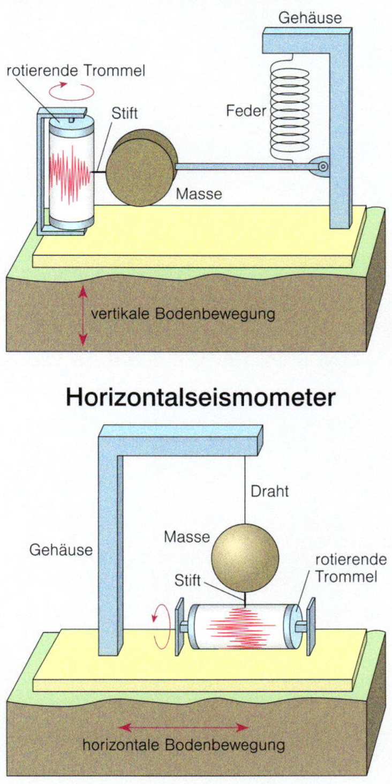

Richter-Skala. Schwerpunkte der Seismizität in diesem Zeitraum lagen in der südwestlichen Niederrheinischen Bucht bei Roermond, im Raum Aachen-Düren und bei Jülich. Nahezu alle Beben ereigneten sich in Tiefen zwischen 5 und 25 km. Am 8. November 1983 ereignete sich in Lüttich ein Erdbeben der Stärke 5,1, das erhebliche Gebäudeschäden verursachte. Sein ▸ Hypozentrum lag in 6 km Tiefe.

Das Erdbeben von Roermond

Am 13. April 1992 um 3.20 Uhr Ortszeit ereignete sich im Rheinland ein Erdbeben der Stärke 5,9 auf der Richter-Skala **3**. Es war das stärkste Beben in Mitteleuropa seit 1756. Die fühlbaren Schwingungen hielten etwa 15 Sekunden an. Selbst in Berlin, München und London wurde das Beben noch wahrgenommen.

Das Hypozentrum des Bebens wurde aus den Seismogrammen von deutschen, belgischen und niederländischen Erdbebenstationen errechnet. Es lag 4 km südwestlich von Roermond in den Niederlanden (5°56'11" Ost und 51°'9"57' Nord) in einer Tiefe von 18 km.

In Nordrhein-Westfalen wurden mehr als 30 Personen verletzt. Das Schadenzentrum lag in der Umgebung der Stadt Heinsberg. Typische Gebäudeschäden waren das herabgestürzte Schornsteinen und Dachpfannen, Putzrisse und das Herausbrechen von Ziegelsteinen rund um Fenster und Türen. An einigen älteren Gebäuden entstanden allerdings auch strukturelle Schäden. Insgesamt wurden etwa 1300 Gebäude beschädigt. Kleinere Schäden richtete das Beben auch im Regierungsviertel in Bonn an.

3 Raum Roermond - Aachen - Düren
Erdbebentätigkeit in der Zeit vom 13. April bis 31. Mai 1992

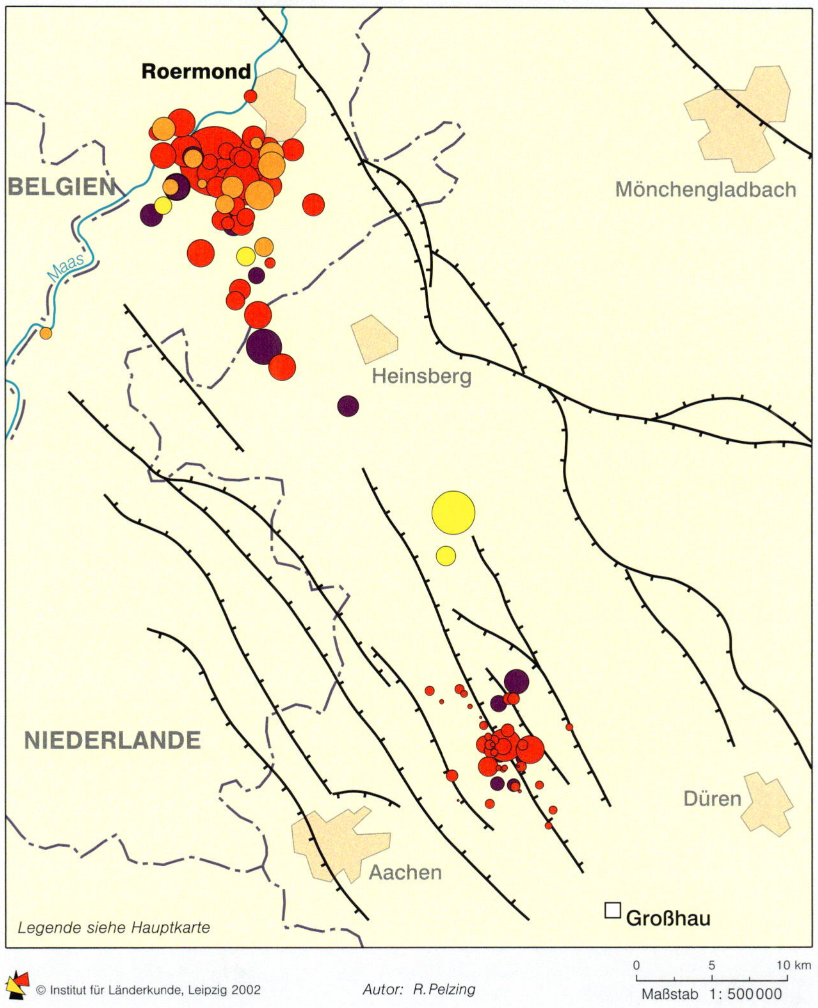

 Autor: R. Pelzing

Am Kölner Dom stürzte eine Kreuzblume aus Naturstein von 400 kg Gewicht in die Tiefe. Der Gesamtschaden wurde von der Versicherungswirtschaft auf 80 Mio. DM beziffert (SMOLKA 1999). Aufgrund der vergleichsweise großen Herdtiefe von 18 km war die Schadenwirkung im Verhältnis zur Stärke des Bebens aber eher gering.

In Abbildung **4** ist das Seismogramm des Erdbebens von Roermond an der Erdbebenstation Großhau in 55 km Entfernung vom ▸ Epizentrum dargestellt. Es zeigt die Schwingungsverläufe der Bodenbeschleunigung in mm/s² in vertikaler, in Nord-Süd und in Ost-West-Richtung über eine Dauer von 15 Sekunden. Die Zeit verläuft von links nach rechts. Zuerst treffen die ▸ P-Wellen ein. Sie wurden von vielen Menschen als tiefes Grollen gehört. Nach einigen Sekunden kommen dann die langsameren ▸ S-Wellen an, die aufgrund ihrer deutlich höheren Schwingungsamplitude die Schäden verursacht haben.

Das Hypozentrum des Bebens lag auf der Rurrand-Verwerfung. Die südwestlich angrenzende Rur-Scholle bewegte sich dabei auf einer Fläche von etwa 10 km² ruckartig um 18 cm nach unten. Bei einer Herdtiefe von 18 km bedeutet das, dass dieses Teilstück der Verwerfung sich nicht bis zur Erdoberfläche erstreckt hat. Alle Wirkungen des Bebens an der Oberfläche wurden ausschließlich durch die ▸ seismischen Wellen erzeugt.

Nachbeben

Nach dem Hauptbeben ereigneten sich mehr als 200 weitere schwächere Beben, die in den ersten Stunden in Abständen von nur wenigen Minuten folgten. Viele davon wurden gespürt, das stärkste hatte die Magnitude 3,6 **3**.

Außer diesen unmittelbaren Nachbeben im Raum Roermond wurde auch eine Serie von Beben im Gebiet zwischen Heinsberg, Aachen und Düren ausgelöst. Das stärkste Beben hatte die Magnitude 3,9 und wurde deutlich gespürt, richtete aber keinen Schaden an.

Ende Mai 1992 war die Nachbebentätigkeit weitgehend abgeklungen und die seismische Aktivität in der Niederrheinischen Bucht wieder auf das vorherige Niveau zurückgegangen – bis zum nächsten größeren Erdbeben. Langfristig gesehen ist auch das Erdbeben von Roermond für die Niederrheinische Bucht ein ganz normales Ereignis. ◆

4 Seismogramm des Erdbebens von Roermond am 13. April 1992 an der Erdbebenstation Großhau

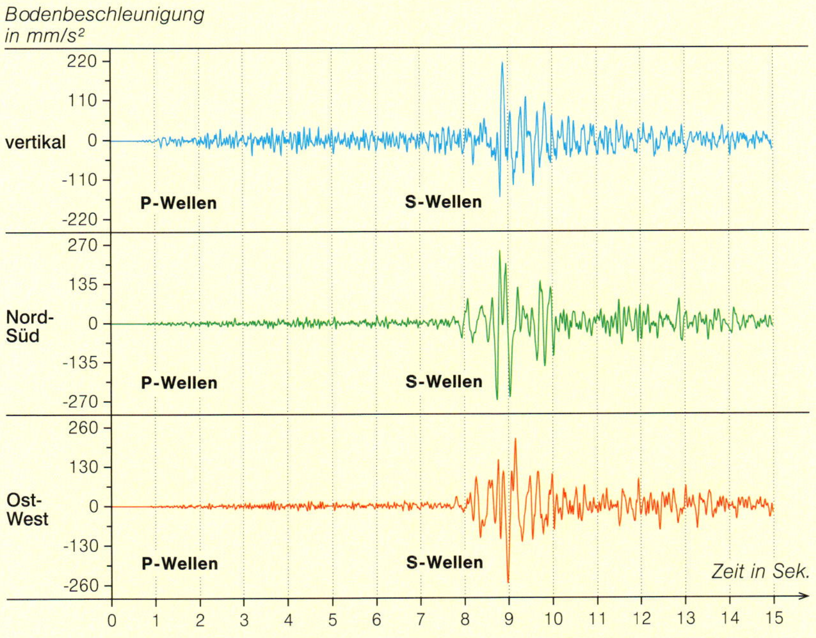

Lage der Erdbebenstation Großhau: 50,74° N, 6,38° E
Entfernung zum Epizentrum: 55 km
Zeitpunkt: 13. April 1992; 03:20 Uhr MEZ
Magnitude: 5,9 Richterskala
Dauer: 15 Sekunden

Lagerstätten von mineralischen und Energierohstoffen

Lothar Lahner und Walter Lorenz

Deutschland ist nach heutigen Gesichtspunkten relativ arm an mineralischen Rohstoffen, zählt aber zu den wichtigsten Verbraucherländern. Durch die seit Jahrhunderten andauernde bergmännische und geologische Erkundung sind zwar zahlreiche Lagerstätten in Deutschland bekannt, ein Abbau ist aber in den meisten Fällen heute nicht mehr rentabel. Nur bei den Baurohstoffen, wie Steine und Erden, kann sich Deutschland selbst versorgen (▶▶ Beitrag Schroeder, S. 38). Erhebliche Vorräte gibt es an Braunkohle und Salzen, die übrigen Rohstoffe müssen importiert werden. Das war nicht immer so.

Im Mittelalter war Deutschland eines der führenden Bergbauländer (z.B. Silber, Salz), das auch viel zur bergtechnischen Entwicklung beigetragen hat. Mit Beginn des Industriezeitalters gewannen die Massenrohstoffe wie Eisenerz und Kohle große Bedeutung. Nach dem Zweiten Weltkrieg wuchs mit der Öffnung der Weltmärkte das ausländische Angebot an Rohstoffen ganz erheblich, so dass die einheimischen Lagerstätten an Bedeutung verloren.

Unter Lagerstätten versteht man eine Anreicherung von Rohstoffen, die möglicherweise wirtschaftlich abgebaut werden können. Ihre Entstehung kann durch das ▷ Magma, aber auch durch ▷ Sedimentation, ▷ Abtragung und spätere Anreicherung erfolgt sein ❶.

Ist ein Magma (z.B. ▷ Granit), das im Erdinneren unter hohem Druck und hoher Temperatur stand, in die obere Erdkruste eingedrungen, hat es sich abgekühlt und der Druck ließ nach. Dadurch entstanden Absonderungen, die wertvolle Rohstoffe enthalten können. Auf diese Weise haben sich Erzgänge gebildet, wie wir sie aus dem Harz, dem Erzgebirge oder dem Schwarzwald kennen. Bei der Entstehung von Massenrohstoffen hat die Sortierung durch Wasser eine große Rolle gespielt. Je nachdem ob der Fluss schnell oder langsam floss bildeten sich Kies, Sand oder Ton.

Viele Lagerstätten sind an der Erdoberfläche durch klimatische Vorgänge entstanden. Herrschte ein warmes, trockenes Klima und waren Salzwasserlagunen verbreitet, kam es zu ▶ Ausfällungen von ▷ Steinsalz und ▷ Kalisalz ❸. Unter warmen, feuchten Bedingungen wuchsen üppige Urwälder, die im Rahmen einer Gebirgsbildung in große Tiefen versenkt und durch hohe Drucke und Temperatur in Steinkohle umgewandelt wurden. Fehlten Druck und Temperatur, so bildete sich die weniger wertvolle ▷ Braunkohle. Auch ▷ Kaolin-Lagerstätten sind unter feucht-warmen Bedingungen entstanden.

Erdöl und Erdgas haben sich in geologischen Zeiten aus tierischen und pflanzlichen Kleinstlebewesen gebildet, meist in Meeresablagerungen in Faulschlämmen unter Abwesenheit von Sauerstoff. Die kleinen Öltröpfchen verblieben jedoch zum großen Teil nicht in diesem Erdölmuttergestein, sondern wanderten in poröse Speichergesteine, vorwiegend Sandsteine. Dort haben sie sich in so genannten Fallen angesammelt ❷. Zugleich mit dem Erdöl ist Erdgas, überwiegend Methan, entstanden.

Verbreitung von Lagerstätten ❹

Erdöl – Erdgas

Die Gewinnung von Erdöl aus heimischen Quellen in 48 Feldern deckt nur etwa 2,5% des Verbrauchs. Die Hauptliefergebiete liegen in Niedersachsen (51%) und in Schleswig-Holstein (42,6%). Die zur Zeit bekannten Vorräte reichen noch für etwa 16 Jahre. Günstiger ist die Situation beim Erdgas. Die Felder in Niedersachsen und in geringem Umfang in Sachsen-Anhalt, Thüringen und Bayern liefern etwa 19% des deutschen Bedarfs. Die Vorräte betragen zur Zeit etwa 377 Mrd. m³, d.h. eine Nutzungsdauer von 17 Jahren.

Steinkohle

Die Förderung der ehemals für die Energieversorgung Deutschlands sehr wichtigen ▷ Steinkohle geht seit mehr als 40 Jahren zurück. Sie betrug Mitte der 1950er Jahre etwa 150 Mio. t/Jahr, im Jahr 2000 noch 33,6 Mio. t und soll bis zum Jahre 2005 auf 25 Mio. t zurückgefahren werden. Gründe dafür sind die ungünstigen natürlichen Bedingungen, wie die große Tiefenlage und stellenweise Faltung, sowie Versatz oder Ausdünnung der ▶ Flöze.

Zur Zeit befinden sich noch drei Reviere in Produktion: das Ruhrrevier ❻ mit 11 Schachtanlagen, das Saarrevier mit 3 und das Revier Ibbenbüren mit einer Schachtanlage. Die Kohle wird aus einer Tiefe von 800-1350 m gefördert. Das früher wichtige Aachener Revier wurde 1997 geschlossen; andere kleine Abbaue in Bayern bei Penzberg und Peißenberg sowie in Sachsen bei Zwickau hatten nur untergeordnete Bedeutung.

Braunkohle

Im ▷ Tertiär bildeten sich im Vorland der Mittelgebirge, im Rheinland bei Köln und Aachen sowie in Mitteldeutschland ausgedehnte Becken, deren üppiger Pflanzenwuchs im Lauf der Zeit in Torf und später in Braunkohle →

❶ **Lagerstättentypen**
Schema

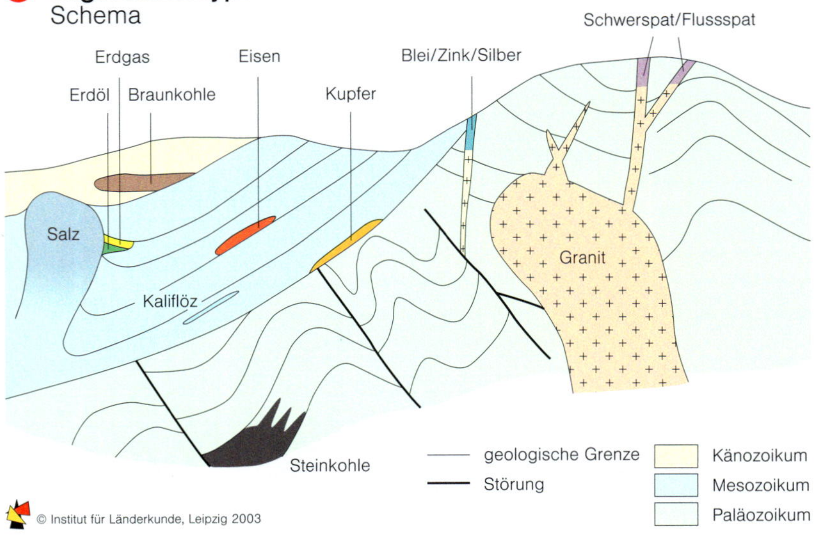

❷ **Beispiele für Erdöl-/Erdgasfallen**
Schema

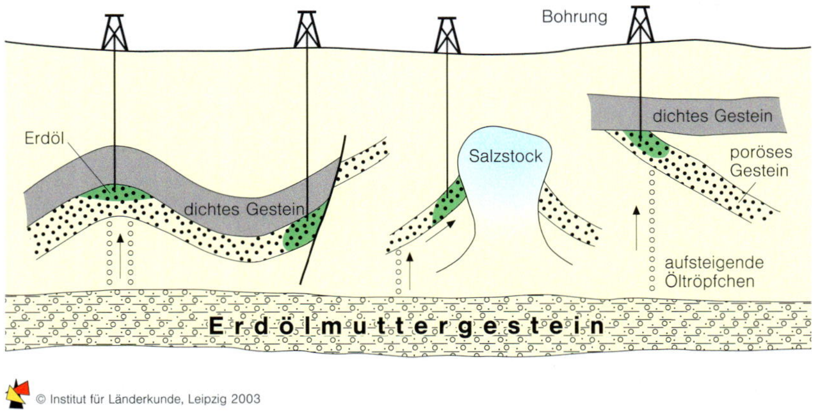

❸ **Entstehung von Salzlagerstätten**

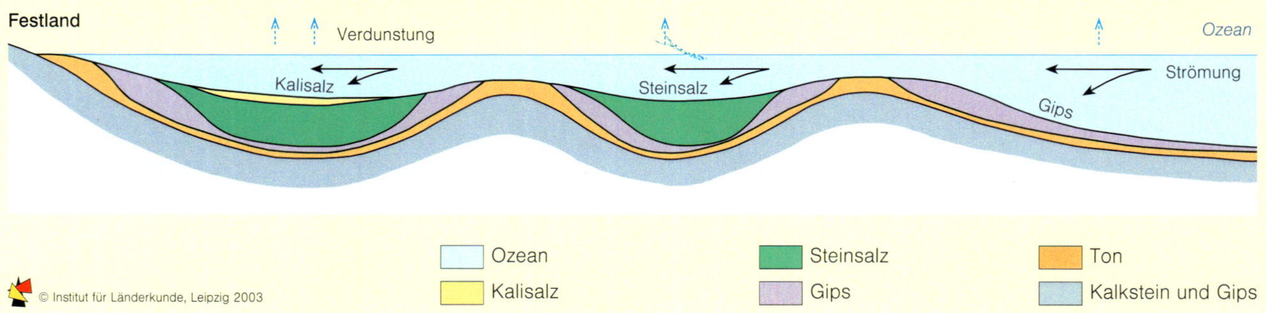

Anhydrit – gesteinsbildendes Mineral, das ein wesentlicher Bestandteil von Salzlagerstätten ist. Bei Wasseraufnahme geht er in Gips über.

Ausfällung – sich absetzen

Bims – kieselsäurereiches, vulkanisches Glasgestein, von zahlreichen Poren und Hohlräumen durchsetzt und deshalb mit geringem spezifischem Gewicht (in Wasser schwimmfähig)

Flöz – die Schicht eines Rohstoffs (Kohle, Salz, Metallerz)

Industriesole – Salzlösungen für industrielle Nutzung

Siedesalz – entsteht bei Eindampfung gesättigter Sole, wobei Kochsalz (**NaCl**) auskristallisiert

4

Lagerstätten und Bergwerke
mineralische Rohstoffe und Energierohstoffe

Institut für Länderkunde, Leipzig 2003

umgewandelt wurde. Günstige geologische Bedingungen der Lagerstätten ermöglichen den Einsatz einer leistungsfähigen Tagebautechnik, so dass große Mengen zu niedrigen Kosten abgebaut werden können. Deutschland liegt bei der Braunkohlegewinnung mit einer Förderung von mehr als 160 Mio. t pro Jahr an der Weltspitze. Zur Zeit befinden sich sechs Reviere in Produktion.

Uran
In Sachsen und Thüringen wurde von 1946-1990 unter der Firmenbezeichnung WISMUT intensiv Uran abgebaut, insgesamt 213.000 t. Dies bedeutete den 3. Platz in der Welterzeugung. Die ergiebigsten Lagerstätten liegen in den Graniten des Erzgebirges, bei Aue und Pöhla, in den ▷ paläozoischen Schiefern von Ronneburg bei Gera und in geringerem Maße in den Kreidesandsteinen von Königstein (Sachsen) und im ▷ Rotliegend von Gittersee bei Dresden. 1990 wurde der Bergbau stillgelegt.

Metallrohstoffe
In Deutschland werden seit Ende der 1980er und Anfang der 1990er Jahre keine Metallrohstoffe mehr abgebaut. Bedeutende Abbaue von Eisenerzen gab es früher im Lahn-Dill-Gebiet und im Siegerland, bei Salzgitter, Peine/Ilsede und in der Oberpfalz im Amberger Revier. Ehemals wichtig war auch die bereits im Jahre 1199 erwähnte Gewinnung von Kupfer im Mansfelder Revier im östlichen Harzvorland (Sachsen-Anhalt). Nach dem Kriege wurden hier von 1945-1990 noch insgesamt 850.000 t Kupfer und 4300 t Silber gewonnen (▶▶ Beitrag Hoepfner/Paul, S. 52).

Die im Mittelalter berühmten Blei-, Zink-, und Silberbergwerke wurden nach und nach geschlossen. Auch das weltberühmte Bergwerk am Rammelsberg bei Goslar mit seiner über 1000 Jahre alten Tradition wurde 1989 stillgelegt. Der Abbau weiterer Metallrohstoffe wie Zinn, Nickel, Antimon in Sachsen/Thüringen oder der Goldbergbau im Fichtelgebirge und in Waldeck/

5 Abbau von Massenrohstoffen 1995 und 2000

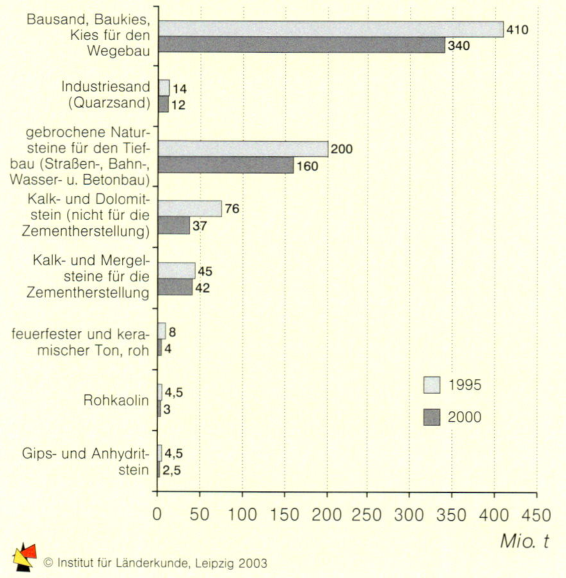

Hessen erreichten nie größere Bedeutung. Heute werden nur einige Gruben als Besucherbergwerke offen gehalten.

Steinsalz und Kalisalz
Im nördlichen Teil Deutschlands entstanden zur ▷ Zechsteinzeit ausgedehnte Salzlager (▶▶ Beitrag Ellenberg, S. 56). Die in Hessen und Thüringen flach liegenden Flöze sind in Norddeutschland zu Salzkissen und Salzstöcken verformt. Auch während der nachfolgenden ▷ Trias-Zeit kam es bei Heilbronn und im schwäbisch-fränkischen Raum zu mächtigen Salz- und Gipsablagerungen.

Die deutsche Salzproduktion besteht vorwiegend aus festem Steinsalz, dem ▶ NaCl-Gehalt von ▶ Industriesole und geringen Mengen von ▶ Siedesalz. Die Gesamtproduktion beträgt etwa 15-16 Mio. t, was 8% der Weltproduktion entspricht. Hauptförderländer sind Niedersachsen (27,7%), Sachsen-Anhalt (25,1%), Baden-Württemberg (23,3%) und Nordrhein-Westfalen (22,6%). Bekannt ist der seit dem 12. Jh. betriebene Salzbergbau von Berchtesgaden/Bad Reichenhall.

Nach dem Zweiten Weltkrieg nahm der deutsche Kalibergbau (beide ehemaligen Teilstaaten zusammengenommen) bis Anfang der 1970er Jahre die führende Position in der Welt ein. Heute liegt er mit einer Produktion von rund 3,5 Mio. t K_2O auf Platz 4. Zur Zeit sind sechs Kaliwerke in Betrieb, drei in Hessen, eins in Niedersachsen, eins in Sachsen-Anhalt und eins in Thüringen.

Industrieminerale
In Deutschland gibt es vielfältige Lagerstätten von Mineralen, die zur Industrieproduktion eingesetzt werden. Dazu zählen:

Feldspat (Hirschau, Saar/Nahe) ist ein Hauptbestandteil der Granite. Er findet Verwendung in der Porzellan- und Glasindustrie.

Kaolin (Oberpfalz, Sachsen) entsteht durch Verwitterung von Feldspat, er wird hauptsächlich in der Porzellanindustrie eingesetzt.

Bentonit (Niederbayern) ist ein spezieller Ton, der durch Verwitterung von vulkanischen Aschen entstanden ist. Er findet Verwendung als Spülmittel für Bohrungen, als Filter für Getränke und als Zuschlagstoff für Spezialbeton.

Flussspat (Schwarzwald) und Schwerspat (Schwarzwald, Harz, Sauerland) treten in Gängen auf, die von Graniten ausgehen. Aus Flussspat wird Flusssäure für die Eisen- und Aluminiumherstellung und für chemische Zwecke hergestellt. Schwerspat dient u.a. als Dämmstoff und zum Schallschutz.

Graphit, entstanden im ▷ metamorphen Grundgebirge des Bayerischen Waldes (Grube Kropfmühl), wird als Schmiermittel oder für Bleistiftminen eingesetzt.

Massenrohstoffe 7
Mineralische Massenrohstoffe werden in großen Mengen in der Industrie, vor allem der Bauindustrie, genutzt. Sie

6 Schnitt durch das Ruhrgebiet
Schematisches Profil

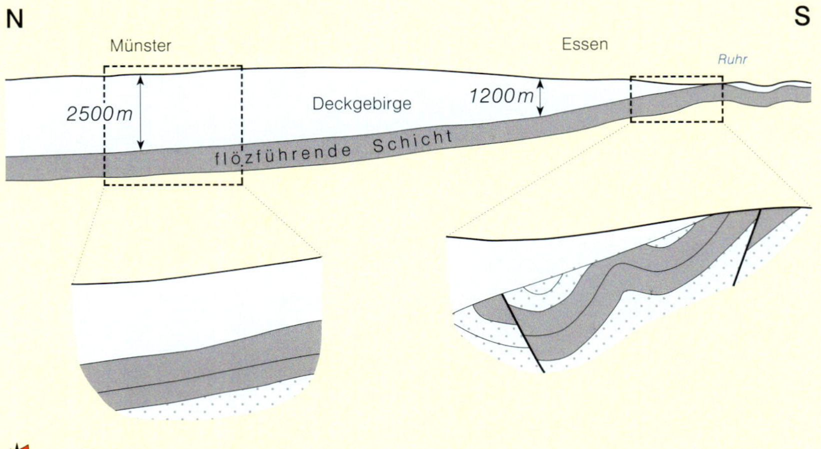

können unverfestigt (Lockergesteine) oder verfestigt sein (Festgesteine). Nach der Art der Entstehung unterscheidet man sedimentäre Locker- und Festgesteine, vulkanische Locker- und Festgesteine sowie Tiefengesteine und metamorphe Gesteine. Nur dort, wo die Massenrohstoffe wirtschaftlich gewinnbringend abgebaut werden können, spricht man von Lagerstätten oder Abbaustellen. Vielfach verhindern Konflikte mit anderen Nutzungsabsichten für denselben Raum (z.B. Naturschutz, Bebauungsgebiete, Grundwasserschutz) einen Abbau der Rohstoffe.

Sedimentäre Locker- und Festgesteine
Kiese und Sande sind die wichtigsten sedimentären Lockergesteine. Sie wurden vorwiegend während und nach den Eiszeiten angehäuft (Norddeutschland und bayerisches Alpenvorland) oder von Flüssen abgelagert (z.B. Täler des Rheins, der Donau und ihrer Nebenflüsse). Mehrere hundert Millionen Tonnen werden jährlich im Hochbau und Verkehrswegebau verbraucht.

Besonders feinkörnige, plastisch verformbare Ablagerungen werden Tone genannt. Mit Sand oder ▷ Schluff verunreinigt heißen sie Lehm. Sie können vor Ort durch intensive Verwitterung der Gesteine entstanden sein oder wurden in langsam fließenden Gewässern abgelagert oder durch eiszeitliche Prozesse angehäuft. Bekannt sind die Tonvorkommen im Westerwald, von Großalmerode (Nordhessen), im südlichen Sachsen-Anhalt und in Sachsen. Aus diesen Bodenschätzen werden hauptsächlich keramische Produkte vielfältiger Art (Ziegel, Dachpfannen, Geschirr, Kacheln, Fliesen) hergestellt. Tonlagerstätten haben viel kleinere Flächenausdehnungen als Kies- und Sandlagerstätten.

Zu den wichtigsten sedimentären Festgesteinen zählen Kalksteine und Dolomitsteine, die z.B. in den Alpen, der Schwäbischen und Fränkischen Alb, am Nordrand des Rheinischen Schiefergebirges und in der Eifel weit verbreitet sind. Sie werden in riesigen Mengen beispielsweise für die Herstellung von Zement, Branntkalk und Schotter, aber auch in der chemischen Industrie, verwendet.

Deutschlands Gipsindustrie gehört zu den führenden der Welt. Sie verarbeitet ▷ Gips- und ▶ Anhydritsteine, die hauptsächlich in Franken, Baden-Württemberg, Thüringen/Hessen und Niedersachsen vorkommen. Bekannte Gipsprodukte sind Gipskartonplatten und Stuckgips. Sehr große Mengen von Gips- und Anhydritstein werden aber auch in der Zementindustrie zur Regulierung des Abbindeverhaltens des Zements benötigt.

Auch Sandsteine, ▷ Quarzite und ▷ Grauwacken treten an vielen Stellen Deutschlands auf, z.B. in Nordrhein-Westfalen und in Thüringen. Sie werden in zahlreichen Betrieben zu Schotter und Naturwerksteinen verarbeitet.

Vulkanische Locker- und Festgesteine
Vulkanische Aschen, Schlacken und ▶ Bims werden als unverfestigte mineralische Rohstoffe in großen Mengen in der Bauindustrie als Zuschläge bei der Betonherstellung eingesetzt. Vulkanische Gesteine sind in Deutschland vor allem auf die Länder Hessen und Rheinland-Pfalz sowie Thüringen, Sachsen-Anhalt und Sachsen beschränkt.

Tiefengesteine und metamorphe Gesteine
Tiefengesteine sind tief unter der Erdoberfläche aus dem glutflüssigen Magma entstanden. Ein typisches Tiefengestein ist der Granit. Er tritt vorwiegend im Schwarzwald, Odenwald, Bayerischen Wald, Fichtelgebirge, Erzgebirge und in der Lausitz auf. Auch Diorit und Gabbro sind Tiefengesteine. Geraten sie im Zusammenhang mit gewaltigen lang andauernden gebirgsbildenden Prozessen in große Erdtiefen und unter hohen Druck, werden sie umgewandelt (metamorphisiert). Gneis, Amphibolit und Granulit sind harte, Schiefer und Phyllite relativ weiche metamorphe Gesteine. Harte Tiefengesteine und metamorphe Gesteine werden als Naturwerkstein (▶▶ Beitrag Schroeder, S. 38) oder Schotter verwendet.◆

7

Mineralische Massenrohstoffe

Autoren: W. Gwosdz, W. Lorenz

Die Bergbaufolgelandschaft bei Ronneburg

Uwe Hoepfner und Michael Paul

Verfüllung des Tagebaus Lichtenberg mit Haldenmaterial

Radon – kurzlebiges radioaktives Edelgas der Uran-Zerfallsreihe. Die Wirkung radioaktiver Strahlung auf den Organismus wird durch die Äquivalentdosis beschrieben (Maßeinheit Sievert, bezogen auf einen Zeitraum: Nanosievert pro Stunde, **nSv/h**).
Umweltmonitoring – wissenschaftlich gestützte Beobachtung der Umwelt

Im sächsischen Erzgebirge, einer Region mit lang zurückreichender Bergbautradition, begann 1946 der Abbau von Uranerzen durch die WISMUT. Uranerz wurde zum strategisch wichtigen Rohstoff für die militärische Nutzung sowie für die Kernenergiegewinnung. Das anfangs sowjetische, ab 1954 sowjetisch-deutsche Unternehmen entwickelte sich in über 40 Jahren zum weltweit drittgrößten Uranproduzenten (nach den USA und Kanada) mit einer Gesamtproduktion von ca. 221.000 t Uran bis 1990. Große Lagerstätten wurden im mittleren Erzgebirge und bei Ronneburg in Ostthüringen abgebaut ❶. Daneben wurde Uran an einer Vielzahl von mittleren und kleinen Lagerstätten gewonnen.

Nach Beendigung der Uranproduktion wurde das Unternehmen in Bundesbesitz überführt. Seit 1991 werden die Hinterlassenschaften des Uranerzbergbaues saniert. Schwerpunkte sind dabei:

- die Flutung der untertägigen Grubengebäude,
- die Sanierung der Haldenlandschaften sowie die Rückverfüllung eines Tagebaurestloches bei Ronneburg und
- die Sanierung der industriellen Absetzanlagen mit Schlämmen der Uranaufbereitung bei Seelingstädt und Crossen.

Das Ronneburger Revier

Das Ronneburger Revier mit ehemals sechs Bergbaubetrieben und einer direkt vom Bergbau betroffenen Gesamtfläche von ca. 1600 ha ist einer der Sanierungsschwerpunkte der WISMUT. Ein 160 ha großes Tagebaurestloch, Haldenflächen von 460 ha und ein Bergematerialvolumen von 200 Mio. m³ sowie Betriebsflächen von ca. 1000 ha zeigen den Umfang der vom Bergbau beeinflussten Landschaft. Untertage erstreckten sich die Grubenbaue auf einer Länge von ca. 3000 km. In einem ca. 70 km² großen Gebiet ist durch die bergmännische Wasserhaltung der natürliche Grundwasserspiegel künstlich abgesenkt.

Die Halden und der Tagebau Lichtenberg liegen in unmittelbarer Nähe zur Stadt Ronneburg. Der Uranerzbergbau bewirkte eine Erhöhung der Strahlenbelastung der Beschäftigten und der ortsansässigen Bevölkerung sowie weit reichende Eingriffe in die Ökosysteme des Bergbaureviers. Die Aufhaldung von Bergemassen mit Restgehalten an Uran führte zu erhöhten Werten der Gamma-Strahlung sowie zu einer verstärkten Konzentration von ▸ Radon in der bodennahen Atmosphäre. Die Verwehung von Staub sowie der Austrag von Haldensickerwasser verursachte eine Verlagerung von Radionukliden in die direkte Umgebung der Bergbaustandorte (▸▸ Beitrag Völkel, S. 114). Eine typische Belastung der durch Bergbau beeinflussten Ökosysteme ist die durch Pyritoxidation hervorgerufene Bildung von sauren Sickerwässern und die damit verbundene Mobilisierung des Schadstoffinventars (Radionuklide, Schwermetalle, Salze) aus dem Bergematerial.

Die Umweltmedien Wasser, Boden und Luft wurden nach Abschluss des aktiven Bergbaues systematisch erfasst und bewertet. Auf dieser Grundlage wurden die Sanierungskonzepte zur Umgestaltung der Region in eine Bergbaufolgelandschaft entwickelt.

Die Bergbaufolgelandschaft

Das sichtbare Kennzeichen der neu entstehenden, dem Bergbau folgenden Landschaft ist die Schaffung neuer Geländeformen im Bereich des Tagebaues Lichtenberg. Die Spitzkegelhalden – als Landmarken Wahrzeichen der Region – sowie die breiten Tafelhalden werden nach geochemischen Kriterien gesteuert in den Tagebau Lichtenberg umgelagert (▸ Foto).

Das Luftbild ❷ zeigt eine Momentaufnahme der Umgestaltung des Ronne-

❶ Thüringen und Sachsen
Uranabbau und Aufbereitungsbetriebe 1946-1990

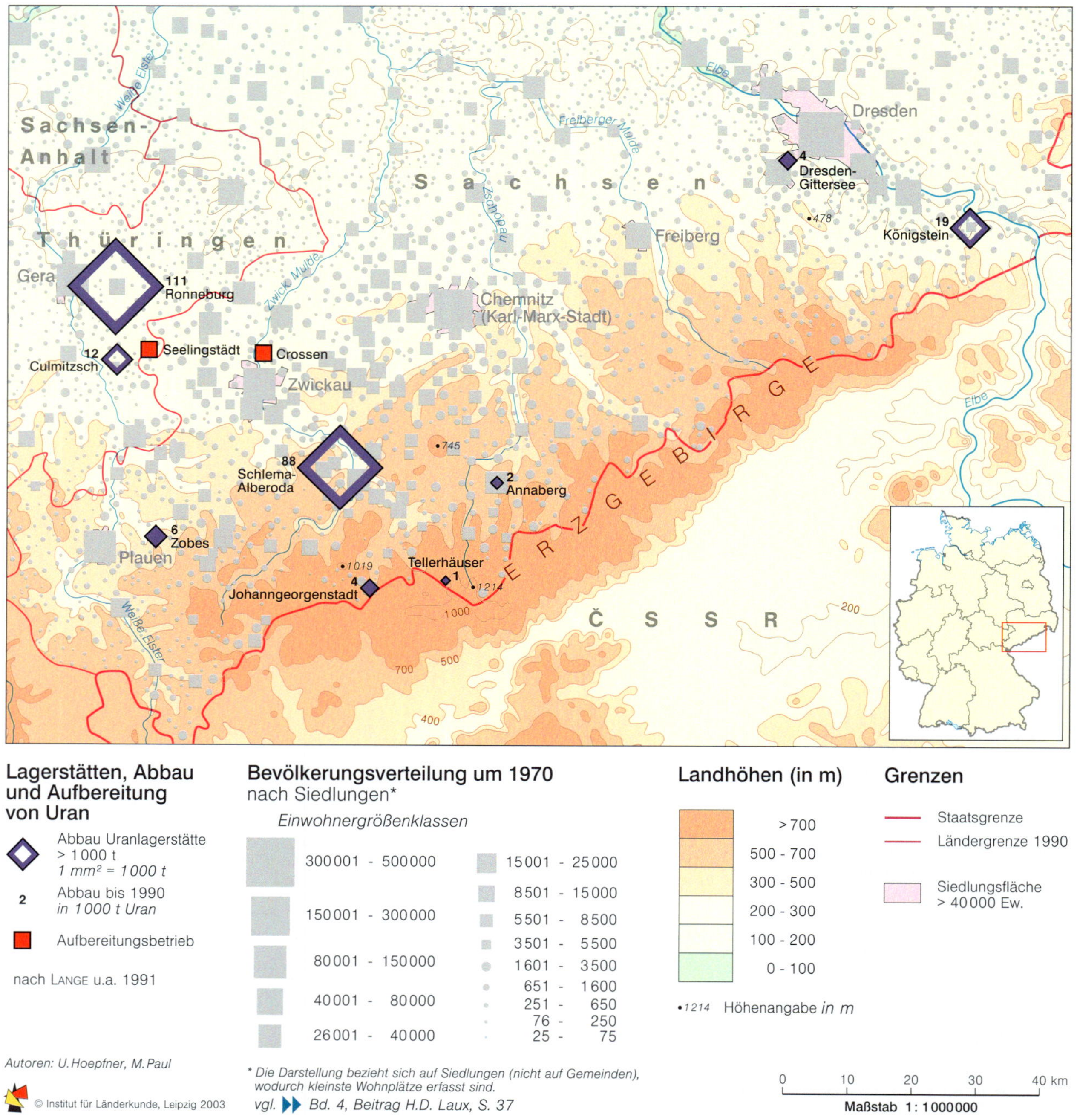

② Übertagesituation des Ronneburger Reviers 1999

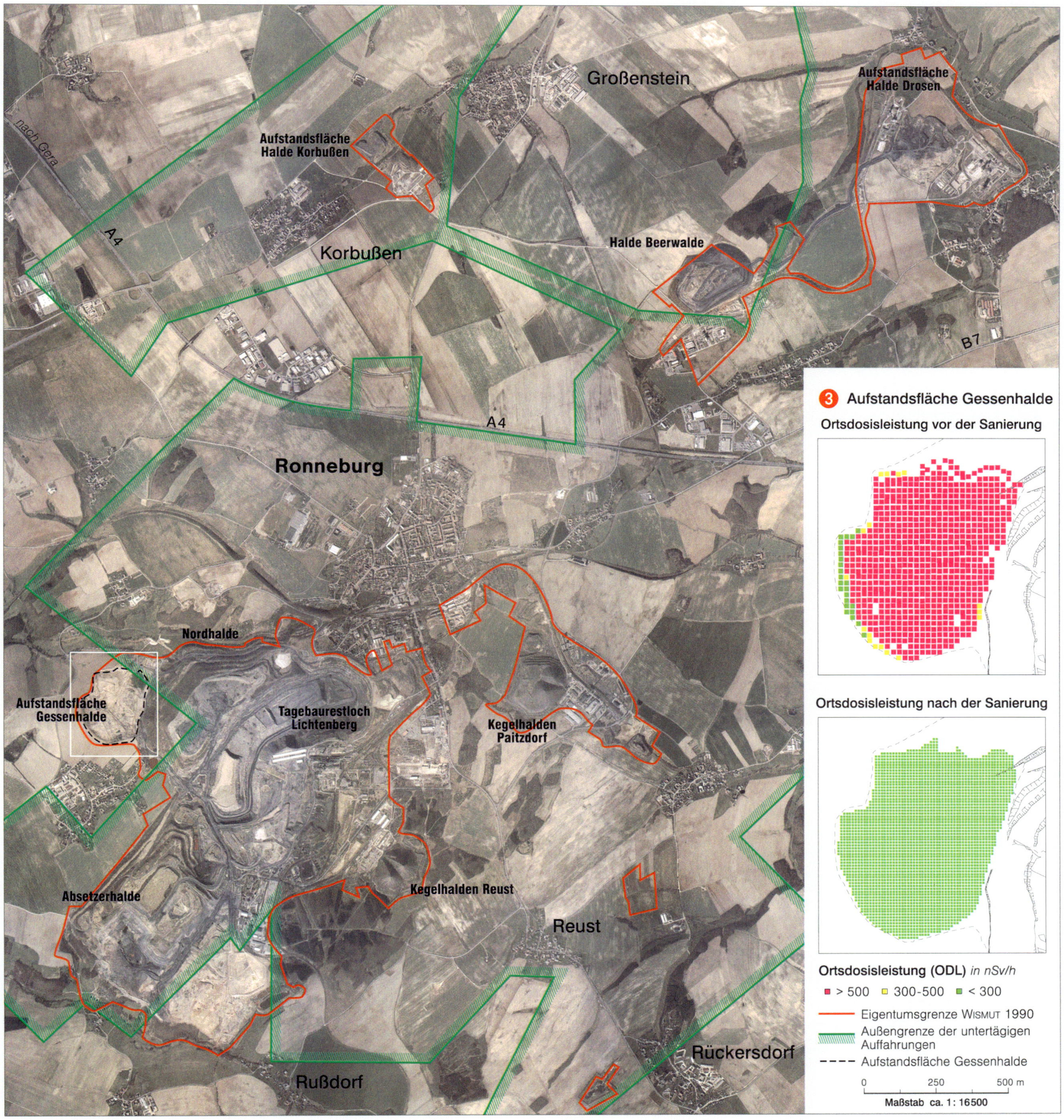

Institut für Länderkunde, Leipzig 2003 — 0 500 1000 1500 m, Maßstab ca. 1 : 43000 — *Aufnahme: März 1999* — *Autoren: U. Hoepfner, M. Paul* — *© WISMUT GmbH*

burger Reviers (1999). Nördlich der A4 erfolgte die Umlagerung der Halden Drosen und Korbußen an den neu gestalteten Haldenkörper Beerwalde. Im südlichen Teil des Ronneburger Reviers sind das etwa zur Hälfte verfüllte Tagebaurestloch sowie die umliegenden Halden zu erkennen. Als Beispiel für die Sanierung einer vom Bergbau betroffenen Fläche ist die Aufstandsfläche der Gessenhalde dargestellt. Die Ortsdosisleistung als Maß für die externe Strahlenexposition dieser Fläche liegt nach der Sanierung durch die Umlagerung von belastetem Material in den Tagebau Lichtenberg durchgängig unter dem für die angestrebte Nachnutzung empfohlenen Wert von 300 nSv/h ③.

Die neu entstehende Landschaft wird im Bereich des Tagebaus einen markanten Hochpunkt im Ronneburger ▷ Lösshügelland bilden. Die hydrologischen Verhältnisse werden durch die Vergrößerung der Einzugsgebiete der regionalen ▷ Vorfluter um die sanierten Betriebs-, Halden- und Tagebauflächen beeinflusst. Anlagen der Wasseraufbereitung und des Hochwasserschutzes sowie ein flächendeckendes ▶ Umweltmonitoring werden auch lange nach Abschluss der eigentlichen Sanierungsarbeiten betrieben werden müssen.◆

Landschaft nach der Kohle – der Südraum Leipzig

Andreas Berkner

Deutschland verfügt über drei große und drei kleinere Braunkohlenreviere ❶, deren Wiedernutzbarmachung sich deutlich unterscheidet ❹. Im durch wenige Tieftagebaue (Teufen >400 m, Förderung bis 50 Mio. t/a) geprägten Rheinischen Revier mit Rekultivierung seit Jahrzehnten nach dem Verursacherprinzip bieten die verbreitet mächtigen ▷ Lössdecken beste Voraussetzung für die vorherrschende landwirtschaftliche Wiedernutzung. Große Tagebaurestseen werden erst um 2050 entstehen. Bei den Abbaurevieren in den neuen Ländern waren zum Zeitpunkt der Wirtschafts- und Währungsunion am 1.7.1990 infolge der zentralistischen Planwirtschaft Rekultivierungsdefizite von ca. 18 Mrd. DM zu verzeichnen, die auf der Grundlage eines Verwaltungsabkommens zwischen Bund und Ländern schrittweise abgebaut werden. Im Mitteldeutschen Revier mit zahlreichen mittelgroßen, oft langlebigen Tagebauen waren Land- und Forstwirtschaft bei der Rekultivierung bislang gleichwertig, während das Lausitzer Revier mit seinen großen Förderbrückentagebauen und verbreitet sandigen Rekultivierungssubstraten durch eine Dominanz neuer Waldflächen geprägt wird.

❶ Braunkohlenförderreviere

Autor: A. Berkner

In den Revieren entstehen im Ergebnis des auskohlungsbedingten Massendefizits in den kommenden Jahrzehnten neue Seenlandschaften ❷, die bei einem Volumen von 14,7 km³ insgesamt der Fläche des Bodensees entsprechen. Einige wie der Hambacher See (42 km² Fläche, >300 m Tiefe) und der Garzweiler See (23 km²) im Rheinland, der Geiseltalsee (18,4 km²) in Mitteldeutschland und der Cottbuser See (18,4 km²) in der Lausitz werden zu den 20 größten Seen Deutschlands zählen. Vielerorts entstehen neue Wassersportmöglichkeiten, und Seenverbünde wie der Gewässerverbund Region Leipzig oder die Lausitzer Restlochkette Sedlitz-Skado-Koschen erhöhen die wassertouristische Attraktivität. In Mitteldeutschland und der Lausitz werden

❷ Neue Wasserlandschaft Mitteldeutschland

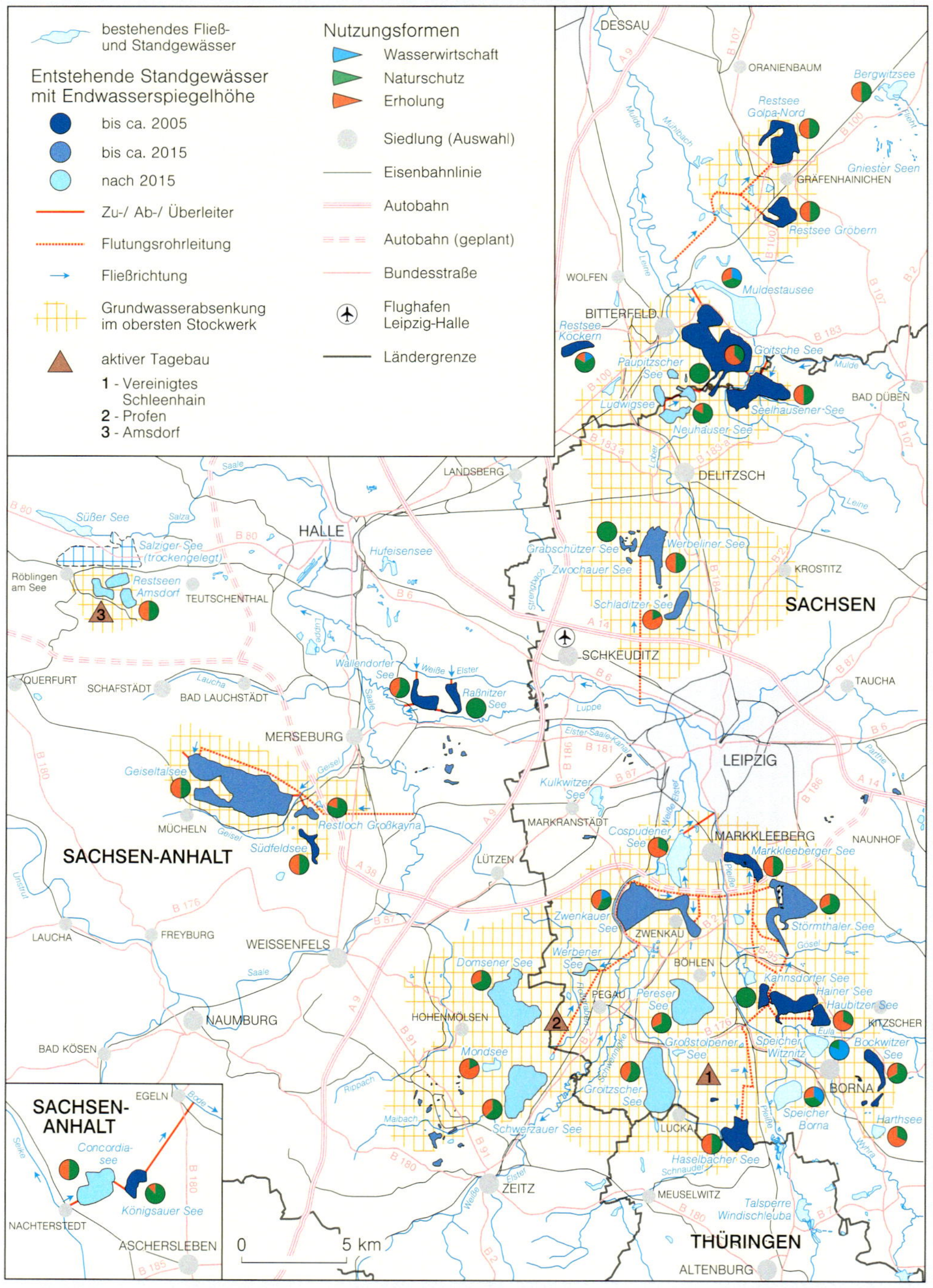

❸ Landschaftszustand im Südraum Leipzig

1890 – Landschaft vor dem Beginn des industriellen Bergbaus

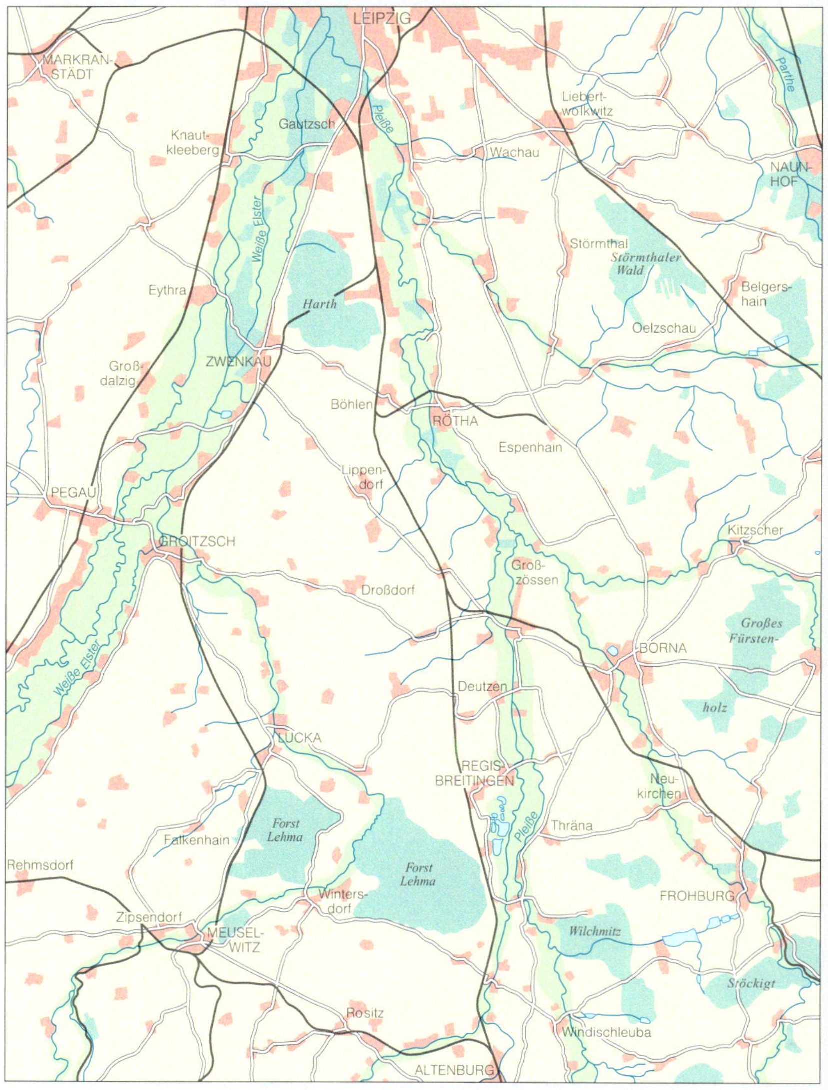

zudem mehrere Tagebaurestseen als Speicher zum Hochwasserschutz, zur Niedrigwasseraufhöhung und zur Brauchwasserversorgung genutzt. Bei einem Gesamtinhalt von rund 270 Mio. m³ bilden die Speicher Lohsa II (Lausitz, 53 Mio. m³) und Borna (Südraum Leipzig, 49 Mio. m³) die größten Einzelanlagen. Kleinere Seen entwickelten sich häufig zu Naturrefugien.

Innerhalb des Mitteldeutschen Reviers, im dem bislang genauso wie in der Lausitz rund 7,5 Mrd. t Braunkohle gefördert wurden, nimmt der Südraum Leipzig eine Sonderstellung ein. Im Zuge eines seit 80 Jahren andauernden und auf weitere 40 Jahre konzipierten Abbaus in Großtagebauen wurden bislang ca. 40% der Gesamtfläche überbaggert und mehr als 60 Orte mit rund 23.000 Menschen verlagert ③. Das Siedlungs- und Verkehrsnetz wurde vielerorts auf „Trassenkorridore“ reduziert. Die Weiße Elster und die Pleiße wurden verlegt und kanalisiert, ihre Flussauen gingen weitgehend verloren. Bei der Flächennutzung ist seit 1990 eine deutliche Verringerung von Tagebaubetriebsflächen und Rekultivierungsdefiziten sowie ein Rückgang von Ackerflächen zugunsten des Waldanteils (1890 und aktuell 7%, Zielgröße 20%) als Ausdruck des Wertewandels bei der Wiedernutzbarmachung zu verzeichnen. Die Restlochflutung stützt sich maßgeblich auf die Sümpfungswässer der aktiven Tagebaue Vereinigtes Schleenhain und Profen, die über eine 73 km lange Ringleitung herangeführt werden. Defizite im Bereich der Verkehrsinfrastruktur werden mit dem Neubau der Autobahnen 38 (Südtangente Leipzig) und 72 (Leipzig-Chemnitz) sowie durch weitere Straßenneubauten abgebaut.

Über die klassische Wiedernutzbarmachung hinaus konnten in den neuen Ländern seit 1990 vielerorts neue Zeichen gesetzt werden. So sind zusammenhängende natürliche ▷ Sukzessionsflächen heute weit verbreitet. Große Sport- und Freizeiteinrichtungen (z.B. Ferropolis und der Freizeitpark Belantis in Mitteldeutschland oder der Lausitzring) werten die Reviere ebenso auf wie Landschaftskunstprojekte (z.B. die Goitsche mit Halbinsel Pouch bei Bitterfeld oder der Obersdorfer See in Ostsachsen) oder der nachnutzungsorientierte Erhalt Technischer Denkmale (z.B. die Tanzfabrik CULT in der ehemaligen Brikettfabrik Neukirchen im Südraum Leipzig, Besucherbergwerk Abraumförderbrücke F60 in der Lausitz). Initiativen wie die Mitteldeutsche Straße der Braunkohle oder die Internationale Bauausstellung Fürst-Pückler-Land (Lausitz) machen den Struktur- und Landschaftswandel erlebbar und tragen zum Imagewandel ehemaliger und aktueller Reviere bei.◆

4 Betriebsflächen und Wiedernutzbarmachung im Braunkohlenbergbau 2001

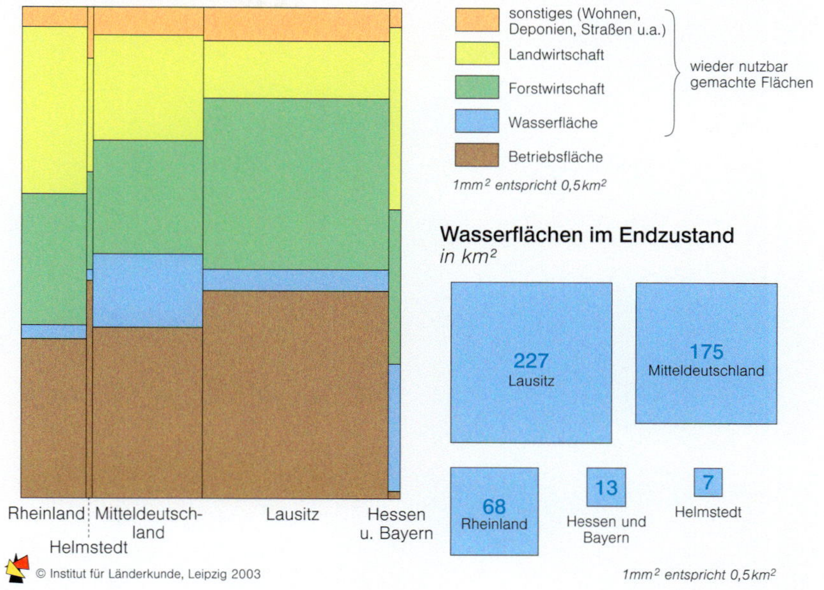

1990 – Landschaft auf dem Höhepunkt der Braunkohlenindustrie

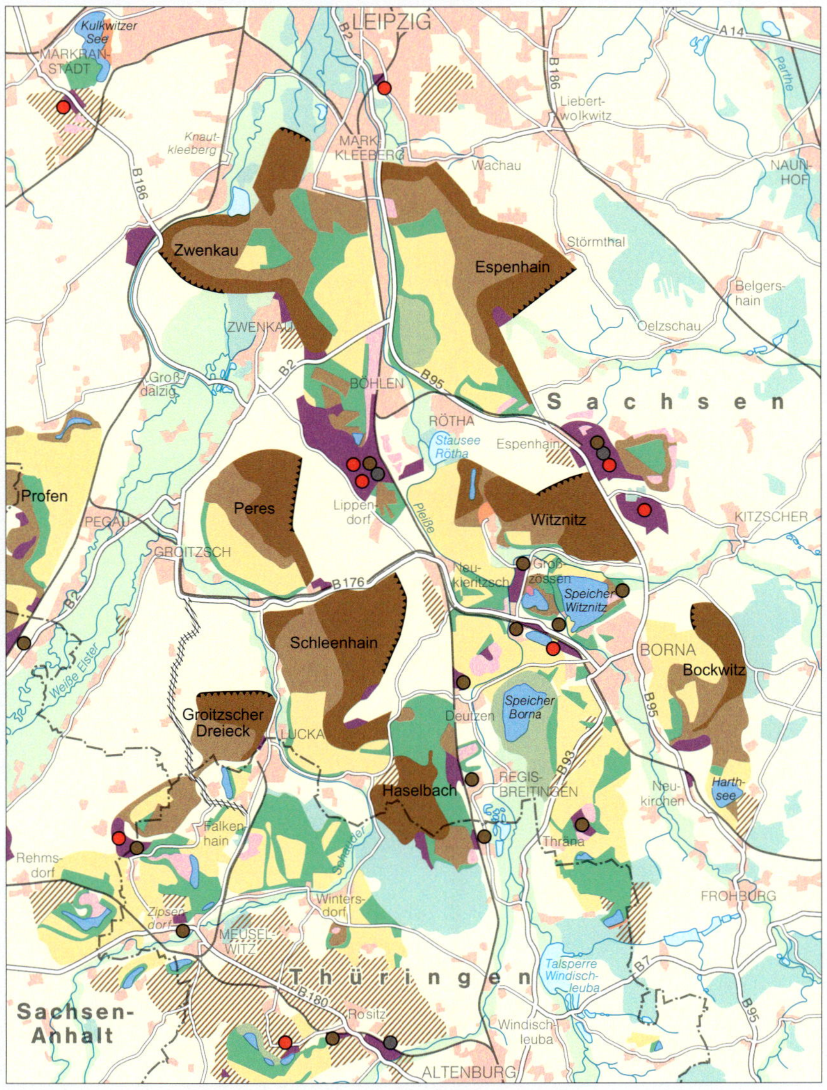

2050 – Landschaft nach Abschluss der Rekultivierung

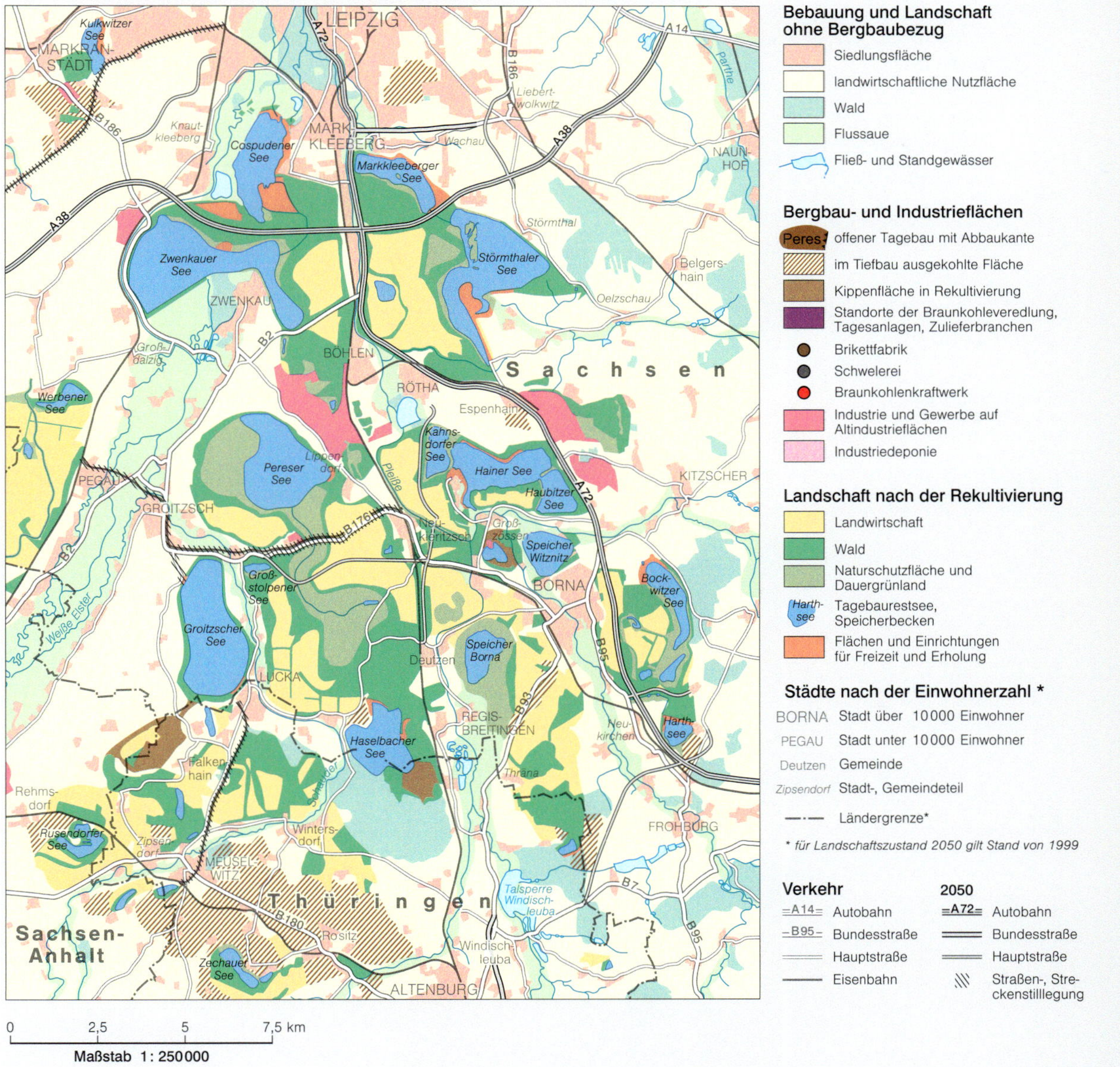

Autor: A. Berkner

Salzlagerstätten und Auslaugung – das Beispiel Südwestthüringen

Jürgen Ellenberg

Auslaugungssenke Kieselbach

In verschiedenen geologischen Zeitabschnitten der Entwicklung unserer Erdkruste sind durch chemische Ausfällung aus dem Meerwasser Salzgesteine entstanden. Bei der Eindunstung von Meerwasser unter ▷ ariden Klimabedingungen fallen die einzelnen Salzminerale in Abhängigkeit von ihrer Löslichkeit nacheinander aus. In Deutschland sind die meisten und mächtigsten (1200 m) sowie wirtschaftlich bedeutendsten Salze im ▷ Zechstein (▷ Oberperm, 258-251 Mio. a) gebildet worden. Geringmächtiger und vor allem flächenmäßig weniger verbreitet sind Salzablagerungen im ▷ Rotliegend (▷ Unterperm, >1000 m), im Oberen Buntsandstein (▷ Trias, bis 150 m), im Mittleren Muschelkalk (Trias, bis 140 m), im Unteren Gipskeuper (Trias, bis 250 m) und im ▷ Eozän/▷ Oligozän (▷ Tertiär, bis 550 m). An vielen Orten werden und wurden ▷ Steinsalz und ▷ Kalisalze bergmännisch oder als ▷ Lauge (Sole) aus Bohrungen gewonnen ❷.

Die Bedeutung der Salze, insbesondere des Steinsalzes, unterlag im Laufe der Geschichte einem Wandel. Frühgeschichtlich bis zum Beginn der Industrialisierung diente das Salz in erster Linie zur Konservierung von Fleisch, Fisch sowie auch von Gemüse. Die legendäre Salzschlacht zwischen Hermunduren und Chatten (58 n.Chr.) soll den Solequellen von Bad Salzungen gegolten haben, was die schon damals große Bedeutung des Salzes für die Menschheit belegt. Frühe salzbezogene Stadtgründungen – Hall, Halle, Hallein, Hallstatt, Reichenhall (von *griech.* hals –Salz) sowie Salzburg, Salzungen, Salzuflen, Salzgitter u.a. (von *lat.* sal – Salz) – sind beredtes Zeugnis dafür, dass das Salz auch ein politischer Machtfaktor gewesen ist. Die breite Palette der verschiedenen Kalisalze als mineralischer Dünger war seit J.v. LIEBIG ab der zweiten Hälfte des 19. Jhs. Hauptziel bergmännischer Gewinnung zunächst in Europa und später in Russland und Kanada.

❶ Südwestthüringen
Dauer der Senkungsvorgänge als Folge der Salzauslaugung

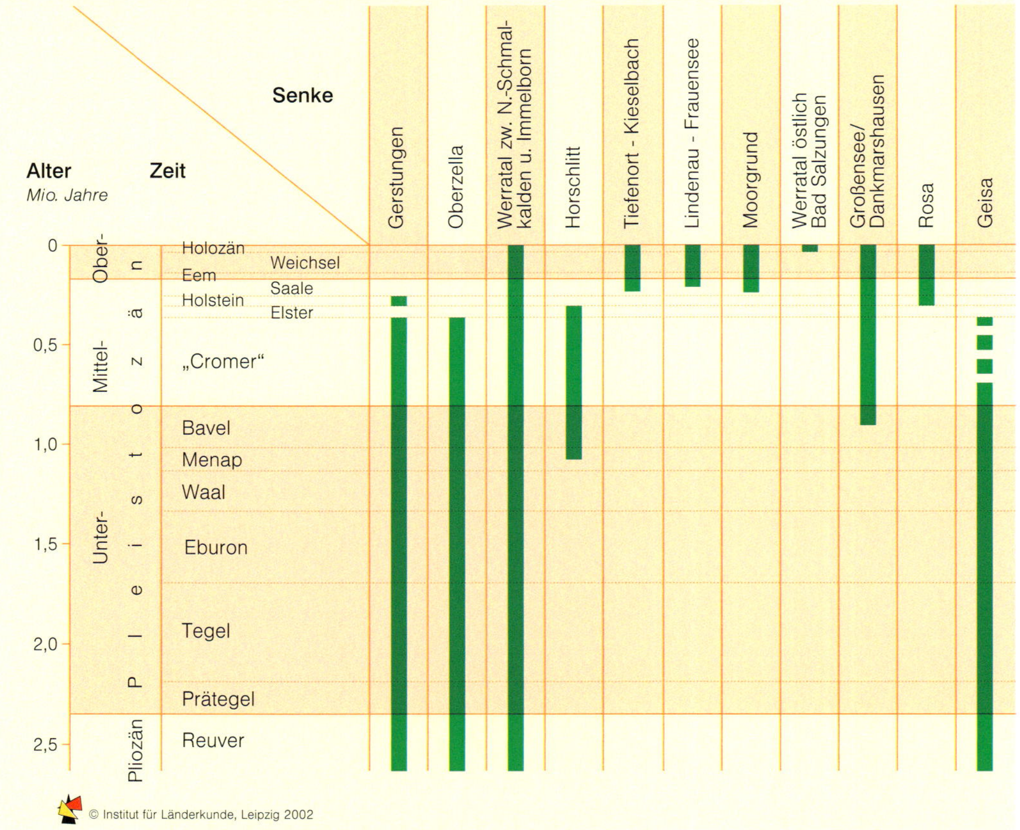

❷ **Salzgesteine des Zechsteins mit Kalilagerstätten**

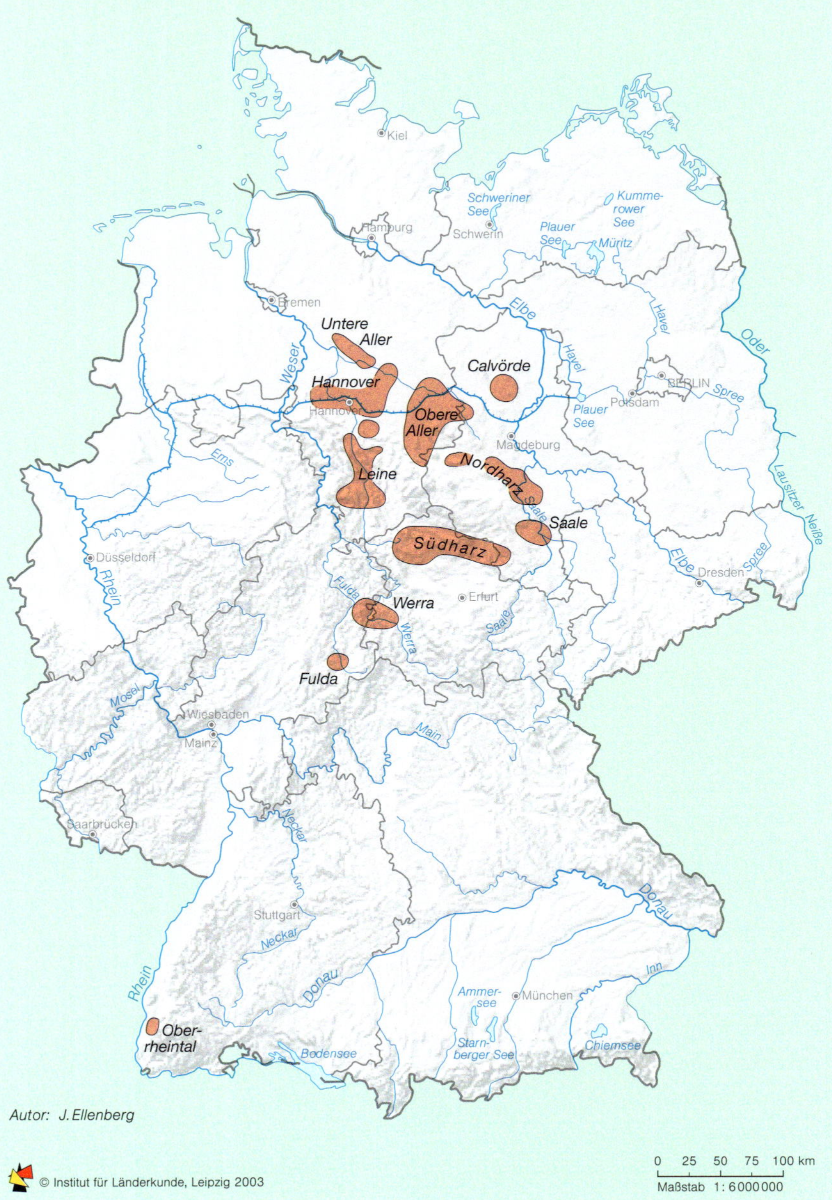

Salzauslaugung – Subrosion

▶ Salinargesteine sind in ▷ humiden Klimazonen, also auch in Deutschland, an der Erdoberfläche nicht stabil. Sie kommen hier nur in größeren Tiefen vor, und auch dort muss ihr Bestand durch für Wasser undurchlässige Gesteine (Tone) geschützt sein. Findet Grundwasser oder Oberflächenwasser den Zugang zu einem Salzgestein, kann es zur Auslaugung oder ▶ Subrosion kommen. Für den Prozess der Auslaugung müssen folgende Voraussetzungen erfüllt und wirksam sein: (1) das Vorhandensein von Salzgestein, (2) die Verfügbarkeit von Wasser, (3) eine Wegsamkeit für das Wasser an das Salzgestein und (4) die durch die Lösung von Salz entstandene Lauge muss wegfließen können. Der Prozess der flächenhaften Subrosion erzeugt einen ▶ Salzhang ❸, der regional einem ▷ tektonischen Hebungsgebiet (z.B. Thüringer Wald) vorgelagert sein kann oder der lokal um eine ▶ Auslaugungssenke angelegt ist. Auslaugungserscheinungen sind in Deutschland an allen Salzvorkommen bekannt. So entstanden in Norddeutschland über ▶ Salzstöcken sogenannte Hutgesteine, d.h. Lösungsrückstände. In der Umrandung der deutschen Mittelgebirge bildeten sich dagegen Auslaugungs- oder Subrosionssenken. Unter anderem finden sich in Südthüringen vielfältige geologische und geomorphologische Folgeerscheinungen

Auslaugungssenke – morphologische Depression durch bruchloses Absenken der Erdoberfläche

Erfall, Doline – (von *slowen.* dolina, Tal) entsteht durch den Zusammenbruch von unterirdischen Hohlräumen meist steilwandig (Erdfall) oder schüsselförmig abgeflacht (Doline)

Salinar – Gesamtheit der durch chemische Ausfällung aus dem Meerwasser entstandenen Salzgesteine

Salzhang – Lösungsfront bei seitlicher Subrosion, schwach geneigt, ~3°

Salzstock – auch Diapir, Salzdom; Salzaufpressung durch plastisches Fließen

Subrosion – Auslaugung, Lösung von Salzgesteinen (Evaporiten) und Abfluss der entstandenen Lauge über ausgelaugtem Salzgestein

3 Südwestthüringen
Auslaugungserscheinungen und Auslaugungszeiten

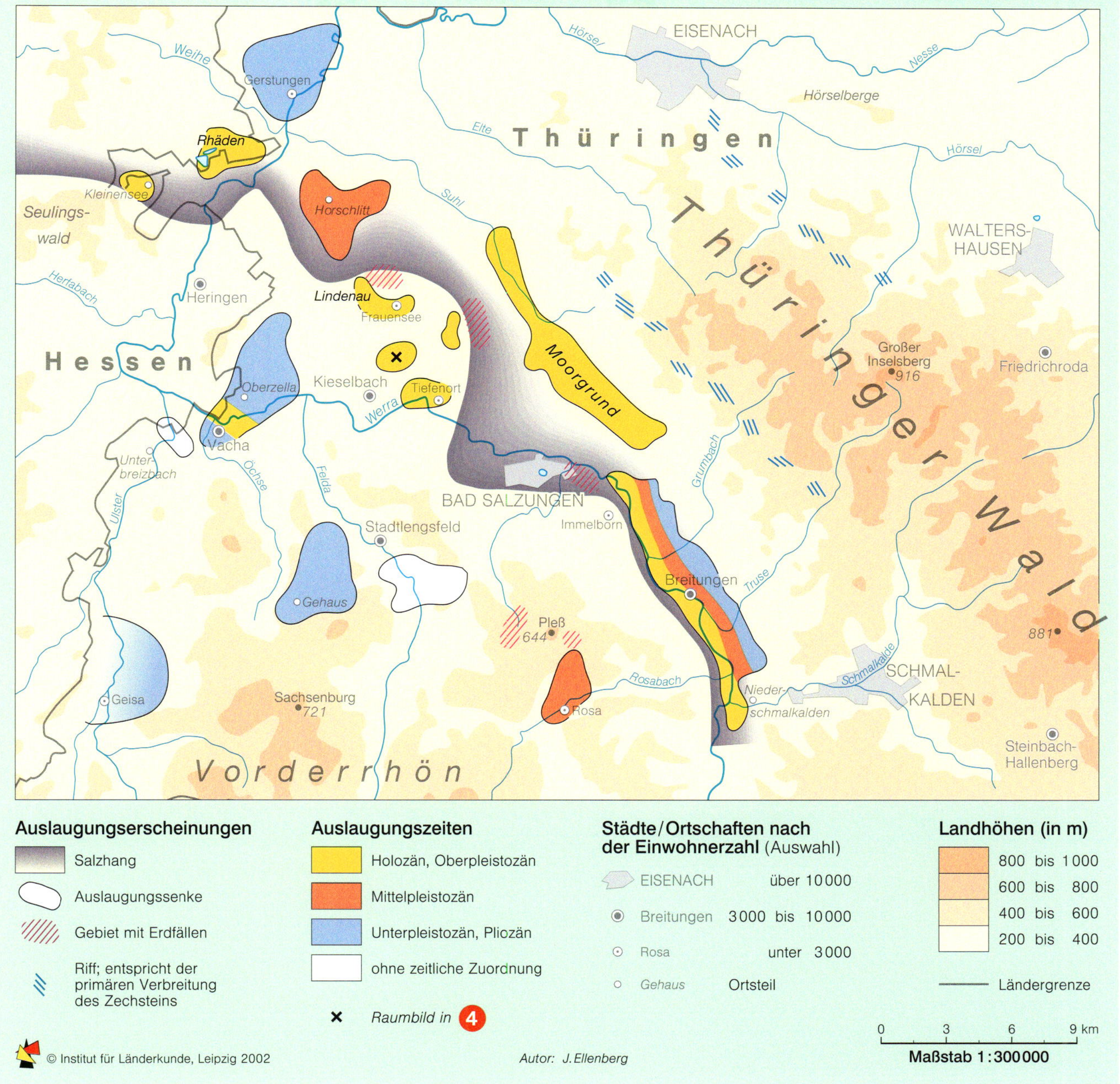

der Subrosion, wo sie auch intensiv und umfassend untersucht worden sind.

Auswirkungen der Subrosion

Die Prozesse der Auslaugung setzen zu unterschiedlichen geologischen Zeiten ein. In vielen Fällen sind sie schon abgeschlossen. Dort, wo sie heute noch aktiv sind (▸ Foto), kann man ihre Auswirkung auf die Landschaft gut beobachten. Geht mit dem Fortgang der Subrosion auch ein Absenken des überlagernden Deckgebirges einher, entstehen oberflächlich morphologische Depressionen – Auslaugungssenken. Bildet sich über dem ausgelaugten Salzgestein ein Hohlraum und bricht dieser beim Versagen seiner Deckschichten plötzlich zusammen, entsteht an der Erdoberfläche ein ▸ Erdfall oder eine Doline. Erdfälle sind relativ klein, sie können rund oder spaltenförmig ausgebildet sein. Größere Erdfälle (100-500 m Durchmesser) sind meist wassergefüllt und heißen in Südwestthüringen Kutten (z.B. Salzunger See, Bernshäuser Kutte).

Auslaugungssenken wirken meist als Sedimentfallen, das heißt synchron mit dem bruchlosen Absinken der Erdoberfläche über dem von der Auslaugung betroffenen Salzgestein wird Sediment in die morphologische Depression eingetragen. Das sind in einem Auslaugungssee feinkörnige und organische Sedimente (Ton, Kieselgur, Torf) 4 oder, wenn ein Fluss durch die Senke fließt, grobes Material (Kies, Sand). Diese Sedimentfüllungen stellen nutzbare Lagerstätten der Steine und Erden dar. Für den Kalibergbau bedeutet Auslaugung eine Beeinflussung und Reduzierung der Lagerstätte sowie eine Gefährdung durch Laugenzuflüsse.

Die Bestimmung der Dauer eines Auslaugungsvorgangs erfolgt mit paläontologischen Untersuchungen (meist Pollenanalysen), mit quantitativen Sedimentanalysen und seltener mit physikalischen Altersbestimmungen 2. Sofern es sich um heute aktive Auslaugungen handelt, sind die Ergebnisse derartiger Bestimmungen wichtig für die Beurteilung der Standfestigkeit von Bauten und Verkehrsbauwerken sowie für zukünftige Bauvorhaben. Auch für die Lagerstättenerkundungen von Braunkohlen ist die Kenntnis von Auslaugungserscheinungen von Bedeutung, insbesondere dann, wenn die Auslaugung schon im Tertiär zur Zeit der Kohlebildung gewirkt hat.◆

4 **Sedimentfüllung der Auslaugungssenke Kieselbach**

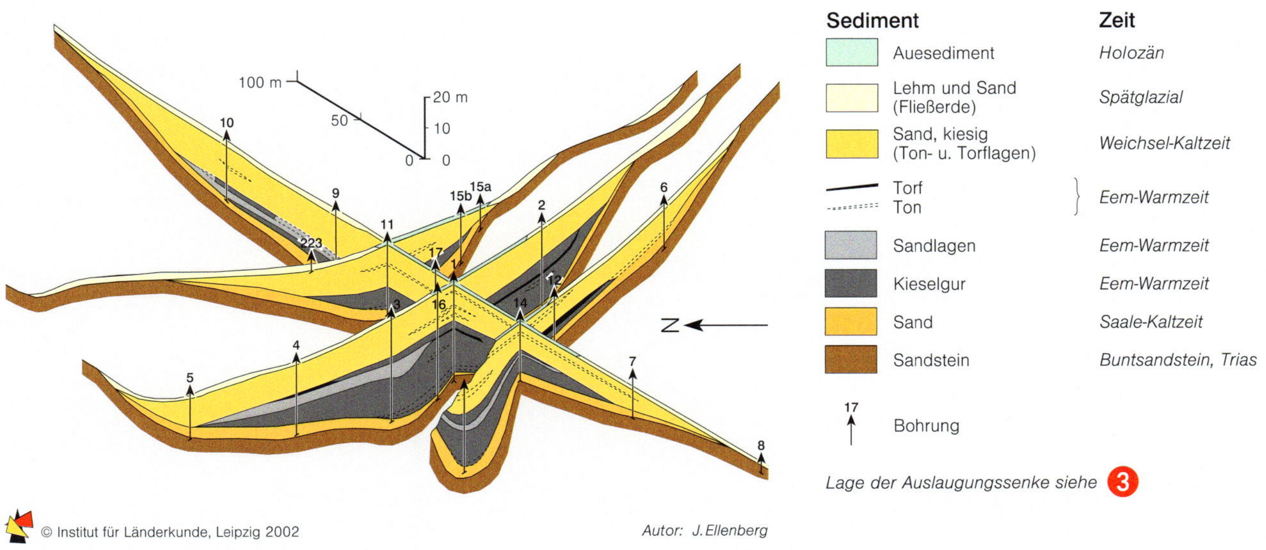

Grundzüge der Reliefgliederung

Herbert Liedtke und Roland Mäusbacher

Dünen an der Nordsee

Das Nahetal bei Bad Münster am Stein (Ortsteil Ebernburg) mit dem Rotenfels, der mit 200 m höchsten Steilwand nördlich der Alpen

Altarme des Rheins bei Otterstadt südlich von Ludwigshafen

Der Watzmann (2713 m) – das Wahrzeichen des Berchtesgadener Lands. Die von der Südspitze des Watzmanns zum Königssee abfallende, fast 2000 Meter hohe Ostwand ist der höchste Felsabsturz der Ostalpen.

Die Oberflächenformen Deutschlands sind außerordentlich mannigfaltig und haben sehr unterschiedliche Entstehungsursachen. Die wichtigsten Einflussfaktoren sind die verschiedenen Gesteinsarten und deren Lösung und ▷ Verwitterung, die Höhenlage eines Gebietes, die Lagerung der Schichten, die Arbeit von Wasser und Wind, die überkommene Vorzeitformung und frühere Vulkantätigkeit. Je mehr man ins Gebirge kommt, umso mehr gewinnt die Reliefenergie (▶▶ Beitrag Burak/Zepp/Zöller, S. 26) an Bedeutung. Die Verwitterung stellt Feinmaterial zur Verfügung, das vom Wasser schnell in tiefere Gefilde verfrachtet wird. Umso erstaunlicher ist es, dass sich noch sehr viele hoch gelegene Flächen aus lange zurückliegender Zeit als Rumpfflächen erhalten haben, die große Teile unserer Gebirge prägen (▶▶ Beitrag Hüser/Kleber, S. 88). Im Vergleich mit dem natürlich gebildeten Relief sind die Eingriffe des Menschen, mögen sie lokal noch so gewaltig erscheinen, nur äußerst gering.

Das Alter der deutschen Landschaften

Küsten: Die Küsten sind die jüngsten Landschaftstypen in Deutschland. Ihr geringes Alter liegt an dem nacheiszeitlichen Meeresspiegelanstieg (▶▶ Beitrag Behre, S. 76), der erst vor etwa 4000 Jahren seine heutige Höhe erreichte. Die Küstenformen sind ständigen Veränderungen unterworfen, entweder durch direkten Wellenschlag gegen das, sieht man von einzelnen Felsküsten wie Helgoland ab, fast nur aus Lockermaterial bestehende Festland oder durch die vom Wind ausgelösten Wasserströmungen entlang der Sandriffe, an denen Sande transportiert werden, die zum Aufbau von Haken und ▷ Nehrungen führen. Ebenso schnellem Wandel unterliegen die Küstendünen (▶ Foto), die besonders bei Sturmfluten gefährdet sind. Nur eine geschlossene Vegetationsdecke gewährt ihnen eine gewisse Standhaftigkeit.

Jungmoränengebiete: Die Jungmoränenlandschaften entlang der Ostseeküste und im südlichen Teil des Alpenvorlandes waren noch vor 20.000 Jahren von Inlandeis oder Gletschern bedeckt. Sowohl während der kurzen Vorrückungszeit des Eises als auch während der Abschmelzzeit, die zusammen nur 7000-10.000 Jahre dauerten, prägte das Eis das unter ihm befindliche Gelände durch Ausschürfungen und Ausspülungen und während der Abschmelzzeit besonders durch die Ablagerungen seiner Schmelzwasser. Dabei entstanden innerhalb von nur wenigen tausend Jahren ▷ Endmoränen, ▷ Grundmoränenplatten, ▷ Sander und ▷ Urstromtäler (▶▶ Beitrag Liedtke, S. 66).

Altmoränengebiete: Auf das ganze etwa 2,4 Mio. Jahre dauernde Eiszeitalter entfallen mehrere Eiszeiten. Die intensiven Abtragungsprozesse in dieser Zeit betrafen besonders die wenig mächtigen Ablagerungen am Außenrand der Vereisung. Von diesen in Sachsen und Thüringen knapp 800.000, in Nordrhein-Westfalen etwa 300.000 Jahre alten Ablagerungen sind oft nur noch einige skandinavische Geschiebe erhalten, die als Findlinge bezeichnet werden.

Löss: Etwa ähnlich weit zurück wie die Altmoränenlandschaften reichen die ▷ äolisch abgelagerten Lösse, die das darunter vorhandene Relief konserviert haben. Lösse sind in Deutschland ein Erzeugnis der Kaltzeiten, als Baumvegetation fehlte und aus den breiten vegetationslosen Talböden die feinen Schluffe vom Wind ausgeweht und in Beckenlagen oder vor stark ansteigendem Gelände abgesetzt werden konnten. Dabei wurde das Relief weitgehend ausgeglichen, so dass man den Löss als den Weichzeichner der Landschaft bezeichnen kann (▶▶ Beitrag Eitel/Felix-Henningsen, S. 116).

Flüsse: Viel älter als die eiszeitliche Gestaltung ist die Anlage der großen Flussläufe. So kennt man vom Rhein eine im Bereich des Rheinischen Schiefergebirges gelegene Einmuldung, durch die das ▷ Oligozänmeer nach Süden bis auf den Hunsrück vordringen konnte. Seit dem ▷ Pliozän folgen diesem Rheinabschnitt hoch gelegene Verflachungen, die sich auch in das Moseltal verfolgen lassen. In sie sind Rhein und Mosel bis auf ihr heutiges Niveau eingetieft. Durch Absenkungen des Rheingrabens an der Wende vom Pliozän zum Pleistozän gelangte der Hoch- mit dem Alpenrhein bei Basel in den Rheingraben und verband sich mit dem damals am Kaiserstuhl entspringenden Rhein. Der Oberlauf des Mains entwässerte bis in die Donau-Günz-Warmzeit noch südwärts zur Donau. Erst danach gelang es dem viel tiefer gelegenen Rhein, den Main oberhalb von Bamberg an sich zu ziehen. Das Beispiel zeigt, dass in Deutschland allein während des Eiszeitalters erhebliche Flusslaufveränderungen eingetreten sind. Das gilt auch für den Lauf der Donau, des Neckars, der Saar, der oberen Saale oder für das Engtal der Elbe im Elbsandsteingebirge.

Tertiäres Faltengebirge: Das Deckgebirge Alpen nimmt nur 2% der Landesfläche ein, enthält aber wegen seiner jungen Heraushebung mit der Zugspitze mit 2962 m Deutschlands höchste Erhebung. Beim Aufstieg der Alpen – beginnend vor etwa 100 Mio. Jahren – wurde das Gelände von Tälern tief zerschnitten. Durch Gletscherausschürfung entstanden lokal kräftige Übertiefungen bis unter die heutige Talsohle, die in der Folgezeit durch Sedimentablagerungen zum Teil wieder verfüllt wurden. Massenbewegungen wie Muren stellen heute eine Gefährdung der Siedlungen in vielen Alpentälern dar (▶▶ Beitrag Becht u.a., S. 96).

Rumpfflächen und Schichtstufen: Die ältesten Reliefeinheiten befinden sich in den Rumpfschollengebirgen und den Schichtstufenlandschaften. Es handelt sich dabei um Reste von ausgedehnten Flachformen, die aus Zeiten vor dem Oligozän stammen und die altgefalteten Strukturen in den Mittelgebirgen wie Harz, Erzgebirge, Rheinisches Schiefergebirge und Schwarzwald überziehen. Ihre Entstehung erfolgte unter Klimabedingungen, die zu einer intensiven chemischen Verwitterung führten (▶▶ Beitrag Hüser/Kleber, S. 88). Die Abtragungsprozesse in unterschiedlich harten Gesteinen führte zur Herauspräparierung der widerstandsfähigen Gesteinsbereiche in Form von Stufen und Kämmen (▶▶ Beitrag Beyer/Schmidt, S. 84). Die markantesten dieser Stufen mit mehr als 200 m bilden der Aufstieg zur Schwäbischen und Fränkischen Alb wie auch die ▷ Schichtkämme des Teutoburger Waldes und des Ith-Hils-Berglandes.

Besondere Reliefformen: Die Zeugen vulkanischer Tätigkeit sind von sehr unterschiedlichem Alter. Der letzte große Ausbruch erfolgte vor etwa 12.800 Jahren in der Eifel (▶▶ Beitrag Schmincke, S. 60). Die Mehrzahl der von vulkanischer Tätigkeit geprägten Formen stammen aber aus dem ▷ Tertiär und dem ▷ Perm. Es handelt sich dabei meist um Kuppen oder Decken, die aufgrund der Härte der vulkanischen Gesteine beim Abtrag durch Wasser und Wind herauspräpariert wurden.

Eine ganz besondere Form stellen das Nördlinger Ries und das deutlich kleinere Steinheimer Becken dar (▶ Karte 6, S. 18). Hier handelt es sich um Krater, die beim Einschlag von Steinmeteoriten (im Ries ca. 1 km Durchmesser) vor etwa 14,7 Mio. Jahren (▷ Miozän) entstanden sind. Der Kraterdurchmesser des Steinheimer Beckens misst etwa 3,5 km, der des Ries fast 25 km. Die geschätzte Energie, die beim Aufprall im Ries frei wurde, entspricht ca. 250.000 Hiroshima-Atombomben (Poesges/Schieber 1994). Dieser ursprüngliche Krater wurde im Jungtertiär mit See- und Flusssedimenten verfüllt.◆

1

Oberflächenformen

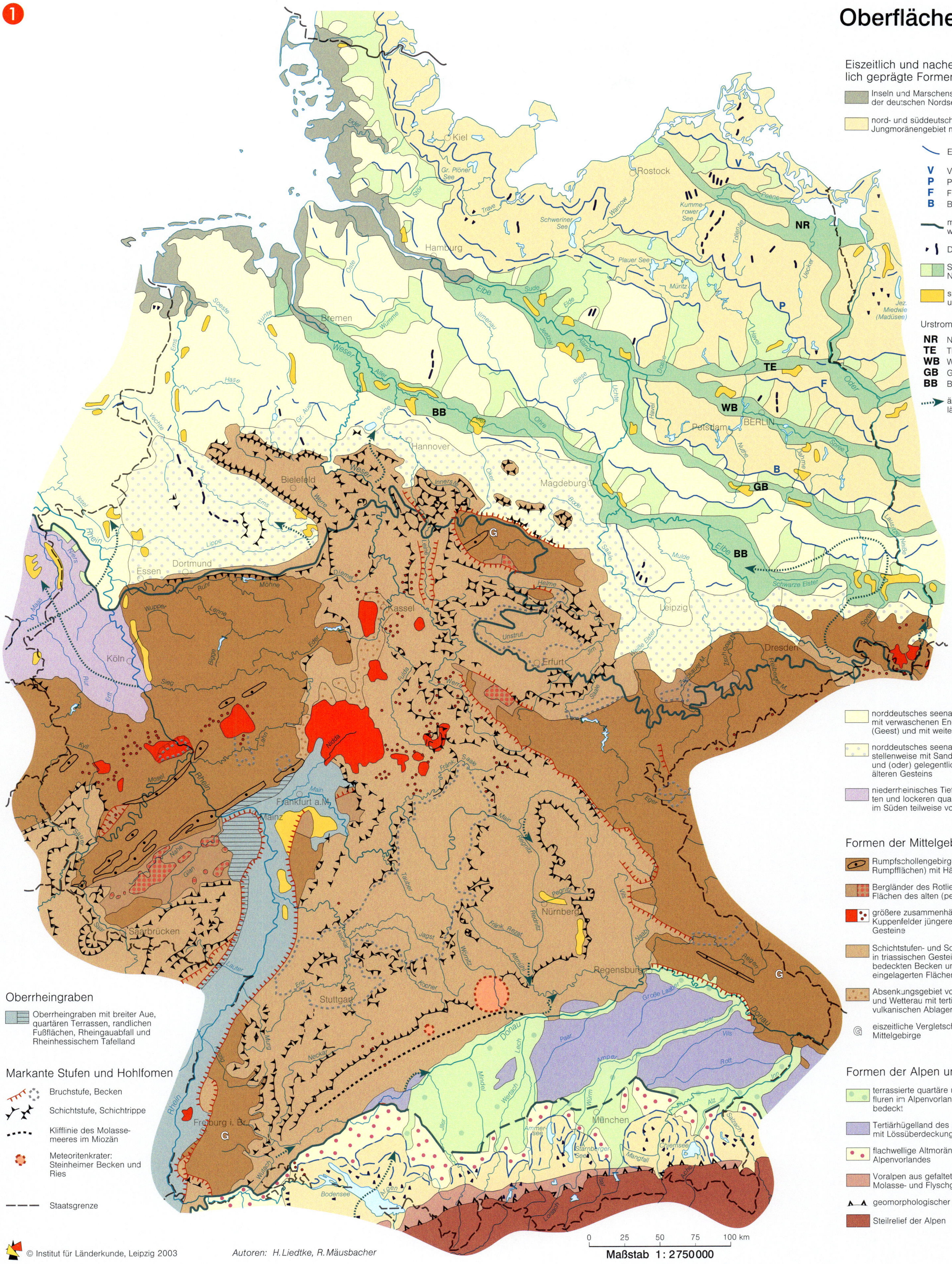

Eiszeitlich und nacheiszeitlich geprägte Formen

- Inseln und Marschensaum an der Tideküste der deutschen Nordsee
- nord- und süddeutsches seenreiches Jungmoränengebiet mit Eisrandlagen
- Eisrandlagen
  - V Velgaster Staffel
  - P Pommersches Stadium
  - F Frankfurter Stadium
  - B Brandenburger Stadium
- maximale Eisausdehnung während des Eiszeitalters
- Drumlin, Oser
- Sander und Urstromtäler Norddeutschlands
- spätquartäre Binnendünen und Flugsandfelder

Urstromtäler

- **NR** Netze-Randow
- **TE** Thorn-Eberswalder
- **WB** Warschau-Berliner
- **GB** Glogau-Baruther
- **BB** Breslau-Bremer

- ältere quartäre Flussverläufe
- norddeutsches seenarmes Altmoränengebiet mit verwaschenen Endmoränen und Sandern (Geest) und mit weiten Niederungen
- norddeutsches seenarmes Altmoränengebiet, stellenweise mit Sandlöss oder Lössdecken und (oder) gelegentlichen Durchragungen älteren Gesteins
- niederrheinisches Tiefland aus Tertiärsedimenten und lockeren quartären Flussablagerungen, im Süden teilweise von Löss bedeckt

Formen der Mittelgebirge

- Rumpfschollengebirge (Rumpftreppen, Rumpfflächen) mit Härtlingszügen
- Bergländer des Rotliegenden mit größeren Flächen des alten (permischen) Vulkanismus
- größere zusammenhängende Decken und Kuppenfelder jüngerer tertiärer vulkanischer Gesteine
- Schichtstufen- und Schichtrippenlandschaften in triassischen Gesteinen mit größeren lössbedeckten Becken und Landterrassen oder eingelagerten Flächen (Gäu)
- Absenkungsgebiet von Hessischer Senke und Wetterau mit tertiären Sedimenten und vulkanischen Ablagerungen
- G eiszeitliche Vergletscherung im Mittelgebirge

Formen der Alpen und ihres Vorlandes

- terrassierte quartäre und holozäne Schotterfluren im Alpenvorland, teilweise mit Löss bedeckt
- Tertiärhügelland des Alpenvorlandes, teilweise mit Lössüberdeckung
- flachwellige Altmoränenlandschaft des Alpenvorlandes
- Voralpen aus gefalteten subalpinen Molasse- und Flyschgesteinen
- geomorphologischer Alpenrand
- Steilrelief der Alpen

Oberrheingraben

- Oberrheingraben mit breiter Aue, quartären Terrassen, randlichen Fußflächen, Rheingauabfall und Rheinhessischem Tafelland

Markante Stufen und Hohlfomen

- Bruchstufe, Becken
- Schichtstufe, Schichtrippe
- Klifflinie des Molassemeeres im Miozän
- Meteoritenkrater: Steinheimer Becken und Ries
- Staatsgrenze

0 25 50 75 100 km

Maßstab 1 : 2750000

Autoren: H. Liedtke, R. Mäusbacher

Als in Deutschland die Berge noch Feuer spien

Hans-Ulrich Schmincke

Querschnitt durch den ca. 200.000 Jahre alten Schlackenkegel Eppelsberg im Laacher See-Gebiet.

In Mitteleuropa brachen im Verlauf der Erdgeschichte immer wieder Vulkane aus. In Deutschland gab es bereits im ▷ Ordovizium, später besonders im ▷ Devon einen weit verbreiteten untermeerischen Vulkanismus im Raum der heutigen Mittelgebirge, als in relativ flachem Wasser zahlreiche Vulkankegel entstanden. Aus Spalten drangen warme eisen- und manganhaltige Wässer auf, aus denen sich in mächtigen ▶ Tuffpaketen Eisenerze ablagerten, die später Hunderte von Jahre lang abgebaut wurden. Sie lieferten u.a. das Rohmaterial für den weltberühmten Solinger Stahl. Die durch die Erosion freigelegten untermeerischen ▶ Lavakegel sind trotz späterer ▷ tektonischer Überprägung auch heute noch ▷ geomorphologisch als markante Hügel zum Beispiel im Siegerland zu erkennen.

Im ▷ Karbon gab es eine weitere Periode von untermeerischem Vulkanismus etwa im Gebiet des heutigen Harzes, im Kellerwald und im Lahn-Dill-Gebiet. Im ▷ Perm, am Ende des ▷ Paläozoikums, brachen entlang von Spalten Kieselsäure- und gasreichere ▶ Magmen auf, die z.T. aus größeren Spalten eruptierten und Decken aus verschweißten ▶ Ignimbriten bildeten. In einigen Gebieten entstanden zähflüssige ▶ intrusive Staukuppen wie im Odenwald nördlich von Heidelberg, in Rheinland-Pfalz und im Saarland sowie in Sachsen, z.B. bei Meißen. Vulkanisches Gestein, das bis zum Ende des Perms gefördert wurde, wird als „alter Vulkanismus" bezeichnet.

Merkwürdigerweise gab es im ▷ Mesozoikum in Mitteleuropa keinen nennenswerten Vulkanismus. Erst im ▷ Tertiär begann mit neuen Aktivitäten die Phase des „jungen Vulkanismus", vor allem im ▷ Oligozän und ▷ Miozän. In der Zeit vor 35 bis vor 5 Mio. Jahren entstand eine lange Kette von Vulkanfeldern, die von Zentralfrankreich bis nach Schlesien reicht ❷. Diese jungen Vulkanfelder liegen fast überall auf alten Schilden, wie im französischen Zentralmassiv, auf dem von Belgien bis Kassel reichenden Rheinischen Schild oder in der Böhmischen Masse. Diese Krustenbereiche begannen sich im Tertiär zu heben und heben sich z.T. heute noch. Am Hohen Venn z.B. steigt die Erdkruste um etwa 1 mm/Jahr. Das steile Engtal des Rheins zwischen Bingen im Süden und Koblenz im Norden (Lorelei) ist dadurch entstanden, dass der Rhein schon existierte, als das Gebirge anfing sich zu heben, und sich der Fluss allmählich in das aufsteigende Gebirge einsägte.

Die Ursache für diese Hebungen sind wahrscheinlich Ströme aus langsam fließendem kristallinem Mantelmaterial, sog. Plumes, die aus mehreren 100 km Tiefe aufstiegen ❶. Der Aufstieg des partiell aufgeschmolzenen Mantelmaterials war möglicherweise durch die Kollision der afrikanischen mit der eurasischen Platte bedingt.

Die tertiären Vulkane sind heute weitgehend abgetragen, so dass nur noch flache ▶ Intrusionen, die unteren Schlotfüllungen und Gänge an der Erdoberfläche anstehen, beim über 700 m mächtigen Vogelsberg auch viele Lavaströme. Die unteren durch kompakte Bereiche von ▶ Säulenbasalt charakterisierten Vulkanstümpfe stellen die am weitesten verbreiteten Formen der tertiären Vulkanruinen dar und sind häufig als ▷Härtlinge aus den weichen tertiären Sedimenten herauspräpariert worden. Von der Hocheifel im Westen bis zur Lausitz im Osten bilden sie oft markante, von Burgen gekrönte Bergkuppen, deren Mauern wiederum häufig aus Basaltsäulen bestehen wie die Nürburg in der Eifel oder die Burg Stolpen östlich von Dresden. Die eindrucksvollen Berge bei Singen wie der Hohentwiel (▶ historische Abb.), der Hohenhöwen oder der Hohenstauffen sind ebenfalls Schlotfüllungen, die aus grünlichem ▶ Phonolith bestehen. Der berühmte Drachenfels bei Bonn besteht aus etwa 22 Millionen Jahre altem ▶ Trachyt, der durch seine großen ▶ Sanidinkristalle bekannt wurde.

❶ Mitteleuropa
Plumes – Aufschmelzbereiche des Erdmantels

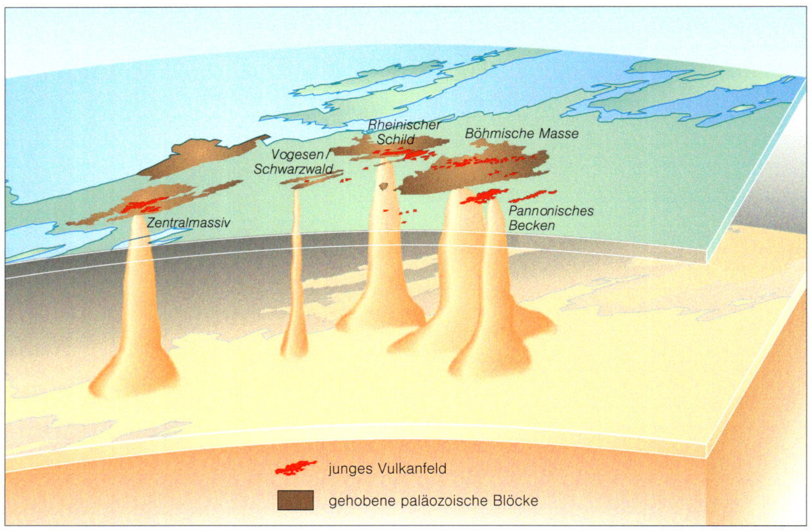

© Institut für Länderkunde, Leipzig 2002 — nach Granet u.a. 1995

❷ **Junge Vulkangebiete Europas (Ausschnitt)**

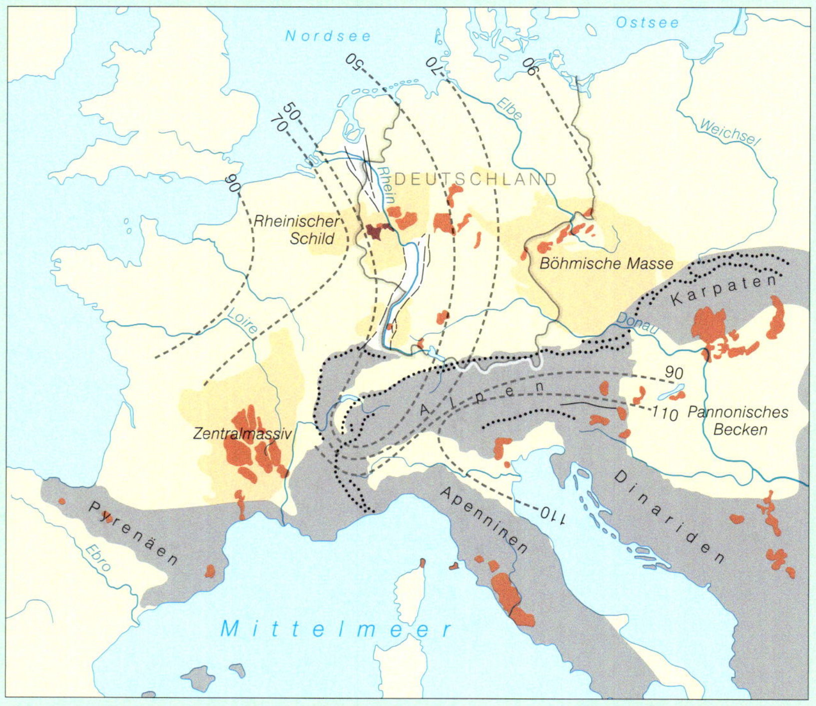

Mächtigkeit der Lithosphäre (in km) · Front der Faltengebirge · Erklärung der Farbflächen siehe ❹

Maßstab 1:18 500 000 — 0 250 500 km

© Institut für Länderkunde, Leipzig 2002 — Autor: H.-U. Schmincke

Auch heute noch ansehnliche Vulkanbauten entstanden in den letzten 500.000 Jahren im Egergraben (Tschechien), in der Westeifel und im Laacher See-Gebiet der Osteifel ❹. Hier sind die jüngsten Vulkane nur 12.900 (Laacher See) und 11.000 Jahre (Ulmener Maar ▶ Foto) alt.

Es können zwei Typen von Vulkanen unterschieden werden: die relativ gasarmen basaltischen Vulkane, die überall auf der Erde überwiegen, und die höher differenzierten trachytischen bis phonolithischen Vulkane. Zu den basaltischen Vulkanen gehören die ▶ Schlackenkegel und die ▶ Maare.

Basaltische Vulkane

Die Gesteine der Schlackenkegel sind durchweg dunkle bis graue ▶ Basalte unterschiedlicher Zusammensetzung. Schlackenkegel sind die häufigsten Vulkane der Erde und treten überwiegend in Vulkanfeldern von etwa 30 bis 50 km Durchmesser auf. In den quartären Vulkanfeldern der West- und Osteifel sind viele Kegel noch erhalten und durch zahlreiche Steinbrüche gut aufgeschlossen, die einen Blick bis ins Innerste der Kegel erlauben. Aus diesem Grund sind die Schlackenkegel der Eifel eingehend

3 West- und Osteifel
Quartäre Vulkanfelder

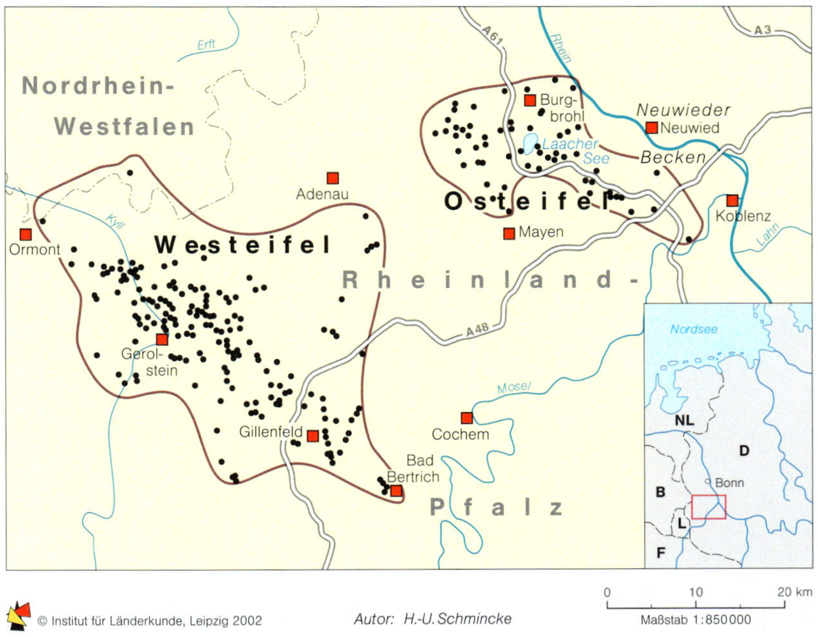

© Institut für Länderkunde, Leipzig 2002 Autor: H.-U. Schmincke

untersucht worden und erlauben eine detaillierte Rekonstruktion ihrer Entstehungsgeschichte. Häufig bestehen die untersten kühl abgelagerten Schichten vor allem aus Nebengesteinsbrocken und sind durch Wechselwirkungen von Magma und Wasser entstanden. Diese embryonalen Maare werden überragt von den eigentlichen Vulkankegeln, in denen häufig noch ein oder mehrere zentrale Kraterbereiche mit Zufuhrgängen aufgeschlossen sind. Die Kratermulden enthalten Tuffe von benachbarten jüngeren Vulkanen oder eiszeitliche Sedimente wie den ▷ Löss und stellen so ein einzigartiges Dokument für die Umweltentwicklung dar. In diesen Schichten finden sich auch Knochen von Tieren der Vorzeit wie die des Mammuts oder des Hirsches, und manchmal zeigen die Knochen auch Spuren menschlicher Bearbeitung.

Tertiärer phonolithischer Dom Hohentwiel (historische Abbildung nach M. Merian d. Ä.)

4 **Junge Vulkangebiete Deutschlands**

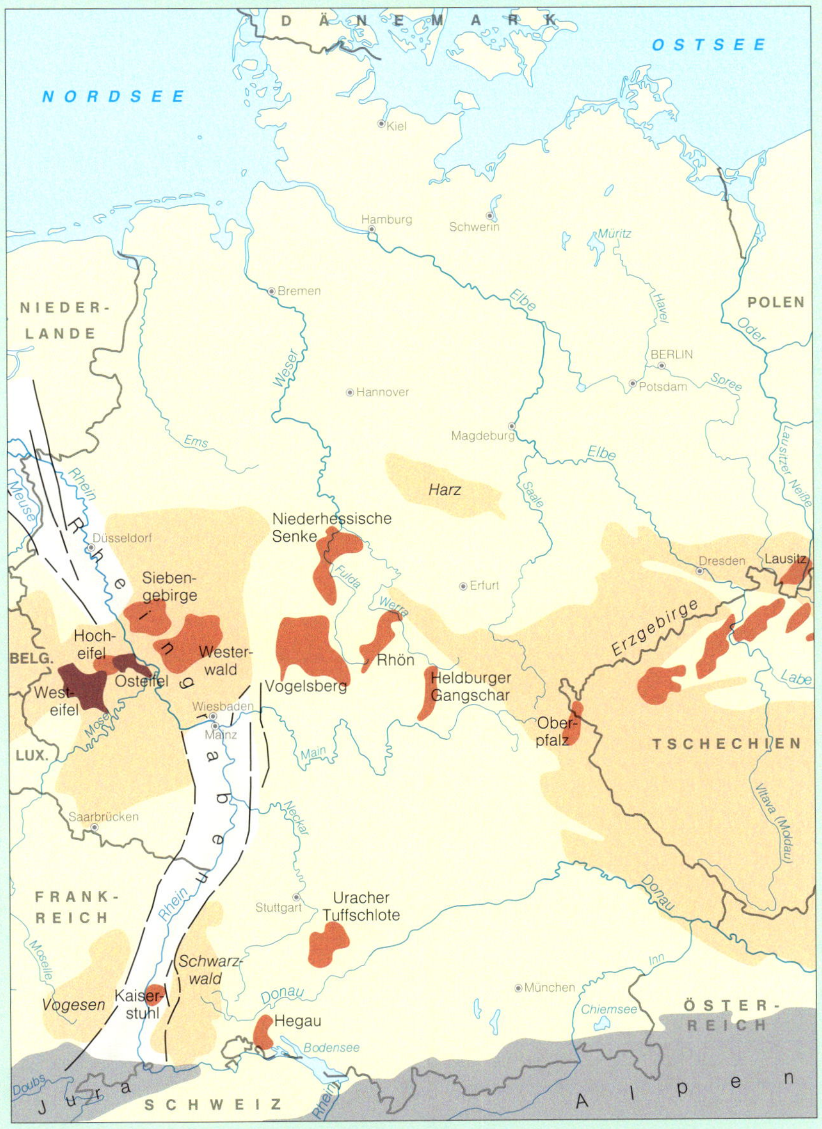

quartäre Vulkanfelder der Eifel | tertiäre Vulkanfelder und kleinere quartäre Vorkommen | paläozoische Schilde | alpine Faltengebirge | Verwerfungen

Maßstab 1: 6000000 (0 25 50 75 100 km)

© Institut für Länderkunde, Leipzig 2002 Autor: H.-U. Schmincke

Maare

Mehr oder weniger runde, manchmal mit Wasser gefüllte und von einem niedrigen Wall umgebene Krater werden Maare genannt und sind besonders im quartären Vulkanfeld der Westeifel bekannt, wo sie eine touristische Hauptattraktion darstellen **3**. Früher hatte man gedacht, diese eigenartigen Krater seien durch Explosionen von Kohlendioxid (CO_2) entstanden, weil die Ablagerungen häufig vor allem aus zertrümmertem Nebengestein bestehen. Neuere Untersuchungen haben indes gezeigt, dass Maare dann entstehen, wenn aufsteigendes Magma auf oberflächennahes Grundwasser trifft und die Ausdehnung des Dampfes die Zertrümmerung des Nebengesteins bewirkt. Auch die frühere Annahme, die Maare seien ein Zeichen für ausklingenden Vulkanismus, hat sich nicht bestätigt, denn Maare haben sich während der ganzen Zeit der Entwicklung der Vulkanfelder gebildet, werden aber wegen ihres Kranzes an Lockermaterial viel leichter erodiert als die größeren basaltischen Schlackenkegel. Viele Schlackenkegel in der Eifel und in anderen Gebieten haben als Maare begonnen.

Wirtschaftliche Nutzung

Der erste deutsche Vulkanist Rudolf Erich Raspe erkannte um 1771, dass die sechseckigen Steine im Basaltpflaster seiner Heimatstadt Kassel aus Steinbrüchen im Habichtswald stammten und dass die dortigen Berge offensichtlich erloschene Vulkane darstellten. Basaltpflaster waren in ganz Deutschland verbreitet, vor allem in den Mittelgebirgen, wo die älteren tertiären Vulkanruinen über Hunderte von Jahren abgebaut und für Straßenpflaster oder Deichbefestigungen verwendet wurden, die porösen quartären Lavagesteine der Eifel auch als wertvolle Mühlsteine. Die weicheren und durch die Umweltverschmutzung leicht verwitternden Bausteine aus Sandstein werden bei manchen Kirchen wie dem Kölner Dom heute durch widerstandsfähigeren Basalt ersetzt. In den jungen Schlackenkegeln der Eifel werden die lockeren Schlacken in großem Maße abgebaut, um z.B. als Unterbau von Tennisplätzen oder als Zuschlagstoffe für Bausteine Verwendung zu finden. Vulkankegel oder herauspräparierte harte Schlote beleben viele Landschaften und bewirken eine Steigerung ihrer ästhetischen Attraktivität.

Der große Ausbruch des Laacher See-Vulkans

Der eindrucksvollste quartäre Vulkan der Eifel ist der explosiv ausgebrochene Laacher See-Vulkan, der ausschließlich aus zersprengtem Magma besteht, das in einem späten Frühjahr vor 12.900 Jahren aus dem heute wassergefüllten großen Krater des Laacher See-Beckens gefördert wurde. Die Aschenlagen →

Etwa 30 m mächtige Ablagerungen des Laacher See-Vulkans am Wingertsberg bei Mendig. Die nicht sichtbare Basis der Ablagerungen liegt noch etwa 10m tiefer. Untere, helle einsprenglingsarme, phonolithische Tephraablagerungen (helle Aschenströme im rechten, unteren Bildteil) sind getrennt von den schräggeschichteten, grauen kristallreichen Ablagerungen durch drei ungefähr 50 cm mächtige Lagen aus gut sortierten Bimsen, die von dunklen Aschenbändern voneinander getrennt sind.

dieses Ereignisses sind in ganz Mitteleuropa nachweisbar und stellen den besten ▷ stratigraphischen Leithorizont Mitteleuropas im Spätglazial dar 5. Das bei der Eruption, deren Hauptphase nur wenige Tage dauerte, herausgeschleuderte Magmavolumen ist mit über 6 km³ größer als das des gewaltigen Pinatubo-Ausbruchs (Philippinen) im Juni 1991. Auch wenn viele Bimsgruben heute nicht mehr existieren, gibt es noch genügend Aufschlüsse, um die wichtigsten Stadien dieses großen Ausbruchs rekonstruieren zu können (▶ Foto).

Laacher See mit Abtei Maria Laach im Vordergrund.

5 Mitteleuropa
Aschenfächer des Laacher See-Vulkans

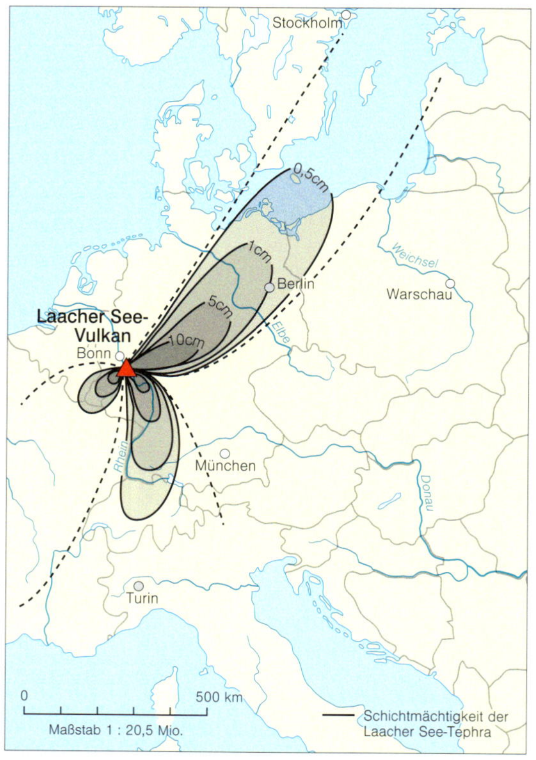

 Autor: H.-U. Schmincke

Die Laacher See-Eruption gehört zu den am umfassendsten untersuchten plinianischen Eruptionen überhaupt. Der Ausbruch begann mit einer durch Wechselwirkung des aufsteigenden Magmas mit Grundwasser ausgelösten ▶ phreatomagmatischen Initialphase in einem tief zerrütteten älteren Krater. Die feuchten Aschen bestehen daher überwiegend aus stark zerkleinertem Nebengestein. Die Druckwellen der Initialeruption zerstörten die Vegetation bis in eine Entfernung von 3 km. In der ersten Hauptphase stieg eine Eruptionssäule bis über 20 km hoch in die ▷ Stratosphäre auf (▶ Foto); ihre Ablagerungen bilden den Unterbims. Diese erste große Phase endete mit einem ungeheuren Knall, bedingt durch den Einbruch der Magmakammerwände 6. Gleichzeitig verlagerte sich der Hauptkrater nach Norden. Während dieser Übergangsphase entstanden durch Kollaps der Eruptionssäule und Aschenfontänen die am weitesten verbreiteten ▶ Glutlawinenablagerungen. Die bei der Laacher See-Eruption entstandenen Glutlawinen erreichten im Brohltal eine Mächtigkeit von über 50 m (▶ Foto). In der zweiten Hauptphase der Eruption wurde die zweite weit verbreitete Bims- und Aschendecke 5 gefördert. Sie bildet den so genannten Oberbims der Bimssteinindustrie im Neuwieder Becken.

Durch die riesigen Ablagerungsmassen wurde der Rhein überfrachtet 7. An der Andernacher Pforte bildete sich ein Damm, hinter dem sich ein über 18 m tiefer See aufstaute. Während der wiederum hochexplosiven Spätphase der Eruption wurden vor allem in horizontalen Druckwellen (*base surges*) sehr dichte ▶ Lapilli abgelagert, die im schlotnahen Bereich in einem Umkreis von etwa 4 km bis zu über 30 m mächtige feucht und kühl abgelagerte ▶ Tephraschichten bilden. Die vielen Explosionen der Spätphase entstanden wahrscheinlich, als die Magmakammer zusammenbrach und Wasser in sie einströmte.

Die feinen Aschen und groben Bimse zeigen eine bemerkenswerte Änderung ihrer Farbe von sehr weißen, hellen Bimsen unten bis zu grauen, extrem kristallreichen, dichten Bomben in den letzten Ablagerungen, die ebenfalls größere Mengen an Tiefengesteinen von den bereits erstarrten Wänden der Magmakammer enthalten. Sie spiegeln die Eruption einer kompositionell deutlich geschichteten Magmasäule wider. Gegen Ende der Eruption kollabierte der temporäre äußerst instabile Tephradamm an der Andernacher Pforte und erzeugte starke Flutwellen, die noch nördlich von Bonn nachweisbar sind, so dass das Rheintal in diesen Abschnitten verwüstet wurde.

Asche – vulkanische Partikel unter 2 mm Durchmesser, unabhängig von ihrer Zusammensetzung

Basalt – graues bis schwarzes, feinkörniges Vulkangestein. Beim Erkalten zieht sich die Gesteinsschmelze zu säulenartigen Strukturen zusammen (**Säulenbasalt**).

Glutlawinen (pyroklastische Ströme) – mehrere hundert Grad heiße Mischungen aus vulkanischen Gasen, Magmafetzen (Bims) und Kristallen, die als Dichteströme am Boden fließen (Ignimbrit)

Ignimbrit – erkaltete und unterschiedlich stark verschweißte Ablagerungen von pyroklastischen Strömen. Ignimbrite sind in vielen Ländern ein beliebtes Baumaterial wegen ihrer lebendigen Struktur und leichten Bearbeitbarkeit.

Intrusion – Gesteinsschmelze, die in die obere Erdkruste eingedrungen ist

Lapilli – Partikel in vulkanischen Lockerablagerungen mit einem Durchmesser von 2-64 mm

Lava – wenn eine Gesteinsschmelze (Magma) an die Erdoberfläche tritt, wird sie Lava genannt. Der Begriff wird sowohl für die fließende Gesteinsschmelze, wie auch für das erkaltete Gestein verwendet.

Maar – vulkanischer Krater, der entsteht, wenn aufdringendes Magma mit Grundwasser reagiert, und dieses plötzlich in Dampf umgewandelt. Das ausgeworfene Material, das den Ringwall bildet, ist kalt und feucht abgelagert worden. Maare können mit Wasser gefüllt sein.

Magma – Gesteinsschmelzen mit Temperaturen von ca. 700-1200 °C, die überwiegend aus dem Erdmantel aufsteigen (Basaltmagma)

Phonolith – grünliches bis hellgraues, feinkörniges vulkanisches Gestein, das hauptsächlich aus Alkali-Feldspat besteht. SiO_2-arme feldspatähnliche Minerale wie Hauyn (▶ Foto) sind diagnostisch für Phonolithe.

Phreatomagmatismus – magmatische Aktivitäten, die durch die Wechselwirkung von Magmen mit Grundwasser gekennzeichnet sind

Sanidin – sehr kaliumreicher Alkali-Feldspat

Schlackenkegel – kleiner kegelförmiger Vulkan, der aus lockeren bis verschweißten Lavafetzen und Lapilli besteht

Tephra – vulkanische Partikel, unabhängig von ihrem Durchmesser und ihrer Zusammensetzung

Trachyt – feinkörnige, helle Vulkanite, die überwiegend aus Alkali-Feldspat bestehen und keine SiO_2-armen Feldspatvertreter (Hauyne etc.) enthalten

Tuff – verfestigte Asche

Klimaauswirkung der Laacher See-Eruption

Das Laacher See-Magma war sehr schwefelreich, was sich z.B. an den bekannten blauen Halbedelsteinen, den Hauynen, zeigt, die auffallendste Kristallphase in den Laacher See-Bimsen (▶ Foto). Die blaue Farbe rührt von dem Schwefelgehalt dieser Kristalle her. Während der Eruption wurden mehrere Megatonnen Schwefeldioxid in die Stratosphäre geblasen, was wahrscheinlich kurzfristig zu einer drastischen Verschlechterung des Klimas geführt hat. Nach der Laacher See-Eruption hat die Umlagerung der Aschenmassen mehrere Jahrzehnte gedauert. In vielen tiefen Gruben im Neuwieder Becken liegen bis zu über 20 m mächtige Umlagerungsmassen auf den primären Bimsen. Sie zeugen von den gewaltigen Auswirkungen der Eruption auf das Mittelrheingebiet.

Ist der junge Vulkanismus in der Eifel erloschen?

Man hatte früher geglaubt, der Vulkanismus in der Eifel sei endgültig erloschen. Heute geht man davon aus, dass der Oberflächenvulkanismus nur schläft. Mit anderen Worten, auch in Zukunft ist mit weiteren Vulkanausbrüchen in der Eifel zu rechnen. Die in der Eifel entweichenden und wirtschaftlich genutzten großen Mengen an Kohlendioxid, anschaulich am Ostrand des Laacher Sees zu besichtigen, zeigen, dass in der Tiefe große Magmamengen schlummern, die eines Tages wieder an die Erdoberfläche steigen können.

Mikrofoto des blauen Halbedelsteins Hauyn, bei Sammlern begehrtes bekanntestes Mineral des Laacher See-Phonoliths. Durchmesser des Bildes 1 cm.

Montage der Eruptionssäule der Pinatuboeruption vom 15.6.1991 über dem Laacher See

Wirtschaftlicher und touristischer Nutzen

Schon die Römer haben vor 2000 Jahren im mittleren Neuwieder Becken die schwach verfestigten massigen, in der Eifel Trass genannten Ablagerungen von Glutlawinen unter Tage abgebaut und sie als Baumaterial verwendet. Im 18. Jh. und bis heute wird der Trass des Laacher See-Vulkans, aber auch der älterer ähnlicher Vulkane in der Osteifel, zermahlen und zu besonders kostbarem Zement mit besonderen hydraulischen Eigenschaften verarbeitet, da er unter Wasser bindet und daher für Brückenbauten und Deichbauten in den Niederlanden besonders geeignet ist. Seit Beginn des 20. Jhs. werden die lockeren Bimsablagerungen in großem Maßstab abgebaut, in den letzten Jahrzehnten mit großen Maschinen. Die daraus gefertigten Leichtbausteine isolieren gut und werden über viele hundert Kilometer weit transportiert. Material von schon durch Grundwassereinwirkung zementierten massigen älteren Trassablagerungen (z.B. Ettringer Tuffstein) findet man als Fassadenverkleidung vieler Bahnhöfe von Hamburg über Frankfurt a.M. bis Berlin. Fein zerriebener Bims wird auch zu vielen anderen Zwecken in Industrie und Alltag verwendet, z.B. als Katzenstreu.

Ulmener Maar, ca. 11.000 Jahre alt (Westeifel)

Angesichts der fast völlig abgebauten Bimsvorräte wurden sowohl in der Osteifel wie in der Westeifel seit Ende der 1980er Jahre Pläne entwickelt, um das Vulkanerbe der Landschaft zu erhalten und langfristig für den Tourismus nutzbar zu machen. Das größte derartige Vorhaben ist die Vulkanpark GmbH, in der sowohl vulkanische wie auch archäologische Kleinode der Osteifel für Besucher aufbereitet werden. Ein dichtes Netz von Schautafeln, Wanderwegen, Museen und Informationszentren bietet einen umfassenden Einblick in die einmalige Vulkanlandschaft.◆

6 Prä-eruptives Magma-Reservoir des Laacher See-Vulkans
Vereinfachtes Modell

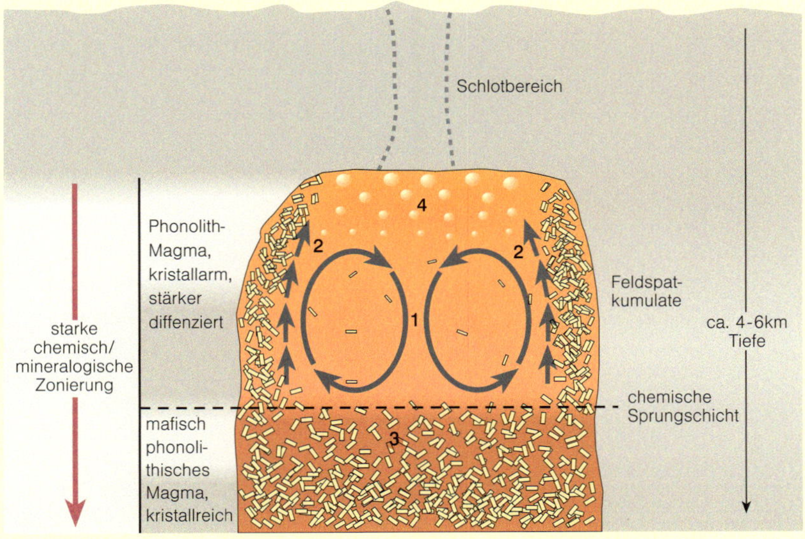

1 Konvektion, Umverteilung und Absaigern von Kristallen

2 Magma und Kristalle, zum Top des Magmareservoirs aufsteigend

3 kristallreiche untere Teile der Magmasäule

4 hochdifferenzierte, volatilenreiche (überwiegend H_2O) Schmelze im Dachbereich

Autor: H.-U. Schmincke

7 Ablagerungen des Laacher See-Vulkans

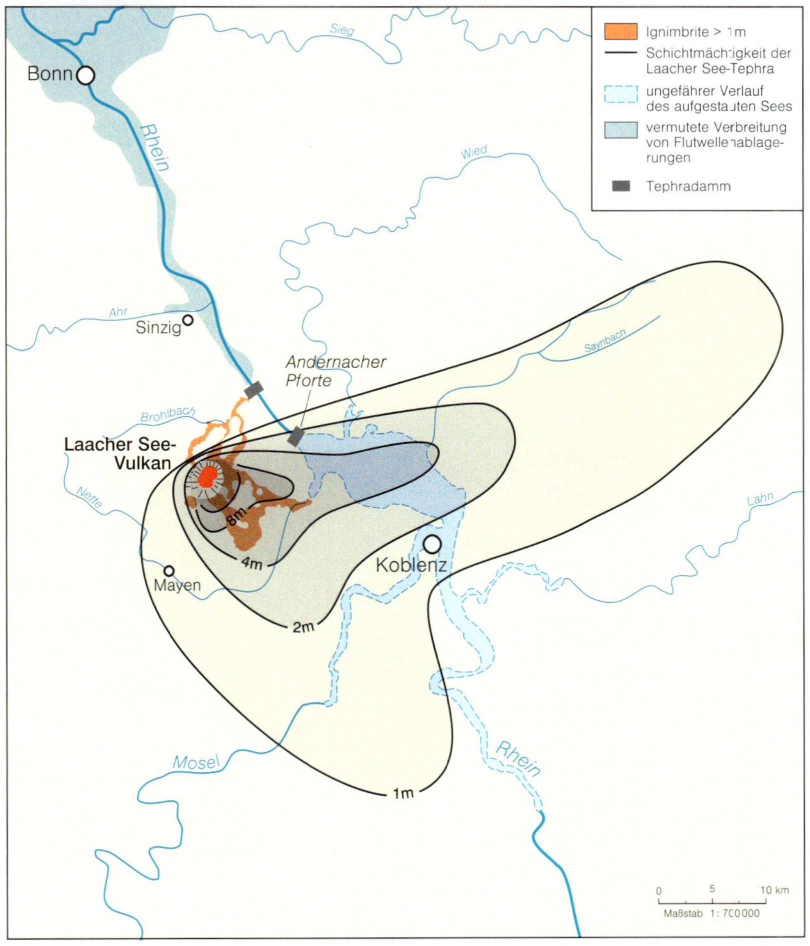

Autor: H.-U. Schmincke

Der Kaiserstuhl – ein Vulkan im Oberrheingraben

Rüdiger Mäckel und Jochen Seidel

Lösshohlweg bei Bickensohl (NSG Eichberg)

❶ Bötzingen
Querschnitt durch einen Lösshohlweg

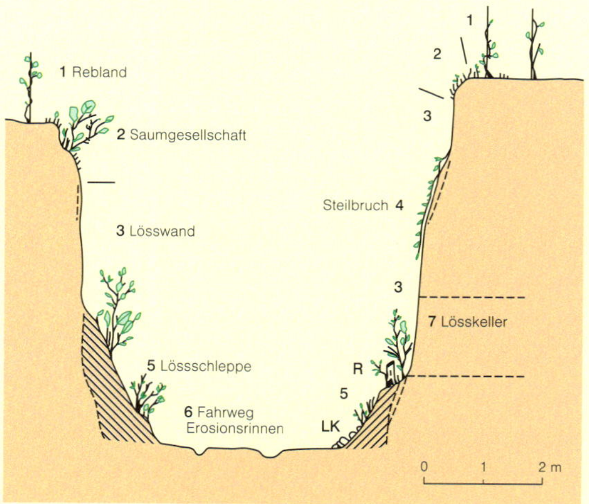

1 Rebland
2 Saumgesellschaften (trocken, warm): Feldblume, Liguster, Hundsrose und offene Halbtrockenfluren
3 Lösswand: senkrecht, oft nackt; Pionierpflanzen, „Vorhänge“ von Efeu und Waldreben, Tierlöcher, Schollenabrisse
4 Steilabbruch, Lianen
5 Akkumulationsbereich, Lössschleppe, abgerutschte oder abgestürzte Lössschollen (schattig, stickstoffreich) mit Holunder, Zaungiersch, Brennessel usw.,
LK: Lösskindelanhäufung,
R: Wegrandbäume
6 Fahrweg mit Erosionsrinne
7 Lösskeller, Verbindungstunnel (meist aufgegeben)

 Autor: R. Mäckel

Der Kaiserstuhl bildet mit seinen höchsten Erhebungen Totenkopf (557 m), Eichelspitze (520 m) und Katharinenberg (492 m) ein kleines Gebirge von inselhafter Gestalt, das deutlich abgegrenzt aus der 180-190 m hoch gelegenen Oberrheinebene aufragt (▶ Foto). Nach der naturräumlichen Gliederung wird das Gebiet in den Östlichen (oder Platten-) Kaiserstuhl, den Zentralen (oder Hohen) Kaiserstuhl und den Westlichen (oder Kuppigen) Kaiserstuhl unterteilt. Dazu gehören auch die Sasbach-Jechtinger Höhen mit dem Limberg nordwestlich vom Hauptmassiv des Kaiserstuhls ❷. Die höchst gelegenen Berge ordnen sich im hohen Kaiserstuhl hufeisenförmig um einen zentralen Kessel, aus dem die waldfreien, mit Trockenrasen bestandenen Kuppen des Badbergs (433 m) aufragen.

Geologischer Aufbau, Vulkanismus und Tektonik

Der Kaiserstuhl ist im Tertiär mit dem Einbruch des Oberrheingrabens entstanden ❹. Die Förderung von Magma an die Erdoberfläche wurde durch die Zerrungen in der Erdkruste, die Kreuzung zweier Schwächezonen (Oberrheingraben, Bonndorfer Graben) und die im südlichen Oberrheingraben relativ geringe Mächtigkeit der Erdkruste (ca. 25 km) begünstigt. Die ▷ magmatischen Schmelzen haben sich über dem sedimentären Sockel abgelagert, der heute noch im Osten des Kaiserstuhls ansteht. Als Vulkanform wird ein ▶ Stratovulkan angenommen, der abwechselnd ▷ Tuffe und ▷ Laven aus mehreren Schloten förderte (▶▶ Beitrag Schmincke, S. 60).

Der Kaiserstuhl ist aus unterschiedlichen geologischen Haupteinheiten aufgebaut ❷: dem sedimentären Sockel (▷ Oligozän, Mittlerer ▷ Jura), der geologisch-tektonisch der Grabenrandscholle des Oberrheingrabens zuzuordnen ist, dem „eigentlichen“ Kaiserstuhlvulkan (Tuffe, ▶ Tephrite) und dem subvulkanischen Zentrum (▶ Essexit, ▶ Karbonatit). Der größte Teil des ehemaligen Vulkans ist abgetragen worden, so dass im Zentrum des heutigen Kaiserstuhls die subvulkanischen Gesteine anstehen, die bei ihrer Entstehung nicht an die Erdoberfläche gelangt sind, sondern im Schlot als ▷ Intrusivgesteine steckengeblieben sind.

Geologische Besonderheiten stellen die Limburgite des Limbergs und der Karbonatit vom Badberg und Schelinger Berg dar, bei dem es sich um ein karbonathaltiges Vulkangestein handelt (Wimmenauer 1989). Vereinzelt treten ▶ Phonolithstöcke auf, die wirtschaftlich genutzt werden.

❷ Kaiserstuhl
Geologie und naturräumliche Einheiten

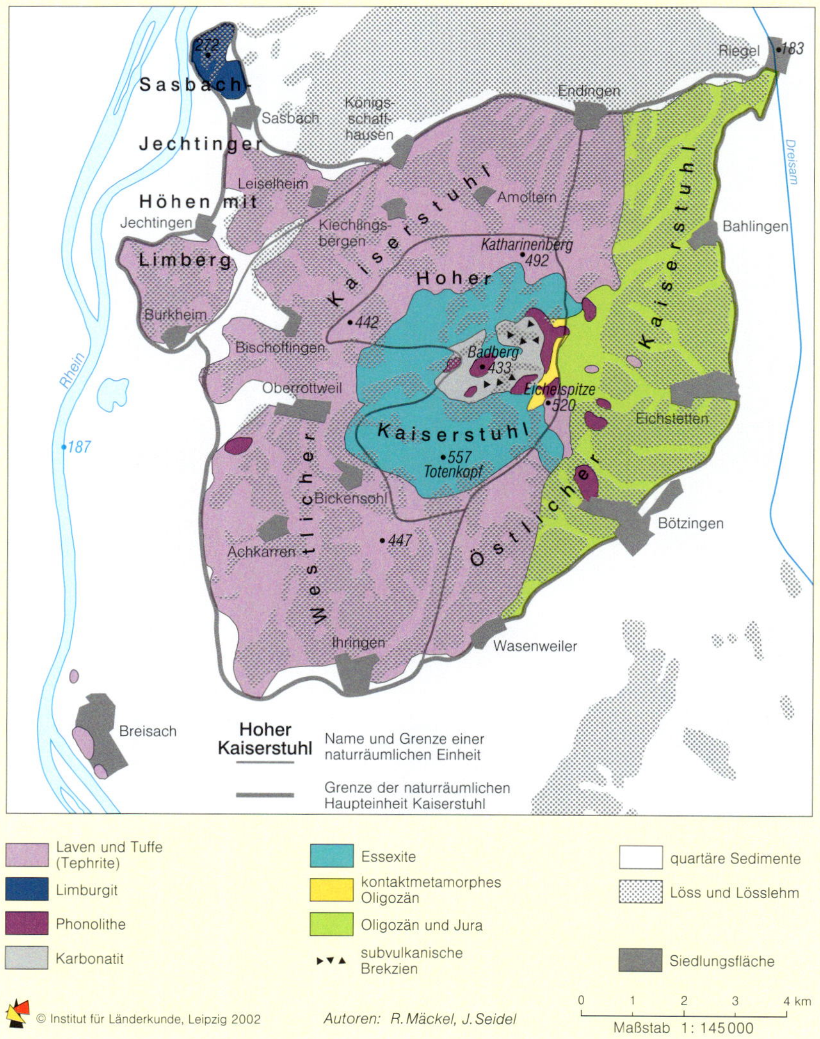

 Autoren: R. Mäckel, J. Seidel

Lössbedeckung und Formenschatz

Die landschaftliche Eigenheit des Kaiserstuhls wird vor allem durch etliche Meter mächtige ▷ Lössdecken geprägt, die etwa 85% des Naturraums überziehen. Dieses ▷ äolische ▷ Lockergestein wurde während der Kaltzeiten des ▷ Pleistozäns aus den vegetationsfreien Schotterflächen des Oberrheintieflandes ausgeweht und von West- bzw. Südwestwinden vor allem auf der Leeseite der grasbestandenen Erhebungen abgelagert. Die größten Lössmächtigkeiten (bis zu 60 m) kommen daher auf der nördlichen und östlichen Seite des Kaiserstuhls vor.

Der Löss besteht überwiegend aus Quarzkörnern der ▷ Schluffgröße. Charakteristisch ist auch der sehr hohe Karbonatgehalt (30-35%). Beide Eigenschaften verursachen eine große Standfestigkeit des Lockermaterials. ▷ Aquatisch umgelagerter Löss wird als Schwemmlöss bezeichnet und ist im Unterschied zum Primärlöss kalkarm oder entkalkt, geschichtet und instabil. Typische Oberflächenformen der Lösslandschaft wie die Lösssohlentäler, Hohlwege und Terrassen sind durch direkte und indirekte Einwirkung des wirtschaftenden Menschen entstanden. Die Lösssohlentäler zeichnen sich durch eine ebene bis flachgeneigte Talsohle aus. Sie sind seitlich von steilen, scharf von der Sohle abgesetzten Terrassenböschungen begrenzt und beginnen häufig mit einer kreisförmigen Eintiefung. Meist sind sie mit mehrere Meter

3 Oberbergen, Kaiserstuhl
Aufbau des Lösssohlentales Spürenloch
Schema

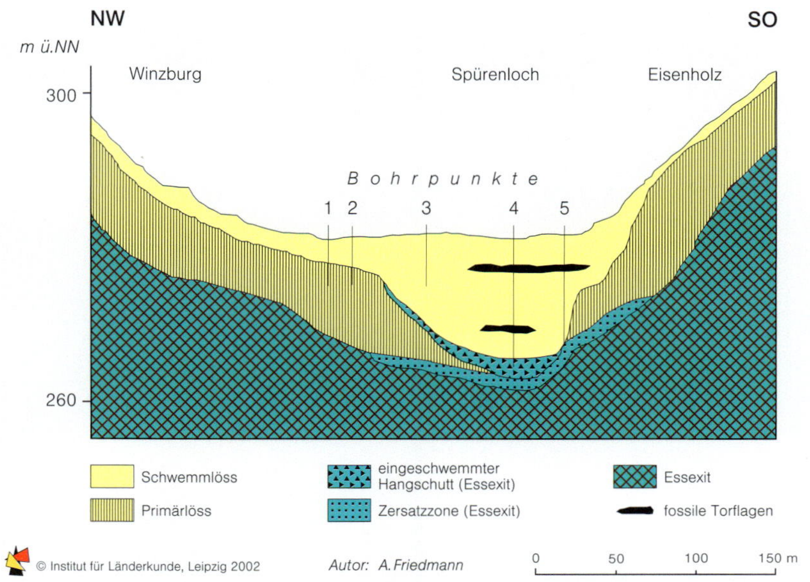

 Autor: A. Friedmann

mächtigen Ablagerungen verfüllt 3. Schwemmlösslagen, Torfschichten, begrabene Bodenhorizonte und archäologische Funde vermitteln ein wechselhaftes Bild ihrer Entstehung (FRIEDMANN/MÄCKEL 1998).

Essexit – mittel- bis grobkörnige graue Tiefengesteine hauptsächlich bestehend aus Plagioklas, Alkalifeldspat, Nephelin, Pyroxen

Karbonatit – seltenes helles mittelkörniges magmatisches Gestein, das zu mehr als 50% aus Karbonatmineralen zusammengesetzt ist; charakteristisch für kontinentale Grabengebiete, z.B. den Oberrheingraben

Phonolith – Klingstein, feinkörniges vulkanisches Gestein, das hauptsächlich aus Alkalifeldspat und Nephelin als Feldspatvertreter besteht

Stratovulkan – Schildvulkan, aus dünnen Schichten flüssiger Lava aufgebauter Vulkan

Tephrite – poröse schlackige Vulkanite mit verschiedenartigen Einsprenglingen

Eine weitere auffallende Erscheinung im lössbedeckten Kaiserstuhl sind die Hohlwege, die durch fortschreitende Eintiefung der Feldwege entstanden sind (▶ Foto). Das Querprofil durch einen Lösshohlweg zeigt im oberen Abschnitt senkrechte Wände, die zumeist frei von Vegetation sind. Die Lösswände werden durch Abschuppung und durch gelegentliches Abbrechen von Lösspaketen lateral erweitert. In der Fußzone wird das erodierte Material in Form von Wülsten und Schleppen angehäuft 1. Ein Netz von Hohlwegen durchzog den Kaiserstuhl vor der Flurbereinigung und Großterrassierung. Einige Hohlwege sind noch erhalten und wurden wegen ihrer landschaftsprägenden Form und besonderen Fauna und Flora unter Naturschutz gestellt.

Als weitere Oberflächenform fallen die Rebterrassen im Landschaftsbild auf. Aufgegebene Terrassen unter Wald weisen auf eine ehemals größere Verbreitung des Weinbaus hin. Die kleinen Rebterrassen waren früher im Kaiserstuhl weit verbreitet. Die Großterrassen entstanden im Zuge der Flurbereinigung und Rebumlegung zwischen 1965 und 1983 (▶ Foto). Die Terrassenflächen wurden nach innen geneigt, um Bodenerosion zu verhindern. Wegen der ungünstigen kleinklimatischen Verhältnisse (Bildung von Kaltluftseen) und ihrer negativen Auswirkung auf die Weinproduktion wurden die Flächen einiger Terrassen später wieder nach außen geneigt. Viel wichtiger ist jedoch der Schutz der Anbauflächen durch Vegetation (Zwischenfrucht, Grasdecke) oder Mulchen. Weitere Nachteile der Großterrassierung waren ▷ subterrane Abtragung entlang von kleinen Hohlräumen und Erosionsschäden an den Böschungen, die aufwendige Schutzmaßnahmen erforderten.◆

Blick vom Tuniberg auf den Kaiserstuhl

4 **Tektonisch-morphologische Entwicklung am Rand des Oberrheingrabens**

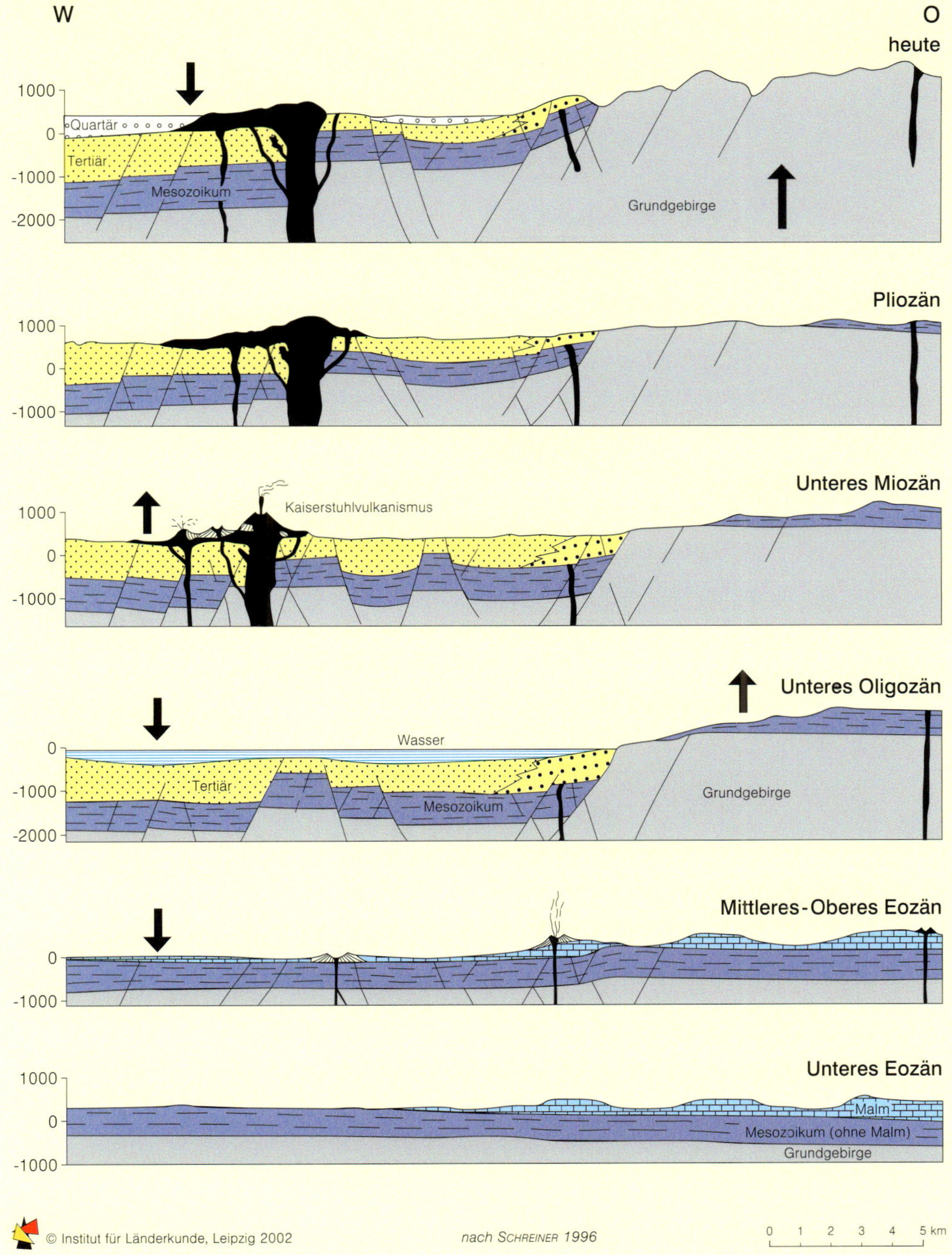

 nach SCHREINER 1996

Anlage von Großterrassen 1977 in Bötzingen

Deutschland zur letzten Eiszeit

Herbert Liedtke

Periglazialgebiet – (*griech.* peri – um, herum; *lat.* glacies – Eis, Gletscher) das im Vorland großer Eismassen dem Kaltzeitklima ausgesetzte Gebiet mit entsprechendem **Periglazialklima**

Permafrost – der im heutigen Deutschland während der Eiszeiten 10 bis >100 m tief ständig gefrorene Boden (Dauerfrostboden), der nur im Sommer 0,4-1,2 m tief auftaute

In den letzten 2,4 Mio. Jahren ist es mehrfach zum Wechsel von Kaltzeiten oder Eiszeiten mit Warmzeiten (Interglazialen) gekommen. Dass eine allgemeine Abkühlung auf der Erde möglich wurde, lag an der Wanderung der antarktischen Kontinentalplatte in die jetzige Pollage; aber der häufige Klimawechsel zwischen Warm und Kalt lag auch an Schwankungen der Sonnenstrahlung, der Erdbahnelemente oder der Meeresströmungen.

Für das Gebiet des heutigen Deutschlands sind im Alpengebiet fünf Eiszeiten bekannt, in denen die Gletscher aus den Alpentälern bis in das Vorland hinaustraten: Günz-, Haslach-, Mindel-, Riss- und Würmeiszeit **3**. Dagegen kennt man in Norddeutschland nur drei Eiszeiten, bei denen die Gletscher in Skandinavien so stark anschwollen, dass sie als Inlandeis über die Ostsee hinweg auf mitteleuropäischen Boden vordringen konnten: Elster-, Saale- und Weichseleiszeit. Zwischen den Eiszeiten gab es Warmzeiten mit einem Klima, das noch etwas wärmer als heute war. Die Kälteschwankungen vor dem Einsetzen der Eiszeiten bezeichnet man als Kaltzeiten.

1 Norddeutschland
Gliederung der Weichseleiszeit

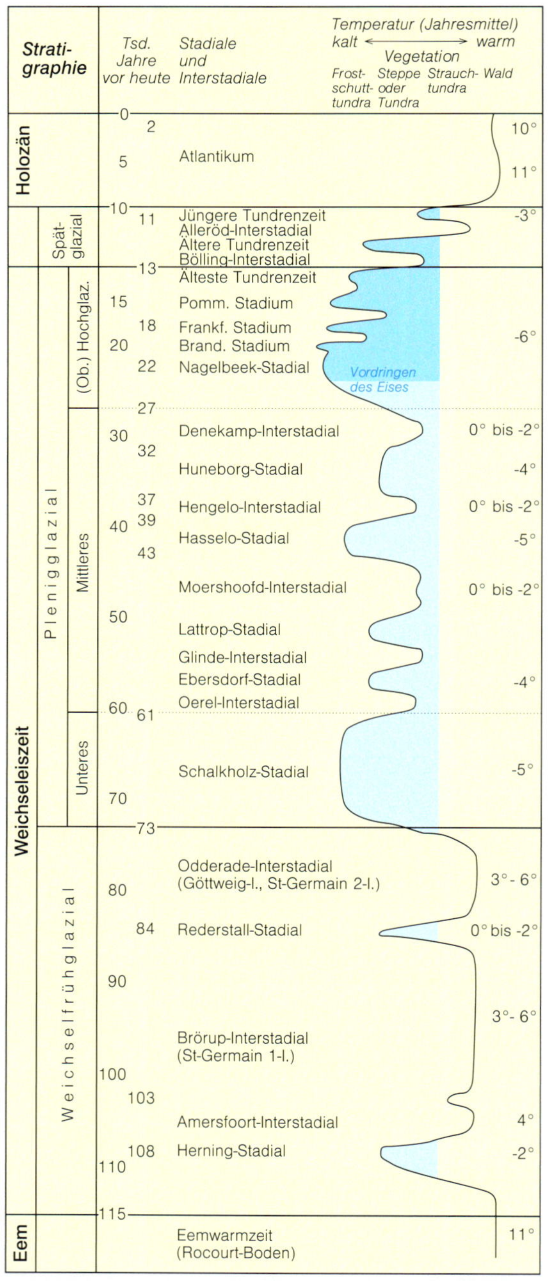

Deutschland vor 20.000 Jahren

Insgesamt ist das Klima im Laufe des Eiszeitalters kühler geworden, auch wenn Elster- und Saaleeiszeit kälter als die Weichseleiszeit waren. Die Jahresdurchschnittstemperatur lag beim Höhepunkt der letzten (Weichsel-) Eiszeit in Norddeutschland bei -6 bis -8 °C **1**, in Süddeutschland bei -4 °C; heute liegt sie bei +8 °C. Die Abkühlung um 12-16° reichte aus, um in ganz Deutschland Dauerfrostboden (Permafrost) hervorzurufen, auch wenn die Augusttemperaturen in Norddeutschland bei 3-5 °C und in Süddeutschland bei 7-9 °C lagen; heute betragen sie etwa 18 °C. Dafür war der Winter extrem kalt und erreichte im Februar in Norddeutschland -20 bis -22 °C, im Oberrheingraben etwa -6 bis -8 °C, wogegen heute nur um -0,5 bis +2 °C erreicht werden. Die Niederschläge waren wegen der großen Kälte auf etwa 100-300 mm/Jahr zurückgegangen und lagen damit in Norddeutschland um 250-500 mm und in West- und Süddeutschland um über 500 mm niedriger als heute. Die Schneegrenze war um 1200 m gesunken, und die Rückstrahlung in die Atmosphäre (Albedo) hatte sich um rund 10% vergrößert, über den vereisten Gebieten Norddeutschlands und der Alpen sogar um 40%.

Wegen der großen Abkühlung und der geringen Niederschläge war die hocheiszeitliche Vegetation völlig anders als heute. Jeglicher Baumwuchs fehlte, und auf dem sommerlich nur oberflächlich auftauenden Dauerfrostboden gedieh auf Norddeutschlands reliefarmen, schlecht entwässerten Flächen nur eine sehr lückenhafte tundrenähnliche Vegetation. In den südlich anschließenden Teilen Deutschlands herrschten mehr steppenartige Verhältnisse vor, weil das Klima ▷ arider wurde und das stärkere Relief eine bessere Entwässerung ermöglichte. Der Mensch hat sich in diesem erbärmlichen Milieu offensichtlich nicht niedergelassen, worauf die Fundlücken aus dieser Zeit hinweisen.

Wegen des starken Absinkens der Schneegrenze in Deutschland war es auch zur Vergletscherung auf drei Mittelgebirgen gekommen **4**. Im Harz war die Umgebung des Brockens (1142 m) vergletschert, und in Süddeutschland trugen Bayerischer Wald und Schwarzwald Eiskappen. Als besonders deutliche Formen hierfür gelten die ▷ Kare und Karseen am Gr. und Kl. Arber (1456 m, 1384 m) im Bayerischen Wald sowie Endmoränenwälle und ▷ Toteishohlformen. Die Eisdecken hatten sich auch auf das benachbarte heute tschechische Gebiet erstreckt. Insgesamt lagen während der Eiszeiten maximal 47,8% des heutigen Deutschlands unter Eis **2**.

Im Schwarzwald ist es zu einer kräftigen Eisdecke auf dem Südschwarzwald und im Nordschwarzwald zur Bildung von über 90 Kargletschern in der Umgebung der Hornisgrinde (1164 m) gekommen. Auch in den Südvogesen gab es ein umfangreiches Vergletscherungsgebiet (1180 km²), und in den Nordvogesen gibt es mindestens 39 Kare, die wie im Nordschwarzwald im Buntsandstein liegen.

2 Flächen der Eisbedeckung vor 20000 Jahren

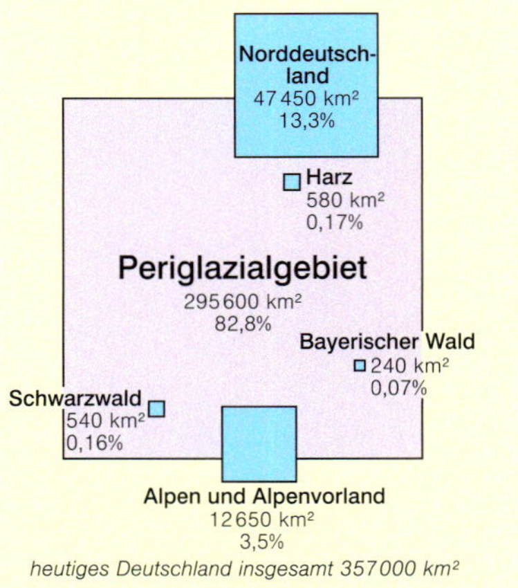

heutiges Deutschland insgesamt 357000 km²

1mm² ≙ 250km²

Eisbedeckung durch Gletscher / Inlandeis

3 Gliederung des Eiszeitalters

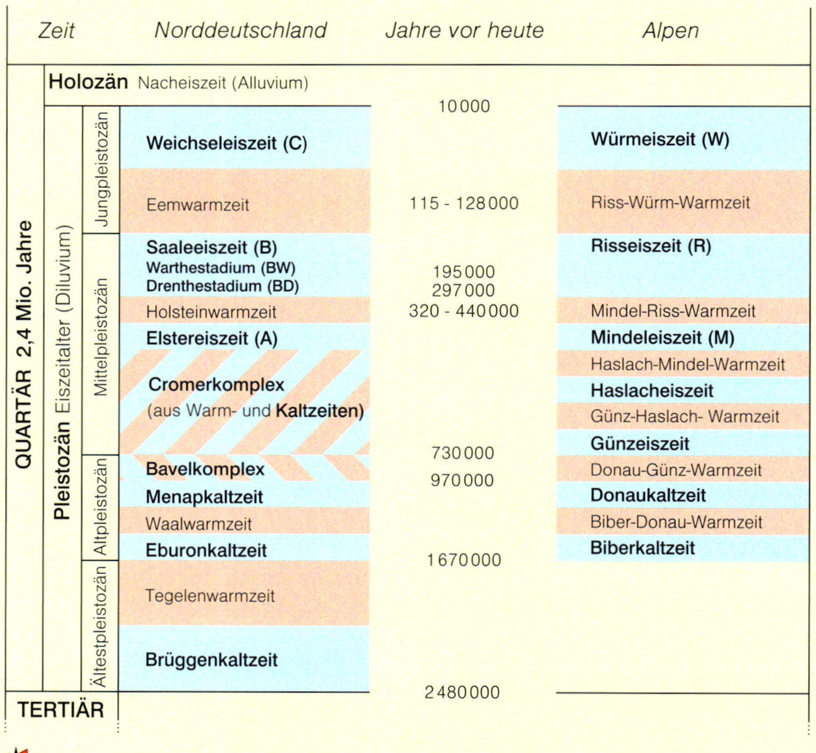

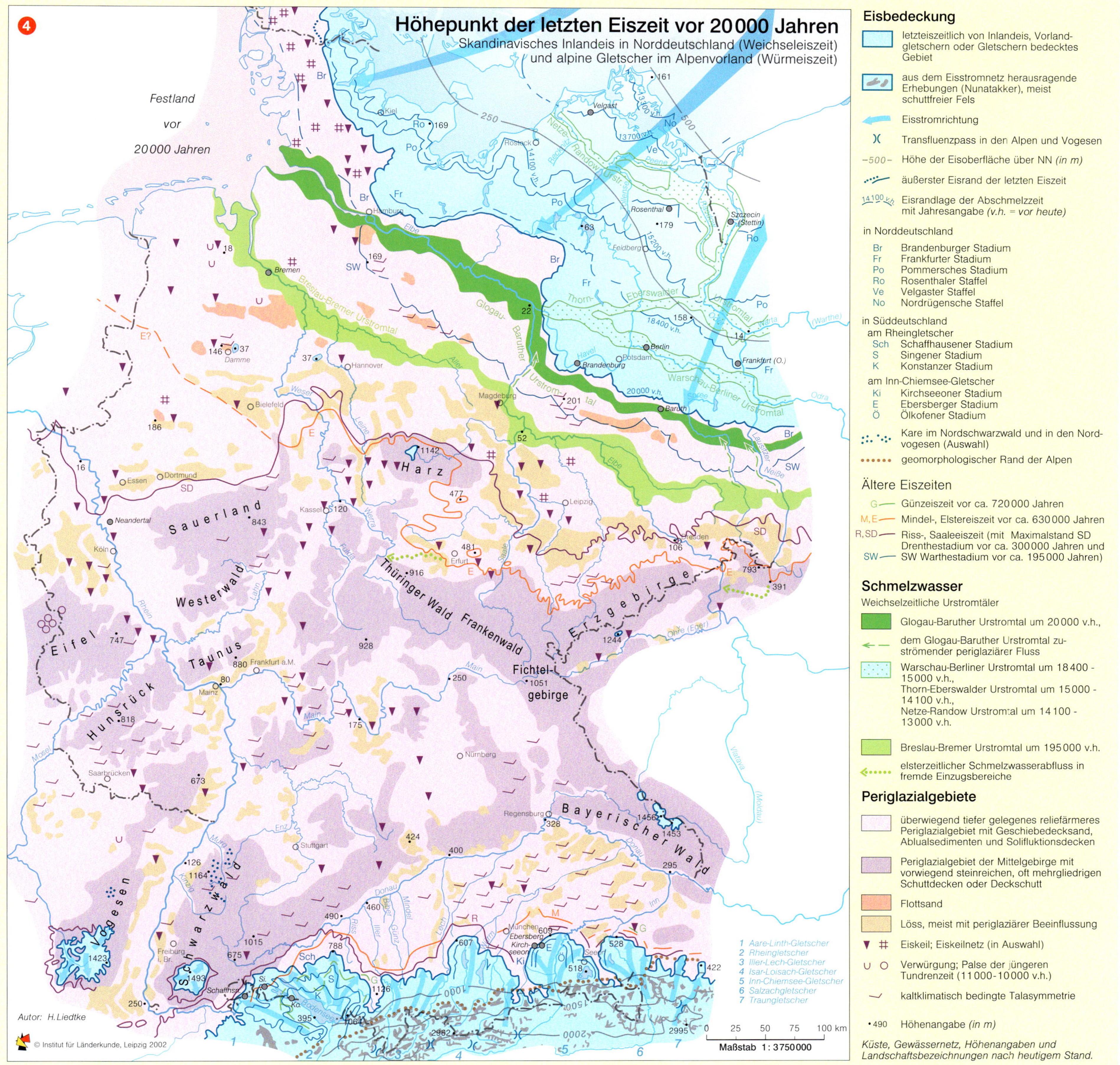

Das gletscherfreie Gebiet

Das Gebiet des heutigen Deutschlands, das nicht vergletschert war, unterlag dem ▶ Periglazialklima. Wenn im Frühsommer der ▶ Permafrost oberflächlich aufzutauen begann, kam es zuerst zu kräftiger Abspülung (Abluation). Bei weiterem Auftauen konnte es zu Bodenfließen (Solifluktion) kommen, wenn die Hangneigung mehr als 2° betrug. Daher sind unsere Hänge meist von Solifluktionsdecken überzogen, auf deren Lockermaterial sich nach dem Ende der Eiszeit Böden entwickeln konnten. Während in flach geneigten Gebieten wie im norddeutschen Flachland oder in größeren Becken meist nur eine schlecht gliederbare Solifluktionsdecke vorhanden ist, kann man in den stärker geneigten Gebieten, besonders in den Mittelgebirgen, mehrgliedrige Schuttdecken beobachten. In Gebieten mit Lockergesteinen wie Kies, Sand, Schluff oder Ton lassen sich in Aufschlüssen häufig Frostbodenformen beobachten.

Auf vielen Flächen im unmittelbaren fast vegetationslosen Vorland des Eises und auf den Talböden größerer Flüsse kam es zu kräftiger Abblasung. Das abgewehte Material wurde als ▷ Löss hauptsächlich im Vorland höherer Gebirge, aber auch anderswo abgelagert. Am Ende der Eiszeit entstanden im Binnenland auf ähnliche Weise zahlreiche Dünen- und Flugsandfelder.

Fast so schnell wie das Eis vorgerückt war, verschwand es auch wieder. Es hatte für den Weg von Rügen bis zum Nordrand des Spreewaldes nur 4000 bis 5000 Jahre gebraucht, und nach weiteren 7000 Jahren hatte es vor 13.000 Jahren den Boden Deutschlands wieder verlassen, nachdem es während der Abschmelzzeit bei kleineren Kälterückfällen kurzfristig zum Absatz von ▷ Endmoränen gekommen war.◆

Das Relief der Jung- und Altmoränenlandschaften

Herbert Liedtke und Joachim Marcinek

In den einst vergletscherten Gebieten Deutschlands ③ findet man für Gletscher typische, wenn auch nicht übermäßig auffällige Oberflächenformen wie ▷ Grundmoränenplatten oder ▷ Endmoränenzüge. Daneben haben die Schmelzwasser des abtauenden Eises weite Sanderflächen hinterlassen. In Norddeutschland konnten viele Flüsse ihr Ziel, die Ostsee, nicht mehr erreichen und wurden zusammen mit den Schmelzwassern des Eises nach Westen abgeleitet, wodurch die Urstromtäler entstanden sind. Oder, Spree und Elbe mussten zeitweilig ihren Lauf verlegen, fanden aber nach Abschmelzen des Eises ihr altes Bett wieder.

Seeon von Norden mit den beiden Zwiebeltürmen des Klosters in der Bildmitte. Vor dem Kloster der 16 m tiefe Klostersee.

Altmoränengebiet der Dammer Berge vom Mordkuhlenberg (142,1 m) nach Südosten

ablual, Abluation – kaltzeitlicher Prozess der Abspülung an Hängen und Akkumulation von Sanden und Schluffen an deren Fuß

Altmoräne(nlandschaft) – Gebiet, das während der älteren Vereisungen geformt wurde und während der letzten Eiszeit eisfrei blieb; teilweise überformt durch Solifluktion

Exaration – Ausschürfung des Untergrundes durch einen Gletscher oder das Inlandeis

Jungmoränenlandschaft – das während der letzten Eiszeit vergletscherte Gebiet, dessen Ausdehnung auf Karten leicht an dem Vorkommen der zahlreichen natürlichen Seen erkannt werden kann

Solifluktion – schleichende, abwärts gerichtete Bewegung des sommerlich oberflächlich aufgetauten ▷ Permafrostes auf Hängen mit mehr als 2° Gefälle

Toteis – Reste von Gletschereis, die beim Niedertauen wegen tiefer Lage verschüttet wurden, erst später zum Abtauen gelangten und dadurch Hohlformen hinterließen

Jungmoränenlandschaften

Die deutlichsten Spuren in der Landschaft hat die letzte eiszeitliche (glaziale) Vergletscherung hinterlassen, wobei die Gestaltung des Reliefs in drei Phasen verlief:

(1) In der Phase der glazialen Formung wurden durch ▶ Exaration zahllose Wannen und Becken unterschiedlicher Größe geschaffen, die heute als trockene, vermoorte oder von Wasser erfüllte Hohlformen in Erscheinung treten. Diese Senken wurden durch ▶ Toteis plombiert; das Austauen ließ sie später zu Hohlformen werden. So blieb das glazial gestaltete Relief zunächst vor einer radikalen Umgestaltung bewahrt. In Süddeutschland durchbrachen die Schmelzwasser des niedertauenden Eises das neu entstandene und vom Eis befreite Moränengelände; dabei wurden zuweilen tiefere Bereiche verfüllt. Dasselbe passierte auch in Norddeutschland, wobei wegen des insgesamt gegen das Inlandeis abfallenden Geländes und bei nicht allzu großen Höhenunterschieden nacheinander die etwa eisrandparallelen Urstromtäler in ihrer heutigen Form gebildet wurden (▶ Beitrag Liedtke, S. 66). Sie waren nur wenige tausend Jahre in Funktion, wurden aber die Leitlinien des sich neu entwickelnden Flussnetzes.

(2) Als das Inlandeis begann niederzutauen und das Relief zum Vorschein kam, herrschte weiterhin ein kaltzeitliches Klima, das zu einer ▷ periglazialen Überformung des Glazialreliefs führte. Jedoch verliefen diese periglazialen Prozesse noch über verschüttetem Toteis und auf ▷ Permafrost (Dauerfrostboden), der sich auf dem vom Eis frei gegebenen Relief gebildet hatte. ▶ Solifluktion, Abspülung und Zertalung, also Reliefausgleichsprozesse, machten sich besonders in Gebieten mit relativ großen Reliefunterschieden deutlich bemerkbar. Insgesamt begann die Herausbildung eines normalen hierarchischen Flussnetzes. Zugleich traten ▷ äolische Prozesse der Abtragung einschließlich der Bildung von Windkantern wie auch der Aufschüttung mit in Norddeutschland weit verbreiteter Dünenbildung und sogar fleckenhafter ▷ Löss- oder lössartiger Ablagerung auf.

(3) An der Wende von der letzten Eiszeit zu unserer gegenwärtigen Warmzeit, dem Holozän, wandelte sich das nur kurzzeitig schwach periglazial überformte Glazialrelief in die jetzige Jungmoränenlandschaft. In ihr verschwanden der Permafrost ebenso wie die letzten Toteisreste. Mit deren endgültigem Austauen vergrößerten sich die Höhenunterschiede im vom Toteis erfüllten aber vorher angelegten Glazialrelief. Die zahllosen ringsum geschlossenen Hohlformen konnten nicht mehr zugefüllt und die Steilheit der Hänge nicht mehr gemildert werden, weil die Zeit der periglazialen Prozesse vorüber war und tief wurzelnde Vegetation das Land überzogen hatte. In dieser Phase der finalen Konsolidierung bildeten sich die typischen Merkmale des Jungmoränenlandes heraus: der Seenreichtum, die überaus zahlreichen geschlossenen Hohlformen und die besonders steilen Hänge an diesen. Ein schönes Beispiel hierfür ist die Landschaft um Feldberg mit ihren mehr als 30 m tiefen Seen ①. Gleichzeitig kam es an dem sich jetzt herausbildenden unübersichtlichen Flussnetz zu zahlreichen Flussverlegungen. Schöne Beispiele hierfür sind der nach Westen offene Spreebogen südöstlich von Berlin, das große W der Havel zwischen Berlin-Spandau und Rathenow sowie das Knie der Mangfall südöstlich von München.

In den rund 10.000 Jahren nach der letzten Eiszeit laufen in der Jungmoränenlandschaft noch zwei weitere Phasen ab:

(4) Die ersten rund 8000 Jahre nahm der Mensch nur minimalen Einfluss auf das Relief.

(5) Dies änderte sich jedoch entscheidend, als zur Römerzeit und im Mittelalter eine großräumige Waldrodung einsetzte. Der Wald wurde auf weniger als 25% der Fläche zurückgedrängt (heute wieder 30%), und starke Bodenerosion setzte ein. Das glaziale Relief blieb jedoch trotz lokaler linearer Zerschneidung kaum verändert erhalten.

Altmoränenlandschaften

Von der lieblichen seenreichen und oft kräftig reliefierten Jungmoränenland-

① Feldberger Seenlandschaft (Mecklenburg-Vorpommern)
Endmoränengebiet

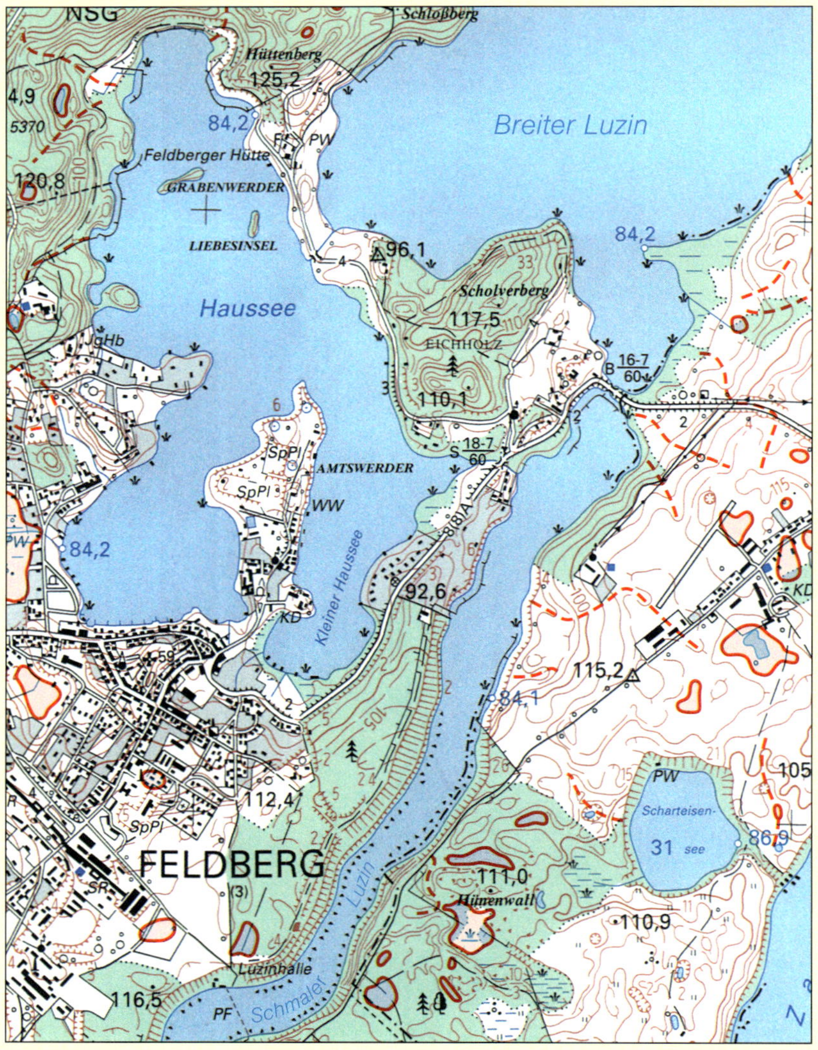

Endmoränengebiet der Feldberger Seenlandschaft (südöstl. von Neubrandenburg) mit der glazialen Rinne des Schmalen Luzin, dem Zungenbeckensee Breiter Luzin, zahlreichen Hohlformen und nur wenigen Trockentälern im Verlauf des Pommerschen Stadiums

Institut für Länderkunde, Leipzig 2003 © LVermA M-V, Nr. A-61/2002 Legende siehe ④

schaft mit einer Holsteinischen, einer Mecklenburgischen oder einer Märkischen Schweiz ist im ▸ Altmoränenrelief fast nichts mehr erhalten. Ursache hierfür waren lange Zeiten, während derer Deutschland einem periglazialen Klima unterlag und keinen Baumbestand sowie nur eine lockere oder gar keine Vegetationsdecke aufwies. So konnte der Aufprall der Regentropfen nicht gemildert werden und die Abspülung von Materials begann, sobald das oberflächliche Auftauen des Permafrostes im Frühsommer einsetzte. Flächenhaft wurde Feinmaterial ausgespült, während Sande und Kiese liegen blieben. Das ▸ ablual weggeführte Material wurde größtenteils am Fuß der Hänge wieder abgesetzt, aber die tonigen Anteile wurden erst in Seen oder im Meer deponiert. Die Ablation trug dazu bei, dass die vielen großen und kleinen Hohlformen einer vorherigen Vergletscherung mit der Zeit zugeschüttet und die Höhenunterschiede immer geringer wurden. Selbst die einstigen Endmoränenzüge sind so verwaschen, dass man sich oft nicht sicher ist, wo man ihren Verlauf in Karten eintragen soll.

Die Verlagerung von Sand und die Ausspülung der Feinbestandteile haben bewirkt, dass in den Altmoränenlandschaften viele flache, ausdruckslose und unergiebige Sandgebiete liegen, die man in Norddeutschland zusammenfassend als Geest (güst = unfruchtbar) bezeichnet und die in Ostdeutschland häufig Heide (z.B. Dübener Heide) genannt werden.

Erst nach der Verschüttung der Hohlformen konnte sich wieder ein normales Flussnetz herausbilden. Allerdings sind viele der Bäche sehr klein und führen wenig Wasser, weil das Gefälle gering ist und in dem sandigen Material jeder Niederschlag versickern kann. Während einer Kaltzeit war das anders. Der Permafrost ließ das Wasser nicht einsickern. Es musste oberflächlich abfließen und durchströmte in einem großen Schwall auch die kleineren Täler. So muss man sich nicht wundern, wenn heute viele winzige Bäche als Folge der periglazialen Bedingungen in breiten Talböden verlaufen. Auch wo heute überhaupt kein oberflächlicher Abfluss zu erkennen ist, beobachtet man häufig deutliche Täler, die aus den Eiszeiten stammen.

Die Abtragung in den Altmoränengebieten ist durchaus beachtlich. So haben Untersuchungen gezeigt, dass das Relief in der Umgebung von Uelzen allein während der letzten Eiszeit um rund 20 m erniedrigt wurde. In Gebieten, die nur während der ältesten Eiszeit vergletschert waren und während der beiden folgenden Eiszeiten periglazial überformt wurden, sind meist kaum noch Spuren der Eisbedeckung erhalten. Das macht es auch so schwierig, die maximale Ausdehnung der ältesten Vereisung zu ermitteln. Deswegen begnügt man sich i.d. Regel mit der Erfassung der Feuersteinlinie, die anzeigt, wie weit die meist aus dem Ostseeraum stammenden Feuersteine vom Eise südwärts verfrachtet wurden, denn auf andere Weise konnten sie nicht so weit südwärts gelangt sein. Hier am Nordrand der Mittelgebirge gab es auch keine Urstromtäler, weil die Zeit der Anwesenheit des Eises viel zu kurz war, um Urstromtäler in das Hartgestein einzutiefen. Auf den Festgesteinen kam es zu völliger Abtragung des glazialen Materials, so dass nur noch einzelne Geschiebe oder große Findlinge von der Anwesenheit des Eises zeugen.◆

2 Seeon (Bayern)
Seenreiches Jungmoränengebiet

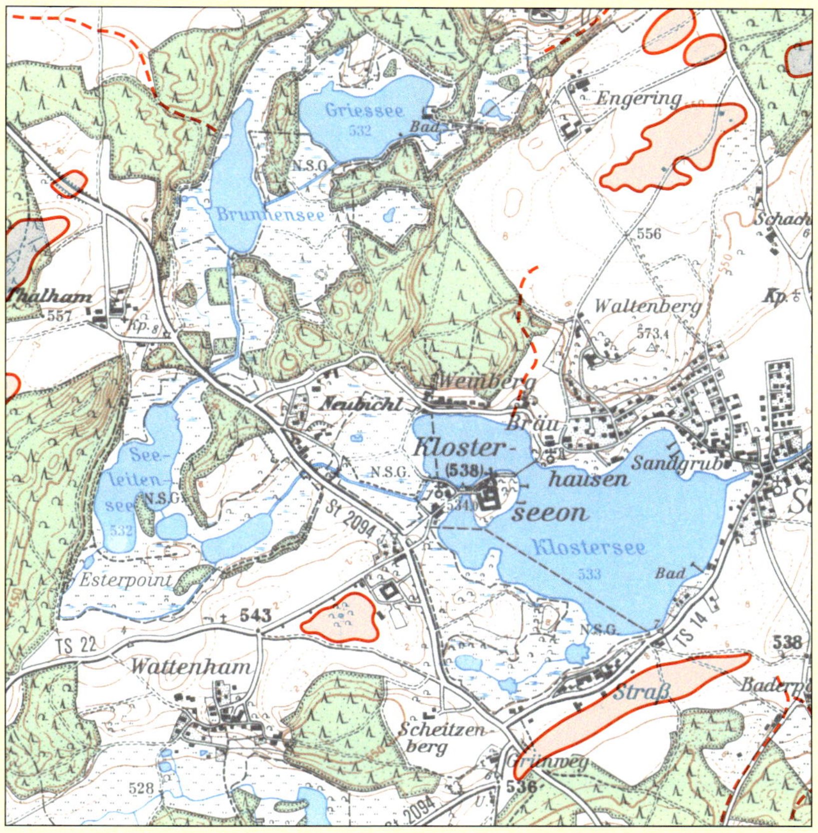

Jungmoränengebiet bei Seeon (nördl. vom Chiemsee) mit Seen und Hohlformen, aber nur geringer Zertalung

Institut für Länderkunde, Leipzig 2003 © Bayerisches Landesvermessungsamt München, 3984/ 02 Legende siehe **4**

3 **Anteil des im Eiszeitalter jemals vergletscherten Gebietes an der Gesamtfläche Deutschlands**

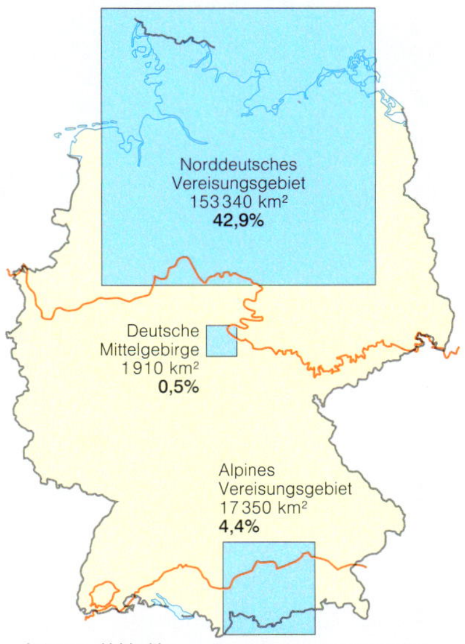

Autoren: H. Liedtke, J. Marcinek
© Institut für Länderkunde, Leipzig 2003

4 Dammer Berge (Niedersachsen)
Zertaltes Altmoränengebiet

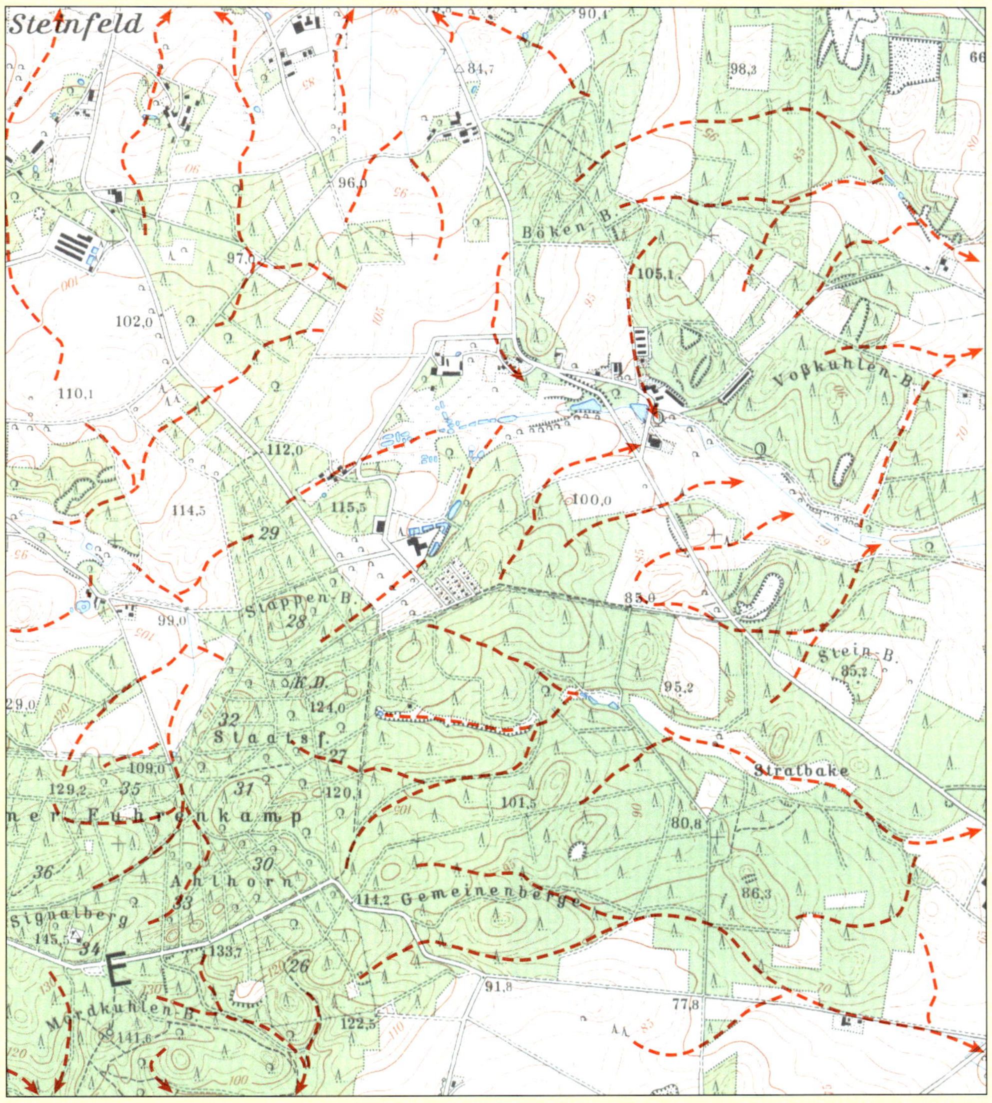

Sandiges Altmoränengebiet der Dammer Berge (nördl. von Osnabrück) mit vollständiger Zertalung durch Trockentäler; Hohlformen fehlen

Hohlform — Trockental

Autoren: H. Liedtke, J. Marcinek

Maßstab 1 : 25 000 (0 – 500 m)

Kartengrundlage: Topografische Karte 1:25 000 - Blatt 3415
Vervielfältigt mit Erlaubnis des Herausgebers:
LGN - Landesvermessung und Geobasisinformation Niedersachsen - D2278

Institut für Länderkunde, Leipzig 2003

Die Wurzeln der Riss-Iller-Lech-Platten

Karl Albert Habbe

❶ Alpenvorland
Räumlicher Kontext der Hauptkarte

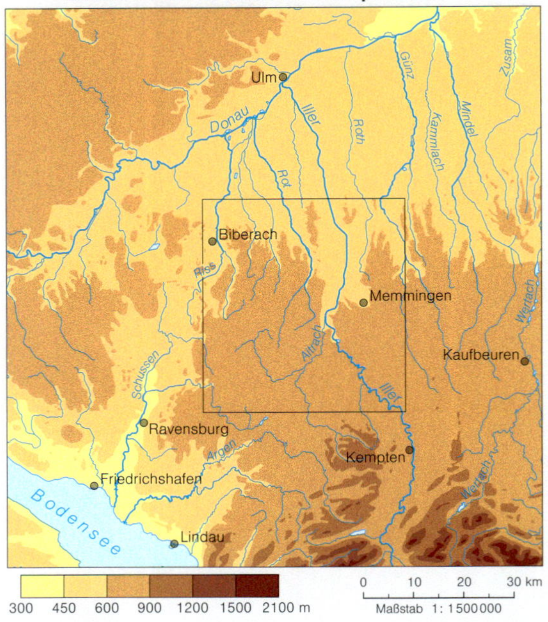

Die Karte ❸ zeigt auf den ersten Blick nur einen typischen Ausschnitt aus dem Formenensemble des Alpenvorland-Quartärs: ▷ glazifluviale Schotter im Norden und Osten, glaziale (▷ Moränen-) Ablagerungen im Süden und Westen. Schotter und Moränen sind aber hier – im Grenzgebiet des kaltzeitlichen Rhein- und des Iller-Gletschers – ▷ stratigraphisch besonders gut differenzierbar, und zwar deswegen, weil die Schotterablagerungen („Schotterplatten“) im Zwickel zwischen den beiden Gletschern besonders weit im Süden „wurzeln“ und daher – als Folge der im Gleichtakt mit der Entwicklung der Gletscherzungenbecken erfolgten Tieferlegung der „oberen Erosionsbasis“ – der Höhenlage nach zunehmend auseinander treten ❷: Die ältesten Schotter besetzen die höchsten Niveaus, die jüngsten die tiefstgelegenen, und entsprechend sind auch die Moränen gestaffelt.

Seit vor nun 100 Jahren A. Penck (1901) hier – anhand der „Schotterfelder der Gegend von Memmingen“ – Niederterrassen, Hochterrassen, Jüngere Deckenschotter und Ältere Deckenschotter unterschied und sie (und die zugehörigen Moränen) vier Eiszeiten zuwies, die er Würm-, Riss-, Mindel- und Günzeiszeit nannte, ist das Gebiet ❶ immer wieder neu untersucht worden, weil einerseits die ▷ Quartärstratigraphie des Alpenvorlands generell erweitert und ergänzt wurde, andererseits auch das Gebiet selbst neue Befunde lieferte. Beides zusammen machte eine Neubewertung der Penckschen Beobachtungen notwendig, vermochte aber vor allem die individuelle Formungsgeschichte des Gebiets weiter aufzuhellen.

Wichtig wurde in diesem Zusammenhang, dass Pencks ältere Deckenschotter ▷ morphostratigraphisch zu untergliedern und entsprechend mehreren Eiszeiten zuzuweisen sind (Biber, Donau, Günz) und dass auch die jüngeren Deckenschotter Pencks zwei Eiszeiten repräsentieren (Haslach, Mindel), dass dagegen die Doppelung der Hoch- und der Niederterrassen im Kartengebiet auf das Wechselspiel von Rhein- und Illergletscherabflüssen zurückzuführen ist. Die ▷ Topographie des Kartenausschnitts hat sich demnach während des ▷ Pleistozäns allmählich aus einem flach reliefierten ▷ Molassehügelland in ein vollständig von glazifluvialen und ▷ glazialen Ablagerungen beherrschtes Gelände gewandelt, und die beiden Gletscher waren daran sowohl zeitlich wie räumlich in ganz unterschiedlichem Maße beteiligt.

Die ältesten – donauzeitlichen – Schotter des Gebiets ❸ (biberzeitliche Ablagerungen fehlen hier) sind – ausweislich des Schotterspektrums – allein von einem Ur-Illergletscher geschüttet worden: Zeitlich entsprechende Rheingletscherablagerungen gibt es nur weit im Westen im Hochrheingebiet. Das Bodenseebecken hat damals noch nicht existiert. Günzzeitliche Schotter finden sich demgegenüber nur im Rheingletschergebiet. Sie stammen von der rechten Flanke des Gletschers, der nun den Weg über das Alpenrheintal ins (heutige) Bodenseebecken gefunden hatte. Der zeitgleiche Illergletscher entwässerte damals nach Nordosten ins heutige Mindeltal ❶. In der Haslacheiszeit flossen die Schmelzwässer des nordöstlichen Rheingletschers – schräg durch die älteren Ablagerungen hindurch – längs dem württembergischen Rottal zum Risstal, die des Illergletschers (überwiegend) weiter zum Mindeltal. In der Mindeleiszeit wurde der Hauptabfluss des Illergletschers auf die Linie Memminger Tal – Günztal verlegt, der (nordöstliche) Rheingletscherabfluss verblieb dagegen auf der alten Route im Rottal. In der Risseiszeit brach dann der Abfluss von der rechten Flanke des Rheingletschers in eines der noch verbliebenen Molassetäler durch und zog die Entwässerung des Illergletschers, die zunächst noch ins (heutige) Günztal gegangen war, auf einen neuen Weg ins bayerische Rothtal. Das Gleiche geschah in der Würmeiszeit: der Rheingletscherabfluss durch das Aitrachtal besetzte das letzte noch verbliebene Molassetälchen längs dem heutigen Illertal, zog den frühglazialen Abfluss des Illergletschers (zum Rothtal) an sich und schließlich auch dessen spätglazialen Abfluss durch den heutigen Iller-Canyon.

Die Charakteristika der Reliefgeschichte des Kartengebiets – die Westwanderung der Gletscherabflüsse und (seit der Risseiszeit) die gegenläufige Tendenz der Rheingletscherabflüsse zum Ausbruch nach Osten – sind zurückzuführen auf die zunehmende Ausformung des Bodensee-(Schussen-)Beckens ❶, die den Hauptabfluss über das Risstal so stark eintiefte, dass auch der Vorfluter – die Donau – ständig tiefer gelegt wurde, damit aber auch deren Nebenbäche im Molasseland, die so den Weg bereiteten für neue Abflussbahnen der Gletscherschmelzwässer.

Die Endmoränenzüge der drei jüngeren Eiszeiten im Westen und Süden des Kartengebiets ❸ folgen im Wesentlichen den von den Schmelzwasserabflüssen vorgezeichneten Lücken im Vorlandrelief. Sie sitzen im Idealfall den Schottern der gleichen Eiszeit auf, häufiger jedoch älteren Schottern und Moränen und vielfach direkt dem liegenden Tertiär. Auch bei ihnen zeigt sich eine Tendenz zur Westwanderung, die jedoch nicht durch das Relief bedingt ist, sondern durch die Eigendynamik der Gletscherbewegung. Deswegen treten u.a. die Haslachmoränen nur an der Ostflanke des Rheingletschers an der Oberfläche auf, sind auch die Mindelmoränen nur hier breitflächig entwickelt. Beim würmzeitlichen Rheingletscher zeigt sich die Eigendynamik der Gletscherbewegung zudem darin, dass er den vom Rissgletscher vererbten Vorstoßrichtungen nur andeutungsweise folgte, mit dem Ergebnis, dass das tiefe Wurzacher Becken eisfrei blieb, der hier entstandene Zungenbeckensee nur allmählich verlandete und in seinen Beckensedimenten sich eines der vollständigsten Pollenprofile des Eem-Interglazials und der Frühwürm-Interstadiale erhielt. ◆

❷ Alpenvorland: Die Wurzeln der Riss-Iller-Lech-Platten
Längsprofil entlang dem Eschach-Aitrach-Iller-Talzug*

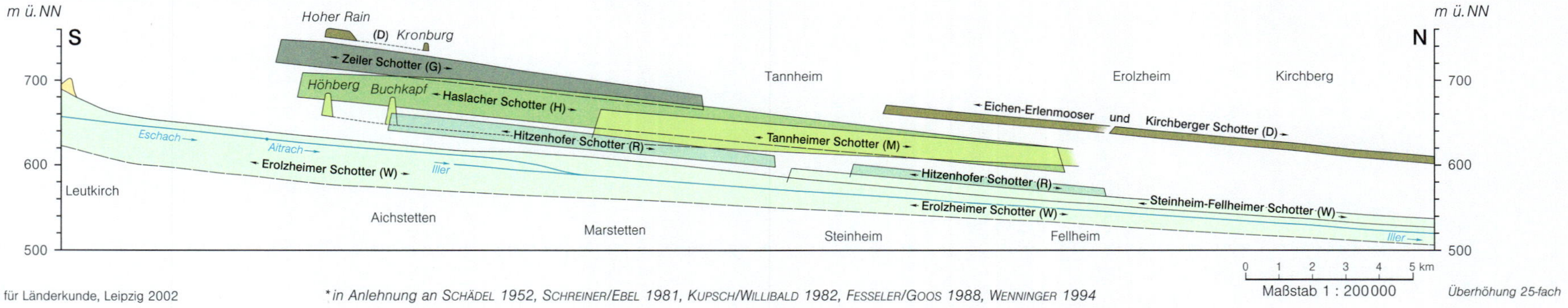

*in Anlehnung an Schädel 1952, Schreiner/Ebel 1981, Kupsch/Willibald 1982, Fesseler/Goos 1988, Wenninger 1994

Die Wurzeln der Riss-Iller-Lech-Platten

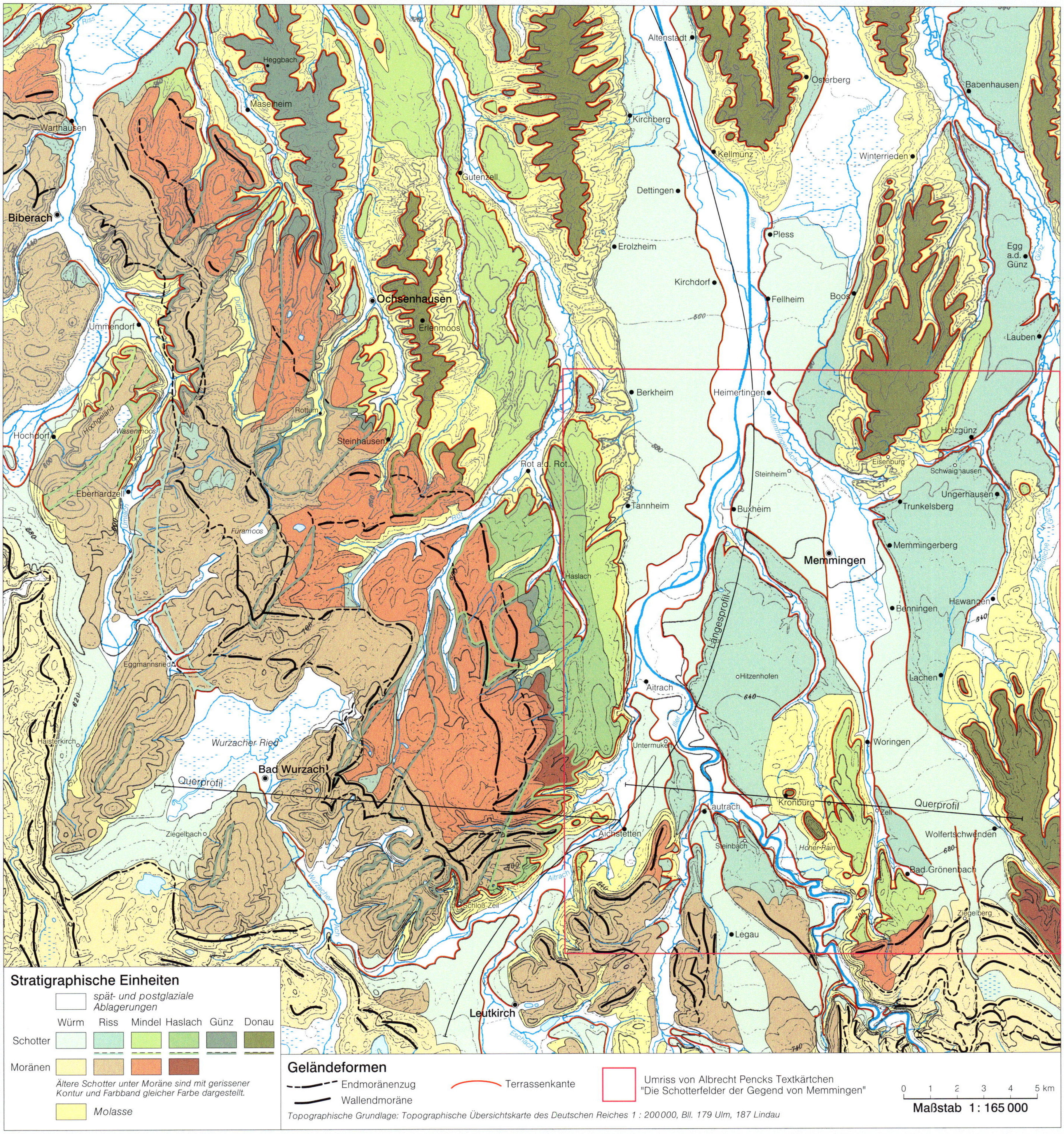

Querprofil Wurzacher Ried – Böhener Feld*

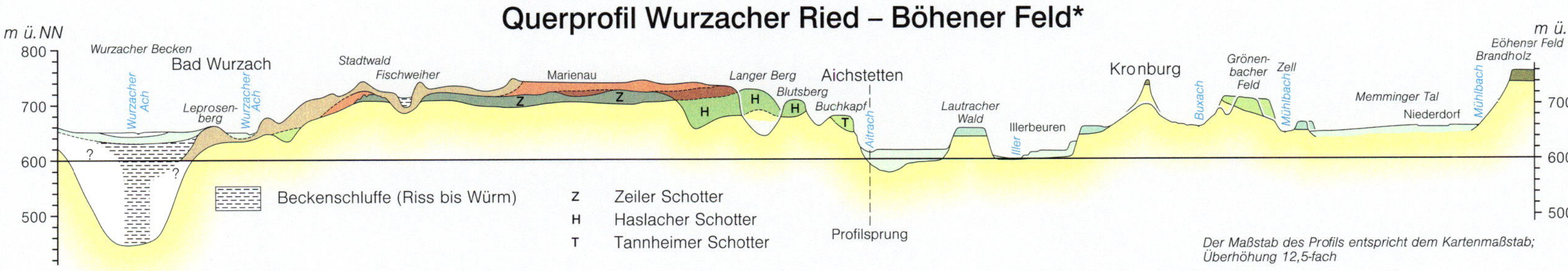

*in Anlehnung an Penck 1901, Schäfer 1973 (Ostteil) und Schreiner/Ebel 1981 (Westteil)

Autor: K.A. Habbe

Blockhalden in Mittelgebirgen – Relikte der Eiszeiten

Martin Gude und Roland Molenda

In den europäischen Mittelgebirgen treten vielerorts Blockhalden als auffällige Geländeform in Erscheinung. Die Halden bestehen aus mindestens faustgroßen Gesteinsblöcken, und es fehlt weitgehend das Feinmaterial. Entstanden sind diese Halden meist durch Sturz von Gesteinsmaterial aus Felswänden, oft sind aber auch reliktische Fließstrukturen in der Blockmasse erkennbar. Die Blockhalden (*engl.* scree slopes) stellen natürliche waldfreie Inselökosysteme dar, die als Primärbiotope gelten und mikroklimatische Besonderheiten aufweisen. Typische Blockhaldenstandorte befinden sich in außeralpinen Mittelgebirgen in Höhenlagen unter 1000 m NN, z.B. im Harz, in der Rhön **5**, im Schwarzwald und in der Eifel. Es handelt sich dabei um Landformen, die typisch für diejenigen Gebiete in Deutschland sind, die während der letzten Kaltzeit nicht von Gletschern bedeckt waren und damals ähnliche Klimabedingungen aufwiesen wie heute z.B. Alaska.

1 Untersuchte Blockhalden in Mittelgebirgen

Jahresmitteltemperaturen im Bereich von Blockhalden

	Bodentemperatur	Lufttemperatur	Differenz von Luft- u. Bodentemperatur
Odertal (Harz)	1,6°C	6,2°C	4,6°C
Baier (Rhön)	0,7°C	5,7°C	5,0°C
Beerberg (Thüringer Wald)	0,5°C	5,2°C	4,7°C
Zastler (Schwarzwald)	2,6°C	6,9°C	4,3°C

2 Schema einer Blockhalde

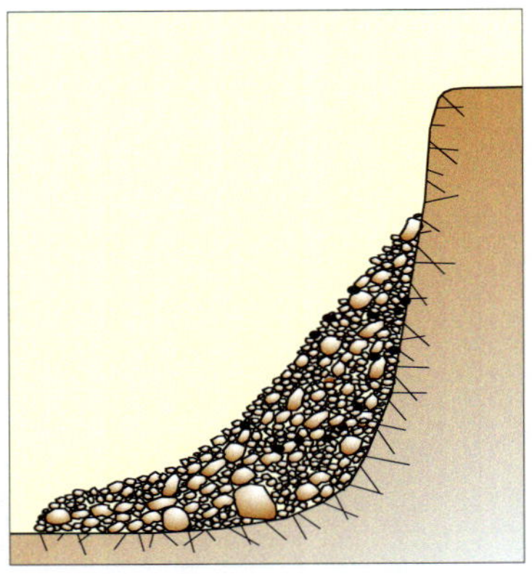

Entstehung von Blockhalden

Die Genese dieser Halden in den Mittelgebirgen Europas ist nur teilweise geklärt. Zunächst handelt es sich oft nicht um reine Sturzhalden, sondern um Sedimentkörper, an deren Entstehung neben Sturz- auch Rutsch- und Fließprozesse beteiligt sind. Die Bildung der Blockhalden vollzog sich überwiegend unter kaltzeitlichen Bedingungen, die die mechanische Verwitterung insbesondere durch Frostsprengung fördern. Die Auswaschung des feinkörnigen Verwitterungsmaterials ist dabei Voraussetzung für die Entstehung des offenen Porenraumes. Unter den heutigen feucht-gemäßigten Klimabedingungen scheint eine ausgeprägte Weiterbildung der Blockhalden unterbunden, da die mechanische Gesteinszersetzung zu wenig intensiv ist.

Entstehung und Verbreitung

Wenn steile Felshänge in Gebirgen verwittern, bilden sich oft Gesteinsschutthalden, gespeist durch die Anhäufung der aus den Wänden herauswitternden und herabfallenden Felsstücke. Während diese Schutthalden in kalten Klimaten aufgrund der spärlichen Vegetation meist gut erkennbar sind, bildet sich bei gemäßigten Temperaturen und ausreichender Feuchtigkeit in der Regel eine dichte Vegetationsdecke aus Wald mit Unterwuchs, die die Schuttanhäufung komplett verdeckt und zudem die Ausspülung von feinen Verwitterungsfragmenten verhindert. Bestehen diese Schutthalden aber hauptsächlich aus mehr oder weniger großen Gesteinsblöcken, bei denen die Vegetation aufgrund der großen Hohlräume wenig Halt findet und die Blockstreu gut sichtbar bleibt, spricht man von Blockhalden **2**.

Entstanden sind diese Schutt- und Blockhalden meist während der Eiszeiten, und sie haben seitdem nahezu unverändert überdauert. Dadurch findet man diese Blockhalden in vielen Mittelgebirgsräumen **1**, aber durch ihre geringe räumliche Ausdehnung meist versteckt im dichten Waldbestand der Hänge.

Inselartige Geoökosysteme

Die Vegetation auf Blockhalden ist im Allgemeinen auf Moose, Flechten und vereinzelte Bäume oder Sträucher beschränkt. Diese Eigenschaften unterscheiden Blockhalden signifikant vom typischen Bild steiler Mittelgebirgshänge, das in der Regel Wald zeigt.

Da die Luft recht frei zwischen den Blöcken zirkulieren kann, dringt die winterliche Kälte wesentlich tiefer in den Untergrund ein als im umliegenden Wald mit Feinboden. In der Folge bilden sich ausgedehnte Eismassen im Hohlraum, die an manchen Halden auch im Sommer nicht komplett austauen **3**. Im Sommer strömt daher am Fuß der Blockhalden stetig kalte Luft aus den Hohlräumen. Die hieraus resultierenden mikroklimatischen Besonderheiten haben gravierende Auswirkungen auf Fauna und Flora. Das Mikroklima im Fußbereich der Blockansammlungen ist von ▷ periglazialer Natur, das heißt, es entspricht dem Klima alpiner Regionen in etwa 2000-3000 m Höhe oder dem von Nordskandinavien. Die mittleren Lufttemperaturen im Fußbereich nahe der Blockoberfläche liegen an zahlreichen Blockhalden zwischen 0 und 3 °C und somit 5-7 °C unter dem Jahresmittel der Lufttemperatur dieser Standorte (s. Tab. in **1**). Aus diesem Grund wurden verschiedene Blockhalden seit dem Mittelalter zur Kühlung von Nahrungsmitteln genutzt. Sommerliche Eisvorkommen sind im Fußbereich der Halden keine Seltenheit. In diesem Zusammenhang wird die Erhaltung eines reliktischen Eiskerns aus der Eiszeit diskutiert. Die Bereiche am Blockhaldenkopf hingegen erfahren durch das Mikroklima eine winterliche Temperaturbegünstigung. Ähnliche Zyklen mit Frost-, Eisaufbau- und Eisabbauphasen existieren auch in Höhlen.

3 Typische Luftzirkulation in einer Blockhalde

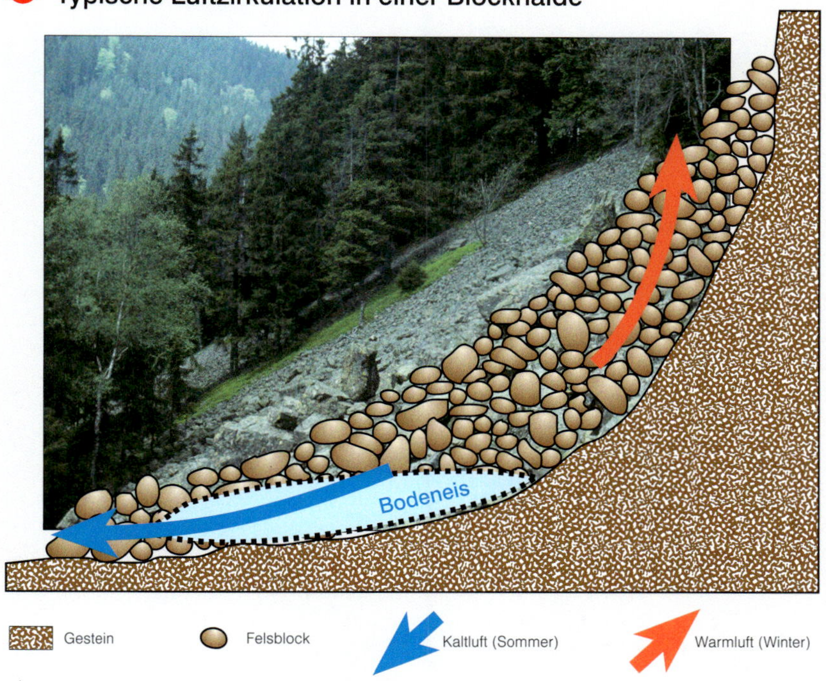

Die effektive Abkühlung oder Erwärmung der in dem Blockkörper zirkulierenden Luft kann nicht allein mit dem Energieübergang durch die zirkulierende kalte oder warme Luft erklärt werden. Vielmehr spielen Verdunstungskälte und Kondensationswärme eine entscheidende Rolle. Der Temperaturgradient zwischen der internen Luftmasse und der Außenluft ist die treibende Kraft dieser wechselseitigen Zirkulation. Dabei beeinflussen auch bodennahe Windverhältnisse die Intensität der Luftströmung. Das interne Zirkulationssystem reagiert sensibel auf Veränderungen des Regionalklimas.

4 Alpine Pflanzen und Insekten

Alpine Pflanze aus einer Blockhalde

Typische Insekten der hochalpinen Gebiete und Blockhalden mit speziellem Mikroklima

Rosa pendulina — *Stenus glacialis* — *Leptusa simoni* — *Nebria castanea*

Relikt-Lebensraum

Das Auftreten zahlreicher eiszeitlicher Reliktarten korreliert mit dem Vorhandensein funktionstüchtiger Windröhrensysteme, die das Herzstück des Geoökosystems Blockhalde mit Zirkulationseffekt darstellen. Entsprechend den dauerhaft kalten mikroklimatischen Bedingungen am Blockhaldenfuß finden sich hier alpine Florenelemente wie z.B. Alpenrosen und Latschen. Spektakulärer hinsichtlich ihrer Besiedlungsgeschichte ist aber die Fauna, da die vorkommenden Arten nicht – wie bei den Pflanzen – durch Samenflug mit dem Wind verbreitet werden können. Sowohl Alpenspitzmaus als auch die für Gletscherränder typischen flügellosen Käfer müssen hier seit Ende der letzten Eiszeit gelebt haben, da seither eine Wanderung durch das wärmere Umland der Blockhalden unmöglich scheint. Tatsächlich zeigen auch genetische Analysen an den Populationen von Käfern, dass sie seit mehreren Tausend Jahren keinen Kontakt mehr mit anderen Populationen hatten. Seit der Klimaerwärmung vor etwa 10.000 Jahren haben sich diese Populationen in den einzelnen Blockhalden also vollkommen isoliert weiterentwickelt.

Naturschutz

Da diese Reliktarten ganz untypisch für die jeweilige Region sind, erscheinen sie auch oft nicht in den roten Listen bedrohter Arten. Auffallend hoch ist aber die Anzahl solcher Arten, die in der faunistischen Literatur in ihrem Vorkommen als vereinzelt, selten oder sehr selten geführt werden. Dabei handelt es sich zumindest bei den Insekten um Reliktarten aus der letzten Eiszeit, die in unseren gemäßigten Klimaten nur im Hochgebirge und inselartig in den Biotopen der Blockhalden vorkommen.

Teilweise stellen diese Arten auch Neufunde für einzelne Länder dar, z.B. die Kurzflügeldeckenkäfer *Leptusa simoni* für Frankreich und *Mycetoporus inaris* und der Laufkäfer *Pterostichus negligens* für Deutschland 4. Dieses außergewöhnliche Artenspektrum hängt von dem speziellen Mikroklima in den Blockhalden ab, so dass es letztendlich auch diese abiotischen Elemente sind, die besonderer Beachtung im Naturschutz bedürfen.◆

5 Blockhalden in der Rhön

	Lage	Exposition	Hangneigung	Breite m	Länge m	Höhe m ü. NN
1	Arzberg	OSO	35°	110	40	480
2	Dietrich	SW	23°	100	50	620
3	Geiskopf	NO	35°	50	100	600
4	Baier	SO	33°	55	40	685
5	Baier	N	35°	80	110	650
6	Baier	ONO	31°	80	60	595
7	Stoffelskuppe	NO	35°	35	50	580
8	Stoffelskuppe	NNW	25°	50	50	570

ca. 1:5 Mio.

Autoren: M. Gude, R. Molenda

Das Antlitz der deutschen Küsten

Manfred J. Müller

Frischer Abbruch am Kliff der Halbinsel Holnis in der Flensburger Förde 1991

Dieselbe Abbruchsstelle im Winter 1996

Abrasion – mechanische Abtragung von Fest- und Lockergesteinen durch Brandungswirkung

Eutrophierung – Nährstoffsättigung von Gewässern

Kliff – Steilufer an der Küste, das durch den Angriff des Meeres ständiger Abtragung unterliegt

Nehrung – durch Strandversetzung angelegte schmale Landzunge aus Sanden, die eine Bucht zum Meer hin fast vollständig abschließt

Schorre – Brandungsplattform; schwach seewärts geneigte Abtragungsfläche unter Wasser

Tidenhub – mittlerer Höhenunterschied zwischen dem Tidehochwasser und dem Tideniedrigwasser

Das Antlitz eines Menschen verändert sich im Laufe seines Lebens fast unmerklich. Wenn man ihn täglich sieht, vollzieht sich der Alterungsprozess sehr langsam. Deutlich werden die Veränderungen allerdings, wenn lange Zeiträume zwischen den Begegnungen liegen. Auch an unseren Küsten laufen solche langsamen, scheinbar unmerklichen Veränderungen ab. Der Strand wird breiter oder schmaler, das Steilufer (▸ Kliff) wandert landeinwärts, Steine sammeln sich auf dem winterlichen Strandwall, Strandhaken werden verlängert, ▸ Nehrungen wachsen zusammen, Buchten werden abgeschnürt. Küsten unterliegen sowohl den Formungsprozessen des Meeres als auch denen des Festlandes. Die Vorgänge der Umgestaltung sind natürlich, sie laufen in der Regel langsam, manchmal aber auch spontan ab. Die Menschen sind daran nicht unbeteiligt.

Nord- und Ostseeküste im Vergleich

Beide Küsten ❷ sind sehr junge Landschaftstypen. Sie haben sich durch den postglazialen Meeresspiegelanstieg erst in den letzten 4500 Jahren herausgebildet.

Die Nordsee ist ein Randmeer des Atlantiks und steht deshalb mit ihm in ständigem Austausch. Der Salzgehalt entspricht dem der Weltmeere. Die Ostsee ist ein Binnenmeer, das über Kattegat und Skagerak mit Nordsee und Atlantik verbunden ist. Sie ist ein Brackwassermeer, bei dem es nur bei besonderen Wetterlagen zu einem Austausch mit dem salzreichen Nordseewasser kommt, durch so genannte Salzwassereinbrüche (▸▸ Beitrag Heinrich/Nausch, S. 122).

Die Küsten der Nordsee unterliegen dem Einfluss der Tide mit einem ▸ Tidenhub zwischen 1,5 und 3,5 m. In der Ostsee wirken sich die Gezeiten kaum aus. Der Tidenhub in der westlichen Ostsee beträgt 10 cm, in der östlichen 5 cm. Eine Wirkung auf die Küste entsteht dadurch nicht.

An der Nordseeküste treten eiszeitlicher und voreiszeitlicher Untergrund nur an wenigen Stellen zu Tage, so auf den Inseln Sylt, Amrum und Föhr, in Schobüll, nördlich Husum sowie auf Helgoland. Ein Teil der aus rotem Sandstein bestehenden Kliffs Helgolands wie die Lange Anna wird durch eine Mauer geschützt (▸ Foto, S. 78).

Die Ostseeküste besteht – abgesehen von jungen Strandbildungen – aus den Ablagerungen der ▹ Weichseleiszeit, überwiegend ▹ Jungmoränen. Besonderes Merkmal sind die aktiven Kliffs. Sie werden durch verschiedene aktuelle Abtragungsprozesse stetig zurückverlegt. Rutschungen, Erosion durch ablaufendes Niederschlagswasser und Quellaustritt sowie die Wirkung des Frostes sorgen für einen Materialtransport auf den Strand. Die Brandung wirkt nur zum Teil direkt durch ▸ Abrasion, indem sie Schwapplöcher und Hohlkehlen schafft. Entscheidend für die Erhaltung des steilen Kliffhanges ist vor allem der Abtransport des am Fuß des Kliffs liegenden Lockermaterials, wie am Roten Kliff vor Wenningstedt, Sylt (▸ Foto). Voraussetzung für diese Dynamik sind periodische Hochwasserstände und eine kräftige Küstenströmung. Fehlen sie, bildet sich aus einem aktiven ein inaktives oder ▹ fossiles Kliff. Auf der Halbinsel Holnis an der Flensburger Förde kam es z.B. im feuchten Winter 1991 zu einer Rutschung, die das Kliff lokal um einige Meter zurückverlegte (▸ Foto). Der Geschiebelehm floss zusammen mit der mitgerissenen Vegetation auf den Strand und auf die seichte ▸ Schorre. Im Laufe von fünf Jahren hat die Brandung der Ostsee das Material fast gänzlich weggeräumt und mit der Küstenströmung fortgeführt. Baumstämme am Fuß des Kliffs und der schüttere Bewuchs auf der Abbruchstelle geben heu-

❶ Salztorfabbau in Nordfriesland

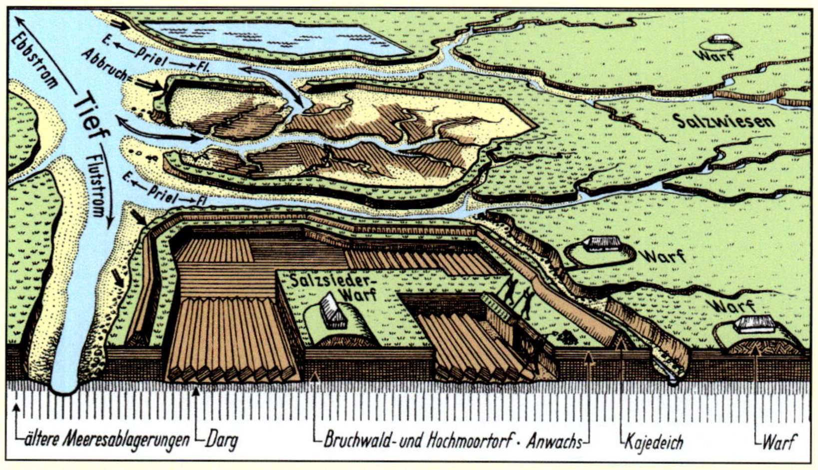

Um eine Salzsiederwarf wird ein Kajedeich (Bauhilfsdeich) gelegt, damit der Abbau nicht durch sommerliche Hochwasser gestört wird. Danach entfernt man die Kleidecke, um den Torf freizulegen. Mit Hilfe von Stangen werden die Schollen in die ausgetorften Gruben gekippt. Der Torf darunter wird ausgegraben und auf der Salzsiederwarf verbrannt. Durch Auswaschen und Sieden wird aus der Asche Salz gewonnen.

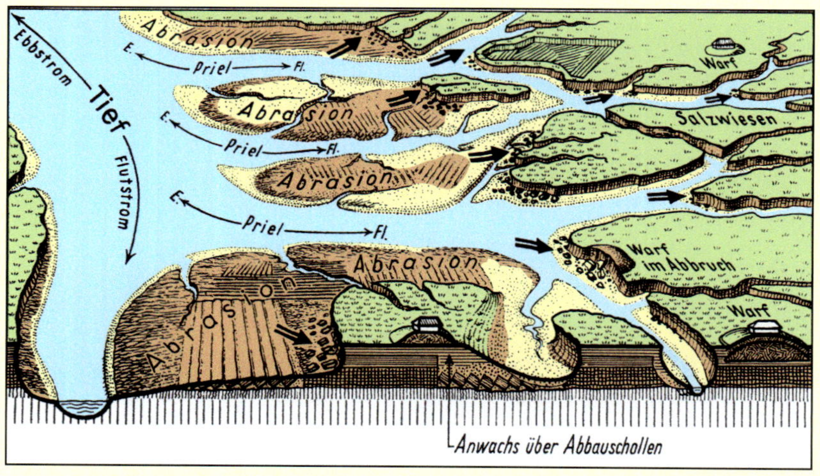

Durch die Salztorfgewinnung wurden größere Gebiete in der Marsch um einige dm tiefer gelegt, so dass durch die Abrasion des Meeres, besonders bei Sturmfluten, Landverluste eintraten.

nach Bantelmann 1967, verändert

Das Rote Kliff vor Wenningstedt auf Sylt

te noch Zeugnis von den Vorgängen (▸ Foto).

Steinzangerei in der Ostsee

Auf dem Meeresboden der Ostsee liegen ebenso wie auf dem Festland eiszeitliche Ablagerungen. Auf dem Festland hat man die größeren Steine, die Findlinge, im Laufe der Jahrhunderte mehr oder weniger abgesammelt. Man hat sie als Baustoff vielfältig genutzt. Die Findlinge auf dem küstennahen Ostseegrund wurden ebenfalls für die Errichtung von Bauwerken verwendet. Mit Hilfe eines Tauchers und einer einfachen großen Zange wurden sie an Bord eines kleinen Schiffes gehievt und an die Küste gebracht, wo sie vorwiegend der Uferbefestigung und dem Bau von Molen dienten. Das Foto aus dem Jahre 1963 zeigt einen der letzten Steinfischer beim Entladen an der Mole des Fährhafens Puttgarden/Fehmarn (▸ Foto).

Der küstennahe flache Ostseeboden ist zwar nicht gänzlich von Steinen leer gefischt, aber inzwischen hat man erkannt, dass sich das Entfernen der Findlinge ungünstig auf den Küstenschutz und die Meeresökologie ausgewirkt hat. Große Steine auf dem flachen Meeresboden bremsen die Wellenenergie und bieten den sesshaften Miesmuscheln Lebensraum. Für die Ostsee sind Miesmuscheln von großer Bedeutung, weil sie als Filtrierer – eine ausgewachsene Miesmuschel filtriert etwa 70 l Wasser pro Tag – die Wasserqualität verbessern, indem sie Nährstoffe entziehen und einer ▸ Eutrophierung entgegenwirken (▸▸ Beitrag Lampe, S. 82).

Eingriffe des Menschen

Wasserbauliche Maßnahmen an der Küste haben in der Regel schwerwiegende Folgen für den Naturhaushalt. Nicht immer werden sie erkannt. Dies gilt in besonderem Maße für den Salztorfabbau in Nordfriesland während des Mittelalters. Salz war in jener Zeit ein sehr kostbares Konservierungsmittel. Durch ständige Überflutungen hatte es sich im Torf der Moore des Vorlandes angereichert. Mit Hilfe eines besonderen Verfahrens bei der Abgrabung ❶ ließ es sich gewinnen. Dass man das Land dadurch flächenhaft tiefer legte und die Gefahr der Abrasion durch das Meer erhöhte, war offenbar keinem bewusst.◆

Fehmarn – Steinfischer an der Mole von Puttgarden (1963)

❷ Deutsche Nordsee- und Ostseeküste mit angrenzenden Meeren

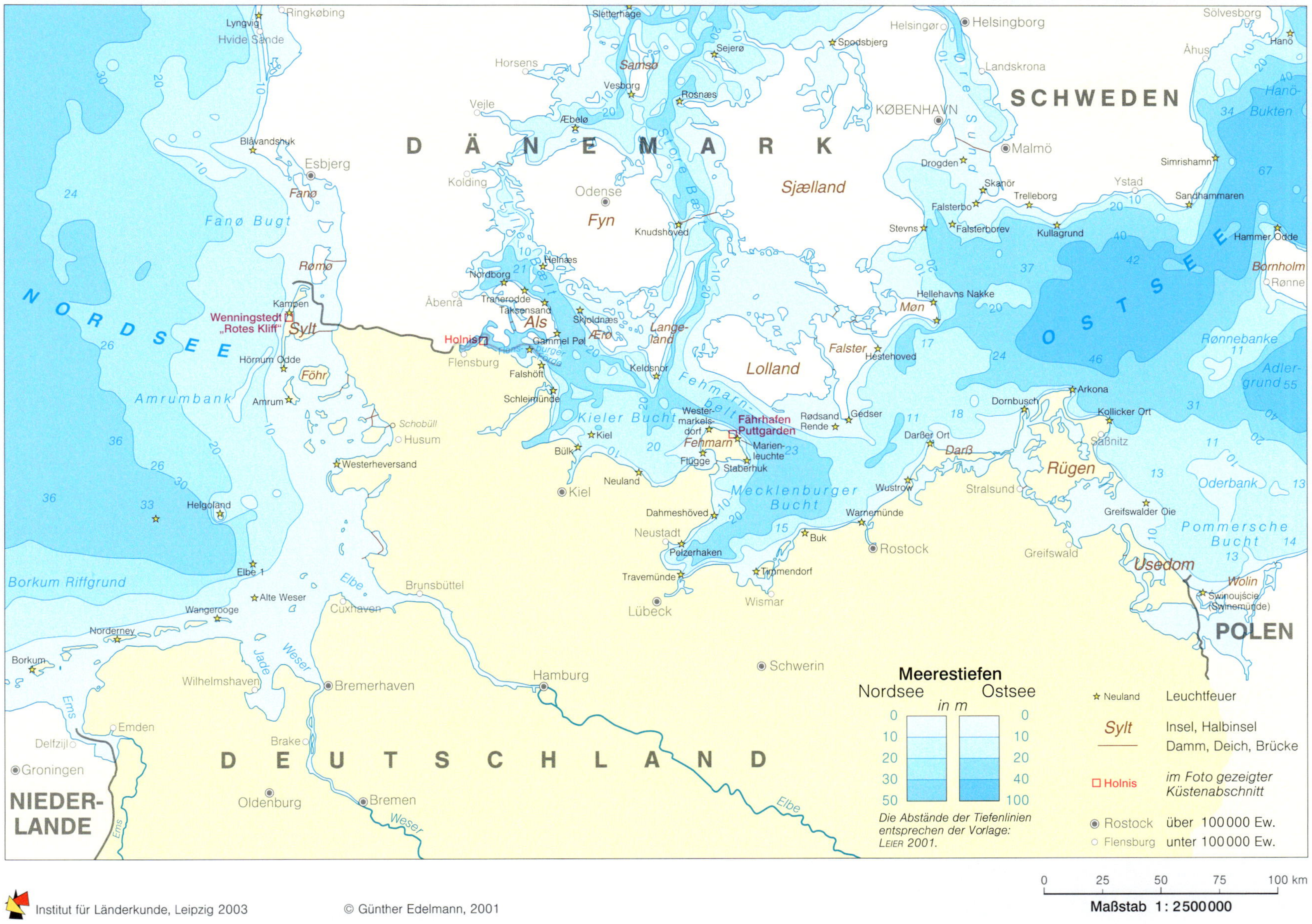

Institut für Länderkunde, Leipzig 2003

Nacheiszeitliche Küstenentwicklung an der Nordsee

Karl-Ernst Behre

Während der Eiszeiten waren in den Gletschern der Nord- und Südhalbkugel große Wassermengen gebunden, was ein starkes globales Absinken des Meeresspiegels zur Folge hatte. Zum Maximum der letzten Eiszeit, vor etwa 20.000 Jahren, lag der Meeresspiegel rund 130 m niedriger als heute. Da die Nordsee ein Flachmeer ist, fiel sie dabei zum größten Teil trocken. Mit dem weltweiten Abschmelzen der Eismassen stieg der Meeresspiegel wieder an. Um 12.000 v.Chr. begrenzte die norwegische Rinne das noch weit vorgeschobene Festland, und zum Beginn der Nacheiszeit (9600 v.Chr.) verlief die Küste im nördlichen Bereich der heutigen Nordsee ❷.

Das zügige Abtauen des Eises führte zu einer schnellen Fortsetzung des Meeresspiegelanstiegs ❶. Bis in die Zeit des ▷ Boreals war England noch mit dem Festland verbunden. Der Rhein mit seinen Nebenflüssen Schelde und Themse entwässerte damals nach Südwesten in den Ärmelkanal. Zu dieser Zeit war der Boden der südlichen Nordsee von Wäldern bedeckt, auch Moore und Süßwasserablagerungen sind mehr als 40 m unter dem jetzigen Nordseespiegel erbohrt worden. Mittelsteinzeitliche Menschen lebten dort und betrieben Jagd und Fischfang, wie gelegentlich von Fischern geborgene bearbeitete Knochen- und Geweihreste vom Nordseegrund zeigen.

Im späten Boreal, um 7000 v.Chr., erfolgte die Trennung Englands vom Kontinent. Der Meeresspiegelanstieg setzte sich mit einer Geschwindigkeit von 1,25 m/Jh. fort ❷, und um 6000 v.Chr. hatte die Nordsee bei der heutigen Tiefenlinie von 20 m den jetzigen Küstenraum erreicht.

Ab etwa 5000 v.Chr. verlangsamte sich der Wasseranstieg erheblich ❶, und es bildete sich eine mehr oder weniger feste Uferregion heraus. Die hier vorhandenen sandigen eiszeitlichen Ablagerungen wurden erodiert, und in den Gebieten mit geringem Tidenhub bildeten sich lange Strandwälle und Nehrungen, wie sie heute noch an den Enden der Insel Sylt entstehen.

Aus dieser Zeit finden sich in Schleswig-Holstein in Dithmarschen und Eiderstedt lange breite Strandwälle. Sie liegen heute im Binnenland, weil sich seeseitig davor inzwischen ▷ Marschen gebildet haben. Im Bereich der Deutschen Bucht kam es wegen des höheren Tidehubs nicht zur Ausbildung von Strandwällen. Dort formte das Kräftespiel von Strömung, Seegang und Wind mobile Schwemmsandinseln, denen wie bei den Ostfriesischen Inseln meist Dünen aufgesetzt sind. In den noch stärker bewegten Gewässern kommt es nur zur Bildung von sich ständig verändernden Sandplaten.

Die Entwicklung der heutigen Festlandsküste

Ab 5000 v.Chr. erfolgte ein mehrfacher Wechsel von Transgressionen und Regressionen – Vorstoß- und Rückzugsphasen der Nordsee. In dieser Zeit wurden die Marschen gebildet. Ihr Aufbau reflektiert diese Meeresbewegungen ❸. Die Marschen sind durch unterschiedliche Phasen von Vermoorung und neuen Überschwemmungen mit Sedimentablagerung geprägt. Gegenüber den tiefer liegenden Moorbereichen im sog. Sietland im Hinterland wurden die ufernahen Bereiche an der Küste und an den Flüssen durch die vom Wasser herantransportierten Sedimente höher aufgelandet. Dieses Marschrelief von küstennahem Hochland und küstenfernem Sietland ❺ bestimmte das Muster der

❶ Südliche Nordsee
Anstieg des Mitteltidehochwassers

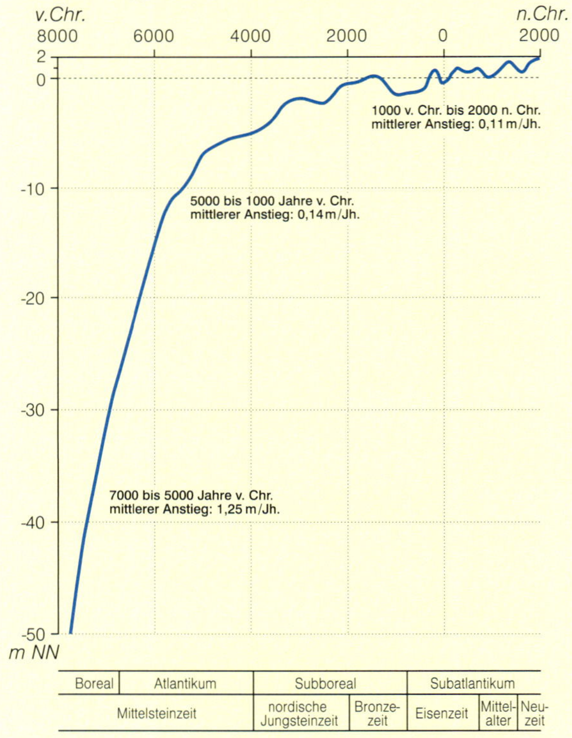

© Institut für Länderkunde, Leipzig 2003 — Autor: K.-E. Behre, Stand 2003

❷ Nordsee
Vermutete frühere Küstenlinien 12000 bis 6000 v.Chr.

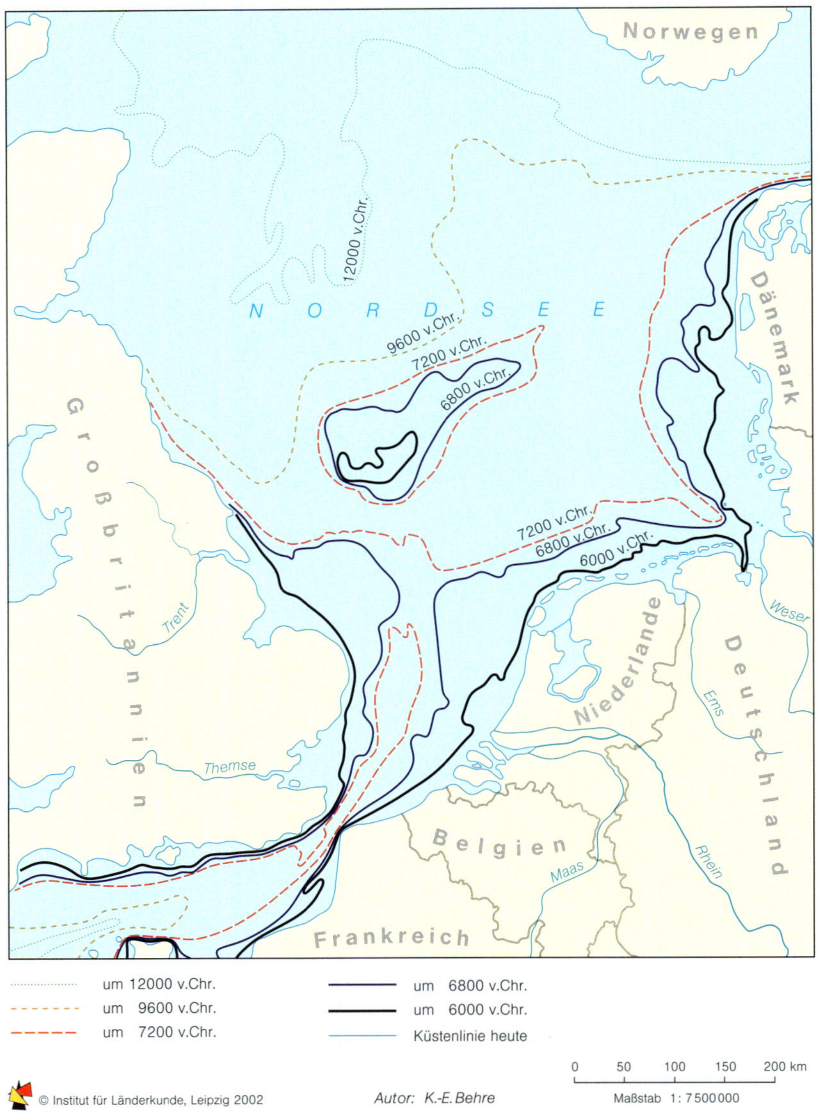

© Institut für Länderkunde, Leipzig 2002 — Autor: K.-E. Behre

❸ **Von der eiszeitlichen Geest in die nacheiszeitliche Seemarsch**
Profil

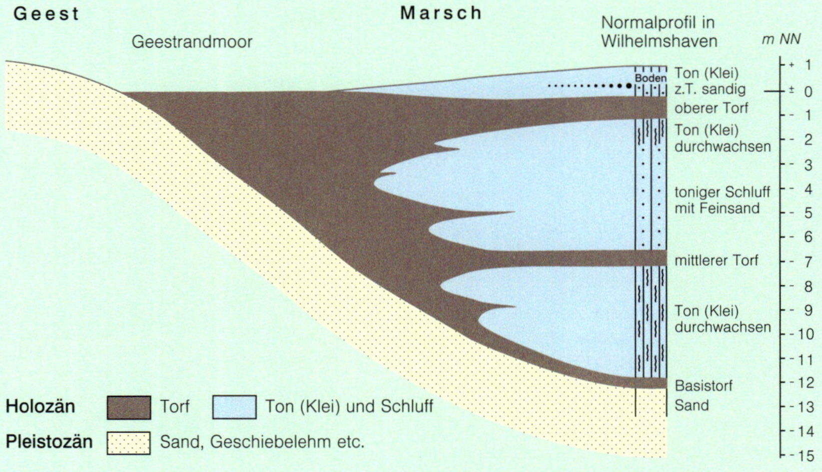

© Institut für Länderkunde, Leipzig 2002 — Überhöhung ca. 1000 : 1

© Institut für Länderkunde, Leipzig 2002 Autor: K.-E. Behre

ursprünglichen Besiedlung im Küstengebiet.

Ein ausgeprägter Meeresrückzug fand zwischen 1500 und 600 v.Chr. statt; die nachfolgende Überflutungsphase formte dann bereits wesentliche Abschnitte des heutigen allgemeinen Küstenverlaufs.

Die letzten 2000 Jahre an der Nordseeküste

Kurz vor Christi Geburt kam es erneut zu einem Absinken des Meeresspiegels. Dies erfolgte so schnell, dass es zu keiner Torfbildung kam und ganze Landstriche vollständig abtrockneten. Gleich nach dem Trockenfallen wurden die Marschen großflächig besiedelt. Die zahlreichen nachgewiesenen Siedlungen wurden auf ebener Erde errichtet, woraus hervorgeht, dass die Marsch damals nicht sturmflutgefährdet war.

Schon im 1. Jh. n.Chr. stieg der Sturmflutspiegel wieder an. Die Siedler schützten sich gegen die Überflutungen, indem sie ihre Häuser auf Wohnhügel setzten, die man Wurten oder Warfen nennt. Diese mussten in der Folgezeit entsprechend dem weiteren Anstieg des Sturmflutspiegels ständig erhöht werden, doch wegen der großen Fruchtbarkeit blieben die Bauern in der Marsch, anstatt auf die benachbarte sichere, aber nährstoffarme ▷ Geest zu ziehen.

Während in der Völkerwanderungszeit die Wurten verlassen wurden, sank der Sturmflutspiegel, so dass die neuen Siedler im frühen Mittelalter zuerst wieder flach wohnen konnten, bis sie wiederum zum Bau von Wurten gezwungen wurden. Diese boten Sicherheit, bis die Deiche den Landesschutz übernahmen. Heute bilden sie vielfach die Kerne der alten Marschdörfer.

Der frühe Deichbau und seine Folgen

Im 11. Jh. setzte der Deichbau ein. Zunächst errichtete man lediglich flache Ringdeiche um die Wurten, die die Wirtschaftsflächen vor sommerlichen Überflutungen schützten. Im 13. Jh. war eine zusammenhängende Deichlinie erreicht, die mit entsprechender Höhe als „Goldener Ring" die besiedelte Marsch auch vor winterlichen Sturmfluten schützte. Mit der geschlossenen Bedeichung war jedoch bei Sturmfluten der weite Überflutungsraum in die Marsch hinein abgeschnitten. Als Folge staute sich das Wasser vor den Deichen und lief wesentlich höher auf als vorher. Der Sturmflutspiegel stieg beträchtlich an, so dass die Deiche fortlaufend erhöht werden mussten. Bei den damals noch schwachen Deichen kam es oftmals zu Brüchen mit verheerenden Folgen.

Im 13. Jh. begannen die tiefen Einbrüche in den Gebieten von Dollart, Leybucht, Jadebusen und vermutlich auch Nordfriesland (Behre 1999). In der Folgezeit vergrößerten sich diese Buchten rasch, und besonders die „Große Mandränke" von 1362 hatte riesige Landverluste zur Folge. Bei den großen Sturmfluten von 1509 und 1511 erreichten Dollart, Leybucht und Jadebusen ihre größte Ausdehnung 4, in Nordfriesland zerschlug die „Zweite Mandränke" 1634 das Gebiet zwischen Eiderstedt und Sylt endgültig. Seither führte die verbesserte Deichbautechnik zu einer stufenweisen Rückgewinnung verlorenen Landes (vgl. Prange 1986 und Behre 1999).◆

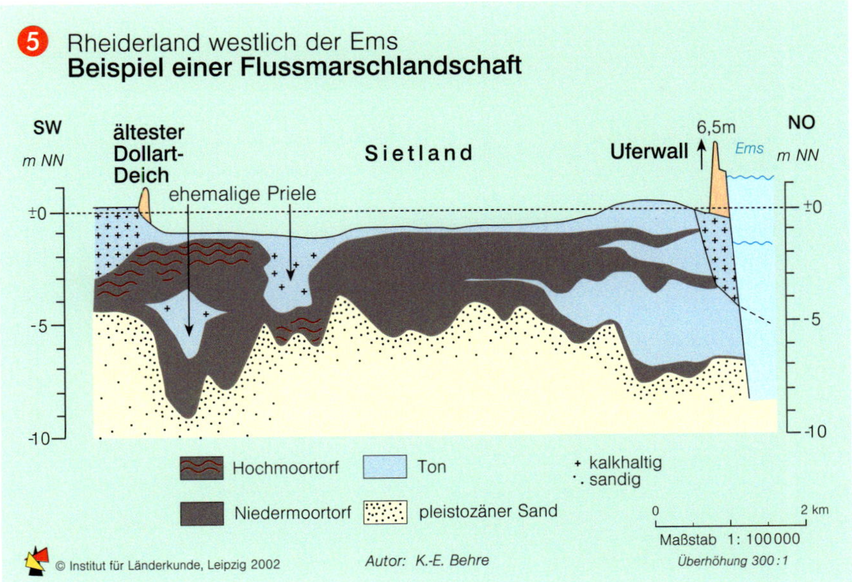

© Institut für Länderkunde, Leipzig 2002 Autor: K.-E. Behre

Küstenformen an der Nordsee: Inseln, Watt und Marsch

Manfred J. Müller

Helgoland – Blick auf die „Lange Anna" und die Schutzmauer

Die Nordfriesischen Inseln

Der nacheiszeitliche Anstieg des Meeresspiegels führte ab 5000 v.h. zu einer langsam fortschreitenden Überflutung Nordfrieslands (▶▶ Beitrag Behre, S. 76). Zwischen dem östlichen ▷ Geestrand und der damaligen Westküste entstand durch marine ▷ Sedimentation, durch Zuschusswasser vom Festland und durch den Anstieg des Grundwassers ein großes Verlandungsgebiet: die ▶ Alte Marsch oder das ▶ Sietland. Seit dem frühen Mittelalter drang das Meer wieder landeinwärts vor, zerstörte große Landflächen und schuf das heutige nordfriesische Wattenmeer.

Zwei besonders hohe Sturmfluten, die „Mandränken" von 1362 und 1634, haben die heutige Insel- und Halligwelt geschaffen. Nordstrand, Pellworm und die ▶ Halligen (▶ Foto) sind Marschinseln, unter denen noch der Torf alter Moore liegt. Sylt, Amrum und Föhr haben einen festen Geestkern aus ▷ tertiären und ▷quartären Lockergesteinen, sind also Reste des alten Festlandes. Nur an den geschützten Ostseiten – bei Föhr auch im Norden – hat sich ▶ Junge Marsch gebildet.

Die Ostfriesischen Inseln

Auch die Ostfriesischen Inseln haben einen Geestkern aus älteren Ablagerungen, der jedoch durch den nacheiszeitlichen Anstieg des Meeresspiegels um 110-130 m überflutet und mit Meeressanden und Wattsedimenten überdeckt wurde. Man vermutet, dass sich die Insel Langeoog vor etwa 3000 Jahren zu bilden begann. Bei Juist deutet ein ca. 2000 Jahre alter Salzwiesenhorizont unter den Dünen auf eine spätere Entstehung hin. Es gibt über die Inselbildung verschiedene Hypothesen, aber allgemein anerkannt ist die Auffassung, dass sich auf hochwasserfreien Platten zunächst Sandplaten, dann Strandwälle und schließlich Dünen gebildet haben.

Eine Besonderheit der Inseln ist die stetige Veränderung ihrer Lage. Wangerooge ist in den letzten 1500 Jahren mehr als 2 km nach Süden gewandert. Auch die W-O-Wanderung der meisten Inseln ist beachtlich. Sie wird dadurch verursacht, dass der starke Ebbstrom aus dem Seegat Sand abträgt und die Strömung ihn im Osten wieder ablagert ❸.

Das Watt

Das Wattenmeer ist in jeder Hinsicht ein besonderer Lebensraum. Zweimal am Tag wird es überflutet und fällt wieder trocken. Bei jeder Tide werden ungeheure Wassermassen hin- und hertransportiert, die zwischen den Inseln und Halligen hindurchströmen und dabei im weichen Sediment des Wattbodens flussähnliche Formen bilden. Allein im Wattenmeer Schleswig-Holsteins strömen pro Tide etwa 4 Mrd. m^3 ein und aus. Die großen Baljen, Seegats oder Tiefs, z.B. zwischen Langeoog, Spiekeroog und Wangerooge, sind mehr als 15 m tief und fallen nie trocken. Lister- und Hörnumtief erreichen Wassertiefen von mehr als 40 bzw. 32 m.

Ebb- und Flutstrom führen einen hohen Feststoffanteil von 5-150 mg/l an Sand, Schluff, Ton und organischer Substanz mit sich. Für das schleswig-holsteinische Wattenmeer sind das umgerechnet etwa 200.000 t pro Tide. Dabei wird Material abgelagert, aber auch wieder abgetragen, so dass sich das Rinnensystem ständig verändert.

Hinter den Inseln nähern sich die Rinnensysteme einander an und engen die Wattwasserscheide ein. Hier besteht die Gefahr, dass Wattsockel vom Festland getrennt werden. Im Küstenschutz versucht man durch geeignete Baumaßnahmen, die Erosion des Wattsockels aufzuhalten.

Die Deutsche Bucht und die deutsche Nordseeküste im Satellitenbild; Befliegungsausschnitt eingenordet

Marsch

Im Laufe der vergangenen 3000 Jahre hat sich entlang der deutschen Nordseeküste ein 5-20 km breiter Streifen Marschland gebildet. Da die Tide sich bis in die Unterläufe der Flüsse auswirkt, bilden sich in ihren Tälern ebenfalls Marschen. Der Tidehub an der Unterelbe beträgt in Hamburg 2,65 m. Die durch die Aufhöhung des Marschlandes seltener werdenden Überflutungen mit Salzwasser führen zur allmählichen Aussüßung des Bodens durch das Niederschlagswasser. Erst wenn die Marsch eingedeicht worden ist – man nennt solche Flächen in Schleswig-Holstein Koog und in Niedersachsen Binnengroden – kann man sie ackerbaulich nutzen. Marschböden sind wegen ihres hohen Anteils an Feinmaterial und ihres großen Nährstoffpotenzials sehr fruchtbar. Voraussetzung ist aber ein geregelter Wasserhaushalt. Eine zu niedrige Lage, ein hoher Grundwasserstand oder Stauhorizonte im Boden beeinträchtigen die landwirtschaftliche Nutzung. Ein besonderes Problem ist das Zuschusswasser von der Geest. Deshalb ist im Laufe der Jahrhunderte eine ausgeklügelte Wasserwirtschaft mit Entwässerungsgräben, Sielen, Schöpfwerken, Sperrwerken und Speicherbecken entwickelt worden.

Helgoland

Die einzige deutsche Felsinsel in der Nordsee ist alt und jung zugleich. Alt ist das rote

Alte Marsch – niedrig gelegenes Schwemmland, das wegen der Entwässerung und Sackung sowie fortgeschrittener Bodenbildung einen Verdichtungshorizont hat und zu Staunässe neigt

Deich – aufgeschütteter Damm aus Sandkern und Kleiauflage, der in der Regel grasbewachsen ist und am Fuß der Außenseite ein Deckwerk aus Steinen oder Asphalt hat. Er bildet einen Schutz gegen Überflutungen.

Hallig – unbedeichte Marscheninsel, bei einer früheren Sturmflut vom Festland getrennt

Junge Marsch – höher gelegenes kalkhaltiges Schwemmland, das gut durchlüftet ist, sich leicht bearbeiten lässt und deshalb überwiegend als Ackerland genutzt wird

Klei – Meeresablagerung (Sediment) aus Ton, Schluff und Feinsand. Das Wort ist hergeleitet von kleben.

Nehrung – schmale Landzunge aus Sanden, oft mit Dünen besetzt, die eine Bucht nahezu oder vollständig abschließt

Schorre – flach seewärts geneigte Brandungsplattform vor einem Kliff, entweder als Abrasionsplattform oder durch Akkumulation entstanden

Sietland – niedrig gelegenes schlecht entwässerndes Wiesen- oder Weideland

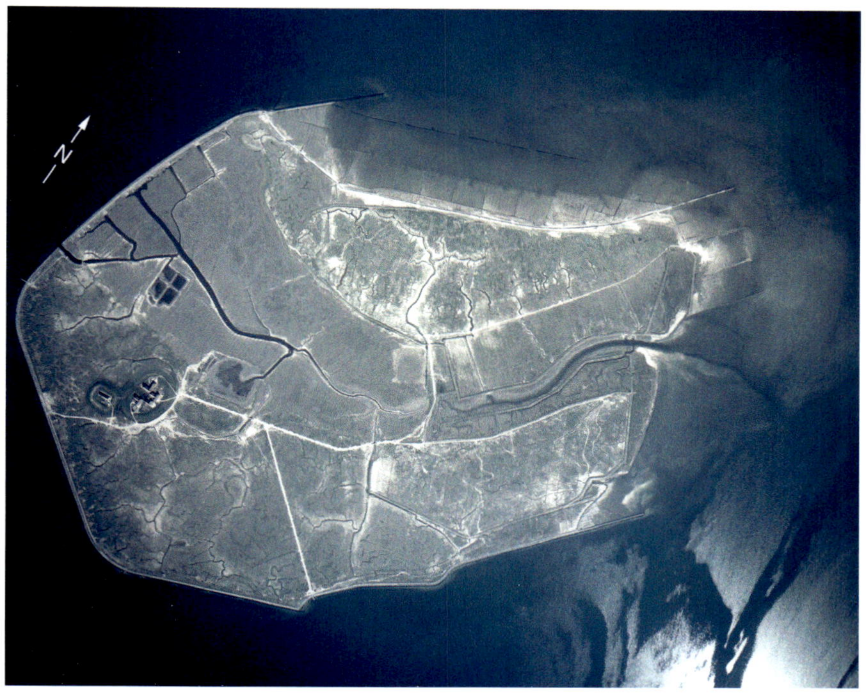

Luftbild der Hallig Gröde im nordfriesischen Wattenmeer

1 Helgoland
Geologisches Profil durch die Salzstruktur

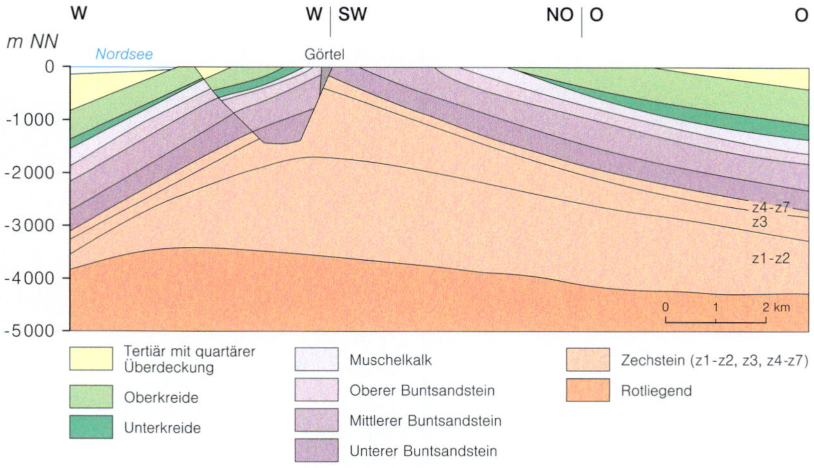

nach BINOT 1988; FÖRSTER u.a. 2000, verändert

2 Helgoland
Natürliche Gestaltung der Felsküste

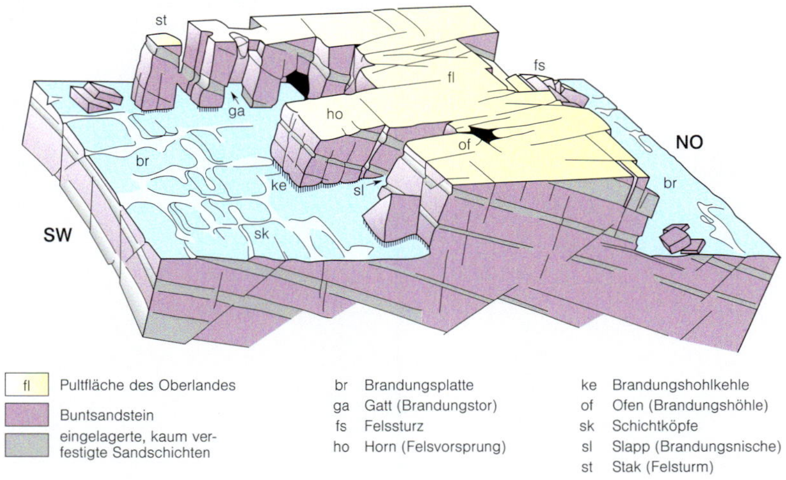

nach WURSTER 1962

3 Ostfriesische Küste (Ostteil)
Wattenmeer mit Rinnensystem

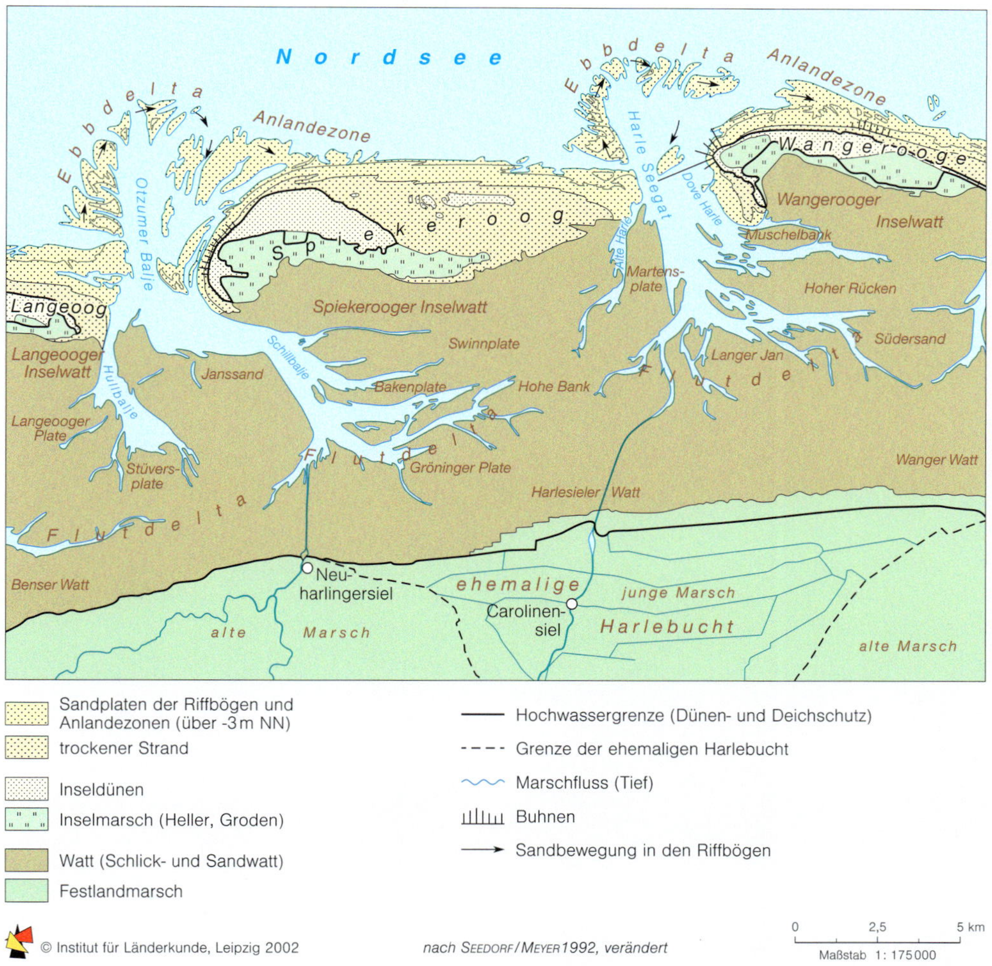

nach SEEDORF/MEYER 1992, verändert

Gestein aus der Zeit des Buntsandsteins (250 Mio. Jahre v.h.). Jung ist der Fels als Insel, denn erst vor etwa 4500 Jahren war der Meeresspiegel nach der letzten Vereisung wieder so weit angestiegen, dass die damalige Halbinsel (?) vom Festland getrennt wurde.

Ursache für das Herausragen dieses alten Festlandkerns ist die Beschaffenheit des Untergrundes. Im Erdaltertum während des ▷ Zechsteins haben sich durch Eindampfung des Meerwassers mächtige Salzlager gebildet. Die Salze sind spezifisch leichter als die Decksedimente und haben die Deckschichten emporgehoben. Sedimente, die schon verfestigt waren, wie der rote Sandstein, zerbrachen dabei in Einzelschollen 1. Die malerische Steilküste verdankt die Insel der Verwitterung und der ▷ Abrasion durch die Meeresbrandung in der Nacheiszeit. Es entstanden Brandungstore und turmartige Einzelfelsen (▶ Foto), Vorsprünge, Nischen und Brandungshohlkehlen 2.

Bereits im 19. Jh. sind einige Felstürme eingestürzt, z.B. der „Mönch" (1838) und der „Nathurn Stak" (1866). Der einzige stehen gebliebene Felsturm ist die „Lange Anna". Obwohl ihre bis zu 10 m hohe Brandungshohlkehle 1979 vermauert worden ist, wird sie irgendwann der Energie der Wellen zum Opfer fallen und auf der Brandungsplattform zerschellen. Fast die gesamte Küste Helgolands wird durch 5 m breite und bis zu 6,5 m hohe Mauern geschützt, die im Abstand von einigen Metern vom Fuß der Kliffküste errichtet worden sind. An ihnen baut und repariert man seit einhundert Jahren.

Einmalig in Deutschland ist das Felswatt Helgolands auf der bis zu 1000 m breiten ▶ Schorre, die bei Niedrigwasser teilweise trocken fällt und in einer mittleren Tiefe zwischen 0,5 und 5 m unter NN liegt. ◆

Nacheiszeitliche Küstenentwicklung an der Ostsee

Reinhard Lampe

Leitarten der Ostsee-Entwicklungsstadien:
(oben) Littorina littorea
(mitte) Portlandia (Yoldia) arctica
(unten) Ancylus fluviatilis

Die erdgeschichtliche Entwicklung der Küsten wird von Prozessen bestimmt, die unterschiedlichsten Raum- und Zeitskalen angehören: Strömungen und Seegang gehören zu den schnell veränderlichen Einflussgrößen, das Auftreten sturmflutreicher Perioden wird durch längerfristige Klimaschwankungen bestimmt, und großräumige Meeresspiegel- oder Erdkrustenbewegungen vollziehen sich über besonders lange Zeiträume hinweg. Diese säkularen Faktoren bestimmen die Entwicklung der Küsten deshalb in besonderem Maße, weil durch sie der Meeresspiegel und damit das Niveau, in dem die kleinskaligeren Prozesse die Küste gestalten, in Richtung Land (Transgression) oder in Richtung See verlagert (Regression) werden.

Ein einfaches Modell verdeutlicht diese Vorgänge ❶. Der Meeresboden nimmt bei konstantem Meeresspiegel nach einer bestimmten Zeit ein Gleichgewichtsprofil an und erreicht damit den Endpunkt morphologischer Entwicklung. Nach einem Meeresspiegelanstieg (oder einer Landsenkung) würde sich dieses Gleichgewichtsprofil durch seewärtige Materialverlagerung erneut einstellen, jedoch auf einem höheren Niveau.

Erdkrusten- und Meeresspiegelbewegungen können gleichzeitig auftreten und gleich- oder gegensinnig verlaufen. Da die jeweiligen Anteile nicht immer getrennt werden können, wird die durch sie hervorgerufene Verlagerung des Ufers als relative Strandlinienverschiebung bezeichnet.

Stadien der Ostsee-Entwicklung

Nach dem Höhepunkt der letzten Eiszeit vor 20.000 Jahren und dem Beginn der globalen Erwärmung wurden weltweit immer mehr ehemals vergletscherte Gebiete eisfrei. Das beim Schmelzen von Gletschern und Inlandeisen freigewordene Wasser führte zu einem globalen Meeresspiegelanstieg (glazialeustatische Bewegungen) von etwa 100 m. Gleichzeitig löste in Nordeuropa die Entlastung von dem skandinavischen Eisschild Aufwärtsbewegungen der Erdkruste (glazialisostatische Bewegungen) aus, die radial vom ehemaligen Vereisungszentrum aus abnehmend immer noch im Abklingen sind. Südlich der Linie, an der die isostatische Hebung verschwindet, machen sich heute langsame ▷ tektonische Erdkrustensenkungen bemerkbar. Durch die südliche Ostsee verläuft deshalb eine Kippachse mit relativem Wasserspiegelanstieg im Süden und relativem Wasserspiegelfall im Norden. Das Ostseebecken wird wie eine wassergefüllte Schüssel auf der skandinavischen Seite angehoben, während die südliche Ostseeküste zunehmend unter Wasser gerät. Der das gesamte Becken gleichermaßen erfassende eustatische Meeresspiegelanstieg mildert den Trockenlegungsprozess im Norden und verstärkt den Transgressionsvorgang im Süden.

Vor etwa 14.000 Jahre v.h. (alle Altersangaben sind Kalender- oder kalibrierte ^{14}C-Jahre) hatte sich der Südrand des skandinavischen Eises bis auf die Höhe von Gotland und Saaremaa zurückgezogen und damit einen großen Teil des Ostseebeckens freigegeben, in dem sich die Vorläufer des heutigen Meeres zu entwickeln begannen. Während der Weltmeerspiegel mit Geschwindigkeiten von mehreren Metern pro Jahrhundert anstieg, blieb das höher gelegene und durch flache Schwellen von der Nordsee abgetrennte Ostseebecken vorerst vom globalen Wasseranstieg ausgeschlossen.

In ihm stauten sich jedoch Schmelz- und Flusswässer, was auch hier einen schnellen Seespiegelanstieg und eine Vergrößerung der Wasserfläche bewirkte. Als frühestes Stadium entstand der Baltische Eisstausee, der erst über den Öresund, später über die mittelschwedische Senke in das Skagerrak entwässerte. Als der Weltmeerspiegel deren Niveau erreichte, strömte von Westen her Salzwasser in das Becken und bildete das Yoldia-Meer (ca. 12.800-11.000 Jahre v.h., benannt nach der Muschel Yoldia arctica, heute Portlandia arctica, ▶ Foto). Da die mittelschwedische Senke in der Folgezeit durch die isostatische Hebung trocken fiel, kam es erneut zu einer Aussüßung des Wasserkörpers und zur Bildung des Ancylus-Sees (ca. 11.000-9000 Jahre v.h., nach der Napfschnecke Ancylus fluviatilis, ▶ Foto). Er erreichte bei seinem Anstau bereits eine Höhe von etwa 22 m unter dem heutigen Meeresspiegel.

Klimapessimum – Klimaverschlechterung über einen deutlich registrierbaren Zeitraum hinweg

Lagune – durch Nehrungen vom offenen Meer abgeschnürte Bucht mit eingeschränktem Wasseraustausch, lokal auch als Bodden oder Haff bezeichnet

Nehrung – schmale Landzunge, die durch Strandversetzung entsteht und eine Meeresbucht ganz oder fast ganz abschließt

Die Littorina-Transgression

Vor etwa 9000 Jahren war der Anstieg des Weltmeerspiegels so weit fortgeschritten, dass die dänischen Belte und der Öresund überflutet wurden und salzreiches Wasser in das bislang isolierte Becken eindrang. Während der Littorina-Transgression – benannt nach der Strandschnecke Littorina littorea (▶ Foto) – stieg der Meeresspiegel anfangs mit einer Geschwindigkeit von etwa 2,5 m/Jh., die sich allmählich auf 0,3 m/Jh. verlangsamte. Riesige Flächen wurden in dieser Zeit überflutet. Als Zeugen sind heute noch ertrunkene

❶ **Meeresspiegeländerung und Küstenentwicklung**
Schema

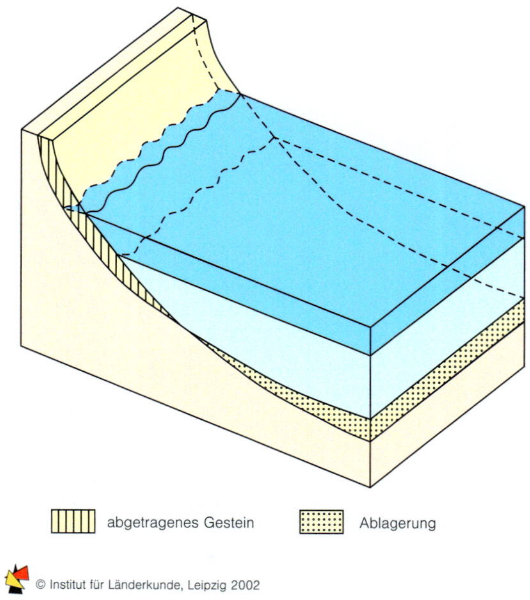

❷ **Anstieg des Meeresspiegels seit 9000 Jahren**

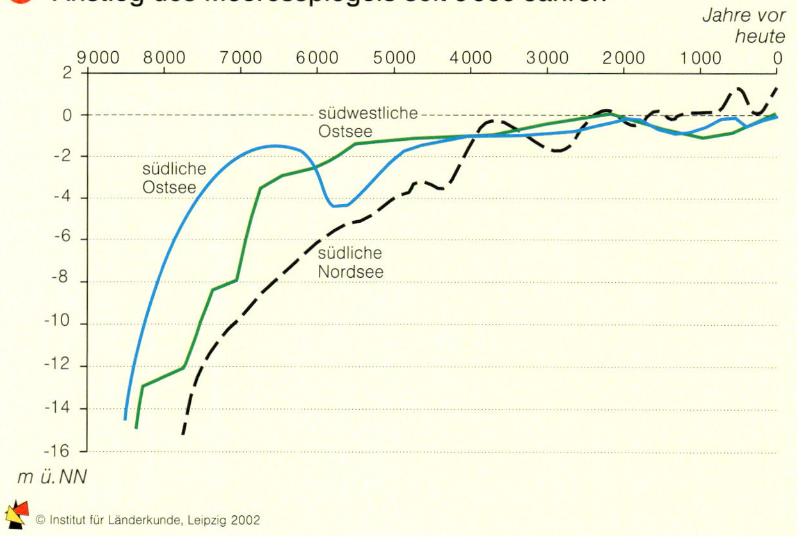

3 Ablagerungen am Boddenboden
Bohrkern

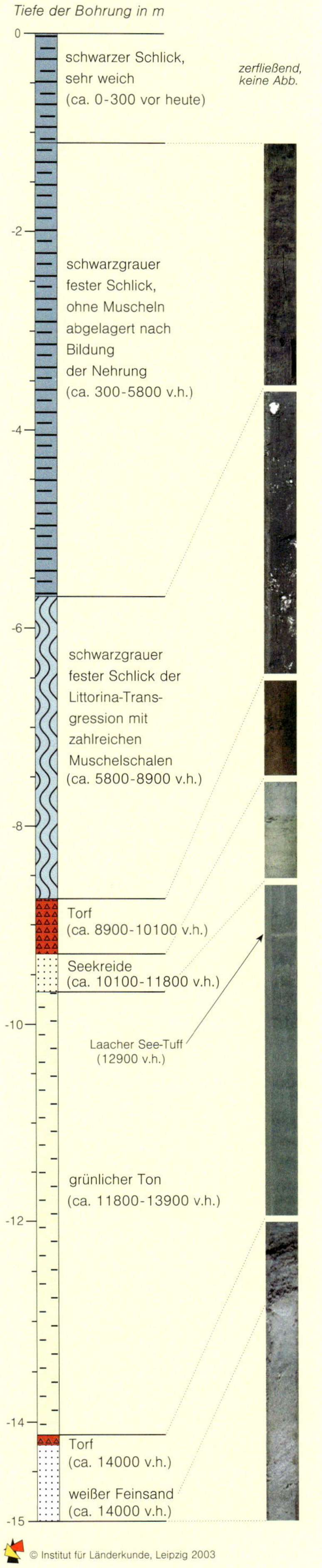

Wälder, Moore sowie Seeablagerungen und prähistorische Siedlungsplätze auf dem Grund der südlichen Ostsee anzutreffen (▶ Foto). Gleichzeitig wurden die Mündungen der Flüsse um viele Kilometer zurückverlegt, ihr Gefälle verringert und eine Aufschotterung oder Vermoorung der Täler ausgelöst. Um 7000-6500 Jahre v.h. erreichte die Littorina-Transgression ihren Höhepunkt bei etwa –2 m NN. In der Folgezeit pendelte sich der Meeresspiegel unter Schwankungen im Bereich von einigen Dezimetern auf die heutige Höhe ein. Der glazialeustatische Meeresspiegelanstieg war beendet, und kleinere Klimaschwankungen bestimmten fortan das Steigen und Fallen des Wasserspiegels.

Die Littorina-Transgression vollzog sich an der deutschen Ostseeküste nicht gleichmäßig. Dem Meeresspiegelanstieg überlagerten sich die synchron ablaufenden isostatischen und tektonischen Bewegungen des Landes. Verbindet man in einem Zeit-Tiefen-Diagramm die heutige Lage von meeresspiegelanzeigenden Sedimenten (Torfe, Strandablagerungen) oder archäologischen Funden, erhält man eine Kurve der relativen Strandlinienverschiebung. Es ist zu erkennen, dass sich gleich alte Funde von verschiedenen Orten heute in unterschiedlichen Positionen gegenüber dem Meeresspiegel befinden, obwohl sie zum Zeitpunkt ihrer Entstehung alle im gleichen Niveau gelegen haben müssen. Bei der Gegenüberstellung von Strandlinienverschiebungskurven unterschiedlicher Regionen werden die Bewegungen des Landes deutlich: während die Lübecker Bucht offenbar eine Senkungstendenz besitzt, ist der vorpommersche Raum durch zeitweilige Landhebungen ausgezeichnet. Ein Vergleich der Meeresspiegelkurve von Ostsee und südlicher Nordseeküste 2 zeigt die unterschiedlichen Prozesse der beiden Meere (▶▶ Beitrag Behre, S. 22).

Nehrungsbildung und die Entstehung der Bodden

Während bei anfangs schnellem Meeresspiegelanstieg das Land „ertrank" und zeitweise in einen Archipel verwandelt wurde, konnten sich nach dem Ende der Littorina-Transgression neue Gleichgewichtsprofile herausbilden. Vor allem entstanden große Akkumulationsformen wie Haken und ▶ Nehrungen, die den unregelmäßigen Uferverlauf begradigten und zu stärker ausgeglichenen Küsten führten. Mit dem Wachstum der Nehrungen gingen an der Schlei und vor allem in Vorpommern die Entstehung von ▶ Lagunen, hier Bodden genannt, einher. Inseln wurden durch Nehrungen miteinander verbunden oder ehemalige Meeresbuchten durch sie von der offenen Ostsee abgeriegelt, so dass durch nachfolgende Aussüßung neue Naturräume entstanden. Der durch die Transgression ausgelöste Landschaftswandel vom festländisch/▷ limnischen zum marinen und

4 Südliche Ostsee
Mittlerer jährlicher Meeresspiegelanstieg während der letzten 150 Jahre

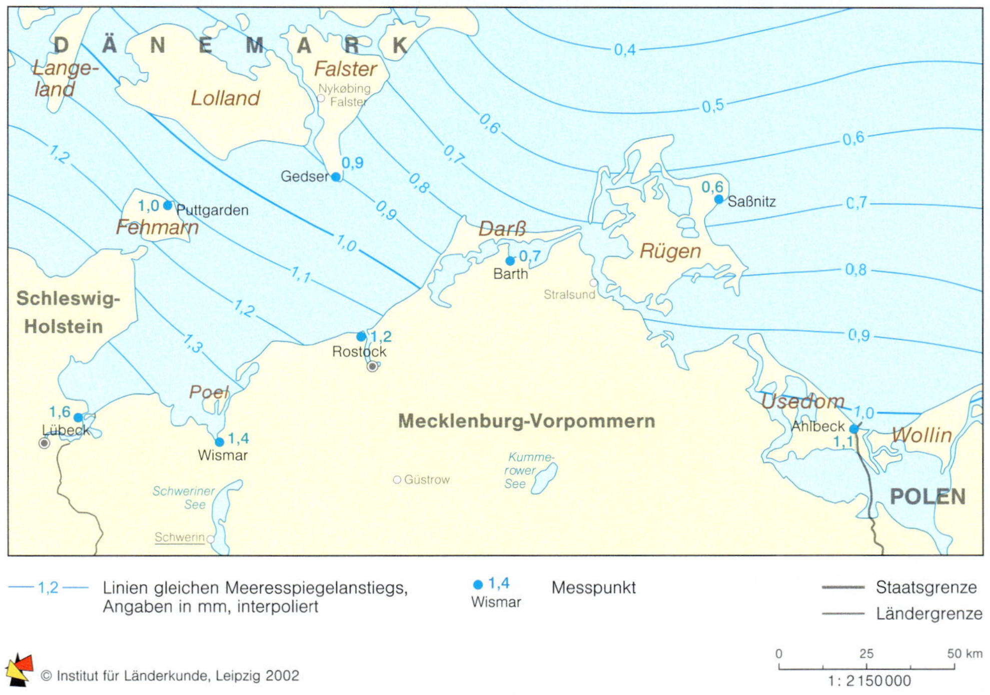

schließlich lagunären Milieu ist in den Bodenablagerungen der Bodden dokumentiert 3. Sie bilden das „Archiv Erde", aus dem Geowissenschaftler die erdgeschichtliche Entwicklung rekonstruieren.

Die jüngsten 2000 Jahre

Großräumige Klimaschwankungen sind häufig mit Meeresspiegelschwankungen verbunden. Zum Beispiel lässt sich für die jüngsten zweitausend Jahre wenigstens eine kleinere Regression im allgemeinen Meeresspiegelanstieg nachweisen, die sich im Profil der nordostdeutschen Küstenüberflutungsmoore durch einen schwarzen Torfzersetzungshorizont bemerkbar macht (▶ Foto). Der durch Austrocknung und Oxidation des Moorkörpers entstandene Horizont ist dem ▶ Klimapessimum der kleinen Eiszeit (1450-1850 n.Chr.) zuzuordnen. Mit seiner regional differenzierten Höhenlage dokumentiert er gleichzeitig unterschiedliche Bewegungen des Landes.

Gegenwärtiger Meeresspiegelanstieg

Für die Untersuchung gegenwärtiger Meeresspiegeländerungen steht in der südlichen Ostsee ein vergleichsweise dichtes Pegelnetz zur Verfügung. Der aus den Aufzeichnungen der letzten 150 Jahre berechnete relative Meeresspiegelanstieg beträgt zwischen 0,6-1,6 mm pro Jahr und dokumentiert die genannten Bewegungsunterschiede des festen Untergrundes 4. Gegenwärtig lassen

Unterwasserarchäologe an Torfbank in 6 m Tiefe vor der Insel Poel

Salzwiese am Greifswalder Bodden mit Torfzersetzungshorizont (schwarze Schicht)

die Zeitreihen den Schluss auf einen durch den Klimawandel ausgelösten beschleunigten Meeresspiegelanstieg noch nicht zu. Sehr langfristig ergibt sich daraus dennoch eine unterschiedliche Gefährdung der Küstenräume.◆

Küstentypen der Ostsee

Reinhard Lampe

Abrasion, abradieren – mechanische Aufbereitung und Abtragung von Gesteinen durch Seegang und Strömung

anoxisch – sauerstofffrei

Eutrophierung – Nährstoffanreicherung infolge natürlicher oder anthropogener Vorgänge. Ist ein Gewässer zu stark mit Nährstoffen angereichert, so spricht man von **Hypertrophierung**.

Höftland – Akkumulationsform aus Strand- und Dünenwällen, die aus zwei entgegengesetzten Richtungen aufgeschüttet werden, was einen angenähert dreieckigen Grundriss verursacht (z.B. Neudarß, Geltinger Birk)

hypsographische Kurve – Summenkurve, die die prozentualen Flächenanteile der Höhen-/Tiefenstufen an der Gesamtfläche einer Reliefform angibt

Makrozoobenthos – Sammelbezeichnung für sediment- und pflanzenbewohnende Tiere mit mehr als 0,5 mm Körpergröße

marin-euryhalin – marine Arten, die starke Salzgehaltsunterschiede tolerieren

Nehrung – schmale Landzunge, die durch Strandversetzung entsteht und eine Meeresbucht ganz oder fast ganz abschließt

oligotroph – nährstoffarm

Phytoplankton – pflanzlicher Anteil des Planktons, der zur Photosynthese fähig ist

polytroph – nährstoffreich

Sprungschicht – Gewässerbereich, in dem starke vertikale Veränderungen der Eigenschaften Temperatur, Salzgehalt und Dichte erfolgen. Normalerweise wird in der Sprungschicht das warme Wasser der Deckschicht von kälterem Wasser darunter getrennt.

Windwirklänge – Distanz, über die der Wind hindernisfrei wehen kann; bestimmt neben Wassertiefe und Windstärke und -dauer die Seegangscharakteristik

Vor etwa 9000 Jahren erreichte der seit der letzten Vereisung global rasch ansteigende Meeresspiegel (▶▶ Beiträge Behre, S. 76 und Lampe, S. 80) die dänischen Belte und Sunde, drang in das Ostseebecken ein und führte zur Herausbildung des heutigen Brackwassermeeres.

In Folge dieses im Ostseeraum als Littorina-Transgression bezeichneten Meeresspiegelanstiegs wurde das Relief weiträumig überflutet und umgestaltet ❷. Bei Anstiegsgeschwindigkeiten von anfangs 2,5 m/Jh. ertrank das Land regelrecht, die Küstenlandschaft verwandelte sich in einen Archipel. Die Flussmündungen wurden weit landwärts verlagert, und in den Tälern setzte Vermoorung und Sedimentation ein.

Erst nach dem Ende der ersten Anstiegsphase vor etwa 5800-4500 Jahren begannen sich die heutigen Küstentypen mit ihren charakteristischen Grundrissen herauszubilden. Große Sandmassen wanderten unter der Einwirkung des Seegangs in die Uferzone und bildeten mit dem beim Küstenrückgang freigesetzten Material in geschützten Lagen Akkumulationsformen wie Haken, ▶ Nehrungen und ▶ Höftländer.

Förden- und Buchtenküste

Je nach überflutetem Relieftyp bildeten sich während und nach der Littorina-Trangression unterschiedliche Küstenlandschaften heraus. In Schleswig-Holstein entstanden im Rückland der weichselglazialen ▷ Endmoränen die ▷ Förden aus ▷ Tunneltälern (Schlei) und ▷ Gletscherzungenbecken (z.B. Kieler Förde). Die spätglaziale Sedimentfüllung besteht aus Schmelzwassersanden und -schluffen, über denen bis zu mehr als 10 m mächtige ▷ holozäne ▷ limnische und marine Ablagerungen liegen (▶▶ Beitrag Lampe, S. 81, Abb. 3).

Nach Süden und Osten schließen sich als Küstentyp die Buchten von Hohwacht, Lübeck und Wismar an, die als Gletscherzungenbecken angelegt wurden. Sie besitzen breite Öffnungen zur Ostsee und sind den Stürmen aus dem Nordostsektor besonders ausgesetzt. Die Wismar-Bucht wird durch mehrere Untiefen, die aus ▶ abradierten Inseln hervorgegangen sind, von der Ostsee abgeriegelt. Infolge der in diesem Raum stärkeren Landsenkung sind die Inseln nicht wie an der vorpommerschen Küste dauerhaft durch Nehrungen miteinander verbunden worden. Hier zeigen sich die Resultate eines durch Sedimentmangel und Landsenkung verstärkten ▶ Abrasionsprozesses.

Ausgleichsküste

Mit nach Osten hin zunehmender ▶ Windwirklänge und Seegangsenergie wächst die Bedeutung des küstenparallelen Sandtransports. In der flacheren Mecklenburger Bucht hat dies zur Bildung einer Ausgleichsküste geführt, wie sie östlich von Rerik/Poel bis Dierhagen/Fischland auftritt. Nur die Warnow unterbricht den Küstenverlauf mit ihrem breiten Mündungstrichter, der heute durch einen dünenbesetzten Haken stark eingeengt ist.

❷ Südliche Ostsee
Holozäner Meeresspiegelanstieg und Küstentypen

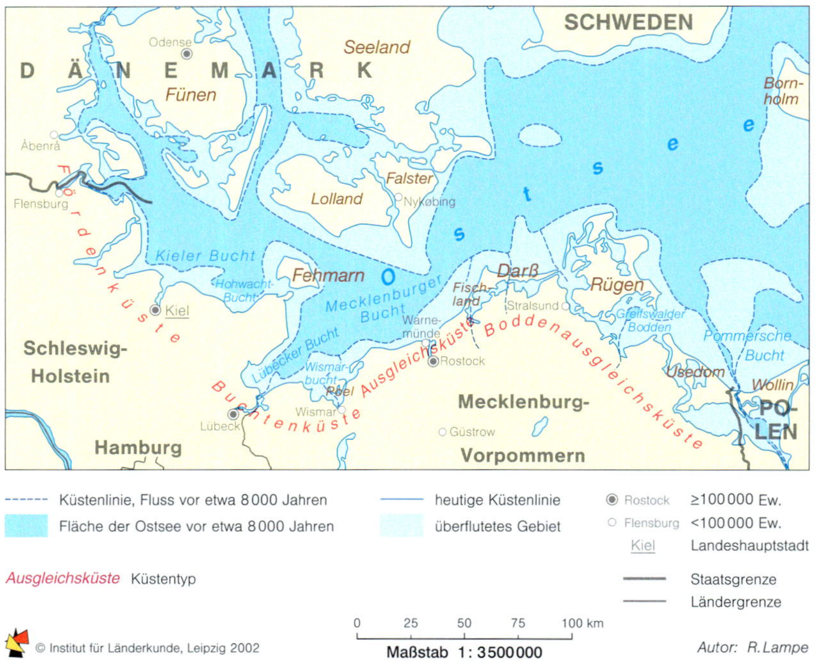

 Autor: R. Lampe

❶ Hiddensee
Morphogenese und Bohrprofile

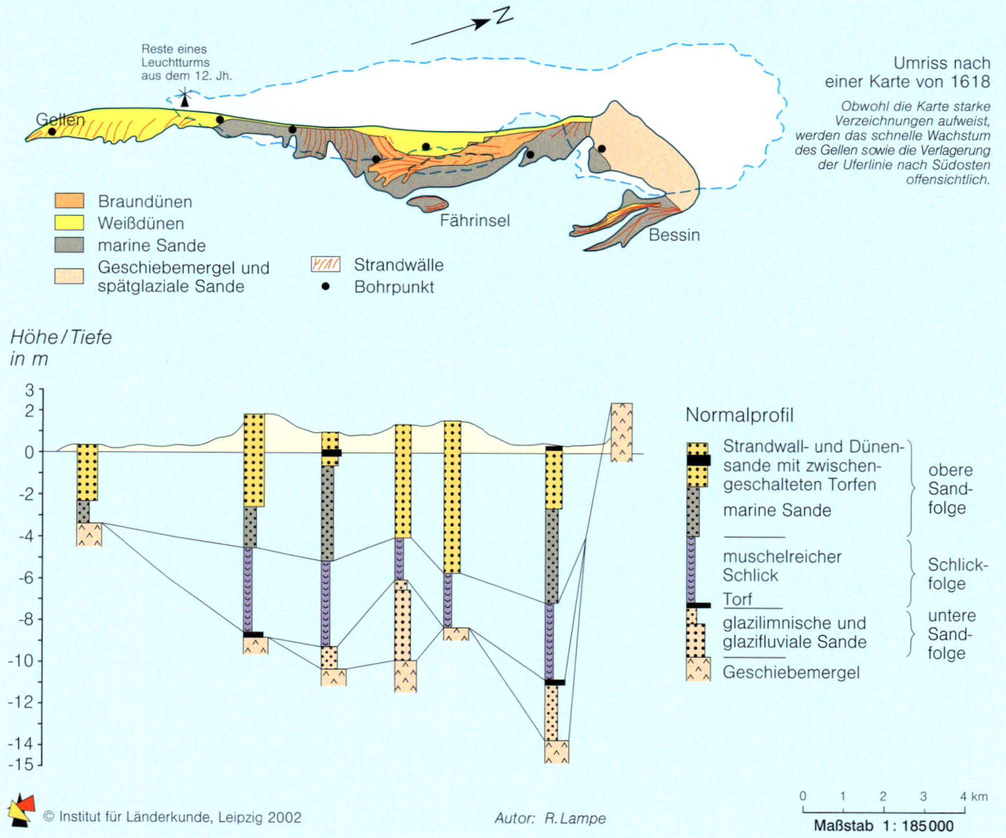

 Autor: R. Lampe

❸ Deutsche Ostseeküste
Hypsographische Kurven* ausgewählter Küstengewässer

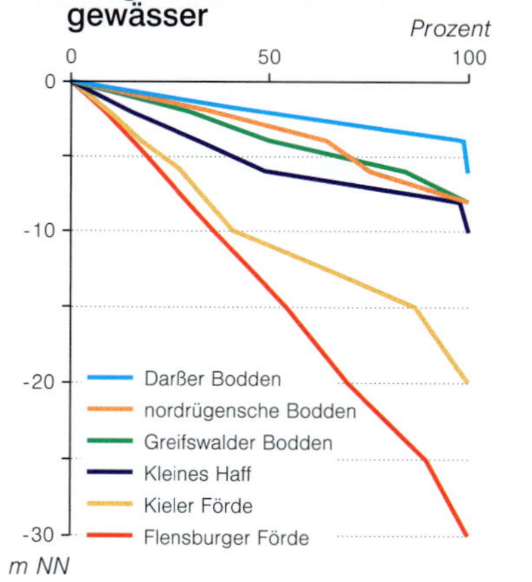

* Darstellung der Höhenstatistik (Anteil der Höhen) einer Oberfläche durch eine Kurve.

4 Flensburger Förde – Längsprofil
Jahreszeitliche Schwankungen des Salz- und Sauerstoffgehaltes 1989

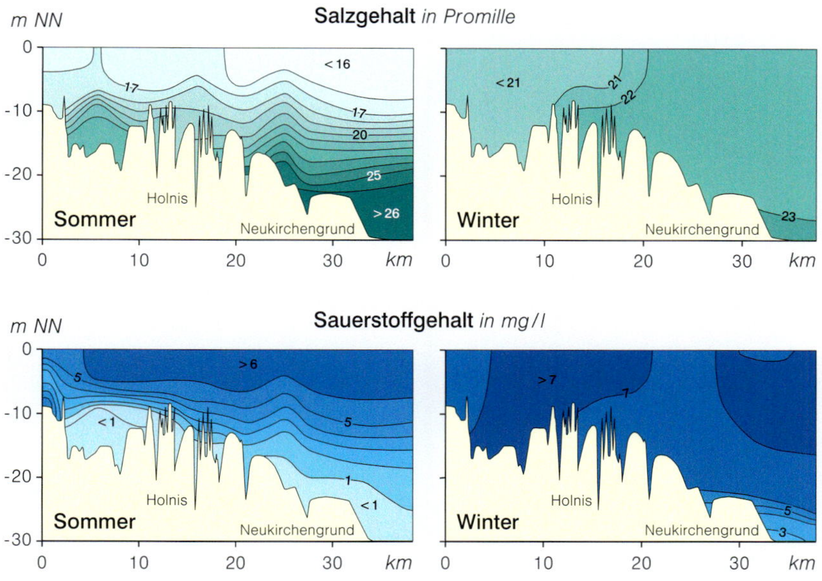

© Institut für Länderkunde, Leipzig 2002

Boddenausgleichsküste

Vom Fischland über Rügen bis nach Usedom ist die Küste als Doppelküste (Boddenausgleichsküste) ausgebildet. Reichliches Sandangebot und ein stärker differenziertes Ausgangsrelief waren die Ursache von Haken- und Nehrungsbildungen, die ihrerseits zur Abschnürung von Buchten führten 1. Die Boddenausgleichsküste ist gekennzeichnet durch das abwechselnde Auftreten von Steilküsten an den höher aufragenden Grund- und Endmoränen und von Flachküsten überflutungsgefährdeter Nehrungen vor den rückseitigen Bodden. Seeseitig haben sich auf den Nehrungen Dünengürtel gebildet, die nach der Farbe ihrer Bodenbildungen als Braun-, Gelb-, Grau- und Weißdünen bezeichnet werden und die in dieser Reihenfolge in den vergangenen 4500 Jahren entstanden sind.

Typologie der Küstengewässer

Die unterschiedlichen Küstentypen sind mit Küstengewässern verknüpft, die sich hinsichtlich ihrer ▷ Morphologie, ▷ Hydrographie und Ökologie deutlich unterscheiden 3. Die Förden weisen steile Unterwasserhänge und nur geringe Anteile an Flachwasserarealen auf. Die Bodden und ▷ Haffe sind dagegen durch breite Mulden mit breiten, scharf abgesetzten Flachwassergebieten gekennzeichnet.

Förden und Buchten

Wegen ihrer größeren Tiefe weisen die Förden und Buchten im Sommer eine Schichtung des Wasserkörpers in eine warme und weniger salzhaltige Deckschicht und eine salzreichere und kältere bodennahe Schicht auf. Eine stabile Schichtung hat erhebliche Auswirkungen auf die Wasserbeschaffenheit: Der ausbleibende vertikale Austausch führt unterhalb der ▶ Sprungschicht zu Sauerstoffmangel bis hin zu ▶ anoxischen Verhältnisse 4. Regelmäßig zu beobachtende Faunensterben sind die Folge anhaltender Stagnationsperioden. Zudem kommt es zu Remobilisierungserscheinungen des Phosphors aus dem Sediment, der bei einsetzender Zirkulation in die oberen durchlichteten Bereiche zurückgeführt wird und das Algenwachstum forcieren kann.

Bodden und Haffe

Der Wind kann die flachen Bodden und Haffe fast ständig bis zum Grund durchmischen. Sediment und durchlichteter Wasserkörper stehen in einem intensiven Stoffaustausch, wodurch die beim Abbau des organischen Materials frei werdenden Nährstoffe unverzüglich wieder dem ▶ Phytoplankton zugeführt werden. Diese flachen Gewässer besitzen daher eine natürliche Tendenz zur ▶ Eutrophierung, die durch die anthropogene Nährstoffzufuhr teilweise bis zur ▶ Hypertrophierung verstärkt wurde. Eine Entlastung erfahren diese Gewässer nur durch den Wasseraustausch mit der Ostsee, wodurch Salzgehalt und Trophie indirekt miteinander korreliert sind 6.

Eutrophierungsbedingte Wassertrübung, erhöhte Nährstoffkonzentrationen und Schlickbildung führen zur Veränderung und Verarmung der Unterwasservegetation und zu höherer Sedimentmobilität. Der damit einhergehende Verlust vielfältig strukturierter Lebensräume ist neben den Einflussfaktoren Salzgehalt und Nahrungsangebot Ursache für den Wandel in der Zusammensetzung des ▶ Makrozoobenthos von der ▶ oligotrophen Ostsee bis zu den hypertrophen innersten Boddengewässern.

Hochwasserdämpfung und Buchteneffekt

Die morphologischen Verhältnisse wirken sich auch auf den zeitlichen Gang der in der tidefreien Ostsee durch den Wind induzierten Wasserspiegelschwankungen aus. In den Haffen und Boddenketten mit schmalen Verbindungen untereinander und zur Ostsee kommt es zu einer von außen nach innen zunehmenden Dämpfung und zeitlichen Verzögerung der Wasserstandsschwankungen. Die Sturmflutwasserstände liegen deshalb deutlich unter denen der Außenküste. Dagegen ist in den Förden, den Buchten und dem Greifswalder Bodden mit breiter Verbindung zur Ostsee eine Verstärkung der Amplituden zu beobachten (Buchteneffekt), die bei Sturmfluten höhere Pegelstände und damit eine erhöhte Gefährdung dieser Bereiche nach sich zieht 5.◆

5 **Sturmflutwasserstände 1995**

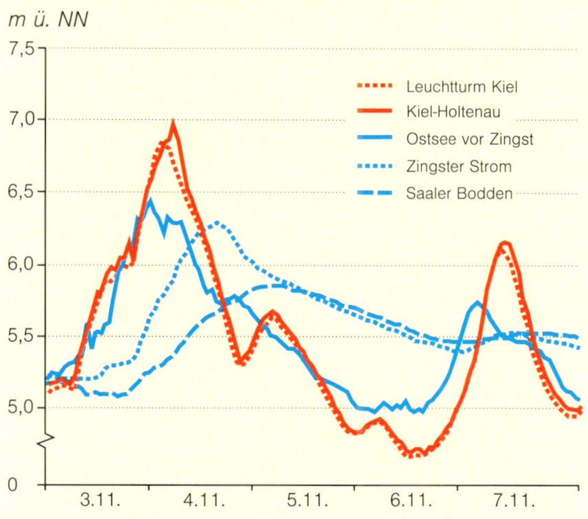

© Institut für Länderkunde, Leipzig 2002

6 Küstengewässer Mecklenburg-Vorpommerns
Salzgehalt, Nährstoffgehalt und Makrozoobenthos

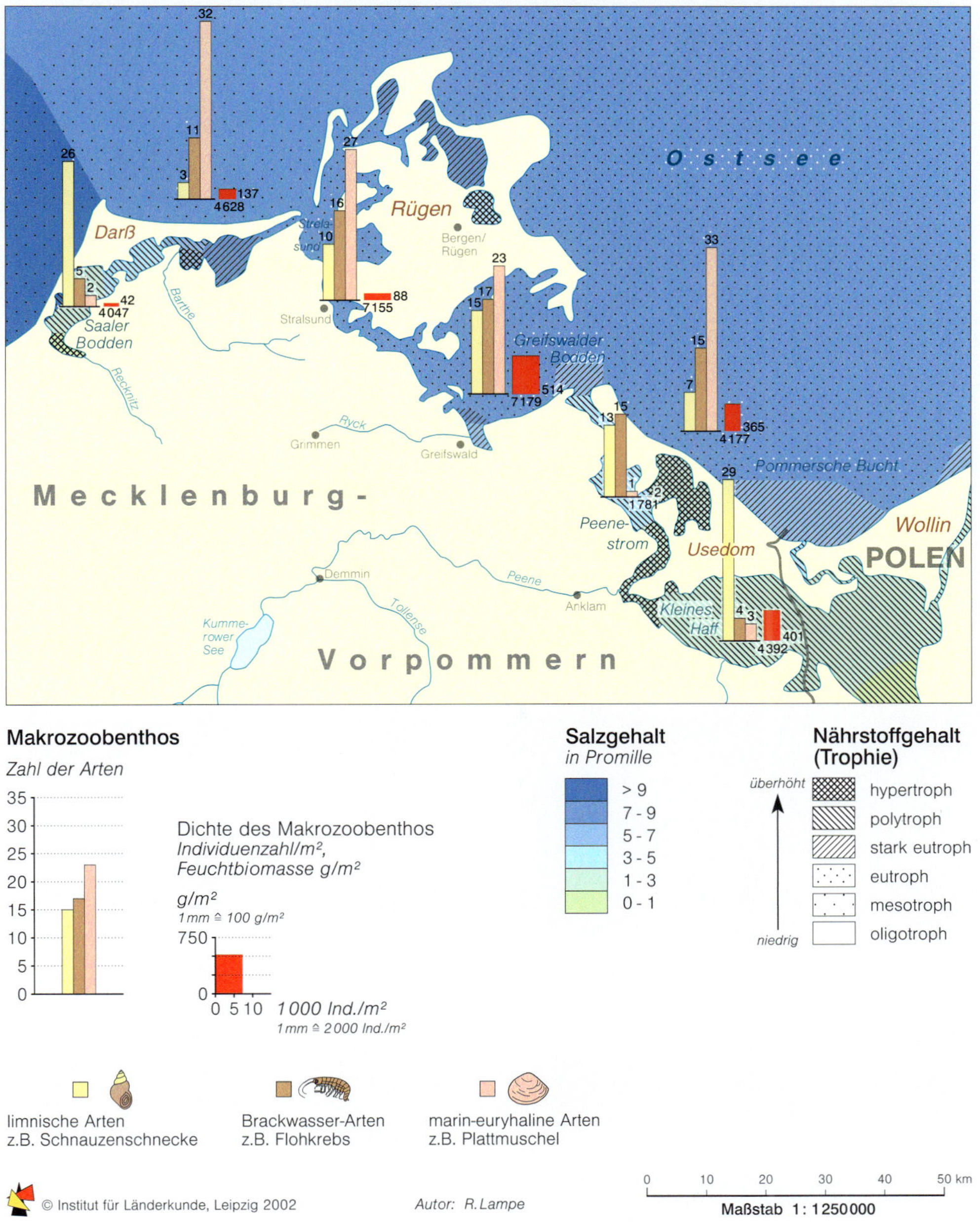

© Institut für Länderkunde, Leipzig 2002 Autor: R. Lampe

Schichtstufenlandschaften

Ingo Beyer und Karl-Heinz Schmidt

❶ Hangprofile von Schichtstufen und Schichtkämmen

Ⓐ Kreide-Schichttafelberge bei Königstein, Elbsandsteingebirge (Sächsische Schweiz)

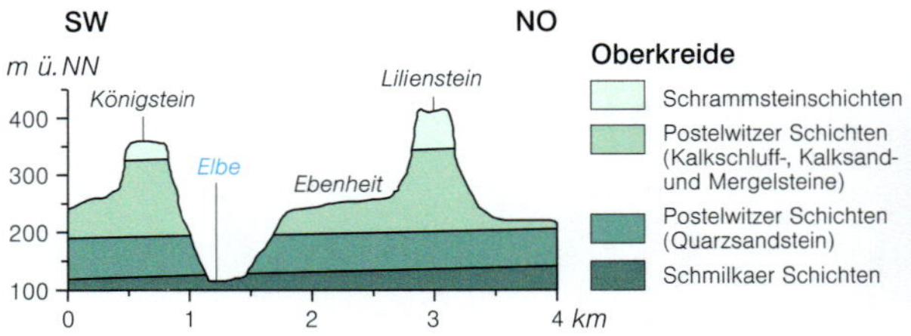

Kreide-Schichttafelberge des Elbsandsteingebirges mit dem Lilienstein

Ⓑ Jura-Schichtstufe bei Hechingen

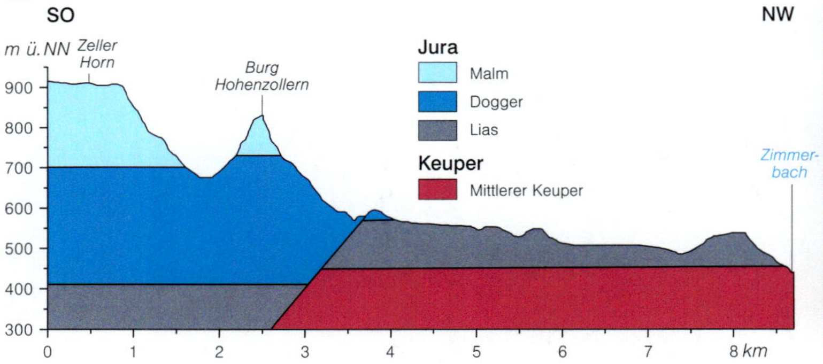

Jura-Schichtstufe mit dem Zeugenberg Hohenzollern

Ⓒ Keuper-Schichtstufe der Hassberge

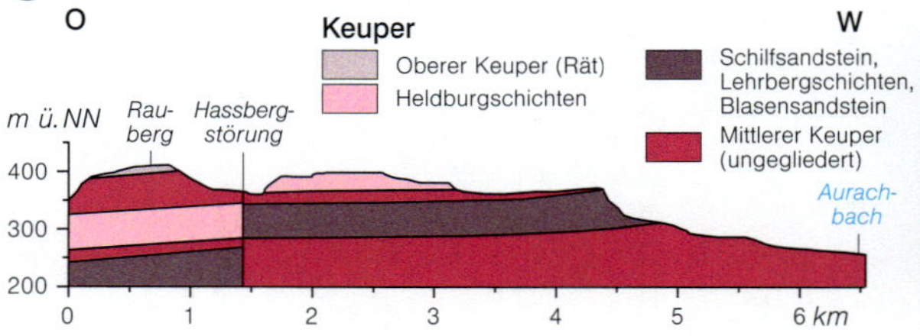

Keuper-Schichtstufe der Hassberge bei Bad Königshofen

Ⓓ Muschelkalk-Schichtstufe bei Reinstädt

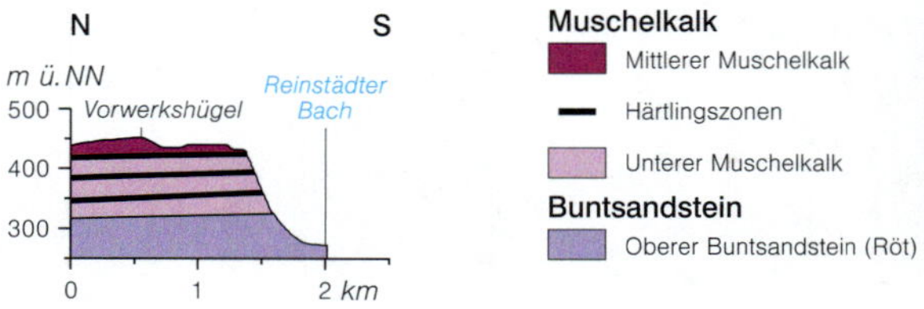

Muschelkalk-Schichtstufe im Thüringer Becken bei Reinstädt

Ⓔ Buntsandstein-Schichtstufe bei Eschwege

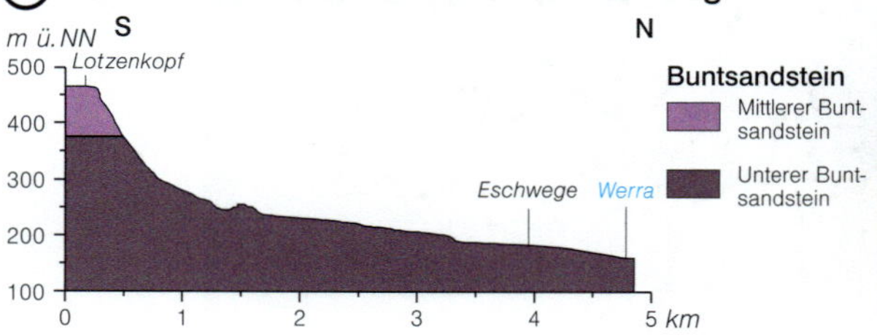

Buntsandstein-Schichtstufe im Eschweger Becken

Ⓕ Zechstein-Schichtkamm bei Morungen

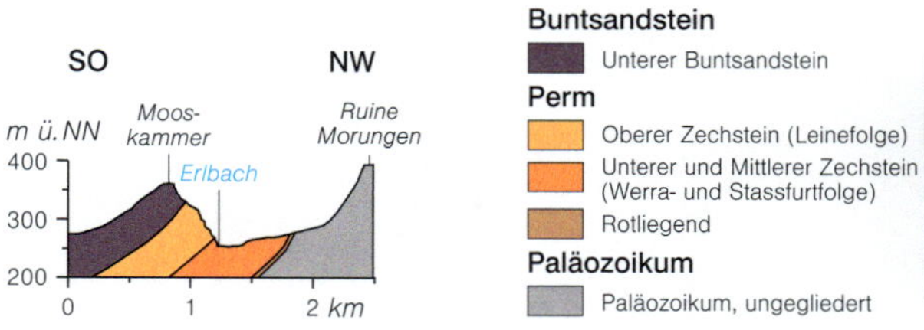

Zechstein-Schichtkamm im Südharz bei Morungen

❷ Elemente der Schichtstufenlandschaft

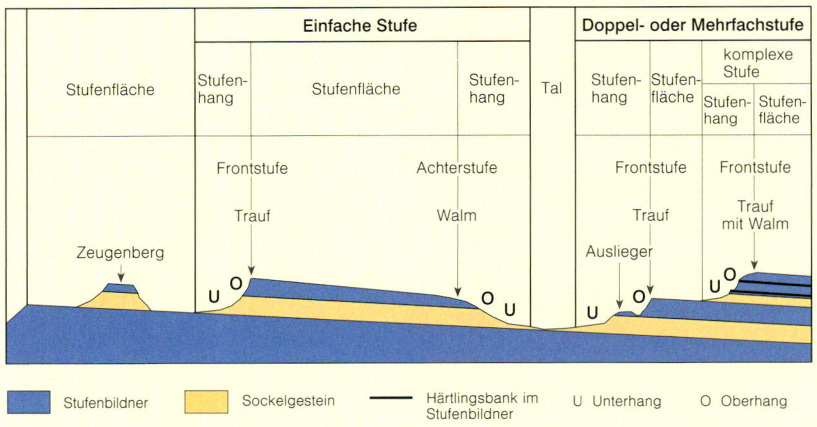

Der Großkomplex der Mittelgebirgslandschaften zwischen dem Norddeutschen Tiefland und dem Alpenvorland lässt sich grob in zwei Haupteinheiten teilen: (1) in verfalteten Grundgebirgsgesteinen (▷ Paläozoikum und älter) ausgebildete Mittelgebirge und (2) in ungefalteten Deckgebirgsgesteinen (▷ Mesozoikum) entwickelte Mittelgebirge. Zur ersten Gruppe gehören u.a. das Rheinische Schiefergebirge, der Harz, das Erzgebirge und der Schwarzwald, zur zweiten u.a. die Schwäbische und die Fränkische Alb, das Thüringer Becken und das Elbsandsteingebirge. Die Großformen der älteren Mittelgebirge sind gekennzeichnet durch weite Hochflächen (Rumpfflächen) (▶▶ Beitrag Hüser/Kleber, S. 88) und Bergländer mit tief eingeschnittenen Tälern. Die jüngeren Mittelgebirge sind hingegen das typische Verbreitungsgebiet von ▶ Schichtstufenlandschaften.

Bei größerem Neigungswinkel der Schichten haben die ▶ Stufenflächen nur eine geringe Längserstreckung, die Stufen folgen rasch aufeinander wie in der süddeutschen Schichtstufenlandschaft östlich des Südschwarzwalds (Klettgau). Bei Neigungen über 10° werden die Schichtstufen zu Schichtkämmen. Bei geringem Einfallswinkel werden die Flächen wesentlich ausgedehnter (z.B. Gäuflächen in Franken zwischen dem ▷ Muschelkalk- und ▷ Keuperstufenhang). Der Verlauf der großen Stufenränder ist an die Ausstrichbereiche der bedeutenden ▶ Stufenbildner angepasst.

Das Elbsandsteingebirge, das mit seinen einzeln stehenden Tafelbergen und Felsbastionen eine grandiose ▷ Zeugenberglandschaft formt ❶ A, verdankt seine Entstehung dem isolierten Vorkommen von Oberkreide-Sandsteinen in der Elbtalzone zwischen Erzgebirge und Lausitzer Granitmassiv. Die Tafelberge wie Königstein und Lilienstein sitzen den Ebenheiten auf, die sich an resistente Gesteinseinheiten anpassen. →

Schichtstufen sind weit verbreitete und typische Reliefformen ❷ in flach lagernden Sedimentgesteinen unterschiedlicher Resistenz. Sie bestehen aus zwei sehr unterschiedlichen Reliefelementen, der meist ebenen **Stufenfläche** und dem steilen **Stufenhang**, der in **Oberhang** und **Unterhang** gegliedert wird. Der Stufenhang bildet einen z.T. mehr als 100 m messenden Steilabfall.

Der widerständige, am Oberhang und auf der Stufenfläche ausstreichende **Stufenbildner** besteht z.B. aus Kalken oder Sandsteinen, das morphologisch weichere **Sockelgestein** im Unterhang aus Tonsteinen oder Mergeln. Der Übergang vom Hang zur Fläche kann als **Trauf** (mit scharfem Knick), als Trauf mit Walm (Knick mit anschließender Verflachung) oder als reiner **Walm** (sanfter Übergang ohne scharfen Knick) ausgebildet sein. Spielen am Oberhang ▷ gravitative Prozesse eine dominierende Rolle, entsteht ein Traufübergang, bei einer Dominanz von ▷ aquatischen Spülprozessen ein Walm.

Vor dem Stufenhang liegen häufig **Zeugenberge** als Erosionsreste des ehemals weiter ausgedehnten Schichtpakets. Die Mächtigkeit des Stufenbildners kann hier schon reduziert sein. Fallen die Schichten in Richtung auf den Stufenhang ein, spricht man von **Frontstufen**. Auf der Rückseite entstehen **Achterstufen**.

Durch gravitative Massenverlagerungen und aquatische Prozesse am Stufenhang werden die Schichtstufen im Laufe der Reliefentwicklung in Vorsprünge und Buchten gegliedert und unterliegen dem Prozess der **Stufenrückverlegung**. **Massenverlagerungen** sind durch Schwerkraft bedingte hangabwärts gerichtete Bewegungen von Locker- oder Festgestein. Man unterscheidet als Bewegungstypen: Fallen, Kippen, Gleiten, Driften und Fließen (▶▶ Beitrag Dikau/Glade, S. 98).

3

Schichtstufenlandschaften

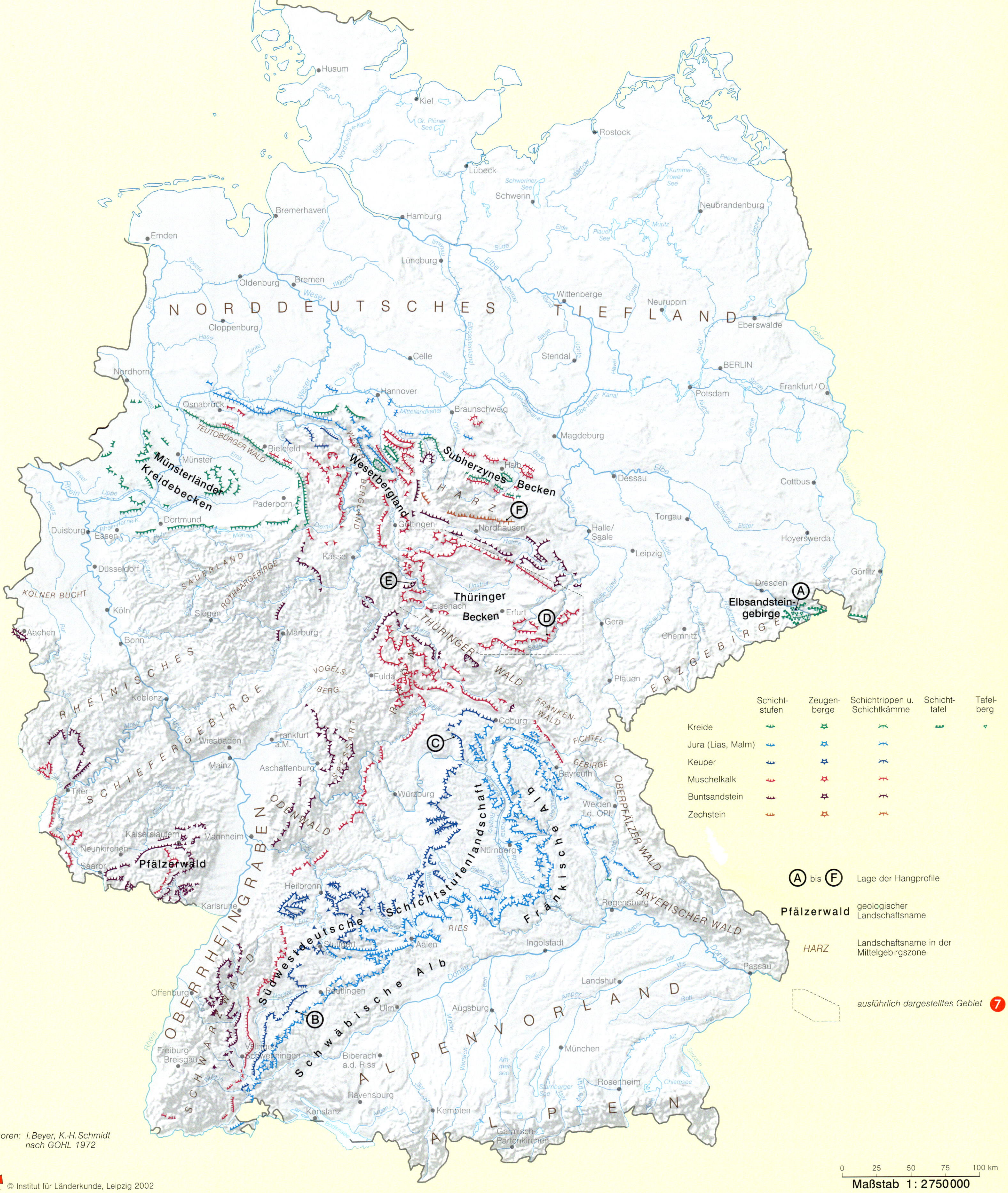

Autoren: I. Beyer, K.-H. Schmidt nach GOHL 1972

4 Blockverlagerungen an der Wellenkalk-Schichtstufe

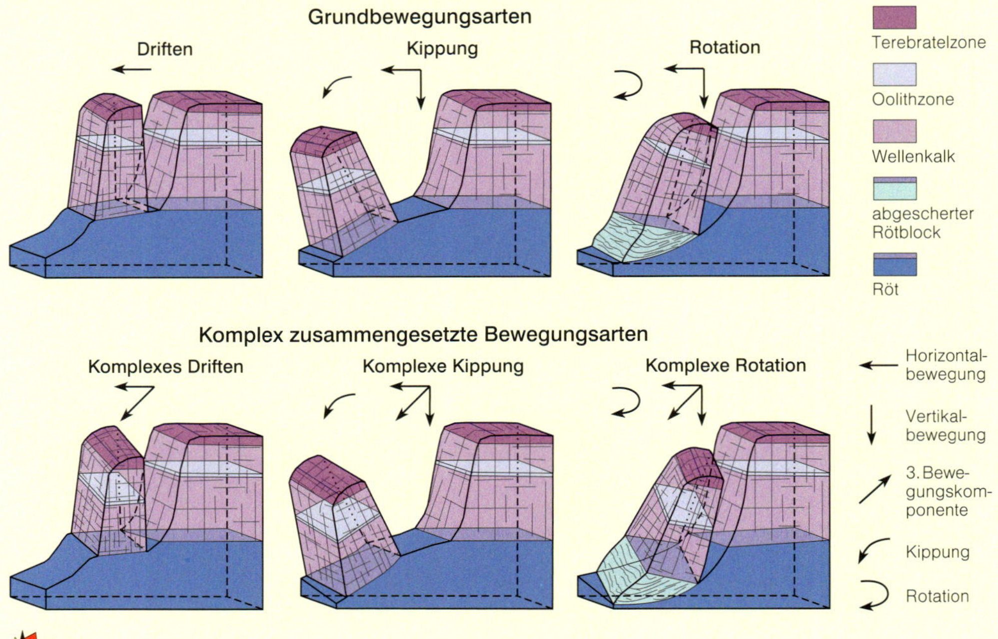

© Institut für Länderkunde, Leipzig 2002

5 Geologischer Aufbau der Muschelkalk-Schichtstufe

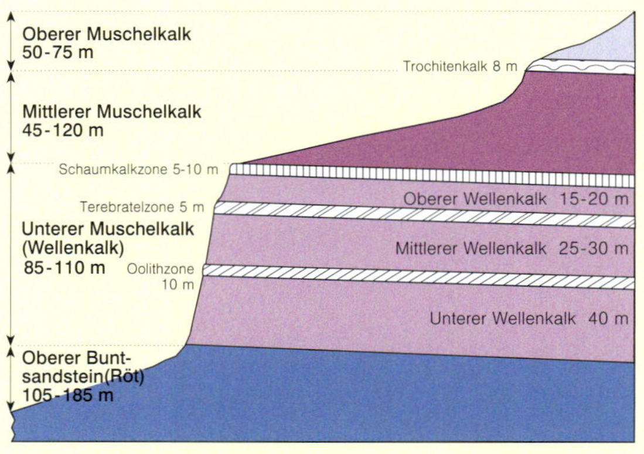

© Institut für Länderkunde, Leipzig 2002

Weitere Vorkommen von an ▷ kretazische Gesteine gebundenen, insgesamt aber weniger markanten Schichtstufen und -kämmen finden wir im Münsterländischen Becken und im Weserbergland.

Der im Landschaftsbild am prägnantesten hervortretende Stufenkomplex liegt in der Süd- und Ostumrahmung der südwestdeutschen Schichtstufenlandschaft mit der Schwäbischen und Fränkischen Alb. Haupt-Stufenbildner sind die resistenten ▷ jurassischen ▷ Malmkalke 1 B, denen der von einigen Tälern (z.B. Altmühl) zergliederte, aber dennoch nahezu geschlossen wirkende ▸ Stufenhang seine Entstehung verdankt. Der z.T. mehrere hundert Meter hohe, sich vom Südschwarzwald bis an den Obermain erstreckende z.T. gegliederte Stufenrand stellt eine Landschafts- und Verkehrsbarriere dar und überragt das übrige mehr kleingliedrige Schichtstufenland deutlich. Im südwestlichen Teil werden die größten Höhen der gesamten Jurastufe erreicht (>1000 m). Getrennt werden die Schwäbische und Fränkische Alb durch den Impaktkrater des Nördlinger Rieses.

Die Stufenflächen der Alb tauchen nach Süden unter die jungen Sedimente des Alpenvorlandes ab. Dem Stufenrand vorgelagert sind einzelne Zeugenberge, die, allseits von Steilhängen umgeben, große strategische Bedeutung gewannen und z.T. Standorte von Burgen (z.B. Hohenzollern) wurden. Durch die Rückverlegung der Jura-Schichtstufe im ▷ Tertiär und ▷ Quartär und durch damit verbundene Flussanzapfungen hat sich das Einzugsgebiet des Rheins auf Kosten des Donaueinzugsgebiets weit nach Südosten ausgedehnt.

Südlich von Tübingen in einem schmalen Streifen beginnend und im zentralen Bereich breiter werdend, enden die Keuperschichtstufen an den Hassbergen 1 C im Norden. Sie sind deutlich in einzelne isolierte Abschnitte aufgelöst, der Stufenrand ist sehr zerlappt. Stufenbildner sind verschiedene Sandsteinkörper des Mittleren Keuper, im Beispielprofil (C) Schilfsandstein und Blasensandstein. In den zentralen Teilen des Thüringer Beckens treten nur gering resistente Keuperschichten an die Oberfläche, so dass es dort nicht zur Ausbildung von markanten Schichtstufen kommt. In tektonischen Gräben blieben härtere Gesteinskomplexe erhalten (▷ Rhät) und wurden als Einzelerhebungen in Reliefumkehr herauspräpariert (Drei Gleichen).

Die Muschelkalk-Schichtstufe wird in Thüringen und im Maingebiet vom Wellenkalk gebildet, der hier in seiner resistenten ▷ Fazies auftritt, weiter südlich hingegen vom Oberen Muschelkalk (dort Hauptmuschelkalk genannt). Der geomorphologisch harte Thüringer Wellenkalk führte in der Umrahmung des Thüringer Beckens zur Entstehung einer imposanten Schichtstufe 1 D 5.

Im randlichen Thüringer Becken schließt sich die Schichtstufe des Mittleren Buntsandsteins an, die abgerundete Formen aufweist und gegenwärtig geomorphologisch relativ stabil ist.

6 Formenschatz der Massenverlagerung an der Wellenkalk-Schichtstufe

Initiale Spaltenbildung an den Bleicheröder Bergen

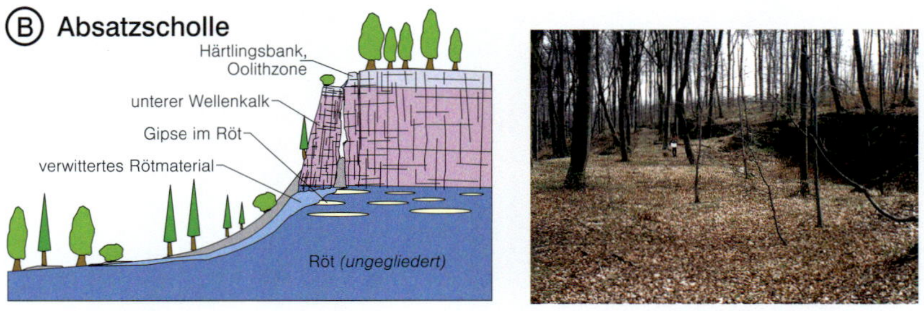

Absatzscholle an den Bleicheröder Bergen

Mauerscholle an den Reinsbergen bei Plaue

Wallscholle südlich der Ortschaft Falken (westlicher Hainich)

Rückenscholle am Hufeisen bei Jena

Sturzverlagerung („Sturzfließung") am Krajaer Kopf (Bleicheröder Berge)

© Institut für Länderkunde, Leipzig 2002

7

Thüringer Becken

Massenverlagerungen an den Schichtstufen im Muschelkalk

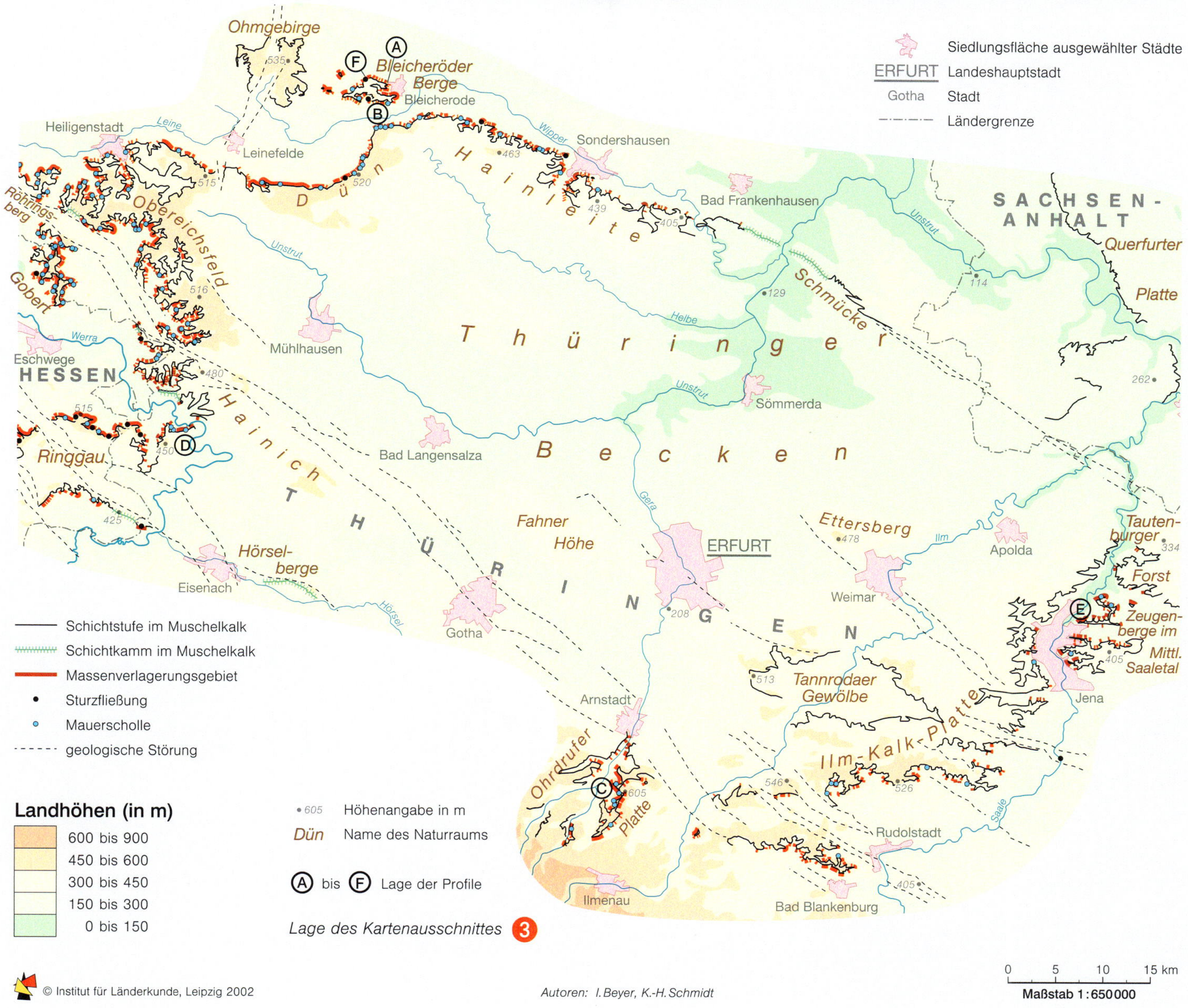

Weitere bedeutende Verbreitungsgebiete der Buntsandstein-Schichtstufe sind das Weserbergland, der Westen des Südwestdeutschen Schichtstufenlandes und der Pfälzerwald. Am Rande von alten Mittelgebirgen, so am Harzsüdrand und im Norden und Süden des Thüringer Waldes, ziehen sich z.T. schmale Gebirgsrandsenken in lösungsfähigen Gesteinen des ▷ Zechsteins hin, die durch in Gipsen ausgebildete Stufenhänge oder Schichtkämme gegliedert sein können 1 F.

Die Wellenkalk-Schichtstufe im Thüringer Becken

Das Thüringer Becken befindet sich zwischen Harz und Thüringer Wald und wird hauptsächlich von den Gesteinsschichten der ▷ Trias aufgebaut. Geomorphologisch ist es – großräumig gesehen – eine NW-SO gestreckte, flach schüsselförmige, im Wesentlichen tektonisch bedingte Einmuldung. Die Gesteinsschichten fallen generell flach zum Zentrum des Thüringer Beckens ein. Dies hat zur Folge, dass die geologisch jüngeren Schichten im Beckeninneren und die älteren Schichten an den Muldenrändern ausstreichen. Der Muschelkalk mit dem unterlagernden Oberen Buntsandstein (▷ Röt) hat im Laufe der jüngeren Erdgeschichte die insgesamt über 1000 km lange, landschaftlich sehr markante Muschelkalk-Schichtstufe geformt. Diese befindet sich an den Rändern des Thüringer Beckens (z.B. Hainleite, Dün, Ilm-Kalkplatte), an tief eingeschnittenen Flusstälern (z.B. Saale), an Aufwölbungsstrukturen (Tannrodaer Gewölbe) und in Form von Zeugenbergen und größeren isolierten Abtragungsresten vor dem Stufenrand (z.B. Bleicheröder Berge, Gobert).

Geologisch-geomorphologische Charakteristik

Die vertikale Abfolge der verschieden resistenten Gesteinsschichten bedingt das typisch getreppte Stufenhangprofil 2. Den Stufensockel bildet das gering widerständige Gestein (Röt). Es besteht im Wesentlichen aus ▷ Ton-Mergelsteinen mit Einlagerungen von Gipsbänken. Aufgrund des hohen Tonanteils ist es wasserstauend und neigt zur Plastifizierung. Der im Röt ausgebildete ▶ Unterhang ist durchschnittlich 10-20° geneigt.

Der Muschelkalk erreicht Mächtigkeiten zwischen 180 und 300 m und wird in den Unteren, Mittleren und Oberen Muschelkalk unterteilt. Der Untere Muschelkalk (Wellenkalk) ist der landschaftsbestimmende Hauptstufenbildner. Der Wellenkalk, der sich in einzelne Teilkomplexe mit zwischengelagerten kristallinen Bänken untergliedert 4, besteht aus grauen, kompaktierten, ebenschichtigen bis gewellten Mergelkalken. Er ist engständig geklüftet, stark wasserwegsam und neigt zur Verkarstung. Der im Wellenkalk ausgebildete ▶ Oberhang ist durchschnittlich 35-40° geneigt. Wellenkalk und Röt bilden zusammen die Wellenkalk-Schichtstufe. Im Oberen Muschelkalk lässt die ca. 8 m mächtige Trochitenkalkbank eine eigenständige Steilstufe entstehen. Durch das flache Einfallen der Schichten zum Zentrum des Thüringer Beckens sind große Bereiche der Wellenkalk-Schichtstufe als ▶ Frontstufen ausgebildet. Schichtkämme finden sich z.B. an den Hörselbergen und an der Schmücke 7.

Massenverlagerungen am Wellenkalk-Schichtstufenhang

Die geomorphologisch auffälligsten Erscheinungen an den Hängen der Wellenkalk-Schichtstufe sind die Massenverlagerungen. Es konnten 744 Massenverlagerungsgebiete mit einer Gesamtlänge von 224 km und einer Gesamtfläche von 39,5 km^2 ausgewiesen werden (Beyer 2002). Demnach sind 22% der gesamten Schichtstufenlänge von Massenverlagerungen betroffen. An den Verlagerungsmechanismen sind Sturz-, Kipp-, Fließ- und v.a. Gleit- und Driftbewegungen beteiligt 4. Die Verlagerungsmechanismen bedingen einen typischen Formenschatz. Zunächst entstehen hinter dem Stufenrand Abrissspalten 6 A. Diese sind auf initiale Driftbewegungen zurückzuführen. Sinken dabei die Schollen in das plastifizierte Rötmaterial ein, entstehen Absatzschollen 6 B mit Vertikalversatzbeträgen im Dezimeter- bis Meterbereich. Mit steigenden Bewegungsbeträgen ändert sich der Formenschatz. Die Abrissspalten weiten sich zu bis über 20 m tiefen Abrissschluchten. Talwärts vorgelagert befinden sich Wellenkalkschollen, die man entsprechend ihrer Schroffheit als Mauerschollen 6 C bezeichnet. Im Laufe der Zeit werden die Formen abgerundeter und ausgeglichener (Wallschollen 6 D, Rückenschollen 7 E). Sturzverlagerungen 6 F bilden den spektakulärsten Formungsprozess am Wellenkalk-Schichtstufenhang. Hier kippen oder stürzen die oberen Teile einer Mauerscholle ab, nur ein von Blöcken und Schutt ummantelter Schollenstumpf bleibt stehen. Mit diesen Verlagerungen können Fließbewegungen im Röt einhergehen. Massenverlagerungen dieser Art werden nach Ackermann (1958) als Sturzfließungen bezeichnet.

Die großräumige Verbreitung der Massenverlagerungen wird durch die Verteilung der mittleren jährlichen Niederschlagshöhe wesentlich gesteuert. Es zeigt sich, dass die Stufenhänge im Westen und NW des Beckens mit jährlichen Niederschlägen >700 mm stärker von Massenverlagerungen betroffen sind als jene im Osten mit geringeren Jahresniederschlägen.◆

Rumpfflächenlandschaften

Klaus Hüser und Arno Kleber

Abtragungsfläche über schräg stehenden Tonschiefern nördlich von Marburg, Hessen

Mittelgebirge sind Bergländer, deren Höhen die obere Grenze des Waldes nicht oder nicht wesentlich überschreiten. In Deutschland ragen sie kaum mehr als 1000 m über den Meeresspiegel auf. Grundsätzlich lassen sich die deutschen Mittelgebirge in zwei Typen gliedern: ▸ Rumpfflächengebirge und Schichtstufenlandschaften (▸▸ Beitrag Beyer/Schmidt, S. 84).

Schon aus dem Wort Rumpfflächengebirge wird ersichtlich, dass in allen Mittelgebirgen die flächenhaften Reliefelemente überwiegen. Die ▷ Reliefenergie ist vielfach nur so gering ausgebildet, dass man beispielsweise im Hunsrück oder in Teilen des Bayerischen Waldes kaum den Eindruck hat, sich in einem Gebirge zu befinden. Große, v-förmig oder kastenförmig tief in die Umgebung eingeschnittene Täler wie das Mosel- oder Rheintal im Rheinischen Schiefergebirge lassen diese sonst flächenhaft geprägten Landschaften erst als Gebirge erlebbar werden.

Anders als in den ▸ Stufenflächenlandschaften sind in Rumpfflächengebirgen viele Felsflächen ohne erkennbare Abhängigkeit vom Gesteinsuntergrund, also gegen seine strukturellen Eigenschaften ausgebildet. Die Reliefoberfläche kann im Idealfall über sehr harte Quarzgänge und unmittelbar benachbarte, wesentlich weichere Tonschiefer in gleicher Weise hinwegziehen (▸ Foto).

Nicht alle Rumpfflächengebirge sind jedoch von einer einheitlichen Fläche in einer bestimmten Meereshöhe überzogen, sondern viele weisen Flächenbereiche in unterschiedlichen Höhenlagen auf und sind durch mehr oder weniger markante Stufen (Rumpfstufen) voneinander getrennt. Bei mehreren deutlich ausgebildeten Geländestufen spricht man auch von Rumpftreppengebirgen. Klassische Beispiele für solche durch Flächenstockwerke gegliederte Gebirge sind der Harz oder das Erzgebirge.

Abtragungsfläche – Oberbegriff für durch Abtragung entstandene Flachformen. Je nach Beziehung zum Untergrund unterscheidet man Rumpf- und Stufenflächen.

Diskordanz – Winkel, unter dem die Reliefoberfläche die darunter liegenden Gesteinsschichten schneidet

Rumpffläche – leicht gewellte bis ebene Reliefoberfläche, die nur geringe Abhängigkeit von den strukturellen Eigenschaften des Gesteinsuntergrundes zeigt. Im Idealfall schneidet sie diskordant einen Faltenwurf sehr unterschiedlicher Gesteinspakete oder kappt schräg gestellte Sedimentgesteine. R. werden daher auch als Schnittflächen, Skulpturflächen oder Diskordanzflächen bezeichnet.

Saprolit – tiefgründiger Gesteinszersatz, meist aufgrund intensiver chemischer Verwitterung unter feucht-warmen (tropischen) Bedingungen entstanden

Stufenfläche – Reliefoberfläche, die an den Ausstrich flach lagernder, abtragungsresistenter Sedimentgesteine angelehnt ist. Da sie in einem gewissen Maße an die Struktur des Untergrundes angepasst ist, wird sie auch als Strukturoder Akkordanzfläche bezeichnet.

subaërisch – an der Festlandsoberfläche gelegen und damit dem Einfluss der Atmosphäre, insbesondere der Verwitterung, ausgesetzt

Die Bildung von Rumpfflächen

Grundsätzlich können sich Rumpfflächen als Felsflächen in allen Gesteinstypen ausbilden. Ihr hauptsächliches Verbreitungsgebiet in Deutschland liegt jedoch in den Mittelgebirgen, die aus den kristallinen Gesteinen der alten Grundgebirge aufgebaut sind, d.h. vorwiegend aus ▷ metamorphen Schiefern aller Art, aus ▷ Gneisen, aber auch ▷ Quarziten und ▷ Graniten. Sie sind die heutigen Überreste eines einst wesentlich größeren Gebirgskomplexes, der als ▷ variszisches Gebirge bezeichnet wird. Dieses Gebirge war in alter geologischer Vergangenheit ganz ähnlich gebaut wie heute die weitaus jüngeren Alpen. In zwei großen Phasen – der bretonischen an der Wende ▷ Devon/ ▷ Karbon vor 355 Mio. Jahren und der sudetischen an der Wende Unter- zu Oberkarbon vor 320 Mio. Jahren – wurden die Gesteine unter hohem Druck aufgefaltet und gehoben. Gleichzeitig und nach Abschluss der Faltung und Hebung setzten verschiedene Abtragungsprozesse ein, die noch vor Ende des ▷ Paläozoikums, im ▷ Perm, dem Gebirge ein recht ähnliches Aussehen gaben, wie wir es heute vorfinden.

Entscheidend für die Frage der Bildung und vor allem der Bildungsdauer der Rumpfflächen unserer Mittelgebirge ist, ob das variszische Gebirge in seiner Gänze von den Ablagerungen der nachfolgenden Epochen bedeckt wurde oder nicht. Sieht man von der jüngsten Erdgeschichte, dem ▷ Känozoikum, ganz ab, so liegen heute in Deutschland in vielen Regionen die Konglomerate des ▷ Rotliegend, die Salze des ehemaligen Zechsteinmeeres, die Sandsteine und Tonsteine der ▷ Buntsandsteinzeit, die Kalke, Tone, Mergel und Gipse des ▷ Muschelkalk-Meeres, die ▷ Letten und Sandsteine des ▷ Keupers, die vielfältigen Kalksteine des Jura-Meeres und letztlich die ebenfalls vorwiegend marinen Ablagerungen der Kreidezeit an der Oberfläche. Der alte kristalline Sockel des variszischen Gebirges liegt oft in größerer Tiefe darunter. Einige der Flächen, bei denen Grundgebirgsgesteine die heutige Reliefoberfläche bilden, waren vermutlich nie von den Ablagerungen des ▷ Mesozoikums bedeckt (z.B. der größte Bereich des Rheinischen Schiefergebirges), bei anderen ist diese Bedeckung wieder völlig abgetragen worden.

1 Östlicher Bayerischer Wald
Typische Rumpfflächentreppe

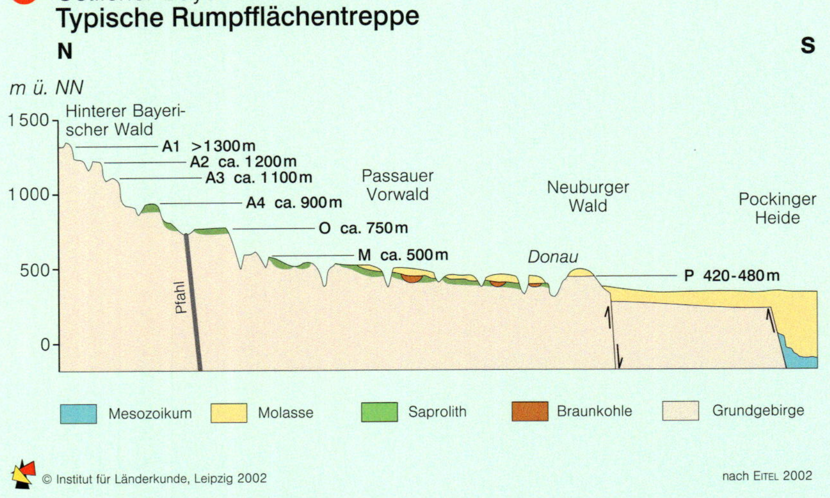

Das Flächenstockwerk des östlichen Bayerischen Waldes

Die Abbildung zeigt den Abfall des östlichen Bayerischen Waldes zum ▷ Molassebecken im Raum Passau/Freyung in einem charakteristischen S-N-Schnitt. Hier ist heute eine typische Flächentreppe vom Gipfelniveau bei etwa 1300 m NN bis in die Molasseebene bei rund 400 m NN entwickelt. Diese Region kann als Beispiel für viele andere Grundgebirge Deutschlands verstanden werden.
Nach den Vorstellungen Eitels werden die heute im Gebirgsinneren in großer Höhe von 900-1300 m NN liegenden Flachniveaus (A1 bis A4) als alte Rumpfflächen gedeutet, die zu ihrer Bildungszeit immer auf den damaligen Meeresspiegel eingestellt waren: A1 auf den Spiegel des Jura-Meeres, A2 auf den des Kreide-Meeres, A3 und A4 auf den der Molasse. Dazwischen kam es zu Phasen tektonischer Ruhe, so dass sich tiefere Flächensysteme jeweils auf Kosten gehobener Flächen ausbreiten konnten. Auf ein zumindest jahreszeitlich feuchtes Klima weisen neben Fossilienfunden Reste ehemals mächtiger ▸ Saprolithdecken hin. Dennoch bleibt die zeitliche Zuordnung der höheren Flächen recht spekulativ. Größere Sicherheit der Datierung besteht erst für die im ▷ Oligozän gebildete Basisrumpffläche (O-Fläche), die heute das dominante Flächensystem im südöstlichen Bayerischen Wald darstellt. Nach ihrer Bildungszeit setzte im Vorland immer stärker die Sedimentation der Molasse ein, die auf weite Bereiche des Grundgebirges übergriff und zur Reliefplombierung führte. Die aus dieser Zeit erhaltene Fläche (M) stellt also keine Rumpffläche mehr dar, sondern ist durch Aufschüttung entstanden, liegt aber möglicherweise einem Flachrelief auf. Danach erfolgten im ▷ Pliozän bei neuerlicher Hebung die Anlage der Urdonau mit der Bildung sog. Breitterrassen (P) und im ▷ Quartär die entscheidende Zertalung des Gebirgskörpers und seines Vorlands.

Das könnte bedeuten, dass viele Teile der heutigen Grundgebirge über das gesamte Mesozoikum und Känozoikum unter ▸ subaërischen Bedingungen standen und dementsprechend Abtragungsprozesse seit dem Beginn des Buntsandsteins oder gar des Perms ohne Unterbrechung andauerten. Wie viel Material über diesen unvorstellbar langen Zeitraum abgetragen werden konnte, zeigt beispielsweise das Fichtelgebirge. Von dessen Gipfelpartien sind rund 2 km Material entfernt worden, da Granite, wie sie heute die Gipfel des Ochsenkopfs und des Schneebergs aufbauen, nur in einer solchen Tiefe, also unter den Druck- und Temperaturbedingungen einer derart mächtigen Auflage, entstanden sein können.

Tektonik und Klima als steuernde Faktoren

Der letzte Befund weist außerdem darauf hin, dass viele der heutigen Rumpfflächengebirge gewaltige Hebungsprozesse erfahren haben. Während im Mesozoikum überwiegend epirogenetische, d.h. weitgespannte Auf- und Abbewegungen das variszische Gebirge gliederten und modifizierten, setzte seit der Kreide durch die Gebirgsbildung der Alpen eine neue tektonische Beanspruchung ganz Mitteleuropas ein. Der von

Süden her ausgeübte Druck bewirkte, dass einzelne Schollen entlang großer Verwerfungen aufstiegen, während andere einsanken und viele schräg gestellt wurden. Dieser als germanotype Tektonik bezeichnete Prozess hat für die Bildung wie für die geowissenschaftliche Deutung von Rumpfflächen erhebliche Konsequenzen.

Eine uralte, ehemals einheitliche Fläche konnte auf diese Art in verschiedene Teile zerbrechen und in unterschiedliche Meereshöhen gebracht werden, so dass alle Flächenreste, obwohl als Reliefeftreppe vorliegend, in ihrer Anlage gleich alt sind. Es kann aber auch bedeuten, dass über den langen Zeitraum seit der Kreide eine intermittierende Hebung erfolgte, wie z.B. in idealer Weise im Bayerischen Wald ❶. Möglich ist dabei auch, dass bei intermittierender Hebung randlich neue, vormals überdeckte Gebiete an den Hebungskomplex „angeschweißt" wurden.

Es bedarf auch besonderer klimatischer Bedingungen zur Anlage großer Rumpfflächen, die über einen heterogenen Untergrund hinweggreifen. Es ist inzwischen überwiegend anerkannt, dass wechselfeucht-tropische Klimate die Rumpfflächenbildung außerordentlich begünstigen, da die intensiv wirkende chemische Verwitterung – bei genügend langen Zeiträumen tektonischer Stabilität – der entscheidende Schrittmacher einer aktiven Flächenbildung zu sein scheint. Somit kommt dem Lösungsabtrag gegenüber dem mechanischen Abtrag eine wesentliche Rolle zu. Zahlreiche Altflächenreste unserer Mittelgebirge tragen noch heute Spuren intensiver Verwitterungsbedingungen in Form mächtiger, in ihren oberen Abschnitten schon wieder abgetragener Verwitterungsprofile (▶ Saprolite) und Tonlagerstätten. Erinnert sei an die Kaoline des Kannenbäcker Landes im Westerwald oder auch an solche im Fichtelgebirge (▶▶ Beitrag Lahner/Lorenz, S. 48).

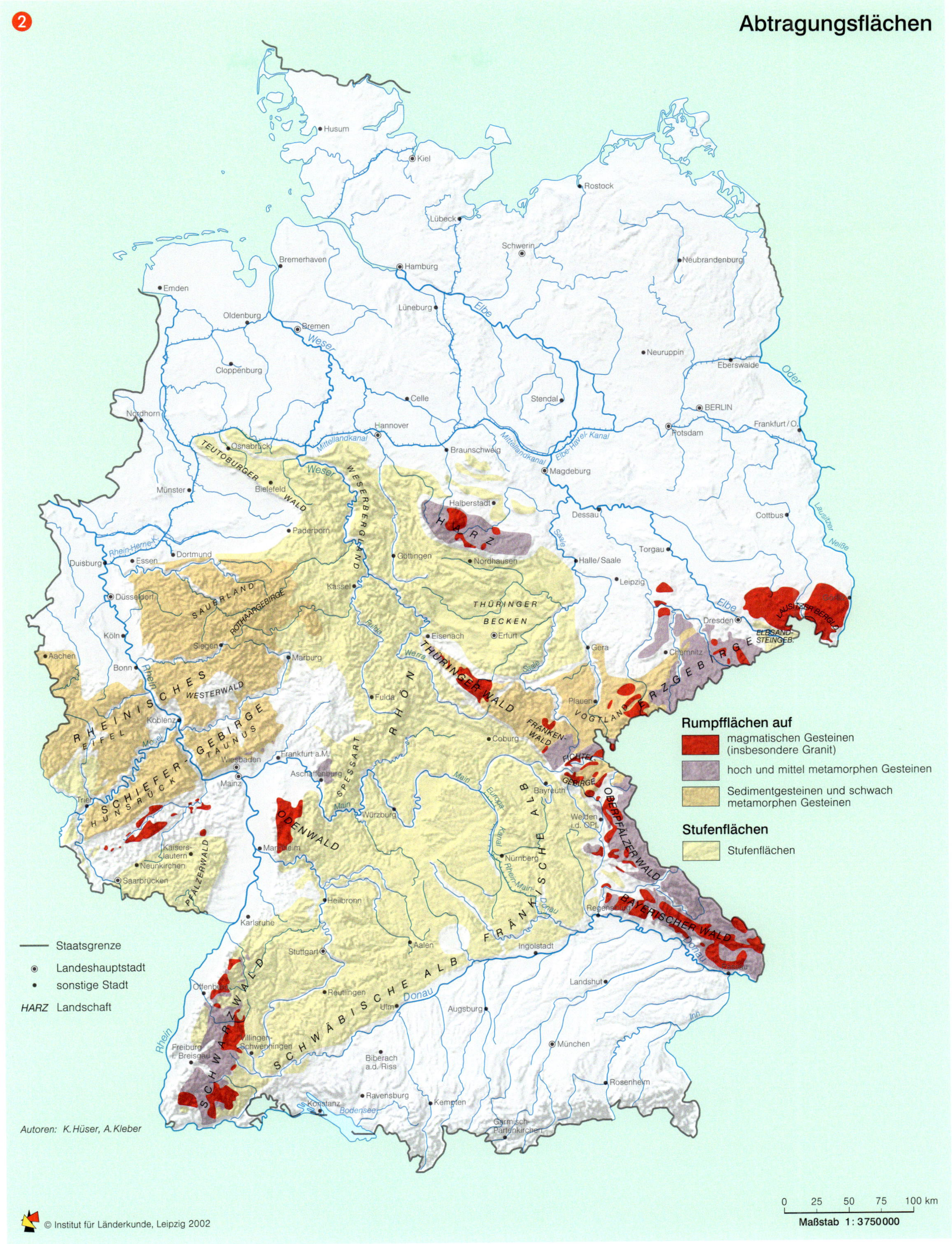

Der Faktor Zeit

Unabhängig von den geschilderten exogenen und endogenen Bedingungen zur Rumpfflächenbildung kommt der für diesen Prozess zur Verfügung stehenden Zeitdauer wahrscheinlich die größte Bedeutung zu. Darauf weist schon die globale Verbreitung perfekter Rumpfflächen hin. Bevorzugt lassen sie sich in den tropischen Teilkontinenten des ehemaligen Urkontinents Gondwana finden; sie sind damit Reliefoberflächen, die außerordentlich lange von subaërischer Abtragung betroffen waren, wobei die Klimageomorphologie inzwischen davon ausgeht, dass Flächen selbst aus ▷ jurassischer und ▷ kretazischer Zeit zumindest in Resten in unseren Mittelgebirgen erhalten sind, Phasen, in denen ebenfalls überwiegend warm-feuchtes Klima vorherrschte.

Stufenflächen des Deckgebirges

Die genannten klimatischen Rahmenbedingungen herrschten auch im Gebiet des Deckgebirges mit seinen mesozoischen Gesteinen. Da ▶ Abtragungsflächen meist ein geringes Gefälle anstreben und die Gesteine ebenfalls flach lagern, ist die ▶ Diskordanz nur gering ausgebildet und der Schnittcharakter der Flächen schwer zu erkennen. Nahe beieinander liegende Flächen gleicher Höhenlage, die über stark wechselnde Gesteine hinwegziehen wie in der Gäufläche Unterfankens, sind somit selten. Ebenso selten sind jedoch Flächen, die ganz exakt das Gefälle der Sedimentgesteine nachzeichnen, wie die Malm-Beta-Fläche der Schwäbischen Alb.◆

Fluss- und Tallandschaften

Jürgen Herget

Abflussregime – der mittlere jährliche Abflussgang, dessen Schwankungen durch die jahreszeitliche Verteilung des Niederschlags und den Zeitpunkt der einsetzenden Schneeschmelze im Frühjahr gesteuert wird

Terrasse – Verebnungen am Hang, die nach oben und unten durch steilere Böschungen begrenzt werden

Flussterrassen – Reste ehemaliger Talböden, die nach weiterer Eintiefung eines Tales am Hang zurückblieben

Fluss- und Tallandschaften werden im Betrachtungsmaßstab einer gesamtdeutschen Übersicht durch die dominante Verbreitung von ▸ terrassenförmigen Flussablagerungen angezeigt. In Regionen, in denen die abtragende Wirkung der Fließgewässer dominiert, fehlen diese weitgehend. Dies schließt jedoch nicht aus, dass sie von Tälern zerschnitten und von Flüssen durchflossen werden, die auch lokal Ablagerungen hinterlassen haben. Prägend sind hier aber andere Faktoren, die in der Typisierung der Landschaft der ▷ fluvialen Aktivität übergeordnet werden, wie es beispielsweise in ▷ Jungmoränen- und Schichtstufenlandschaften oder den Alpen als Hochgebirge deutlich wird (▸▸ Beitrag Liedtke/Mäusbacher, S. 58). Wie ein Blick auf die Übersichtskarte zeigt, fehlen oberflächennahe Flussablagerungen in weiten Teilen des norddeutschen Flachlands und sind im Bereich der Mittelgebirge nicht flächenhaft verbreitet. Worin ist die Ursache hierfür zu suchen?

Terrassenfreier Norden

In Norddeutschland sind die Regionen bis zum Tal der Elbe im Süden und der Oder im Osten durch die Ablagerungen der Nordischen Vereisung während der letzten Eiszeit überprägt worden (▸▸ Beitrag Liedtke, S. 66), so dass ältere Flussablagerungen nicht erhalten blieben. In dem kuppigen Jungmoränenrelief konnte sich im ▷ Holozän kein reifes Entwässerungsnetz entwickeln, so dass zum Teil noch (abflusslose) Binnenentwässerungsgebiete vorkommen. Weite Bereiche der Küstengebiete Nordwestdeutschlands sind durch die Veränderungen der Küstenlinien geprägt, weshalb auch in den Mündungsbereichen der größten Flüsse Ems, Weser und Elbe fluviale Sedimente durch Meeresablagerungen überdeckt werden.

Aufschüttungsregion des Norddeutschen Flachlandes

In dem südlich angrenzenden Bereich des Norddeutschen Flachlands sind demgegenüber weite Gebiete durch Flussablagerungen geformt. Während Niederrhein, Ems, Weser und Elbe insbesondere in ihrem unteren Mittellauf die natürlichen Hochwassergebiete durch ausgedehnte Ablagerungen markieren, stellt das östlich von Berlin gelegene Oderbruch als später verfülltes eiszeitliches Ausräumungsbecken einen Sonderfall dar. Auffallend sind ferner die breiten Bereiche entlang der Flüsse, die von der ▷ weichsel-/würmeiszeitlichen Niederterrasse eingenommen werden. Während der letzten Eiszeit sind hier die Flüsse in einem breiten und relativ flachen Bett in zahllose Arme aufgeteilt geflossen; man spricht von einem verwilderten Gerinnebettmuster. Während der intensiven und kurzzeitigen Hochwässer der Schneeschmelze im Frühjahr haben sie ständig ihren Lauf gewechselt, konnten dabei aber die von den angrenzenden Hängen zugeführten Schuttmassen nicht vollständig abführen, so dass es zur weiträumigen Ausbildung von Aufschüttungsterrassen kam. In diese komplex aufgebaute Niederterrasse **1** haben sich anschließend die Flüsse erneut eingeschnitten und ihr heutiges Bett mit Überflutungsbereich ausgeformt.

2 Terrassen am unteren Mittelrhein

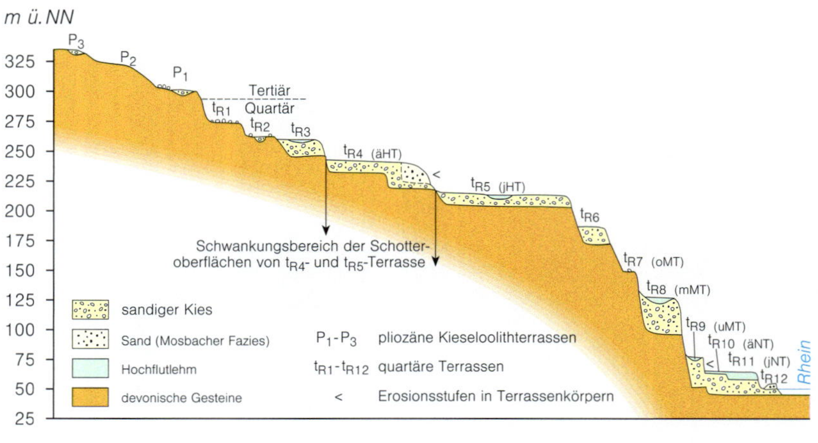

nach Bibus 1980

Terrassenarme Mittelgebirge und Alpen

Die Mittelgebirge und Alpen sind durch Hebungstendenzen gekennzeichnet. Dies führte dazu, dass die Flüsse sich in Form enger steilwandiger Kerbtäler linear eingeschnitten haben und dabei keinen Raum für ausgedehnte ▸ Terrassenlandschaften ließen. Dabei hat sich der ursprüngliche ▷ mäandrierende Verlauf erhalten, konnte jedoch die typische Dynamik der Verlagerung der Flussschlingen nicht beibehalten; im Gegensatz zu den frei verlaufenden Flachlandflüssen bildeten sich Zwangsmäander aus. Durch zyklische Hebungsimpulse, die sich mit Aufschotterungsphasen überlagerten, kam es zur Ausbildung von Terrassentreppen **2**. Nur vereinzelt haben sich auf den die Täler begrenzenden Hochflächen Terrassenreste wie etwa an der Mosel oder am Main erhalten oder in den Talböden größere Auenbereiche entwickelt.

Senkungsgebiete

In tektonischen Senkungsgebieten wie dem Oberrheintalgraben, der Niederrheinischen Bucht oder dem Alpenvorland kann es zu einer mächtigen Akkumulation von Sedimenten kommen. Je nachdem, ob die Absenkung schneller als der Sedimentnachschub stattfindet sowie großräumig und mit Kippungen verbunden ist wie im Alpenvorland oder ob sie in Bruchschollen gegliedert wie am Niederrhein verläuft, können sich Treppen aus reinen Aufschotterungsterrassen wie an Iller, Günz und Lech entwickeln oder mächtige Terrassenstapel wie im zentralen Bereich des Oberrheingrabens bilden.◆

1 Leipziger Tieflandsbucht: Muldetal oberhalb von Bitterfeld
Sedimentfolge und Morphologie eines jungquartären Tales
Profil nach Tagebauaufnahmen und Bohrungen

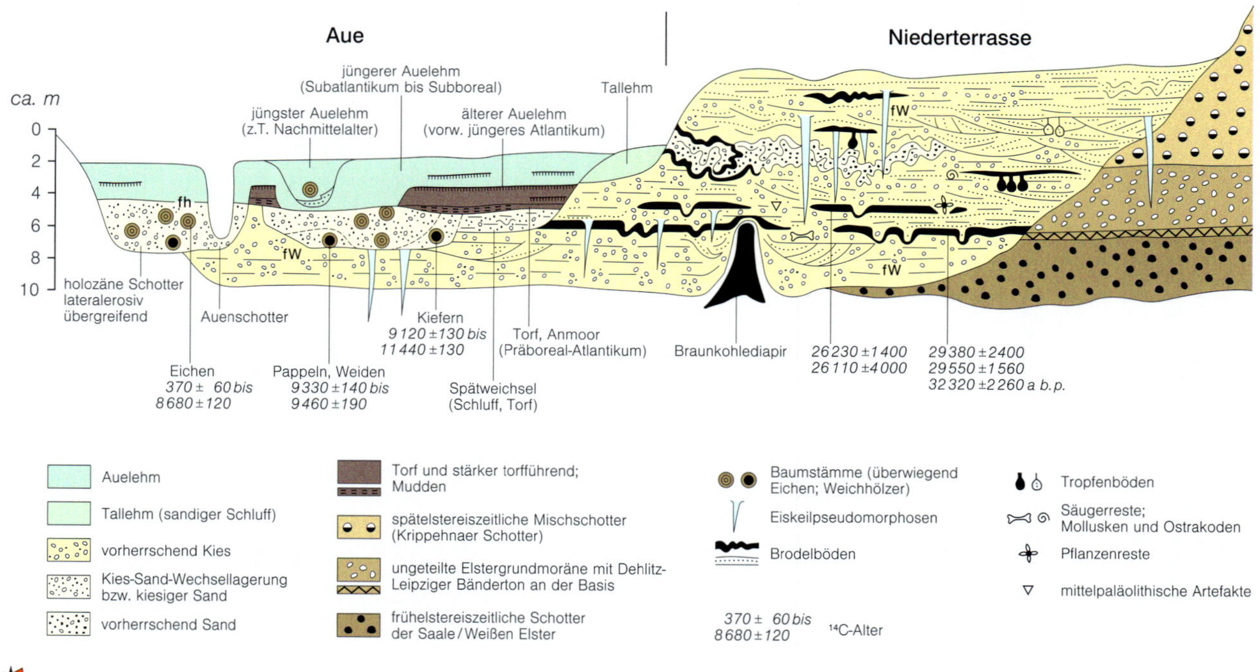

nach Eissmann 1994

3

Fluviale Ablagerungen in Flusslandschaften

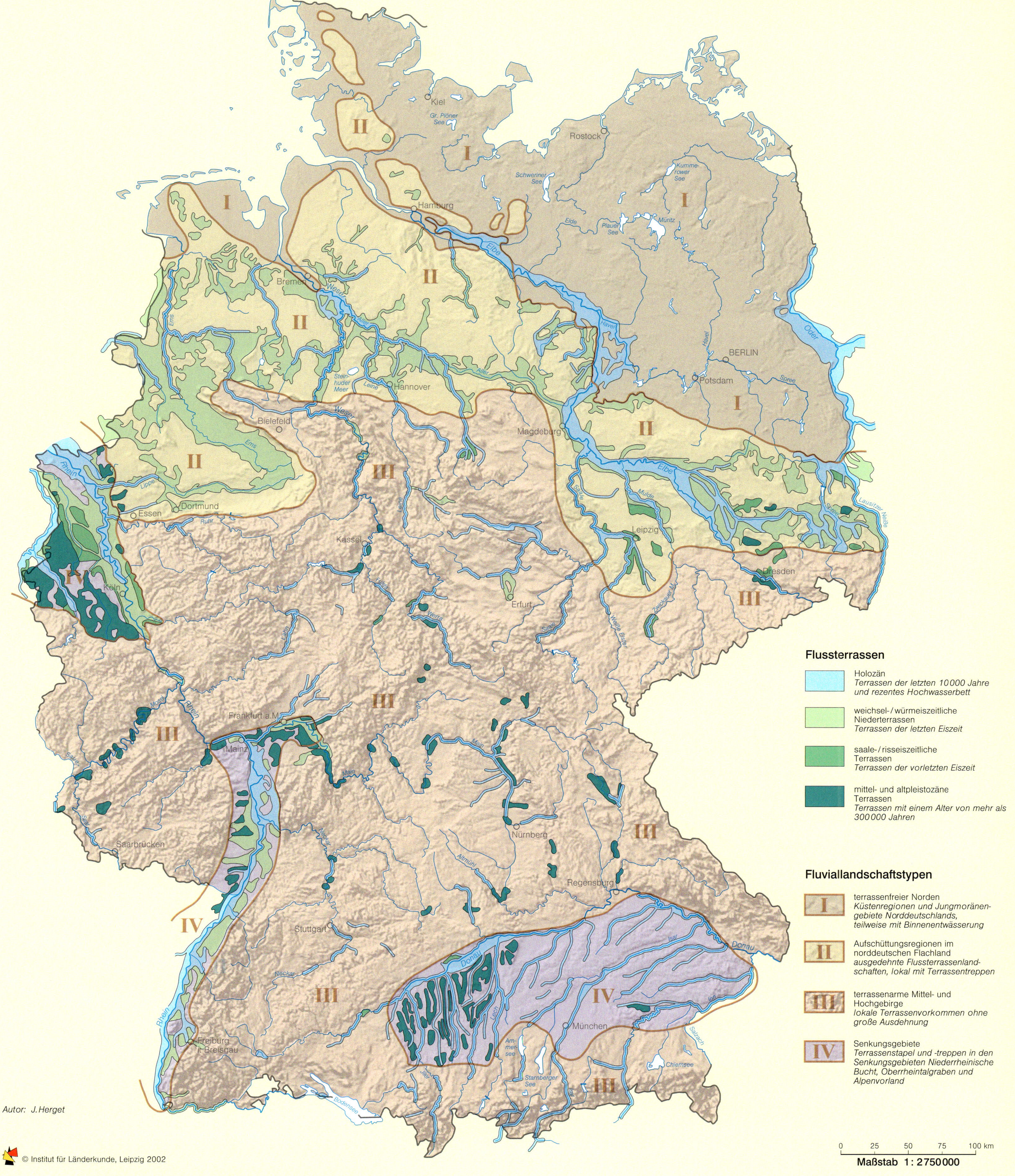

Autor: J. Herget

Stromregulierung des Oberrheins

Rüdiger Mäckel und Jochen Seidel

❶ Neuenburger Rheinebene
Veränderung des Grundwasserspiegels vor und nach der Rheinkorrektur

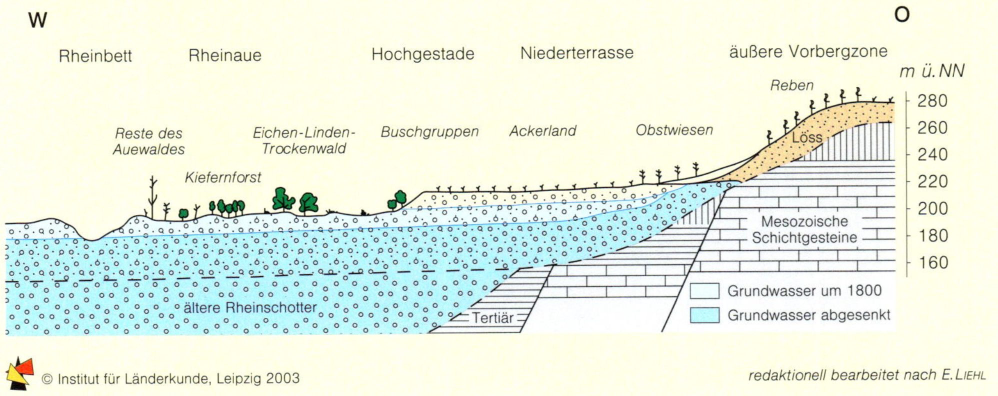

redaktionell bearbeitet nach E. Liehl

❷ Oberrhein
Rückhalteräume für Hochwasserschutz und Auenrevitalisierung 2002

Autor: Atlasredaktion

(oben) Blick auf den kanalisierten Rhein bei Niffer (Elsaß) nach Süden, links der Isteiner Klotz bei Kleinkembs

(unten) Staustufe Rhinau, Inbetriebnahme 1964, installierte Leistung 168 MW

Das Oberrheintiefland entstand durch großräumige ▷ tektonische Bewegungen im ▷ Tertiär entlang überwiegend Nord-Süd- (rheinisch-) gerichteter Verwerfungen. Zu Beginn des ▷ Holozäns fand im Oberrhein ein flussdynamischer Umbruch zu einem ▷ mäandrierenden Fluss mit gleichmäßigerer Wasserführung und wenigen Flussarmen statt. Eine verstärkte ▷ Tiefenerosion mit der Herausbildung einer Niederterrassenkante (Hochgestade) war die Folge. Durch unterschiedliche Gefälle haben sich drei flussmorphologische Abschnitte herausgebildet: Die ▷ Furkationszone von Basel bis Sasbach (Gefälle 1‰), die Mäanderzone von Karlsruhe bis Mainz (Gefälle 0,3‰) und dazwischen eine Übergangszone (Gefälle 0,5-0,8‰).

Ausbau durch Tulla

Größere Ausbaumaßnahmen des Oberrheins begannen mit dem Hochwasserschutzprogramm von J. G. Tulla, das von 1830 bis 1870 verwirklicht wurde ❸. Ziel dieses Programms war es, die Überschwemmungen einzudämmen, den Rhein als schiffbare Wasserstraße in ein gesichertes Abflussbett zu zwingen, durch Trockenlegung neues Kulturland zu gewinnen und Seuchenherde in Feuchtgebieten zu beseitigen (z.B. Malaria). Durch Flussbegradigungen gelang eine Veränderung der Linienführung und eine Verkürzung der Laufstrecke von 13% in der Furkations- bzw. 37% in der Mäanderzone. Durch diese Maßnahmen trat eine Erhöhung der Fließgeschwindigkeit und damit eine verstärkte Tiefenerosion ein, die zum Absinken des Grundwasserspiegels führte. Aus der sumpfigen und mit Altarmen durchzogenen Rheinaue wurde ein land- und forstwirtschaftlich genutztes Gebiet. Die Gefahr der häufigen Überflutungen verringerte sich. Die Erosionsprozesse verliefen jedoch stärker als von Tulla geplant, führten am südlichen Oberrhein zur erhöhten Einschneidung (5-7 m) und am mittleren Lauf zu unerwünschter ▷ Sedimentation. Vor allem im Abschnitt zwischen Basel und Breisach breiteten sich anstelle der Auenvegetation trockenheitsliebende Pflanzengesellschaften aus.

Ausbau im 20. Jh.

Der Rheinkorrektur von Tulla folgte zu Beginn des 20. Jhs. die Rheinregulierung durch M. Honsell. Sie führte mit dem Einbau von Buhnen und Leitwerken in das Strombett zur erhöhten Tiefenerosion und damit zur Offenhaltung der Schifffahrtsstraße.

Besonders tief greifende Veränderungen erfuhr die Auenlandschaft nach dem Ersten Weltkrieg. Der noch heute gültige Versailler Vertrag von 1919 regelt den Ausbau und die Nutzung des Oberrheins. Darin wird Frankreich das Recht auf Ausbau und Wasserentnahme sowie das Anlage- und Wegerecht auf der rechtsrheinischen Seite zugestanden. 1927 wurde mit dem Bau des Grand Canal d'Alsace (Rheinseitenkanal) begonnen, der 1959 bis Breisach fertiggestellt wurde und hauptsächlich der Energiegewinnung dient (▶ Foto). Durch den parallel zum Rhein geführten Kanal mit einer vertraglich geregelten Durchflussmenge von 1160 m³/s gelangt nur noch eine geringe Wassermenge in den sog. Restrhein, was eine weitere Grundwasserabsenkung mit Vegetationsveränderung und Austrocknung der Rheinaue zur Folge hat ❶.

Im Luxemburger Vertag von 1956 verpflichtete sich die Bundesrepublik Deutschland, die Mosel als Großschifffahrtsstraße von der deutsch-französischen Grenze bis Koblenz auszubauen. Im Gegenzug verzichtete Frankreich auf den Weiterbau des ursprünglich bis Straßburg geplanten Rheinseitenkanals. Statt dessen wurde der Rhein mit der Schlingenlösung weiter ausgebaut. Durch diese Maßnahme konnte ein Absinken des Grundwasserspiegels in diesem Abschnitt verhindert werden, die Rheinaue blieb weitgehend erhalten.

Im Pariser Vertrag von 1969 wurde der weitere Ausbau des Rheins als Schifffahrtsstraße zwischen Straßburg und Lauterbourg durch eine Vollkanalisierung mit in den Fluss integrierten Schleusen und Wasserkraftwerken bei Gambsheim und Iffezheim geregelt. Insgesamt hat Frankreich zwischen 1932 und 1977 zehn Wasserkraftwerke mit einer Leistung vom 1500 MW entlang des Oberrheins gebaut (▶ Foto).

Das Integrierte Rheinprogramm

Im von Baden-Württemberg aufgelegten Integrierten Rheinprogramm (IRP) sollen der Hochwasserschutz sowie die Wiederherstellung der Wechselbeziehung Oberflächenwasser – Grundwasser und der naturnahen Auenlandschaft erreicht werden. Einzelne Maßnahmen umfassen die Schaffung von Rückhalteräumen für Hochwasser (Polder) und die Dammrückverlegung ❷. Zwischen der Zielsetzung des IRP und der bestehenden Bewirtschaftung ergeben sich Nutzungskonflikte. In der Forstwirtschaft könnte die Flutung produktive Bestände gefährden. Für die Auenrenaturierung müssten landwirtschaftliche Nutzflächen aufgegeben werden, großflächiger Kiesabbau, aber auch Aktivitäten im Bereich Freizeit und Erholung, Jagd und Fischerei müssten eingeschränkt werden.◆

Oberrhein bei Breisach

Veränderungen durch Ausbaumaßnahmen im 19. und 20. Jahrhundert

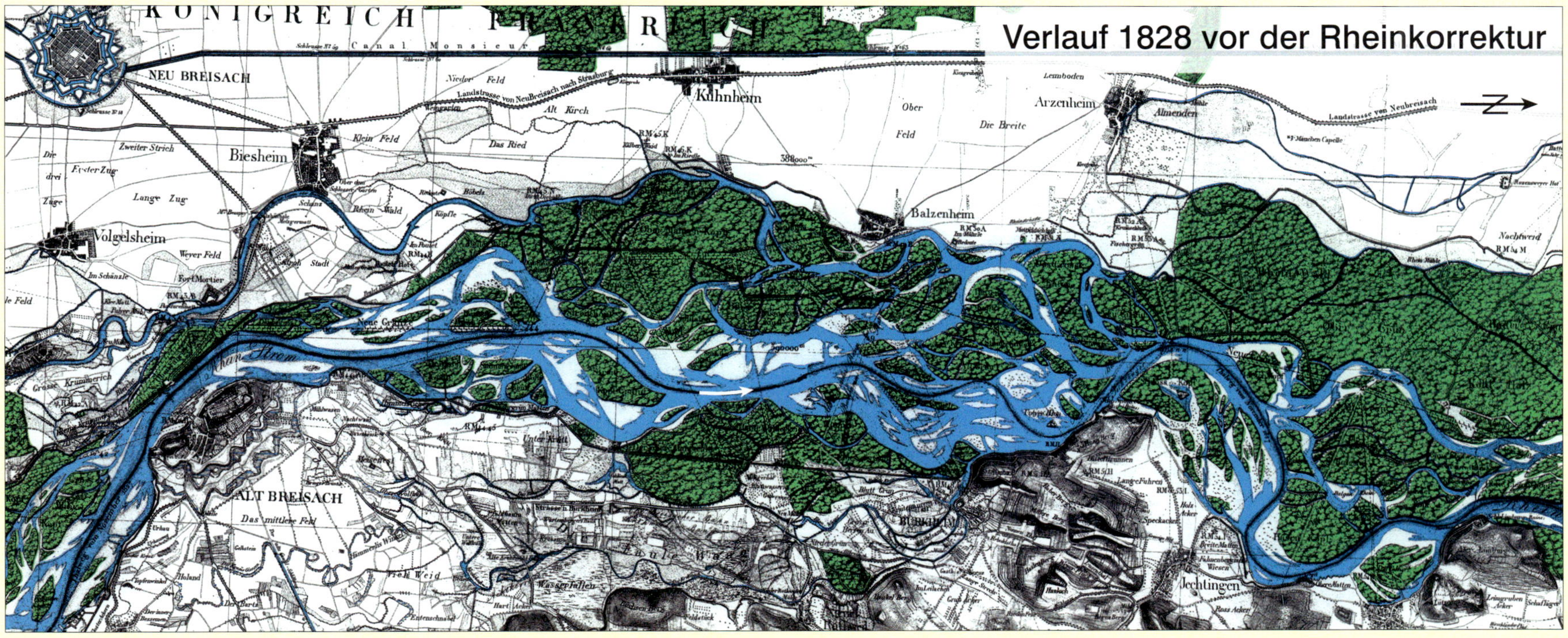

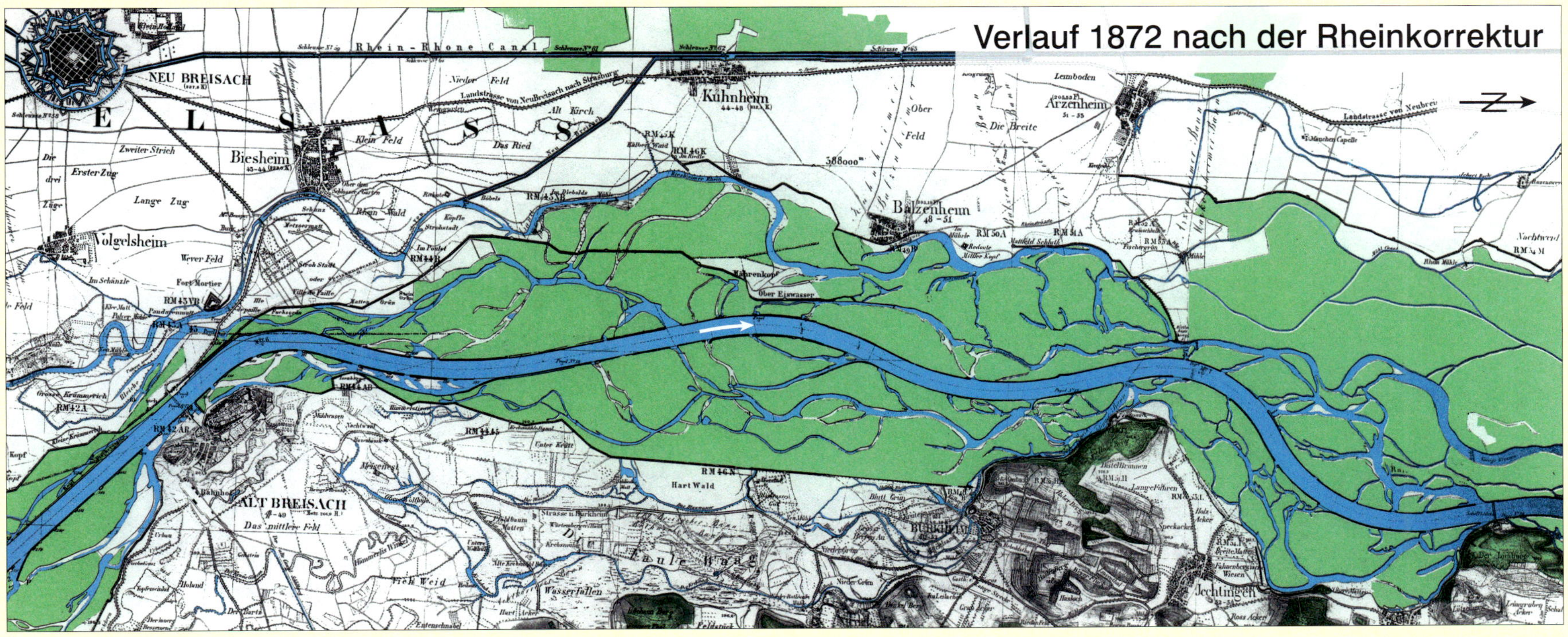

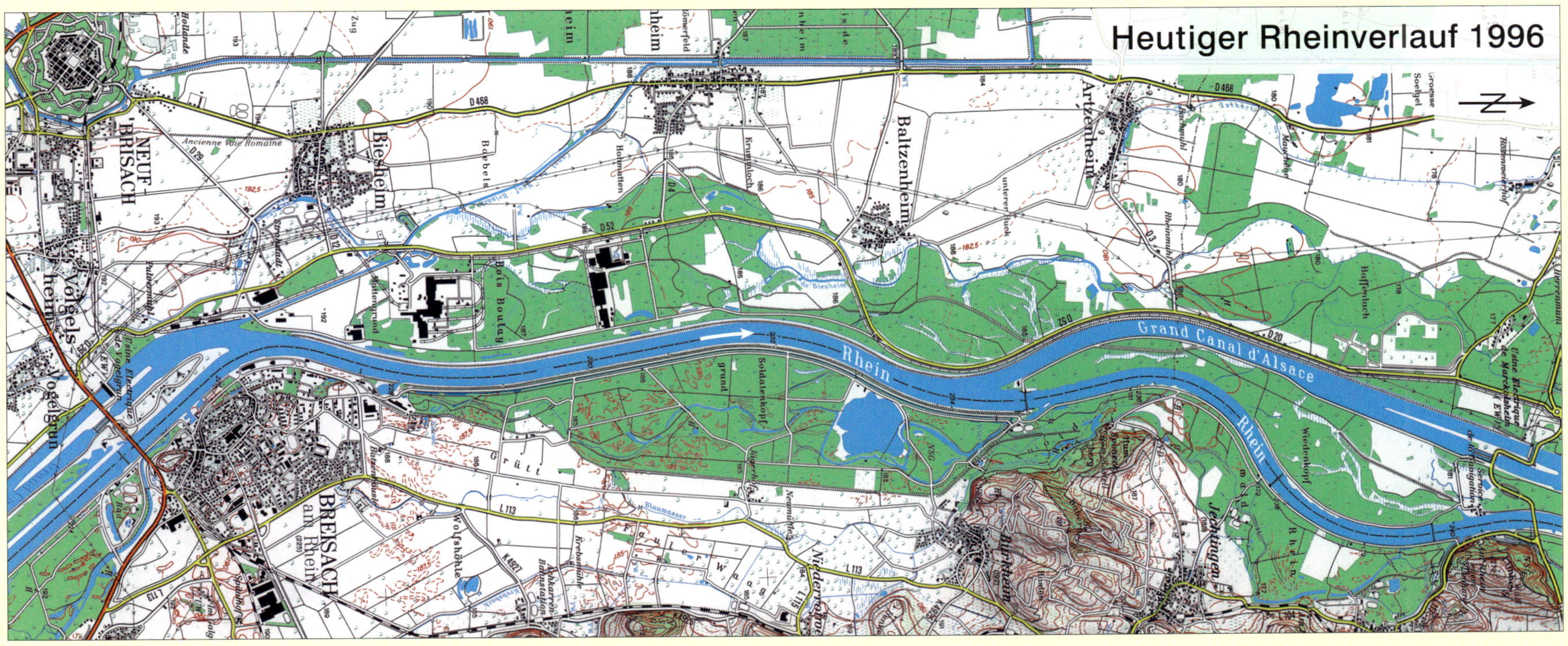

Karte oben und in der Mitte:
nach Hydrologischer Atlas der Bundesrepublik Deutschland 1978–1979

Grundlage der Karte unten: Topographische Karte 1:50 000 Baden-Württemberg
© Landesvermessungsamt Baden-Württemberg (www.lv-bw.de), vom 12.03.03, Az.: 2851.2-A/517.

0 1 2 km

Maßstab 1 : 70 000

Karstlandschaften

Karl-Heinz Pfeffer

Karstlandschaft der Schwäbischen Alb bei St. Johann – Kuppenalb mit flachen Trockentälern

Karstlandschaften ❸ sind durch das Zusammenwirken der Geofaktoren ▶ lösliche Gesteine und unterirdische Entwässerung sowie durch daraus resultierende Lösungsformen geprägte Landstriche. Mitteleuropäische Karstlandschaften haben sich seit dem ▷ Tertiär entwickelt und sind im ▷ Quartär ▷ periglaziär überprägt worden. ▷ Lösseintrag und periglaziäre Lagen überdecken die Landschaften. Der durch Dauerfrost plombierte Untergrund ließ zeitweise eine oberflächliche Entwässerung mit Talbildung zu. Diese Täler, die am Ende der ▷ Permafrostphase trockenfielen, wurden zu Trockentälern. Diese prägen zusammen mit ▶ Karstwannen und ▶ Dolinen heute die Karstlandschaften.

Das Beispiel Schwäbische Alb

Die Schwäbische Alb ist ein 200 km langes, ca. 40 km breites Mittelgebirge zwischen Bodensee und Nördlinger Ries in einer Höhenlage von über 1000 m im Südwesten und ca. 600 m im Nordosten ❶. Sie ist eine im oberen weißen ▷ Jura entwickelte Karstlandschaft mit Löss, periglazialen Lagen und ▷ Paläoböden.

Den Nordrand bildet eine über 400 m hohe Schichtstufe des weißen Juras, im Süden tauchen die Schichten des Juras unter die ▷ Molasse des Alpenvorlandes unter. Entlang der Schichtstufe im Westteil der Alb dominiert eine dem Schichtenverlauf der Oxford-Bankkalke folgende Ebenheit (Schichtflächenalb), südlich einer SW-NO verlaufenden Linie, die als „Klifflinie" die nördliche Verbreitung der Oberen ▶ Meeresmolasse darstellt, dominiert ein flächenhaftes Relief mit Karstwannen, Dolinen und Trockentälern, während nördlich der Klifflinie besonders Kuppen sowie Karstwannen, Dolinen und Trockentäler den Formenschatz prägen.

Die Alb wurde am Ende der Jurazeit Abtragungsgebiet. Ohne tief greifende ▶ Karsthydrologie entwickelte sich ein flächenhaftes Relief mit ▷ Kaolintonen und ▶ Bohnerzen. Auf dem Flachrelief ▶ transgredierte das Molassemeer bis zur Klifflinie. Danach war die Alb ein Flachrelief mit Seen der oberen Süßwassermolasse. Nördlich der Klifflinie entwickelte sich ein ▶ Korrosionsrelief mit Herauspräparierung der Riffe, während südlich erst die Molassebedeckung abgetragen wurde. Mit der Eintiefung der Donau und des Neckar-Rheinsystems entwickelte sich die tief greifende Karsthydrologie mit der Genese der Karsthohlformen. Die Kaltzeiten des Quartärs unterbrachen diese Prozesse, Permafrost ermöglichte oberflächlichen Abfluss mit Talbildung und der Herauspräparierung der Riffkuppen. Eingewehter Löss und periglaziale Fließerden verdeckten und verfüllten teilweise die Hohlformen. Am Ende der Permafrostphase lebte die Karsthydrologie wieder auf, die Täler fielen trocken und die periglaziäre Überdeckung über gut entwickelten Karströhren wurde erodiert, es entstanden ▶ Erosionsdolinen in der Überdeckung. Instabile einbrechende Hohlräume pausten sich als ▶ Einsturz-

❶ Schwäbische Alb
Geomorphologie der Kuppenalb

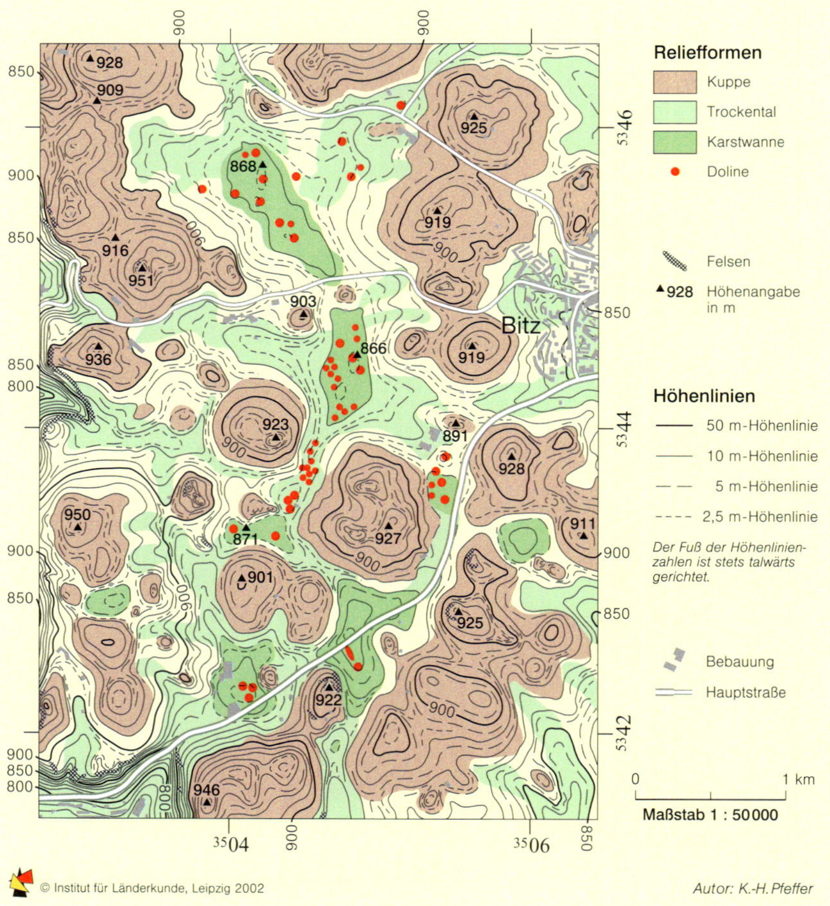

❷ Südwestdeutschland / Schwäbische Alb
Naturräumliche und morphologische Gliederung

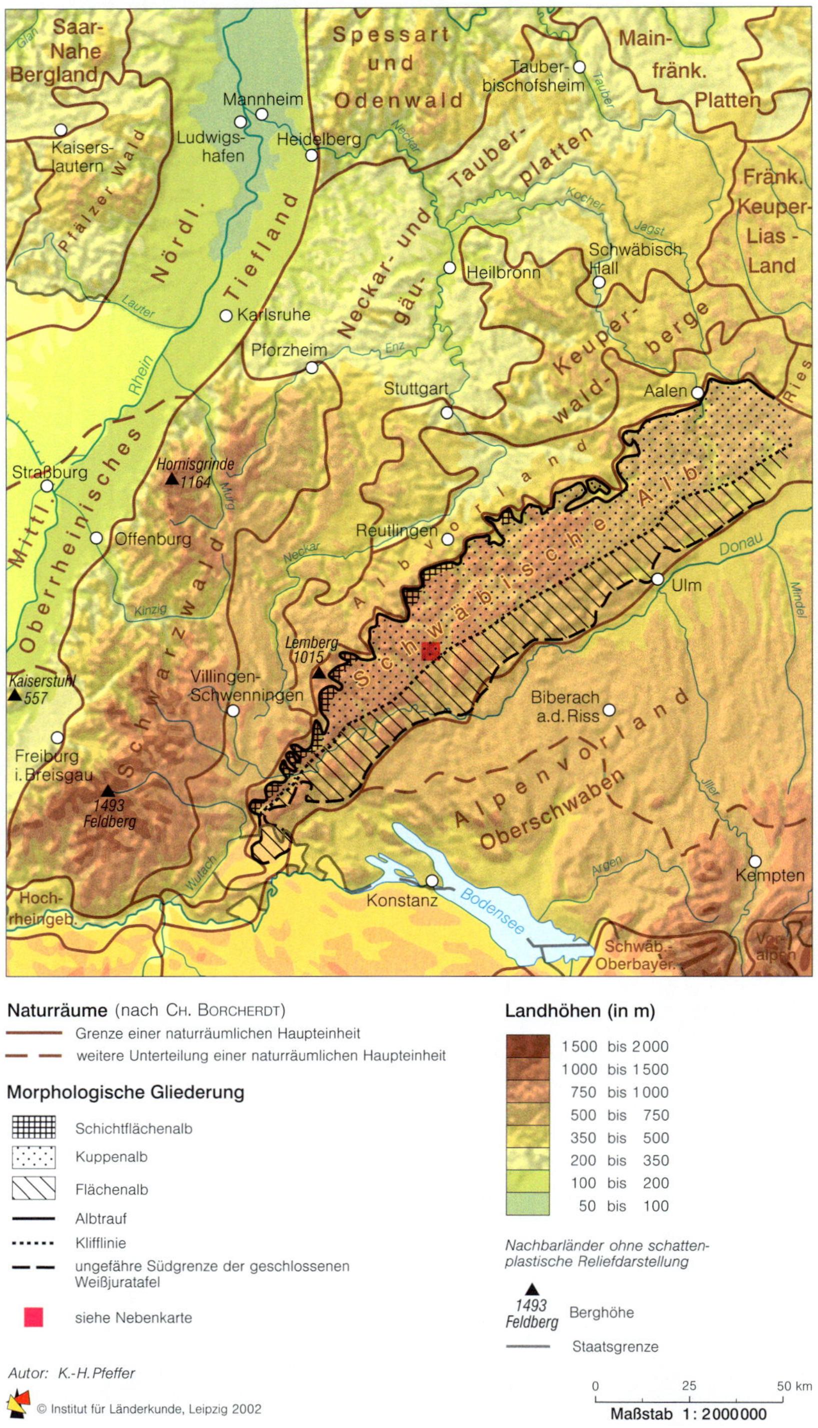

Bohnerze – Eisenkonkretionen in toniger Matrix

Doline – schüsselförmige, unterirdisch entwässernde, geschlossene Hohlform, die durch Lösungsvorgänge entsteht. **Erosionsdolinen** sind Hohlformen, die durch Erosion von Deckschichten über dem Kalk, entstehen, **Einsturzdolinen** durch Nachbruch über Höhlen, **Lösungsdolinen** durch Gesteinslösung, ausgehend von der Erdoberfläche; **Erdfälle** sind Hohlformen durch Einbrechen von Deckschichten über dem Kalk.

Karstformen (in Mitteleuropa) **–** Oberflächenformen, die durch Lösung von Gesteinen und unterirdischer Entwässerung entstehen: Lösungsrinnen (Karren), Dolinen, Karstwannen u.a.

Karsthydrologie – Gewässerkunde des Karst. Weisen Regionen mit löslichen Gesteinen einen Gradient gegenüber der Umgebung auf, dann sickert Wasser durch die Klüfte zum Vorfluter. Die Klüfte werden durch Lösungsvorgänge zu Röhrensystemen, das Wasser wird unterirdisch abgeführt. Im Gebirgsinnern entstehen Höhlen, Haupröhrensysteme konzentrieren den Abfluss, und am Rande der Karstregion treten stark schüttende Quellen auf. Karstgebiete sind große Wasserreservoire.

Karstwannen – große, flache geschlossene Hohlformen, in denen häufig Dolinen entwickelt sind

Kolluvisole – durch menschliche Eingriffe umgelagerte Böden

Korrosionsrelief – Oberflächenformen, die auf Lösungsprozesse mit unterirdischer Entwässerung zurückgehen

lösliche Gesteine – Salz, Gips, Kalk, Dolomit; sie zeigen mit Wasser oder CO_2-haltigem Wasser rasche Auflösungserscheinungen.

Meeresmolasse – Meeresablagerungen im Alpenvorland vor 20 Mio. Jahren

transgredieren, Transgression – das Vorrücken eines Meeresbereichs auf ein Festlandgebiet durch Ansteigen des Meeresspiegels

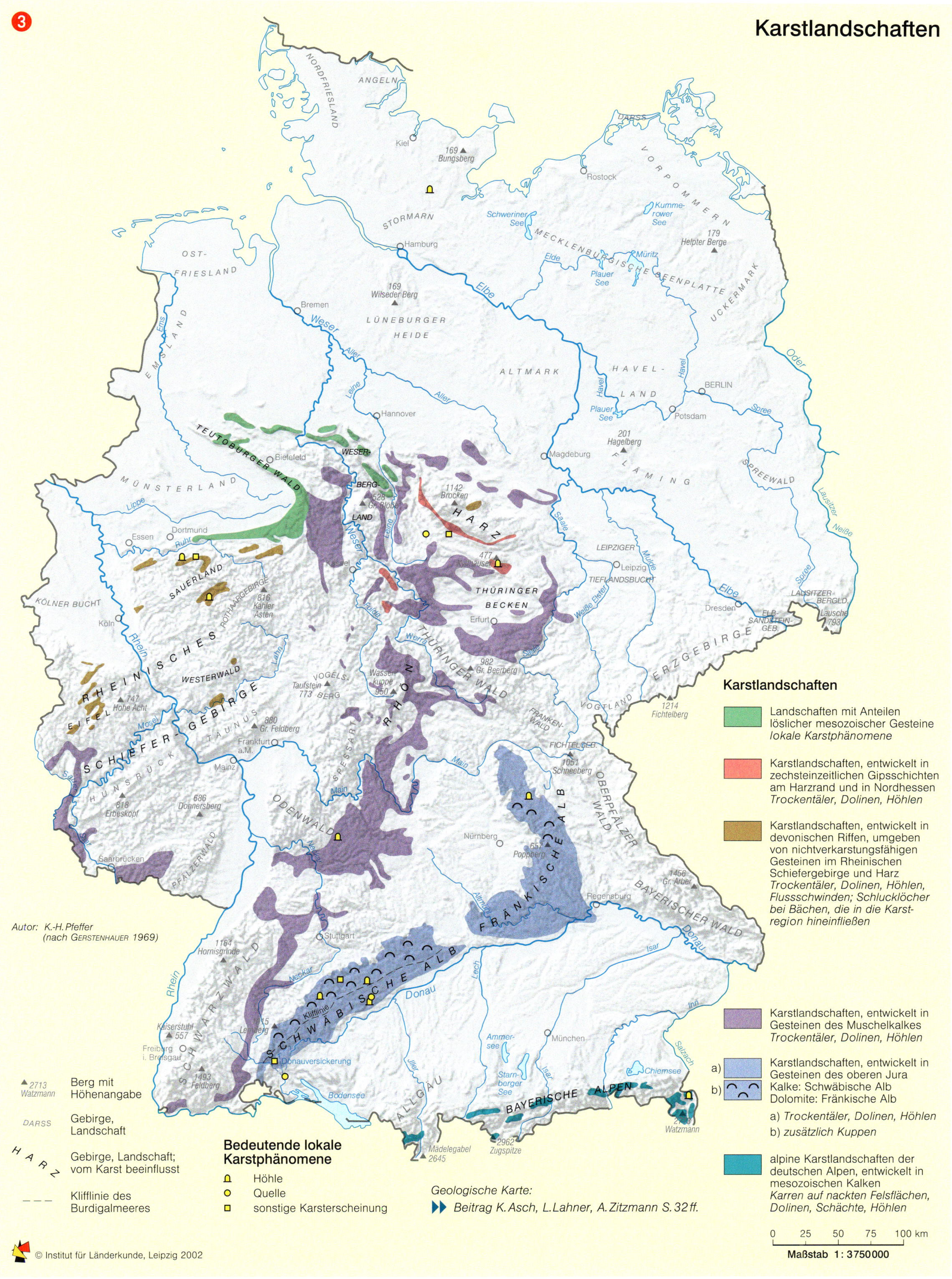

dolinen an die Landoberfläche durch 2.

In den lösshaltigen periglaziären Lagen entstanden ▷ Parabraunerden, die in ▷ Terra fusca über dem anstehenden Kalk oder den kalkigen Basislagen übergehen (▶▶ Beitrag Adler u.a., S. 100 ff.).

Besiedlung und Bewirtschaftung

Die Alb ist seit der Hallstattzeit (ca. 800-400 v.Chr.) besiedelt. Die Gewinnung von Eisen aus Bohnerzen und die Eisenproduktion sowie Ackerbau und jahrhundertelange Beweidung mit Schafen und Ziegen haben ihr Ökosystem nachhaltig verändert. Waren primär Laubmischwälder mit Buchendominanz vorhanden, so ist durch die menschliche Nutzung eine offene Agrarlandschaft mit Zeugen der Jahrhunderte währenden Bodenerosion entstanden (▶▶ Beitrag Fohrer u.a., S. 106). Karstwannen, Dolinen und Talböden sind mit ▶ Kolluvisolen erfüllt. In Hanglagen sind die Böden gekappt oder die periglaziären Deckschichten mit den darin entwickelten Parabraunerden und Terra fuscen sind an vielen Stellen erodiert, und auf ▷ edaphisch trockenen Hangstandorten finden sich nach der Erosion der primären Böden ▷ Rendzinen. Heute sind Karstwannen, ebene Talböden und Flachreliefteile der Kuppen meist Agrarland, steilere Kuppen tragen nach Aufforstungen wieder Wald, und Trockenstandorte sind geschützte Wacholderheiden mit seltenen Faunen und Floren.◆

Relief und Prozesse im Alpenraum

Michael Becht, Tobias Heckmann, Timm Mittelsten Scheid und Volker Wichmann

1 Glaziale Formung im Höllental/Wettersteingebirge bei Garmisch-Partenkirchen: Wände des Trogtals (1) und Trogschulter (2)
2 Kar des Höllentalferners im Wettersteingebirge
3 Historischer Bergsturz (ca. 17. Jh.) mit nackter Abrisswand (1), Bergsturzmaterial (2) und Sturzhalde (3) im Reintal unterhalb der Zugspitze
4 Rutschung im Bereich einer Schutthalde am Hochmiesing/Mangfallgebirge (Anrissnische im oberen Bereich dunkler gefärbt)
5 Karren (Bildbreite 1 m)

Die Alpen und damit auch der deutsche Anteil am Alpenraum ❸ gehören zu den jungen Gebirgen der Erde. Ihre Entstehung begann in der Kreide (vor ca. 100 Mio. Jahren) und ist bis heute noch nicht abgeschlossen. Mit langsam verlaufenden Faltungs- und Überschiebungsprozessen setzten zeitgleich auch ▷ Abtragungsprozesse ein. Diese führten dazu, dass die zentralen Hebungsgebiete (Zentralalpen) auch am stärksten abgetragen wurden, so dass dort heute ursprünglich sehr tief lagernde Gesteinsschichten an der Oberfläche liegen.

Eiszeitliche Formung

In der jüngsten Erdgeschichte während des Eiszeitalters wurden die Alpen sehr intensiv durch die Vereisung geformt. Die Gletscher erfüllten dabei alle Täler mit Eis, ein Eisstromnetz entstand. Die Schneegrenze sank auf ca. 1300 m ü.M. am nördlichen Alpenrand (heute ca. 2800 m ü.M.). Eine Folge der Eisbewegung, die von den Nährgebieten in die Täler und von dort zum Alpenrand verlief, ist die sehr intensive Umformung von bereits vor der Vereisung ▷ fluvial entstandenen Tälern zu **Trogtälern** (▶ Foto 1). Diese sind gekennzeichnet durch einen u-förmigen Querschnitt mit sehr steilen Wänden (1). Die Trogschulter (2) markiert einen Bereich, in dem die ▷ glaziale Formung schwächer wird, da nur noch geringe Eismächtigkeiten auftraten. Die Seitentäler münden oft mit einer Stufe in die großen Täler ein (Hängetal), da in ihnen die Glazialerosion aufgrund geringerer Gletschermächtigkeiten nicht so stark war. **Kare** (▶ Foto 2) sind die hochgelegenen Entstehungsgebiete der Gletscher und finden sich am Talschluss des Haupttales sowie der Seitentäler.

Holozäne Formung

Die eiszeitliche Formung hatte weitreichende Folgen für die Entwicklung des Reliefs. Ursprünglich sanfte Böschungen sind übersteilt worden, so dass die Felshänge instabil werden konnten. Eine weitere bedeutende Konsequenz der eiszeitlichen Formung war die Bildung großer Mengen glazialer (▷ Moränen) oder ▷ glazifluvialer (Schwemmfächer, Terrassen etc.) ▷ Lockersedimente. Die heute gemessenen Sedimenttransporte in Bächen und Flüssen des Alpenraumes sind ohne Zweifel dominiert von diesen eiszeitlichen Relikten. Außerhalb des direkten Eiseinflusses führten die niedrigen Temperaturen dazu, dass sich ▷ Permafrost bildete. Dies betraf nicht nur die Steilwände, die niemals vergletschert waren, sondern auch jene Flächen, die während der Phase des Abschmelzens der Gletscher schon eisfrei waren. Die Auswirkungen des Permafrostes wurden erst mit dessen Auftauen deutlich. Das Gestein ist zerrüttet, Steinschlag und Felsstürze sind die Folge, es bilden sich Sturzhalden. Diese Form der Massenbewegung tritt heute in geringerer Intensität überall dort auf, wo steile unbedeckte Felswände der Verwitterung ausgesetzt sind (▶ Foto 3, (1)). Viele der Schutthalden in den Alpen dürften Kerne aus ▷ glazigenem oder glazifluvialem Material besitzen.

Schon im ▷ Pleistozän, aber auch nacheiszeitlich ist das Relief der Alpen durch Bergstürze (▶ Foto 3, (2)) geprägt worden. Der Unterschied zu Felsstürzen ist vor allem in dem extrem großen Volumen der Bergstürze zu sehen. Voraus-

Blaiken – kahle, vegetationslose Stellen im Hochgebirge, an denen bei Lawinenabgang und ähnlichen Prozessen Vegetation und Bodenschicht mitgerissen wurden

Doline – allseits geschlossene und in den Untergrund entwässernde, runde bis elliptische Hohlform des Oberflächenkarstes

Karren – rinnenförmige kleinere Hohlformen des Karstes

Mure – Gemisch aus Wasser und Feststoffen (ca. 50 Vol.%), das sich nach extremen Niederschlägen mit hoher Geschwindigkeit zu Tal bewegt. Muren enthalten neben großen Brocken oft Vegetationsreste bis zur Baumstammgröße.

Nivation – die geomorphologische Wirkung von Schnee auf den Untergrund

❶ Reintal, Wettersteingebirge
Aktualgeomorphologische Prozesse und Speichertypen

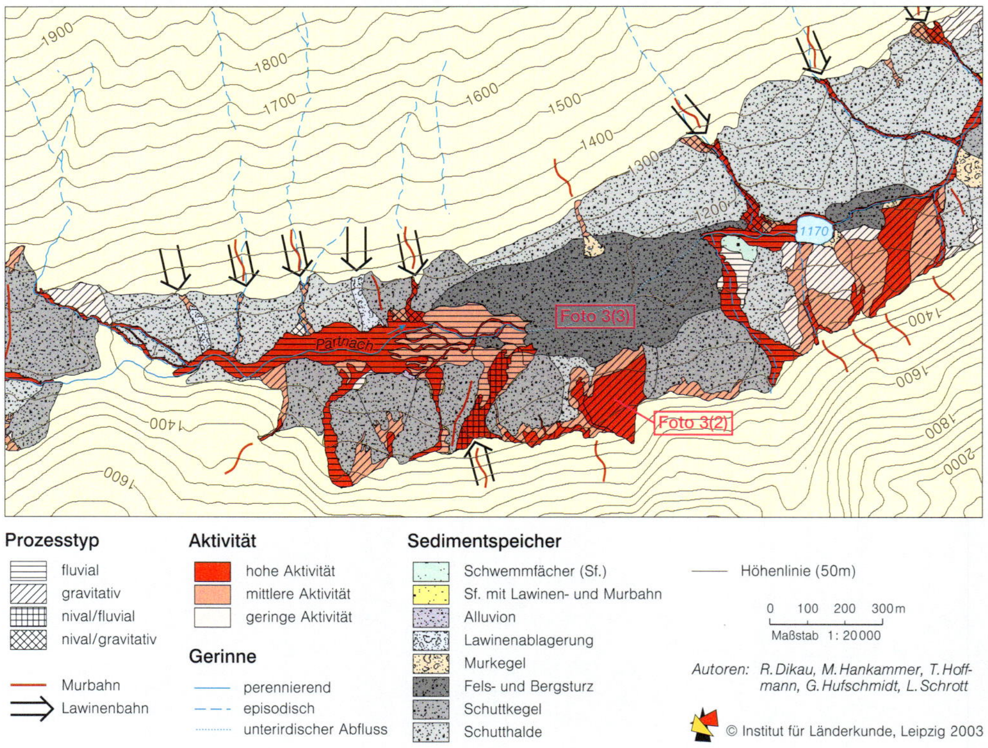

setzungen für ihre Entstehung sind sowohl die Auflockerung des Felses durch das tiefgründige Einwirken des Permafrostes als auch die Destabilisierung der Bergflanken durch Eisdruck und Übersteilung infolge der Gletschererosion. Obwohl man davon ausgehen muss, dass die Schwächezonen schon im Pleistozän angelegt wurden, zeigen neuere Untersuchungen ein wesentlich jüngeres Alter vieler Bergstürze. Auslösende Ursachen sind in einem ungewöhnlichen Witterungsverlauf oder in einigen Fällen in leichten Erdbeben zu sehen.

2 Faltenbachtal, Allgäuer Alpen
Potenzielle Gefährdung durch Murabgänge (Modellierung)

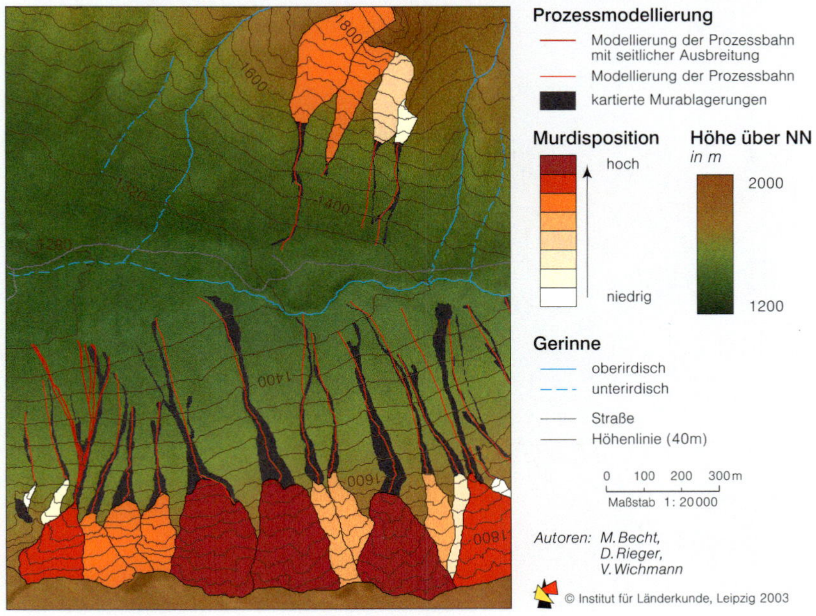

Auch Rutschungen (▶ Foto 4) sind in den Alpen ein weit verbreitetes Phänomen. Sturzprozesse und Rutschungen treten dabei nur selten gemeinsam auf, sondern sind jeweils gebunden an spezifische geologische Situationen. Vor allem Wechsellagerungen ▷ tonig-mergeliger Schichten mit wasserdurchlässigen Gesteinen (Kalkstein, Sandstein) bieten günstige Voraussetzungen für die Entstehung von Rutschungen. In den Kalkalpen wird das Relief darüber hinaus durch Lösungsprozesse (Karst) geprägt. Neben ▶ Karren (▶ Foto 5) (Kleinform) entstehen dabei auch größere Hohlformen (▶ Dolinen) (▶▶ Beitrag Pfeffer, S. 94).

Mensch und Hochgebirge

Der alpine Bereich ist nicht allein Naturraum, sondern auch Lebens- und Erholungsraum für die Bevölkerung. Prozesse der Reliefveränderung stellen somit oft gleichzeitig Gefahrenpotenziale für Menschen und Infrastruktureinrichtungen dar. Almwirtschaftliche Nutzungen führten zunächst zu partieller Entwaldung der Hochlagen und in der Folge zu vermehrten Lawinenabgängen (▶ Foto 6). Aufgrund von ▶ Nivationsprozessen entstanden verbreitet ▶ Blaiken (▶ Foto 7).

Neben Hochwasserereignissen (▶ Foto 8) nach Starkregen, die oft ganze Täler verwüsten können, sind es vor allem ▶ Muren (▶ Foto 9), die plötzlich auftreten und erheblichen Schaden anrichten. Dabei bewegt sich, meist ausgelöst durch heftige Gewitterschauer, eine breiige Masse bestehend aus Wasser, Büschen und Bäumen sowie Lockergestein aller Korngrößen mit hoher Geschwindigkeit zu Tal. Der Wasseranteil ist gering (deutlich unter 50%).

Naturgefahrenforschung

Aufgabe der Naturgefahrenforschung ist es, Schutzkonzepte zu entwickeln. Eine wichtige Voraussetzung dafür ist die Kenntnis der räumlichen Verteilung der Prozesse, die in ▷ geomorphologischen Spezialkarten **1** dargestellt werden. Für einzelne Prozesse kann das Gefahrenpotenzial dargestellt werden. So wurde auf der Basis detaillierter Analysen an vielen hundert Murbahnen ein Modell entwickelt, das eine Einschätzung der Murentstehungsgefahr erlaubt. Gekoppelt mit weiteren Modellen, können so die mögliche Transportbahn und der Ablagerungsraum berechnet **2** und damit konkrete Gefahrenräume ausgewiesen werden (Gefahrenkarten).◆

6 Lawine im Lahnenwiesgraben
7 Blaiken im Karwendelgebirge
8 Hochwasser im Lainbachtal
9 Murgang im Lainbachtal mit Verbauung etwa aus dem Jahr 1985

3 **Lage der Untersuchungsgebiete in den Alpen**

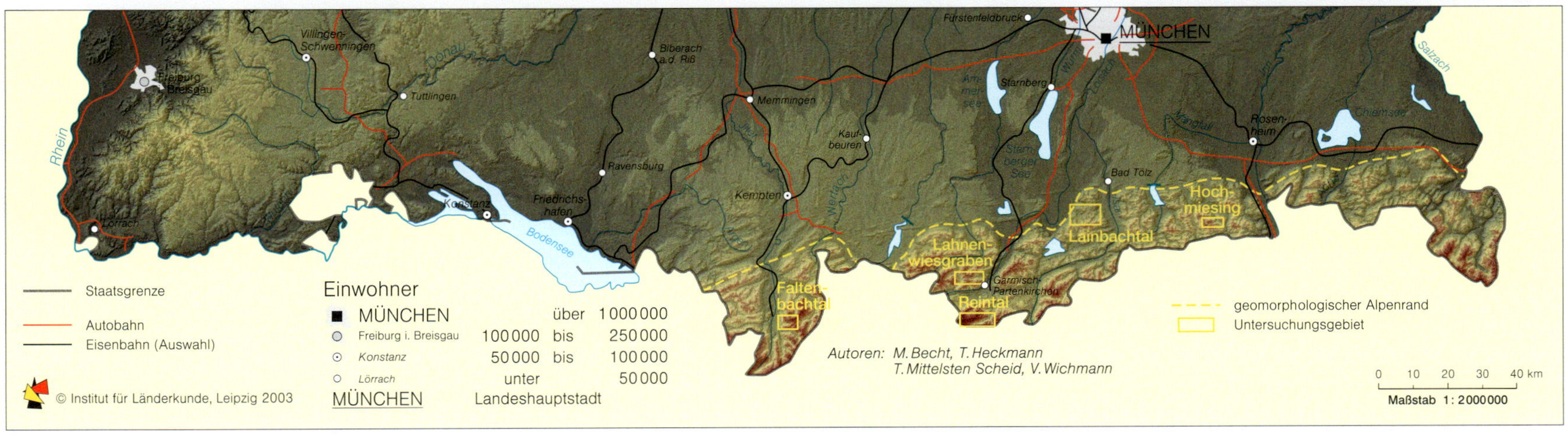

Nationale Gefahrenhinweiskarte gravitativer Massenbewegungen

Richard Dikau und Thomas Glade

Rutschung an einem künstlichen Hang an der A 61 bei Bonn in tief verwitternden devonischen Gesteinen

In Deutschland sind ▷ gravitative ▶ Massenbewegungen nicht nur für lokale Detailuntersuchungen, sondern auch in regionalen Skalen von Bedeutung. Extremereignisse wie im Winter 1981/1982 in Rheinhessen mit mehr als 240 Hangrutschungen in einem ca. 500 km² großen Gebiet ❶ zeigen die regionale Bedeutung für bestimmte Regionen in Deutschland, zu denen auch der Bonner Raum, die Schwäbische und Fränkische Alb, das Thüringer Becken (Dikau/Schmidt 2001) und bestimmte Gebiete Bayerns gehören. Im nationalen Rahmen ist für Deutschland bisher noch kein einheitliches Inventar gravitativer Massenbewegungen erstellt worden.

Grundsätzlich sind gravitative Massenbewegungen lokale Phänomene, die entscheidend zur Hangentwicklung beitragen (Glade/Dikau 2001). Sie werden durch lokale Einflüsse gesteuert, wie z.B. das Richtungsgefüge von Trennflächen, die wechselnde Gesteinsschichten, den Verwitterungsgrad oder den Wassergehalt. Lokale Stabilitätsanalysen basieren u.a. auf Daten zu den Festigkeitseigenschaften des Fest- und Lockergesteinsuntergrundes. Sollen regionale Aussagen zur Gefährdung eines Gebietes getroffen werden, muss aus Gründen der Datenverfügbarkeit auf einfache Einflussfaktoren zurückgegriffen werden.

Regionale Verbreitung

Die Gefahrenhinweiskarte ❹ visualisiert eine Disposition von Regionen für gravitative Massenbewegungen. Die durchgeführte Klassifikation weist vier Gefahrenhinweisklassen aus. Hoch gefährdete Gebiete liegen in Regionen vor, die durch sensitive geologische Formationen und mittelsteile bis steile Hänge gekennzeichnet sind. Das betrifft:

- die alpinen Regionen
- die steilen Schichtstufenhänge, z.B. des Buntsandsteins, Muschelkalkes, Keupers und Juras
- die tiefen Taleinschnitte in den Mittelgebirgen, z.B. am Mittelrhein und an der Mosel (Rheinisches Schiefergebirge) oder im Harz
- die Steilküsten an Nord- und Ostsee und
- die Abbrüche der unbefestigten Uferböschungen in den Talauen

93,8% der Gesamtfläche Deutschlands sind als sehr gering gefährdet eingestuft. Der Anteil der verschiedenen Gefahrenhinweisklassen verschiebt sich mit zunehmender Hangneigung. Regionale Vergleiche z.B. für Rheinhessen (Dikau/Glade 2002) zeigen trotz der unterschiedlichen Auflösung der Basisdaten gute Übereinstimmungen der gefährdeten Gebiete, jedoch muss im Einzelfall unbedingt überprüft werden.

Perspektive

Mit einer Naturgefahrenhinweiskarte ist erst eine der Grundlagen für eine umfassende Risikoeinschätzung gelegt. Die sozioökonomischen Bedingungen der gefährdeten Gebiete, die Verwundbarkeit der betroffenen Menschen, die Risikowahrnehmung und der Grad der Vorbereitung auf den Katastrophenfall sind weitere Komponenten eines nachhaltigen Risikomanagements. Erst in dieser umfassenden, praxisorientierten Form kann eine nachhaltige Katastrophenvorsorge organisiert werden. Sie ist eine dringende Zukunftsaufgabe.◆

Unter **Massenbewegungen** sind bruchlose und bruchhafte, hangabwärts gerichtete Verlagerungen von Fels- und/oder Lockergesteinen unter Wirkung der Schwerkraft zu verstehen. Auf Basis internationaler Standards sind von WP/WLI (1993), Cruden/Varnes (1996) und Dikau u.a. (1996) Klassifikationen vorgelegt worden, die zwischen ▷ Fallen, ▷ Kippen, ▷ Gleiten, ▷ Driften, ▷ Fließen und ▷ komplexen Massenbewegungen unterscheiden (❷ ❸)

❶ Rheinhessen
Hangrutschungsgefährdung

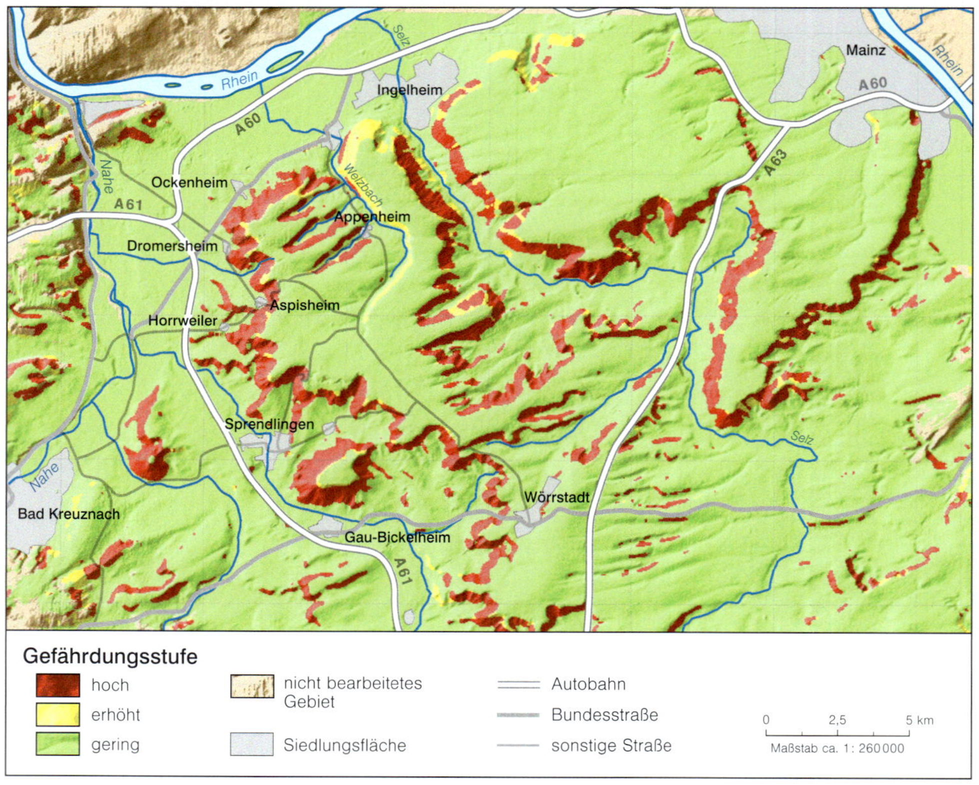

nach Jäger 1997

❷ Prozesstypen gravitativer Massenbewegungen
Ausgewählte Beispiele

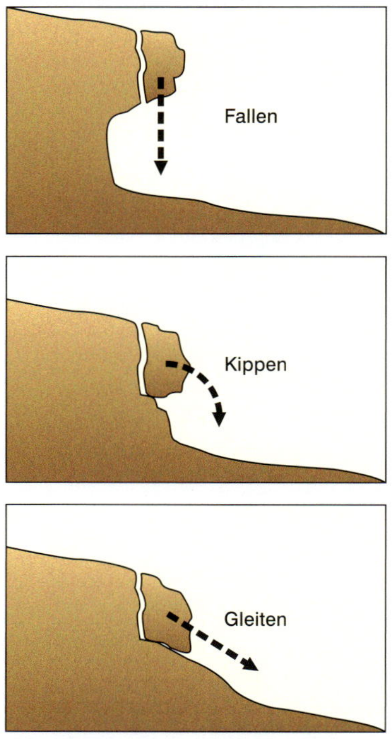

Autoren: R. Dikau, T. Glade

❸ Klassifikation von Massenbewegungen

Prozess	Material		
	Festgestein	Lockergestein	Boden
Fallen	Steinschlag, Felssturz	Fallen von Lockersubstrat	Fallen von Bodenmaterial
Kippen	Felskippung	Kippung im Lockersubstrat	Kippung von Bodenmaterial
Gleiten / Rutschen (Rotationsbewegung)	Rotationsrutschung	Rotationsrutschung	Rotationsrutschung
Gleiten / Rutschen (Translationsbewegung)	Fels-, Blockgleitung	Schuttrutschung, -strom	Blattanbruch, Grasnarbenrutschung
Driften	Bergzerreißung, Felsdriftung	Schuttdriften	Bodendriften
Fließen	Sackung (Felsfließen; Talzuschub)	Mure, Murgang	Schlammstrom, feinkörnige Mure, Sandfließen
Komplexe Massenbewegung	Sturzstrom, Bergsturz		

4

Gefahrenhinweiskarte gravitativer Massenbewegungen

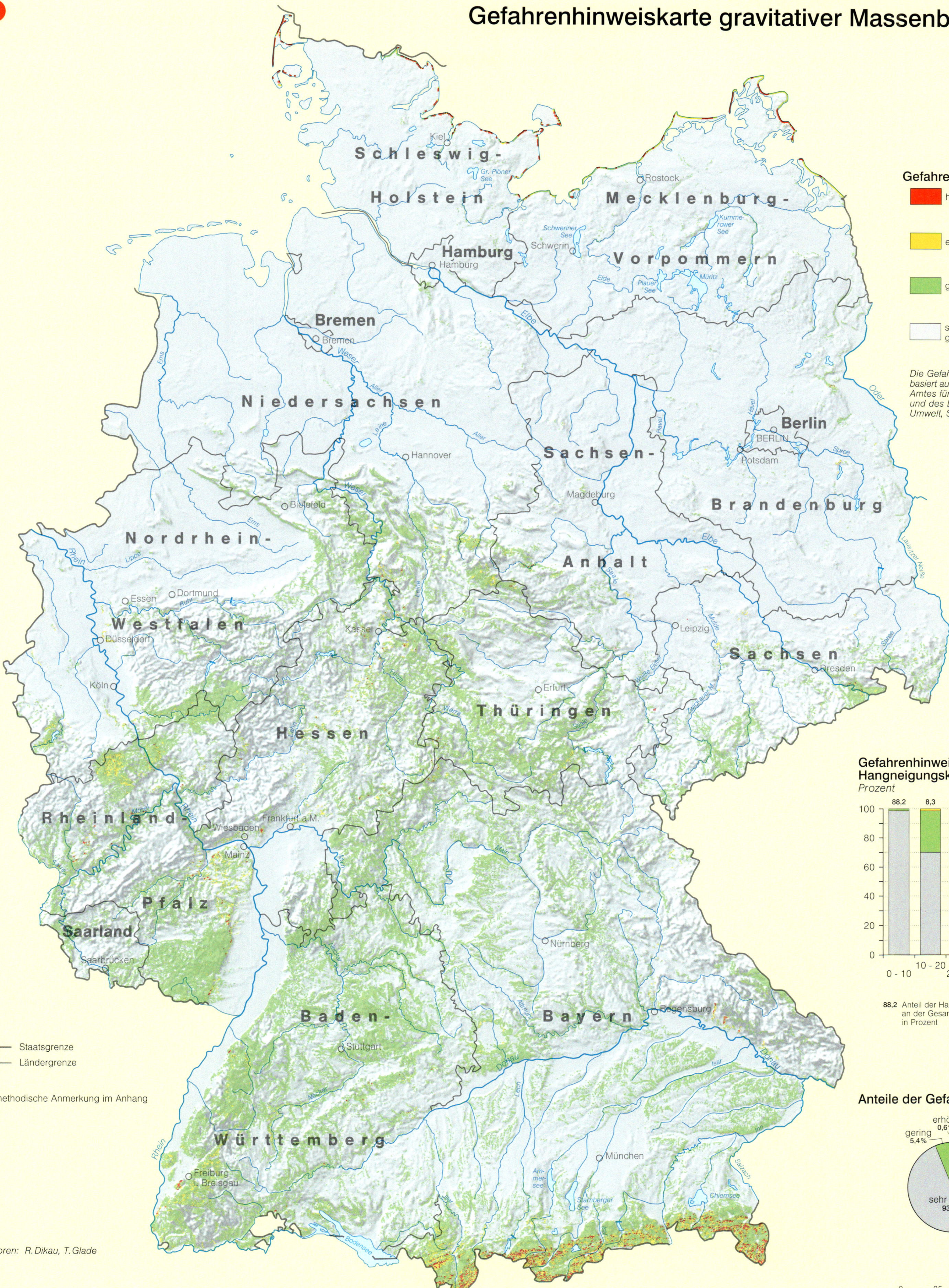

Gefahrenhinweisstufe

hoch	Gebäudezerstörung möglich, Personen potenziell gefährdet
erhöht	Gebäudeschäden möglich, Personen bedingt gefährdet
gering	Gebäude- und Personenschäden unwahrscheinlich
sehr gering	nach menschlichem Ermessen keine Gefahr

Die Gefahrenbewertung der Küsten basiert auf den Angaben des Staatlichen Amtes für Umwelt und Natur, Rostock und des Landesamtes für Natur und Umwelt, Schleswig-Holstein.

Gefahrenhinweisstufen nach Hangneigungsklassen

Prozent

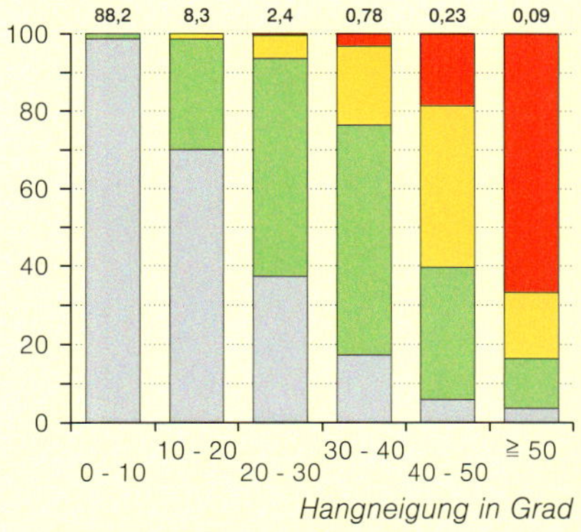

88,2 Anteil der Hangneigungsklasse an der Gesamtfläche Deutschlands in Prozent

Staatsgrenze

Ländergrenze

methodische Anmerkung im Anhang

Anteile der Gefahrenhinweisstufen

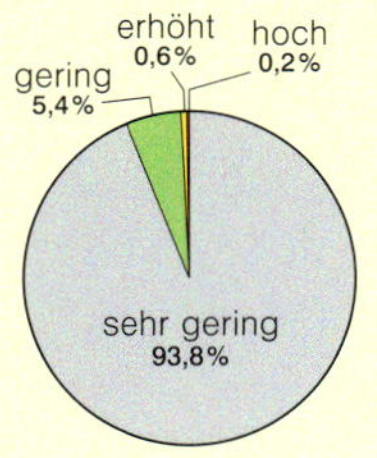

0 25 50 75 100 km

Maßstab 1 : 2 750 000

Autoren: *R. Dikau, T. Glade*

Böden im Überblick

Gert Adler, Jürgen Behrens, Wolf Eckelmann, Reinhard Hartwich und Andreas Richter

Als Boden wird die an der Erdoberfläche entstandene Verwitterungsschicht aus mineralischen und organischen Substanzen bezeichnet. Boden stellt neben Luft und Wasser die wichtigste Lebensgrundlage für Menschen, Tiere und Pflanzen dar. Er ist ein belebter Naturkörper, der in unterschiedlichen Anteilen mineralische und organische Bestandteile, Luft und Wasser enthält. Seine Bedeutung für Landschaft, Land- und Forstwirtschaft sowie für die Umwelt und als Lebensgrundlage für die Menschen wird nur allzu oft vergessen oder zu gering bewertet, so dass zunehmend Bemühungen um den Bodenschutz notwendig werden.

Bodenschutz und Bodenkarten

Grundlagen der Bodenschutzpolitik in Deutschland sind das anerkannte Leitbild nachhaltig zukunftsverträglicher Entwicklung (*sustainable development*) sowie hiervon abgeleitete Umweltqualitäts- und -handlungsziele. Aufgabe des Bodenschutzes ist es, dafür Sorge zu tragen, dass bei der Nutzung der Böden durch den Menschen die Funktionen der Böden als Lebens- und Wirtschaftsraum, als Regelsystem für Stoffkreisläufe, als Grundlage land- und forstwirtschaftlicher Produktion sowie die Funktion als landschaftsgeschichtliches Archiv bewahrt werden.

Entscheidend für die praktische Umsetzung des vorsorgenden Bodenschutzes ist die Einhaltung der Bodenschutzziele. Sie sind Grundlage für die Bewertung durchgeführter Bodenschutzmaßnahmen und die hierauf begründeten Weiterentwicklung des Bodenschutzes im Rahmen konkreter Umwelthandlungsziele.

Diese Anforderungen an den Bodenschutz sind es, die Bodenkarten in den verschiedensten Maßstäben unerlässlich machen. Gleichgültig, ob z.B. Fragen der Bodenerosion, der Bodenversauerung oder der Flächeninanspruchnahme durch Siedlungs- und Verkehrsflächen zu beurteilen sind, können umfassende Antworten darauf erst in Verbindung mit einschlägiger Bodeninformation gegeben werden. Voraussetzung für die Festlegung von Handlungszielen und die praktische Umsetzung der Bodenschutzvorsorge sind daher ausreichende Daten- und Informationsgrundlagen wie z.B. Bodenkarten – ein Grund mehr, sich mit diesem Thema für zu befassen.

Entstehung der Böden

Die vielfältige Ausprägung der Böden ist das Resultat eines komplexen und über die Zeit wechselnden Zusammenspiels bodenbildender Faktoren. Zu ihnen gehören insbesondere das Ausgangsmaterial der Bodenbildung, das Relief, die Grundwasserverhältnisse, das Klima, Flora und Fauna sowie der Einfluss durch die Tätigkeit des Menschen.

Im senkrechten Bodenanschnitt, dem Bodenprofil, sind neben der geologisch bedingten ▸ Substratschichtung ▸ Bodenhorizonte erkennbar, die als Folge der Boden bildenden Prozesse entstanden sind. In Abhängigkeit vom Entwicklungszustand und der damit verbundenen Schichten- und Horizontabfolge kann der Boden in ein genetisches Klassifikationssystem eingeordnet und durch Angabe des Bodensubstrats und des Bodentyps benannt werden. Je nach Art des geologischen Ausgangsmaterials und des Zusammenwirkens der Boden bildenden Faktoren in der Fläche können die Bodeneigenschaften über weite Bereiche homogen ausgebildet sein oder auf engem Raum wechseln.

Aufbau der Karte und ihrer Legende

Bodenkarten sind das graphische Abbild der in einem Gebiet vorkommenden Böden. Dabei müssen aus Gründen gewünschter Zusammenhangsdarstellung Maßstäbe gewählt werden, die eine Zusammenfassung der Vielfalt der Böden zu Bodengesellschaften erfordern. Wesentliche Kriterien für die Art der Zusammenfassung sind dabei Ähnlichkeit oder Kontrast und die Häufigkeit des Bodenwechsels in der Fläche. Durch die Bestimmung flächenhaft bedeutender Böden, so genannter Leitböden, und die Ableitung der physikalischen und chemischen Eigenschaften der zugehörigen Bodenprofile erfolgt die Kennzeichnung der jeweiligen Bodeneinheit. Wichtigste physikalische Eigenschaft zur Ermittlung der Leitböden ist die Bodenart, die das Größengemisch aller mineralischen Bestandteile im Boden kennzeichnet.

In der Karte, die die Böden in Deutschland zeigt ❶, bildet jede Legendeneinheit aus den oben dargelegten Gründen eine Bodengesellschaft, deren Böden über dominierende Faktoren der Bodenbildung miteinander verwandt oder verbunden sind. Diese Bodengesellschaften werden durch die Angabe eines oder mehrerer Leitbodentypen und des geologischen Ausgangsmaterials der Bodenbildung beschrieben. Die Zwischenüberschriften (z.B. Böden der Lössgebiete) gliedern die Kartenlegende nach größeren zusammenhängenden Gebieten der Bodenverbreitung, die sich im Wesentlichen an den in Deutschland ausgewiesenen Bodenregionen orientieren.

Bodenregionen stellen in der Systematik der ▸ pedoregionalen Gliederung die oberste Ebene der Bodenkartierung in Deutschland dar (AG Boden 1994; Hartwich u.a. 1995a). Sie unterscheiden sich insbesondere hinsichtlich der bodengeographischen Ordnungsfaktoren ▹ Orographie und ▹ Lithogenese und weisen eine jeweils charakteristische Vergesellschaftung von Böden auf.

Die Legendeneinheiten werden in der Karte durch Farben gekennzeichnet und zusätzlich mit einer Nummer versehen. Die Farbauswahl erfolgte in enger Anlehnung an die Bodenkundliche Kartieranleitung (AG Boden 1994), in der die grundlegenden Flächenfarben für die Bodentypen im Bundesgebiet festgelegt sind. Innerhalb dieser Grundfarben werden zur weiteren Unterscheidung Farbtonvariationen nach Reliefenergie und bodenkundlicher Feuchtestufe vorgenommen.

Charakteristische Bodenprofile

Für die Veranschaulichung repräsentativer Böden in Deutschland ist ausgewählten Legendeneinheiten der Bodenkarte ein charakteristisches Bodenprofil zugewiesen worden ❷. Die Auswahl der Profilaufnahmen erfolgte vor dem Hintergrund ihrer regionalen →

Böden und Bodengesellschaften mit Leitbodentypen und ihren Ausgangsgesteinen

Legende zu ❶

Böden der Küstenregion und Moore

1 **Podsol-Regosol** und **Regosol**, aus trockenen, nährstoffarmen Sanden

2 **Wattboden** im Gezeitenbereich der Nordsee

3 **Marschboden**, vorwiegend **Kleimarsch** aus brackischen oder fluviatilen Ablagerungen sowie **Kalkmarsch** aus marinen Ablagerungen

4 **Niedermoorboden** aus mächtigen Niedermoortorfen, teils mit mineralischen Zwischenschichten, **Moorgley** und **Gley**

5 **Hochmoorboden** aus mächtigen Hochmoortorfen über Niedermoortorf, Mudde oder Mineralboden

Böden der breiten Flusstäler, einschließlich Terrassenflächen und Niederungen

6 **Auenboden**, in tieferen Lagen **Gley** aus lehmigen bis tonigen Auensedimenten, in Schwarzerdegebieten **Gley-Tschernosem** aus kalkhaltigen, tonig-schluffigen Ablagerungen

7 **Auenboden**, in tieferen Lagen **Gley** aus sandigen bis tonigen Flusssedimenten, häufig in kleinflächigem Wechsel

8 **Parabraunerde** aus schluffig-lehmigen Deckschichten und **Auenpararendzina** aus kalkhaltigen, sandig-lehmigen Hochflut- und Auenablagerungen. **Podsol-Baunerde** und **Braunerde** der sandigen Terrassen

9 **Podsol**, **Braunerde-Podsol** und **Gley-Podsol** aus sandigen Flussablagerungen sowie **Gley** der sandigen Urstromtäler und Niederungen

Böden des wellig-hügeligen Flachlandes und der Hügelländer

10 **Braunerde**, **Parabraunerde** und **Pararendzina** aus lössvermischten Tertiärablagerungen

11 **Parabraunerde**, **Fahlerde** und **Pseudogley** aus Geschiebelehm über Geschiebemergel

12 **Pseudogley-Gley** und **Pseudogley** aus lehmig-sandigem Geschiebemergel

13 **Podsol-Parabraunerde** und **Podsol-Fahlerde** aus sandigen Deckschichten über Geschiebelehm

14 **Fahlerde** und **Bänderparabraunerde** sowie **Braunerde** und **Podsol-Braunerde** aus sandigen Deckschichten über Geschiebelehm

15 **Bänderparabraunerde**, **Fahlerde** und **Braunerde** sowie **Pararendzina** und **Regosol** im engräumigen Wechsel der sandigen bis lehmigen Endmoränen

16 **Pseudogley-Braunerde** und **Pseudogley-Fahlerde** sowie **Pseudogley** aus Geschiebedecksand über Geschiebelehm

17 **Parabraunerde**, **Braunerde** und **Pararendzina** aus lehmig-sandigen, kalkhaltigen Moränenablagerungen im Alpenvorland

18 **Braunerde**, **Parabraunerde** und **Pseudogley** aus kalkhaltigen, lehmig-sandig-kiesigen, lössvermischten Moränenablagerungen im Alpenvorland

19 **Podsol-Braunerde**, **Podsol-Bänderparabraunerde** und **Pseudogley-Podsol** aus trockenen, nährstoffarmen Sanden

20 **Braunerde**, **Bänderparabraunerde** und **Podsol-Braunerde** aus nährstoffreichen Sanden

Fortsetzung der Legende auf der Kartenseite.

Datengrundlagen

Grundlage der Karte **Böden** ❶ ist die Bodenübersichtskarte der Bundesrepublik Deutschland im Maßstab 1:1.000.000, zu deren Datenbestand eine ausführliche Charakterisierung jeder der 72 Legendeneinheiten sowie die Profilbeschreibung eines ausgewählten Leitbodens je Legendeneinheit gehören (Hartwich u.a. 1995a). Daraus wurde durch Aggregierung und Generalisierung die vorliegende Karte im Maßstab 1:2.750.000 abgeleitet. Bei der Zusammenfassung auf 43 Legendeneinheiten und der anschließenden kartographischen Vereinfachung mussten die darstellbaren Mindestflächengrößen und Regelmechanismen der Verbreitung der Böden beachtet werden.

1

Böden

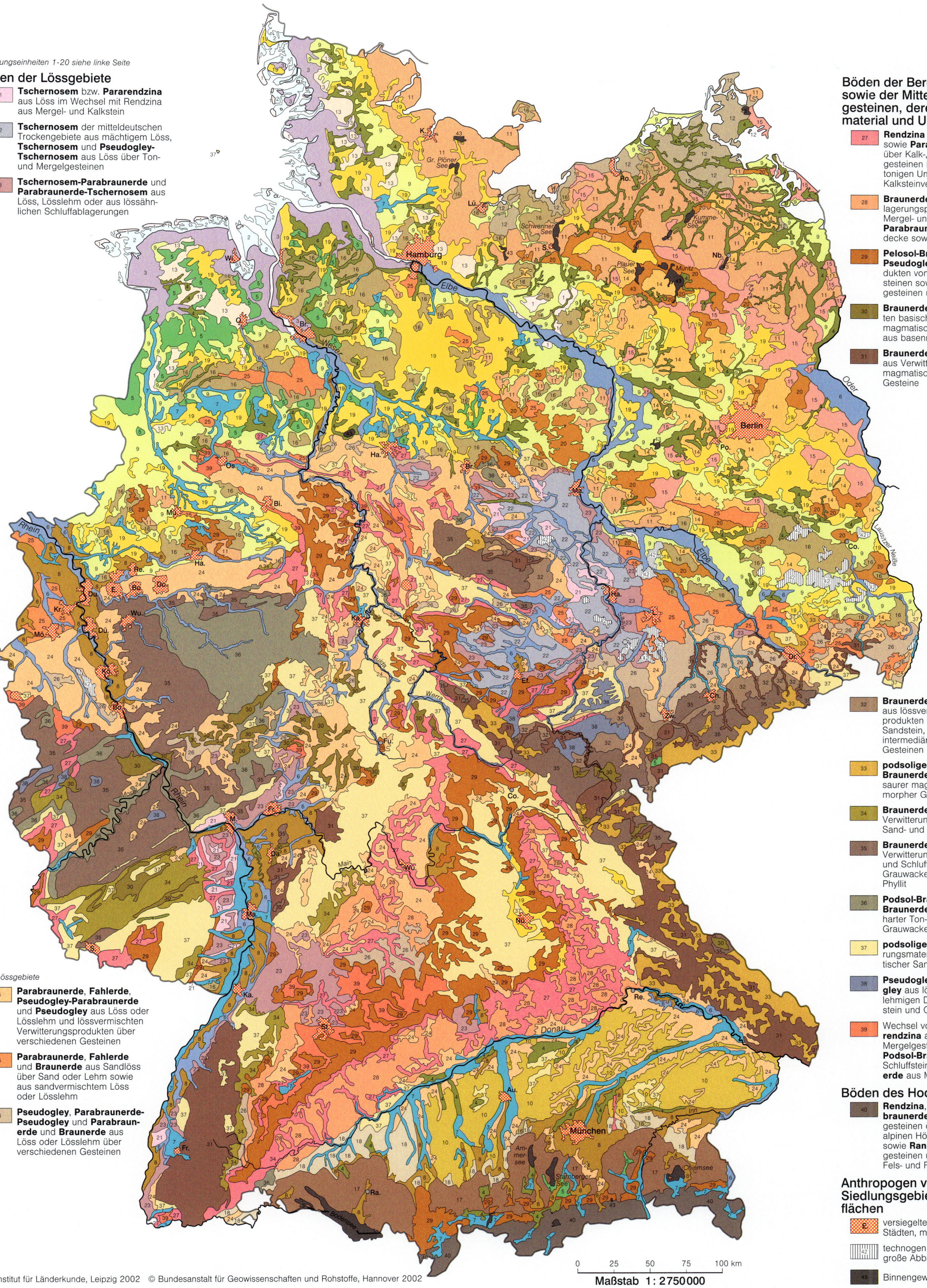

Kartierungseinheiten 1-20 siehe linke Seite

Böden der Lössgebiete

21 **Tschernosem** bzw. **Pararendzina** aus Löss im Wechsel mit Rendzina aus Mergel- und Kalkstein

22 **Tschernosem** der mitteldeutschen Trockengebiete aus mächtigem Löss, **Tschernosem** und **Pseudogley-Tschernosem** aus Löss über Ton- und Mergelgesteinen

23 **Tschernosem-Parabraunerde** und **Parabraunerde-Tschernosem** aus Löss, Lösslehm oder aus lössähnlichen Schluffablagerungen

noch Lössgebiete

24 **Parabraunerde, Fahlerde, Pseudogley-Parabraunerde** und **Pseudogley** aus Löss oder Lösslehm und lössvermischten Verwitterungsprodukten über verschiedenen Gesteinen

25 **Parabraunerde, Fahlerde** und **Braunerde** aus Sandlöss über Sand oder Lehm sowie aus sandvermischtem Löss oder Lösslehm

26 **Pseudogley, Parabraunerde-Pseudogley** und **Parabraunerde** und **Braunerde** aus Löss oder Lösslehm über verschiedenen Gesteinen

Böden der Berg- und Hügelländer sowie der Mittelgebirge, aus Festgesteinen, deren Verwitterungsmaterial und Umlagerungsdecken

27 **Rendzina** bis **Braunerde-Rendzina** sowie **Pararendzina** aus Hangschutt über Kalk-, Mergel- und Dolomitgesteinen im Wechsel mit schluffig-tonigen Umlagerungsprodukten der Kalksteinverwitterung

28 **Braunerde** und **Terra fusca** aus Umlagerungsprodukten der Kalk-, Mergel- und Dolomitsteinverwitterung, **Parabraunerde** mit dünner Lössdecke sowie **Rendzina** aus Kalkstein

29 **Pelosol-Braunerde** und **Pelosol-Pseudogley** aus Verwitterungsprodukten von Mergel- und Tongesteinen sowie **Braunerde** aus Mergelgesteinen und kalkhaltigen Schottern

30 **Braunerde** aus Verwitterungsprodukten basischer und intermediärer magmatischer Gesteine, **Braunerde** aus basenreichen Tuffen

31 **Braunerde** und **Podsol-Braunerde** aus Verwitterungsmaterial saurer magmatischer und metamorpher Gesteine

32 **Braunerde, Braunerde-Pseudogley** aus lössvermischten Verwitterungsprodukten von kristallinen Schiefern, Sandstein, Quarzit und sauren bis intermediären magmatischen Gesteinen

33 **podsolige Braunerde** und **Podsol-Braunerde** aus Verwitterungsmaterial saurer magmatischer und metamorpher Gesteine

34 **Braunerde, Podsol-Braunerde** aus Verwitterungsmaterial von Schluff-, Sand- und Tonsteinen

35 **Braunerde, Podsol-Braunerde** aus Verwitterungsmaterial harter Ton- und Schluffschiefer mit Anteilen von Grauwacke, Sandstein, Quarzit und Phyllit

36 **Podsol-Braunerde, podsolige Braunerde** aus Verwitterungsmaterial harter Ton- und Schluffschiefer, aus Grauwacken und Phyllit

37 **podsolige Braunerde** aus Verwitterungsmaterial basenarmer quarzitischer Sandsteine und Konglomerate

38 **Pseudogley** und **Podsol-Pseudogley** aus lössvermischten, grusiglehmigen Deckschichten über Sandstein und Quarzit

39 Wechsel von **Rendzina** und **Pararendzina** aus Kalk- Dolomit- und Mergelgesteinen mit **Ranker** und **Podsol-Braunerde** aus Sand- und Schluffstein sowie **Pelosol-Braunerde** aus Mergel- und Tonsteinen

Böden des Hochgebirges

40 **Rendzina, Pararendzina** und **Kalkbraunerde** aus Kalk- und Dolomitgesteinen der montanen und subalpinen Höhenstufen der Alpen sowie **Ranker** aus kalkfreien Silikatgesteinen und Rohböden der alpinen Fels- und Frostschuttgebiete

Anthropogen veränderte Böden, Siedlungsgebiete und Gewässerflächen

E. versiegelte Flächen in größeren Städten, mit abgekürztem Ortsnamen

42 technogen gestaltete Böden und große Abbauflächen

43 Binnengewässer

2 Beispielhafte Bodenprofile ausgewählter Legendeneinheiten

Beispielsprofil und Nr. der Legendeneinheit*	Leitbodentypen und geologische Ausgangsmaterialien der Legendeneinheit	Bodenkundliche Beschreibung der beispielhaft abgebildeten Bodenprofile	Auftreten in der Bodenregion*
 3	**Marschen**, vorwiegend **Kleimarsch** aus brackischen oder fluviatilen Ablagerungen sowie **Kalkmarsch** aus marinen Ablagerungen	**Rohmarsch**, wenig entwickelt mit hohen Grundwasserständen	A
 4	**Niedermoorboden** aus mächtigen Niedermoortorfen, teils mit mineralischen Zwischenschichten, **Moorgley** und **Gley**	**Niedermoor** aus Schilf-Seggen-Torfen über fluviatilem Sand, feucht bis nass, Grundwasser abgesenkt	C und D
 6	**Auenboden**, in tieferen Lagen **Gley** aus lehmigen bis tonigen Auensedimenten, in Schwarzerdegebieten **Gley-Tschernosem** aus kalkhaltigen, tonig-schluffigen Ablagerungen	**Auenboden** aus lehmigen bis tonigen Auensedimenten der Flussaue (Hochwassersedimente)	B
 9	**Podsol**, **Braunerde-Podsol** und **Gley-Podsol** aus sandigen Flussablagerungen sowie **Gley** der sandigen Urstromtäler und Niederungen	**Braunerde-Gley** aus sandigen Flussablagerungen mit Grundwasser im Unterboden; Grundwasser künstlich abgesenkt	C und D
 11	**Parabraunerde**, **Fahlerde** und **Pseudogley** aus Geschiebelehm über Geschiebemergel	**Parabraunerde** mit vertikaler Tonverlagerung	C
 16	**Pseudogley-Braunerde** und **Pseudogley-Fahlerde** sowie **Pseudogley** aus Geschiebedecksand über Geschiebelehm	**Pseudogley-Braunerde** mit braunen Eisenoxidkrusten auf Mineralpartikeln und Staunässeeinfluss im Untergrund	D
 19	**Podsol-Braunerde**, **Podsol-Bänderparabraunerde** und **Pseudogley-Podsol** aus trockenen, nährstoffarmen Sanden	**Podsol-Braunerde** aus glazifluviatilem Sand mit braunen Eisenoxidkrusten auf Mineralpartikeln und beginnender Sesquioxidverlagerung	C und D
 22	**Tschernosem** der mitteldeutschen Trockengebiete aus mächtigem Löss, **Tschernosem** und **Pseudogley-Tschernosem** aus Löss über Ton- und Mergelgestein	**Parabraunerde-Tschernosem** mit Staunässeeinfluss im Untergrund aus Löss über Geschiebelehm, schwach degradiert mit beginnender vertikaler Ton-Humus-Verlagerung	F
 24	**Parabraunerde**, **Fahlerde**, **Pseudogley-Parabraunerde** und **Pseudogley** aus Löss oder Lösslehm und lössvermischten Verwitterungsprodukten über verschiedenen Gesteinen	**Pseudogley-Parabraunerde** aus Löss über Fließerde mit vertikaler Tonverlagerung und Staunässeeinfluss im Unterboden	G
 27	**Rendzina** bis **Braunerde-Rendzina** sowie **Pararendzina** aus Hangschutt über Kalk-, Mergel- und Dolomitgesteinen im Wechsel mit schluffig-tonigen Umlagerungsprodukten	**Rendzina** aus Mergelstein-Fließerde, mittelgründig, wenig entwickelt	H
 35	**Braunerde**, **Podsol-Braunerde** aus Verwitterungsmaterial harter Ton- und Schluffschiefer mit Anteilen von Grauwacke, Sandstein, Quarzit und Phyllit	**Braunerde** aus lösshaltiger Fließerde über Tonschiefer mit braunen Eisenoxidkrusten auf Mineralpartikeln	K
 37	**Podsolige Braunerde** aus Verwitterungsmaterial basenarmer quarzitischer Sandsteine und Konglomerate	**Braunerde** aus lösshaltiger Fließerde über Sandstein mit braunen Eisenoxidkrusten auf Mineralpartikeln, versauert	I

Institut für Länderkunde, Leipzig 2002 © Bundesanstalt für Geowissenschaften und Rohstoffe, Hannover 2002

** Die Beispielsprofile geben typische Strukturen und Farben der Böden sowie deren Abfolge wieder. Ihre Tiefe ab Geländeoberkante ist verschieden (ca. 1,2 bis 1,8 m).*

Bedeutung. Die Fotos zeigen natürliche Bodenprofile aus dem Bereich der jeweiligen Bodeneinheit, auch wenn sie in vielen Fällen nicht den Leitprofilen der jeweiligen Region entsprechen können. Dennoch sind sie geeignet, die Vielfalt der Bodenunterschiede in Deutschland eindrucksvoll zu belegen. In derselben Tabelle werden zu jedem Profilfoto die Leitbodentypen und geologischen Ausgangsmaterialien der jeweiligen Legendeneinheit sowie die bodenkundliche Beschreibung der beispielhaft abgebildeten Bodenprofile wiedergegeben. Mit den Hinweisen zum Auftreten der Legendeneinheit in den Bodenregionen wird die Verbindung zur Übersichtskarte „Bodenregionen“ 3 hergestellt.

Böden und ihre regionale Verbreitung

Unter dem Einfluss der Klimaverhältnisse in West- und Mitteleuropa wird Bodenbildung durch die Prozesse von Entkalkung und Versauerung, Ton- und ▷ Humusbildung bestimmt. Diese Prozesse führen bei ungehinderter Versickerung je nach geologischem Ausgangsmaterial der Bodenbildung zu ▶ Braunerden, ▶ Parabraunerden und ▶ Podsolen, bei wasserundurchlässigen Substraten und in Niederungen zu ▶ Pseudogleyen und ▶ Gleyen. Die Verbreitung der Böden in Deutschland wird somit primär vom geologischen Ausgangsmaterial und dem Relief bestimmt. Dieses allgemeine Raummuster der Bodendecke wird gegliedert durch die großen Flusstalsysteme und lokal durchsetzt sowohl durch organische Böden, z.B. Moore, als auch durch anthropogene Bildungen (Siedlungen, Halden, Tagebaue u.Ä.). Zusätzlich differenzierend wirkt der klimatische Einfluss von West nach Ost durch den Übergang vom ▶ subozeanischen zum ▶ subkontinentalen Klima.

Die nacheiszeitliche Küstenbildung (Küstenholozän) ist vorwiegend durch Watten und Marschen sowie im Bereich der Sandstrände und Dünen durch ▶ Podsol-Regosole und ▶ Lockersyroseme gekennzeichnet.

Die Böden des Norddeutschen Tieflandes sowie des Alpenvorlandes werden durch eiszeitliche Ablagerungen bestimmt (▷ Alt-, ▷ Jungmoränenlandschaften), im Alpenvorland zusätzlich durch ▶ Deckenschotter und ▷ Sedimente der Hügelländer. Für die Bodenbildung sind die Körnungsverhältnisse der Bodenausgangsgesteine von besonderer Bedeutung: Auf lehmigen Substraten herrschen Parabraunerden oder Pseudogleye vor, während bei sandigen Standorten, Podsole, Podsol-Braunerden und Braunerden dominieren.

Der Übergang vom Tief- zum Hügel- und Bergland ist durch ▷ Löss- und Sandlösslandschaften gekennzeichnet, die sich gürtelförmig von West nach Ost erstrecken (Lössgürtel). Hier treten vor allem Parabraunerden, ▶ Fahlerden und Pseudogleye auf. In den mitteldeutschen Lössbörden und im Oberrheingebiet sind anstelle der Parabraunerden

Die Bodenart ist eine wichtige Voraussetzung für die landwirtschaftliche Nutzung.

▸ Tschernoseme oder Tschernosem-Parabraunerden entwickelt.

Lössböden sind auch in den Berg- und Hügelländern sehr verbreitet; sie wechseln häufig kleinflächig mit Böden aus Verwitterungsprodukten und Umlagerungsdecken von Festgesteinen. Auf Kalkstein sind immer ▸ Rendzinen und ▸ Pararendzinen, z.T. Pseudogleye und ▸ Pelosole, anzutreffen. Bei Sandstein überwiegen Braunerden, Podsol-Braunerden und Podsole.

Die Alpen nehmen eine Sonderstellung bei der Ausprägung der Böden ein. Durch die Reliefverhältnisse des Hochgebirges bedingt, ist der Anteil an wenig entwickelten Böden oder Gesteinsausstrichen ohne Bodenbildung wesentlich höher als in anderen Teilen Deutschlands. Rendzinen, ▸ Ranker und ▸ Syroseme sind hier häufig anzutreffen.

Bodeninformation für Bodennutzung und Bodenschutz

Die in diesem Atlas darstellbaren Bodeninformationen können nur ein Bruchteil dessen sein, was für Bodennutzung und Bodenschutz notwendig ist. Die Bundesanstalt für Geowissenschaften und Rohstoffe (BGR) und die Staatlichen Geologischen Dienste der Länder arbeiten deshalb kontinuierlich an der Vervollständigung ihrer Bodeninformationssysteme mit dem Ziel, der Nachhaltigkeit von Bodennutzung die notwendige Basis zur Verfügung zu stellen (Eckelmann 1999). ◆

Bodenhorizont – Tiefenbereich homogener Eigenschaft im Bodenprofil

Braunerde – Bodentyp, gekennzeichnet durch Verbraunung und Verlehmung, in unseren Breiten häufig anzutreffen an grund- und stauwasserfreien, kalkarmen bis sauren Standorten; nutzbar als Acker- und Grünland, in steiler Hanglage als Wald

Deckenschotter – eiszeitliche Schotterkörper, an der Oberfläche aufliegend

Fahlerde – Bodentyp mit Tonverlagerung und starker Aufhellung des Auswaschungshorizontes (Ael) vor allem in Löss- und Moränenlandschaften; bei Ackernutzung häufig stark erosionsgefährdet

Gleye – durch Grundwassereinfluss geprägte Böden, die bis in den Oberboden vernässt sein können; typische Böden der Täler, Niederungen sowie randlicher Auenbereiche

Lockersyrosem – wenig entwickelter Bodentyp mit flacher initialer und humusarmer Oberbodenentwicklung über lockerem Ausgangsgestein, z.B. Dünensand; erosionsempfindlich

Parabraunerde – Bodentyp mit Tonverlagerung, verbreitet in Löss- und Moränenlandschaften, meist als Ackerboden genutzt, aber erosionsanfällig

Pararendzina – Bodentyp mit humosem Oberboden über carbonathaltigem Kiesel- oder ▷ Silikatgestein (z.B. Löss, Geschiebemergel, carbonatreiches Festgestein); meist warme und trockene Standorte unter Acker, Weinbau und Wald

Pedoregion – oberste Stufe räumlicher Aggregierung von Elementen der Pedosphäre als Einheit in der Bodenkartierung und -beschreibung

Pedosphäre – Bodendecke als Bereich der Erdoberfläche, in dem sich die Lithosphäre, Hydrosphäre, Atmosphäre und Biosphäre mit wechselnden Anteilen durchdringen

Pelosol – Bodentyp aus tonigen bis tonig-mergeligen Ausgangsgesteinen mit hohem Anteil an quellfähigen Tonmineralen, die ausgeprägt zu Schrumpfung und Quellung in Abhängigkeit von Durchfeuchtung und Austrocknung neigen; Nutzung als Acker, Wald oder Grünland

Podsol – nährstoffarmer, stark saurer Bodentyp mit Auflagehumus, Eisen- und Humusverlagerung (Ortstein), verbreitet in niederschlagsreichen Gebieten der kalt- bis gemäßigt-humiden Klimazonen auf sandigen Substraten; Nutzung als Wald, Acker und Gründland nach Aufkalkung und Düngung

Pseudogley – Bodentyp geprägt durch periodische Staunässe, bei länger fehlendem Regen auch durch Trockenheit; überwiegend für Grünland und Wald genutzt, drainiert auch als Acker

Ranker – flachgründiger Bodentyp, meist stark steinig auf carbonatfreien Festgesteinen, häufig in steilen Hanglagen der Hoch- und Mittelgebirge; Nutzung als Wald oder als extensives Grünland

Regosol – Bodentyp aus Kiesel- und Silicat-Lockergesteinen (z.B. Dünen) von mehr als 30 cm Mächtigkeit, bei fehlender Vegetation häufig erosionsempfindlich

Rendzina – flachgründiger Bodentyp, häufig stark steinig auf Carbonatgestein; in steilen Hanglagen der Hoch- und Mittelgebirge meist als Forst- oder Grünland genutzt, in flachen Lagen auch als Acker

subkontinental – leicht kontinental geprägtes Klima

subozeanisch – leicht ozeanisch geprägtes Klima

Substrat – Ausgangsgestein für die Bodenbildung, z. B. Flugsand, Löss, Hanglehm, Hangschutt

Syrosem – wenig entwickelter Bodentyp mit flacher, initialer und humusarmer Oberbodenentwicklung über Festgestein mit oder ohne Carbonatgehalt; in Erosions- und Kammlagen der Berge ohne wirtschaftliche Nutzung.

Tschernosem – in Mitteleuropa meist reliktische Böden aus carbonathaltigem, feinerdereichem Lockergestein (z. B. Löss, Geschiebemergel); im semiariden bis semihumiden Steppenklima und unter Steppenvegetation entstanden; idealer Ackerboden

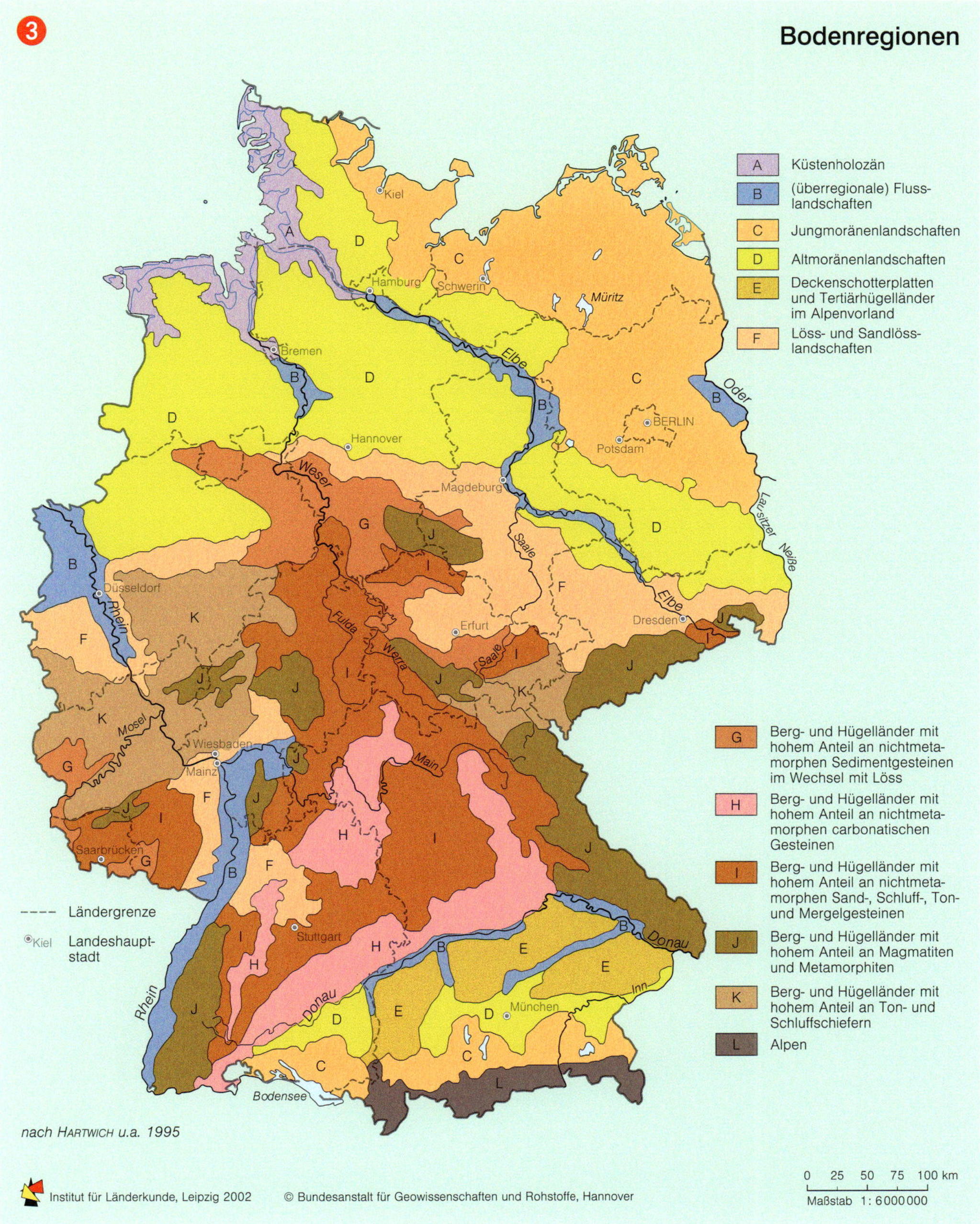

Bodengüte der landwirtschaftlichen Nutzflächen

Herbert Liedtke und Bernd Marschner

Gesetz über die Schätzung des Kulturbodens (Bodenschätzungsgesetz)
(BodSchätzG)
Vom 16. Oktober 1934
(Reichsgesetzbl. I S. 1050, Reichssteuerbl. S. 1306)

Die Reichsregierung hat das folgende Gesetz beschlossen, das hierdurch verkündet wird:

§ 1
Zweck

Für den Zweck einer gerechten Verteilung der Steuern, einer planvollen Gestaltung der Bodennutzung und einer Verbesserung der Beleihungsunterlagen wird eine Bodenschätzung für die landwirtschaftlich nutzbaren Flächen des Reichsgebiets durchgeführt.

Geschichte der Bodenbewertung

So vielfältig Böden sind, so unterschiedlich ist ihre Fruchtbarkeit. Dies ist seit dem Altertum bekannt und wurde bereits von den Römern bei der Flächenzuteilung für Siedler berücksichtigt. Je fruchtbarer der Boden, desto kleiner die Parzelle. Auch bei der Steuer auf Grund und Boden, die zu den ältesten staatlichen Abgaben gehört, wurde schon frühzeitig versucht, nicht nur die Flächengröße, sondern auch die Ertragsfähigkeit als Bemessungsgrundlage einzusetzen. Für ein einheitliches Bewertungssystem fehlten allerdings lange Zeit ausreichende Daten über Zusammenhänge zwischen Ernteerträgen und Bodeneigenschaften, so dass die Besteuerung oftmals recht willkürlich erfolgte.

Nach langen Vorarbeiten wurde daher 1934 das Bodenschätzungsgesetz (▶ Abb. oben) erlassen. Ziel war es, eine gerecht differenzierte Besteuerung von landwirtschaftlich genutzten Flächen und eine Verbesserung der Beleihungs- und Entschädigungsgrundlagen zu schaffen. In der Folge wurden Tausende von Bodenschätzern in kurzer Zeit darin geschult, mit Hilfe einfacher Feldmethoden die Bodengüte nach einem einheitlichen Bewertungsverfahren zu ermitteln und in Karten festzuhalten. Das damals entwickelte System wird in nur geringfügig veränderter Form bis heute angewendet ❷.

Durchführung der Bodenschätzung

Die Bodengüte (▶▶ Beitrag Adler u.a., S. 100) von Ackerland wird im Wesentlichen nach drei Kriterien beurteilt:

Bodenart (Sand, Lehm, Ton): Die Zusammensetzung der Korngrößen bestimmt in hohem Maße das Nährstoff- und Wasserspeichervermögen von Böden. Sie kann durch die so genannte Fingerprobe leicht bestimmt werden, indem das feuchte Bodenmaterial in der Hand zerdrückt und bezüglich seiner Klebrigkeit und Plastizität geprüft wird. In der modernen Bodenkunde werden die drei Korngrößen Sand, Schluff und Ton unterschieden, als Lehm wird die Mischung aller drei Korngrößen bezeichnet.

Entstehungsart (geologisches Ausgangsmaterial oder Substrat der Bodenentwicklung): Die Unterscheidung in so genannte ▷ Diluvialböden (▷ tertiäre und ▷ glaziale Lockersedimente), Lössböden, ▷ Alluvialböden (Flusssedimente) und Verwitterungsböden (aus Festgestein) erlaubt Rückschlüsse auf den Nährstoffbestand und erfolgt an Hand geologischer Karten (▶▶ Beitrag Asch/Lahner/Zitzmann, S. 32).

Zustandstufe (Grad der Bodenentwicklung): Im Zuge der Bodenentwicklung kommt es durch Verwitterung und Humusanreicherung zunächst zu einer Verbesserung der Bodengüte, die später aber wieder durch natürliche Vorgänge wie Versauerung und Ausbildung von Stauhorizonten abnehmen und durch menschliche Eingriffe wie Entwässerung oder Bodenerosion verändert werden kann. Auf einer Skala von 1 bis 7 besitzen die mittleren Zustandsstufen daher die höchste Ertragsfähigkeit.

Sind die oben aufgeführten Daten erhoben, wird mit Hilfe einfacher Tabellen zunächst die so genannte Bodenzahl abgeleitet. Da die Ertragsfähigkeit eines Standorts außerdem von Hangneigung und lokalem Klima beeinflusst wird, fließen diese Faktoren in die endgültige Bewertung mit ein, so dass die abschließend ermittelte Ertragsmesszahl etwas höher oder tiefer als die Bodenzahl sein kann. Die Bewertung von Grünland erfolgt nach einem ähnlichen Verfahren.

Die Wertzahlen der Bodenschätzung für Acker- und Grünland reichen von 1 bis 100 und geben an, wie hoch die Ertragsfähigkeit eines Bodens im Verhältnis zu den besten Böden Deutschlands ist. Eine Ertragsmesszahl von 67 bedeutet daher, dass an diesem Standort im Durchschnitt nur rund 67% der auf den besten Böden möglichen Erträge erzielbar sind. Ertragssteigerungen durch Düngung und Be- oder Entwässerung sind an solchen Standorten zwar theoretisch möglich, in der Regel aber unwirtschaftlich. In ganz Deutschland haben 24% der landwirtschaftlichen Nutzflächen eine Ertragsmesszahl von unter 33, bei 65% liegt der Wert zwischen 33 und 64, und 11% haben eine höhere Zahl als 64, wobei die Werte in den verschiedenen Regionen stark variieren ❶.

Für Waldflächen gibt es kein vergleichbares bundeseinheitliches Schätzverfahren, so dass für sie auf der Karte ❸ keine Bodengüteklassen ausgewiesen worden sind.

Verteilung der Bodengüte in Deutschland

Der für die Bodenschätzung als Referenz ausgewählte beste Boden Deutschlands ist eine Schwarzerde im Kreis Schönebeck, Sachsen-Anhalt. In diesem zur Magdeburger Börde gehörenden Naturraum wurden während der Eiszeit mächtige ▷ Lössdecken eingeweht, auf denen sich sehr nährstoffreiche Böden mit hohem Wasserspeichervermögen entwi-

❶ **Anteile der Bodengüteklassen an der landwirtschaftlichen Nutzfläche**
nach Ländern

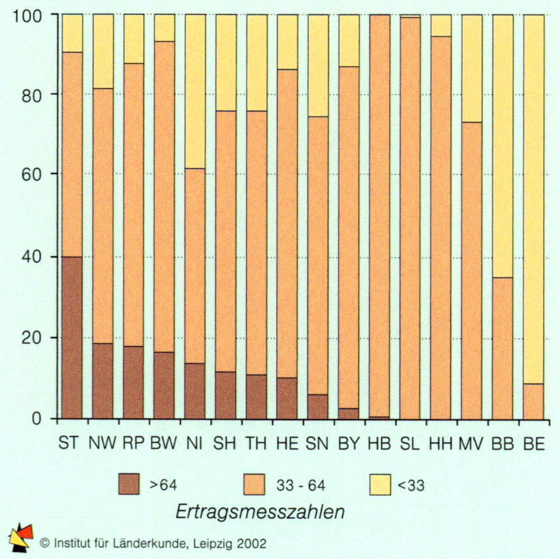

❷ **Ausschnitt aus der Bodenschätzkarte Hamm (Westfalen) 1989**

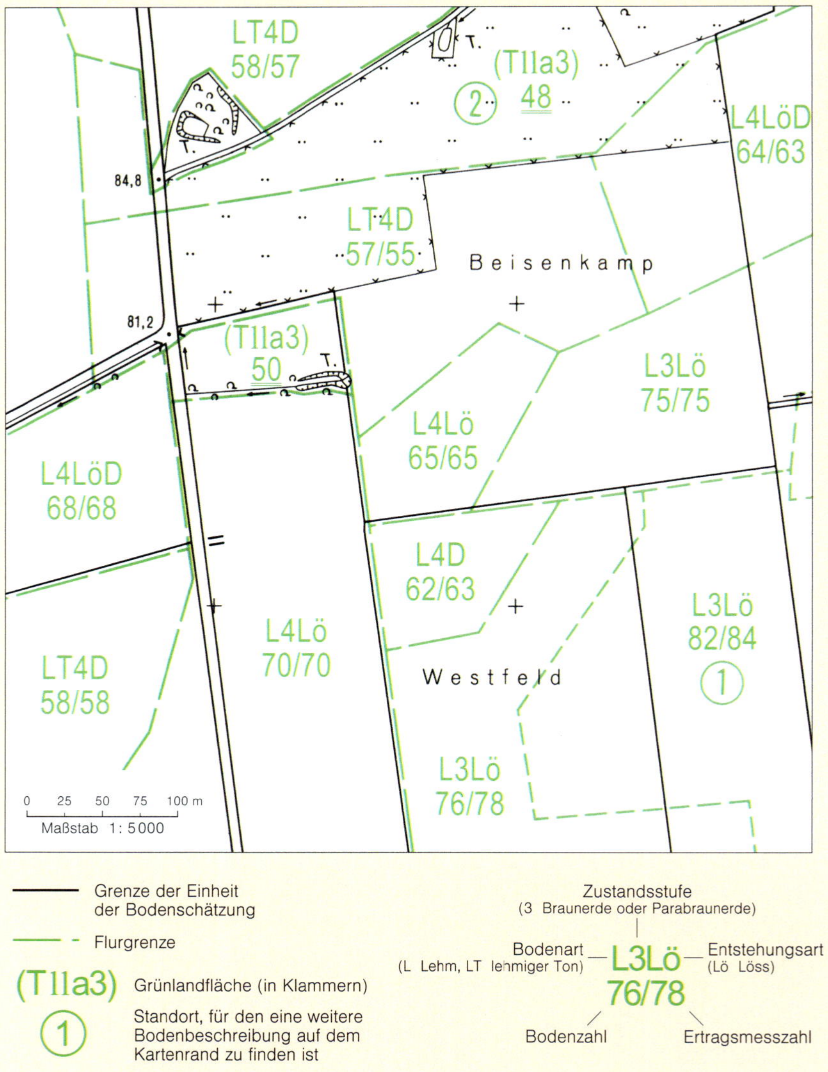

ckeln konnten. Dies ist ein Kennzeichen aller Bördelandschaften, die sich wie ein Gürtel vor dem Nordrand der deutschen Mittelgebirgsschwelle entlang ziehen (Jülicher, Zülpicher, Soester, Hildesheimer, Magdeburger und Querfurter Börde), so dass sich hier generell die ertragreichsten Böden Deutschlands befinden ❶.

Auch die anderen in der Karte ❸ ausgewiesenen Gebiete mit Ertragsmesszahlen über 64 in Mittel- und Süddeutschland sind generell durch hohe Lössanteile geprägt, wie beispielsweise der Rheingraben, der Kraichgau und die Wetterau. Sehr hohe Bodengüten weisen auch die Marschböden entlang der Nordseeküste auf, die aus nährstoffreichen Meeressedimenten entstanden und meist erst durch den Deichbau landwirtschaftlich nutzbar wurden (▶▶ Beitrag Behre, S. 76).

Der Großteil der landwirtschaftlichen Nutzflächen Deutschlands liegt in der mittleren Bodengüteklasse. Hier finden sich eine Vielzahl von Bodentypen, auf denen die Ertragsfähigkeit durch geringere Nährstoffvorräte, erhöhte Steingehalte, periodisch auftretendes Stau- oder Grundwasser oder durch eine ungünstige Wasserversorgung vermindert ist.

Die ertragsärmsten Böden finden sich dagegen großflächig vor allem auf den sandigen glazialen Ablagerungen des Norddeutschen Tieflandes, wie in des „Heiligen Römischen Reiches Streusandbüchse" Brandenburg. Sie sind nährstoffarm, häufig stark versauert und besitzen ein geringes Wasserspeichervermögen. Die typischen Bodentypen in diesem Raum sind ▷ Braunerden, ▷ Podsole und Moore. Hier, wie auch in den Mittelgebirgen, wo die Böden aufgrund des kühlen Klimas und des flach anstehenden Gesteins kaum landwirtschaftlich nutzbar sind, dominiert daher vielfach die Forstwirtschaft.

Bedeutung der Bodenschätzung

Bis heute stellt die Bodenschätzungskartierung die einzige flächendeckende Bodenaufnahme der landwirtschaftlichen Nutzflächen dar und bildet für sie weiterhin eine wichtige Besteuerungsgrundlage. Zudem werden die in den Karten enthaltenen Zusatzinformationen wie Bodenart und Bodentyp für andere Zwecke eingesetzt. Hierzu gehören Anwendungen in der kommunalen und regionalen Planung und zunehmend auch bei Fragen des Bodenschutzes. Letzterer umfasst zum Beispiel die Ermittlung der Erosionsgefährdung und die Bewertung von Bodenbelastungen oder die Ableitung von Ausgleichs- und Ersatzmaßnahmen, wenn es im Zuge von Bautätigkeit oder anderen Eingriffen zum Verlust oder zur Beeinträchtigung von wichtigen Bodenfunktionen kommt.

Die anhaltende Expansion vieler Ballungsräume durch Ausdehnung von Wohn-, Freizeit- und Gewerbeflächen führt dazu, dass vielerorts gerade die besten Böden verloren gehen, wie im Rhein-Main Gebiet, um Stuttgart, Hannover und im Raum Leipzig. Dies führt nicht nur zum Verlust wertvoller landwirtschaftlicher Produktionsflächen, sondern ist meist auch damit verbunden, dass diese Böden ihre wichtige Rolle in der Regulation des Wasser- und Nährstoffkreislaufs von Landschaften nicht mehr erfüllen können und dass sie für die Filterung und Pufferung von Schadstoffen nicht mehr zur Verfügung stehen.◆

❸ Bodengüte

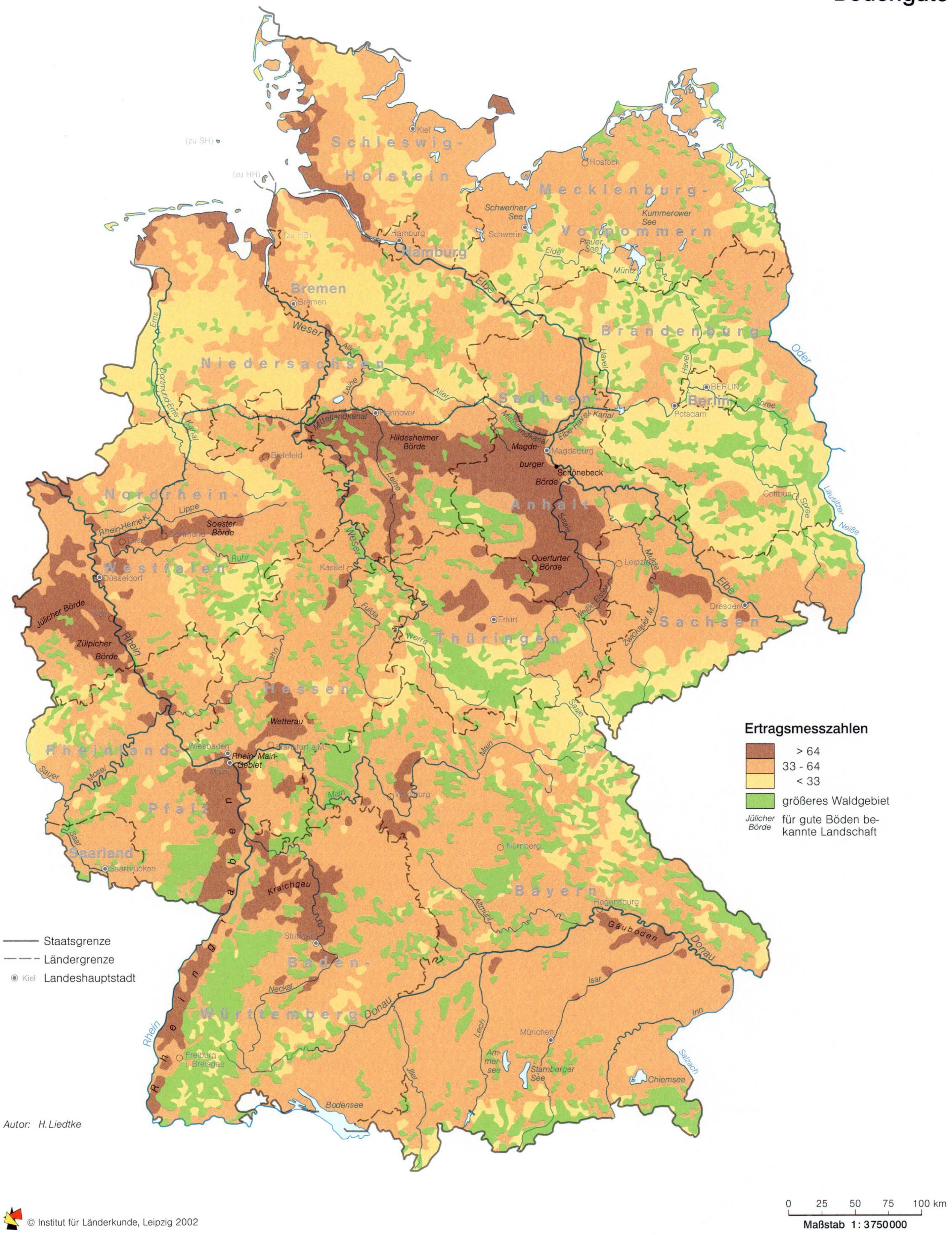

Bodenerosion

Nicola Fohrer, Konrad Mollenhauer und Thomas Scholten

Unter Bodenerosion versteht man die Verlagerung von Bodenmaterial durch Wasser oder Wind sowie durch ▷ Gravitation. Neben der durch klimatische und witterungsbedingte Ereignisse induzierten natürlichen Erosion wird ein Großteil der Bodenerosion durch den Menschen hervorgerufen. Sie bildet in den letzten Jahrzehnten weltweit den größten Anteil an der aktuellen ▶ Bodendegradation.

Eine lang anhaltende anthropogen verursachte Bodenerosion trägt insbesondere in Kulturlandschaften zur Oberflächenformung bei und ist damit auch ein Element der Landschaftsentwicklung. Historisch gesehen hat die großflächige Entwaldung und Urbarmachung der Landschaft seit dem Mittelalter dabei eine wichtige Rolle gespielt. Den Einfluss der Bewirtschaftung zeigt eine alte Karte aus dem 18. Jh. (siehe Abbildung). Die Bewirtschaftung bewirkte dort eine Abflusskonzentration in den Furchen zwischen den mit dem Hanggefälle verlaufenden Äckern. Hangabwärts entstanden Erosionsgräben und am Unterhang große "verflossene" und damit zu Ödland gewordene Bereiche (Hempel 1957).

Heute sind die Schäden durch Bodenerosion in Deutschland aus regionaler Sicht in intensiv landwirtschaftlich genutzten Regionen auf ▷ reliefiertem Gelände am gravierendsten, und zwar immer dann, wenn es innerhalb der Fruchtfolge längere Phasen ohne Bodenbedeckung gibt.

Nach dem Bundesbodenschutzrecht von 1999 sind Eigner und Nutzer von Flächen verpflichtet, Vorsorge gegen das Entstehen von Erosion und Maßnahmen der Gefahrenabwehr zu betreiben.

Die kartographische Darstellung der Bodenerosion stellt in der Regel die potenzielle Erosionsneigung einer Fläche bzw. ihre Erosionsdisposition dar. Demgegenüber steht die aktuelle Erosion, d.h. der Erosionsschaden, der durch Kartierung vor Ort erfasst werden kann.

Bodenerosion durch Wasser

Durch den Regentropfenaufschlag werden ▶ Bodenaggregate in kleinere, leicht transportierbare Partikel zerteilt. Für den Aggregatzerfall sind neben der Niederschlagsenergie Bodenfaktoren wie Bodenart, ▷ Humusgehalt und Bodenfeuchte bestimmend (▶▶ Beitrag Adler u.a., S. 100). Die Bodenaggregate werden zunächst eingeregelt; dadurch wird die Bodenoberfläche verdichtet. Eine Verschlämmungsschicht entsteht. Diese schränkt die ▶ Infiltration von Niederschlagswasser stark ein und führt zur Bildung von Oberflächenabfluss (Infiltrationsüberschuss). Besonders im Winter und im nassen Frühjahr kann Oberflächenabfluss auch durch Sättigungsüberschuss im Boden ausgelöst werden. Die zerfallenen Bodenaggregate werden entweder im Oberflächenabfluss oder durch ▶ Spritzwasserversatz hangabwärts transportiert ❶.

Das Ausmaß der Flächenerosion hängt zum einen von der Transportierbarkeit der Bodenpartikel und zum anderen von der Transportkapazität des Abflusses ab. Diese wird hauptsächlich durch die Fließgeschwindigkeit, die Schichtmächtigkeit und die Turbulenz des Abflusses bestimmt. Konzentriert sich der Abfluss in bevorzugten Fließbahnen, erhöht sich die Fließgeschwindigkeit, und ab einem Schwellenwert werden weitere Bodenpartikel aus dem Oberflächenverbund herausgelöst. Es kommt zum Übergang zu linearen Erosionsformen. Verringert sich die Fließgeschwindigkeit des Oberflächenabflusses durch Fließhindernisse oder Abflachung des Geländes, so sedimentieren die Bodenpartikel, und es entstehen Akkumulationsflächen.

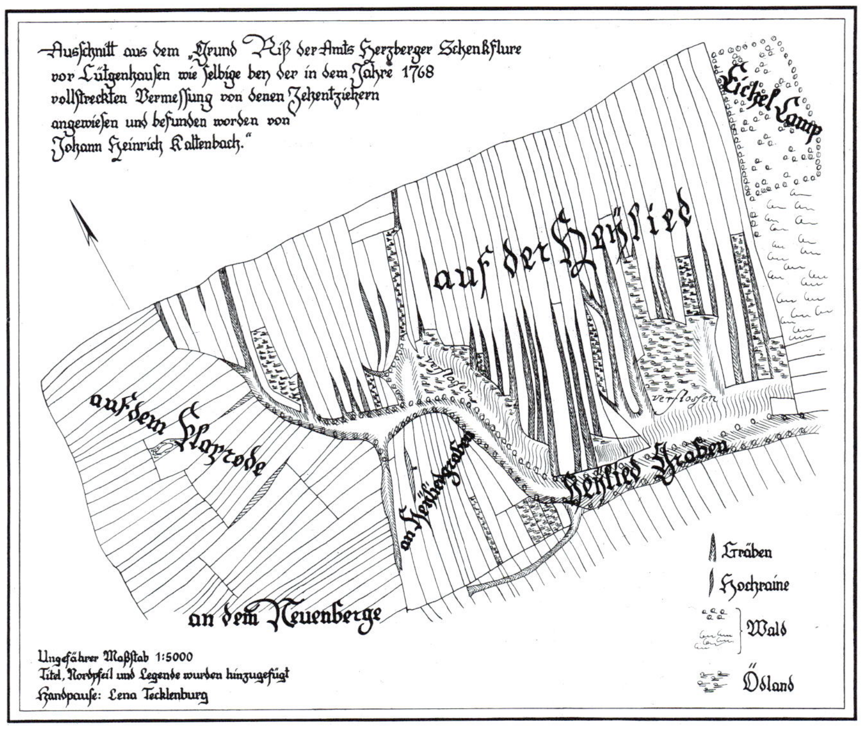

Karte aus dem 18. Jh. mit schweren Erosionsschäden auf einer Hochackerflur im Eichsfeld (verkleinerte Reproduktion aus Hempel 1957)

Von Wassererosion betroffene Landschaften

Für die Bundesrepublik Deutschland liegt eine Karte zur potenziellen Wassererosionsgefährdung der ackerbaulich genutzten Böden vor ❷, deren Inhalte auf dem empirischen Ansatz des ▶ Erosionsmodells ABAG basieren. Dargestellt wird die auf der Erodierbarkeit des Bodens (K), der Regenerosivität (R) und der Hangneigung (S) beruhende potenzielle Erosionsgefährdung (= R×K×S, bei konstant gehaltenem Hanglängenfaktor L) ohne Berücksichtigung der Art der Ackernutzung. Die gezeigte Übersichtskarte der Bundesanstalt für Geowissenschaften und Rohstoffe basiert auf deren Datenbestand im Fachinformationssystem Bodenkunde; zur Ausweisung der ackerbaulich genutzten Böden hat man das Landnutzungsmodell ▶ CORINE Land Cover des Statistischen Bundesamtes verwendet.

Deutlich zu erkennen ist die generell höhere Erosionsgefährdung in den stark reliefierten Mittelgebirgsregionen Deutschlands. Dem gegenüber stehen die flachen bis flachwelligen Bereiche des norddeutschen ▷ Quartärs. Insgesamt fallen etwa 50% der dargestellten Flächen in die Klassen sehr geringer potenzieller Erosionsgefährdung, die im Einzelfall bzw. bei höherer räumlicher Auflösung durchaus zahlreiche Flächen mit beträchtlichen Erosionsrisiken beinhalten. Besonders deutlich wird der Einfluss des Maßstabs und der Klassifizierung in Schleswig-Holstein, Mecklenburg-Vorpommern und Brandenburg, wo trotz ungleicher ▷ Geomorphogenese Unterschiede zwischen den stärker erosionsgefährdeten kuppigen ▷ Jungmoränen und den überwiegend ebenen ▷ Altmoränenlandschaften auf der Karte nicht mehr abgebildet werden.

Auch weite Teile der Magdeburger Börde und des Thüringer Beckens, →

❶ Prozesse und Steuerfaktoren der Flächenerosion durch Wasser

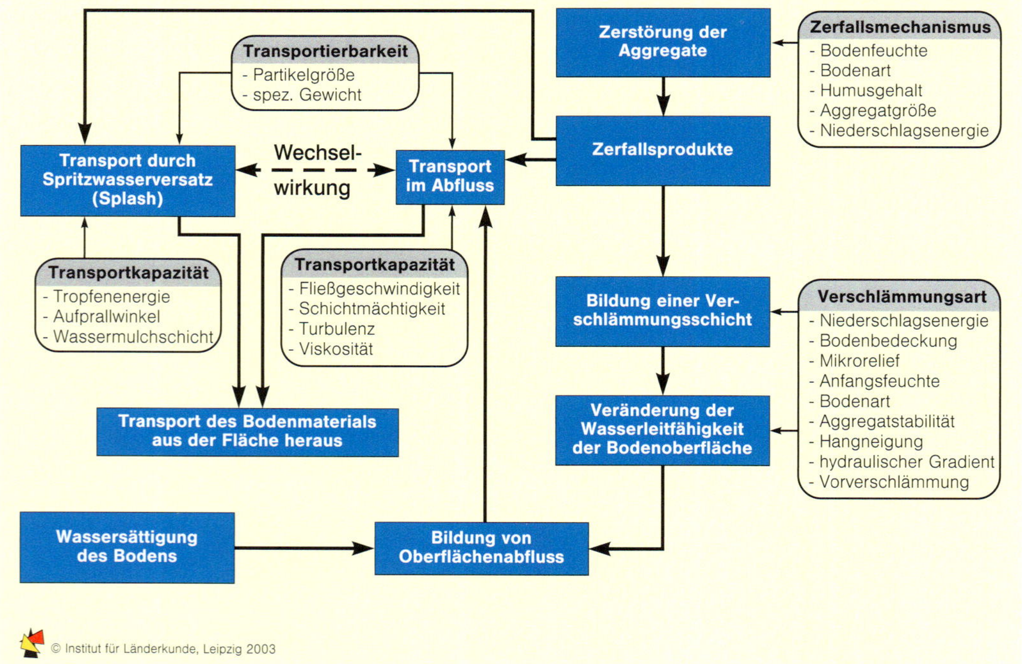

2

Erosionsgefährdung ackerbaulich genutzter Böden durch Wasser

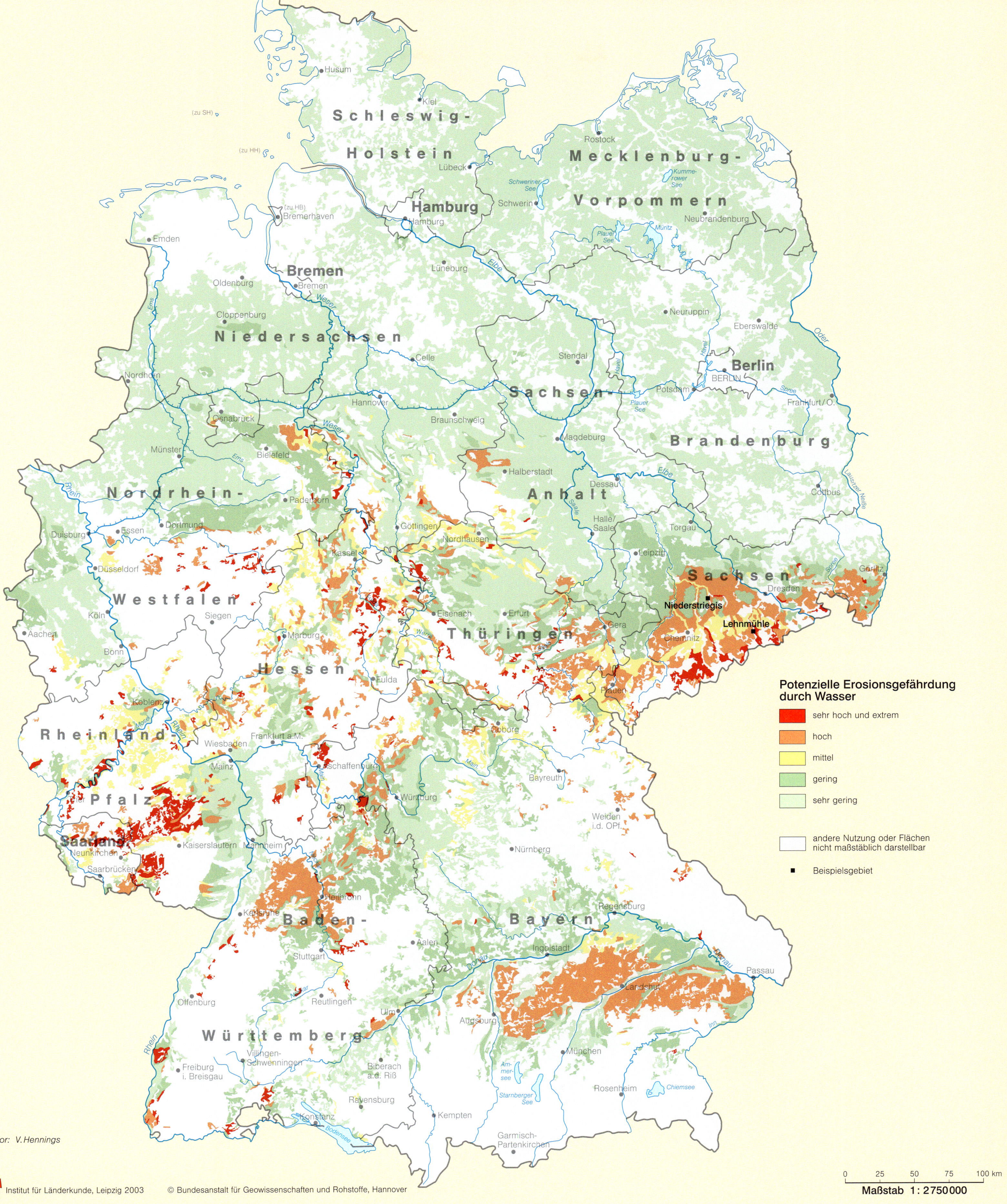

Autor: V. Hennings

Institut für Länderkunde, Leipzig 2003

bayerisches Tertiärhügelland – aus tertiärem Abtragungsschutt der Alpen bestehendes und teilweise mit mächtigen Lössablagerungen bedecktes Hügelland im Nordosten des bayerischen Alpenvorlands

Bodenaggregate – aus mineralischen und organischen Teilchen gebildete Bodenpartikel unterschiedlicher Größe, Form und Stabilität

Bodendegradation – Verschlechterung der Bodenqualität

CORINE Land Cover – europäische Datenerhebung zur Bodennutzung und Bodenbedeckung nach einheitlicher Methodik und auf der Basis von Satellitenaufnahmen, topographischen Karten und Luftbildern

Erosivität – erosionsauslösende Energie

Infiltration – Einsickern von Wasser in den Boden

Regensimulatoren – Beregnungsgeräte, mit denen aus Kapillaren (**Kapillarregner**) oder mit höherem Druck aus Düsen (**Düsenregner**) ein künstlicher Regen auf den Boden aufgebracht wird

Spritzwasserversatz – Transport von Bodenpartikeln durch auf den Boden aufprallende und Spritzwasser erzeugende Regentropfen

die in den normalerweise als stark wassererosionsgefährdet angesehenen ▷ Lössverbreitungsgebieten liegen, fallen in die Klasse "sehr gering", weil sie eine geringe Hangneigung aufweisen und häufig als ▷ Schwarzerden mit günstiger Gefügeentwicklung nur wenig erodierbar sind. Eine bereits geringfügig höhere Gefährdung lassen die Böden der Sandlössgebiete erkennen.

3 Schadbild in einer Landschaft nach einem Erosionsereignis durch Wasser

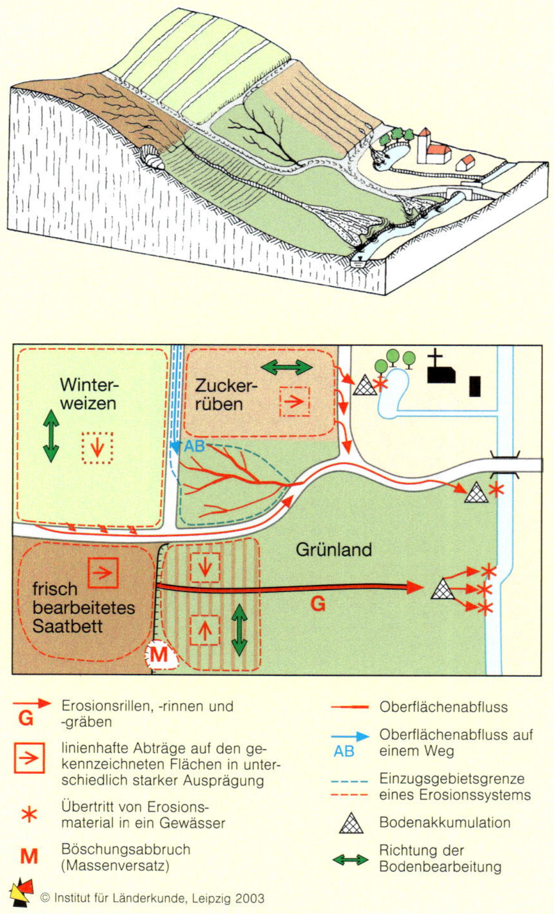

Schwerpunktgebiete der potenziellen Wassererosionsgefährdung in Deutschland sind das ▸ bayerische Tertiärhügelland, das Erzgebirge und sein Vorland, der Kraichgau sowie das Pfälzisch-Saarländische Stufenland und das Saar-Nahe-Bergland. Eine über weite Bereiche hohe Gefährdung zeigen die dem Erzgebirge vorgelagerten Ackerbauregionen infolge der hohen Niederschläge und der entsprechend Regenerosivität.

Formen der Wassererosion

Man unterscheidet zwischen flächenhaften und linearen Erosionsformen, wobei letztere nach ihrem Ausmaß unterteilt werden in:

- Rillenerosion
- Rinnenerosion
- Graben- oder Gullyerosion

Die Flächenerosion betrifft hauptsächlich feine, leicht transportierbare Bodenbestandteile, wie die ▷ Schluff- und Tonfraktion und die organische Substanz, die besonders wichtig für die Bodenfruchtbarkeit haben. Die Flächenerosion kann als Anfangsstadium für lineare Erosionsformen angesehen werden, die sich durch Konzentration des Oberflächenabflusses in bevorzugten, durch das Relief oder durch die Bewirtschaftung vorgegebenen Fließbahnen entwickeln.

Neben der durch Regentropfen initiierten Erosion gibt es zahlreiche weitere Formen der Erosion durch Wasser. Genannt seien hier die Schneeschmelzerosion, die Erosion im Fließgewässer und die Tunnelerosion. Entscheidend für das Ausmaß der Schneeschmelzerosion ist, ob der Schneeschmelzeabfluss auf gefrorener oder angetauter Bodenoberfläche erfolgt. Bei der Erosion in Fließgewässern differenziert man zwischen der Sohlenerosion und der Ufererosion. Bei labilen Uferverhältnissen kann es dabei durch Unterspülung zu Uferabbrüchen kommen. Tunnelerosion tritt auf, wenn Wasser in einer tieferen Bodenschicht hangparallel abfließt und dabei Bodenpartikel mitreißt; auf diese Weise entstehende Hohlräume wachsen schließlich zu Tunneln an, die bei mechanischer Belastung der Bodenoberfläche zum Einsturz kommen können.

Untersuchungsmethoden zur Wassererosion

Zur Erfassung der Erosionsgefährdung eines Standorts, zur Aufklärung von Erosionsprozessen oder zur Ermittlung von Steuerfaktoren der Erosion werden Versuche unter natürlichen Niederschlagsbedingungen oder mittels Niederschlagssimulationen durchgeführt. Dabei sind die Versuchsbedingungen auf den Parzellen (besonders Hangneigung, Bodenzustand, Vegetation) exakt mess-

4 Niederstriegis, Ortsteil Grunau (Mittelsachsen)
Erosionsgefährdung durch Wasser
Berechnung mit Erosion 2D/3D

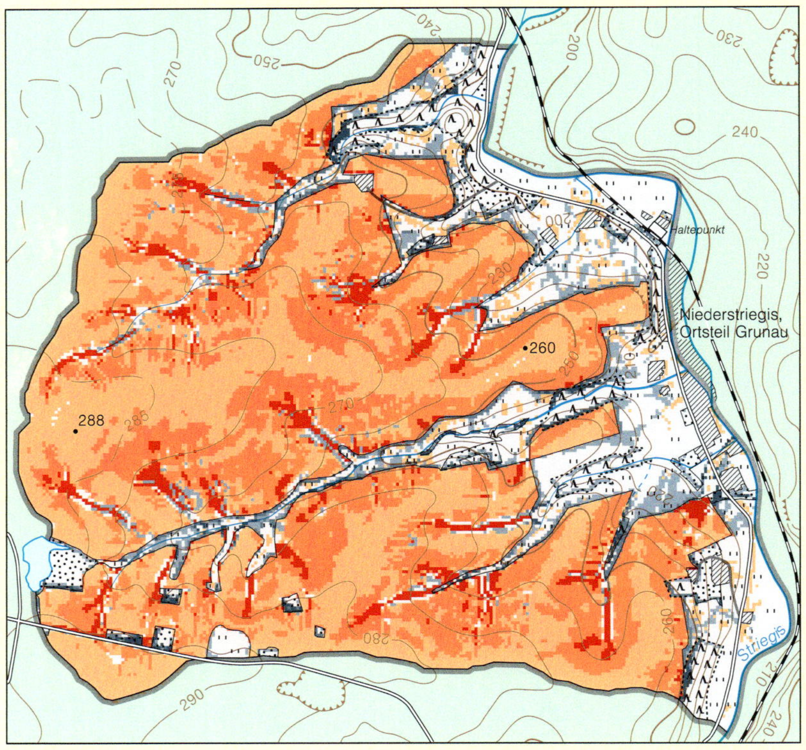

Autoren: A. Michael, M. v. Werner

Legende siehe **5**

0 250 500 750 1000 m
Maßstab 1 : 25 000

Lineare Erosionsformen auf einer Ackerfläche in Brandenburg

Erosionsmodelle

Mit Hilfe von Erosionsmodellen kann Bodenerosion durch Wasser oder Wind simuliert, quantifiziert und prognostiziert werden. Sie stellen ein wesentliches Instrument für die Planung von bodenschützenden Maßnahmen dar. Ein auf zahlreiche Parzellenversuche zurückgehendes, empirisches Modell für die Wassererosion ist die Allgemeine Bodenabtragsgleichung ABAG (Wischmeier/Smith 1978; Schwertmann u.a. 1987), mit deren Hilfe es möglich ist, den jährlichen Bodenabtrag (A, in Tonnen pro Hektar und Jahr) im langjährigen Mittel zu schätzen: $A = R \times K \times L \times S \times C \times P$

Der R-Faktor ist ein Maß für die gebietsspezifische Erosivität des Niederschlages im langjährigen Mittel und wird aus Menge und Intensität und der sich daraus ergebenden kinetischen Energie des Niederschlags berechnet. K drückt die Erosionsanfälligkeit des Bodens aus.

Die Faktoren L und S beschreiben Hanglänge und -neigung. Im Faktor C spiegeln sich der Einfluss von Bodenbedeckung durch Kulturpflanzen und Bearbeitungsverfahren im Vergleich zur Schwarzbrache wider. Im Faktor P schließlich finden erosionsmindernde Maßnahmen Eingang in die Berechnung.

Andere Wassererosionsmodelle, z.B. EUROSEM (Morgan u.a. 1998), WEPP (Nearing u.a. 1989) und Erosion 2D/3D (Schmidt u.a. 1996), orientieren sich stärker am Erosionsprozess und dessen physikalischen Gesetzmäßigkeiten. Sie eignen sich auch zur Simulation von Einzelereignissen.

Ein der ABAG entsprechendes empirisches Modell für die Winderosion haben Woodruff und Siddoway (1965) entwickelt. Ein physikalisch basiertes Winderosionsmodell ist das Modell WEELS (**W**ind **E**rosion on **E**uropean **L**ight **S**oils; Böhner u.a. 2003).

bar bzw. kontrollierbar. Bei Beregnungsversuchen im Feld oder im Labor kommen verschiedene ▶ Regensimulatoren zum Einsatz. Ziel ist es, einen Regen zu erzeugen, der hinsichtlich Tropfengrößenspektrum, Fallgeschwindigkeit und Intensität natürlichen Niederschlagsbedingungen möglichst nahe kommt. Für kleine Versuchsparzellen werden vorwiegend ▶ Kapillarregner verwendet. Bei grossparzelligen Versuchen kommen eher ▶ Düsenregner zum Einsatz.

Auch ▶ Erosionsmodelle können einen Beitrag zur Schätzung des Erosionsausmaßes liefern. Ein empirisches Modell ist die Allgemeine Bodenabtragsgleichung (ABAG; Schwertmann u. a. 1987). Mit Hilfe des demgegenüber prozessorientierten, physikalisch basierten Modells Erosion 2D/3D (Schmidt u.a. 1996) wurde exemplarisch das 410 ha große Gebiet Niederstriegis westlich von Dresden bearbeitet ④. Im Gegensatz zu Abschätzungen mit der ABAG wird hier die Verteilung von Abtrags- und ▷ Sedimentationsflächen als Resultat eines einzelnen Niederschlagsereignisses mit 10-jähriger Wiederkehrwahrscheinlichkeit dargestellt. Zugrunde liegt die Annahme, dass die Ackerflächen konventionell bearbeitet wurden und dass das Niederschlagsereignis direkt nach der Saatbettbearbeitung erfolgte. Als entsprechend abtragsgefährdet erwiesen sich die Ackerflächen, während Materialablagerung hauptsächlich in den angrenzenden Wiesen durch die Reduktion der Fließgeschwindigkeit und damit durch Absinken der Transportkapazität des Abflusses stattfindet (Michael 2001).

Bei der Kartierung aktuell aufgetretener Erosionsschäden kommt es darauf an, die verschiedenen Formen des Bodenabtrags und der Bodenakkumulation detailliert zu erfassen. Zudem sollen diejenigen Bedingungen im Gelände festgehalten werden, die für das aktuelle Erosionsereignis bestimmend waren. Abbildung ③ zeigt ein solches Schadbild nach einem Erosionsereignis.

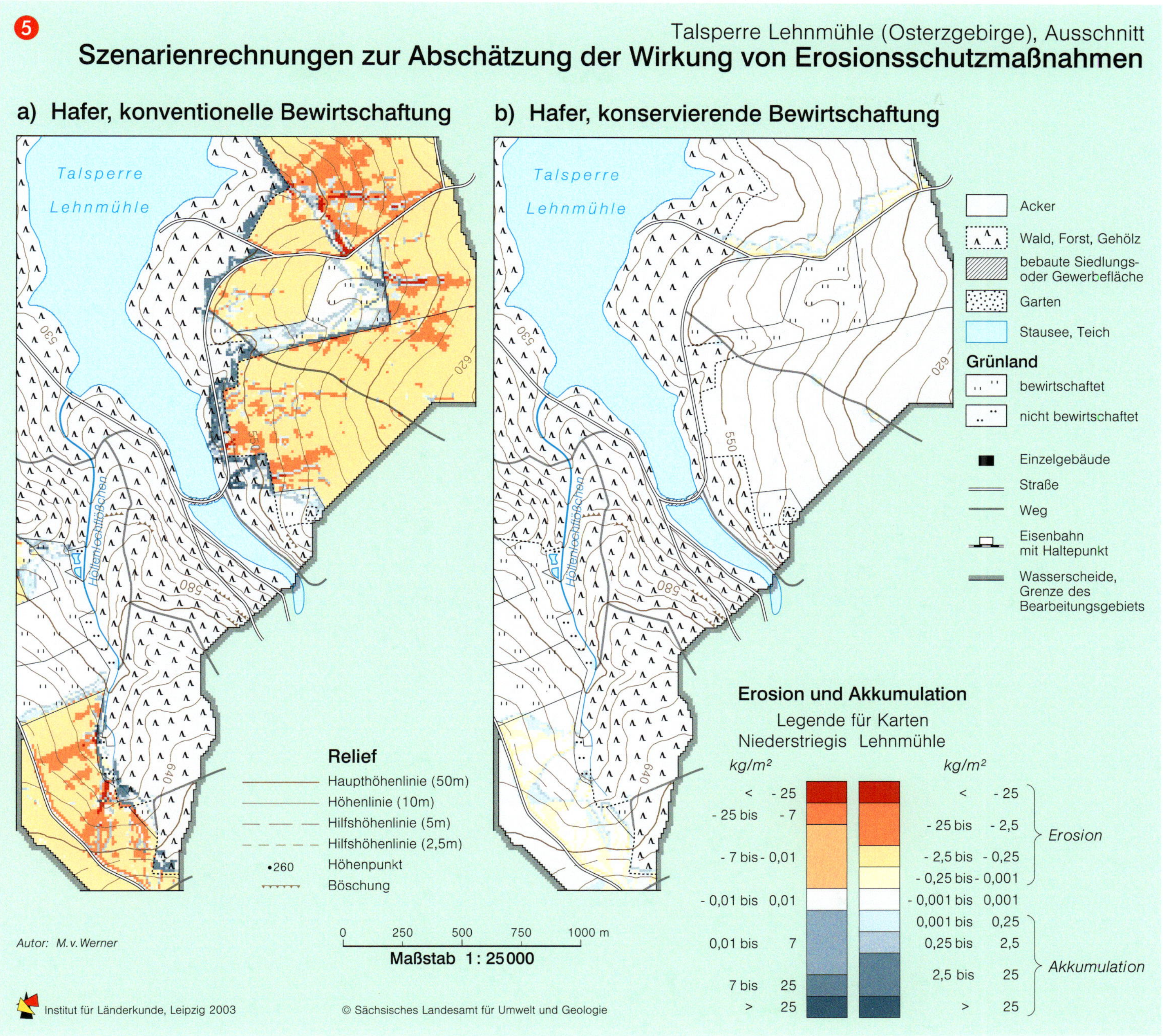

Weitere Formen der Bodenerosion

Neben der Winderosion (▶▶ Beitrag Mollenhauer/Scholten, S. 110) sind weitere Formen der Bodenerosion der Massenversatz, die Bearbeitungserosion und die Ernteerosion. Unter Massenversatz versteht man ▷ gravitative Massenbewegungen auf stark geneigten Hängen. Sie entstehen unter Einwirkung von Wasser in Abhängigkeit vom Aufbau des Untergrunds und können auch anthropogen bedingt sein, wie es häufig an übersteilten künstlichen Böschungen und Weinbauterrassen zu beobachten ist.

Bearbeitungserosion findet überall dort statt, wo durch mechanische Eingriffe in den Boden im Zuge der Bearbeitung Bodenverlagerungen in Gefällerichtung auftreten, wenn Bodenpartikel durch die Bodenbearbeitung aus dem Verband gelöst, angehoben und an einer geringfügig weiter hangabwärts gelegenen Stelle wieder abgelegt werden. Wiederholt sich dieser Vorgang bei weiteren Bearbeitungsmaßnahmen, entstehen daraus im Laufe der Zeit große Verlagerungsdistanzen.

Als Ernteerosion bezeichnet man den Bodenverlust, der durch das Anhaften von Boden am Erntegut entsteht. Besonders Zuckerrüben sind hier zu nennen, die oftmals unter feuchten Witterungsbedingungen im Herbst geerntet werden. Das Ausmaß der Bodenverluste kann je nach Bodenfeuchte bei der Ernte erheblich sein.

Maßnahmen zum Erosionsschutz

Die Auswirkungen von Bodenerosion werden unterteilt in On-site-Schäden, hervorgerufen durch den Abtrag von Bodenmaterial auf einer Fläche, und Off-site-Schäden, hervorgerufen vor allem durch die Ablagerung von erodiertem Bodenmaterial außerhalb der eigentlichen Erosionsfläche oder durch dessen Eintrag in Gewässer bzw. andere zu schützende Bereiche.

Wirkungsvolle Maßnahmen gegen das Auftreten von Bodenerosion durch Wasser sind hauptsächlich angepasste Bewirtschaftungsverfahren, die zum Ziel haben, die Bodenoberfläche zum Schutz vor Regentropfenaufschlag möglichst lange bedeckt zu halten und eine deutliche Reduktion des Oberflächenabflusses und der Fließgeschwindigkeiten zu bewirken:

- Direktsaat
- Mulchsaat
- Zwischenfruchtanbau
- Untersaaten
- Konturnutzung

Andere Maßnahmen zielen hauptsächlich auf die Reduktion der erosionswirksamen Hanglänge:

- Terrassierung
- Streifenbau
- Erosionsschutzstreifen

Eine dritte Maßnahmengruppe richtet sich auf die Verbesserung der Bodenstruktur:

- Humuszufuhr
- Kalkung
- Förderung der biologischen Aktivität
- strukturfördernde Fruchtfolge

Die Karten ⑤a und ⑤b zeigen eine Szenarienrechnung zum Vergleich verschiedener Anbausysteme für den Erosionsschutz im Bereich der Talsperre Lehnmühle. Die Simulationsrechnungen wurden mit dem ▶ Erosionsmodell "Erosion 2D/3D" unter der Prämisse eines Starkregenereignisses mit 10-jährigem Wiederkehrintervall durchgeführt. In Karte ⑤a sind die Ackerflächen konventionell mit Hafer bestellt. Die stark geneigten Hänge weisen erhebliche Erosionsschäden auf. Stellenweise kann es zum Eintrag von ▷ Sedimenten in die Talsperre und damit zur Trübung und Nährstoffbelastung der Trinkwasservorräte kommen. Wird stattdessen konservierend bewirtschaftet ⑤b, können erosionsbedingte Umlagerungen im Beispielsgebiet nahezu vollständig vermieden werden (Werner 2000).◆

Bodenerosion durch Wind

Konrad Mollenhauer und Thomas Scholten

Winderosion in der nordwestdeutschen Geest

Wie die Wassererosion stellt auch die Bodenerosion durch Wind in Deutschland ein Problem der ▸ Bodendegradierung dar. Auch sie ist verknüpft mit dem durch intensive Bodennutzung entstandenen Verlust an bodenschützender Vegetation und kann in Ackerbaugebieten von erheblicher Bedeutung sein. Maßnahmen zum Schutz gegen Winderosion sind gerade in Norddeutschland seit langem bekannt und werden weiterentwickelt.

Faktoren der Winderosion

Entscheidend für die Winderosionsdisposition eines Standortes ist der Faktorenkomplex aus ▸ Erosivität des Windes, Windoffenheit der Landschaft, ▸ Erodierbarkeit der Böden, Oberflächenrauigkeit und Bodenbedeckung durch Pflanzen. Bei Mineralböden beginnen Verwehungen bei Windgeschwindigkeiten von etwa 7 m/s und gleichzeitiger trockener Witterung. Für die Gefährdung von Moorböden reichen auch schon geringere Windgeschwindigkeiten aus. Niederschlagsarme Ostwetterlagen sind hinsichtlich der Winderosion meist kritischer als Westwetterlagen mit Niederschlägen, da Wind bei hoher Luftfeuchtigkeit bzw. zusammen mit Niederschlägen nur wenig Erosion auslösen kann.

Windoffen ist eine Landschaft dann, wenn ausreichend bremsende Windhindernisse wie Gehölze, Wald, Baumreihen und Windschutzhecken fehlen. Geringer gefährdet gegenüber Winderosion ist also eine kleinstrukturierte Landschaft mit geringen Feldlängen und mit Flurgehölzen quer zur Hauptwindrichtung.

Für die Erodierbarkeit des Bodens spielt in erster Linie dessen Feuchteregime eine Rolle. Gefährdet sind feinsandreiche Böden mit niedriger Wasserhaltefähigkeit und Moorböden bei gleichzeitig geringer Bodenfeuchte, entwässerte oder grundwasserferne sandige bis ▹ schluffige Böden oder solche in regenärmeren Gebieten. Die Oberflächenrauigkeit beeinflusst die Windgeschwindigkeit und damit die ▸ Scherkraft des Windes in Bodennähe. Zu unterscheiden sind die Rauigkeit der Bodenoberfläche, die unter Ackernutzung durch die Art der Bodenbearbeitung bestimmt wird, und die von der Topographie vorgegebene Rauigkeit des Geländes.

Die Bodenbedeckung durch Pflanzen ist bei der Winderosion ähnlich wichtig wie bei der Wassererosion. Unter Grünland und Wald findet keine Winderosion statt. Bei Ackernutzung fördern Feldfrüchte, die in Zeiten hoher Windgeschwindigkeiten und relativ trockener Witterung keine geschlossene Bodenbedeckung aufweisen, die Winderosion. In Norddeutschland ist dies besonders im April und Mai der Fall.

Durch Winderosion betroffene Landschaften

Auswehungsgefährdet sind in Deutschland vor allem viele der eiszeitlich geprägten Gebiete Nordwest- und Nordostdeutschlands (▸ Foto), z.B. Talsande in den ▹ Urstromtälern und sandige ▸ Geestplatten mit zum Teil bereits durch Winderosion entstandenen Flugsanddecken, sandige Böden auf Flussterrassen und in Beckenlandschaften, z.B. in der Oberrheinischen Tiefebene und in Mittelfranken, Lösslandschaften in regenärmeren Gebieten, z.B. im östlichen Harzvorland, in der Magdeburger Börde und im östlichen Thüringer Becken sowie ackerbaulich genutzte, stark entwässerte Niedermoore, z.B. im Voralpenland und in Mecklenburg-Vorpommern.

Die Karte ❶ zeigt die Erosionsgefährdung durch Wind auf Ackerflächen in Niedersachsen. Sie berücksichtigt die Bodenart, den Humusgehalt und die bodenkundliche Feuchtestufe der Böden. Die ackerbaulich genutzten sandigen Gebiete auf der Geest und in den Fluss-

❶ Niedersachsen
Erosionsgefährdung ackerbaulich genutzter Flächen durch Wind

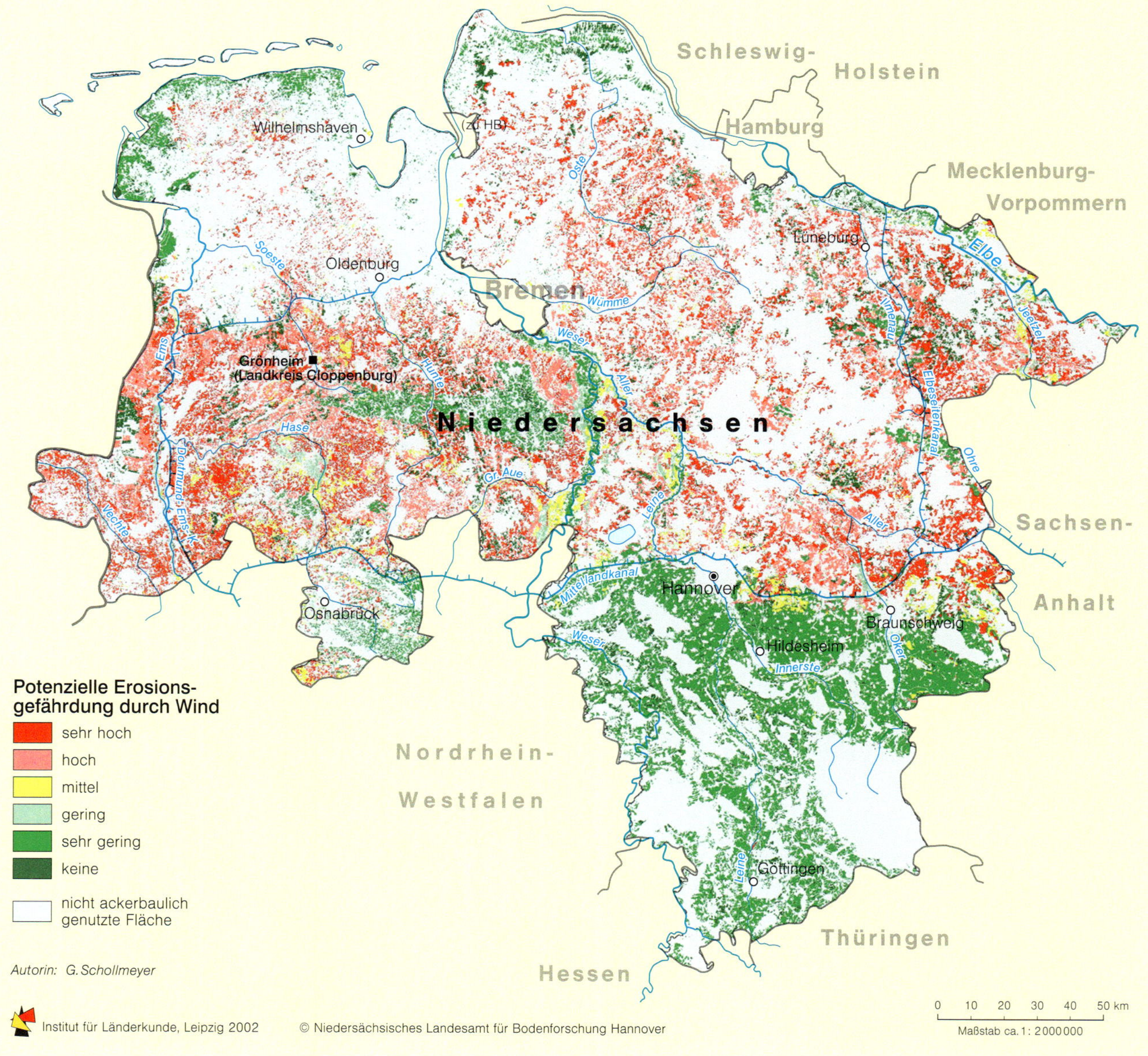

Bodendegradierung – Verschlechterung der Bodenqualität
Erosivität – erosionsauslösende Energie
Geestplatten – eiszeitliche Aufschüttungslandschaften in Nordwestdeutschland, meist sandig und von geringer Fruchtbarkeit
Scherkraft – abtragende Kraft des Windes

tälern treten deutlich mit hoher Erosionsgefährdung hervor. Dagegen sind die lössgeprägten und die aus der Verwitterung ▷ präquartärer Gesteine entstandenen Böden im Süden Niedersachsens nur wenig gefährdet. Gleiches gilt für die schweren Böden der Marschen. Außerdem findet sich keine bis geringe Gefährdung durch Winderosion in bodenfeuchten Bereichen der Küste und der Talauen sowie im Sandlössgürtel südwestlich von Bremen.

Formen der Winderosion

Bei den Formen der Winderosion unterscheidet man zwischen Kriechen, Saltation und Suspension ②. Beim Kriechen werden Teilchen über wenige Meter transportiert, angestoßen von Sandkörnern, die durch Saltation bewegt wurden. Bei der Saltation werden Teilchen in die Höhe gerissen und dort je nach Windgeschwindigkeit unterschiedlich weit transportiert. Beim Zurückfallen auf den Boden können sie ihrerseits Teilchen in Bewegung setzen und so den Transportvorgang vervielfachen. Material, das über Saltation transportiert wird, gelangt häufig über die Feldgrenzen hinaus und bildet auf den Ablagerungsflächen deutliche Sandfahnen. Feine Schluff-, Ton- und Humusteilchen können, wenn sie in den Einflussbereich starker, langanhaltender Winde geraten, als Suspensionsfracht Hunderte von Kilometern weit verlagert werden. Auch unsere Lössböden sind ein Produkt dieses Suspensionstransportes.

Untersuchungsmethoden

Zur Erforschung von winderosionsbedingten Sedimenttransporten werden u.a. Masten mit mehreren übereinander angeordneten Flaschenfallen verwendet, die sich mit einem Segel zum Wind hin ausrichten. Dadurch ist es möglich, den Sedimenttransport in einem vertikalen Transportprofil zu erfassen. Für eingehendere Untersuchungen des Prozesses der Winderosion und genaue Quantifizierungen der Transportmechanismen dienen Windkanäle über Versuchsbodenparzellen.

Die Karten ③ und ④ zeigen Ergebnisse des Einsatzes eines Winderosionsmodells für die Gemarkung Grönheim auf der Cloppenburger Geest im westlichen Niedersachsen mit überwiegend sandigen Böden. Verwendet wurde das physikalisch basierte Erosionsmodell WEELS (Böhner u.a. 2003). Als Simulationsergebnis erhält man die Bilanz aus Abtrag und Akkumulation in räumlich hoher Auflösung. Auf Karte A ist die Situation nach einem einzelnen Erosionsereignis wiedergegeben. An der räumlichen Abfolge von Auswehung und Ablagerung lässt sich erkennen, dass das Erosionsereignis bei Ostwind stattgefunden hat. Karte B gibt das Modellergebnis einer Erosions-Akkumulations-Bilanz für zahlreiche Erosionsereignisse eines längeren Zeitraums wieder, die durch Winde aus unterschiedlichen Richtungen hervorgerufen wurden. Entsprechend finden sich Ablagerungen häufig an allen Rändern eines Feldes mit sehr starker Auswehung in dessen Mitte (Böhner u.a. 2003).

Schutzmaßnahmen gegen Winderosion

Als Schutzmaßnahmen gegen Winderosion bieten sich für eine möglichst lang anhaltende Vegetationsbedeckung an:
- Wahl geeigneter Fruchtfolgen
- Zwischenfrüchte
- Mulch

Für die Stabilisierung des Bodens gegen den Einfluss des Windes kommen in Frage:
- intensive Humuswirtschaft
- Erhaltung einer höheren Bodenfeuchte im Oberboden
- Erhöhung der Oberflächenrauigkeit

Als Maßnahmen der Landeskultur stehen zur Verfügung:
- Verringerung der Feldlänge in Hauptwindrichtung durch Windschutzgehölze bzw. Streifenbau
- Flurneuordnungsmaßnahmen zur Änderung der Nutzflächenverteilung unter Bevorzugung von Grünland für besonders gefährdete Standorte◆

② **Transportprozesse bei Winderosion**
Schematische Darstellung

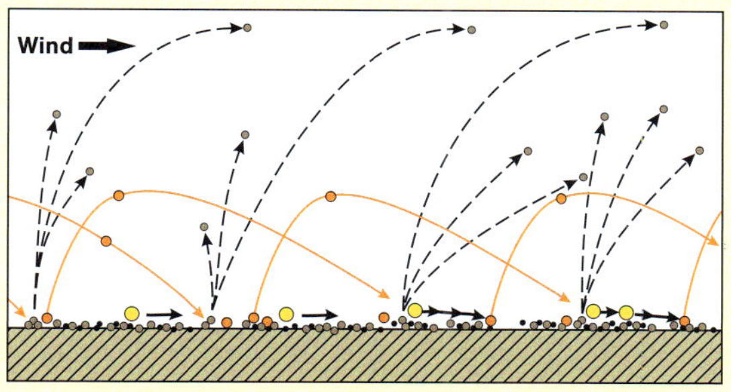

Kriechen – kriechende bzw. rollende Bewegung von Bodenteilchen überwiegend mit einem Korndurchmesser > 0,5mm, z.T. durch Stoß Saltation auslösend

Saltation – Bodenteilchen, überwiegend mit einem Korndurchmesser von ca. 0,1 - 0,5mm, in springender Bewegung, dabei weitere Saltation oder Suspensionstransport auslösend

Suspension – Durch Aufprall springender Teilchen bzw. durch turbulente Luftbewegung bewirkter Übergang von Schluff-, Ton- und Humuspartikeln in Suspension, Teilchengrößen überwiegend < 0,1 mm

Gemarkung Grönheim (Kreis Cloppenburg / Niedersachsen)
Auswehungs- und Ablagerungsbilanzen bei Winderosion
simuliert mit dem Modell WEELS

③ **Mehrstündiges Einzelereignis mit Ostwetterlage: 4./5.4.1989** ④ **Mehrjähriger Zeitraum: 1981 - 1993**

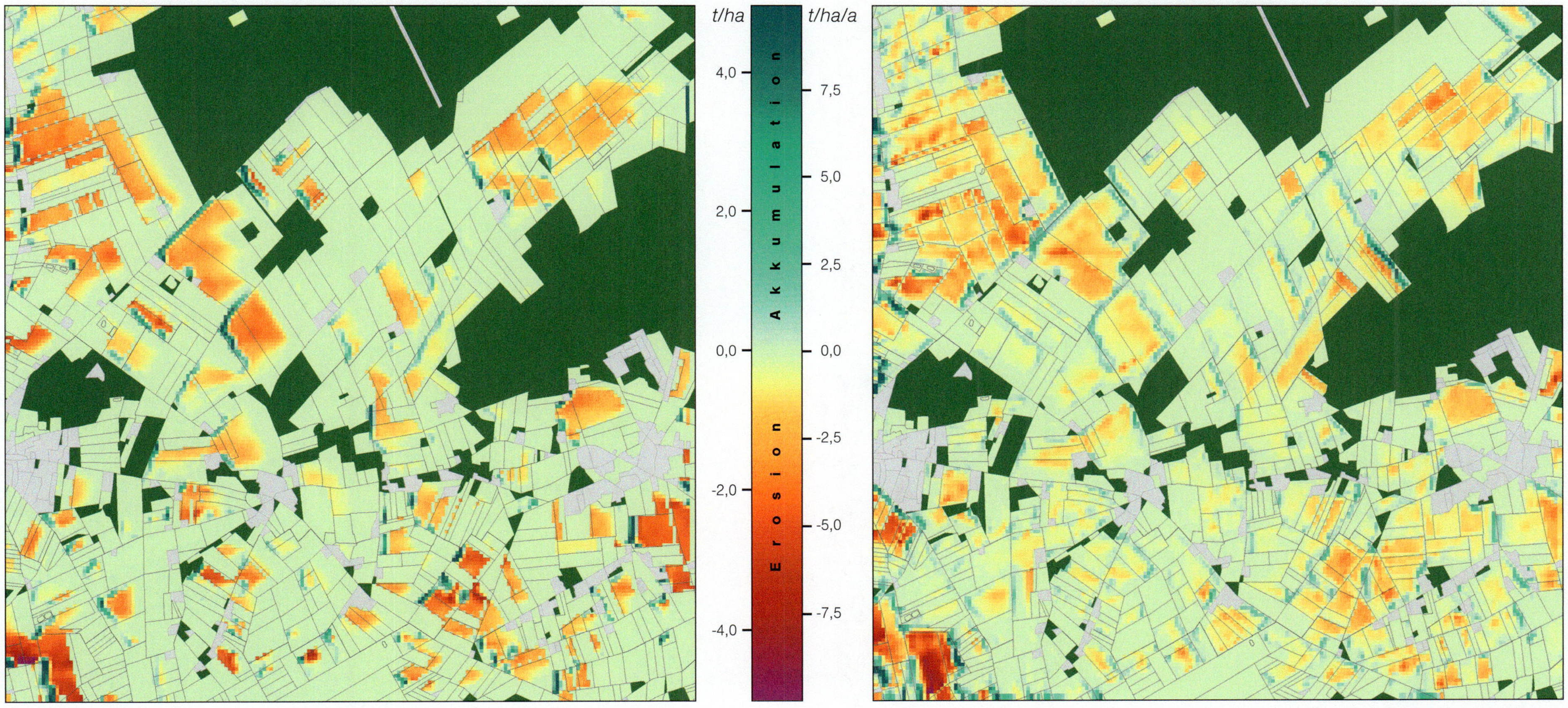

Institut für Länderkunde, Leipzig 2002 *Autoren: J. Böhner, O. Conrad, J. Gross, A. Ringeler, W. Schäfer*

Wald | bebaute Fläche

0 500 1000 m
Maßstab ca. 1 : 50 000

Bodenbelastung durch Schwermetalle

Jörg Völkel

In der Natur treten Metalle und metallähnliche Elemente selten ▸ gediegen sondern in Form von Erzen auf. Während die Leichtmetalle Silizium, Aluminium, Calcium, Eisen, Kalium, Magnesium und Titan mit einem Anteil von über 99% in Verbindung mit Sauerstoff die feste Erdkruste aufbauen, zählen die weiteren Metalle zu den so genannten Spurenelementen. Unter ihnen bezeichnet man Metalle, deren Dichte einen Wert von 4,5 g/cm^3 überschreitet, als Schwermetalle. Während aus der Sicht des Stoffwechsels von Organismen die Schwermetalle Kupfer und Zink bis zu einer gewissen Menge zu den essentiellen Spurenelementen zählen, wirken Cadmium, Kobalt, Chrom, Quecksilber, Nickel, Blei und Selen bereits in sehr geringen Mengen toxisch. Natürlicherweise kommen sie in höherer Konzentration nur in eng begrenzten Lagerstätten vor. Vor allem infolge ▹ technogener Prozesse wie der Erzverhüttung und der industriellen Weiterverarbeitung von Verhüttungsprodukten, aber auch bei der Verbrennung fossiler Energieträger werden Schwermetalle jedoch in der Umwelt angereichert.

Der ▹ Pedosphäre als einer engräumigen, aber äußerst effektiven Schnittstelle zwischen ▹ Lithosphäre, ▹ Hydrosphäre und ▹ Atmosphäre kommt im Ökosystem die Rolle eines Puffers und eines Filters zu. Das gilt auch für Schadstoffe. Allerdings besitzen Böden nicht die Fähigkeit zur Selbstreinigung, so dass dort eine Anreicherung der über Verwitterung und Einträge zugeführten Stoffe stattfindet. Auch Schwermetalle werden in hohem Maße in den Böden gebunden. Je nach Element treten im Bodenprofil charakteristische Verteilungsmuster auf, die sich an den Bodenhorizonten orientieren ❷. Denn die Fähigkeit von Böden, Schwermetalle zu immobilisieren, hängt vor allem vom physikochemischen Bodenmilieu und von der Präsenz von ▸ Adsorbenzien wie ▹ Humusstoffen und reaktionsfreudigen Eisenoxiden im Boden ab. Je nach Art des Schwermetalls variieren die biologische Verfügbarkeit innerhalb eines Bodenhorizontes und die Tiefenverteilung im gesamten Bodenprofil erheblich. Bezüglich der Bewertung einer ökotoxikologischen Relevanz einzelner Schwermetalle bedarf es daher unabhängig von den jeweils ermittelten Gesamtgehalten stets einer bodenkundlichen Standortbewertung.

❶ **Hintergrundwerte von Nickel 1999**
in Abhängigkeit von Böden und Landnutzung

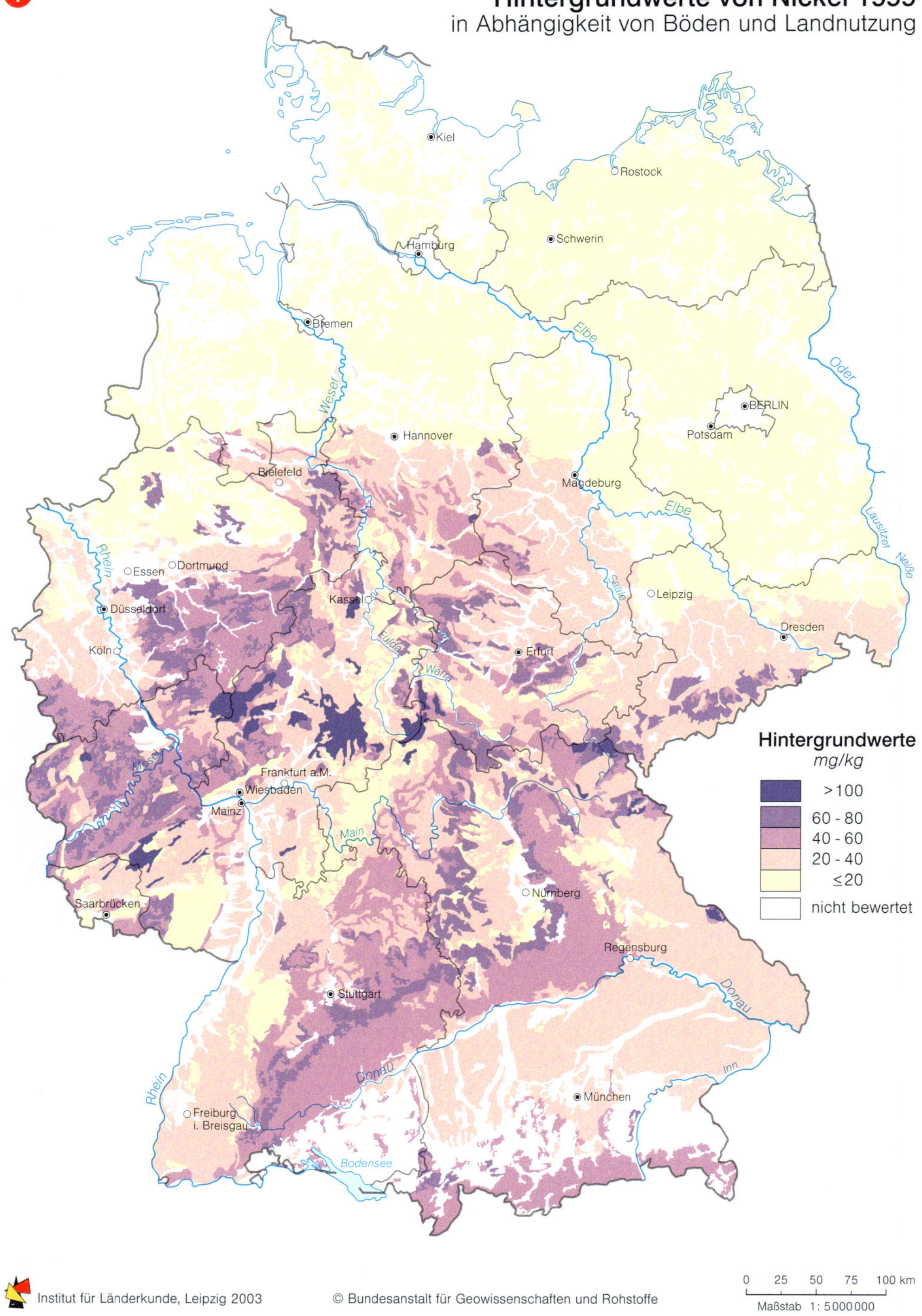

Anthropogen freigesetzte Schwermetalle in Böden

Über den atmosphärischen Pfad werden Schwermetalle den Böden auch in industriefernen Regionen sowohl in Form trockener als auch nasser ▸ Deposition zugeführt. Vor allem die Waldgebiete ▸ kämmen Schwermetalle aus der Luft und den Niederschlägen aus. Das gilt in den organischen Auflagehorizonten der Waldböden vor allem für Blei, Cadmium und einen Teil des Zinks und Kupfers, die fast vollständig aus ▸ Immissionen stammen. Blei (Pb) zum Beispiel wird vor allem über Verbrennung ▹ fossiler Energieträger freigesetzt. Im Boden ist es ausgesprochen immobil und wird im Auflagenhumus angereichert. Hohe Jahresniederschläge von über 1400 mm und das Auskämmen von Nebel führen beispielsweise dazu, dass die durchschnittlichen Bleigehalte in den Böden auf den Höhenzügen des industriefernen und als so genanntes Reinluftgebiet bekannten Nationalparks Bayerischer Wald mit etwa 250 mg/kg um das Fünffache über den durchschnittlichen Werten der Waldböden im stadtnahen Umfeld einer Großstadt wie Regensburg liegen (642 mm Niederschlag/Jahr). Die in der Europäischen Union maximal zulässige Bleikonzentration in Böden beträgt 300 mg/kg. Innerhalb industrieller Ballungsräume und in ihrem Umfeld ist die atmosphärische Belastung jedoch weitaus höher. Für das Umfeld Bleierze verarbeitender Verhüttungsanlagen und Betrieben werden jährliche Pb-Depositionen von >10 kg/ha angegeben. In Ballungsgebieten sind es generalisiert immerhin noch 280 g/ha/a gegenüber einem bundesweit gemittelten Wert von 27 g/ha/a. Die Werte sind im langjährigen Trend stark rückläufig.

Zur atmosphärischen Deposition kommen die Verunreinigung der Gewässer und die Kontamination der Böden mit industriell, von der Landwirtschaft, durch Hausbrand und Verkehr freigesetzten oder aufgetragenen Stoffen, sowohl in heutiger als auch in historischer Zeit. In den Sedimenten der Elbauen als einem industriell besonders stark verschmutzten Fluss liegen die Gehalte an Cadmium (Cd) im Unterstrombereich der Zuflüsse von Triebisch und Mulde bei Spitzenwerten von 230 mg/kg. Die Bleigehalte von Elbsedimenten erreichen Werte von bis zu 1500 mg/kg. Für unbelastete Böden werden Cd-Werte von <0,5 mg/kg und Pb-Werte von <60 mg/kg angegeben. Verursacht durch die Auswirkungen des jahrhundertelang betriebenen Bergbaus weisen die Sedimente der Flüsse Oker und Innerste im Harzvorland Cd-Gehalte von 200 mg/kg auf. Die Bleigehalte können bis zu 4000 mg/kg betragen. Zink und Kupfer erreichen Werte von 5000 mg/kg und 650 mg/kg. Das Beispiel zeigt, dass eine Dekontamination von Flusssedimenten keineswegs ausschließlich von den aktuellen Einleitern der modernen industriellen Produktion abhängig ist. Grundsätzlich sind in allen Regionen Deutschlands mit historischem Bergbau in den Auesedimenten der Flüsse Altlasten versteckt, die durch natürliche oder künst-

Adsorbenzien – Bodenbestandteile, an die sich Stoffe anlagern

Deposition – Ablagerung, Stoffeintrag

gediegen – in Reinform

Immission – Eintrag eines verunreinigenden Stoffs in die (Reinst)Luft

Moldanubikum – westlicher Teil des böhmischen Grundgebirges, bestehend aus metamorphen und magmatischen Gesteinen mit geringmächtiger Sedimentbedeckung

Olivin – meist oliv- bis flaschengrünes ▹ Silikat in magmatischen und metamorphen Gesteinen

Saxothuringikum – Grundgebirge im Bereich der ▹ variskischen Gebirgsbildung von den Nordvogesen bis Thüringer Wald, Erzgebirge und Sudeten

Serpentinit – metamorphes olivinreiches Gestein

ultrabasisches Gestein – magmatisches Gestein mit einem Gehalt an Kieselsäure von unter 45% SiO_2

2 Tiefenverteilung von Schwermetallen

Einfluss bodenbildender Prozesse am Beispiel einer Parabraunerde aus Niederbayern, Raum Deggendorf

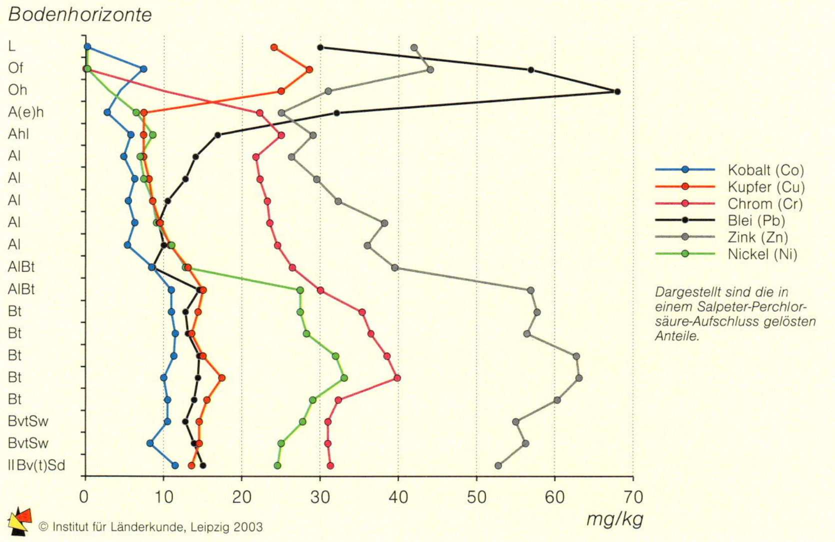

3 Hintergrundwerte von Blei 1999

in Abhängigkeit von Böden und Landnutzung

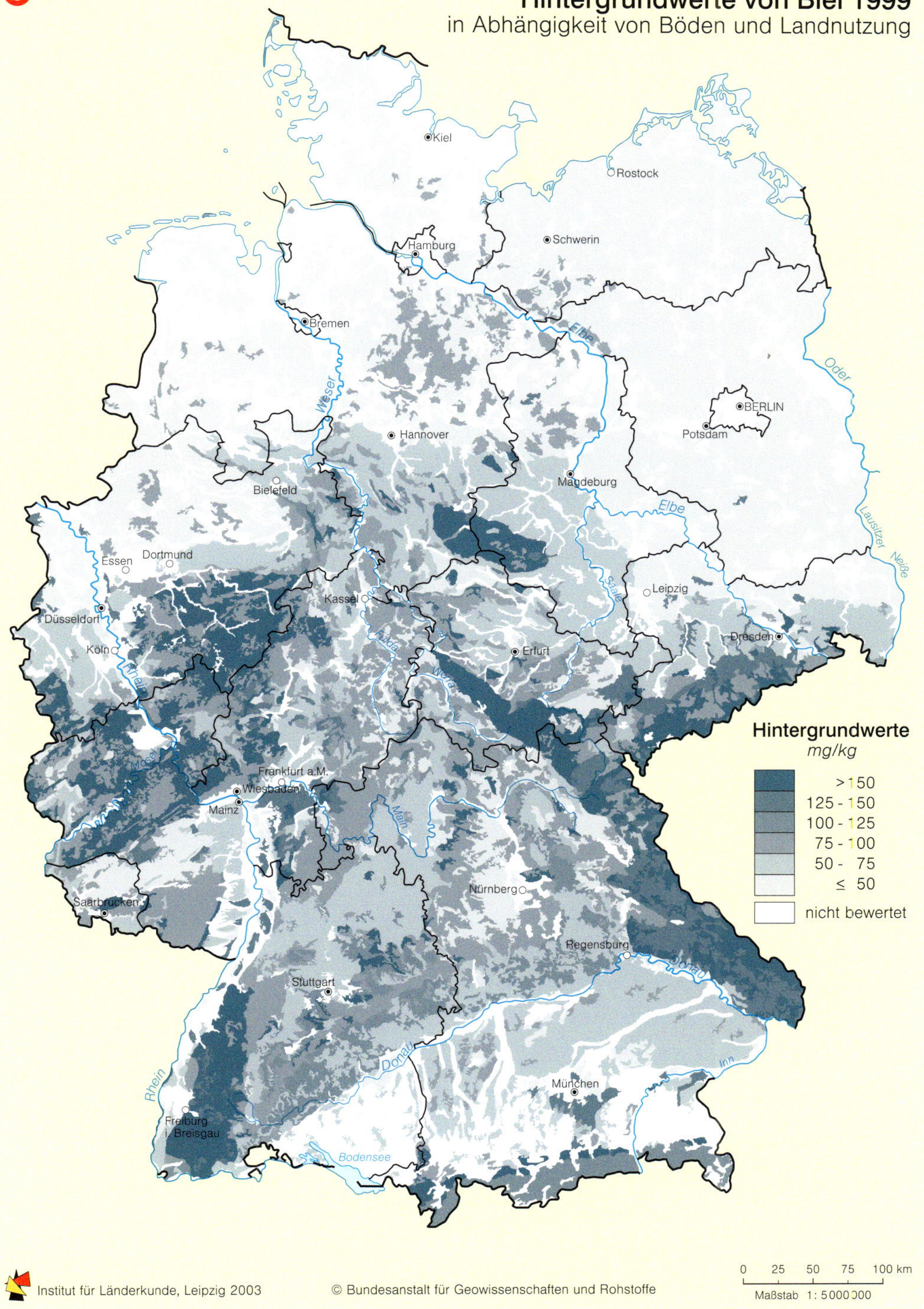

liche Verlagerungen der Uferränder jederzeit wieder freigesetzt werden können.

Bekannt für ihre Befrachtung mit Schwermetallen sind Klärschlämme. Sie enthalten unter anderem erhebliche Mengen an Cadmium, welches den Böden zudem auch über Dünger und den Kfz-Verkehr (vor allem Reifenabrieb und Dieselöl) zugeführt wird. Die Klärschlammverordnung gibt das Maß an Gehalten unterschiedlicher Schwermetalle vor, die in industriellen Reststoffen, welche der Umwelt wieder zugeführt werden sollen, enthalten sein dürfen. Dazu zählen die überall als Rückstände der Abwasserreinigung anfallenden Klärschlämme, von denen in Deutschland jährlich insgesamt etwa 60 Mio. Tonnen (BMU 2002) anfallen, bezogen auf ein Trockensubstanzvolumen von 5%. Industrieschlämme und kommunaler Kompost sind hier nicht einbezogen. Die nach Ausfaulung und Trocknung verbleibenden Mengen wurden vor dem Jahre 2001 zu etwa 37% in der Landwirtschaft vor allem aufgrund hoher Organikanteile und weiterer Hauptbestandteile in Form von Stickstoff, Kalium, Calcium, Magnesium und Phosphor zur Bodenverbesserung eingesetzt. Der Herkunft des Klärschlamms entsprechend variieren die Schwermetallkonzentrationen erheblich, weshalb eine ständige Überprüfung erforderlich ist. Im Falle zu hoher Schadstoffgehalte müssen auch Klärschlämme auf geeigneten Deponien eingelagert werden, was für Industrieschlämme generell gilt.

Im Falle industrieller Produktions- und Altlastenstandorte können Schwermetalle in besonders hoher Konzentration in Böden auftreten. Ein Beispiel einer räumlich eng begrenzten Schwermetallkontamination der Böden vor allem mit hochgiftigem Quecksilber (Hg) und Antimon (Sb) ist der 1985 aufgrund einer behördlichen Anordnung stillgelegte Standort der Chemischen Fabrik Marktredwitz (CFM) in der Oberpfalz. Seit 1837 wurden dort unterschiedlichste chemische Verbindungen hergestellt, im Rahmen der Produktion von Pflanzenschutzmitteln neben elementarem Quecksilber nahezu alle bekannten anorganischen und organischen Quecksilberverbindungen. Neben dem Betriebsgelände selbst wurden auch das Umfeld, wozu das Stadtgebiet von Marktredwitz zählt, und die angrenzenden Vorfluter erheblich kontaminiert. Die durchschnittlichen Konzentrationen an Quecksilber im Boden lagen im Umfeld bei 27,64 mg Hg/kg Trockensubstanz (TS) mit Belastungsspitzen von 2,4 g Hg/kg TS, dabei in der Regel in hochmobiler Bindungsform. Die Bundes-Bodenschutz- und Altlastenverordnung (BBodSchV) gibt für Quecksilber als Hintergrundwert in nicht belasteten Böden eine Spannbreite von 0,05 bis 0,5 mg Hg/kg TS an. Die Sanierung dieses Standortes konnte 1996 abgeschlossen werden.

Allgemeine Hintergrundwerte von Schwermetallen in Böden

Auch auf natürliche Weise reichern Böden Schwermetalle an, allerdings in weitaus geringerem Maße als durch menschliche Einflüsse. Diese Gehalte resultieren vor allem aus der Verwitterung der bodenbildenden Sedimente und Gesteine im Zuge der Bodenentwicklung. Im Gegensatz zu anthropogen freigesetzten Schwermetallen werden diese daher als ▷ geogen bezeichnet. Deren jeweilige Gehalte sind stark von der chemischen Beschaffenheit der Boden bildenden Substrate abhängig. Sie variieren daher in charakteristischer Art und Weise mit dem ▷ lithologischen Bau der naturräumlichen Einheiten. In Verbund mit der Nutzung einer Landschaft (Forst, Grünland, Acker, Dauerkulturen, Siedlungs- und Industriefläche) bilden sie Hintergrundwerte, deren deutschlandweite Darstellung sich auf die bodenökologisch besonders relevanten humosen Oberbodenhorizonte bezieht. Das Beispiel Blei verdeutlicht – losgelöst von anthropogenen Einträgen – den hohen Einfluss, welchen die Gesteine auf die Schwermetallgehalte in Böden nehmen. Die Grundgebirgseinheiten in Deutschland wie Rheinisches Schiefergebirge, ▶ Saxothuringikum, ▶ Moldanubikum, der Schwarzwald und der Harz treten ausnahmslos über erhöhte Gehalte hervor 2. Das Beispiel des Harzes lässt zudem lithologisch bedingte Verteilungsmuster innerhalb einer naturräumlichen Einheit erkennen. Ein Gegenbeispiel ist Nickel, welches auf den ersten Blick am allerwenigsten einen Zusammenhang mit den das Bodensubstrat stofflich mitbestimmenden Gesteinen erkennen lässt 3. Zwar sind auf der Karte teilweise auch naturräumliche Einheiten kraft des Einflusses ihrer Gesteinstypen auf die Schwermetallgehalte der Böden erkennbar. Auch wird das Vorkommen ultrabasischer Gesteine mit hohen Olivingehalten sowie von Serpentiniten klar nachgezeichnet. Bayerischer Wald und Oberpfälzer Wald als Teile der kristallinen Grundgebirgsprovinz des Moldanubikums setzen sich indes beispielsweise nicht von den lithotypisch völlig anders gearteten ▷ Lockersedimenten des südbayerischen Raumes ab, dessen bodenbildende Substrate aus ▷ quartär- und ▷ tertiärzeitlichen Lockersedimenten bestehen.◆

Bodenbelastung durch Radionuklide

Jörg Völkel

1 Cäsium-Tiefenverteilung (^{137}Cs) im Waldboden (n=52)

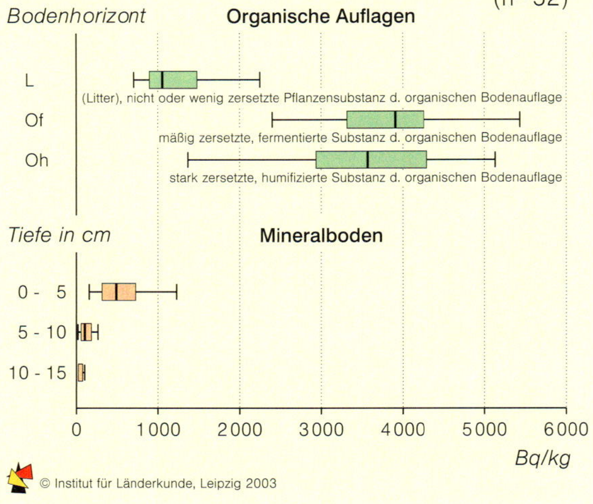

Bq, Becquerel – Maßeinheit für die Aktivität einer radioaktiven Substanz; 1 Bq = ein radioaktiver Zerfall pro Sekunde

Fallout – Eintrag radioaktiver Substanzen auf die Erdoberfläche sowie auf Pflanzen etc.

Halbwertzeit (HZ) – die Zeit, nach der die Hälfte einer bestimmten Zahl von radioaktiven Atomkernen zerfallen ist (physikalische HZ)

konvektiv – an vertikale Luftbewegungen gebundener Niederschlag

Sorbenten – Träger, die einen Stoff oder eine Strahlung aufnehmen

Washout – beschleunigter Eintrag radioaktiver Substanzen auf die Erdoberfläche sowie auf Pflanzen etc. durch Niederschlag

Radionuklide unterliegen als instabile Isotope dem radioaktiven Zerfall und treten als natürliche Bestandteile der ▷ Lithosphäre und der ▷ Atmosphäre in die ▷ Pedosphäre ein. Neben dem Kalium-Isotop ^{40}K, dem Rubidium-Isotop ^{87}Rb und beispielsweise auch dem radioaktiven Kohlenstoff ^{14}C sind anhand messbarer Strahlung Isotope der Uranzerfallsreihe (^{238}U) sowie der Thoriumzerfallsreihe (^{232}Th) nachweisbar.

Künstliche Radionuklide werden von Atomwaffen und insbesondere in Störfällen von kerntechnischen Anlagen freigesetzt. Sie gelangen über atmosphärischen ▶ Fallout oder im Umfeld kerntechnischer Anlagen über die Gewässer in die Umwelt. Atomwaffentests haben an längerlebigen künstlichen Radionukliden unter anderem Strontium (^{90}Sr) und Cäsium (^{137}Cs) in größeren Mengen in die Böden eingetragen. Der Reaktorunfall im ukrainischen Kernkraftwerk Tschernobyl vom 26. April 1986 hat den Böden in Deutschland an längerlebigen Beta- beziehungsweise Gammastrahlern vor allem Cäsium-Isotope (^{134}Cs, ^{137}Cs) in regional unterschiedlichem Maß zugeführt. Größere Mengen an Alphastrahlern wie Plutonium (^{238}Pu, $^{239+240}Pu$) sind in der natürlichen Umwelt kraft ihres geringen Durchdringungsvermögens radioökologisch unbedeutend. Andere künstliche Radionuklide treten nur in geringeren Mengen im Boden auf oder sind aufgrund geringer ▶ Halbwertzeiten (HZ) heute in den Böden nicht mehr nachweisbar.

Natürliche Radionuklide in Böden

Das in Böden häufigste natürliche Radionuklid ist ^{40}K. Es stammt aus dem stabilen Kalium, das in fast allen silikatischen Mineralen in größeren Mengen vorhanden ist. Vor allem Granite enthalten viel ^{40}K. Als Makronährelement ist der Kaliumgehalt der Böden ein Indiz für den Nährstoffgehalt. In nährstoffreichen Böden mit guter Kaliumversorgung bestehen 0,012% des Gehaltes an stabilem Kalium aus radioaktivem ^{40}K. In der Landwirtschaft werden zudem Kalidünger eingesetzt, die den ^{40}K-Gehalt der Böden erheblich über den ursprünglichen Gehalt steigen lassen können. Über Phosphatdünger, die aus phosphatreichen Gesteinen mit naturgegeben hohen Urangehalten erzeugt werden, gelangt zudem Uran in die Ackerböden.

Ebenfalls in Böden sowie in allen Organismen vorhanden ist das natürliche Radionuklid ^{14}C, welches in der Atmosphäre über kosmische Strahlung aus dem Stickstoff-Isotop ^{14}N entsteht. Aufgrund seiner vergleichsweise kurzen Halbwertzeit von 5700 Jahren reichert sich radioaktiver Kohlenstoff in der Litho- und Pedosphäre nur in geringem Maße an und ist für die Darstellung der Umgebungsstrahlung weniger erheblich. Eine bedeutende Rolle kommt Kohlenstoff-Isotopen im Rahmen von Altersdatierungen im Rahmen quartärgeowissenschaftlicher und archäologischer Fragestellungen zu. Organismen reichern über den Stoffwechsel ^{14}C zum Beispiel in Knochen oder im Holz an. Mit ihrem Absterben wird kein weiteres ^{14}C eingelagert und über den radioaktiven Zerfall tickt die ^{14}C-Datierungsuhr.

Die Zerfallsreihen von Actinium, Thorium und Uran setzen das Edelgas Radon frei. Alle Isotope des Radons sind radioaktiv. Von ihnen hat das aus der Uranzerfallsreihe vom Radium (^{226}Ra) freigesetzte Isotop ^{222}Rn mit 3,824 Tagen die längste Halbwertzeit. Kristalline Massengesteine und hier vor allem Granite, wie sie in zahlreichen Mittelgebirgen auftreten, enthalten die größten Mengen dieses Isotops. Radioökologisch relevant ist Radon vor allem auch im Umfeld uranhaltiger Erzlagerstätten wie in den ehemaligen Uran-Bergbaugebieten Sachsens und Ostthüringens. Das kurzlebige Radon gelangt in den Boden und zerfällt wiederum in längerlebige radioaktive Tochteratome wie das Blei-Isotop ^{210}Pb und das Polonium-Isotop ^{210}Po. Diese lagern sich im Bodenbereich unter anderem an ▷ Aerosole an und treten in die bodennahe Atmosphäre über. Ein radioökologisches Problem erwächst daraus zunächst nicht. In Granitgebieten Ostbayerns und andernorts kann sich Radon jedoch vor allem in Wohnhäusern mit unzulänglich fundamentierten Kellerräumen anreichern. Das gilt auch generell für geschlossene Gebäude, in denen zum Beispiel ein Granitpflaster verbaut wurde. Die natürliche ▷ geogene Strahlenbelastung, welche vom Radon ausgehen kann, wurde bundesweit erfasst und in einer Karte zur potenziellen Radonkonzentration in der Bodenluft dargestellt 3. Entsprechende Vorschriften zum Schutz von Altbauten und zum Neubau von Gebäuden in radonreichen Gebieten wurden erlassen.

Künstliche Radionuklide in Böden

Natürliche Radionuklide verursachen eine ständige Hintergrundstrahlung, die zusammen mit der Strahlung aus dem Weltall die Pedo- und Biosphäre beeinflusst. Hinzu kommen künstliche Radionuklide, die seit dem Einsatz von Atomwaffen und kerntechnischen Anlagen global in steigenden Mengen in den Böden zu finden sind. Der Fallout der Atomwaffentests vor dem Sperrvertrag zwischen den USA, der UdSSR und Großbritannien von 1963 ist heute noch weltweit in den Böden nachweis-

2 Bodenkontamination mit Cäsium (^{137}Cs) 1986 nach Reaktorunfall von Tschernobyl

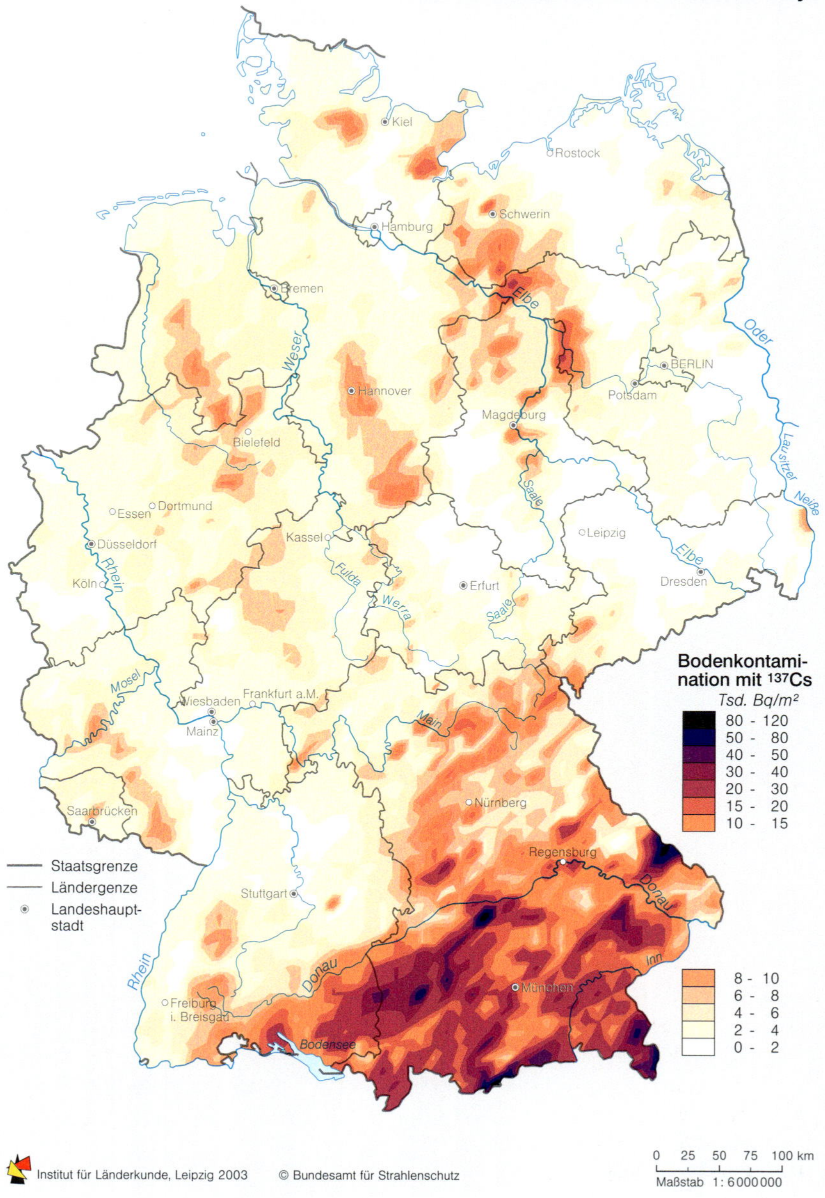

bar. Während sich das vergleichsweise langlebige künstliche Radionuklid Tritium (^{3}H, HZ 12,3 Jahre) im Grund- und Trinkwasser nachweisen lässt, reichert es sich in Böden nicht an. Es sind vor allem Cäsium-Isotope (^{134}Cs, HZ 2,1 Jahre, ausschließlich aus Tschernobyl-Fallout, und ^{137}Cs, HZ 30,2 Jahre, aus Kernwaffentests, kerntechnischen Anlagen, Tschernobyl-Fallout), die ein bodenökologisches Problem darstellen können.

In Deutschland hat der Reaktorunfall von Tschernobyl zu einer erhöhten Kontamination der Böden mit künstlichen Radionukliden geführt. Neben der Zugbahn der radioaktiven Wolke, die in unmittelbarer Folge des Reaktorbrandes entstand, steuerten über den atmosphärischen ▸ Washout vor allem die Witterungsverhältnisse und das überwiegend ▸ konvektive Niederschlagsgeschehen die Depositionsmengen tschernobylbürtiger Radionuklide. Gebiete höherer Belastung liegen insbesondere in Süddeutschland. Konvektive Niederschlagszellen waren auch für die Verteilungsmuster in Norddeutschland verantwortlich ❷.

Radioaktives Cäsium in Böden Deutschlands kann ein radioökologisches Problem darstellen, denn Cäsium ist dem Kalium chemisch analog. Kalium wiederum ist ein wichtiges Hauptnährelement, das in Böden naturbelassener Ökosysteme wie Wäldern bereits aufgrund der natürlichen Bodenversauerung ein Mangelfaktor ist. Im Zuge der Nährstoffaufnahme nehmen die Pflanzenwurzeln auch Cäsium auf. Als vermeintliches Nährelement wird es unter anderem in den Speicherorganen eingelagert und angereichert. Mit Absterben der Biomasse wie bereits in Form des jährlichen Laubfalls werden dem Boden alle Nährstoffe und auch die angereicherten künstlichen Radionuklide zurückgegeben. Im Boden erfolgt eine Bindung an reaktionsfreudige ▸ Sorbenten wie an die organische Substanz der humusreichen Oberböden. Hier liegen die Nährstoffe und auch das radioaktive Cäsium in pflanzenverfügbarer Form systembedingt wieder zur Neuaufnahme durch die Vegetation vor. Während ^{134}Cs aufgrund seiner Halbwertzeit in den Böden heute nunmehr kaum noch nachweisbar ist, wird das längerlebige ^{137}Cs sowohl von den Böden als auch von den Ökosystemen aktiv vor einer Auswaschung geschützt und zurückbehalten.

Auch 15 Jahre nach Deposition infolge des Tschernobyl-Fallouts findet keine nennenswerte Tiefenverlagerung von Cäsium statt. ^{137}Cs des Tschernobyl-Fallouts hat die für die Nährstoffversorgung der Forstökosysteme relevanten Oberböden nicht verlassen ❶. Sogar das von den oberirdischen Atomwaffentests vor 1963 freigesetzte ^{137}Cs ist mehr als 40 Jahre nach seiner Deposition nach wie vor in den Hauptwurzelhorizonten der Böden nachweisbar (Tiefenstufe >15 cm), allerdings in insgesamt sehr geringen Anteilen von etwa 2% an den Gesamtaktivitäten. In naturbelassenen Ökosystemen erhalten sich künstliche Radionuklide wie ^{137}Cs über viele Jahrzehnte nach ihrer Deposition. Auf Ackerflächen hingegen haben im Falle des Tschernobyl-Fallouts bereits wenige Jahre später Ernteentzug, mechanische Bodenbearbeitung und nicht zuletzt auch Bodendüngung zu Verlust, Verdünnung und Tiefenverlagerung des längerlebigen ^{137}Cs geführt. Ein bodenökologisches Problem besteht dort nicht mehr. Auch in den Waldböden sind die hier diskutierten Radionuklidkonzentrationen zu gering, um im Falle einer Verlagerung aus den Oberböden tiefere Bodenschichten oder sogar Sicker- und Grundwasser aus radiohygienischer Sicht zu kontaminieren.◆

❸

Natürliches Radon in der Bodenluft 2001

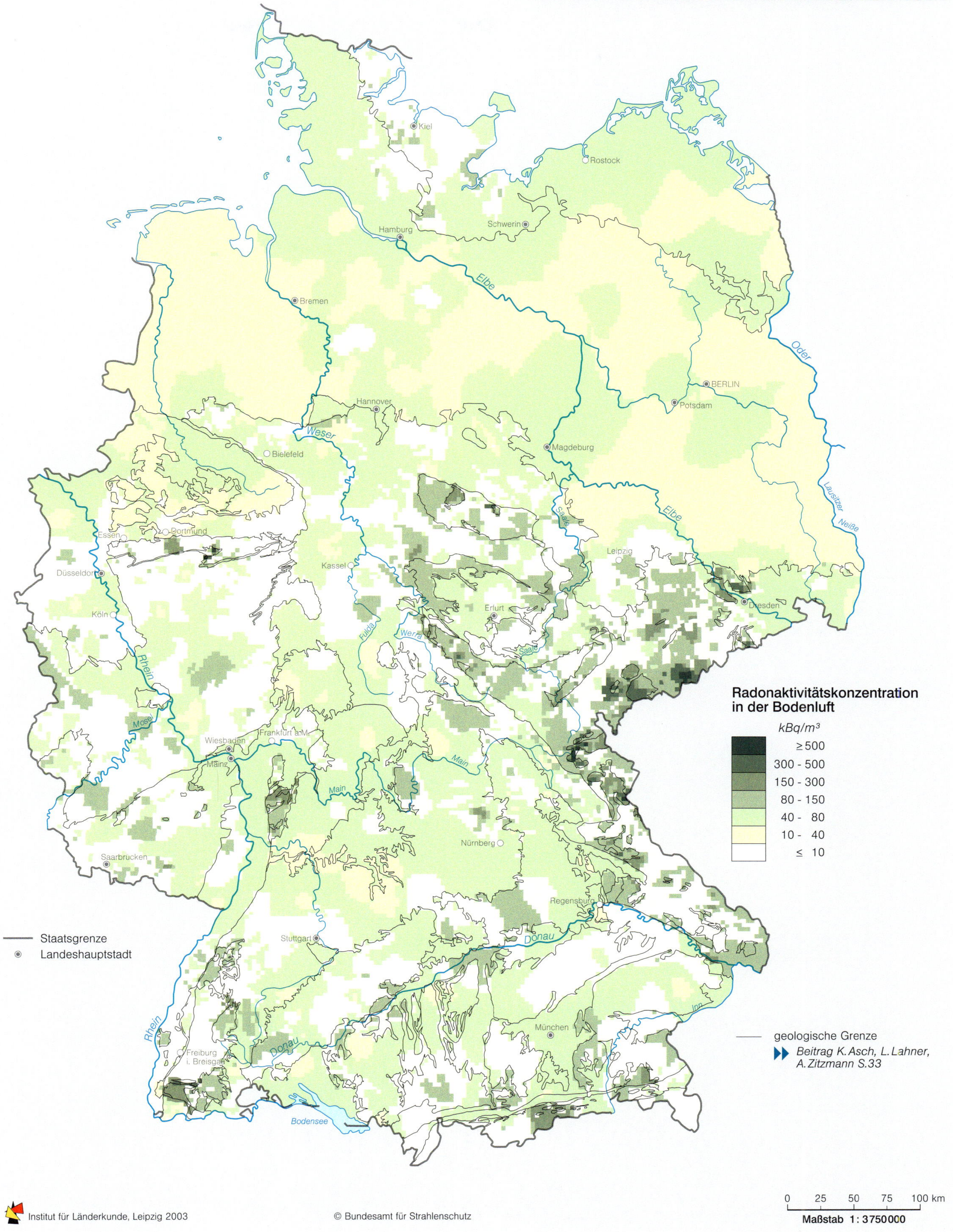

Paläoböden

Bernhard Eitel und Peter Felix-Henningsen

Eine einheitliche international akzeptierte Definition für Paläoböden gibt es bis jetzt nicht. In Deutschland geht die Diskussion dahin, als Paläoböden ▸ reliktische oder ▹ fossile, von Sedimenten oder ▹ Vulkaniten bedeckte Böden und Bodenreste zu bezeichnen, die vor dem Ende der letzten Kaltzeit ca. 11.600 Jahre vor heute (= 10.000 ▹ ^{14}C-Jahre) entstanden sind. ▹ Holozäne reliktische oder fossile Böden gelten damit nicht als Paläoböden im eigentlichen Sinn (Felix-Henningsen/Bleich 2000).

1 Vorkommen von Paläoböden und holozänen Böden unterschiedlichen Alters in einer Landschaft

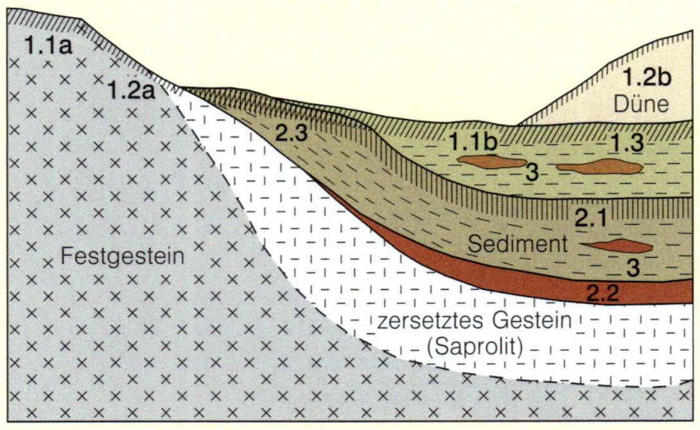

1. **Holozäne Böden**
   - 1.1 Rezente Böden a) auf Festgestein b) in quartären Sedimenten
   - 1.2 Rezente Böden a) auf Erosionsflächen b) in jungen holozänen Sedimenten
   - 1.3 Fossile Böden unter holozänen Sedimenten bzw. anthropogenen Aufträgen
2. **Paläoböden**
   - 2.1 Fossile Böden, pleistozän
   - 2.2 Fossile Böden, präpleistozän
   - 2.3 Reliktboden, rezenter Boden mit reliktischen Merkmalen
3. **Umgelagerte Paläobodenrelikte**

2 Löss-Paläoböden-Sammelprofil für das Jungpleistozän in Südwestdeutschland
Beispiel einer jungpleistozänen Bodensequenz

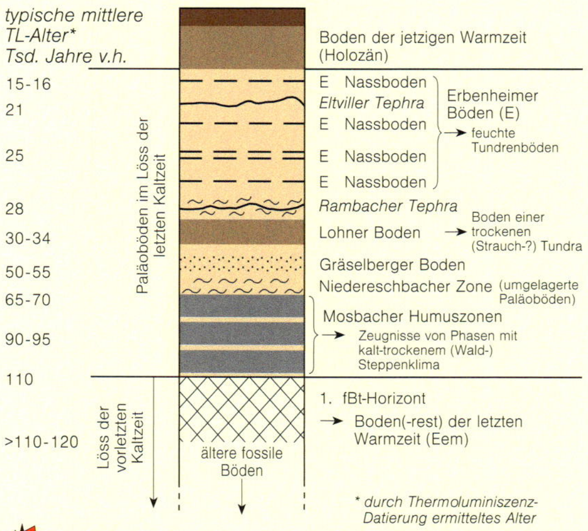

Komplexe pleistozäne Löss-Paläobodensequenz von Besigheim (Enz-Neckar-Gebiet; ▸ Karte 3, Vorkommen Nr. 45). Das obere braune Band dokumentiert den ersten fossilen Bodenhorizont (fBt der letzten interglazialen Warmzeit, Eem vor ca. 125.000-120.000 Jahren). Darunter folgt eine Sequenz älterer pleistozäner Löss-Paläoböden, die vielfache Umweltveränderungen belegt.

Böden sind das Produkt der jeweils herrschenden Umweltbedingungen. Paläoböden dokumentieren daher vorzeitliche Umweltbedingungen und unterschiedliche Phasen der Landschaftsentwicklung. Ihre Analyse ist somit ein wichtiges Instrument zur Rekonstruktion und Deutung der ▸ Paläoökologie und der Relief- und Landschaftsgeschichte 1.

In der Karte 3 wurden nur wichtige Vorkommen von Paläoböden und nur gut dokumentierte Fundstellen aufgenommen; bei räumlicher Nähe zueinander wurden sie zu einer Signatur zusammengefasst. Versteinerte Paläoböden wie die so genannten Violetten Horizonte im Buntsandstein Südwestdeutschlands (Bleich u.a. 1982) werden nicht dargestellt. ▸ Prätertiäre Paläoböden und Reste tiefgründiger ▹ Verwitterungsdecken des ▹ Paläozoikums und ▹ Mesozoikums werden nur vereinzelt angetroffen. Flächenhaft verbreitete, mächtige ▹ kaolinitische ▸ Saprolite und Paläoböden in den schwächer gehobenen Randbereichen der deutschen Mittelgebirge, die alte Festlandgebiete darstellen vor allem im Rheinischen Schiefergebirge, im Fichtelgebirge und im Bayerischen Wald, stammen überwiegend aus dem ▹ Tertiär. Die Verwitterungsdecken und Bodenreste bestehen aus ▸ autochthonen, bis zu 100 m mächtigem Saprolit sowie ▸ ferrallitischen Böden und Sedimenten, die daraus durch Erosion und Umlagerung hervorgingen. Ihre Bildung begann im Mesozoikum und hielt bis zum ▹ Pliozän unter vorwiegend randtropisch-subtropischen Klimabedingungen mit ▹ humideren und ▹ arideren Phasen an. Bei Lich (Hessen) befindet sich ein besonders schönes Beispiel für ehemals (sub-) tropische Bodenbildung auf Vulkaniten des Vogelbergs (▸ Foto).

Auf den Muschelkalkflächen in Südwestdeutschland oder den Jura-Kalken der Schwäbischen und der Fränkischen Alb dokumentieren Reste von Rot- und Braunlehmen (*Terrae calcis*) teilweise mit Eisenanreicherungen (Bohnerz) die ehemalige Verbreitung kreidezeitlicher, vor allem aber tertiärer Böden. Sie zeigen auch, dass dort seit der Bildung dieser Böden nur eine geringe Abtragung erfolgt ist.

Die weitaus meisten, teilweise auch noch großflächig anzutreffenden Paläoböden sind erheblich jünger und auf ▹ pleistozänen Lockersedimenten entstanden. Das Pleistozän ist global durch einen mehrfachen Wechsel von Kalt- und Warmphasen (Eiszeitalter) gekennzeichnet. Während der Kaltphasen waren große Teile Nord- und Ostdeutschlands von einem Eisschild bedeckt, dessen Zentrum in Skandinavien lag (▸▸ Beitrag Liedtke, S. 66). In Süddeutschland drangen die alpinen Gletscher bis weit ins Alpenvorland vor, während in den Mittelgebirgen nur eine geringflächige ▹ Kar- oder Plateauvergletscherung entwickelt war.

Die gegenüber heute um ca. 10 °C niedrigeren Jahresmitteltemperaturen, bei um ca. 40-50% reduzierten Niederschlagsmengen, führten im eisfreien Teil Deutschlands in Beckenlage zu einer trockenen ▹ Tundra und ab etwa 400-500 m NN zu einer weitgehend vegetationslosen Kältewüste (Frostschuttzone).

In den ehemals vergletscherten Teilen Deutschlands hat das fließende Eis ältere Böden vor allem durch ▸ Exaration weitgehend abgetragen. Auch in der Frostschuttzone der Mittelgebirge (▹ Periglazialgebiet über ca. 400-500 m NN) sorgten das intensive Bodenfliessen (Solifluktion) und die Abluation, d.h. das Abspülen von Feinmaterial, bei sommerlichem Auftauen der tiefgefrorenen Landoberfläche für eine großflä-

autochthon – lokalen Ursprungs
Exaration – das Erodieren von Gestein und Sediment durch das Gletschereis und subglaziales Schmelzwasser
Ferrallit – reliktische oder fossile auf alten Landoberflächen verbreitete Böden; eisen- und aluminiumreich
Interstadiale – schwächere Wärmeschwankungen innerhalb einer Kaltzeit
Lockersyrosem – Bodentyp, der einen wenig entwickelten Rohboden auf Sediment bezeichnet
Paläoökologie – Wissenschaft von der Rekonstruktion von erdgeschichtlichen Umweltbedingungen
Parabraunerde – Bodentyp, der durch Tonverlagerung in den Unterboden gekennzeichnet ist und in Löss- und Moränenlandschaften häufig auftritt
Podsol – nährstoffarmer, stark saurer Bodentyp mit Auflagehumus, verbreitet in niederschlagsreichen Gebieten der kalt- bis gemäßigt-humiden Klimazonen auf sandigen Sedimenten
präpleistozän – vor dem Pleistozän, d.h. früher als vor 1,75 Mio. Jahren
prätertiär – vor dem Tertiär, d.h. früher als vor 65 Mio. Jahren
Pseudogley – Bodentyp, geprägt durch periodische Staunässe
reliktisch – als Überrest
Saprolit – Gesteinszersatz in Festgesteinen unter den Böden, der sich durch intensive chemische Verwitterung auszeichnet. Die Bildung von Saprolit benötigt viel Zeit und wird mit tropisch-subtropischen Klimabedingungen verknüpft. Saprolit kann wenige Meter bis weit über 100 m mächtig werden.

Ferrallit-Vorkommen bei Lich (Hessen) (▸ Karte ❸, Vorkommen Nr. 25). Der Boden, der im Miozän (vor 23,5-5 Mio. Jahren) auf Vogelsberg-Vulkaniten entstand ist bis auf residuale Eisen- (**Ferr**um) und **Al**uminium-Verbindungen nahezu völlig verwittert. Er dokumentiert tertiäre, warm-feuchte Umweltbedingungen.

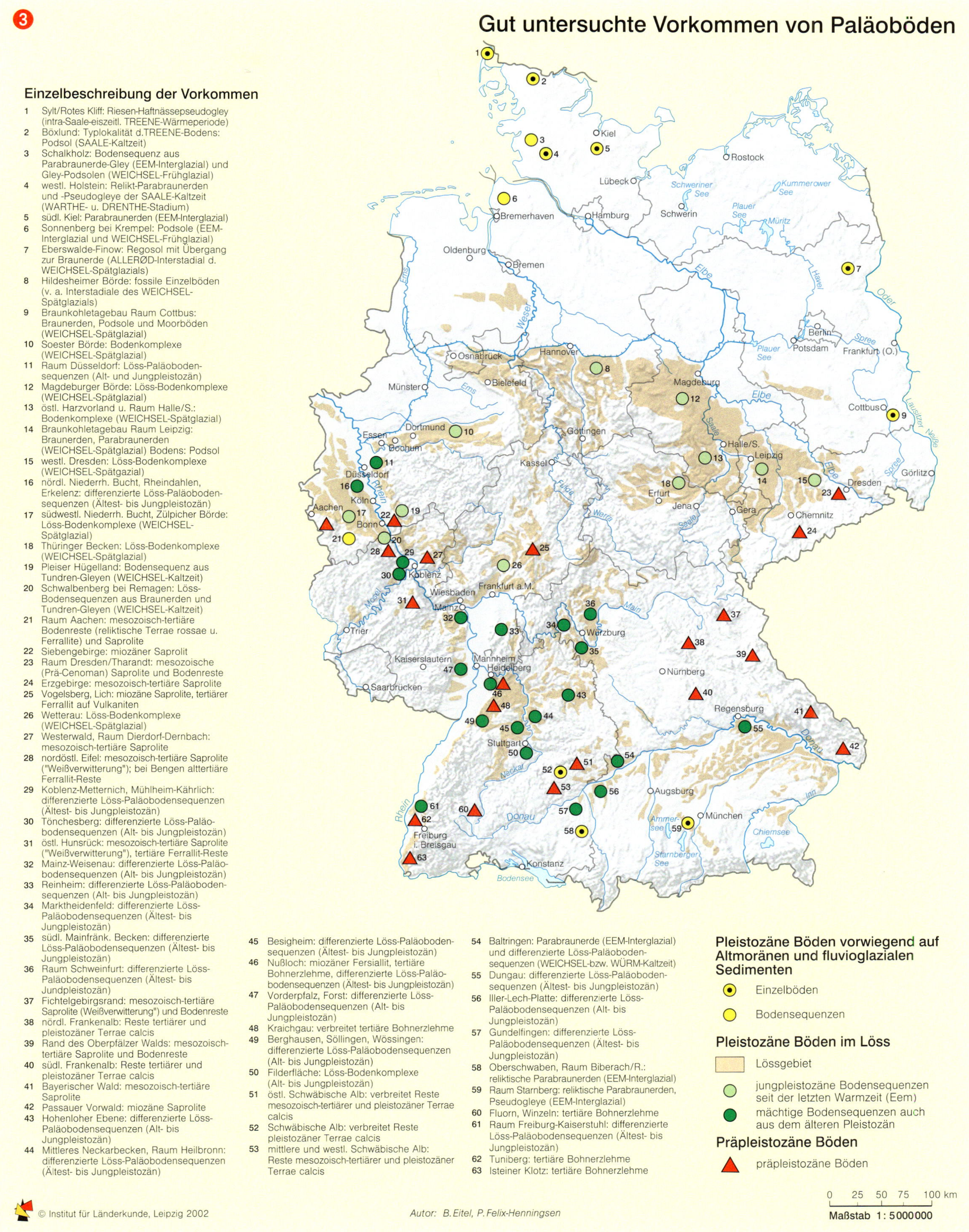

chige Abtragung älterer Decksedimente und Paläoböden. Nur in sehr wenigen Ausnahmepositionen, wie in kleinen Senken oder Verflachungen, blieben ▸ präpleistozäne Paläoböden erhalten. In den Mittelgebirgen tritt die Häufigkeit von Paläoböden daher stark zurück. Von besonderer Bedeutung für die Paläobodenforschung sind deshalb Sedimentationsräume wie die großen Becken und Tiefländer.

In den großen Becken und unvergletscherten Tiefländern Deutschlands akkumulierten die Schmelzwasserbäche und größeren Flüsse mächtige Sedimentkörper. Das feinere Material, vor allem Grobschluff mit einer Korngröße < 0,6 mm, wurde ausgeweht und in den Tundrenlandschaften der großen Becken und Tiefländer als Lössstaub abgelagert. Jede Unterbrechung der Lösseinwehung führte in diesen schnell verwitternden, feinen Ablagerungen zu Böden (Einzelböden, bei Überprägung älterer Böden auch zu Bodenkomplexen), die immer wieder von der nachfolgenden Lössbildungsphase fossilisiert wurden. So entstanden Paläoboden-Sequenzen ❷.

Da die Gletscher des skandinavischen Eisschilds in der Saale- und der Elster-Kaltzeit z.T. bis an den Nordrand der Mittelgebirge vorstießen, fehlen in den Bördenlandschaften Nord- und Ostdeutschlands ältere pleistozäne Löss-Paläoböden weitgehend. Hier treten daher vor allem ▸ interstadiale Böden auf, z.B. ▸ Lockersyroseme (sog. Humuszonen), Tundren-Gleye (sog. Nassböden), aber auch Braunerden und schwach entwickelte ▸ Podsole, die die Klimaschwankungen innerhalb der letzten Kaltzeit dokumentieren. Bei allen Sequenzen ist jedoch zu berücksichtigen, dass durch Abspülung gekappte Profile oder Schichtlücken auftreten können.

Die älteren Lössgebiete Deutschlands, also vor allem die Gäulandschaften Süddeutschlands und die Börden Westdeutschlands in eisferner Lage, verfügen daher über die am weitesten zurückreichenden Paläoboden-Sequenzen mit z.T. mächtigen interglazialen (warmzeitlichen) Paläoböden (v.a. ▸ Parabraunerden, ▸ Pseudogleye und Parabraunerde-Podsole).

Am besten untersucht sind aber die Löss-Paläoboden-Sequenzen der letzten, in sich klimatisch stark gegliederten Kaltphase (etwa vor 125.000-11.600 Jahren). Da diese noch am vollständigsten erhalten geblieben ist, bilden die Paläoböden dieser Phase die differenziertesten Geo-Archive. Ihre besondere Bedeutung beruht auf der Tatsache, dass sie die detailliertesten und vor allem die regional differenziertesten Aussagen zur Klima- und Umweltentwicklung in Deutschland erlauben.◆

Nord- und Ostsee: Gezeiten, Strömungen, Wasserschichtung

Ekkehard Mittelstaedt

Das Wasser des Meeres ist in ständiger Bewegung. Ursache ist in erster Linie die Energie der Sonne. Sie ist verantwortlich für

- die Erwärmung und Abkühlung des Meeres
- die atmosphärische Zirkulation – den Wind – und damit
- die Meeresströmungen, die von der Erddrehung und der Meer-/Landverteilung beeinflusst werden. Daneben sorgen die Anziehungskräfte von Mond und Sonne für die Gezeiten.

Gezeiten und Gezeitenströme

Die Nordsee ist ein Gezeitenmeer, dessen Gezeiten überwiegend auf die des Atlantischen Ozeans und nur zu einem kleinen Teil auf die unmittelbare Einwirkung von Mond und Sonne zurückzuführen sind. Hoch- und Niedrigwasser wiederholen sich periodisch im halbtägigen Rhythmus alle 12 Stunden 24 Minuten.

Der Gezeitenhub nimmt mit Küstennähe zu. Er beträgt in der inneren Deutschen Bucht ca. 3,5 m. Die Linien gleicher Hochwasserzeit laufen an zwei Stellen in einem Punkt zusammen ❷. Im Mittelpunkt dieser Drehwelle (Amphidromie) ist der ▷ Tidenhub minimal. Die Gezeitenwelle wandert entgegen dem Uhrzeigersinn durch die Nordsee. So tritt z.B. 7 Stunden nach dem Durchgang des Monds durch den Nullmeridian bei der holländischen Insel Terschelling Hochwasser ein. Fünf Stunden später hat das Hochwasser die Nordspitze von Sylt erreicht, nach weiteren 24 Minuten tritt es entlang der Phasenlinie 0 h auf; d.h. auf dieser Linie herrscht zur gleichen Zeit Hochwasser wie auf dem Nullmeridian.

Außer den Gezeiten haben Stürme über der Nordsee einen großen Einfluss auf die Wasserstände entlang der Küsten. In der Deutschen Bucht sind es besonders Stürme aus West bis Nordwest, die gefürchtete Sturmfluten erzeugen, die mit erheblichen Schäden verbunden sein können (▶▶ Beitrag Müller, S. 78).

Gezeiten (Tiden) und Gezeitenströme (Tideströme) sind zwei verschiedene Erscheinungen desselben Vorgangs. Maximale Geschwindigkeiten des Tidestroms im offenen Seegebiet betragen etwa 0,5 m/s. In unmittelbarer Küstennähe, insbesondere in ▷ Flussästuaren, wachsen sie auf 1-1,5 m/s an. Damit ist der Tidestrom in der südlichen und südöstlichen Nordsee im Allgemeinen deutlich stärker als die windbedingte Strömung (0,03-0,3 m/s).

In der Ostsee sind die Gezeiten unbedeutend. Schon an der nordöstlichen Küste der Nordsee sind die Gezeiten gering und schwächen sich beim Durchgang durch die engen Meeresstraßen der Beltsee und des Öresunds in die Ostsee noch weiter ab.

Nordseeküste bei Ebbe

Mittlere Nordsee-Zirkulation

Die mittleren unperiodischen Strömungen in der Nordsee werden hauptsächlich vom Einstrom salzreicher atlantischer Wassermassen im Süden und Norden durch den Ärmelkanal sowie durch die mittleren Winde über See bestimmt. Die großräumige Wasserzirkulation entlang der Küsten ist entgegengesetzt zum Uhrzeigersinn gerichtet ❸. Entsprechend überwiegen in der Deutschen Bucht die Strömungen in östliche und nördliche Richtung. Je nach den vorherrschenden Winden kann die Strömungsrichtung von der dargestellten mittleren Situation abweichen. Dabei unterscheidet sich die Strömung in der unteren Wasserschicht zeitweise fundamental von derjenigen an der Meeresoberfläche, je nachdem ob die aktuelle Windrichtung auflandig oder ablandig ist. In diesen Fällen wird in der Tiefe eine Gegenströmung als Ausgleich für die oberflächennahe Strömung erzwungen.

Mittlere Zirkulation in der westlichen Ostsee

Infolge der weitgehenden Aussüßung und der damit verknüpften starken ▷halinen Schichtung gleicht die Ostsee einem großen Fjord mit einer Folge von Tiefenbecken. In der Oberflächenschicht strömt das Ostseewasser aufgrund des festländischen Süßwasserzuflusses und ergiebiger Niederschläge nach Westen zur Nordsee hin. In der Unterschicht dringt als Ausgleich dichteres salz- und sauerstoffreiches Nordseewasser durch den Großen und Kleinen Belt sowie den Öresund in die Ostsee ein ❸. Dieser Prozess wird erheblich durch die jeweiligen Windverhältnisse modifiziert und hängt auch vom aktuellen Füllungsgrad der Ostsee ab. Nach einer niederschlagsarmen Hochdruck-Großwetterlage über Nordosteuropa und einem damit verbundenem langzeitigen Ausstrom des salzarmen Ostseewassers in das Kattegat dringt als Ausgleich in der Tiefe dichteres salzreiches

❶ **Temperatur und Salzgehalt des Meerwassers im August (Monatsmittel)**
Längsprofile

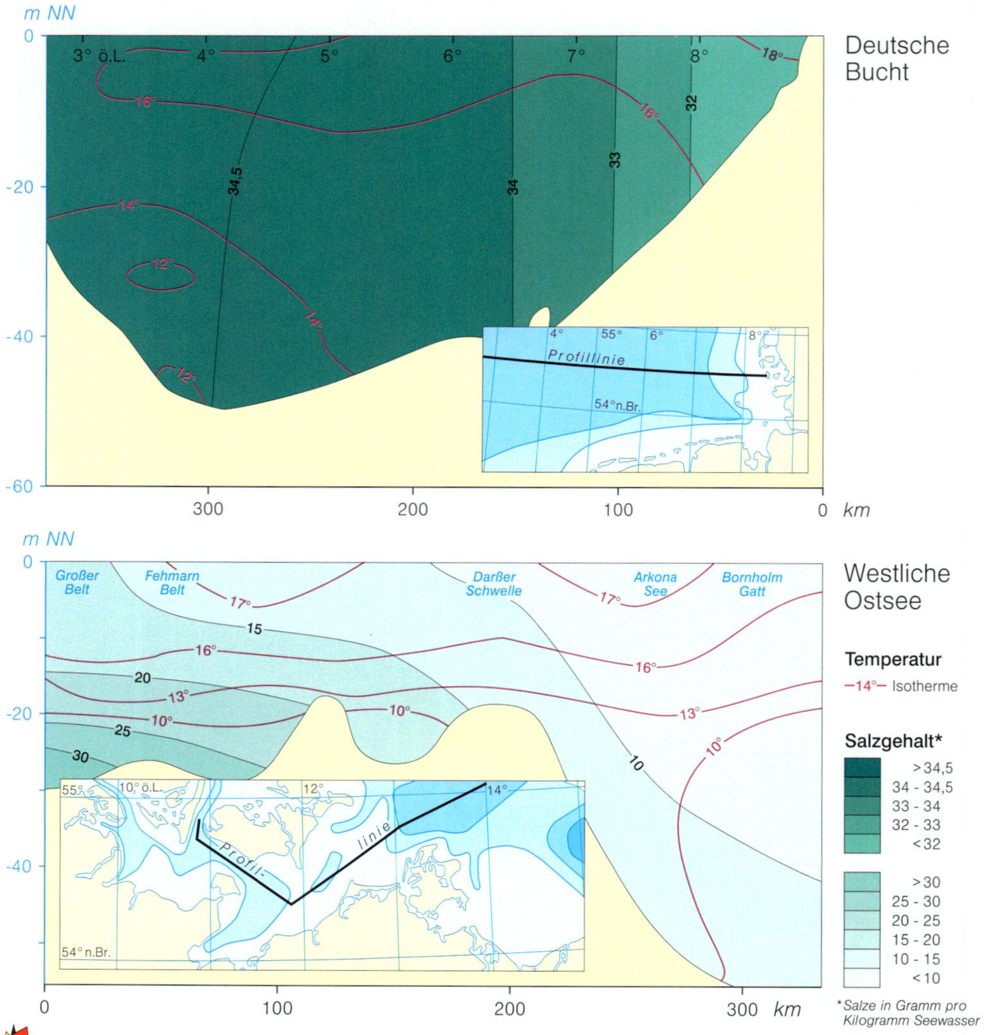

Nordseewasser ein. Wegen der räumlichen Enge der westlichen Ostsee erzeugt der Wind dort zusätzlich örtliche Strömungen durch Absenken der Wasserstände an den Lee-Küsten und eine Erhöhung der Wasserstände (Windstau) an den Luv-Küsten. In den engen Meeresstrassen können lokal maximale Strömungsgeschwindigkeiten von 1-2 m/s auftreten.

Temperatur- und Salzgehaltsschichtung

Die Gewässer der Nord- und Ostsee sind bezüglich der beiden Schlüsselparameter Temperatur und Salzgehalt in charakteristischer Weise vertikal geschichtet. Grundsätzlich ist die Wasserschichtung der ▷ Schelfmeere, zu denen Nord- und Ostsee gehören, ein Produkt aus:

- den Wassermassen des angrenzenden Nordatlantiks und
- des festländischen Abflusses
- dem regionalen Klima und Wetter über See sowie
- den Wasserbewegungen und den Vermischungen im Meer, die sich aus den o.g. Einflüssen ergeben

Im Sommer werden im Allgemeinen die höchsten Wassertemperaturen unmittelbar an der Küste erreicht; in einiger Entfernung sind die Temperaturen in den tieferen Wasserschichten 2-4 °C kühler als in der Oberflächenschicht. Der Salzgehalt der Deutschen Bucht ist dagegen praktisch ungeschichtet. Er verringert sich mit Annäherung an die Küste aufgrund von Süßwasserzuflüssen ❶.

Im Februar, wenn die Wassertemperatur der Nordsee nahezu ihr Minimum erreicht, ist die Salzgehaltsverteilung in der Tiefe mit den Verhältnissen im Sommer vergleichbar. Die Temperaturschichtung hat sich dagegen aufgelöst. Von der Wasseroberfläche bis zum Meeresboden sind die Temperaturen in diesem Monat konstant.

In der westlichen Ostsee existiert dagegen, abgesehen von den flachen küstennahen Seegebieten, ganzjährig eine Temperatur- und Salzgehaltsschichtung ❶. Sie verursacht eine ausgeprägte Zweiteilung der Wassersäule in eine warme, salzarme Ober- und eine kühle, salzreiche Unterschicht. Nach Osten hin wird der vertikale Salzgehaltsgradient infolge fortschreitender Vermischung des in der Tiefe eindringenden Nordseewassers mit dem darüber ausströmenden Ostseewasser schwächer. Östlich der Darßer Schwelle sinkt das salzreiche und damit schwerere Wasser der Unterschicht in die Tiefe der Arkonasee.

Im Februar ist die vertikale Salzgehaltverteilung entlang desselben Schnitts kaum verändert, der Temperaturunterschied zwischen Wasseroberfläche und Meeresboden ist aber relativ zum Sommer geringer und beträgt nur 2-3 °C. Das Tiefenwasser ist in dieser Jahreszeit wärmer (3-4 °C) als das Oberflächenwasser (ca. 2 °C).◆

❷ Deutsche Bucht und südliche Nordsee
Gezeiten

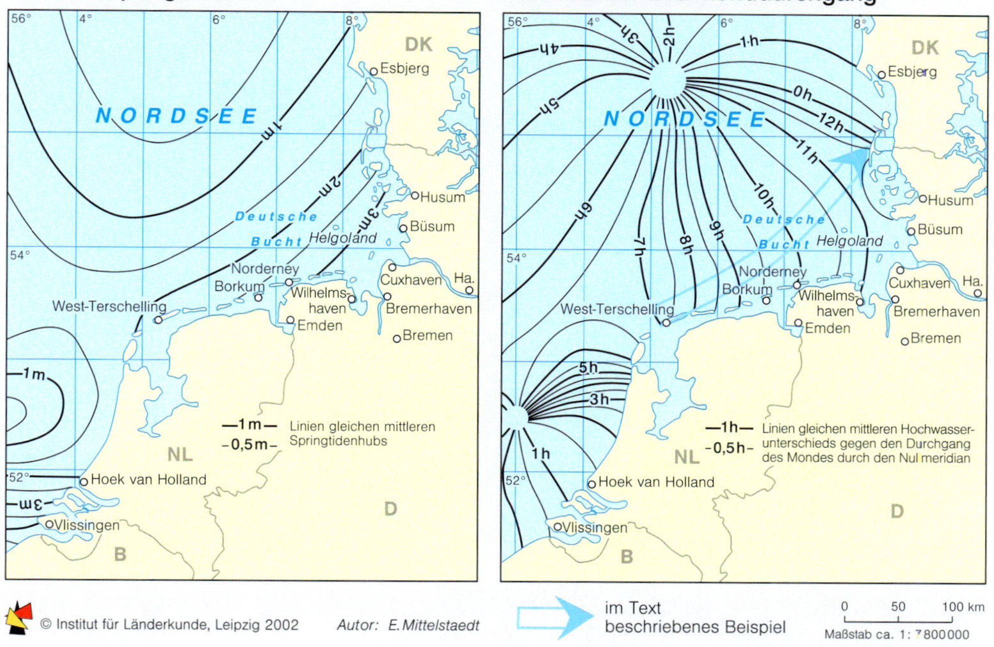

❸ Deutsche Bucht und westliche Ostsee
Tiefenverteilung und mittlere Zirkulation

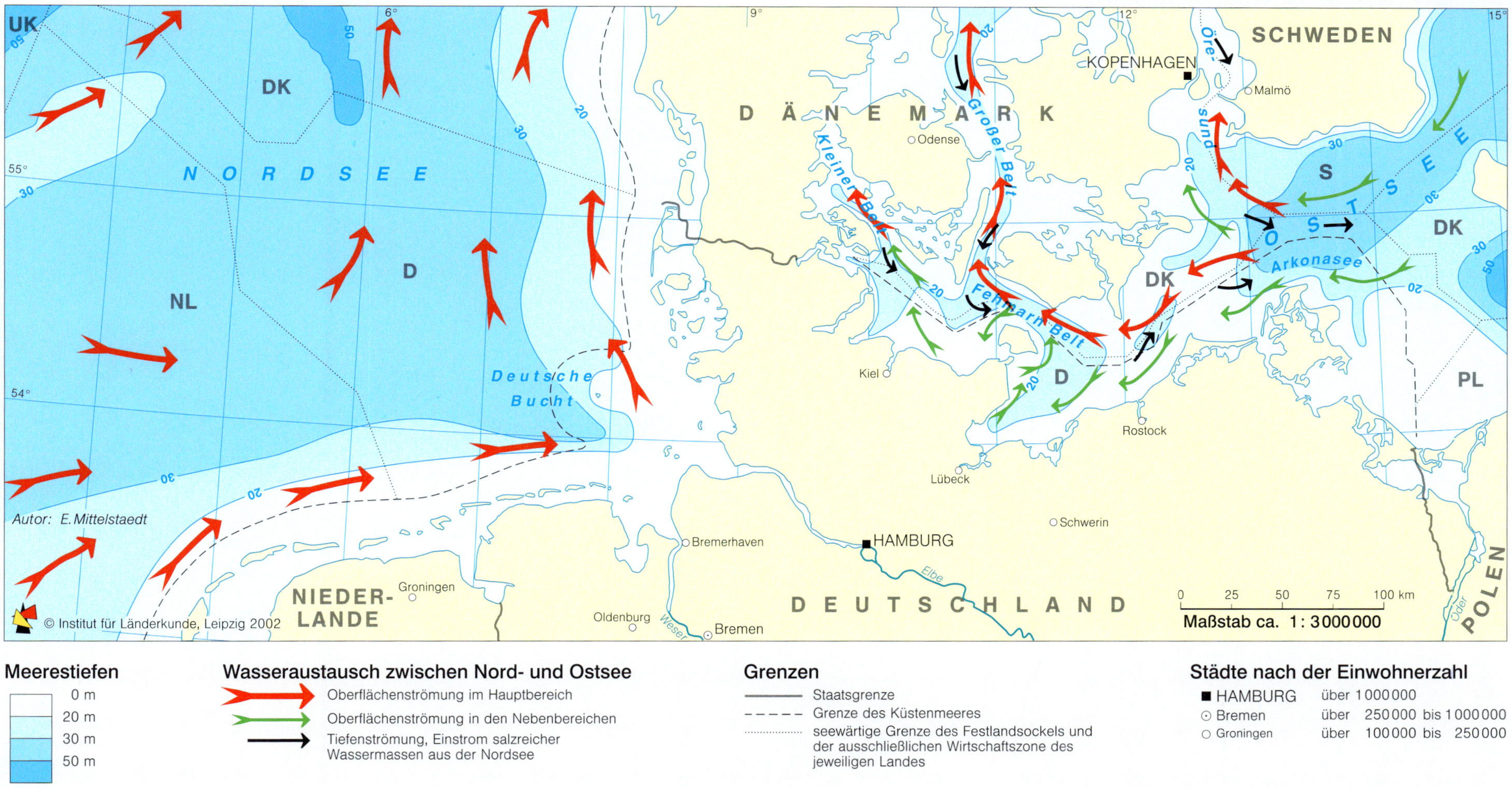

Sturmfluten und Küstenschutz

Manfred J. Müller

Tetrapodenbuhne auf Sylt bei Hörnum

Aufspülung auf Sylt bei Kampen

Deichbau an der Nordsee

Sturmflut in Hamburg 1962

1 Nordatlantik – Skandinavien – Mitteleuropa
Wetterlage am 16. und 17. Februar 1962

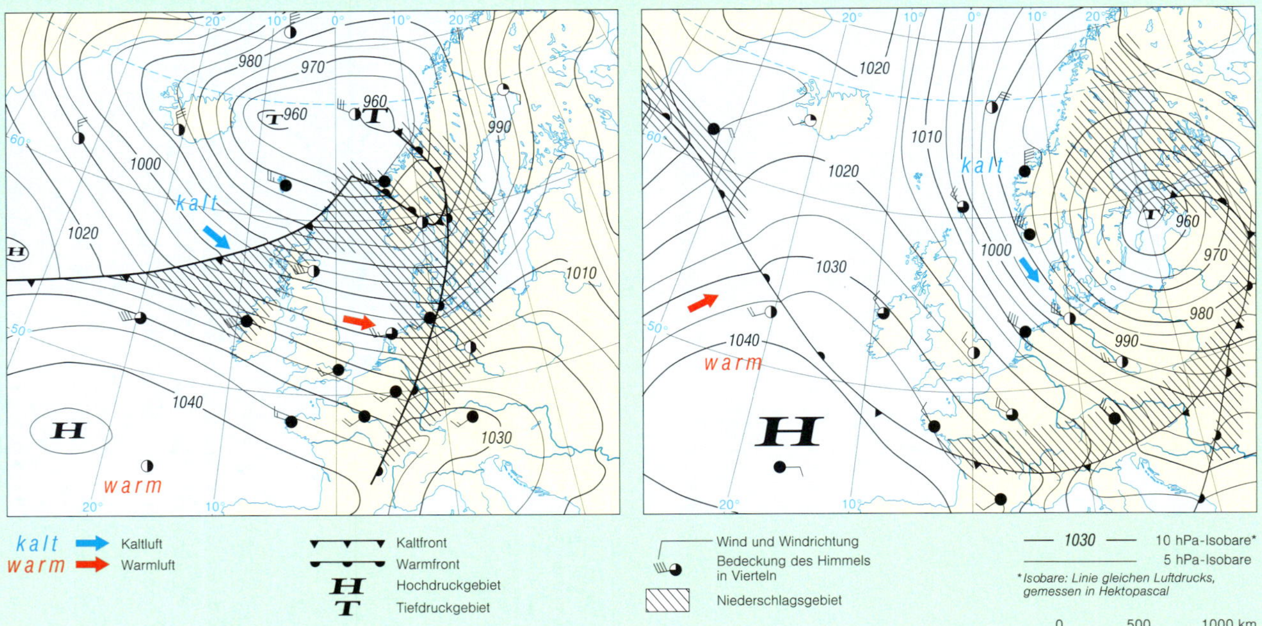

© Institut für Länderkunde, Leipzig 2002

nach PETERSEN/ROHDE 1979

Einzelfunde aus dem ▷ Mesolithikum und der ▷ Bronzezeit belegen, dass die Regionen an der deutschen Nordseeküste schon sehr früh vom Menschen genutzt wurden. Siedlungen sind aber erst aus der vorrömischen Eisenzeit (700-300 v.Chr.) bekannt. Sie wurden auf den höher gelegenen Uferwällen am Unterlauf der Flüsse und später auch an ▷ Prielrändern angelegt.

Seit dem 1. Jh. n. Chr. wurden die Marschen flächenhaft erschlossen, und sehr bald errichtete man die Siedlungen auf ▶ Warften. Wegen der Gefahr von Überflutungen warf man sie im Laufe der Zeit immer höher auf, so dass sie im Mittelalter eine Höhe von bis zu 3,50 m über NN erreichten. Dennoch waren sie immer von Sturmfluten bedroht.

Wie entsteht eine Sturmflut?

Sturmfluten beobachten wir nur an Küsten. Nur hier kann ein starker Wind so viel Wasser aus dem Meer herbeischaffen, dass das Festland überflutet wird. Ursache hoher Windgeschwindigkeiten sind besonders große Luftdruckunterschiede in der ▷ Troposphäre. Sie werden durch Temperaturunterschiede erzeugt. Daraus entstehende Sturmtiefs bilden sich in der Regel im Nordatlantik und ziehen mit den Höhenwinden auf das Festland zu **1**.

Voraussetzungen für Sturmfluten sind aber nicht nur die Windstärke, sondern auch die Windrichtung. Vor allem bei Nordwestwinden kann es in der Deutschen Bucht zu sehr hohen Wasserständen kommen **3**. Der Einfluss der Gezeiten spielt hierbei zwar eine Rolle, ist aber für das Entstehen von Sturmfluten keine Voraussetzung. An der deutschen Ostseeküste gibt es ebenfalls durch Sturm erzeugte hohe Wasserstände. Sie laufen aber nicht so hoch auf wie an der Nordsee und kommen auch nicht so häufig vor. Der Grund hierfür liegt in der geringeren Wassermenge des Binnenmeeres und dem selteneren Auftreten von beständigen und kräftigen Ostwinden.

Augenzeugenbericht von 1648

„Am ersten Tag nach der Sturmflut, als das Wasser etwas gefallen war, bin ich über das Seetief gefahren, das wir hatten stopfen wollen. Dort hatte sich Jan Walter von der Ryp mit seiner Hausfrau Aegjen Janß und mit ihnen 18 Menschen auf einem großen Stapel von Busch und Zweigen gerettet. Sie hatten sechs Pferde bei sich, um durch ihre Schwere den Buschhaufen niederzudrücken. So haben sie ihr Leben behalten. Als ich dann zum Dörfchen Dagebüll gegangen war, bin ich auch in der Kirche gewesen, wo der Küster mir zeigte, dass das Wasser viertelhalb Fuß hoch in der Kirche gestanden hatte. Das Volk hatte sich auf dem Kirchboden gerettet, aber des Küsters Haus war vom Kirchhof weggespült ... Ich bin auch den Strand allda entlang geritten, da habe ich wunderbarliche Dinge gesehen, viele verschiedene tote Tiere, Balken von Häusern, zertrümmerte Wagen und eine ganze Menge Holz, Heu, Stroh und Stoppeln. Auch habe ich dabei so manche Menschen gesehen, die ertrunken waren. Es sah aus, als ob es eine Sündflut gewesen wäre." (Jan Adrianz Leeghwater, Ingenieur)

2 Profil eines verstärkten Deiches

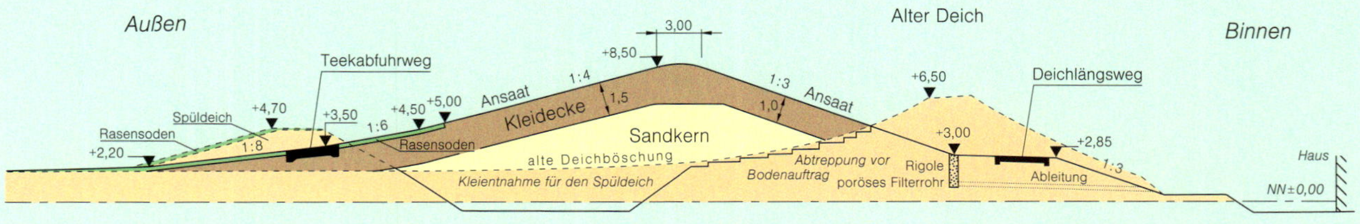

© Institut für Länderkunde, Leipzig 2002

nach KRAMER 1989

Maße in Metern

Methoden des Küstenschutzes

Buhnen – Wellenbrecher aus festem Baumaterial wie Steinen, Beton oder Eisen. Sie stehen senkrecht zur Küste und behindern die seitliche Materialabfuhr.

Deichbau – Anlegen eines Dammes mit sanfter Außenböschung und steilerer Innenböschung, mit einem Sandkern und einer 1,50 m mächtigen Kleiauflage (▸ Foto)

Grüppen – bei der Landgewinnung die zwischen den ▸ Lahnungen in Reihen angelegten Gräben, welche die aufgelandeten Schlicksedimente bei Ebbe entwässern

Lahnung – einfacher schmaler Damm oder Pfahlreihe mit Flechtwerk (**Faschinen**), der die Ufer vor Erosion schützt oder im Wattenmeer die Auflandung fördert

Landgewinnung – mit Hilfe von Lahnungen wird die Sedimentation von Schlick gefördert. Der Schlick wird von Hand oder mit Baggern zu Beeten aufgehöht. In den ▸ Grüppen zwischen den Beeten wird neuer Schlick abgelagert. Das auf diese Weise gewonnene Vorland schützt den Seedeich vor dem Angriff der Wellen.

Mauern – in der Regel aus Steinen oder Beton innerhalb von Orten und Häfen errichtet; sie eignen sich nicht als Schutz an exponierten Stellen, weil der Brandungsschlag sie schnell zerstört.

Sandvorspülungen – Form des „weichen Küstenschutzes"; auf den Ostfriesischen Inseln seit 1951 nur eine vorgenommen; auf Sylt vor Westerland zum ersten Mal 1972, um Sanddepots anzulegen, die im Laufe der Zeit vom Meer wieder abgetragen werden (▸ Foto). Von den 1 Mio. m³ Spülsand blieben 700.000 m³ als Strandauffüllung liegen, 30% des Feinanteils gingen sofort verloren. Erst 1979 musste an dieser Stelle wieder aufgespült werden, was als Beweis für die Wirksamkeit dieser Art von Küstenschutz gewertet wird.

Tetrapoden – vierbeinige Betonklötze, in mehreren Reihen parallel zur Küste angeordnet (▸ Foto)

Warf, Warft (Wurt) – Aufwerfen eines Hügels für Einzelhäuser, Häusergruppen oder Dörfer. Das Verfahren ist seit römischer Zeit bekannt.

Deichbau

Mit dem Bau von Deichen zum Schutz gegen Sturmfluten begann man erst vor ungefähr 1000 Jahren. In einer alten friesischen Handschrift um 1300 heißt es: „Das ist auch Landrecht, dass wir Friesen eine Seeburg stiften und stärken müssen, einen goldenen Reif, der um ganz Friesland liegt; an dem soll jede Rute ebenso hoch wie die andere sein dort, wo die salzene See sowohl bei Tag als bei Nacht anschwillt ... Zur See hin sollen wir Friesen unser Land schützen mit drei Geräten, mit dem Spaten und mit der Tragbahre und mit der Gabel".

Die ersten Deiche waren ca. 3 m hoch mit einer Sohlenbreite von etwa 10 m. Seeseitig rammte man zur Stabilisierung und als Schutz gegen den Wellenschlag eine Pfahlreihe oder später eine Bretterwand ein. Diese Deiche hießen Stackdeiche. Aufgrund der im Laufe der Jahrhunderte gesammelten Erfahrungen wurden Höhe, Sohlenbreite und Profil ständig verändert. Eine Anpassung an die höheren Wasserstände und eine verbesserte Konstruktion mit flachen Außenböschungen, an denen die Wellen auflaufen, ohne Druckschläge zu erzeugen, wurde nötig.

Nach den verheerenden Sturmfluten 1953 in Holland und 1962 (▸ Foto) in der Deutschen Bucht hat man an der Nordseeküste die Deichlinie verkürzt, das Profil von der Seeseite weiter abgeflacht und die Sohlenbreite auf bis zu 120 m erweitert ❷. Die Höhe der Deichkrone beträgt 8,50 m. In derselben Zeit sind auch die Warften auf den unbedeichten ▷ Halligen an die zu erwartenden Sturmfluthöhen angepasst worden.

Über Jahrhunderte haben die Menschen an der Nordseeküste in eigener Regie und auf eigene Kosten Eindeichungen vorgenommen. Mit der Zeit haben sich Gemeinschaften herausgebildet, in denen jedes Mitglied Deichpflichten zu übernehmen hatte. Wer seinen Verpflichtungen nicht nachkam, verlor im schlimmsten Fall sein Land. Der Ausspruch „De nich will dieken, mutt wieken" kennzeichnet den Ernst der Lage in der Marsch.◆

❸ Extreme Hochwasserstände an Nord- und Ostsee im 19. und 20. Jahrhundert

Nordsee

Jahr	Pegel	Höhe ü.d. mittleren Tidenhochwasser *in m*	Schäden
1821	Husum	3,15*	nicht bekannt
1825	Husum	4,00	ca. 800 Tote, 45 000 Stück Vieh ertrunken, 2 400 Gebäude zerstört
1895	Cuxhaven	ca. 2,75	nicht bekannt
1962	Husum	3,76	340 Tote in Hamburg, 400 km Deiche stark beschädigt, viele Deichbrüche, 1 255 Wohnungen zerstört, 2 700 beschädigt
	Wedel	4,38	
	Cuxhaven	3,58	
1976	Husum	4,12	Schäden an Deichen, Schleusen und Häfen, Überflutungen in Kögen
	Cuxhaven	3,74	

* über der gewöhnlichen Flut

Ostsee

Jahr	Pegel	Höhe über Mittelwasser *in m*	Schäden
1835	Flensburg	2,54	nicht bekannt
1872	Wismar	2,80	25 Tote, 2 850 Gebäude zerstört oder beschädigt, 31 000 ha überflutet, Steilufer rückverlegt, Deiche beschädigt, Vieh ertrunken
	Lübeck	3,38	
	Kiel	3,30	
	Eckernförde	3,40	
	Schleswig	3,49	
1904	Flensburg	2,33	Überflutung des Hafengeländes in Flensburg, Schäden an Häusern
1954	Travemünde	2,07	keine Angaben über Schäden
	Wismar	2,10	
1995	Flensburg	1,81	keine Angaben über Schäden
	Kiel	1,99	

❹ Westküste Schleswig-Holsteins
Perioden der Bedeichung seit dem 15. Jh.

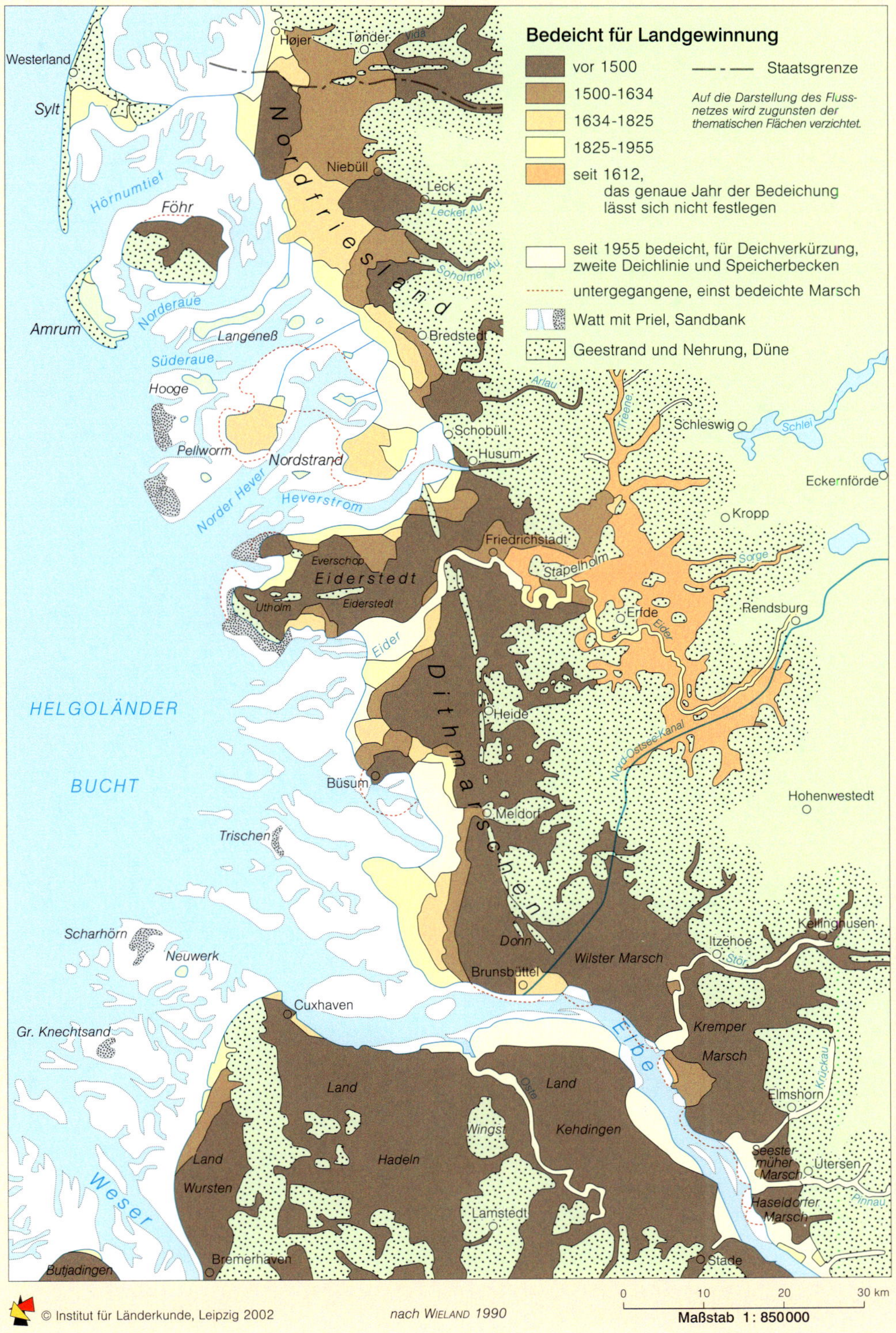

Natürliche Bedingungen und Schadstoffbelastungen in Nord- und Ostsee

Hartmut Heinrich und Günther Nausch

1 Südliche Ostsee
α-HCH*-Konzentration im Meerwasser im April 1994

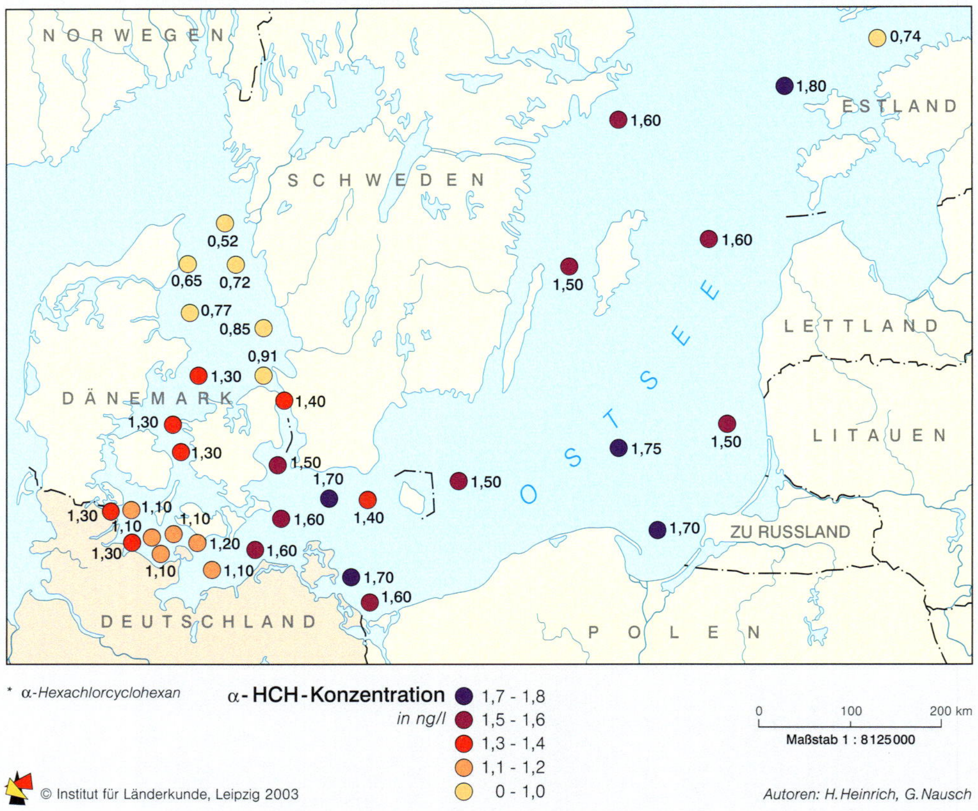

2 Lindankonzentration 1976-1996

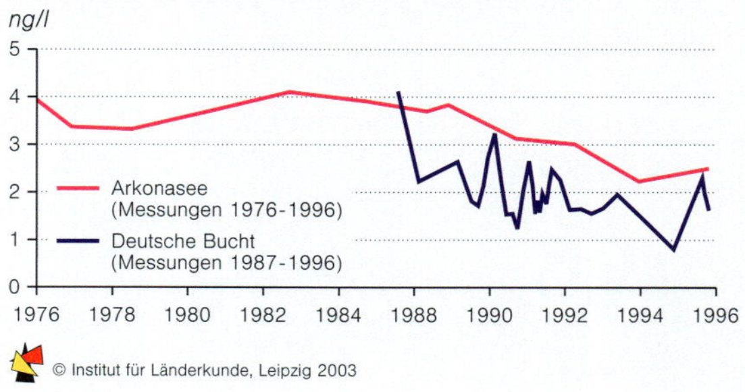

3 Deutsche Bucht
Lindankonzentration in Schollenlebern 1990-1996

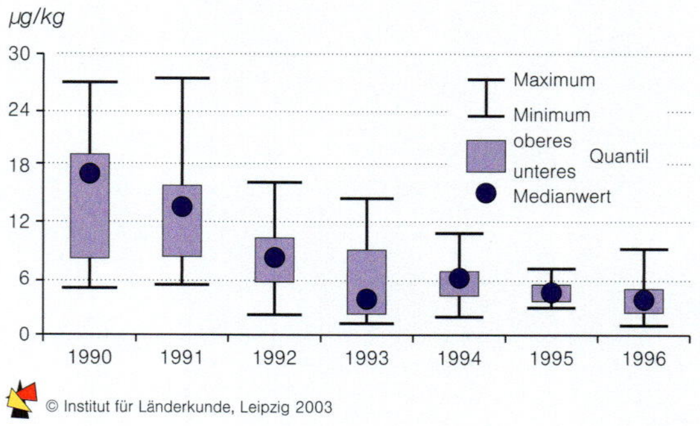

Das Meer ist ein Wirtschaftsraum, der sich nur bedingt in einem naturnahen Zustand befindet. Das gilt besonders für die deutschen Nord- und Ostseeküsten. Mit der rasanten wirtschaftlichen Entwicklung Mitteleuropas in den 1960er und 70er Jahren gelangten zunehmend große Mengen von Nährstoffen, Metallen, Pestiziden und Kohlenwasserstoffen aus kommunalen, industriellen und landwirtschaftlichen Abwässern ins Meer. Auch über die Atmosphäre werden Stickstoffverbindungen und verschiedene Schadstoffe ins Meer eingetragen. Der wachsende Schiffsverkehr führt zur Verschmutzung mit Öl und Müll. Generell spricht man von Meeresverschmutzung.

Salzwassereinbrüche

Von ausschlaggebender Bedeutung für das Ökosystem Ostsee ist der Wasseraustausch mit der Nordsee, der sich ausschließlich über die engen und flachen Belte und den Sund vollzieht. Salzreiches und sauerstoffhaltiges Wasser strömt aus der Nordsee am Boden in die Ostsee ein, während salzärmeres Ostseewasser an der Oberfläche ausströmt. Das Tiefenwasser der zentralen Ostsee kann jedoch nur durch Einstromereignisse, die so genannten Salzwassereinbrüche, erneuert werden. Zwischen Salzwassereinbrüchen treten mehrjährige Stagnationsperioden auf, in denen Salz- und Sauerstoffgehalt zurückgehen und es schließlich zur Bildung von lebensfeindlichem Schwefelwasserstoff kommt.

Seit den 1970er Jahren ist die Häufigkeit und Intensität von Salzwassereinbrüchen merklich zurückgegangen, und zwischen Anfang 1983 und Ende 1992 sind gar keine aufgetreten **6**. Der starke Salzwassereinbruch im Januar 1993 und Einströme im Winter 1993/1994 verbesserten die Situation nur kurzzeitig. Bereits 1995 begann eine neue Stagnationsperiode, die sich bis heute fortsetzt. In weiten Bereichen der tiefen Becken der Ostsee herrscht Sauerstoffmangel (< 2ml/l), oder es findet sich Schwefelwasserstoff **10**.

Vereisung von Nord- und Ostsee

Während die Vereisung der nördlichen Ostsee eine regelmäßige winterliche Erscheinung ist, tritt sie in der südlichen Ostsee und in der Nordsee nicht alljährlich auf. Die Eisbildung hängt von mehreren Faktoren ab:

- Dauer und Stärke des Frostes
- Wärmevorrat des Wassers zu Beginn des Winters
- Salzgehalt des Wassers
- Gestalt von Küsten und Meeresbecken

Die flächenbezogene Eisvolumensumme **8** beschreibt die Dauer der Vereisung, den Bedeckungsgrad und die Eisdicke. Nachdem es von 1985 bis 1987 zu einer Häufung von stärkeren Eiswintern kam, setzte 1988 eine Phase eisarmer Winter ein, die lediglich durch den starken (Nordsee) bzw. sehr starken Eiswinter (Ostsee) 1995/96 unterbrochen wurde, als im Ostseeraum die maximale Eisausdehnung mit 278.000 km² (66%) erreicht wurde.

Die starke Vereisung wird besonders in Satellitenaufnahmen deutlich **9**. Östliche Winde drückten das Eis an die dänischen Küsten. Die Küste Mecklenburg-Vorpommerns westlich von Arkona war dann weitgehend eisfrei. Da die Windrichtung in diesem Winter häufig wechselte, gab es vor der deutschen Ostseeküste Phasen mit und ohne Eis.

Nährstoffbelastung und Eutrophierung

Hohe anthropogen bedingte Einträge von Nährstoffen, vor allem Stickstoff- und Phosphorverbindungen, führten in den 1970er und 80ern zu einem Massenwachstum von Algen – ein Prozess, der als ▷ Eutrophierung bezeichnet wird. In etlichen Sommern kam es in jenen Jahren zur Bildung von Schaumbergen an den Küsten. Das Absterben der Algenmassen verursacht Sauerstoffmangel im Meerwasser und am Meeresboden. Dies kann das Sterben von Fischen und von bodenbesiedelnden Organismen nach sich ziehen.

Generell sind die Nährstoffkonzentrationen durch den überwiegenden Eintrag von Land im Küstenwasser höher als in küstenferneren Gebieten. Bis Mitte der 1970er Jahre hatte sich die Nährstoffkonzentration sowohl in der Nordsee als auch in der Ostsee deutlich erhöht. Seit Anfang der 1990er Jahre sind jedoch die Phosphatkonzentrationen rückläufig **7**. Dies ist der Erfolg von eingeleiteten Maßnahmen wie der Einführung phosphatfreier Waschmittel und der Phosphoreliminierung in kommunalen und industriellen Kläranlagen.

Bei den Stickstoffverbindungen wird ein deutlich langsamerer Rückgang beobachtet. Ursachen sind der erhebliche atmosphärische Eintrag **5**, die bislang unzureichenden Maßnahmen zur Reduzierung der Stickstoffeinträge aus der Landwirtschaft und in der Ostsee zusätzlich in den Sommermonaten die Fixierung von atmosphärischem Stickstoff durch Blaualgen.

4 Arkonasee
PCB*-Gehalt in Dorschlebern 1980-1995

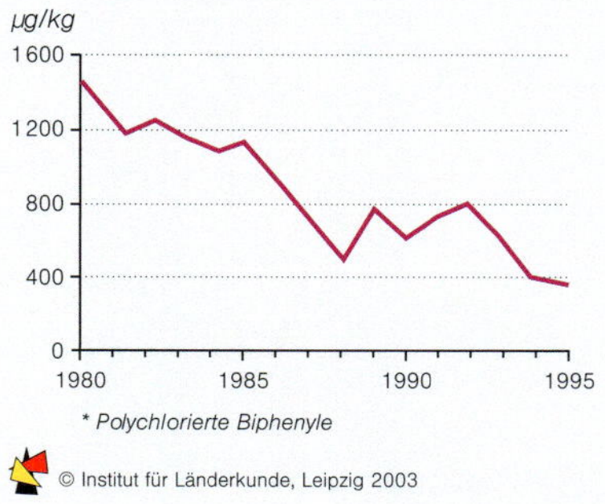

5 Ostsee
Einträge von Gesamtphosphor und -stickstoff 1900 und 1985
in t/Jahr

	1900	1985
Einträge über die Flüsse		
Gesamtphosphor	6800	51600
Gesamtstickstoff	150000	640500
Einträge über die Atmosphäre		
Gesamtphosphor	2800	5500
Gesamtstickstoff	83000	322000

6 Ostsee
Salzwassereinbrüche 1880-2000

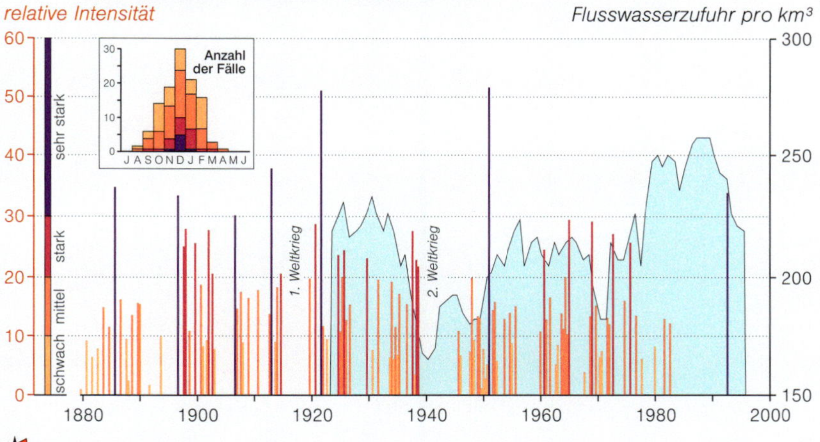

7 Nordsee- und Ostseeküste im Winter
Vergleich der Phosphatkonzentrationen

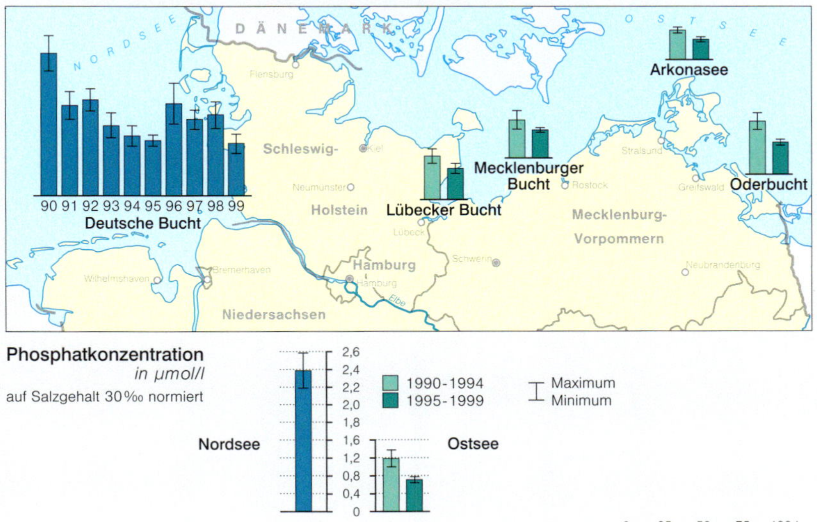

 Autoren: BSH, IOW

8 Deutsche Nordsee- und Ostseeküste
Flächenbezogene Eisvolumensumme 1879-2001*

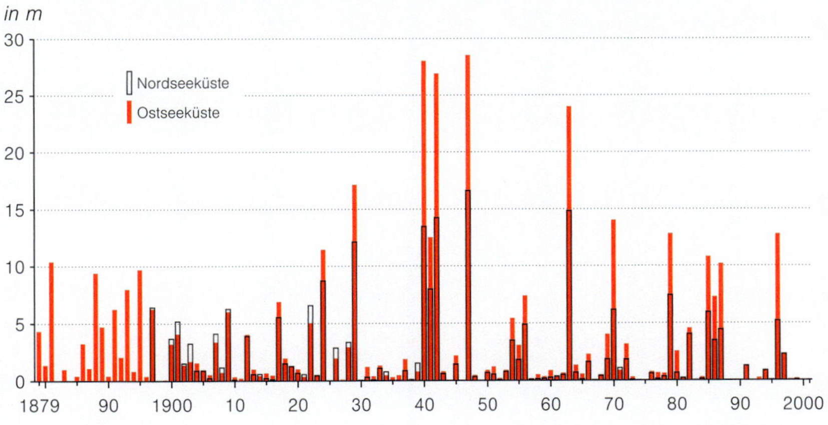

* Nord- und Ostseeküste: keine Daten für 1946
Nordseeküste: Daten ab 1897

9 **Vereisung der westlichen Ostsee am 9.2.1996**

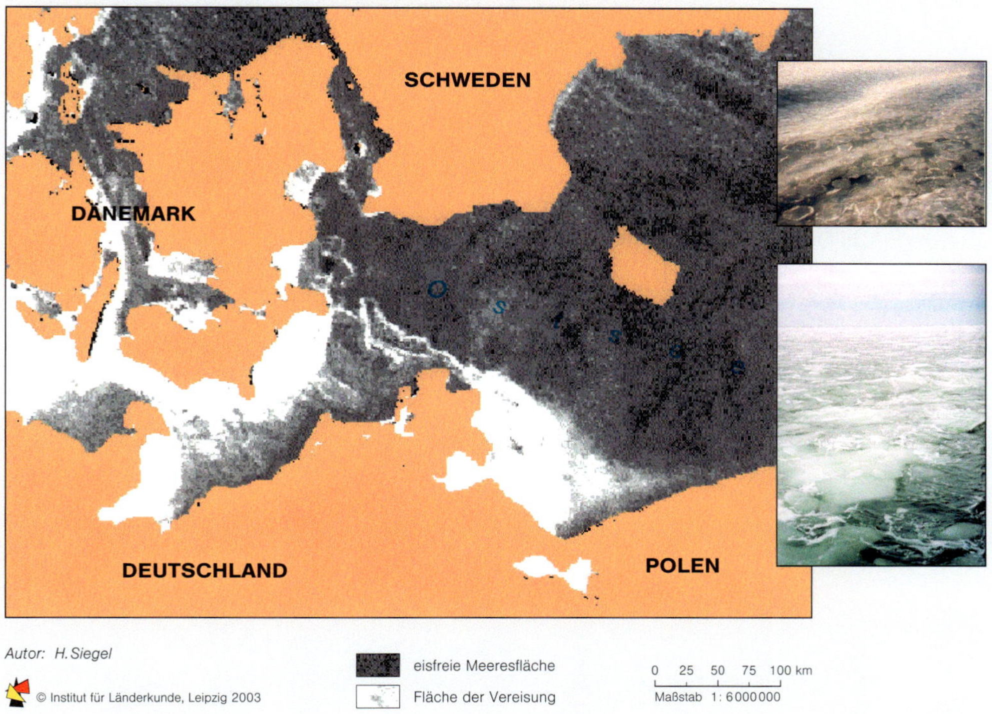

Autor: H. Siegel

Schadstoffbelastung

Bedeutende Kontaminanten sind Schwermetalle wie Blei, Cadmium, Quecksilber und organische Schadstoffe wie Pestizide, Erdölkohlenwasserstoffe sowie polyzyklische aromatische Kohlenwasserstoffe. In hohen Konzentrationen verursachen sie Schäden in Meerestieren, insbesondere im Bereich von Flussmündungen. Dies führt gebietsweise bei Muscheln und Fischen zu Nutzungseinschränkungen bis hin zum völligen Verbot des Verzehrs. Seevögel und Meeressäugetiere werden durch Schadstoffe in ihrer Fortpflanzung eingeschränkt, sterben an Verölung und ersticken an Müllpartikeln oder in Fischernetzen.

Verbote von Produktion und Einsatz einer ganzen Anzahl von gefährlichen Stoffen haben zu einem Rückgang der Schadstoffbelastung im Meer geführt. So hat z. B. die Konzentration des langlebigen Pestizids Lindan im Wasser der Deutschen Bucht und der Arkonasee seit Mitte der 1980er Jahre deutlich abgenommen 2, in der Ostsee langsamer auf Grund der längeren Nutzung in den ehemaligen Ostblockstaaten 1. Dem entsprechend sind die Lindangehalte in der Leber von Schollen aus der Deutschen Bucht ebenfalls rückläufig 3. Auch die in Hydraulikanlagen und Isolatoren eingesetzten krebserregenden PCB (Polychlorierte Biphenyle) haben in Fischen deutlich abgenommen 4. Jedoch ist noch eine große Zahl toxischer Substanzen im Visier der Meeresüberwachung, wie z.B. Stoffe mit hormoneller Wirkung in Organismen.

Weitere wesentliche Kategorien der Meeresverunreinigung sind der Eintrag organischer Rückstände aus kommunalen und landwirtschaftlichen Abwässern (Saprobisierung) und die mikrobielle, genetische und stoffliche Belastungen aus Abwässern und Marikultur (marime Fischzucht) vor allem in Küstengewässern.

Internationale Zusammenarbeit

Um die Funktionalität des Meeres einschließlich seiner Nutzung als Lieferant für menschliche und tierische Ernährung und auch als Erholungsraum für den Menschen dauerhaft zu erhalten, werden internationale Maßnahmen zu seinem Schutz ergriffen. Die Umsetzung von Meeresschutzabkommen erfolgt durch die jeweiligen Vertragsstaaten. In Deutschland wird die Beobachtung und Bewertung der Meeresbelastungen durch die „Arbeitsgemeinschaft Bund-Länder-Messprogramm für die Meeresumwelt von Nord- und Ostsee (BMLP)“ organisiert.◆

10 Südliche Ostsee
Sauerstoffverarmung im Tiefwasser 2000

 Autoren: W. Matthäus, G. Nausch

Die Hauptflüsse und ihre Einzugsgebiete

Ralf Busskamp und Peter Krahe

Jedem Fließgewässer kann ein Einzugsgebiet zugeordnet werden. Dieses ist ein durch Wasserscheiden begrenztes Gebiet, das bis zu dem betrachteten Flussquerschnitt hin entwässert. Das gesamte einem Fluss zugehörende Einzugsgebiet wird als Flussgebiet bezeichnet. Man unterscheidet zwischen ober- und unterirdischen Einzugsgebieten. Die Wasserscheiden der oberirdischen Einzugsgebiete sind durch die ▷ Orographie festgelegt, während unterirdische Einzugsgebiete durch die hydrogeologische Situation bestimmt werden. Im stark reliefierten Gelände decken sich in der Regel beide Wasserscheiden. Im Laufe geologischer Zeiträume unterliegen Wasserscheiden einem Wandel. Ein bekanntes Phänomen ist die Flussanzapfung, in deren Folge ein Fluss durch rückschreitende ▷ Erosion die bestehenden Wasserscheiden durchbricht und sein Einzugsgebiet auf Kosten des angezapften Gewässers vergrößert.

Fast alle mitteleuropäischen Ströme und Flüsse fließen der Nord- und Ostsee zu, nur die Donau bahnt sich den Weg nach Südosten und strebt dem Schwarzen Meer zu. Die Europäische Hauptwasserscheide zwischen dem Mittelmeer und der Nord- und Ostsee durchzieht Süddeutschland als Grenze des Donaugebietes gegen die Einzugsgebiete von Rhein und Elbe ❶. Die Karte ❷ stellt die oberirdischen Flussgebiete mit einer Fläche von mehr als 500 km² dar. Nach dem klassischen wasserwirtschaftlichen Flussordnungskonzept erhält der Hauptfluss die Ordnungszahl 1, die direkt in ihn einmündenden Nebenflüsse erhalten die Ordnungszahl 2 usw. Flüsse werden nach flussmorphologischen und hydrologischen Gesichtspunkten in Flussabschnitte unterteilt, in Ober-, Mittel- und Unterlauf.

Die Donau (817.000 km²)

Die Donau ist mit einer Länge von 2857 km und einer langjährigen mittleren Wasserführung von ca. 6500 m³/s nach der Wolga der zweitgrößte Strom Europas. Ihre Quellflüsse Breg und Brigach entspringen im südlichen Schwarzwald. Von der Vereinigung der kleinen Quellflüsse in Donaueschingen bis Ulm gilt die Donau als Mittelgebirgsfluss. Durch die rechtsseitig zufließenden Flüsse der nördlichen Ostalpen wandelt sie sich unterhalb von Ulm in einen Strom mit alpinem Regime und verlässt Deutschland nach 625 km Fließstrecke bei Passau.

❶ Große Flussgebiete in Europa

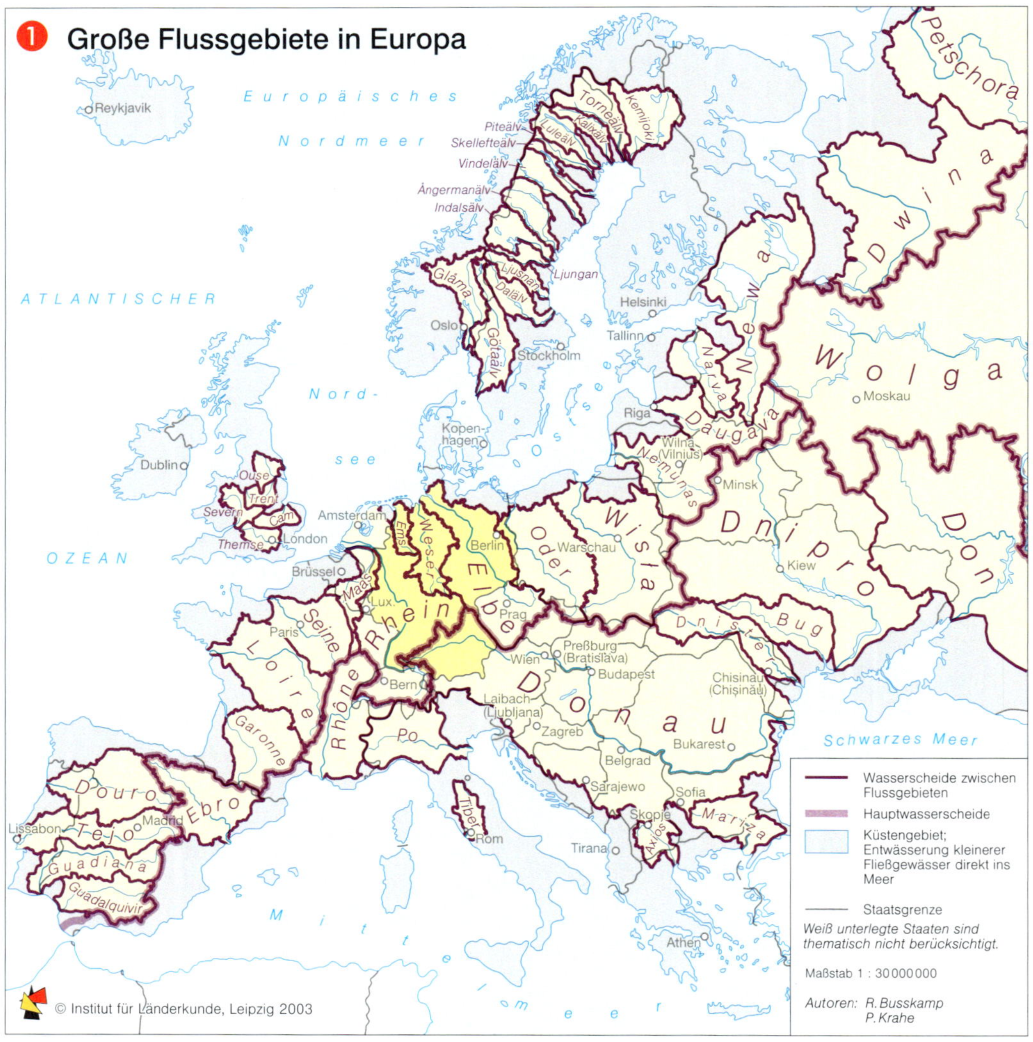

Der Rhein (185.300 km²)

Der Alpenrhein, der in den Bodensee mündet, ist ein Hochgebirgsfluss. Unterhalb des Bodensees fließt der Hochrhein auf einer Strecke von 142 km in westlicher Richtung bis Basel und wird von zahlreichen Gletscher- und Hochgebirgsbächen geprägt. Der Oberrhein nimmt von Basel bis Mainz seinen Lauf durch den etwa 300 km langen und durchschnittlich 35 km breiten Oberrheingraben (▶▶ Beitrag Mäckel/Seidel, S. 92). In Mainz mündet mit dem 524 km langen Main der flächenmäßig größte Nebenfluss in den Rhein. Der Flussabschnitt des Rheins von Bingen bis südlich von Köln wird als Mittelrhein bezeichnet. Die größten Nebenflüsse auf dieser Strecke sind Nahe, Mosel, Lahn und Sieg, von denen die 545 km lange Mosel, die auf dem Westabhang der Vogesen entspringt, den bedeutendsten Zufluss darstellt. Südlich von Köln öffnet sich dem Strom die Niederrheinische Bucht. Am westlichen Niederrhein tritt die Wasserscheide der Maas nahe an den Rheinstrom heran. Unmittelbar nach der deutsch-niederländischen Grenze beginnt das Rheindelta, in dem sich Rhein und Maas verzahnen, so dass das Flusseinzugsgebiet der Maas zuweilen auch als Teil des Rheingebiets betrachtet wird.

Die Ems (15.600 km²)

Die Ems, ein rund 370 km langer Flachlandfluss, entspringt im ausgedehnten Sandgebiet der Senne am südlichen Fuß des Teutoburger Waldes. Sie durchfließt bis zur Tidegrenze bei Papenburg überwiegend ▷ Geestlandschaften des nördlichen Münsterlandes und des niedersächsischen Emslandes. Die Wasserscheiden der rechtsseitigen Zuflüsse der Ems sind wegen des geringen Reliefs in mehreren Abschnitten künstlich festgelegt worden.

Die Weser (46.300 km²)

Die Weser entsteht durch den Zusammenfluss ihrer Quellflüsse Werra und Fulda bei Münden. Die gesamte Flusslänge von den Werraquellen bis zur Mündung beträgt 725 km, der Teil der eigentlichen Weser unterhalb von Münden ist 432 km lang. Von Münden bis zur Porta Westfalica fließt die Oberweser durch das Weserbergland, unterhalb davon ist sie als Mittelweser ein Flachlandfluss. Bis zur Aller-Mündung legt sie ohne wesentliche hydrographische Veränderungen eine 128 km lange Fließstrecke zurück. Unterhalb von Verden wird sie in das Aller-Urstromtal abgelenkt. Bei Bremen endet die tidefreie Weser, und es beginnt die Unterweser.

Die Leine bei Hannover

Die Elbe (148.270 km²)

Die Elbe entspringt in der Tschechischen Republik am Südabhang des Riesengebirgskammes in 1383 m über NN und durchfließt in einem weiten Bogen das nordostböhmische Becken. Dort nimmt sie mit der Moldau, die beim Zusammenfluss mehr Wasser als sie selbst führt, ihren größten Zufluss auf. Nach Verlassen der Dresdner Talweitung tritt die Obere Elbe in das Norddeutsche Tiefland ein, wo der Flachlandflussabschnitt der Mittleren Elbe beginnt. Im Glogau-Baruther Urstromtal mündet die Havel als zweitgrößter Nebenfluss in die Elbe. Der Flussabschnitt vom Wehr Geesthacht bis zur Elbmündung in die Nordsee an der Seegrenze bei Cuxhaven-Kugelbake (Elbe-km 727) wird der Unteren Elbe (Tideelbe) zugerechnet.

Die Oder (118.860 km²)

Die Oderquelle liegt im Odergebirge in den tschechischen Ostsudeten in 634 m über NN. Ihr größter Nebenfluss ist die von polnischer Seite einmündende Warthe. Das deutsche Odereinzugsgebiet hat mit 5587 km² nur einen geringen Flächenanteil am Gesamtgebiet (4,7%). Bedeutendste Zuflüsse innerhalb dieses Gebietes sind die Lausitzer Neiße und die in die Westoder einmündende Hohensaaten-Friedrichstaler Wasserstraße. Lausitzer Neiße, Oder und Westoder bilden zusammenhängend auf einer Länge von 376 km die Staatsgrenze zwischen der Republik Polen und der Bundesrepublik Deutschland. Von Gartz bis zur Mündung fließt die Oder vollständig auf polnischem Staatsgebiet. Das Abflussverhalten und das Hochwassergeschehen der Oder werden fast ausschließlich durch die klimatischen und hydrographischen Verhältnisse auf polnischem und tschechischem Gebiet geprägt. ◆

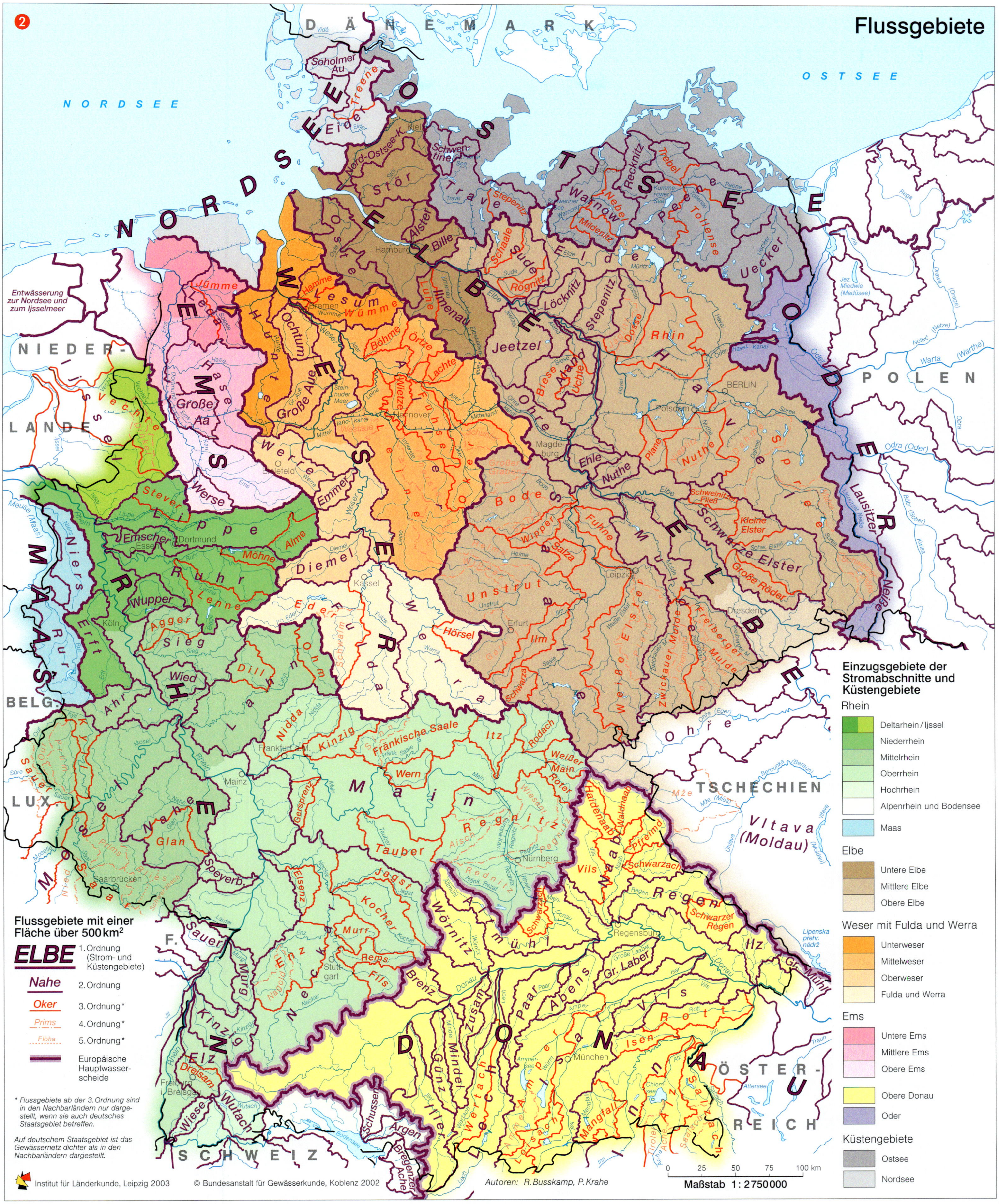
2
Flussgebiete
DÄNEMARK
NORDSEE
OSTSEE
NIEDERLANDE
BELG.
LUX.
F.
SCHWEIZ
ÖSTERREICH
TSCHECHIEN
POLEN
NORDSEE
OSTSEE
EMS
WESER
ELBE
ODER
RHEIN
MAAS
DONAU
Entwässerung zur Nordsee und zum Ijsselmeer
Einzugsgebiete der Stromabschnitte und Küstengebiete
Rhein
Deltarhein / Ijssel
Niederrhein
Mittelrhein
Oberrhein
Hochrhein
Alpenrhein und Bodensee
Maas
Elbe
Untere Elbe
Mittlere Elbe
Obere Elbe
Weser mit Fulda und Werra
Unterweser
Mittelweser
Oberweser
Fulda und Werra
Ems
Untere Ems
Mittlere Ems
Obere Ems
Obere Donau
Oder
Küstengebiete
Ostsee
Nordsee
Flussgebiete mit einer Fläche über 500 km²
ELBE 1. Ordnung (Strom- und Küstengebiete)
Nahe 2. Ordnung
Oker 3. Ordnung*
Prims 4. Ordnung*
Flöha 5. Ordnung*
Europäische Hauptwasserscheide
* Flussgebiete ab der 3. Ordnung sind in den Nachbarländern nur dargestellt, wenn sie auch deutsches Staatsgebiet betreffen.
Auf deutschem Staatsgebiet ist das Gewässernetz dichter als in den Nachbarländern dargestellt.
0 25 50 75 100 km
Maßstab 1 : 2750000
Institut für Länderkunde, Leipzig 2003
© Bundesanstalt für Gewässerkunde, Koblenz 2002
Autoren: R. Busskamp, P. Krahe

des Inn in die Donau. Der mittlere Abfluss der Donau beträgt hier etwa 665 m^3/s, der des Inn liegt bei etwa 765 m^3/s. Gemessen am Abflussvolumen müsste die Donau unterhalb von Passau eigentlich Inn heißen.

Als Beispiellängsschnitt dient die Darstellung des Rheins unterhalb des Bodensees ❺. Sein Einzugsgebiet beträgt bei Konstanz 10.922 km^2, der mittlere Abfluss (MQ) liegt bei etwa 350 m^3/s und die mittlere Abflussspende über 30 l/s x km^2. Der disproportional große Anstieg des mittleren Hochwasserabflusses an der Moselmündung weist auf das hohe Hochwasser-Gefährdungspotenzial der Mosel für den Rheinunterlauf hin. Die Hochwasseranfälligkeit der Mosel ist wesentlich durch das starke Relief und die geringe Durchlässigkeit der Gesteine im Mittelgebirgsteil ihres Einzugsgebietes begründet. Bei Emmerich nahe der deutsch-niederländischen Grenze hat das Einzugsgebiet des Rheins eine Größe von 159.784 km^2 und einen mittleren Abfluss von weit über 2000 m^3/s erreicht, was einer mittleren Abflussspende von mehr als 14 l/s/km^2 entspricht.

❹ Veränderung des Abflussregimes im Längsverlauf des Rheins
vom Oberrhein bis zur niederländischen Grenze

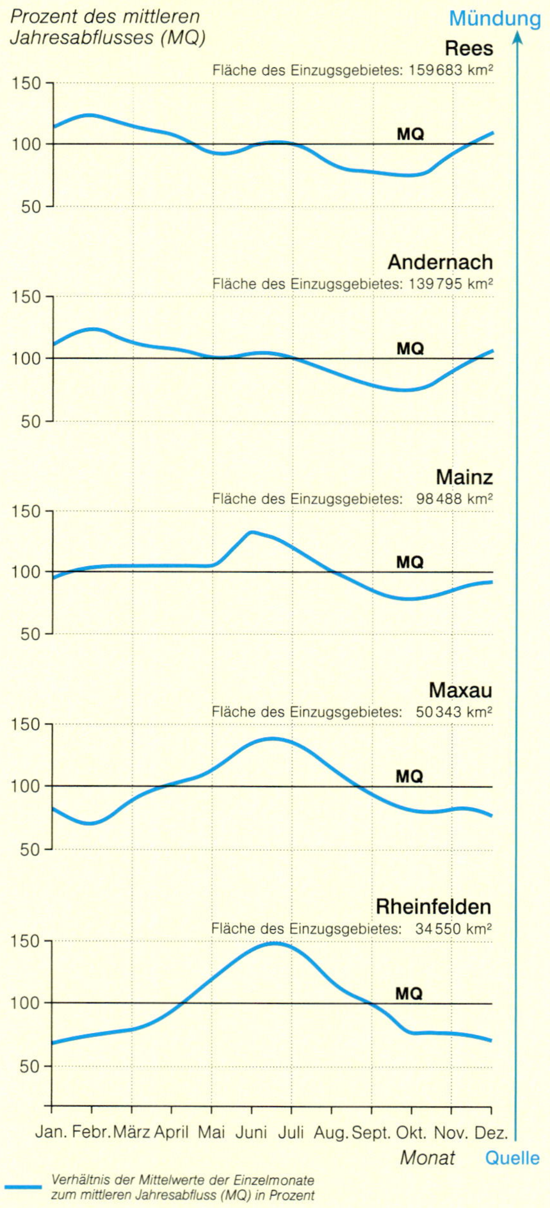

© Institut für Länderkunde, Leipzig 2002

Das Abflussregime des Rheins

Der durchschnittliche jahreszeitliche Verlauf des Abflussgeschehens an einem Fließgewässer wird als Abflussregime bezeichnet. Abbildung ❹ zeigt das Abflussregime des Rheins für verschiedene Pegelstationen in seinem Längsverlauf. Je nach Höhenlage und Klima der Einzugsgebietsteile herrscht ein glaziales (Gletscherabfluss), nivales (Schneeschmelze) oder pluviales (Abfluss aus Niederschlag) Regime vor. Die Alpenzuflüsse sind noch durch starke saisonale Unterschiede gekennzeichnet, wesentlich beeinflusst durch die Abschmelzvorgänge (glazial) im Sommer (Pegel Rheinfelden). Stromab gewinnt der nivale Einfluss zunehmend an Bedeutung, die Winterabflüsse werden höher und das Sommermaximum wird reduziert. Zwischen Mainz und Andernach (verstärkter Einfluss der Mittelgebirge) verschiebt sich das Maximum vom Sommer auf den Winter. Mit zunehmendem Flachlandanteil wächst der Einfluss des pluvialen Regenregimes, dessen Jahresgang von Niederschlags- und Verdunstungshöhe bestimmt wird. Im Sommer entsteht hier ein Feuchtedefizit durch die stärkere ▷ Evapotranspiration. Die ausgleichende Wirkung der unterschiedlichen Regimetypen führt im Unterlauf zu einer recht gleichmäßigen Wasserführung und damit zu günstigen Bedingungen für die Rheinschifffahrt.

Abflussvariabilität

Fließgewässer mit hoher Abflussvariabilität sind einerseits durch starke Hochwassergefährdung, andererseits aber auch durch zeitweilige Wasserknappheit gekennzeichnet. Im Verlauf von Hochwassern durchströmen große Wassermengen die Flüsse, ohne dass sie für wasserwirtschaftliche Nutzung herangezogen werden könnten. Zudem ist mit den Hochwassern ein erhebliches Schadenpotenzial verbunden.

In den mitteleuropäischen Flüssen können Hochwasser zu allen Jahreszeiten auftreten, wobei es regional und wetterlagenbedingt zu Häufungen in bestimmten Zeiträumen kommen kann. Bedingt durch über das Mittelmeer nach Norden ziehende Tiefdruckgebiete treten an den Alpenflüssen Hochwasser vor allem im Frühling und Frühsommer auf, in den Mittelgebirgen insbesondere in den Wintermonaten in Zusammenhang mit der Schneeschmelze und West- und Südwestwindlagen. Am Rhein wirkt sich auch die Zugbahn der Niederschlagsfronten auf die Größenordnung von Hochwassern aus. Bei Süd- und Südwestwindlagen verlaufen die Fronten in derselben Richtung wie die Hochwasserwellen, und die Einzelwellen der Nebenflüsse können sich stapeln. Durch die Klimaerwärmung scheint es in jüngster Zeit zu einer Häufung und Verstärkung der Hochwasser zu kommen.

❺ Abfluss-Längsschnitt des Rheins
vom Bodensee bis zur niederländischen Grenze
Jahresreihe 1951-1970

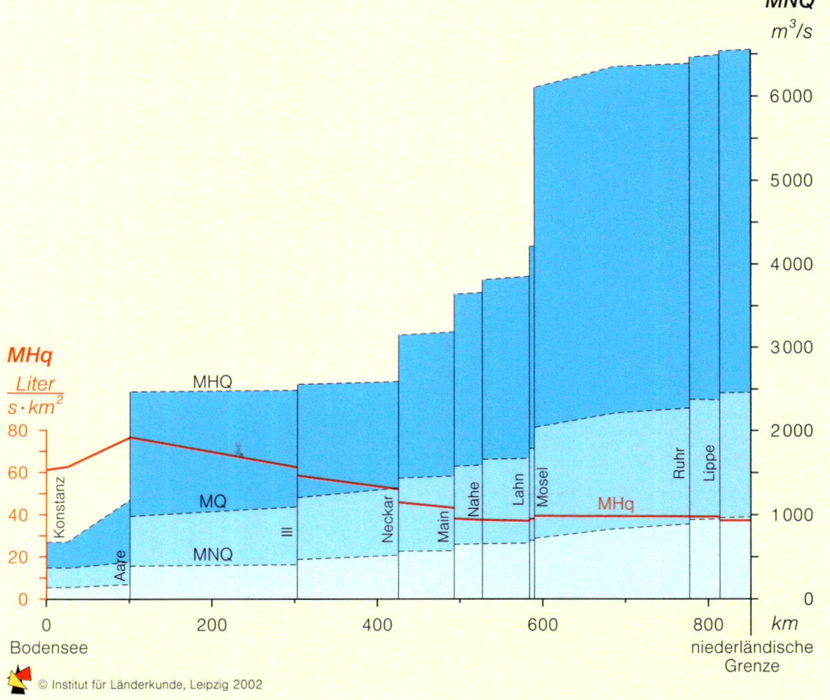

© Institut für Länderkunde, Leipzig 2002

Die Abflussvariabilität eines Gewässers kann man quantitativ relativ einfach mit Hilfe der Abflusshauptzahlen ❶ charakterisieren, indem man den Quotienten aus dem mittleren höchsten und dem mittleren niedrigsten beobachteten Abfluss (MHQ/MNQ) berechnet. Diese Verhältniszahl wurde zur graphischen Wiedergabe der regionalen Variabilität des Abflussgeschehens für die Kartendarstellung herangezogen ❸. Es zeigt sich die generelle Tendenz, dass die Abflussvariabilität mit zunehmender Einzugsgebietsgröße abnimmt, denn mit zunehmender Größe wächst auch der Ausgleichseffekt auf lokale Extrembedingungen. Die großen Flusssysteme Rhein, Elbe, Oder, Donau und Weser haben daher recht niedrige Variabilitäten, während die kleinflächigeren Nebengewässer im Allgemeinen höhere Werte aufweisen.

Obwohl die Pegelstationen Eschelbach (Inn), Rathenow (Havel), Kleinheubach (Main) und Cochem (Mosel) mit Flächen zwischen 10.000 und 30.000 km^2 vergleichbar große Einzugsgebiete haben, unterscheiden sich ihre Variabilitäten (MHQ/MNQ und HHQ/NNQ) erheblich ❷. Der Inn zeigt – obwohl er die kleinste Fläche einnimmt – eine geringe Variabilität; hier macht sich der Einfluss des Alpenvorlandes mit den reichhaltigen, den Abflussgang ausgleichenden Grundwasservorräten in den glazialen Schmelzwasserablagerungen bemerkbar. In Bezug auf die MHQ/MNQ-Variabilität reagiert die Havel ähnlich mit ihrem in ▷ glazialen und ▷ glazifluvialen Lockersedimenten entwickelten Einzugsgebiet. Bei der Variabilität der Extremwerte (HHQ/NNQ) weist die Havel, bedingt durch anthropogene Eingriffe (Braunkohletagebau an der Spree), einen höheren Wert auf.

Die Mittelgebirgsflüsse (Main, Mosel) haben im Vergleich zu Inn und Havel wesentlich höhere Variabilitäten. Ihre Einzugsgebiete werden von unterschiedlich stark verfestigten Gesteinen mit vielfach niedrigen Speicherkapazitäten unterlagert. Besonders die Mosel hat einen hohen Wert, da der Untergrund des Rheinischen Schiefergebirges im Wesentlichen aus wenig durchlässigen, für die Grundwasserneubildung (▶▶ Beitrag Neumann/Wycisk, S. 144) ungünstigen Schiefern besteht. Ähnliches Verhalten zeigen die meisten Gewässer in den ▷ paläozoischen und ▷ kristallinen Gebirgskomplexen, was im Maßstab kleinerer Einzugsgebiete durch die Beispiele von Ruhr (▶ Fotos S. 126) und Mulde verdeutlicht wird. Gerade in diesen Gebieten mit hoher Abflussvariabilität musste in den natürlichen Wasserhaushalt durch Talsperrenbau eingegriffen werden (▶▶ Beiträge Busskamp/Wilke, S. 132 und Kern/Leibundgut, S. 138), um die Gewässer bei Niedrigwasserabfluss aufzufüllen und um Hochwasserspitzen aufzufangen.

Hochwasserkatastrophen

Eines der schwersten Hochwasser an deutschen Fließgewässern ereignete sich

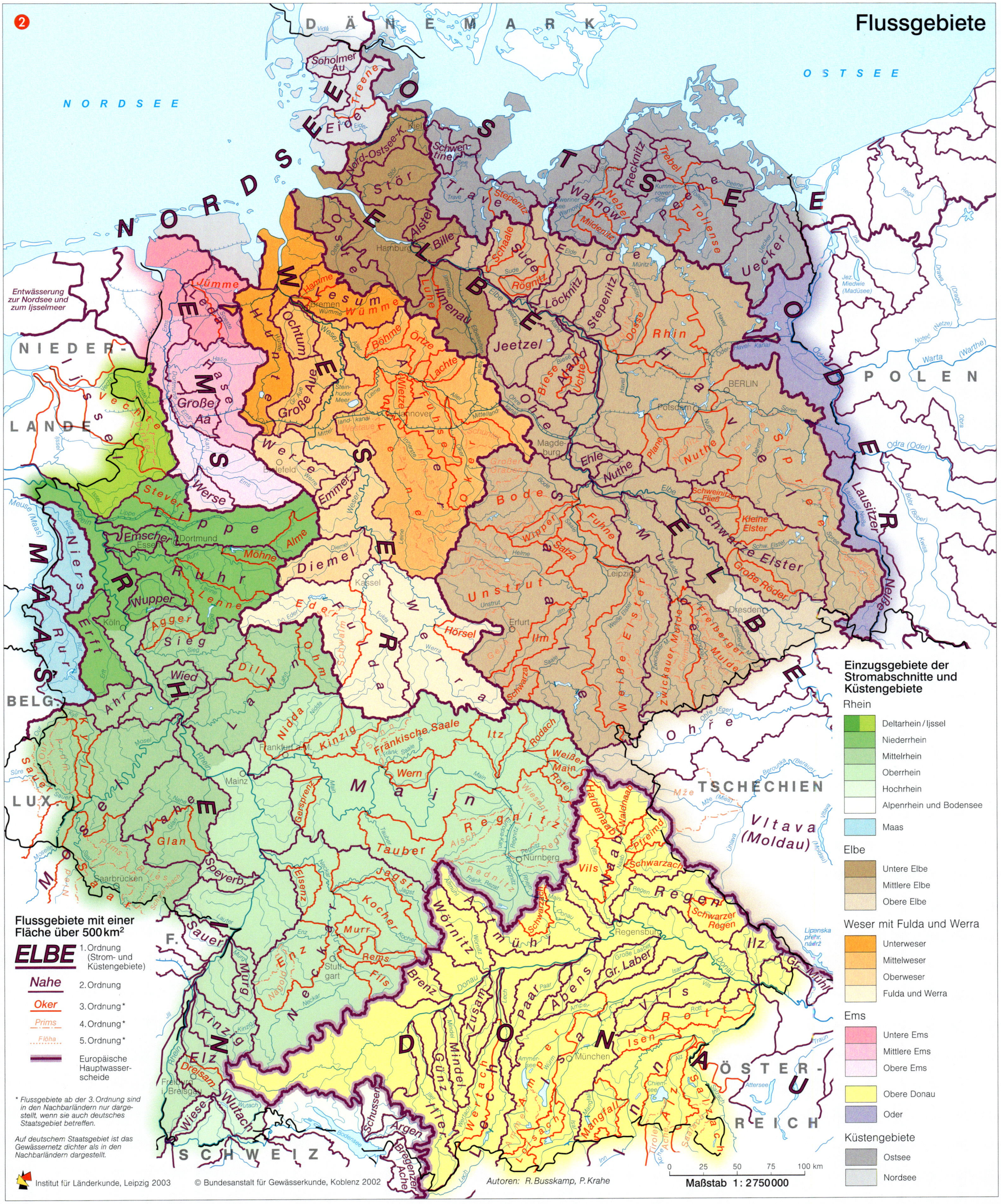
2
Flussgebiete
NORDSEE
OSTSEE
DÄNEMARK
NIEDERLANDE
BELG.
LUX.
F.
SCHWEIZ
ÖSTERREICH
TSCHECHIEN
POLEN
Entwässerung zur Nordsee und zum Ijsselmeer
NORDSEE
OSTSEE
EMS
WESER
ELBE
ODER
RHEIN
MAAS
DONAU
BERLIN
Hamburg
Bremen
Hannover
Magdeburg
Dortmund
Essen
Köln
Kassel
Leipzig
Dresden
Erfurt
Frankfurt a. M.
Mainz
Saarbrücken
Stuttgart
Nürnberg
Regensburg
München
Freiburg i. Breisgau
Vltava (Moldau)
Flussgebiete mit einer Fläche über 500 km²
ELBE 1. Ordnung (Strom- und Küstengebiete)
Nahe 2. Ordnung
Oker 3. Ordnung*
Prims 4. Ordnung*
Flöha 5. Ordnung*
Europäische Hauptwasserscheide
* Flussgebiete ab der 3. Ordnung sind in den Nachbarländern nur dargestellt, wenn sie auch deutsches Staatsgebiet betreffen.
Auf deutschem Staatsgebiet ist das Gewässernetz dichter als in den Nachbarländern dargestellt.
Einzugsgebiete der Stromabschnitte und Küstengebiete
Rhein
Deltarhein / Ijssel
Niederrhein
Mittelrhein
Oberrhein
Hochrhein
Alpenrhein und Bodensee
Maas
Elbe
Untere Elbe
Mittlere Elbe
Obere Elbe
Weser mit Fulda und Werra
Unterweser
Mittelweser
Oberweser
Fulda und Werra
Ems
Untere Ems
Mittlere Ems
Obere Ems
Obere Donau
Oder
Küstengebiete
Ostsee
Nordsee
0 25 50 75 100 km
Maßstab 1 : 2750000
Institut für Länderkunde, Leipzig 2003
© Bundesanstalt für Gewässerkunde, Koblenz 2002
Autoren: R. Busskamp, P. Krahe

Mittlerer jährlicher Abfluss und Abflussvariabilität

Ralf Busskamp und Karl-Heinz Schmidt

Die Ruhr bei Bochum bei Trockenwetterabfluss und bei einem Hochwasserabfluss von 802 m³/s am 6.2.1980. Die beiden Bilder zeigen denselben Ausschnitt. Zur Orientierung kann der Baum in der linken Bildmitte dienen.

Das vielfältige Spektrum der Nutzung des Wassers durch den Menschen und die wasserbaulichen Eingriffe in die natürlichen Fließgewässersysteme z.B. durch die Anlage von Talsperren, durch Wassertransfer über Einzugsgebietsgrenzen hinweg, durch Flussbegradigungen und Flächenversiegelung, durch Bergbau oder Deichbau haben dazu geführt, dass sich das Abflussgeschehen in seiner räumlichen Verteilung und seinem zeitlichen Ablauf erheblich verändert hat und einen z.T. stark anthropogen modifizierten Charakter trägt.

Die Karte ❸ zeigt anschaulich die Unterschiede in der Wasserführung. Die mittleren jährlichen Abflüsse (MQ) werden in einer Bänderdarstellung entlang der Flussläufe dargestellt, wobei die Bandbreite proportional zur Wassermenge in den Gewässerabschnitten ist und die farbliche Gestaltung Informationen über die Abflussvariabilität der Gewässerabschnitte vermittelt. (Die in der Tabelle ❷ genannten Abflussmessstellen (Pegel) sind in der Karte namentlich aufgeführt.)

Abflussmessung und Abflussregistrierung

Der Abfluss wird mit Hilfe der Registrierung der Wasserstände an Pegeln ermittelt. Das amtliche Pegelnetz in Deutschland besteht gegenwärtig aus mehr als 4000 Messstellen. Die ältesten Überlieferungen von Wasserständen liegen in Form von Hochwassermarken vor, die die Bewohner von flussnahen Siedlungen schon seit dem Mittelalter an Brückenpfeilern und Gebäuden angebracht haben (▶ Foto), um verheerende Überschwemmungen zu dokumentieren. In Deutschland begannen die ersten regelmäßigen Wasserstandsmessungen durch Lattenpegel im Jahre 1727 bei Magdeburg an der Elbe. Es folgten die Pegel Barby/Elbe (1753), Düsseldorf/Rhein (1766) und Stettin/Oder (1771). Heute werden an Pegeln die Wasserstände automatisch registriert oder durch Datenfernübertragung an die zuständigen Behörden weitergeleitet. Zur Berechnung des Abflusses (Q: m³/s) benötigt man neben der Fläche des durchflossenen Querschnitts (F: m²) den Wert der mittleren Geschwindigkeit (v: m/s), mit der das Wasser den Querschnitt passiert. Zur Messung der Fließgeschwindigkeit werden in der Hydrometrie Präzisionsmessflügel eingesetzt.

Räumliche und zeitliche Verteilung

Als Datenbasis der Kartendarstellung wurden im Wesentlichen die für die amtlichen Pegel verfügbaren Abflusshauptzahlen herangezogen. Das regionale Verteilungsmuster des mittleren Abflusses (MQ) bietet eine wertvolle Basisinformation über die Verfügbarkeit von Wasser für den öffentlichen, industriellen und privaten Wasserverbrauch sowie für die Schifffahrt. Allerdings ist das Abflussgeschehen nicht nur räumlich, sondern auch zeitlich ausgesprochen variabel. Großanlagen und Siedlungen mit hohem Wasserverbrauch benötigen deswegen Informationen darüber, ob die Versorgung mit der von ihnen benötigten Wassermenge ohne längere Ausfallsgefährdung gewährleistet ist. Dazu muss über langjährige Pegelmessungen bekannt sein, wie groß die Wahrscheinlichkeit ist, dass ein bestimmter Mindestabfluss in einem Fließgewässer unterschritten wird. Dasselbe Prinzip lässt sich auch auf die Häufigkeit des Auftretens von Hochwassern bestimmter Gefährdungsstufen im Rahmen des Hochwasserschutzes anwenden. Zusätzlich gibt es an den großen Flüssen spezielle Hochwasserwarnsysteme (▶▶ Beitrag Busskamp/Wilke, S. 132).

❷ Hauptzahlen und Abflussvariabilität ausgewählter Pegelstationen

Einzugsgebiet (mit Pegelstation)	Fläche km²	Reihe Jahre	MQ m³/s	MHQ m³/s	MNQ m³/s	Variabilität MHQ/MNQ	HHQ m³/s	NNQ m³/s	Variabilität der Extrema HHQ/NNQ
Rhein (Rheinfelden)	34 550	66	1 030,0	2 760	453	6	4 270	267,0	16,0
Rhein (Rees)	159 300	65	2 280,0	6 620	1 040	6	12 200	590,0	20,7
Donau (Hofkirchen)	47 496	96	636,0	1 870	302	6	4 470	165,0	27,1
Elbe (Neu Darchau)	131 950	72	712,0	1 870	274	7	3 840	128,0	30,0
Oder (Hohensaaten-F.)	109 564	54	521,0	1 224	259	5	3 480	111,0	31,4
Inn (Eschelbach)	13 354	66	368,0	1 460	127	11	2 900	82,0	35,4
Saale (Calbe-Grizehne)	23 719	66	115,0	379	44	9	680	11,5	59,1
Weser (Intschede)	37 720	57	324,0	1 250	125	10	3 500	59,0	59,3
Unstrut (Laucha)	6 218	53	30,5	105	11	10	363	4,6	78,9
Havel (Rathenow)	19 288	44	91,6	165	25	7	295	3,0	98,3
Neckar (Rockenau)	12 710	46	135,0	1 200	36	33	2 690	18,4	146,2
Main (Kleinheubach)	21 505	38	158,0	790	48	16	1 800	11,0	163,6
Mosel (Cochem)	27 088	65	315,0	2 060	60	34	4 170	10,0	417,0
Ruhr (Hattingen)	4 118	54	70,7	524	18	29	1 950	1,6	1 189,0
Mulde (Golzern)	5 442	87	61,4	497	13	38	1 740	1,4	1 242,9

zur Lage der Pegel siehe ❸

❶ Abflusshauptzahlen für eine Pegelstation
Schema

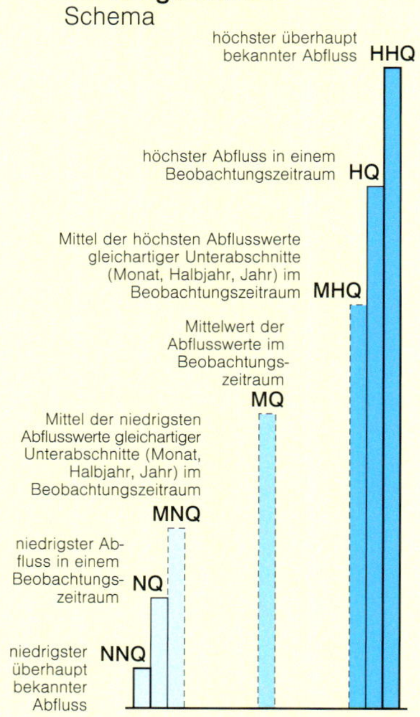

— *tatsächlicher Extremwert*
— *tatsächlicher Extremwert in einem bestimmten Zeitraum*
--- *statistischer Wert*

Entsprechendes gilt für die Abflussspenden NNq, Nq usw.

Historische Hochwassermarken der Saale, dokumentiert an der Mühlpforte in Halle

Der **Begriff Abfluss** bezeichnet in Hydrologie und Wasserwirtschaft die Wassermenge, die je Zeiteinheit einen definierten Querschnitt in einem Fließgewässer durchfließt. Als Maßeinheiten werden je nach Größe der Flüsse und Bäche m³/s oder l/s verwendet. Wird der Abfluss auf die zugehörige Fläche des Einzugsgebietes bezogen, spricht man von der Abflussspende (l/s/km²).

In der Wasserhaushaltsgleichung:

N (Niederschlag) = A (Abfluss) + V (Verdunstung in mm)

wird der Abfluss als Abflusshöhe (mm pro Zeiteinheit), meist in mm/a, ausgedrückt (▶▶ Beitrag Glugla/Jankiewicz, S. 130). Bei der Grundwasserneubildung (▶▶ Beitrag Neumann/Wycisk, S. 144) und in der Wasserbilanz (▶▶ Beitrag Jankiewicz/Krahe, S. 148) erscheint der Abfluss ebenfalls als Abflusshöhe.

Bei den Flüssen in Deutschland nimmt der Abfluss mit zunehmender Einzugsgebietsgröße und Lauflänge zu, was in der Bänderdarstellung der Karte gut zum Ausdruck kommt. Diese Zunahme wird auch in hydrologischen Längsschnitten verdeutlicht ❺. Die Längsschnitte beinhalten, bezogen auf die Flusslänge, die Darstellung des mittleren Abflusses (MQ), des mittleren Niedrigwasserabflusses (MNQ), des mittleren Hochwasserabflusses (MHQ) sowie der mittleren Hochwasserabflussspende (MHq). Bei den Spenden liegt meist eine Abnahme in Fließrichtung vor, u.a. weil die Flüsse im Unterlauf in niedrigere Höhen mit geringeren Niederschlägen gelangen. Stellenweise kann es zu einer starken Zunahme des Abflusses infolge der Einmündung eines abflussreichen Nebenflusses (z.B. Aare, Mosel) kommen. Besonders ausgeprägt ist die sprunghafte Abflusszunahme an der Mündung →

Mittlerer jährlicher Abfluss und Abflussvariabilität

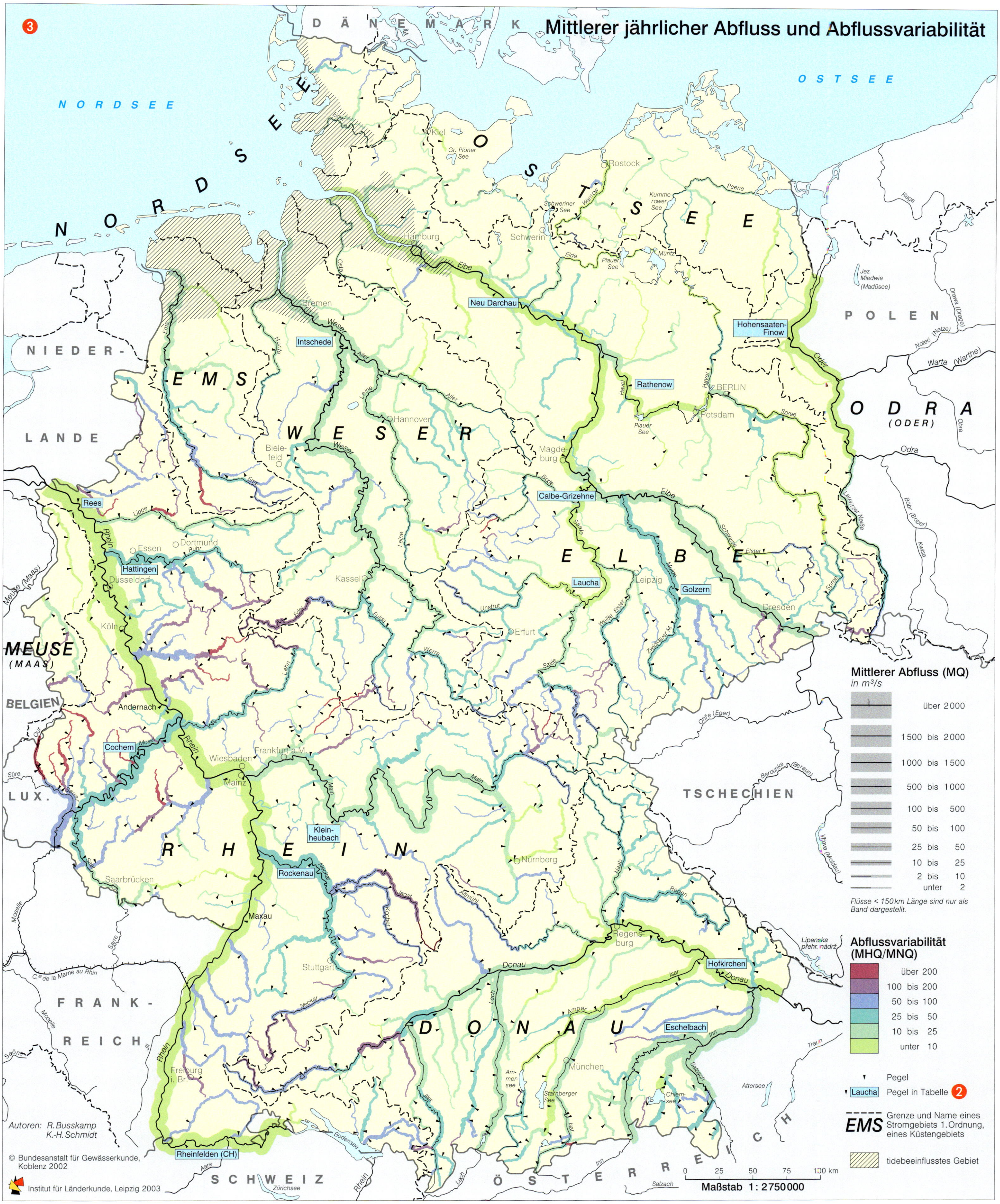

des Inn in die Donau. Der mittlere Abfluss der Donau beträgt hier etwa 665 m³/s, der des Inn liegt bei etwa 765 m³/s. Gemessen am Abflussvolumen müsste die Donau unterhalb von Passau eigentlich Inn heißen.

Als Beispiellängsschnitt dient die Darstellung des Rheins unterhalb des Bodensees **5**. Sein Einzugsgebiet beträgt bei Konstanz 10.922 km², der mittlere Abfluss (MQ) liegt bei etwa 350 m³/s und die mittlere Abflussspende über 30 l/s x km². Der disproportional große Anstieg des mittleren Hochwasserabflusses an der Moselmündung weist auf das hohe Hochwasser-Gefährdungspotenzial der Mosel für den Rheinunterlauf hin. Die Hochwasseranfälligkeit der Mosel ist wesentlich durch das starke Relief und die geringe Durchlässigkeit der Gesteine im Mittelgebirgsteil ihres Einzugsgebietes begründet. Bei Emmerich nahe der deutsch-niederländischen Grenze hat das Einzugsgebiet des Rheins eine Größe von 159.784 km² und einen mittleren Abfluss von weit über 2000 m³/s erreicht, was einer mittleren Abflussspende von mehr als 14 l/s/km² entspricht.

4 **Veränderung des Abflussregimes im Längsverlauf des Rheins**
vom Oberrhein bis zur niederländischen Grenze

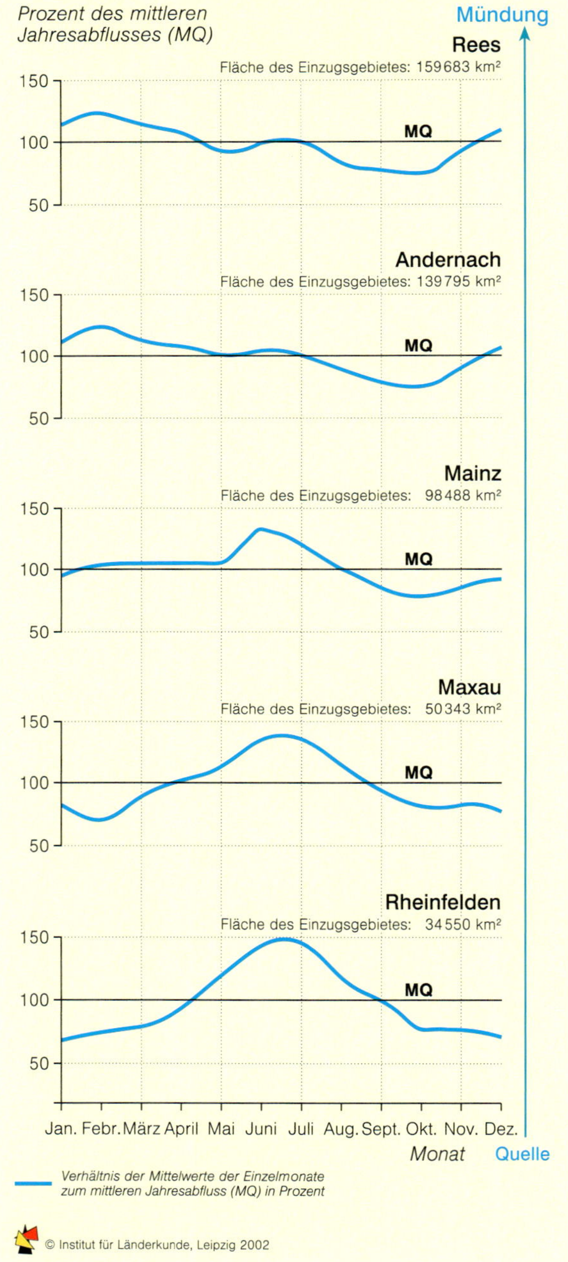

Das Abflussregime des Rheins

Der durchschnittliche jahreszeitliche Verlauf des Abflussgeschehens an einem Fließgewässer wird als Abflussregime bezeichnet. Abbildung **4** zeigt das Abflussregime des Rheins für verschiedene Pegelstationen in seinem Längsverlauf. Je nach Höhenlage und Klima der Einzugsgebietsteile herrscht ein glaziales (Gletscherabfluss), nivales (Schneeschmelze) oder pluviales (Abfluss aus Niederschlag) Regime vor. Die Alpenzuflüsse sind noch durch starke saisonale Unterschiede gekennzeichnet, wesentlich beeinflusst durch die Abschmelzvorgänge (glazial) im Sommer (Pegel Rheinfelden). Stromab gewinnt der nivale Einfluss zunehmend an Bedeutung, die Winterabflüsse werden höher und das Sommermaximum wird reduziert. Zwischen Mainz und Andernach (verstärkter Einfluss der Mittelgebirge) verschiebt sich das Maximum vom Sommer auf den Winter. Mit zunehmendem Flachlandanteil wächst der Einfluss des pluvialen Regenregimes, dessen Jahresgang von Niederschlags- und Verdunstungshöhe bestimmt wird. Im Sommer entsteht hier ein Feuchtedefizit durch die stärkere ▷ Evapotranspiration. Die ausgleichende Wirkung der unterschiedlichen Regimetypen führt im Unterlauf zu einer recht gleichmäßigen Wasserführung und damit zu günstigen Bedingungen für die Rheinschifffahrt.

Abflussvariabilität

Fließgewässer mit hoher Abflussvariabilität sind einerseits durch starke Hochwassergefährdung, andererseits aber auch durch zeitweilige Wasserknappheit gekennzeichnet. Im Verlauf von Hochwassern durchströmen große Wassermengen die Flüsse, ohne dass sie für wasserwirtschaftliche Nutzung herangezogen werden könnten. Zudem ist mit den Hochwassern ein erhebliches Schadenpotenzial verbunden.

In den mitteleuropäischen Flüssen können Hochwasser zu allen Jahreszeiten auftreten, wobei es regional und wetterlagenbedingt zu Häufungen in bestimmten Zeiträumen kommen kann. Bedingt durch über das Mittelmeer nach Norden ziehende Tiefdruckgebiete treten an den Alpenflüssen Hochwasser vor allem im Frühling und Frühsommer auf, in den Mittelgebirgen insbesondere in den Wintermonaten in Zusammenhang mit der Schneeschmelze und West- und Südwestwindlagen. Am Rhein wirkt sich auch die Zugbahn der Niederschlagsfronten auf die Größenordnung von Hochwassern aus. Bei Süd- und Südwestwindlagen verlaufen die Fronten in derselben Richtung wie die Hochwasserwellen, und die Einzelwellen der Nebenflüsse können sich stapeln. Durch die Klimaerwärmung scheint es in jüngster Zeit zu einer Häufung und Verstärkung der Hochwasser zu kommen.

5 **Abfluss-Längsschnitt des Rheins**
vom Bodensee bis zur niederländischen Grenze
Jahresreihe 1951-1970

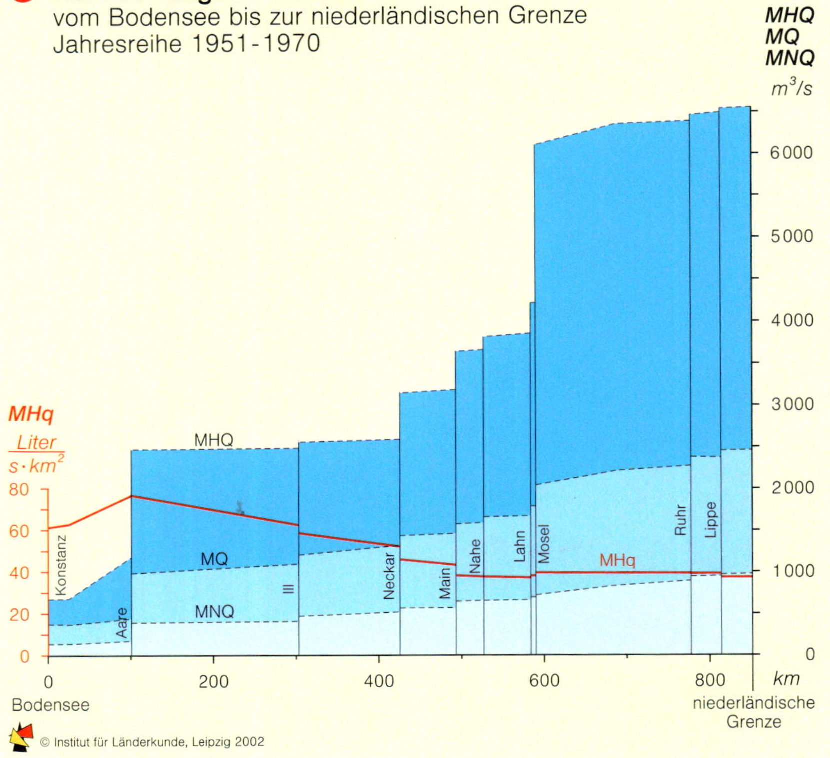

Die Abflussvariabilität eines Gewässers kann man quantitativ relativ einfach mit Hilfe der Abflusshauptzahlen **1** charakterisieren, indem man den Quotienten aus dem mittleren höchsten und dem mittleren niedrigsten beobachteten Abfluss (MHQ/MNQ) berechnet. Diese Verhältniszahl wurde zur graphischen Wiedergabe der regionalen Variabilität des Abflussgeschehens für die Kartendarstellung herangezogen **3**. Es zeigt sich die generelle Tendenz, dass die Abflussvariabilität mit zunehmender Einzugsgebietsgröße abnimmt, denn mit zunehmender Größe wächst auch der Ausgleichseffekt auf lokale Extrembedingungen. Die großen Flusssysteme Rhein, Elbe, Oder, Donau und Weser haben daher recht niedrige Variabilitäten, während die kleinflächigeren Nebengewässer im Allgemeinen höhere Werte aufweisen.

Obwohl die Pegelstationen Eschelbach (Inn), Rathenow (Havel), Kleinheubach (Main) und Cochem (Mosel) mit Flächen zwischen 10.000 und 30.000 km² vergleichbar große Einzugsgebiete haben, unterscheiden sich ihre Variabilitäten (MHQ/MNQ und HHQ/NNQ) erheblich **2**. Der Inn zeigt – obwohl er die kleinste Fläche einnimmt – eine geringe Variabilität; hier macht sich der Einfluss des Alpenvorlandes mit den reichhaltigen, den Abflussgang ausgleichenden Grundwasservorräten in den glazialen Schmelzwasserablagerungen bemerkbar. In Bezug auf die MHQ/MNQ-Variabilität reagiert die Havel ähnlich mit ihrem in ▷ glazialen und ▷ glazifluvialen Lockersedimenten entwickelten Einzugsgebiet. Bei der Variabilität der Extremwerte (HHQ/NNQ) weist die Havel, bedingt durch anthropogene Eingriffe (Braunkohletagebau an der Spree), einen höheren Wert auf.

Die Mittelgebirgsflüsse (Main, Mosel) haben im Vergleich zu Inn und Havel wesentlich höhere Variabilitäten. Ihre Einzugsgebiete werden von unterschiedlich stark verfestigten Gesteinen mit vielfach niedrigen Speicherkapazitäten unterlagert. Besonders die Mosel hat einen hohen Wert, da der Untergrund des Rheinischen Schiefergebirges im Wesentlichen aus wenig durchlässigen, für die Grundwasserneubildung (▶▶ Beitrag Neumann/Wycisk, S. 144) ungünstigen Schiefern besteht. Ähnliches Verhalten zeigen die meisten Gewässer in den ▷ paläozoischen und ▷ kristallinen Gebirgskomplexen, was im Maßstab kleinerer Einzugsgebiete durch die Beispiele von Ruhr (▶ Fotos S. 126) und Mulde verdeutlicht wird. Gerade in diesen Gebieten mit hoher Abflussvariabilität musste in den natürlichen Wasserhaushalt durch Talsperrenbau eingegriffen werden (▶▶ Beiträge Busskamp/Wilke, S. 132 und Kern/Leibundgut, S. 138), um die Gewässer bei Niedrigwasserabfluss aufzufüllen und um Hochwasserspitzen aufzufangen.

Hochwasserkatastrophen

Eines der schwersten Hochwasser an deutschen Fließgewässern ereignete sich im Juli 1997 an der Oder. In den Sudeten und Westbeskiden fielen extreme Niederschläge mit sehr ergiebigem und intensivem Dauerregen. Südlich von Frankfurt/Oder brach der Hochwasserdeich und bedingte die Evakuierung der Ziltendorfer Niederung.

In seinen Schadensauswirkungen noch übertroffen wurde dieses Ereignis durch das Sommerhochwasser 2002 an Elbe und Mulde. Im Südosten Deutschlands werden derartige Katastrophenhochwasser häufig ausgelöst durch Tiefdruckgebiete, die als so genannte Vb-Wetterlagen über das Mittelmeer heranziehen (vgl. Satellitenbild vom 12.08.02 6), sich dort mit Wasser voll saugen, am Ostrand der Alpen vorbeiziehen und sich dann an den höheren östlichen Mittelgebirgen (Böhmerwald, Erzgebirge, Sudeten) abregnen. Innerhalb von nur 72 Stunden fielen im August 2002 in Zinnwald im Erzgebirge mehr als 400 mm (400 l/m^2) Niederschlag. Eine größere Menge wurde niemals zuvor gemessen. Die starken Niederschläge führten zu einem plötzlichen Anstieg der Wasserstände an der Mulde und den kleineren Erzgebirgsgewässern (z.B. Weißeritz); an der Elbe wirkte sich zusätzlich der starke Zufluss aus den Hochwassergebieten in Tschechien (Moldau) aus. Durch die Fluten verloren Menschen ihr Leben; Gebäude, Kulturschätze und Infrastruktur wurden beschädigt und zerstört. Die finanziellen Schäden beliefen sich auf ca. 10 Mrd. Euro.

Das Satellitenbild 7 veranschaulicht das Ausmaß des Hochwassers an der Mittleren Elbe zwischen Torgau und Dessau und an der Mulde stromab von Bad Düben. Zum Zeitpunkt der Aufnahme war das Hochwasser der Mulde allerdings bereits weitgehend abgelaufen. Weite Landstriche sind überflutet. Die eigentlichen Flussläufe wären kaum noch zu erkennen, wenn sie nicht graphisch hervorgehoben worden wären.◆

6 Wetterlage am 12. August 2002

Institut für Länderkunde, Leipzig 2003

7

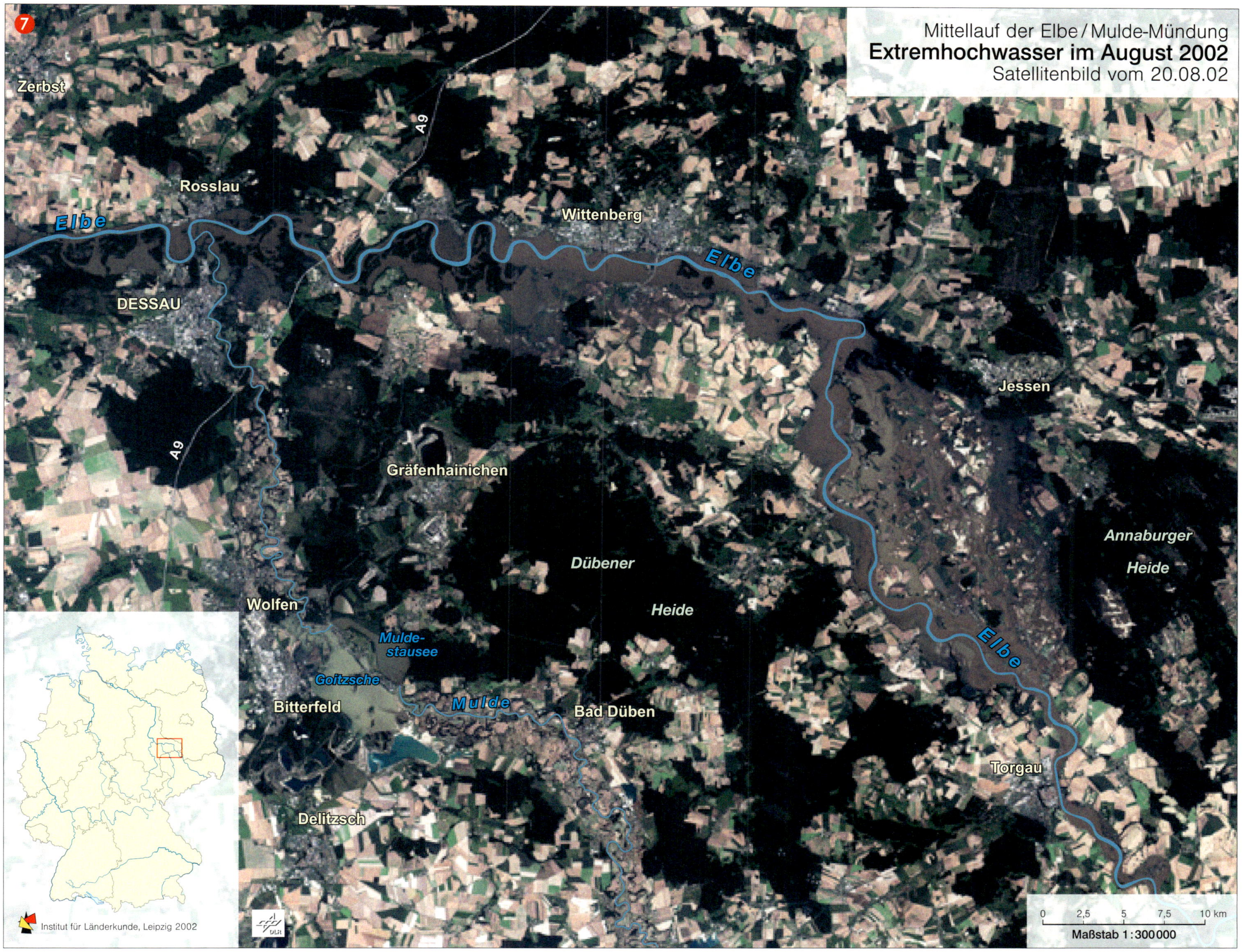

Wasserreiche und wasserarme Regionen

Gerhard Glugla und Petra Jankiewicz

❶ **Eingangsgrößen für das BAGLUVA-Verfahren zur Bestimmung der tatsächlichen Verdunstungs- und Abflusshöhe**

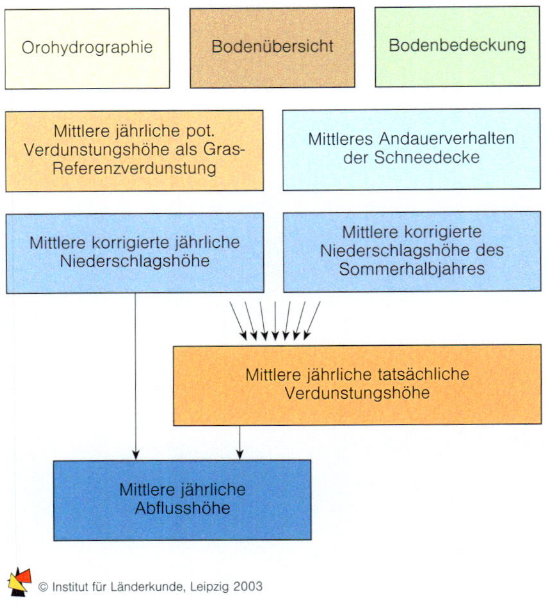

Auch in einem so wasserreichen Land wie Deutschland lassen sich Regionen hoher und niedriger Abflussbildung unterscheiden. Die Wasserverfügbarkeit basiert auf der Abflusshöhe, die wiederum nicht nur von den Niederschlägen, sondern auch von einer Reihe anderer Faktoren abhängig ist ❷.

Niederschlag wird durch Benetzung von Pflanzenoberflächen zwischengespeichert, fließt als Oberflächenabfluss in den ▷ Vorfluter oder infiltriert direkt in den Untergrund. Ein Teil des infiltrierten bzw. gespeicherten Wassers kann durch ▷ Evaporation von Oberflächen (Boden, Blätter) und durch ▷ Transpiration der Pflanzen in die Atmosphäre zurückgelangen, der Rest versickert. An weniger durchlässigen Schichten gestautes Sickerwasser tritt abhängig vom Gefälle als Zwischenabfluss an der Oberfläche oder in einem Vorfluter wieder aus. Zur Grundwasserneubildung trägt nur der Teil des Sickerwassers bei, der in den Grundwasserraum eintritt. Der Grundwasserabfluss speist letztlich den Vorfluter auch in niederschlagsarmen Zeiten (Trockenwetterabfluss). Kapillarer Aufstieg aus dem Grundwasserraum kann die Wasserversorgung der Vegetation auf grundwassernahen Standorten verbessern.

An den über 4000 Pegeln in Deutschland, an denen der Durchfluss der Flüsse ermittelt wird, lässt sich für das gesamte Einzugsgebiet die Summe aller Einwirkungen auf den Abfluss erkennen. Eine differenziertere flächenmäßige Darstellung der Abflusshöhe kann zudem detailliertere Aussagen zur Gesamtabflussbildung machen.

Im mehrjährigen Mittel wird für Rasterflächen von 1 km² die Differenz der hydrometeorologischen Größen „▶ korrigierte Niederschlagshöhe minus tatsächliche Verdunstungshöhe“ als Gesamtabflusshöhe definiert (Abflussbildung) ❷. Bei dieser Größe der Flächeneinheiten kann davon ausgegangen werden, dass Oberflächenabfluss, Zwischenabfluss und Grundwasserabfluss weitgehend in der Gesamtabflusshöhe des Flächenelements enthalten sind. Über mehrere Jahre gesehen gibt der Gesamtabfluss das potenzielle ▷ Wasserdargebot wieder. Die Nutzbarkeit kann durch Faktoren wie Ergiebigkeit, Beschaffenheit, ökologische Aspekte oder Speichermöglichkeit eingeschränkt werden.

Die mittlere jährliche Abflusshöhe liegt im Nordosten Deutschlands unter 100 mm/a ❹. Hier kommen ein geringer Niederschlag und eine hohe tatsächliche Verdunstung zusammen, so dass in einigen Regionen Defizitgebiete auftreten. Urbane Flächen zeichnen sich dort durch die verminderte Evaporation versiegelter Flächen als „Inseln“ hoher Abflusswerte ab. In den Hochlagen der Alpen sind dagegen aufgrund der dort sehr hohen Niederschläge, der Schneebedeckung und fehlender Vegetation 2000 mm/a und mehr zu verzeichnen. Trotz der prägenden Einflüsse der regionalen Niederschlagsverteilung werden die Werte modifiziert durch den Einfluss von Boden und Landnutzung in jedem Rasterfeld. Besonders deutlich wird dies bei Betrachtung der West-Ost- und Nord-Süd-Schnitte ❸ der Abflusshöhe und der klimatischen Wasserbilanz. Der Schnittpunkt der beiden Profillinien ist der Gipfel des Harzes.

Die Abflusshöhen zeichnen insbesondere im Nord-Süd-Schnitt die ▶ klimatische Wasserbilanz nach und schwanken abhängig von Landnutzung und Bodenbeschaffenheit um bis zu ±300 mm/a um diesen Wert. Im West-Ost-Schnitt wird der kontinentale Klimaeinfluss im Lee des Harzes (geringe Niederschläge bei gleichzeitig hohem Verdunstungsanspruch der Atmosphäre) in der teilweise negativen klimatischen Wasserbilanz deutlich. Auch die Abflusshöhen weisen hier die niedrigsten Werte auf.◆

korrigierter Niederschlag – gemessener Niederschlag sowie Berücksichtigung systematischer Messfehler

Evapotranspiration – Gesamtverdunstung als Summe von Evaporation und Transpiration

Gras-Referenzverdunstung – Standardverdunstung einer Grasfläche von 12 cm Höhe bei ausreichender Wasserversorgung

Klimatische Wasserbilanz – korrigierter Niederschlag minus Gras-Referenzverdunstung

Durchfluss – Wasservolumen, das je Zeiteinheit einen Flussquerschnitt durchfließt (l/s)

Abfluss – auf die zugehörige Einzugsgebietsfläche bezogener Durchfluss als Abflussspende in l/s/km2) oder Abflusshöhe in mm/Zeiteinheit

Abflusshöhe – korrigierter Niederschlag minus tatsächliche Gesamtverdunstung in mm/Zeiteinheit (bei flächendifferenzierter Ermittlung im Einzugsgebiet)

❸ **Abflussbildung als Teil des Wasserkreislaufs**

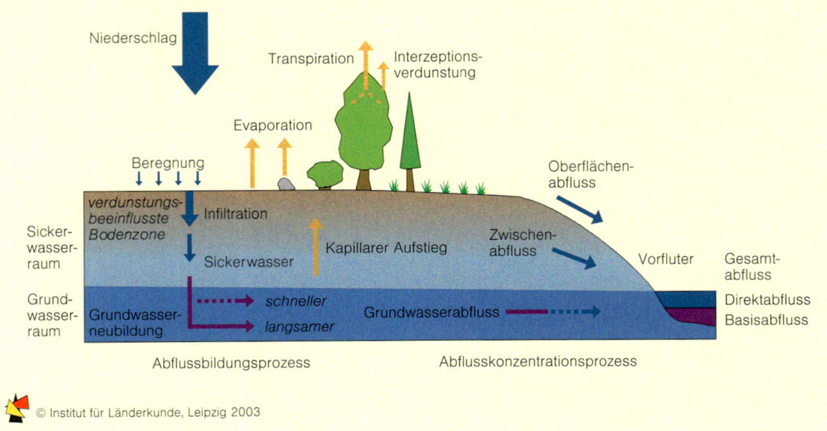

❷ **Profile der mittleren jährlichen Abflusshöhe und klimatischen Wasserbilanz**

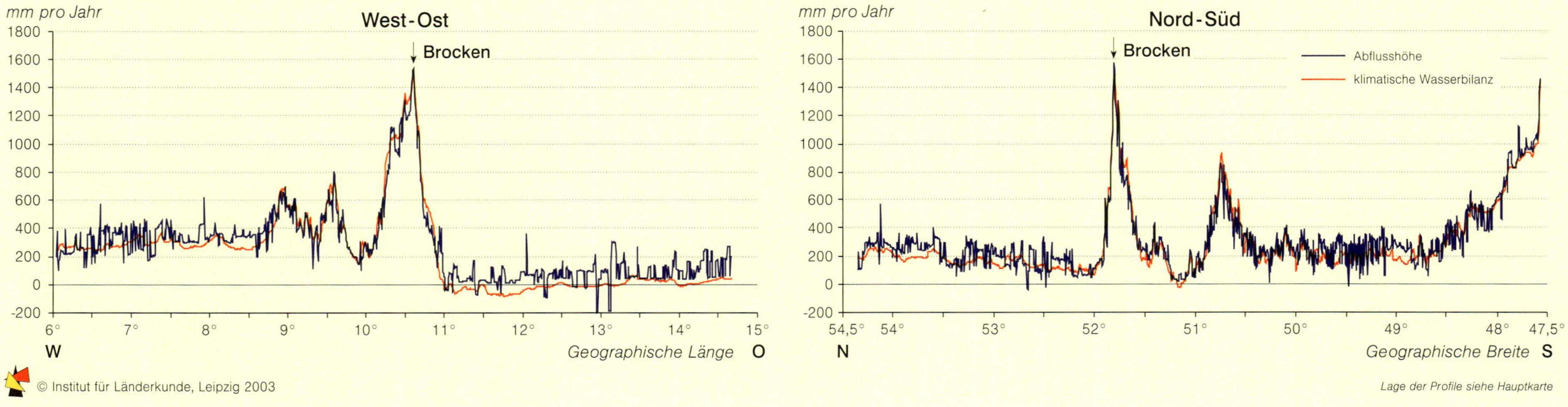

4

Abflusshöhe
Zeitraum 1961-1990

Aa.	Aachen
Au.	Augsburg
B.-Gl.	Bergisch Gladbach
Be.	Berlin
Bi.	Bielefeld
Bo.	Bonn
Boch.	Bochum
Bot.	Bottrop
Braunschw.	Braunschweig
Brem.	Bremen
Brhv.	Bremerhaven
Chem.	Chemnitz
Cottb.	Cottbus
Da.	Darmstadt
Dortm.	Dortmund
Dresd.	Dresden
Duisb.	Duisburg
Düss.	Düsseldorf
E.	Essen
Erf.	Erfurt
Erl.	Erlangen
F.a.M.	Frankfurt am Main
Freibg.	Freiburg im Breisgau
Fü.	Fürth
G.	Gera
Gel.	Gelsenkirchen
Gött.	Göttingen
Hag.	Hagen
Ha./S.	Halle (Saale)
Hambg.	Hamburg
Hann.	Hannover
Hbg.	Heidelberg
He.	Herne
Heilbr.	Heilbronn
Hild.	Hildesheim
Ing.	Ingolstadt
Karlsr.	Karlsruhe
Kass.	Kassel
Kobl.	Koblenz

Kref.	Krefeld
L.	Leipzig
Lev.	Leverkusen
Lu.	Ludwigshafen am Rhein
Lüb.	Lübeck
M.	München
Ma.	Magdeburg
Mannh.	Mannheim
Mgl.	Mönchengladbach
Moe.	Moers
Mülh.	Mülheim an der Ruhr
Mün.	Münster
Ne.	Neuss
Nürnb.	Nürnberg
Obhsn.	Oberhausen
Off.	Offenbach am Main
Old.	Oldenburg (Oldenburg)
Osn.	Osnabrück
Pad.	Paderborn
Pf.	Pforzheim
Potsd.	Potsdam
Re.	Recklinghausen
Reg.	Regensburg
Rem.	Remscheid
Reutl.	Reutlingen
Ro.	Rostock
Saarbr.	Saarbrücken
Salzg.	Salzgitter
Schw.	Schwerin
Sieg.	Siegen
Sol.	Solingen
Stutt.	Stuttgart
Wi.	Witten
Wiesb.	Wiesbaden
Wo.	Wolfsburg
Wupp.	Wuppertal
Wü.	Würzburg
Zw.	Zwickau

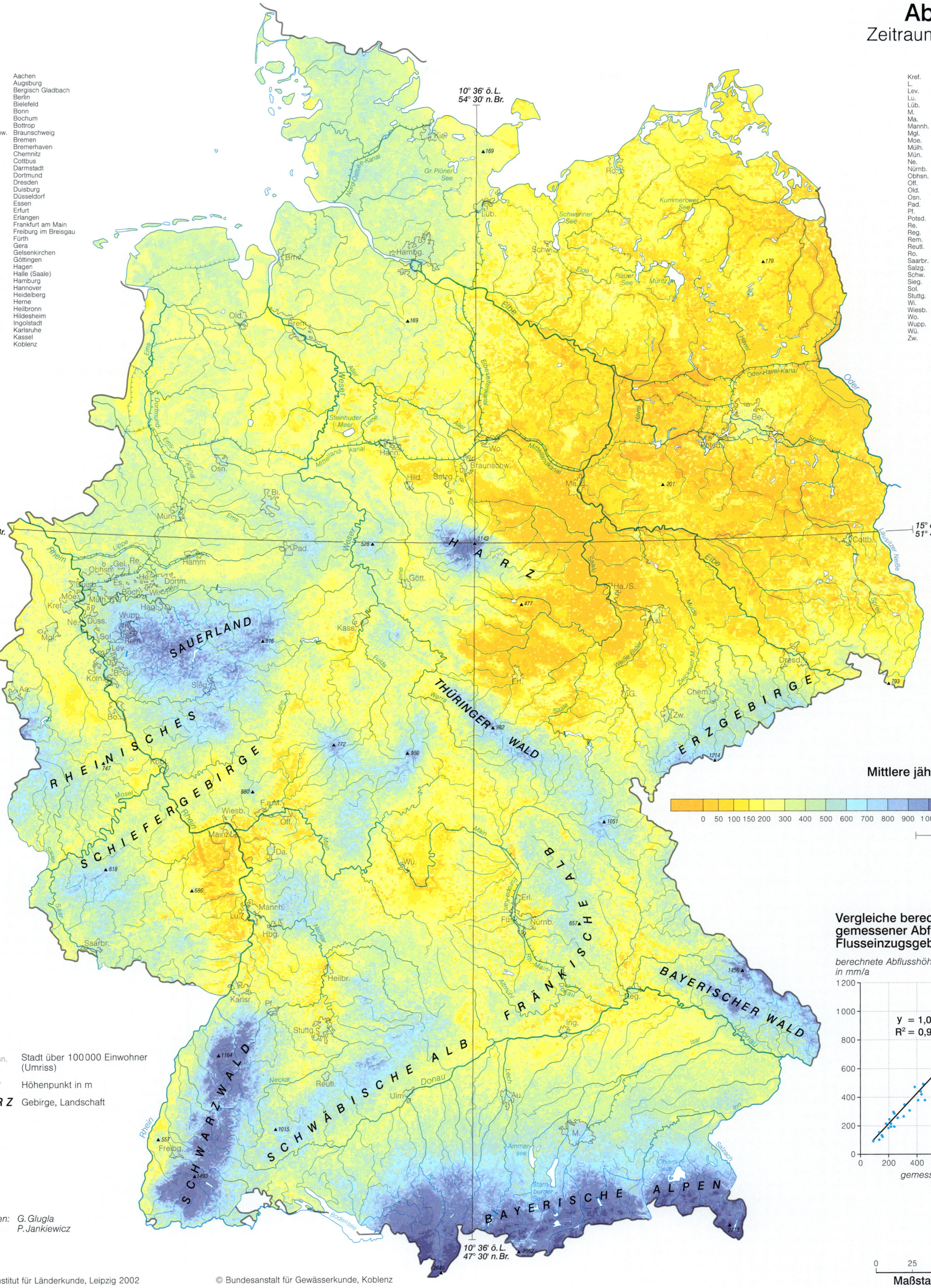

Mittlere jährliche Abflusshöhe
in mm/a

0 50 100 150 200 300 400 500 600 700 800 900 1000 1500 2000

Profile siehe 2

Osn. Stadt über 100 000 Einwohner (Umriss)

▲477 Höhenpunkt in m

HARZ Gebirge, Landschaft

Vergleiche berechneter und gemessener Abflusshöhen von Flusseinzugsgebieten

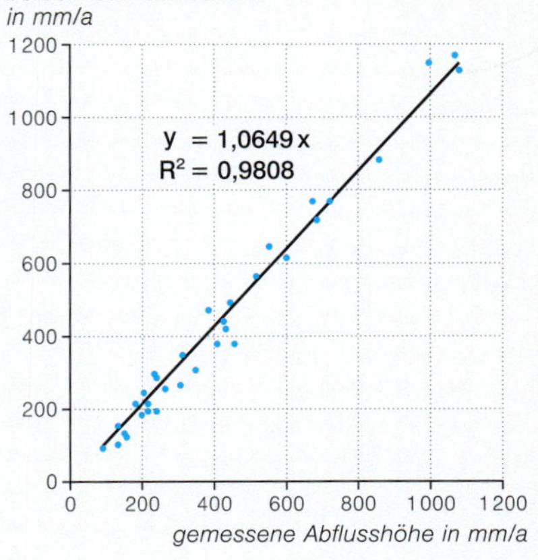

0 25 50 75 100 km

Maßstab 1 : 2 750 000

Autoren: *G. Glugla*
P. Jankiewicz

Institut für Länderkunde, Leipzig 2002

Hochwasserschutz

Ralf Busskamp und Klaus Wilke

Der Ort Gruna im Landkreis Delitzsch, südlichöstlich von Bitterfeld, wurde während der Jahrhundertflut vom Hochwasser der Mulde komplett geflutet, Aufnahme vom 15.8.2002.

Unter Hochwasser wird ein kurzfristig anhaltender Anstieg des Wasserstandes in stehenden und fließenden Gewässern verstanden. Je nach Höhe des Wasserstandes und dem Grad der Anpassung der Nutzung an potenzielle Hochwasser kann es für die am Gewässer lebende Bevölkerung und die dort vorhandenen Einrichtungen katastrophale Folgen haben. Hochwasser werden meist durch Stark- oder Dauerniederschläge oft in Verbindung mit Schneeschmelze ausgelöst. Hochwasser durch den Aufbruch von Eisstau in Flüssen, durch den Bruch von Dämmen oder den Bruch von Abdämmungen in Seen und Talsperren sind dagegen sehr selten.

Katastrophale Hochwasser hat es zu allen Zeiten gegeben. Der Mensch hat durch seine Aktivitäten (Flusseindeichungen, Gewässerausbau, Versiegelung der Landschaft, Abholzung von Wäldern, etc.) jedoch die Hochwassersituation beeinflusst und zum Teil verschärft. Die Auswirkungen machen sich in verschiedenen Maßstäben unterschiedlich bemerkbar. So haben z.B. die Versiegelungsmaßnahmen bei lokalen Hochwassern einen größeren Einfluss, spielen in einem großen Einzugsgebiet jedoch nur eine untergeordnete Rolle. Umgekehrt sind die Einflüsse von Ausbaumaßnahmen bei lokalen Hochwassern in der Regel gering, während sie bei großen Flussläufen zu einer Anhebung des Hochwasserscheitels bis zu mehreren Dezimetern führen können.

Durch die zunehmende Besiedlungs- und Gewerbedichte in den ehemals natürlichen Überschwemmungsgebieten steigt das Potenzial für Schäden durch Hochwasser weiter an. Bei dem so genannten Weihnachtshochwasser 1993 im Rheineinzugsgebiet wurden die vorläufigen Schäden allein für den deutschen Gebietsanteil auf 0,7 Mrd. EUR geschätzt. Europaweit forderte diese Hochwasserperiode 10 Tote. In dem 2001 erschienenen Rheinatlas „Atlas der Überschwemmungsgefährdung und möglichen Schäden bei Extremhochwasser am Rhein“ der Internationalen Kommission zum Schutz des Rheins werden für den Fall eines Extremhochwassers an den verschiedenen Rheinabschnitten wesentlich höhere mögliche Schadenssummen dokumentiert: Sie bewegen sich zwischen 38 Mio. Euro am Hochrhein, etwa 12 Mrd. am Oberrhein, 1,7 Mrd. am Mittelrhein, etwa 20 Mrd. am Niederrhein und 131 Mrd. Euro am Rheindelta.

Die außergewöhnlichen Hochwasserereignisse der 1990er Jahre sowie des Sommers 2002 (▶ Foto) haben den hohen Stellenwert des Hochwasserschutzes ins Bewusstsein gerückt. Vor dem Hintergrund vermuteter, anthropogen bedingter Klimaänderungen („Treibhauseffekt“), die unter anderem zu globalen wie auch regionalen Veränderungen der Häufigkeiten und Intensitäten von Hochwassern führen könnten, gewinnt das Thema noch an Brisanz.

Die technischen Hochwasserschutzmaßnahmen (z.B. Deiche, Rückhaltebecken und Talsperren) sind teuer zu bauen und müssen unterhalten werden, so dass die Auslegung sich am Schadenspotenzial orientiert. Hochwasserschutzkonzepte stimmen neben technischen Maßnahmen daher auch Maßnahmen zur Verbesserung des Rückhalts des Wassers im Einzugsgebiet, vorsorgende Maßnahmen zum Schutz von Nutzungen in überschwemmungsgefährdeten Gebieten und Maßnahmen zum Verhalten im akuten Hochwasserfall aufeinander ab. Die Verbesserung des Rückhalts des Wassers im Einzugsgebiet durch die Wiedergewinnung von Überschwemmungsgebieten, durch Gewässerrenaturierung, Entsiegelung, Versickerung oder Land- und Forstbewirtschaftung usw. hat häufig auch einen positiven Effekt auf den Naturhaushalt. Der Verzicht auf die Ausweisung von Baugebieten in hochwassergefährdeten Räumen sowie hochwasserangepasstes Bauen verhindern ein Ansteigen des Schadenspotenzials im Vorfeld des Hochwasserereignisses. Im Ereignisfall nimmt die Hochwasservorhersage eine zentrale Stellung ein. Die Vorwarnzeit bis zum Eintreten der Hochwassersituation wird ständig verbessert. Bei extremem Hochwasser ist u.U. die rechtzeitige Evakuierung von Mensch und Tier wesentlich. Dabei kommt auch der Erstellung und Übung von Plänen zum Hochwassermanagement im Ereignisfall (z.B. Katastrophenplänen) eine wichtige Bedeutung zu. Im Rahmen der Informationsarbeit werden daher nicht nur ein Bewusstsein für das bestehende Hochwasserrisiko und für die Verantwortung zur Eigenvorsorge gestärkt, sondern auch Möglichkeiten zum Selbstschutz in der Vorsorge und beim Hochwasserereignis vermittelt.

Zur Kartendarstellung

Die Übersichtskarte zum Thema „Hochwasserschutz in Deutschland“ ❷ kann nur eine Auswahl größerer technischer Maßnahmen widerspiegeln. Andererseits vermittelt die Ballung der Bauwerke sehr wohl die räumliche Verteilung der Maßnahmenschwerpunkte. In der Karte sind wesentliche, ausgewählte Einrichtungen ausgewiesen, die vornehmlich dem Hochwasserschutz in Deutschland dienen. Neben Talsperren und Hochwasserrückhaltebecken sind als Ausdruck eines flächenorientierten Hochwassermanagements die seit Mitte der 1990er Jahre in Betrieb befindlichen steuerbaren ▷ Polder an Flüssen dargestellt. In den durch extreme Hochwasserereignisse gefährdeten Gebieten entlang der größeren Flüsse und Küstenbereiche sind ausgewählte Deichsysteme kartiert. Die dargestellten Hochwassermeldepegel sowie die regionalen und überregionalen Hochwassermeldezentralen sind Teil des flächendeckenden Hochwassernachrichtendienstes in Deutschland. Dieser gibt im Bedarfsfall die Hochwasserwarnungen heraus und wird als Bestandteil der Hochwasserschutzkonzepte durch die Länder wahrgenommen. Der Hochwassernachrichtendienst ist in den einzelnen Ländern unterschiedlich strukturiert. Abbildung ❶ zeigt eine stark schematisierte Darstellung des Hochwassermelde- und Warndienstes.◆

❶ Schema des Hochwassermelde- und Warndienstes

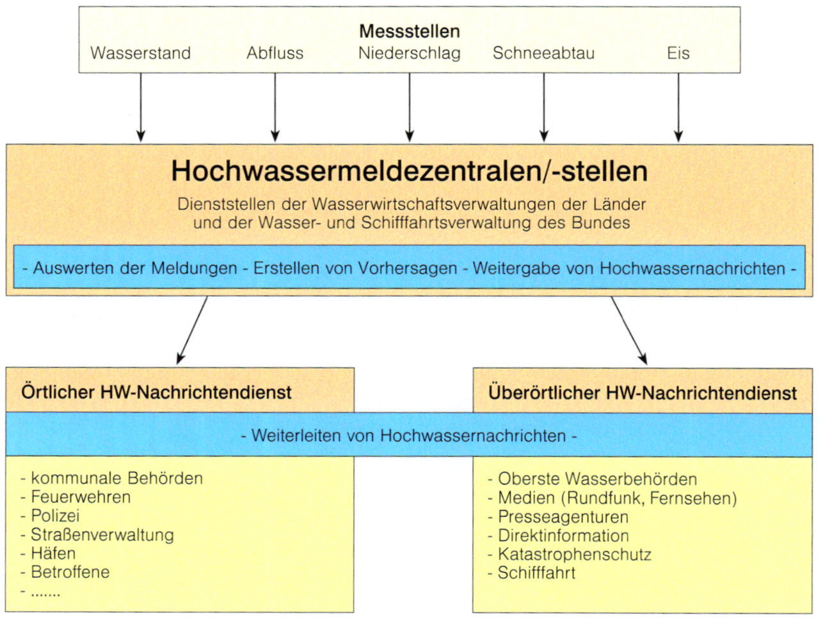

Praktische Hinweise

Als grenzüberschreitendes Problem wird die Hochwasserthematik auch in den Internationalen Flussgebietskommissionen behandelt. Im Rahmen von mehrjährigen, überregionalen Aktionsprogrammen werden Lösungsstrategien im Spannungsfeld von Hochwasserschadenspotenzialen und Umweltbelangen erarbeitet. Im Rahmen der Öffentlichkeitsarbeit der Kommissionen werden diese Themen in der Regel ansprechend aufbereitet.

Fragen des regionalen Hochwasserschutzes werden von den zuständigen Dienststellen der Wasserwirtschaftsverwaltungen der Länder bearbeitet. Koordiniert werden die länderübergreifenden Hochwasserschutzmaßnahmen durch die Länderarbeitsgemeinschaft Wasser (LAWA).

2

Hochwasserschutz 2002

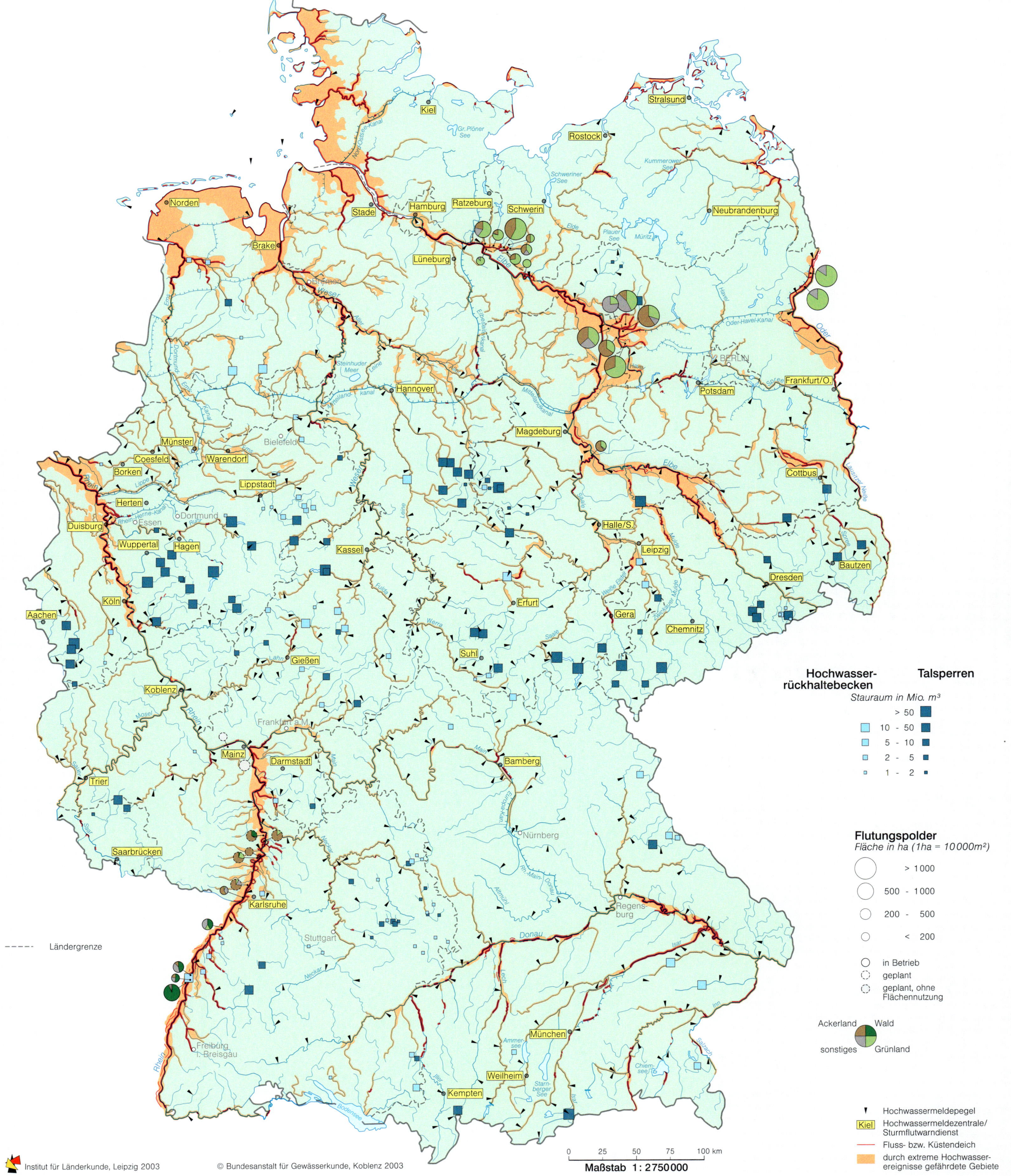

Institut für Länderkunde, Leipzig 2003

Die Wasserqualität unserer Flüsse

Katrin Blondzik und Bettina Rechenberg

Einleitung in die Warnow bei Bützow, Mecklenburg-Vorpommern

Deutschland ist ein wasserreiches Land mit zahlreichen Flüssen. Diese werden in den überwiegend dicht besiedelten Landschaftsräumen mehr oder weniger intensiv vom Menschen genutzt. Dazu gehören die Entnahme von Wasser für die Trinkwasserversorgung oder die Beregnung landwirtschaftlicher Flächen, aber auch das Ableiten von gereinigtem Abwasser. Ferner werden die Gewässer aus diffusen Quellen (z.B. Abläufen aus der landwirtschaftlichen Flächennutzung und der Viehhaltung) belastet.

Die in die Flüsse eingetragenen organischen Substanzen werden von Bakterien aufgezehrt. Dabei verbrauchen diese den für das Leben im Wasser notwendigen Sauerstoff, dessen Konzentration daher mit zunehmender Einleitung dieser Stoffe abnimmt. Entsprechend ändert sich mit stärkerer Verunreinigung des Wassers die Zusammensetzung der Lebensgemeinschaften. In klarem sauerstoffreichem Wasser leben Tiere mit hohen Ansprüchen an die Gewässergüte. Mit wachsender Verschmutzung und sinkendem Sauerstoffgehalt verschwinden diese. Stattdessen treten zunehmend Tiere mit geringeren Ansprüchen auf, bis schließlich nur noch bestimmte Bakterien, die ohne Sauerstoff leben können, im Gewässer anzutreffen sind. Es entstehen Faulschlamm und Schwefelwasserstoff, das Gewässer verödet.

Grundlagen des Bewertungsverfahrens

Wie stark unsere Flüsse mit organischen Stoffen belastet sind, spiegelt die biologische Gewässergütekarte ❷ wider. Die Flüsse werden nach einem siebenstufigen System bewertet, welches anhand von Leitorganismen wie Insektenlarven, Würmern, Egeln, Muscheln und Schnecken Lebensgemeinschaften unterscheidet, die ein Mindestmaß an Sauerstoff benötigen oder aber ein bestimmtes Maß an Verschmutzung ertragen (Saprobiensystem). Die Klassifizierung der Gewässer erfolgt von Klasse I – unbelastet bis sehr gering belastet – bis Klasse IV – übermäßig verschmutzt. Die Klasse II (mäßig belastet) ist von der Länderarbeitsgemeinschaft Wasser (LAWA) als Sanierungsziel definiert worden.

Entwicklung der biologischen Gewässergüte

Wie der Vergleich der biologischen Gütekarten seit 1975 zeigt, haben die seit den 1970er Jahren verbesserten und intensivierten Abwasserreinigungsmaßnahmen ihren Niederschlag in einer deutlichen Verbesserung der biologischen Gewässergüte gefunden. Der Anteil der Gewässerstrecken, der die angestrebte Güteklasse II und besser aufweist, hat sich von 47% im Jahr 1995 auf 65% im Jahr 2000 erhöht ❶.

Die **Donau** weist inzwischen weitgehend die biologische Güteklasse II auf. Eine Verschlechterung im Vergleich zu 1995 von II auf II-III ist zwischen Schmiecha- und Ostrachmündung und im Bereich der Staustufe Straubing zu verzeichnen. Ähnlich wie im Bereich der Staustufe Geisling, trat auch in der Staustufe Straubing nach Erreichen des Vollstaus eine Veränderung der Lebensbedingungen für die Gewässerorganismen und dadurch eine Abnahme der biologischen Güte ein.

Der **Rhein** hat sich – nachdem er in den 1970er Jahren streckenweise die biologische Güteklasse IV aufwies – bis heute deutlich erholt. So weist der Hochrhein die Güteklasse I-II, ab der Mündung der Wutach die Güteklasse II auf. Bis auf den spürbaren Einfluss eines industriellen Großeinleiters unterhalb von Ludwigshafen (II-III) behält der Rhein bis zur niederländischen Grenze die Güteklasse II bei.

Die **Ems** ist neben Bereichen mit der Güteklasse II auf längeren Abschnitten der Güteklasse II-III, teilweise III, zuzuordnen. Im Unterlauf verschlechtert sich die Gewässergüte auf III-IV, was im Zusammenhang mit den umfangreichen Baumaßnahmen zur Vertiefung der Ems gesehen werden muss.

Die **Weser** wird vom Zusammenfluss von Fulda und Werra bis zur Nordsee mit Ausnahme einer Strecke von Höxter bis Holzminden (Güteklasse III) mit Güteklasse II-III bewertet. Trotz der erheblichen Reduzierung der Salzbelastung in den letzten Jahren erschweren die noch erhöhten Chloridkonzentrationen eine Bewertung nach dem Saprobiensystem. Eine zusätzliche deutliche Beeinträchtigung liegt durch Algenmassenentwicklungen in den Stauhaltungen vor.

Bei der ersten gesamtdeutschen Gewässergütekarte 1990 musste zur Beschreibung der Wasserqualität der **Elbe** eine zusätzliche 8. Stufe eingeführt werden, um der teilweise besorgniserregend schlechten Gewässerqualität im Elbeeinzugsgebiet gerecht zu werden. Durch die Veränderung von Produktionsprofilen, die Stilllegungen bedeutender Industriebetriebe und den Neubau von Kläranlagen verbesserte sich die Wasserqualität. Die Elbe weist nun von der deutsch-tschechischen Grenze bis zur Mündung der Havel außer einer kurzen Strecke unterhalb von Riesa (II-III) die Güteklasse II auf. Unterhalb der Havelmündung bis zur Nordsee wird sie mit Gewässergüteklasse II-III bewertet.

Die **Oder** ist auf dem gesamten deutschen Abschnitt in die biologische Güteklasse II-III eingestuft.

❶ Biologische Gewässergüte der Flüsse 1995 und 2000

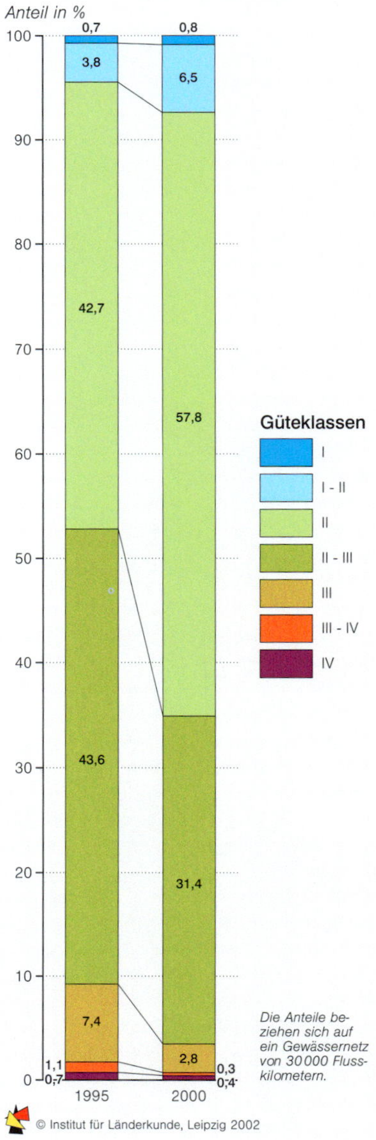

© Institut für Länderkunde, Leipzig 2002

Ausblick

Obwohl eine Vielzahl von Fließgewässern heute in weiten Abschnitten die angestrebte Gewässergüteklasse II aufweist, gibt es jedoch erst wenige Flussstrecken, die als unbelastet (Güteklasse I) oder gering belastet (Güteklasse I-II) bezeichnet werden können.

Das Saprobiensystem und damit die derzeit praktizierte biologische Gewässergüteklassifikation erfasst Auswirkungen von Stoffen, die den Sauerstoffhaushalt beeinflussen. Die Wirkung von Schadstoffen wie Schwermetalle oder Pestizide sowie die Einflüsse von Eingriffen in die Gewässerstruktur (z.B. Eindeichung von Gewässern, Aufstau, Verbau der Ufer) erfasst das Saprobiensystem hingegen nicht oder nur zum Teil. Mit der im Jahr 2000 in Kraft getretenen EG-Wasserrahmenrichtlinie (2000/60/EG) wird sich die ökologische Gewässerbewertung zukünftig auf ein breiteres Spektrum von biologischen Indikatoren stützen und damit eine umfassendere Aussage ermöglichen.◆

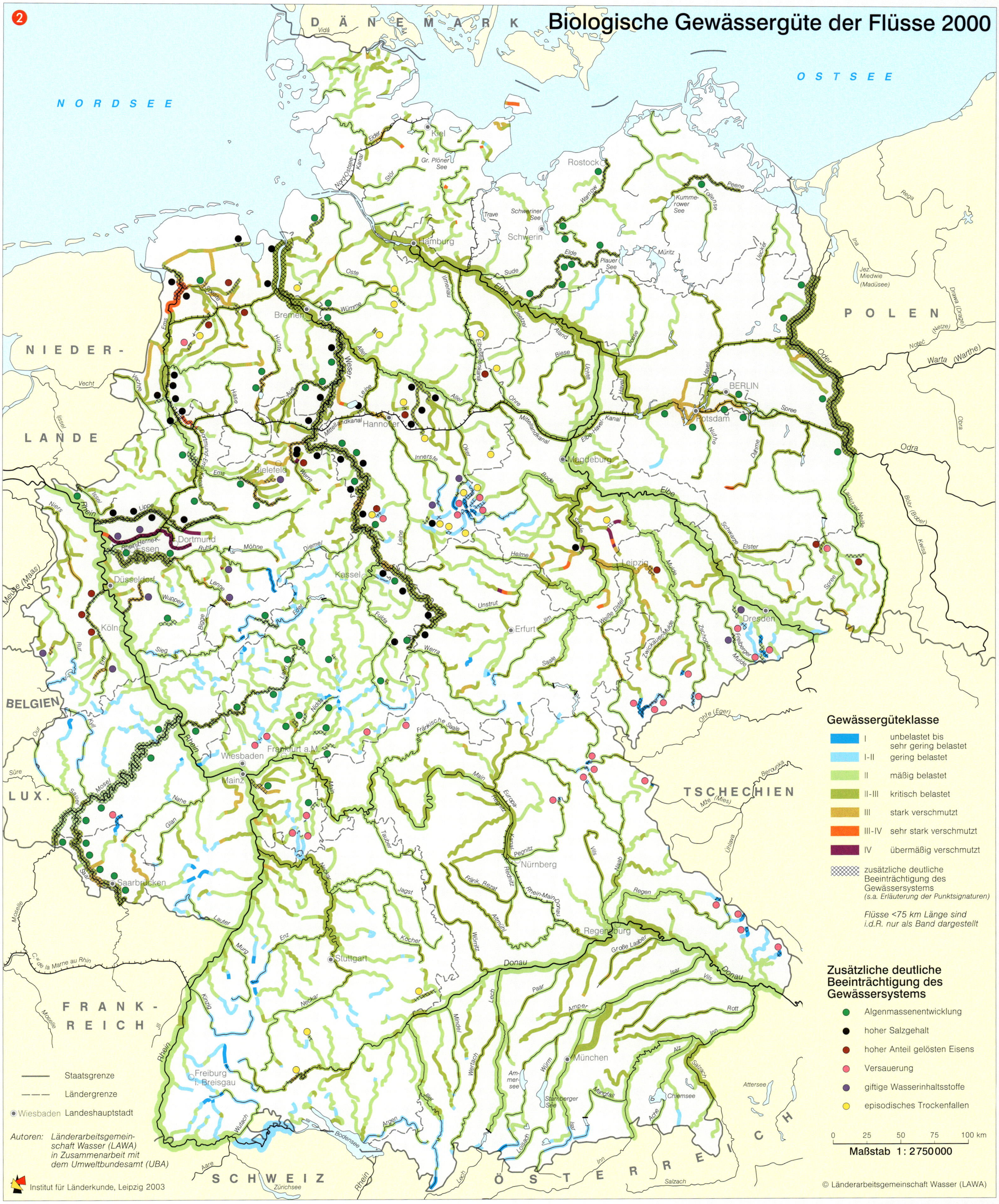
2
Biologische Gewässergüte der Flüsse 2000
NORDSEE
OSTSEE
DÄNEMARK
POLEN
NIEDERLANDE
BELGIEN
LUX.
FRANKREICH
SCHWEIZ
ÖSTERREICH
TSCHECHIEN
Kiel
Rostock
Hamburg
Schwerin
Bremen
BERLIN
Potsdam
Hannover
Magdeburg
Bielefeld
Dortmund
Essen
Düsseldorf
Köln
Kassel
Leipzig
Dresden
Erfurt
Wiesbaden
Mainz
Frankfurt a.M.
Saarbrücken
Nürnberg
Regensburg
Stuttgart
München
Freiburg i. Breisgau
Rhein
Elbe
Weser
Ems
Oder
Donau
Main
Mosel
Neckar
Saale
Spree
Havel
Isar
Inn
Lech
Bodensee
Gewässergüteklasse
I unbelastet bis sehr gering belastet
I-II gering belastet
II mäßig belastet
II-III kritisch belastet
III stark verschmutzt
III-IV sehr stark verschmutzt
IV übermäßig verschmutzt
zusätzliche deutliche Beeinträchtigung des Gewässersystems
(s.a. Erläuterung der Punktsignaturen)
Flüsse <75 km Länge sind i.d.R. nur als Band dargestellt
Zusätzliche deutliche Beeinträchtigung des Gewässersystems
Algenmassenentwicklung
hoher Salzgehalt
hoher Anteil gelösten Eisens
Versauerung
giftige Wasserinhaltsstoffe
episodisches Trockenfallen
0 25 50 75 100 km
Maßstab 1 : 2750000
Staatsgrenze
Ländergrenze
Wiesbaden Landeshauptstadt
Autoren: Länderarbeitsgemeinschaft Wasser (LAWA) in Zusammenarbeit mit dem Umweltbundesamt (UBA)
Institut für Länderkunde, Leipzig 2003
© Länderarbeitsgemeinschaft Wasser (LAWA)

Schwebstofftransport – die Fließgewässer als Transportbänder

Karl-Heinz Schmidt und Maik Unbenannt

Abtragsrate – aus der Division der mittleren jährlichen Schwebstofffracht an den Pegelstationen durch die zugehörige Einzugsgebietsfläche errechnete Schwebstoffspende

1 Station St. Goar am Rhein
Beziehung zwischen Abflussmenge und Schwebstoffkonzentration
1.11.1993 bis 31.10.1994

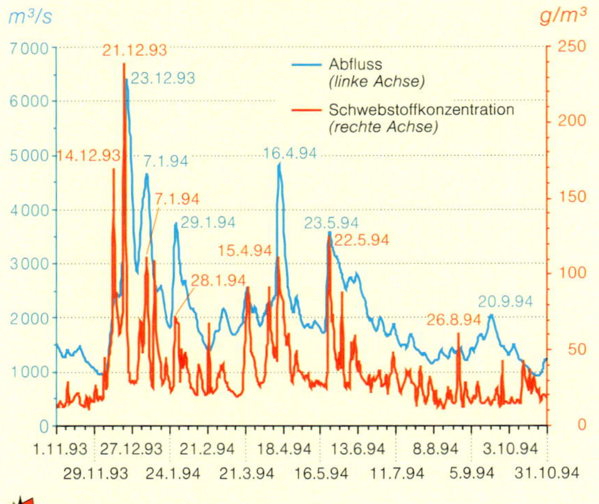

2 **Mittlere jährliche Schwebstofffracht ausgewählter Flüsse**

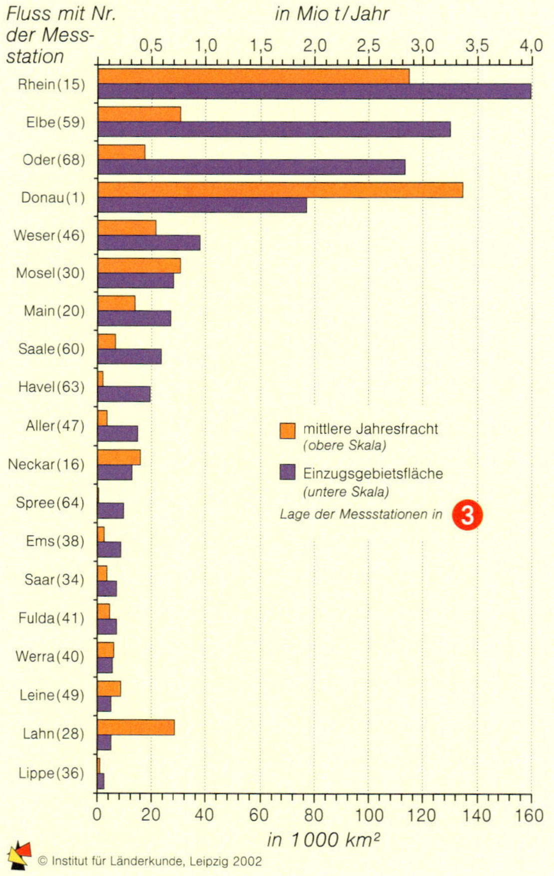

Der Stofftransport in Fließgewässern lässt sich untergliedern in Lösungsfracht und Feststofffracht. Letztere setzt sich zusammen aus Schwebfracht, Schwimmfracht und Bodenfracht, auch Geschiebefracht genannt. Die Lösungsfracht umfasst die im Wasser in Lösung befindlichen Stoffe (Karbonate, Chloride, Sulfate, Phosphate etc). Die Frachtkomponenten werden quantitativ als Masse pro Zeiteinheit ausgedrückt (kg/s; t/a). Um sie zu berechnen, braucht man bei Schweb- und Lösungsfracht Daten zur Abflussmenge (m^3/s) und zur Stoffkonzentration, die als Masse pro Volumeneinheit ausgedrückt wird (mg/l oder g/m^3).

Dieser Beitrag beschäftigt sich allein mit dem Schwebstofftransport, d.h. mit Material, das in der Strömung im Schwebezustand (Suspension) transportiert wird. Es handelt sich dabei hauptsächlich um feinkörniges anorganisches (Ton, ▷ Schluff, Feinsand) und organisches Material. Dem Beobachter wird der Transport von Schwebstoffen bewusst, wenn er die einsetzende Trübung des Wassers nach einem kräftigen Regenguss oder bei einem Hochwasser bemerkt (▶ Foto).

Die Herkunft der Schwebstoffe ist auf eine Vielzahl von Quellen zurückzuführen, die in den Gewässern selbst und in den Einzugsgebieten liegen und die von der menschlichen Nutzung stark beeinflusst werden. Mögliche Quellen sind die Flussbett- und Bodenerosion, die Abspülung von Straßen, Plätzen und Dächern durch Niederschläge, Abwassereinleitungen, Pflanzenteile und deren Zersetzungsprodukte, Kleinlebewesen und Algen.

Der Schwebstofftransport ist für wasserwirtschaftliche und wasserbauliche Belange und für die Wasserqualität von hoher Bedeutung. Wichtige Problemfelder sind die die Schifffahrt beeinträchtigenden Ablagerungen auf den Gewässersohlen, Materialablagerungen in Talsperren, Schleusen und in Hafenbecken sowie die Hochflutsedimente in den Flussauen. Durch Verlandung des Stauraumes von Talsperren wird deren Betrieb beeinträchtigt und deren Lebensdauer verkürzt. Verstärkend wirkt, dass der Transport von Schwebstoffen eng gekoppelt ist mit dem Transport von Schadstoffen (z.B. Schwermetallen) und Nährstoffen (Stickstoffverbindungen, Phosphaten). In der Forschung sind deswegen in den letzten Jahren die qualitativen Bezüge des Schwebstofftransports immer stärker in den Vordergrund gerückt.

Die Atlaskarte **3** stellt vor dem Hintergrund der Höhenverteilung Aspekte der Schwebstoffführung der Haupt- und einiger Nebengewässer dar. Vergleichbare Informationen liegen für die Bundeswasserstraßen vor, deren Schwebstofftransport von der Bundesanstalt für Gewässerkunde (Koblenz) gemessen wird. Die Messreihen beginnen in der Regel in den 1960er und 70er Jahren, in den neuen Ländern allerdings erst mit dem Jahr 1991. Je nach der räumlichen Gewichtung der Messstellen liegen regional unterschiedlich dichte Beobachtungsnetze vor. Entlang der Gewässer wird der mittlere jährliche Schwebstoffabtrag (t/km^2) in Form einer Bänderdarstellung präsentiert. Man erkennt, dass die ▶ Abtragsraten in den Mittelgebirgen höher sind als im Flachland. Stellenweise zeigen sich Reduktionen der Abtragsraten im Längsverlauf (z.B. beim Main), was durch den Einfluss von Staustufen und Rückhaltebecken verursacht werden kann. Als zusätzliche Information sind für zahlreiche Messstationen in zugeordneten Diagrammen die mittlere Schwebstoffkonzentration ($\overline{C}_S$ in mg/l) und der Schwebstoffquotient (C_S max./$\overline{C}_S$) als Ausdruck der Variabilität der Konzentrationswerte dargestellt. Die mittleren Konzentrationen liegen generell unter 100 mg/l und zeigen kein räumlich klar differenziertes Verteilungsmuster. Hingegen nimmt der Schwebstoffquotient in den Mittelgebirgsgewässern z.T. deutlich höhere Werte an als in den ruhig fließenden Flachlandgewässern. Ein Grund dafür besteht darin, dass die Mittelgebirgsgewässer durch größere Abflussvariabilitäten gekennzeichnet sind (▶▶ Beitrag Busskamp/Schmidt, S. 126), die sich fördernd auf die Schwebstoffmobilisierung auswirken. Maximale Konzentrationen wurden an der Leine (Herrenhausen, Messstelle 49) mit 15 g/l, an der Saar (Serrig, 34) mit 10 g/l und an der Werra (Hannoversch Münden, 40) mit 7 g/l gemessen. Aber auch an Rhein und Donau sind maximale Konzentrationen über 1 g/l nicht unüblich.

Zusammenfluss von Rhein und Mosel am Deutschen Eck in Koblenz. Der Rhein zeigt eine deutliche Schwebstofffahne, während das Wasser der Mosel ungetrübt ist.

An den Pegeln fluktuiert die Schwebstoffkonzentration mit der Zeit. Bei Hochwasser steigt sie mit höherem Abfluss in der Regel an, doch ist häufig keine berechenbare Beziehung zwischen Abfluss und Konzentration nachweisbar **1**. Schwebstofftransportschübe laufen in den Flüssen nicht gleichzeitig ab, da sie durch die individuellen Bedingungen in den Einzugsgebieten gesteuert werden (▶ Foto).

Die jährliche Frachtmenge der Flüsse ist abhängig von der zugehörigen Einzugsgebietsfläche **2**. Jedoch spiegeln sich auch die regionalen Besonderheiten der Einzugsgebiete wider (Relief, Niederschlag). Die im Rhein transportierten Schwebstoffmengen liegen bei Emmerich in der Größenordnung von ca. drei Mio. Tonnen im Jahr. Das entspricht etwa der Transportleistung eines 10-Tonner-Lastwagenkonvois, der im Laufe eines Jahres mit einem Abstand von weniger als zwei Minuten die deutsch-niederländische Grenze überquert.◆

3

Schwebstofftransport in Flüssen

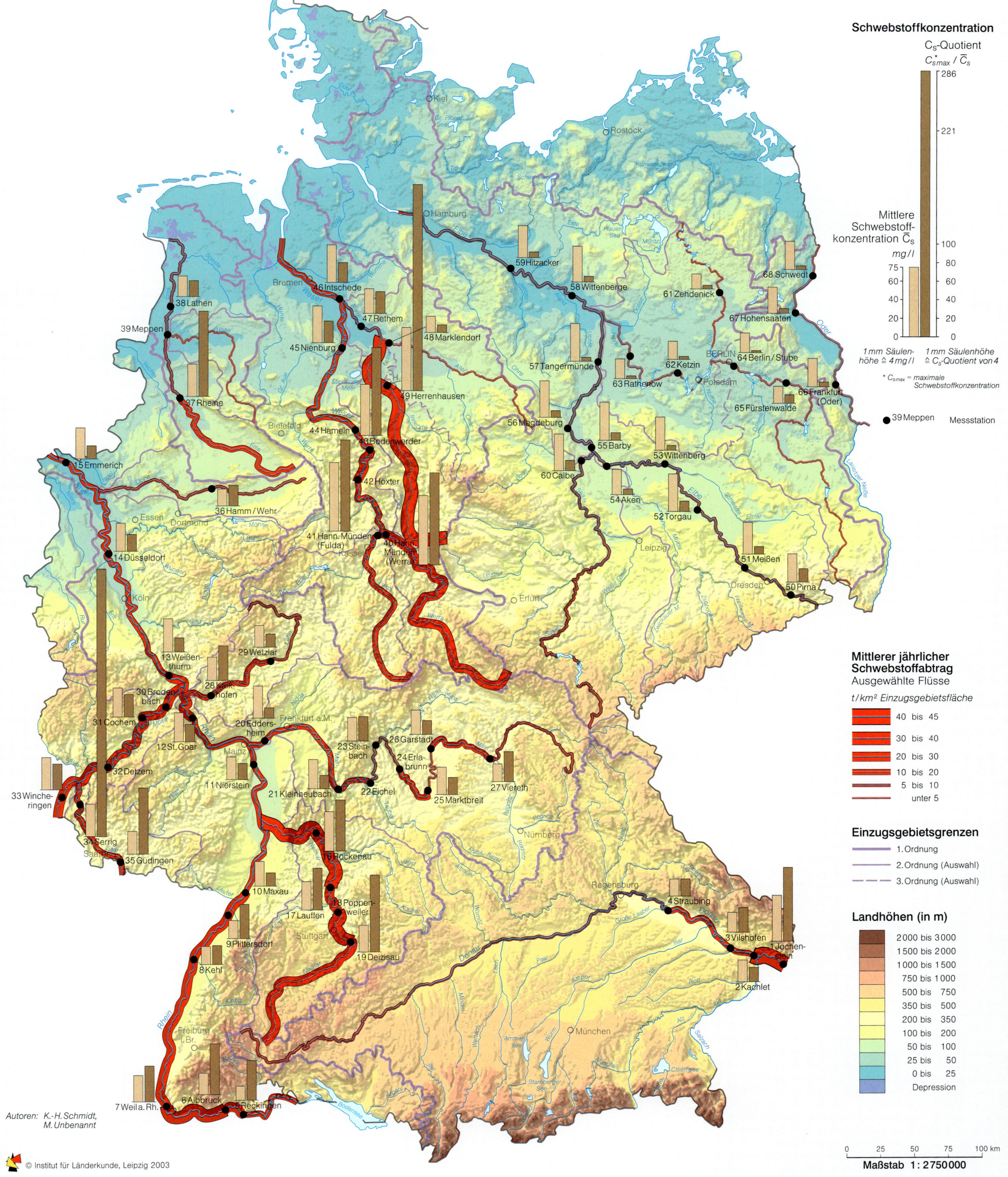

Autoren: K.-H. Schmidt, M. Unbenannt

Natürliche und künstliche Seen

Franz-Josef Kern und Christian Leibundgut

In der Oberrheinebene – Naturschutzgebiet Taubergießen

Stehende Oberflächengewässer spielen eine wichtige Rolle in der Umwelt des Menschen und in der Hydrologie. Natürlich entstandene Seen oder künstliche angelegte Speicher, vereinfachend unter dem Begriff *Seen* zusammengefasst, werden vielfach genutzt, beispielsweise zur Trinkwasserversorgung, zur Energiegewinnung, zur Niedrigwasseraufhöhung, zum Hochwasserschutz oder als Gewässer zur Freizeitgestaltung. In einer Landschaft zeichnen sich Seen durch speichernde Eigenschaften im Wasserhaushalt, im Energiehaushalt und in der Abflusskonzentration aus.

Die dargestellten Seen umfassen durchflossene, natürlich entstandene und vom Menschen geschaffene wassergefüllte ▷ Hohlformen von Teichen bis Stauseen. Seen sind nach geologischen Maßstäben sehr junge und kurzzeitige Erscheinungen – fast alle natürlichen Seen Deutschlands sind während oder nach der letzten Eiszeit entstanden. Sie unterliegen einem raschen Alterungsprozess durch ▷ Sukzession, Vermoorung und Verlandung.

1 Anzahl der Seen
nach Größenklassen kumuliert

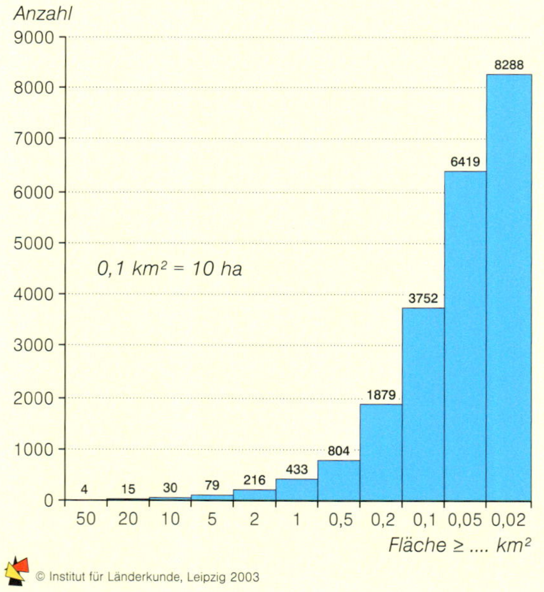

Abhängig von Entstehung, Alter, geologischem Untergrund und klimatischen Bedingungen zeigen die Seen individuelle Seebeckenformen und bieten unterschiedliche physikalische und chemische Eigenschaften für die Besiedlung durch Lebewesen oder für die anthropogene Nutzung. Man unterscheidet Seen z.B. über ▷ morphologische Kennwerte wie Oberflächengröße, Grundriss bzw. Uferentwicklung und Seetiefe. ▷ Hydrologisch lassen sich offene (mit Zu- und/oder Abfluss) und geschlossene Seebecken unterscheiden. ▷ Limnologen klassifizieren auch aufgrund der ▶ Trophie (▶▶ Beitrag Mietz, S. 140) oder des unterschiedlichen thermischen Verhaltens bezüglich Schichtung und vertikaler Durchmischung (▶ Glossar). Alle diese Parameter charakterisieren im Wesentlichen Wasser-, Stoff- und Energiehaushalt bzw. -umsätze, die im Zusammenwirken mit den Umgebungsbedingungen verschiedene Nutzungen zulassen.

Zur Karte

Die Karte **1** gibt einen Überblick über die Verbreitung von Seen in Deutschland hinsichtlich ihrer Lage und Größe wie auch über eine flächenhafte Ausweisung der Seedichte. Natürlich und künstlich entstandene Seen werden großräumig verschiedenen Entstehungsursachen zugeordnet. In der genutzten Datengrundlage DLM 1000 (▶ Anhang) sind über 8500 Seen mit einer Spannweite der Flächengrößen von 1 ha bis ca. 476 km² (Bodensee) enthalten, wobei über 90% der Seen in einer Größenklasse unter 0,5 km² liegen. Die Anzahl der Seen einer bestimmten Größenklasse steigt exponentiell mit der Abnahme der Seefläche **1**. In der Karte werden ca. 6500 Seen ab einer Mindestflächengröße von 0,05 km² dargestellt. In der Darstellung einzelner Seen können sich Fehlerquellen beispielsweise aus der kleinmaßstäbigen Datengrundlage oder in der Unterscheidung von See und Fluss-/Kanalabschnitten in reliefarmen Regionen ergeben.

Die räumliche Verteilung der natürlichen Seen in Deutschland spiegelt insbesondere die morphologische Landschaftsentwicklung unter dem Einfluss der Eiszeiten wider. So gibt es Regionen mit hoher Seedichte (Seefläche/Gebietsfläche), in denen Seen über 10% der Fläche bedecken, und Gebiete, die natürlicherweise eigentlich seefrei wären. Wo eine hohe Seedichte angetroffen wird, sind meist auch größere Einzelseen gehäuft vertreten. Die Atlaskarte zeigt deutlich ein breites Band mit der höchsten Seedichte in den ▷ Jungmoränenlandschaften Schleswig-Holsteins, Mecklenburg-Vorpommerns und Brandenburgs mit ihren ▷ glazial geprägten Seenplatten. Ein zweites Band mit den größten und tiefsten Seen Deutschlands säumt den nördlichen Alpenrand im Bereich der alpinen Vorlandvergletscherung. In den übrigen Gebieten kommen mehrheitlich nur kleinere Seen mit einer Fläche unter 0,25 km² vor. Ausnahmen sind das Steinhuder Meer, der Dümmer, die Stauseen im Harz, im Sauerland oder im Vogtland sowie Restseen des Braunkohlentagebaues im Mitteldeutschen Revier und in der Lausitz (▶▶ Beitrag Berkner, S. 54). Eine hohe Seedichte in einer Region kann auch durch eine große Zahl kleiner Seen entstehen, wie beispielsweise in den Teichlandschaften des Fränkischen Seenlands oder der Oberlausitz.

Ausgesuchte Seengebiete

Norddeutsches Tiefland

In den Seenlandschaften des Norddeutschen Tieflandes gibt es ein breites Spektrum von sehr kleinen bis zu relativ großen Seen wie dem Schweriner See und der Müritz. Dichte Bereiche mit großen Seen wechseln sich mit weniger dichten Regionen mit kleineren Gewässern ab. Die norddeutschen Seen sind trotz ihrer teilweise beachtlichen Oberfläche meist flach (<10 m).

Nördliches Alpenvorland

Glaziale Seen finden sich auch im Bereich ehemaliger Vorlandvergletscherung nördlich von und in den Alpen, wo bei gleichzeitig größerer ▷ Reliefenergie eher größere und auch tiefere Seen zu finden sind.

Mittelgebirgsregionen

In ehemals vereisten Mittelgebirgsregionen findet man vereinzelt kleine Seen, wie die eher kreisförmigen ▷ Karseen. Ein besonderes Phänomen sind die Maarseen in der Eifel (▶▶ Beitrag Schmincke, S.60). In einem breiten Band im nördlichen Bereich der deutschen Mittelgebirge von der Westeifel über das Sauerland und den Harz bis ins Vogtland und ins Erzgebirge häufen sich künstliche Seen in Form von Talsperren. Sie sind gekennzeichnet durch Verästelungen, die den ehemaligen Talverläufen folgen.

Große Flusstäler

In den Stromtälern der großen Flüsse (z.B. Rhein, Elbe) findet man zahlreiche kleinere Gewässer, wie natürlich oder anthropogen entstandenen Altwasserarme, die durch ihre Bogenform charakterisiert sind. Sie sind meist sehr flach und unterliegen rasch der Verlandung. Baggerseen unterschiedlicher Formen und Tiefen infolge Kiesabbaus überwiegen in den flussbegleitenden Schotterbereichen.◆

Trophie – Klassifikation von Seen nach der organischen Primärproduktion und dem Biomassenaufbau:
- oligotroph – nährstoffarm
- mesotroph – mittlere Nährstoffanreicherung
- eutroph – nährstoffreich
- hypertroph – übermäßig nährstoffreich

Klassifikation von Seen bzgl. Mischungsverhalten bzw. Auftreten einer thermisch oder chemisch bedingten Schichtung nach der Zahl der Vollzirkulationen, die der Wasserkörper im Laufe eines Jahres durchläuft:
- **monomiktische** Seen mit einheitlicher Schichtung
- **dimiktische** Seen mit Vollzirkulation im Herbst und Frühjahr
- **polymiktische** meist flache Seen mit häufiger, bis zu täglicher Vollzirkulation
- **meromiktische** Seen, die nicht vollständig umgewälzt werden.

Bodensee-Untersee bei Konstanz

2

Stehende Gewässer

Autor: F.-J. Kern, Ch. Leibundgut

Die Gewässergüte im Potsdamer Seengebiet

Olaf Mietz

Blick auf den hoch eutrophen geschichteten Kleinen Lienewitzsee im Frühjahr 1999. Durch eine Massenentwicklung der Burgunderblutalge (*Oscillatoria rubescens*) ist die Rotfärbung hervorgerufen worden. Diese Algenart gilt als klassischer Indikator für eine fortschreitende Eutrophierung.

Der Große Seddiner See ist ein typischer ▸ polymiktischer ▸ eutropher Flachsee. Der See war am Anfang der 1990er Jahre durch eine starke Eutrophierung gekennzeichnet. Seit 1999 laufen an ihm umfassende Restaurationsmaßnahmen: Einleitung von Grundwasser aus dem südlich angrenzenden Einzugsgebiet und Entphosphatisierung des Tiefenwassers im vorgeschalteten Kleinen Seddiner See durch eine PELICON Entphosphatisierungsanlage. Innerhalb von nur zwei Jahren konnte so die mittlere sommerliche Sichttiefe von 0,5 m auf 1,10 m mehr als verdoppelt werden.

autotroph – Erzeugung von Biomasse durch Photo- (photoautotroph) oder Chemosynthese

Eutrophierung – Erhöhung der autotrophen Produktivität im See durch eine natürliche oder anthropogen verursachte Nährstoffanreicherung bzw. durch verbesserte Verfügbarkeit der Nährstoffe

Die **anthropogene Eutrophierung** stellt eine das natürliche Maß überschreitende Belastung der Gewässer mit Pflanzennährstoffen dar. Sie führt zu einer übermäßig hohen Planktonproduktion. Durch die erhöhte Differenz zwischen Produktion und Mineralisation wird die Bildung planktogener Mudde mit hohem organischem Kohlenstoffgehalt gefördert und damit die Auffüllung der Seebecken beschleunigt.

Mudde – am Grunde stehender Gewässer abgelagertes Sediment aus organischer Substanz

Plankton – im Wasser schwebende Organismen der Pflanzen- (Phytoplankton) oder Tierwelt (Zooplankton)

polymiktisch – flache Seen mit häufiger, z.T. täglicher Vollzirkulation des Wassers

Trophie – Intensität der photoautotrophen Primärproduktion, die als wichtiges Kriterium des Gütezustandes stehender Gewässer gilt

Die Potsdamer ▷ Glaziallandschaft ist wesentlich durch das Brandenburger Stadium der Weichseleiszeit geprägt worden. Charakteristisch sind die vielen Land- und insbesondere die Flussseen der Havel. Der Landkreis Potsdam-Mittelmark zählt mit 178 Seen, die eine Fläche von mehr als 1 ha aufweisen, zu den seenreichsten Kreisen Deutschlands. Dominant ist der Kleinseentyp (Seen mit einer Fläche zwischen 1 und 5 ha) mit 116 Seen (65,2% der Gesamtzahl).

Durch die besondere geomorphologische Prägung des Landkreises Potsdam-Mittelmark zählen die Seen zu den ältesten natürlich entstandenen Seen Norddeutschlands und weisen nach Mietz (1996) aufgrund des hohen Alters relativ hohe natürlich bedingte ▸ Trophieverhältnisse auf, die durch die anthropogen bedingte ▸ Eutrophierung zusätzlich verstärkt werden.

Ein räumlicher kartographisch ausgearbeiteter Überblick über die Trophieverhältnisse der Seen Brandenburgs liegt bis zum heutigen Zeitpunkt nicht vor. Auch in der internationalen Literatur sind solche Arbeiten nur sehr selten vorgenommen worden. Dies liegt zum einen an der fehlenden Datengrundlage und zum anderen an der Frage der Darstellungsmöglichkeiten.

Die räumliche Differenziertheit der Trophiesituation ist ein wesentlicher Baustein für eine nachhaltige Landschaftsplanung. Aus diesem Grund wird in der neuen Richtlinie der Länderarbeitsgemeinschaft Wasser (LAWA 1999) „Gewässerbewertung – stehende Gewässer" eine kartographische Auswertung der Trophieverhältnisse im Istzustand und in einem potenziell natürlichen Zustand verbindlich vorgeschrieben.

Wesentlich für die Entwicklung von Leitbildern ist die Quantifizierung des Restaurationspotenzials. Laut Definition der LAWA (1999) ist dieses festgelegt als Handlungsbedarf und ergibt sich aus der Differenz zwischen Istzustand und potenziell natürlichem Zustand.

Von den 178 Seen im Landkreis Potsdam-Mittelmark sind 55 durch ein umfangreiches ▷ limnologisches Monitoringprogramm von 1988 bis heute untersucht worden (Mietz 2001). Hierbei ergibt sich ein Verteilungsbild, das relativ stark von der Situation im Land Brandenburg abweicht und die allgemein schlechte Gewässergütesituation um die Landeshauptstadt Potsdam verdeutlicht ❶.

Die Trophieverteilung der Seen im Potsdamer Seengebiet zeigt deutlich den hohen Eutrophierungsgrad an. Es gibt keine ▸ oligotrophen Seen mehr. Die wenigen ▸ mesotrophen Seen liegen bereits im Übergangsbereich zum eutrophen Status. Gegenüber der Situation im restlichen Land Brandenburg sind die ▸ polytrophen Seen dominant, eine Trophiesituation, die natürlicherweise nicht auftritt.

Zur Quantifizierung des Restaurationspotenzials wird der Ansatz der LAWA (1999) gewählt. Von den untersuchten 55 Seen weisen 45 einen Handlungs-, sprich Restaurationsbedarf auf. Somit sind ca. 82% aller Seen im Landkreis restaurationsbedürftig. Diese Zahl ist sehr hoch und zeigt deutlich, dass im Landkreis Potsdam-Mittelmark der größte Restaurationsbedarf aller Kreise im Land Brandenburg existiert.

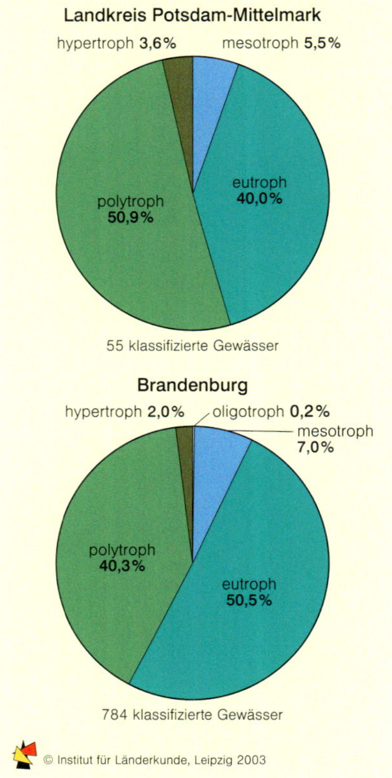

❶ Trophiesituation Ende der 1990er Jahre nach LAWA-Richtlinien 1998

Trophiestufen

oligotroph – nährstoffarmer Zustand; klares Wasser, sommerliche Sichttiefen über 6 m; geringe Dichte planktischer Algen und Zooplankter; Unterwasservegetation weit bis in die Tiefe; schwach ausgebildetes Röhricht. Das Tiefenwasser (Hypolimnion) besitzt zum Ende der Sommerstagnation noch über 40-60% des Sauerstoffsättigungswertes.

mesotroph – relativ nährstoffarmer Zustand; klares Wasser mit sommerlichen Sichttiefen von 4-6 m; mäßige Algendichte, reiche Unterwasservegetation; schwach ausgebildete Röhrichtzone; Sauerstoffsättigung am Ende der Sommerstagnation bis 0.

eutroph – nährstoffreicher Zustand; klares bis planktontrübes Wasser; sommerliche Sichttiefen von 1-4 m; gut ausgeprägte Röhrichtzone mit großem Artenreichtum; Sauerstoffsättigung über dem Seegrund im Sommer bis 0; Bildung von Schwefelwasserstoff im Hypolimnion möglich; pH-Werte im Sommer 7,5-9.

polytroph – nährstoffreicher Zustand; stark planktontrübes Wasser, Sichttiefen 0,5-1 m; Massenentwicklung von planktischen Algen (Blüten); mäßig entwickeltes Zooplankton; Unterwasservegetation fehlt in weiten Bereichen; teilweise geschädigte Röhrichtzone mit hoher Halmdichte; große sauerstofffreie Anteile im Hypolimnion; über dem Sediment bildet sich regelmäßig Schwefelwasserstoff; pH-Werte im Sommer 8-10.

hypertroph – naturferner Zustand; sehr nährstoffreiches trübes Wasser; sommerliche Sichttiefen unter 0,5 m; sehr viel mehr Algen als Zooplankter; fehlende Unterwasservegetation auf Grund der starken Eigenbeschattung; schüttere geschädigte Röhrichtzone; häufige sauerstofffreie und schwefelwasserstoffhaltige Zonen über Grund, auch winterlich unter Eis; pH-Werte im Sommer oft über 9.

Die beiden Karten ❷ ❸ zeigen die Seen im heutigen Istzustand und geben einen Ausblick auf die Gewässergütesituation, wie sie nach der Sanierung der Einzugsgebiete und der Restauration der Seen aussehen könnte. Die Vergleichskarte weist mit der Differenz zwischen beiden Zuständen auf den enormen Handlungsbedarf hin. Zu den wichtigsten umweltpolitischen Maßnahmen der Region zählen somit der präventive Seenschutz sowie die Sanierung und Restauration.◆

❷ Potsdamer Seengebiet
Trophiezustand der Seen

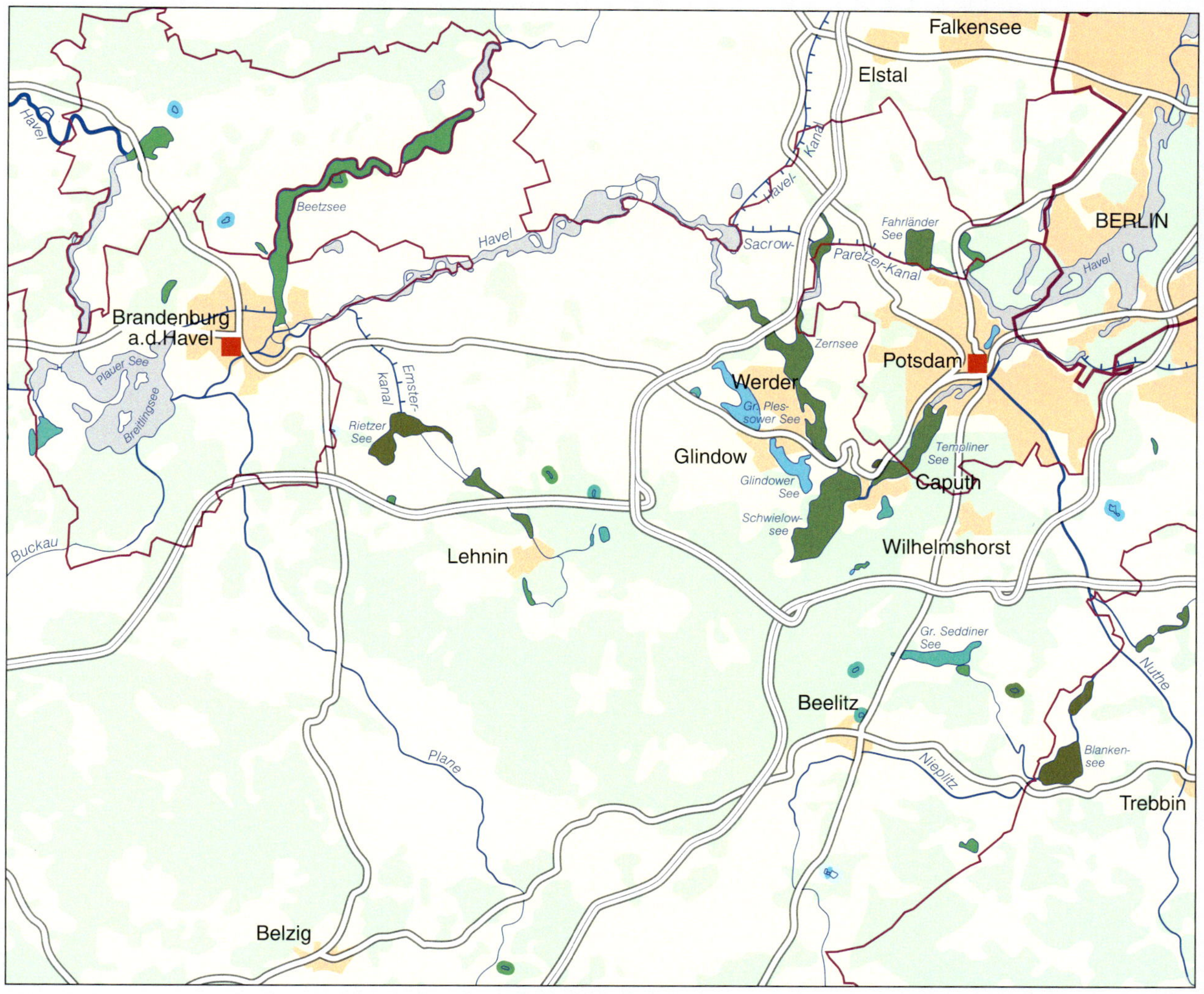

Legende für die obere und untere Karte:
Trophiezustand
nach LAWA-Richtlinien 1998

- mesotroph
- eutroph Stufe 1
- eutroph Stufe 2
- polytroph Stufe 1
- polytroph Stufe 2
- hypertroph
- sonstige Gewässerfläche

- Autobahn
- Bundesstraße
- Ländergrenze zwischen Berlin und Brandenburg
- Kreisgrenze

Legende nur für die obere Karte:
Flächennutzung

- Siedlungsfläche
- Wald
- landwirtschaftliche Fläche

0 5 10 15 km
Maßstab 1: 350 000

Vergleich des aktuellen mit dem potenziell natürlichen Trophiezustand

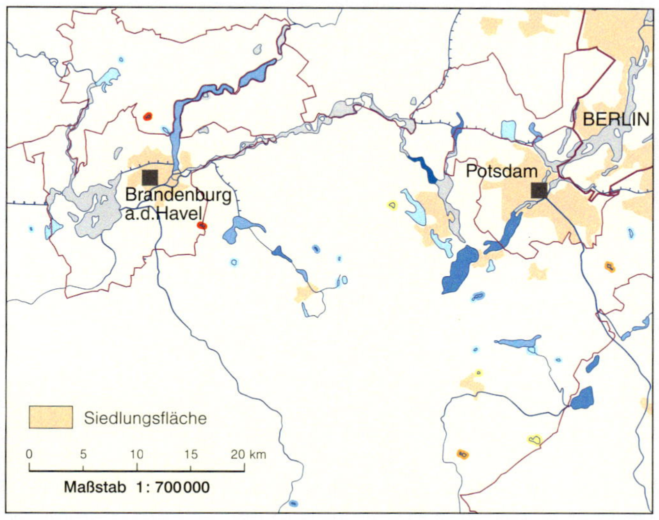

Verringerung der Trophie
um ... Stufe (-n)

- 4
- 3
- 2
- 1
- Stagnation

Erhöhung der Trophie
um ... Stufe (-n)

- 1
- 2

❸ Potenziell natürlicher Trophiezustand und Naturräume

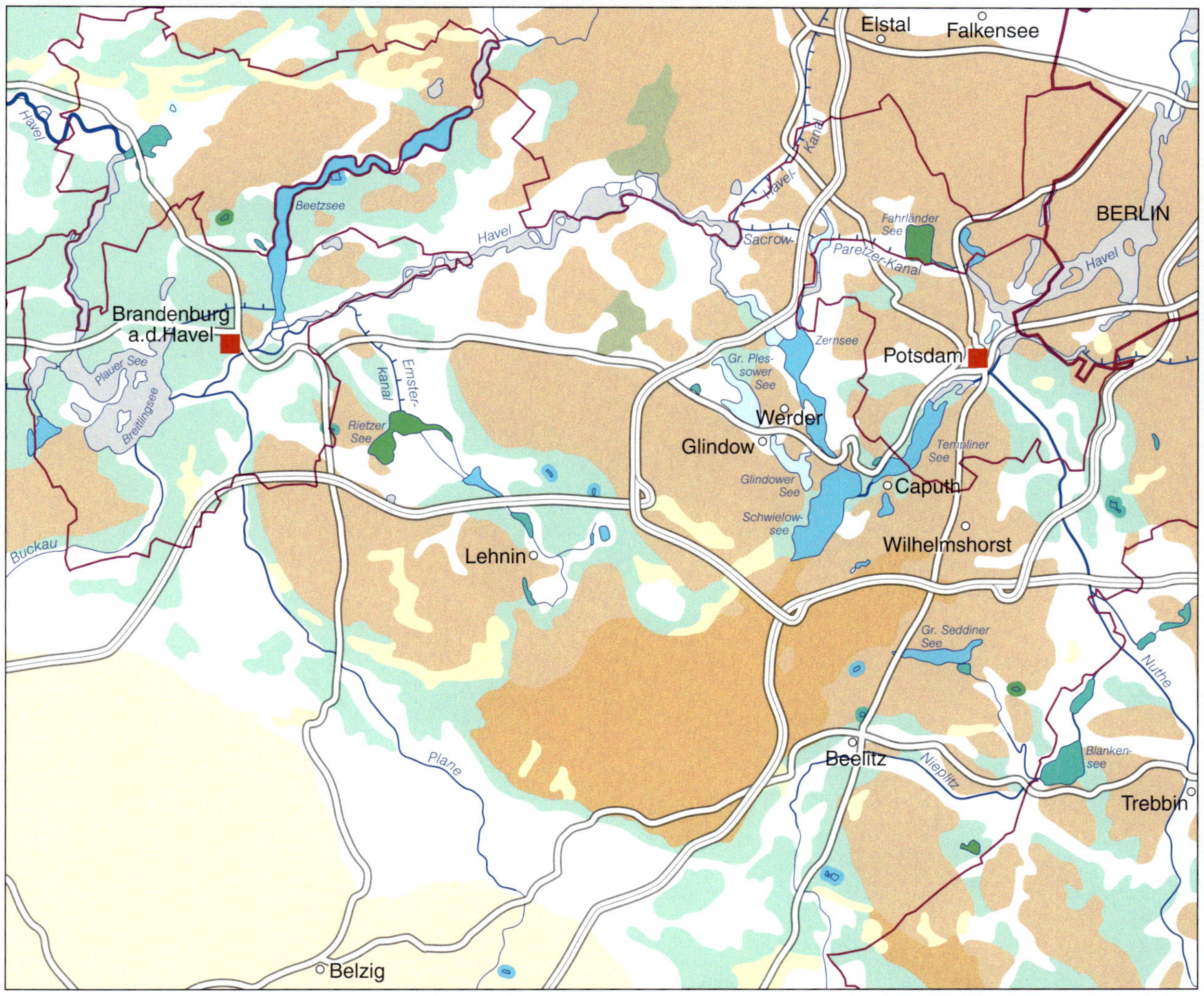

Legende nur für die untere Karte:
Naturräume

- Altmoränenlandschaft
- Jungmoränenlandschaft
- größere trockene Sanderfläche
- Urstromtalrest oder eiszeitliches Becken
- Düne, Flugsandfeld
- Niederung: Aue, Moor
- Niedermoor mit Kalkausfällung

Autor: O. Mietz

Grundwasserergiebigkeit

Hellmut Vierhuff

1 Flächenanteile der Ergiebigkeitsklassen von Grundwasservorkommen
nach Ländern

Die öffentliche Trinkwasserversorgung in Deutschland nutzt zu mehr als drei Vierteln Grund- und Quellwasser. Nur in Gebieten mit großem Wasserbedarf, aber ungünstigen Voraussetzungen für die Grundwassergewinnung überwiegt die Nutzung von Oberflächenwasser (▸▸ Beitrag Busskamp, S. 150). Grundwasser weist im Vergleich zu Oberflächenwasser aus Flüssen und Seen eine geringere Empfindlichkeit gegenüber Verschmutzungen auf.

Nicht überall sind die natürlichen Voraussetzungen zur Gewinnung von Grundwasser gleich gut. Wenn es auch in Deutschland genügend regnet, so dass Wasser in den Boden infiltrieren, versickern und zur Grundwasserneubildung (▸▸ Beitrag Neumann/Wycisk, S. 144) beitragen kann, gibt es doch vielerorts Einschränkungen. Einerseits kann die Beschaffenheit des Grundwassers (▸▸ Beitrag Hiltmann/Kantor, S. 146) aus natürlichen Gründen wie z.B. großer Härte oder auf Grund von Kontamination mit wassergefährdenden Stoffen die Nutzung einschränken oder ausschließen, andererseits muss der Gesteinsuntergrund für den Bau ausreichend ergiebiger Brunnen geeignet sein. Das Gestein muss dazu Hohlräume besitzen, in denen das Grundwasser möglichst ungehindert fließen kann 2. Gebiete, in denen solche Gesteine im Untergrund vorhanden sind, gelten als grundwasserhöffig. Unter ihrer Ergiebigkeit versteht man das Volumen an Grundwasser, das durch eine Wasserfassung mittels eines oder mehrerer Brunnen mit wirtschaftlich vertretbarem Aufwand auf Dauer gewinnbar ist. Die Ergiebigkeit wird in fünf Wertigkeitsstufen unterteilt, aus denen eine Rangfolge der Grundwasservorkommen in ihrer Bedeutung für die Trinkwasserversorgung ablesbar ist 3.

Wichtig für die Nutzung des Grundwassers sind Art, Größe und Verteilung der Hohlräume im Gestein. Man unterscheidet ▷ Lockergesteine, in denen sich das Wasser in den Poren zwischen den einzelnen Körnern bewegen kann, klüftige Festgesteine, in denen das Wasser die meist engen Bruchspalten zwischen harten, mehr oder weniger dichten Gesteinspartien ausfüllt, und ▷ Karstgesteine, in denen die Klüfte durch chemische Lösung des Gesteins zu größeren Hohlräumen erweitert sind. In Lockergesteinen sind die Prospektionskosten meist geringer, die Brunnenbaukosten und die Kosten für die Aufbereitung des Wassers meist etwas höher als in klüftigem Festgestein. Bei Nutzung von Karstwasserleitern besteht ein großes Risiko der ▷ Kontamination des Wassers, weil die Verweilzeit im Untergrund meist nur sehr kurz ist und das Gestein sehr geringe Fähigkeit besitzt, Schadstoffe auszufiltern oder zu binden.

Am günstigsten für die Bildung bedeutender Vorkommen an Grundwasser sind grobkörnige Lockergesteine (Sand und Kies) aus der jüngsten geologischen Geschichte. In solchen Gebieten ist die Anlage von großen Wasserwerken mit häufig mehr als fünf Förderbrunnen möglich. Wasserwerke mit großen Förderraten nutzen neben dem natürlichen Grundwasserabstrom meist noch Uferfiltrat, also Wasser aus Flüssen oder Bächen, das durch die Gewässersohle in den Grundwasserleiter eintritt. Talgebiete, in denen eine solche Ergänzung des Grundwasserdargebotes möglich ist, sind in der Karte 3 zusätzlich gekennzeichnet.

In manchen Gebieten wurde und wird der Grundwasserhaushalt durch den Bergbau beeinträchtigt. Während des Abbaus wird das Grundwasser weiträumig abgesenkt. Nach der Auflassung der Gruben und der Wiederauffüllung der Grundwasserspeicher kann sich die Grundwasserbeschaffenheit so verschlechtern, dass es nicht mehr für die Trinkwassergewinnung genutzt werden kann.

Die Flächen der verschiedenen Klassen der Grundwasserhöffigkeiten sind in den einzelnen Ländern sehr unterschiedlich verteilt 1. Das größte zusammenhängende Gebiet mit reichen Grundwasservorkommen in mächtigen Schichten lockerer Sande und Kiese ist das Norddeutsche Tiefland. Besonders bedeutend sind hier Vorkommen, die im Verlauf der ▷ Urstromtäler (▸▸ Beitrag Liedtke/Marcinek, S. 68) oder in ▷ glazialen Rinnen ausgebildet sind. Ebenfalls sehr grundwasserreich sind das Alpenvorland, der gesamte Oberrheingraben und die Niederrheinische Bucht.

In der Mittelgebirgsregion gibt es regional bedeutende Grundwasservorkommen z.B. in Kalkformationen des Schwäbischen und des Fränkischen Juras, in Sandsteinformationen des Pfälzerwaldes, des Spessarts und des Frankenwaldes sowie im ▷ Basalt des Vogelsbergs.

Mehr als ein Drittel Deutschlands verfügt jedoch über keine bedeutenden Grundwasservorkommen. Es sind dies die Bereiche jener Mittelgebirge, die aus schlecht wasserführenden Gesteinen wie Ton, Schiefern und Tiefengesteinen aufgebaut sind, z.B. weite Teile von Mainfranken, das Rheinische Schiefergebirge, der Thüringer und der Bayerische Wald. Als lokale Grundwasservorkommen können hier nur sandig-kiesige Talfüllungen oder in Schiefer eingelagerte Vorkommen von Kalk und ▷ Dolomit genutzt werden. ♦

2 Einflussfaktoren auf Grundwasserneubildung und -nutzung

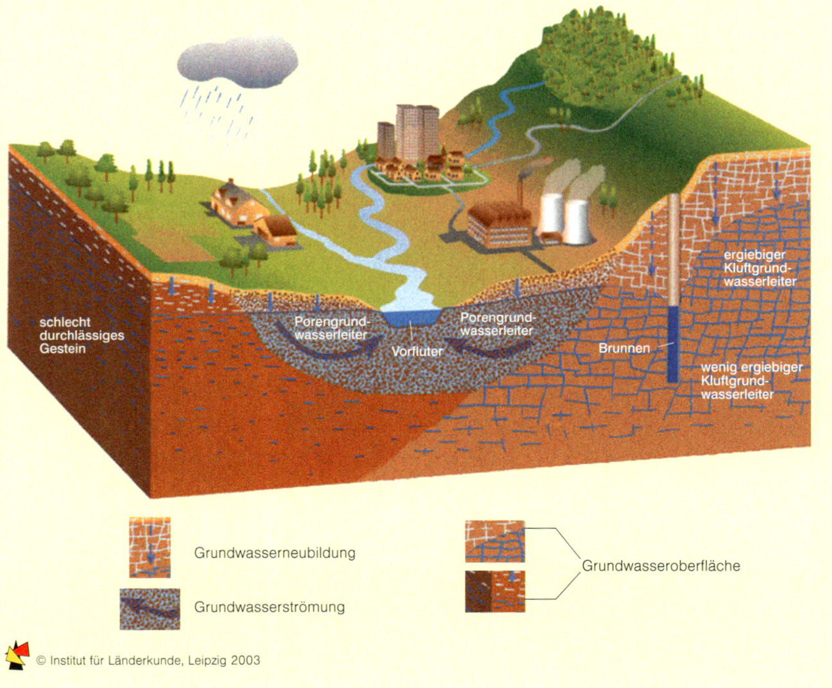

3

Ergiebigkeit der Grundwasservorkommen

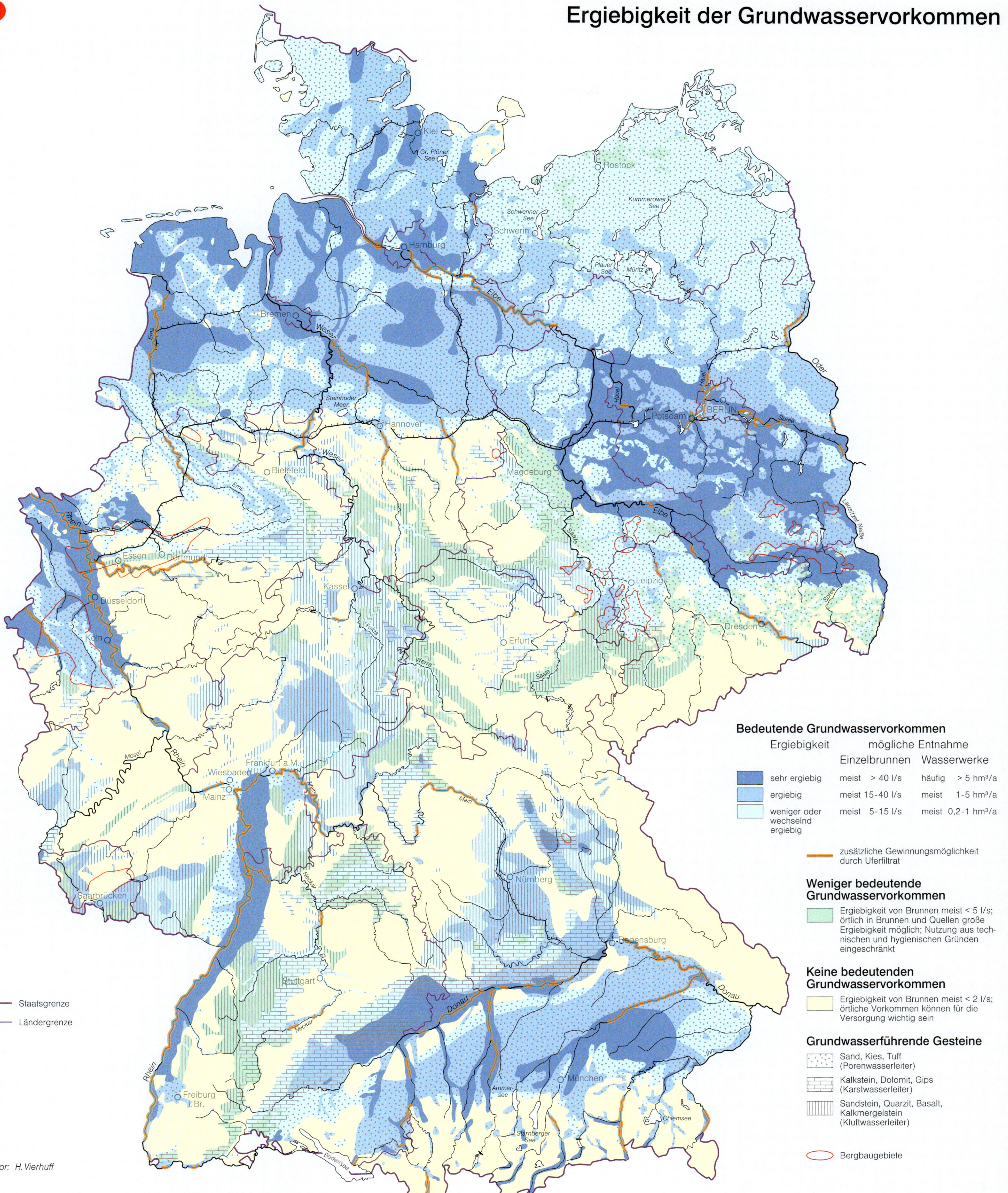

Autor: H. Vierhuff

Mittlere jährliche Grundwasserneubildung

Jörg Neumann und Peter Wycisk

Die Grundwasserneubildung ist ein Maß für die natürliche Regenerationsfähigkeit unserer Grundwasserressourcen und deshalb auch von großer wasserwirtschaftlicher Bedeutung. Als wichtige Wasserhaushaltsgröße ist sie gleichbedeutend mit dem Niederschlagsanteil, der als Sickerwasser die Grundwasservorräte auffüllt. Im langjährigen Mittel entspricht die Grundwasserneubildung dem aus dem Grundwasserspeicher stammenden Basisabfluss. Dieser speist den ▷ Vorfluter auch in niederschlagsarmen Zeiten (Trockenwetterabfluss), während der Direktabfluss die nach einem Niederschlagsereignis schnell reagierenden Abflussanteile umfasst ❶. Maßeinheiten sind mm/Zeiteinheit bzw. m³ oder l/Zeiteinheit. Zur Illustration der Prozesse des gesamten Gebietswasserhaushalts vgl. Abb. 1 in Beitrag Jankiewicz/Krahe, S. 148.

Regionale Differenzierung

Die Grundwasserneubildung liegt als Rasterdarstellung mit einer Zellweite von 1000x1000 m vor. Das Wertespektrum reicht von negativen Werten (Grundwasserzehrung) bis hin zu Neubildungsraten von >500mm/a. In Deutschland zeigt sich eine charakteristische räumliche Verteilung ❸, die einerseits die großräumigen Klimaeinflüsse, andererseits kleinräumige, boden- und nutzungsabhängige, aber auch relief- und ▷ hydrogeologisch bedingte Einflüsse widerspiegelt. So sind die niederschlagsreichen Mittelgebirge ebenso erkennbar wie die Trockenregionen Frankens und Mitteldeutschlands. Kleinräumig zeichnen sich z.B. einzelne Flusstäler (Mecklenburg-Vorpommern), Hochmoorgebiete (Niedersachsen) sowie ▷ geomorphologische bzw. ▷ hydrogeologische Übergänge (Oberrheingraben) deutlich ab.

Vergleicht man die berechneten Rasterzellenwerte der Grundwasserneubildung mit den entsprechenden Pegelwerten des Basisabflusses, so zeigt sich eine insgesamt gute Übereinstimmung. Für Deutschland ergibt sich unter Berücksichtigung der ermittelten Modellergebnisse eine mittlere Wasserbilanz von 135 mm/a, d.h. dass insgesamt nur knapp 1/6 der gesamten Niederschlagsmenge direkt zur Grundwasserneubildung beiträgt. Innerhalb von Deutschland zeigen sich erhebliche regionale Wasserbilanzunterschiede ❷. Während in den Trockengebieten (z.B. Elbe-Einzugsgebiet) mehr als 75% des Niederschlags direkt wieder verdunsten und weniger als 13% neubildungsrelevant sind, ergibt sich für das Einzugsgebiet der Donau ein gegenteiliges Bild. Hier fallen fast 400 mm zusätzlicher Niederschlag, und ca. 20% des gesamten Niederschlags tragen zur Neubildung von Grundwasser bei. Etwa 2/3 der Grundwasserneubildung ganz Deutschlands erfolgen in den vergleichsweise niederschlagsreichen Einzugsgebieten von Donau und Rhein.

Neben den genannten klimatischen sind auch naturräumlich bedingte Unterschiede erkennbar. In den flachen Lockergesteinsregionen (z.B. Ems-Einzugsgebiet) ist der Anteil von Basisabfluss bzw. Grundwasserneubildung deutlich höher als der des schnell abfließenden Direktabflusses. In den Mittelgebirgen mit Festgesteinsuntergrund und ausgeprägtem Relief hat der Direktabfluss einen höheren Stellenwert und dominiert gegenüber dem Basisabfluss ❷.

Die Grundwasserneubildung weist neben einer hohen räumlichen Differenzierung auch eine beträchtliche zeitliche Dynamik auf. So gibt es große Abweichungen zwischen regenarmen und regenreichen Jahren, aber auch deutliche Unterschiede im innerjährlichen Gang. Aufgrund der geringen Vegetation und der niedrigen Verdunstung sind die Niederschläge im Winterhalbjahr für die Grundwasserneubildung besonders wichtig.◆

❶ **Abflussganglinie** (schematisch)

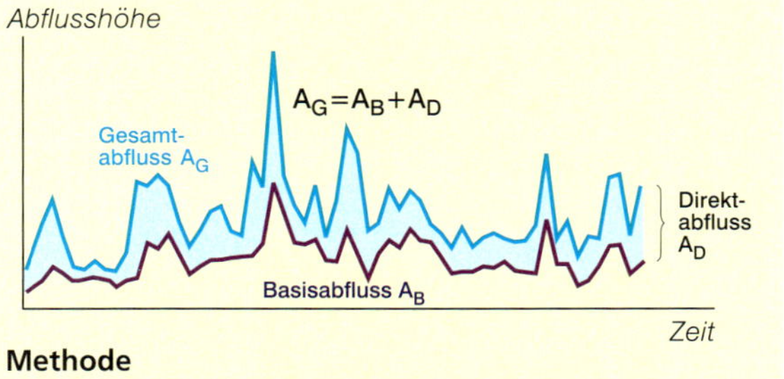

Methode

Die Grundwasserneubildung lässt sich auf der Basis der Wasserbilanz wie folgt ermitteln:

(1) $GW_N = A_B$ (in mm/a)
bzw. (2) $GW_N = A_G - A_D$ (in mm/a)
bzw. (3) $GW_N = N - V - A_D$ (in mm/a)

d.h. GW_N (Deutschland) = 859 - 532 - 192 = 135 mm/a

wobei GW_N Grundwasserneubildung, A_B Basisabfluss, A_G Gesamtabfluss, A_D Direktabfluss, N Niederschlagshöhe, V tatsächliche Verdunstungshöhe

 Näheres zur Methode siehe Anhang

❷ **Wasserhaushaltsgrößen**
nach Einzugsgebieten

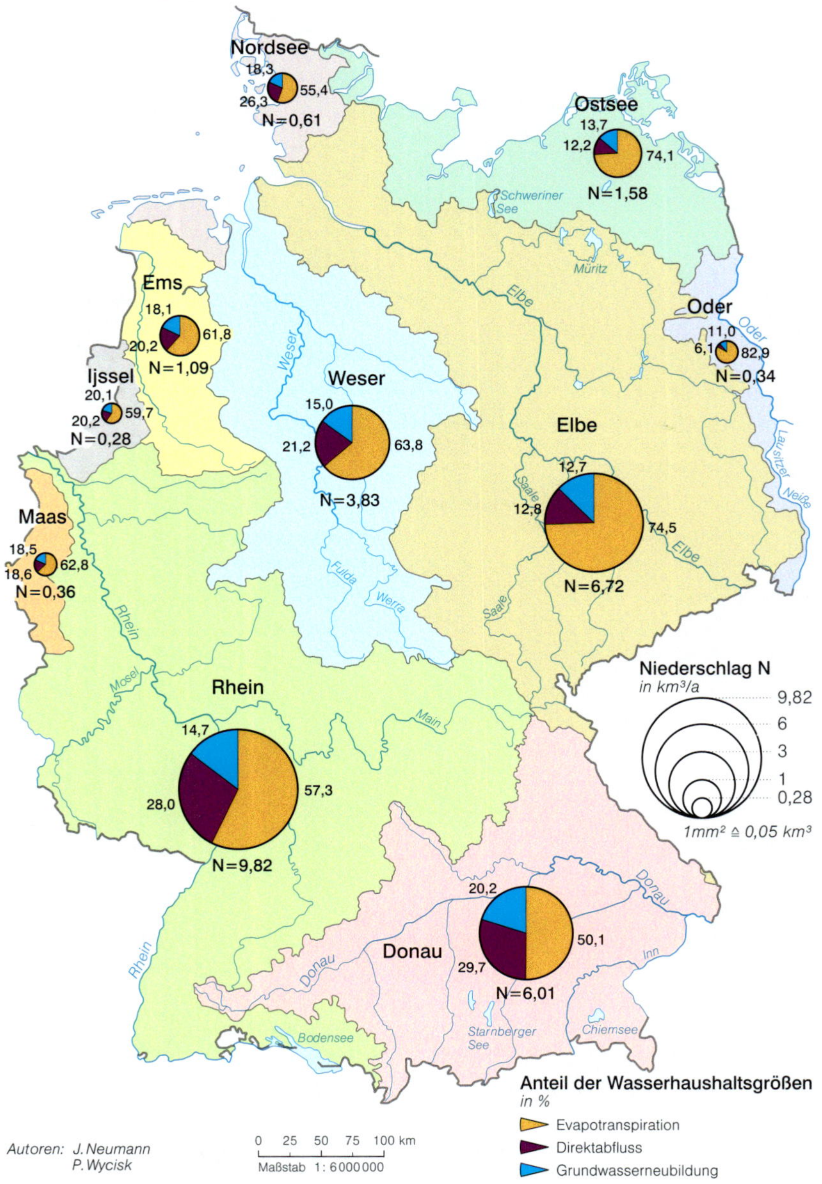

Wasserhaushaltsgrößen
nach Einzugsgebieten

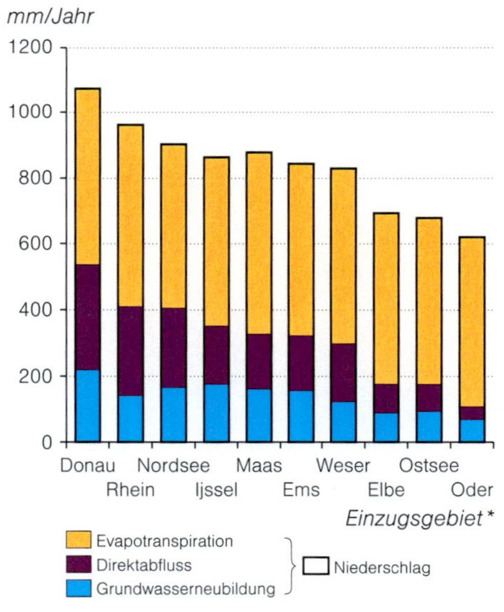

Anteil der Einzugsgebiete an den Wasserhaushaltsgrößen

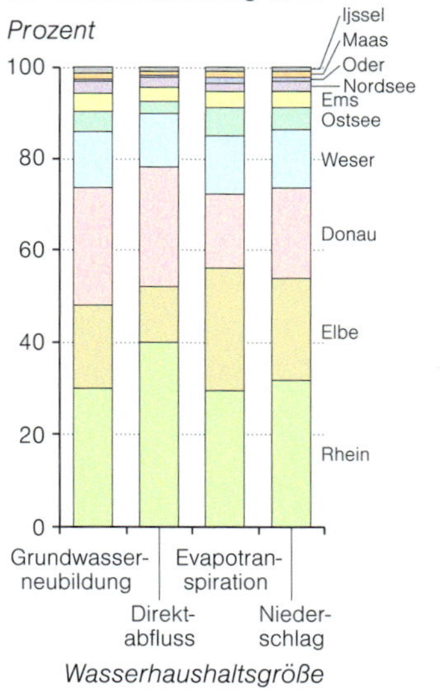

* Die Einzugsgebiete sind nach der Summe von Grundwasserneubildung und Direktabfluss geordnet.

3

Grundwasserneubildung

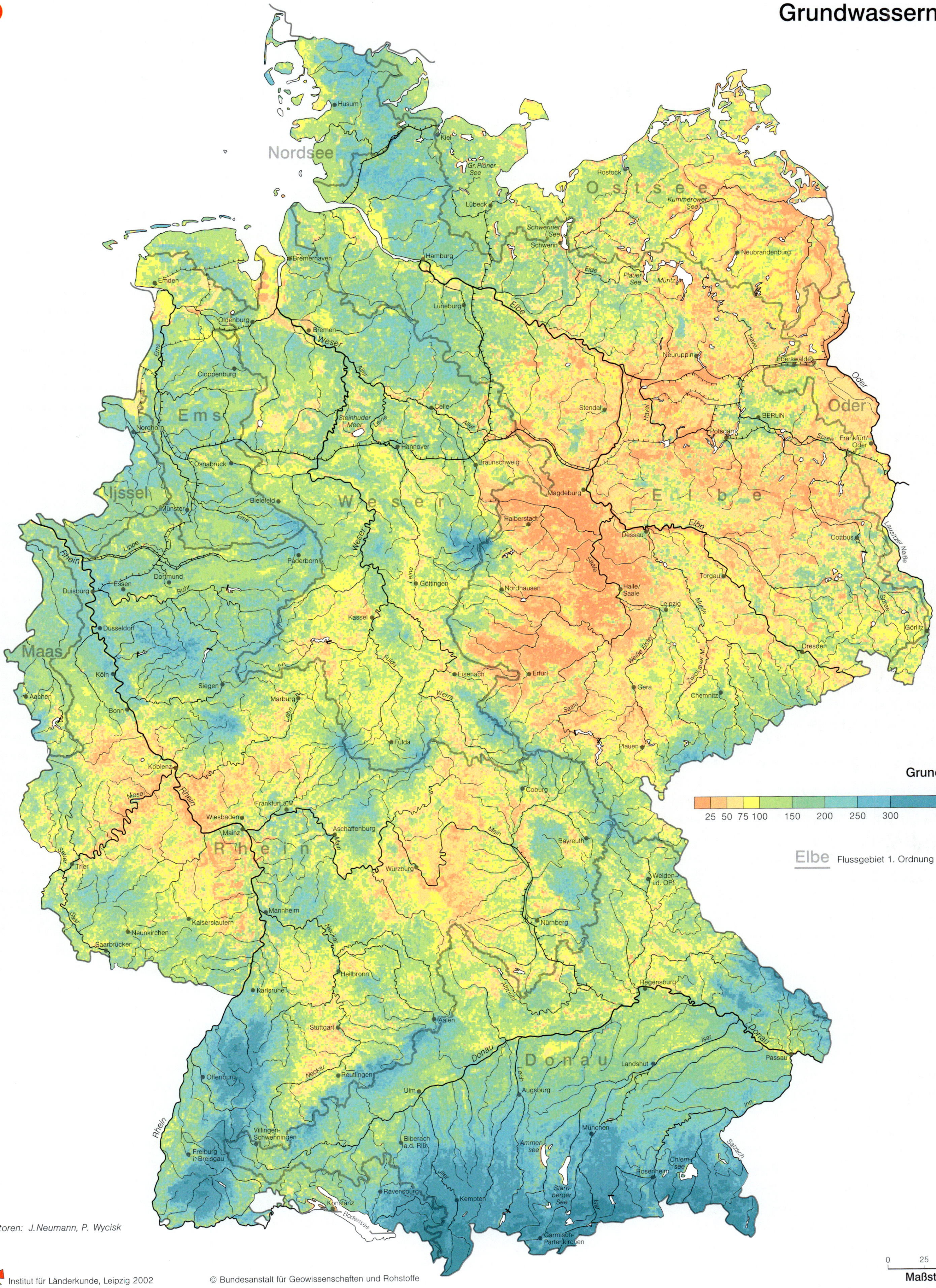

Grundwasserneubildung
mm/Jahr

25 50 75 100 150 200 250 300 500

Elbe Flussgebiet 1. Ordnung

Autoren: J. Neumann, P. Wycisk

0 25 50 75 100 km
Maßstab 1 : 2 750 000

Institut für Länderkunde, Leipzig 2002

Geogene Grundwasserbeschaffenheit

Werner Hiltmann und Wilfried Kantor

1 Wassertypisierung im Vierstoffdiagramm nach Piper
am Beispiel der Wässer aus den Flusstalsedimenten des Oberrheingrabens

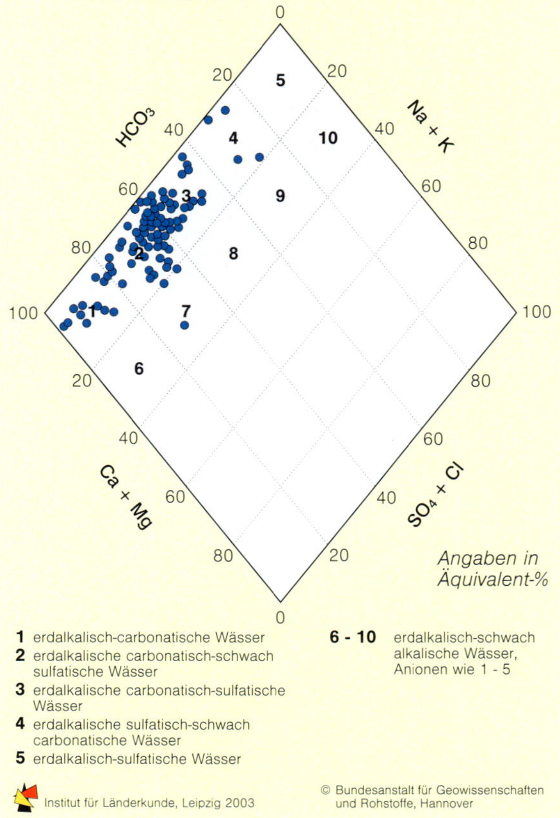

Zur Kartendarstellung

Zur Ermittlung des repräsentativen ▷ Wasserchemismus wurden die Wasserdaten jeder Unterregion typisiert. Diese Typisierung erfolgte auf der Basis des Lösungsinhalts (Menge der gelösten Mineralstoffe, auch als Salzgehalt oder Mineralisation bezeichnet) und des chemischen Stoffbestands, d.h. der Anteilsverhältnisse der Hauptwasserkomponenten.

Nach dem Grad der Mineralisation werden fünf Klassen von Wässern unterschieden:

- sehr geringer Lösungsinhalt (50–200 mg/l)
- geringer Lösungsinhalt (200–350 mg/l)
- mittlerer Lösungsinhalt (350–500 mg/l)
- hoher Lösungsinhalt (500–700, vereinzelt bis 1000 mg/l)
- stark wechselnder Lösungsinhalt (etwa 200–700 mg/l)

Die Typisierung der Wässer nach ihrem chemischen Stoffbestand erfolgte entsprechend dem Äquivalentprozentanteil der Hauptkationen Natrium, Kalium, Calcium, Magnesium und -anionen Hydrogencarbonat, Chlorid, Sulfat und Nitrat auf der Basis des ▶ Vierstoffdiagramms nach Piper 2. Der Chemismus der Wässer einer hydrogeologischen Unterregion wird beschrieben durch das Feld/die Felder im Vierstoffdiagramm, in das der überwiegende Teil der Analysenwerte fällt.

Mit der so durchgeführten chemischen Klassifizierung sowie dem Grad der Mineralisierung lassen sich deutschlandweit 22 geogene Grundwassertypen unterscheiden 3, auf deren Basis die ▶ Wasserhärte ausgewiesen werden kann. Natürliche Wässer enthalten in der Regel nicht über 30 mg/l Chlorid und 100 mg/l Sulfat. Regional können die Gehalte allerdings wesentlich höher liegen. So weisen meerwasserbeeinflusste Grundwässer im Bereich der Nord- und Ostseeküste oft hohe Chloridgehalte auf (>100 mg/l), Wässer im Bereich oberflächennaher Salzvorkommen wie in Württemberg oder Thüringen sind mit > 240 mg/l sehr sulfatreich.

Trinkwasser wird in Deutschland zum überwiegenden Teil aus dem Grundwasser gewonnen. Dieses muss in ausreichender Menge und angemessener Qualität zur Verfügung stehen (▶▶ Beitrag Vierhuff, S. 142). Gegenstand des vorliegenden Beitrags ist die Grundwasserqualität, d.h. die chemische Beschaffenheit des Wassers und, daraus abgeleitet, die ▶ Wasserhärte als eine der wichtigsten Kenngrößen der Wassergüte. Es handelt sich dabei um die rein ▷ geogene Beschaffenheit des Grundwassers, also den natürlichen Zustand ohne die weitverbreiteten anthropogenen Stoffeinträge.

Der ▷ Chemismus des Grundwassers stellt sich in der Art und Menge der gelösten Stoffe dar. Er wird maßgeblich von den Gesteinseigenschaften des Grundwasserleiters, also vom Speichergestein bestimmt. Die spezifischen hydrogeologischen Eigenschaften des Untergrundes führen zur Unterscheidung von sog. hydrogeologischen Regionen und Unterregionen (z.B. der ▷ Moränenbildungen oder der Kalksteine). Diese Gebiete sind durch eine bestimmte chemische Zusammensetzung des Grundwassers charakterisiert. Die geologische Gliederung Deutschlands lässt eine große Zahl an hydrogeologischen Regionen unterscheiden, und entsprechend stark variiert auch die naturbedingte Beschaffenheit des Grundwassers.

Zur Methodik

Grundlage für die Kartierung der Grundwasserbeschaffenheit (Hiltmann/Kantor 2001) ist die in der Legende zusammengestellte und in der Karte durch Farbflächensignaturen wiedergegebene Gliederung der hydrogeologischen Regionen und Unterregionen nach Richts/Vierhuff (2001). Für jede dieser hydrogeologischen Unterregionen ist die repräsentative Grundwasserbeschaffenheit flächenhaft dargestellt, wobei berücksichtigt ist, dass in vielen Unterregionen der Wasserchemismus gebietsweise sehr unterschiedlich ist, z.B. in den Moränenlandschaften der ▶ Präweichselund der ▷ Weichselzeit in Norddeutschland und im Alpenvorland.

Die Darstellung bezieht sich bei mehreren Grundwasserstockwerken auf den obersten Grundwasserleiter. Die zugrunde liegenden Wasserdaten stammen aus den Grundwassermessnetzen der Länder und wurden von den Landesämtern für Geologie/Bodenforschung oder Umwelt erhoben. Weitere Analysen gehen auf den Datenbestand des ehemaligen Zentralen Geologischen Instituts der DDR zurück. Insgesamt wurden knapp 8000 Grundwassermessstellen ausgewählt.◆

Präweichselzeit – der ▷ Weichselzeit vorausgehender Abschnitt des ▷ Pleistozäns

Vierstoffdiagramm – Grafik nach Piper, in dem die prozentualen Anteile der Hauptkationen und -anionen des Wassers als ein Punkt dargestellt werden

Wasserhärte – Maß für die im Wasser gelösten Erdalkalien (Ca, Mg), ausgedrückt in Grad deutscher Härte (°dH oder °d). 1°d = 10 mg/l CaO oder 7,19 MgO/l. Zur Einteilung der Härtegrade nach Kluth-Olszewski vgl. 2.

2 Wasserhärte

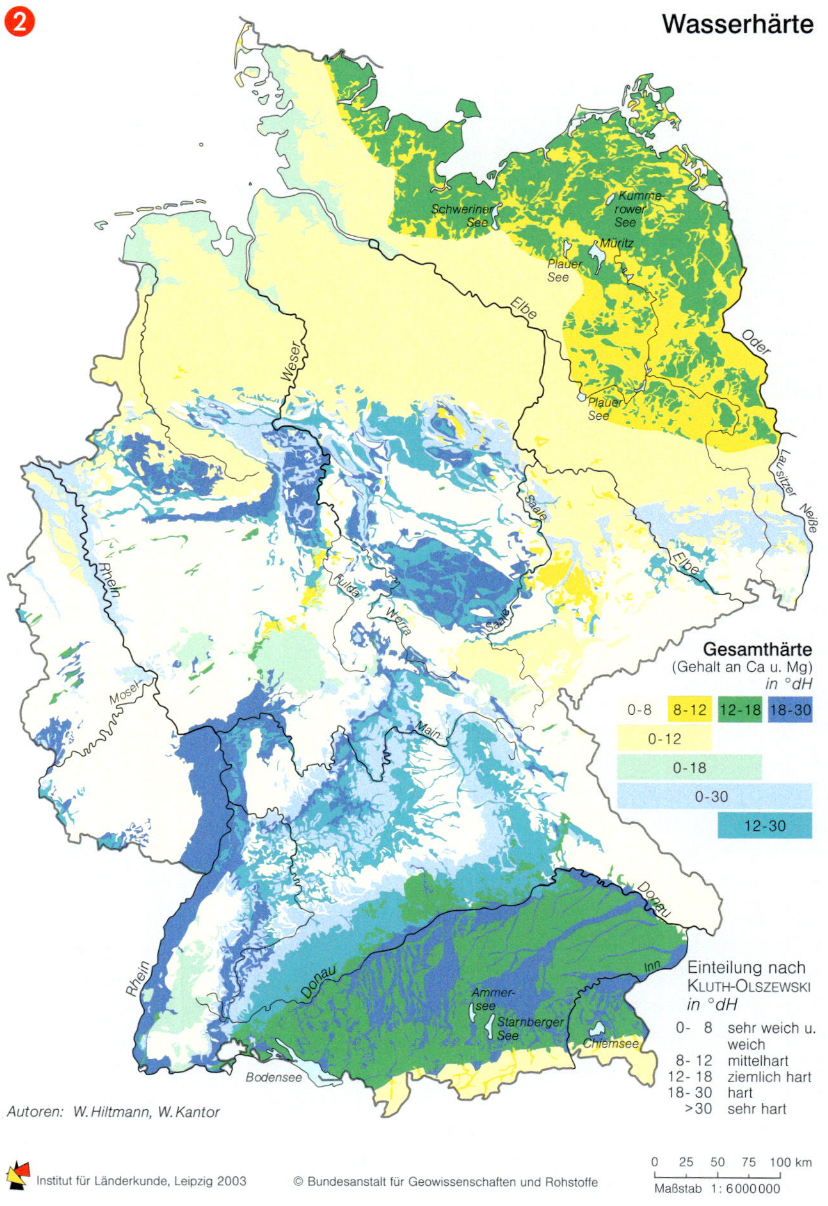

3

Geogene Grundwasserbeschaffenheit

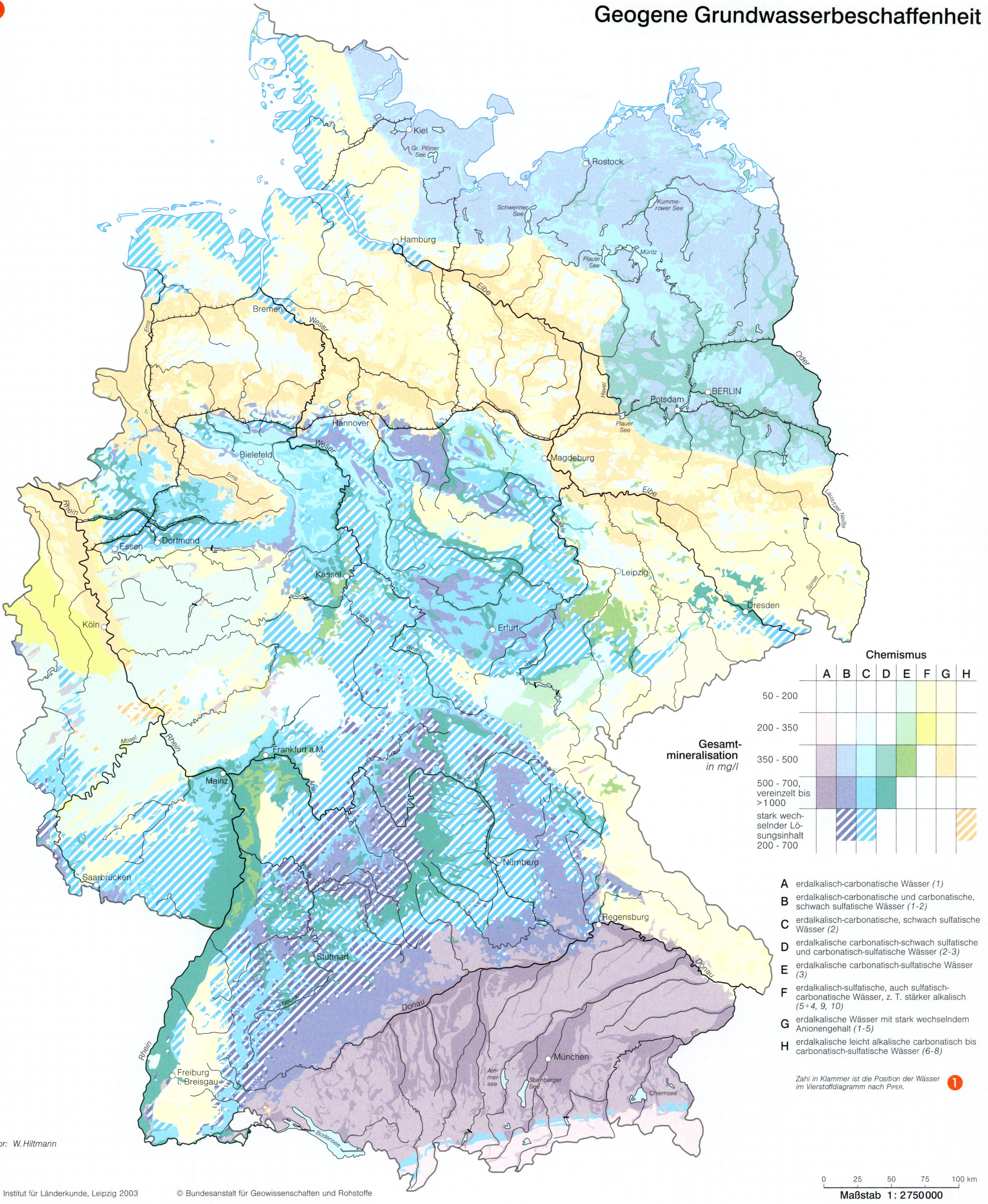

Autor: W. Hiltmann

Abflussbilanz und Bilanzierung der Wasserströme

Petra Jankiewicz und Peter Krahe

1 Mittlere jährliche Wasserbilanz Deutschlands 1961-1990
mit Wasserbedarfs- und Wasserverbrauchszahlen des Jahres 1983

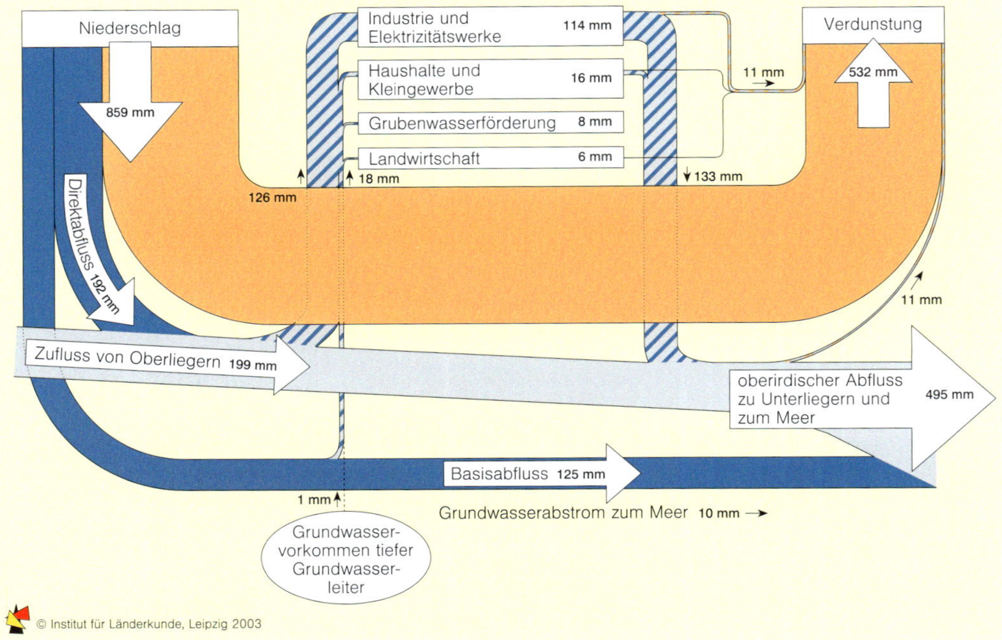

Die Abflussbilanz 1 ist die mengenmäßige Erfassung der Wasservolumina, die ober- und unterirdisch einem Gebiet zu- und abfließen. Die auf Jahresbasis erstellten vieljährig gemittelten Abflussbilanzen dienen dabei der Ermittlung und regionalen Übersicht des potenziellen ▷ Wasserdargebotes.

Abflussbilanz der Stromgebiete

Der Zufluss aus den ausländischen in die deutschen Stromgebietsanteile sowie der Abfluss aus den Strom- und Küstengebieten über die Fließgewässer in die Nachbarstaaten oder in die Nord- und Ostsee lassen sich anhand von Messdaten mündungs- und grenznaher Pegel ermitteln. Für das Bundesgebiet ergibt sich für die Periode 1961/90 ein oberirdischer Gesamtabfluss in Höhe von 5595 m³/s oder 495 mm. Die ausländischen Zuflüsse haben daran einen Anteil von 40% (2250 m³/s, 199 mm), während 60% (3345 m³/s, 296 mm) vom Bundesgebiet selbst stammen. Die größten ausländischen Zuflüsse gelangen über den Rhein nach Deutschland. Allein bei Basel beträgt der Zufluss aus der Schweiz 43% des Gesamtzuflusses (Außenzuflüsse betragen beim Donaugebiet 30%, beim Elbegebiet 27%). Aufgrund der Größe des deutschen Flächenanteils sowie seiner hohen Abflussbildung von 348 mm trägt das Rheingebiet mit 34% (1130 m³/s) zum gebietsbürtigen Abfluss Deutschlands bei.

Unterirdische Zu- und Abströme eines Bilanzierungsgebietes sind Teil der Abflussbilanz. Bezogen auf das Bundesgebiet gibt es zwar unkontrollierte Grundwasserzu- wie -abströme, sie spielen in der Gesamtwasserbilanz jedoch nur eine geringe Rolle. Der unterirdische Abstrom aus Deutschland wird auf 113 m³/s (10 mm) geschätzt. Er tritt vornehmlich vom Rheingebiet in das benachbarte Maasgebiet auf. Ein geringer Anteil fließt unterirdisch über die Küstengebiete direkt in die Nord- und Ostsee.

Abflussanteile der Bundesländer

Unter Verwendung rasterbezogener hydrometeorologischer Größen lassen sich nach der Wasserhaushaltsmethode entsprechende Abflusshöhen berechnen. Für Deutschland wird danach für die Zeitreihe 1961/90 ein Wert von 327 mm ermittelt. Über Flächenverschneidungen mit den Länder- und Flussgebietsgrenzen und nach anschließender Mittelung ergeben sich die gebietsbürtigen Abflüsse der Bundesländer 2 sowie die Länderanteile am gebietsbürtigen Abfluss der Strom- und Küstengebiete 3.

Das Wasserdargebot Deutschlands

Das potenzielle Wasserdargebot einer Region beruht auf der Wasserbilanz des natürlichen Wasserkreislaufes, d.h. der Differenz vieljähriger Mittelwerte der Niederschlags- und Verdunstungshöhe, vermehrt um das vieljährige Mittel der Zuflusshöhe von Oberliegern in das Bilanzgebiet. Für Deutschland ergibt sich ein potenzielles Wasserdargebot für die Jahresreihe 1961/90 in Höhe von 526 mm oder 188 km³. Dieses Wasservolumen (~2280 m³/Einw.) steht prinzipiell zur Bewirtschaftung zur Verfügung, ist jedoch nicht flächendeckend nutzbar. Es ist vorrangig als Oberflächenwasser entlang großer Flüsse verfügbar, als Grundwasser ist es an mächtige und ergiebige Grundwasserleiter gebunden (▶▶ Beitrag Vierhuff, S. 142). Darüber hinaus gibt es erhebliche saisonal geprägte Abweichungen. So fließen im Winter und Frühjahr beträchtliche Wassermengen ungenutzt als Hochwasser ab, während im Spätsommer und Herbst Niedrigwasserabflüsse auftreten. In niederschlagsarmen Regionen führt dies häufig zu Mangelsituationen, was eine Mehrfachnutzung des Wasserdargebots erforderlich macht.

Der Mensch greift über die Wassergewinnung und -nutzung in den natürlichen Wasserkreislauf ein, indem er Wasser sowohl aus dem Grundwasser als auch aus Oberflächengewässern entnimmt und in aufbereiteter Form an den Verbraucher weitergibt. Nach der Nutzung gelangt das Wasser abzüglich der bei der Nutzung entstehenden Verdunstungsverluste (z.B. Kühltürme und ▷ Transpirationsverluste bewässerter landwirtschaftlich genutzter Flächen) direkt oder gereinigt zurück in den Wasserkreislauf. Diese Verluste können in der Zeitreihe 1961/90 mit 11 mm angesetzt werden. ◆

2 Jährliche Abflusshöhe und Wasserverfügbarkeit der Länder
Mittelwert der Jahre 1961-1990

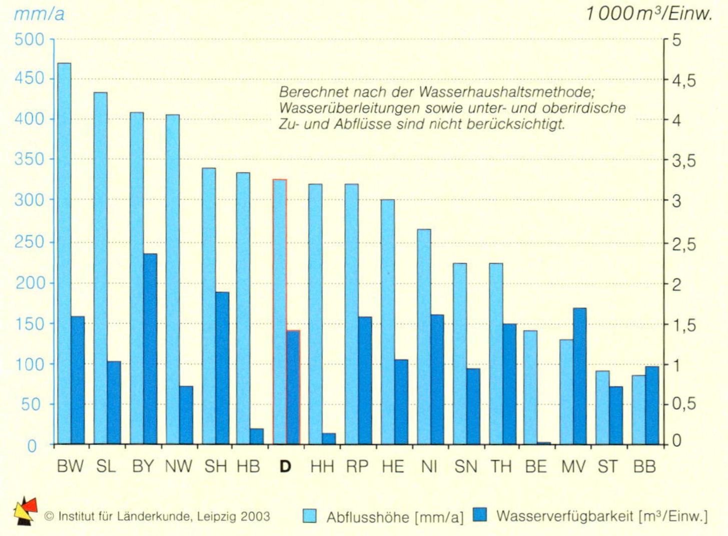

3 Abfluss und Fläche der Länder

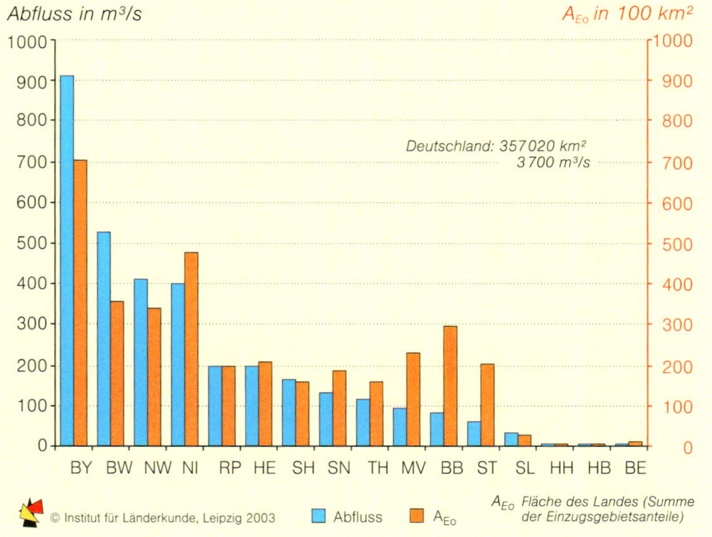

Abflussbilanz

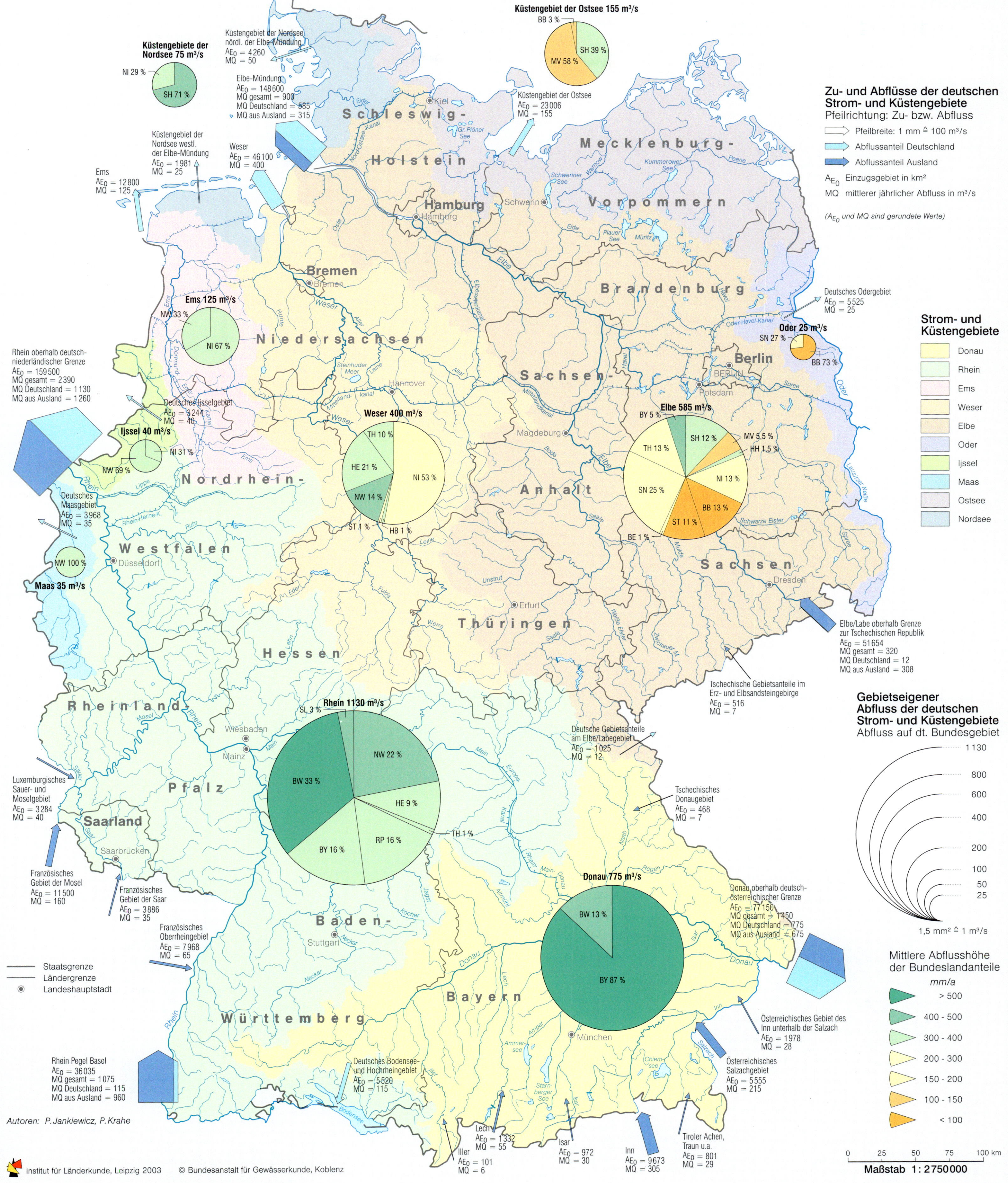

Unsere Wasserversorgung

Ralf Busskamp

1 Jährlicher Wasserbedarf 1975-1995
nach Vierjahresperioden

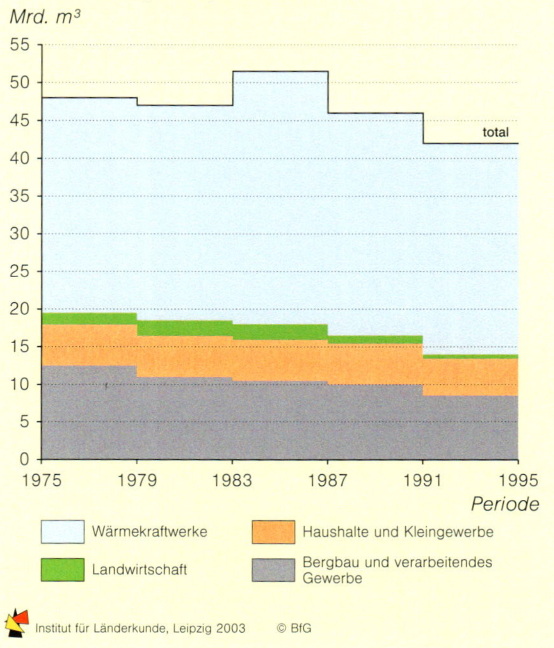

Menschen, Tiere und Pflanzen sind auf Wasser angewiesen. Wasser ist als Trinkwasser Lebensmittel für Mensch und Tier, Hygiene-, Reinigungs-, Wasch- und Spülmittel, es ist Rohstoff der Wirtschaft und dient in der Industrie zur Verarbeitung und Synthese von Stoffen. Wasser ist aber auch unentbehrliches Kühlmittel, z.B. bei der thermischen Erzeugung von Energie und bei vielen industriellen Produktionsprozessen (Brauchwasser). In der Landwirtschaft wird es zur Bewässerung eingesetzt.

Zur Deckung des Wasserbedarfs steht das natürliche ▷ Wasserdargebot zur Verfügung. Dieses variiert regional und zeitlich erheblich (▶▶ Beiträge Busskamp/Schmidt, S. 126 und Glugla/Jankiewicz, S. 130). Es ist die Aufgabe der Wasserwirtschaft, im Rahmen der Wasserversorgung den Wasserbedarf der Haushalte, der öffentlichen Einrichtungen, der Betriebe und der Landwirtschaft zu jeder Zeit mit dem erforderlichen Volumen, mit zweckentsprechender Beschaffenheit und mit ausreichendem Druck zu sichern.

In den Anfängen der deutschen Wasserversorgung hat neben der Wassergewinnung aus Quellen vor allem die Wassergewinnung aus Oberflächenwasser, also die Nutzung von Bächen, Flüssen und Seen, eine dominierende Rolle gespielt. Etwa zu Beginn des 11. Jhs. konnten mit der Entwicklung von Rohrleitungen vermehrt auch entfernte Wasserläufe zur Deckung des Wasserbedarfs herangezogen werden. Die im 19. Jh. beginnende Industrialisierung führte zu einem schnellen Anwachsen der Städte; Industrie, Gewerbe und Haushalte entwickelten einen steigenden Wasserbedarf. Das 19. Jh. wurde so das Jahrhundert der Entstehung zentraler städtischer Wasserversorgungsanlagen. Bereits um die Wende zum 20. Jh. begann man mit der Erschließung größer, von den Versorgungsgebieten teils weit entfernter Wasservorkommen. Es entstanden Fernwasserversorgungen sowie viele Talsperren. Städte, Kreise und Gemeinden schlossen sich wegen der hohen Kosten zu Wasserbeschaffungs- und Zweckverbänden zusammen. Diese Strukturen haben bis heute weitestgehend Bestand.

Wasserdargebot, Wasserbedarf und Wasserverbrauch

Für die Jahresreihe 1961-1990 ergibt sich für Deutschland ein mittleres natürliches Wasserdargebot von ca. 200 Mrd. m³/a (▶▶ Beitrag Glugla/Jankiewicz, S. 130). Es ist räumlich und zeitlich nicht gleichmäßig verteilt und nutzbar und muss als potenzielle Größe angesehen werden. Es ist vorrangig als Oberflächenwasser entlang großer Flüsse verfügbar oder als Grundwasser in den ergiebigen Grundwasserleitern gebunden (▶▶ Beiträge Busskamp/Schmidt, S. 126 und Vierhuff, S. 142). In industriellen Ballungsräumen übersteigt meist der Wasserbedarf das Wasserdargebot. Für einen Ausgleich sorgen Fernwasserleitungen. Das unregelmäßig schwankende natürliche Dargebot an Oberflächenwasser wird durch die Speicherung in Talsperren und die Nutzung von Grundwasser ausgeglichen. Abbildung 1 zeigt die Entwicklung des Wasserbedarfs in Deutschland im Zeitraum 1975 bis 1995. Aufgrund der unterschiedlichen zeitlichen Erhebungen der Statistiken vor der Wiedervereinigung in der Bundesrepublik (4-jähriger Turnus) und der DDR (5-jähriger Turnus) wurden die zeitlich eng zusammenfallenden Erhebungen zu einer gesamtdeutschen Darstellung zusammengefasst. Von den ca. 41,7 Mrd. m³ Wasserbedarf im Jahr 1995 (ohne Grubenwasserförderung) verbrauchte die Industrie (Bergbau und verarbeitendes Gewerbe) 8 Mrd. m³, die öffentliche Wasserversorgung (Haushalte und Kleingewerbe) 5,1 Mrd. m³ und die Landwirtschaft ca. 0,6 Mrd. m³. Die Wärmekraftwerke für die öffentliche Versorgung nutzten insgesamt 28 Mrd. m³, wobei es insbesondere beim Kühlwasser zur Mehrfachnutzung des eingesetzten Volumens kommt. Der Wasserverbrauch geht in Deutschland seit 1990 kontinuierlich zurück. Der Trinkwasserverbrauch für häusliche Zwecke verringerte sich von 145 Liter pro Einwohner und Tag im Jahre 1990 auf 130 Liter im Jahr 1998. Im Wesentlichen ist der geringere Wasserverbrauch auf die rationellere Wassernutzung vor allem in den östlichen Ländern, auf eine Änderung des Verbraucherverhaltens sowie auf die hohen Trinkwasserpreise und Abwassergebühren zurückzuführen. Der durchschnittliche Wasserpreis lag 1998 bei 3,21 DM/m³. Im internationalen Vergleich erscheint dieser Preis hoch, jedoch liegt dem Wasserpreis in Deutschland im Gegensatz zu vielen anderen Staaten das Kostendeckungsprinzip zugrunde, so dass der direkte Vergleich zumeist irreführend ist. Im industriellen Bereich zeigt sich 1995 im Vergleich zu 1987 ein Rückgang des Wasserverbrauchs um 7,2%. Mehrfach- und Kreislaufsysteme in der Industrie führen hier zu einer effizienteren Nutzung des entnommenen Wassers.

In der Karte 3 sind ausgewählte Wassergewinnungsanlagen für die öffentliche Trinkwasserversorgung sowie für Bergbau und verarbeitendes Gewerbe dargestellt. Darüber hinaus werden die Talsperren zur Trinkwassergewinnung, ausgewählte Fernwasserleitungen und die kreisbezogenen Wasserentnahmevolumen ausgewiesen. 1995 versorgten 17.849 Wassergewinnungsanlagen in Deutschland 98,6% der Bevölkerung mit Trinkwasser. In die Karte wurden über 1200 öffentliche und über 400 Gewinnungsanlagen des Bergbaus und des verarbeitenden Gewerbes mit einem Fördervolumen >1 Mio. m³/a aufgenommen. Es ist eine Konzentration öffentlicher Wassergewinnungsanlagen in der Nähe von Ballungsräumen ebenso wie eine Konzentration industrieller Anlagen in den Bergbaugebieten der Lausitz und der Leipziger Tieflandsbucht zu erkennen.◆

2 Wassergewinnung für die öffentliche Wasserversorgung 1995
nach Ländern

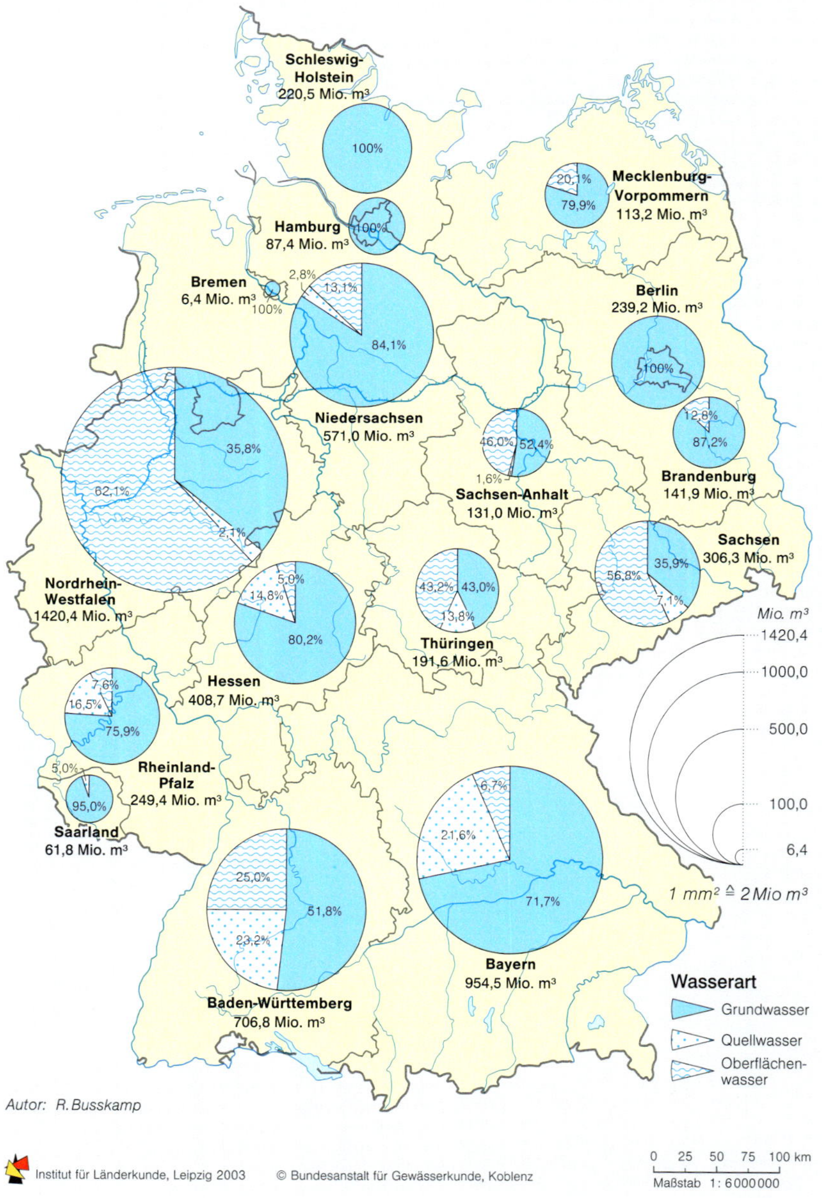

Wasserversorgung

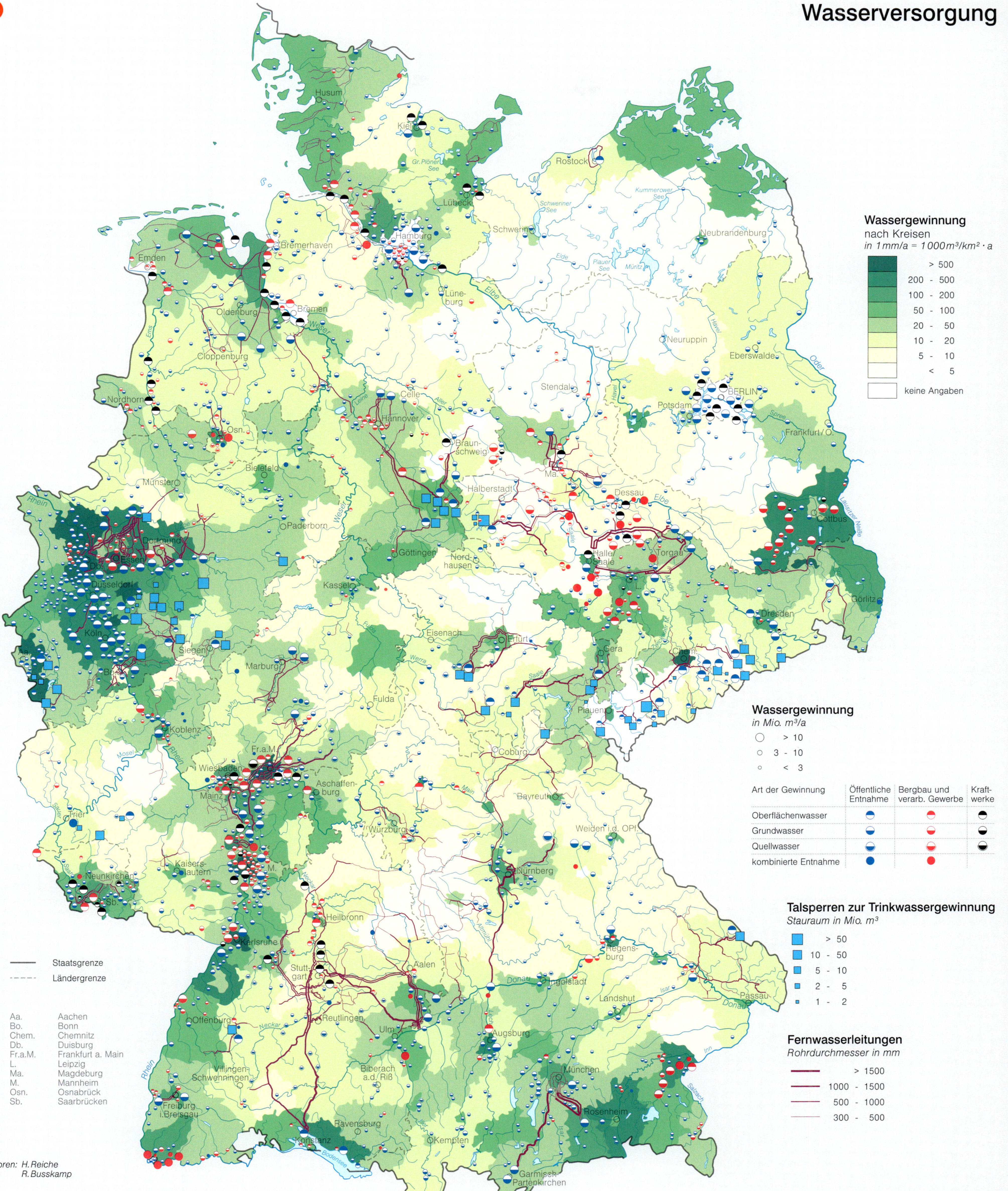

Autoren: H. Reiche
R. Busskamp

Anhang

Geologische Zeittafel (1) Quartär bis Karbon

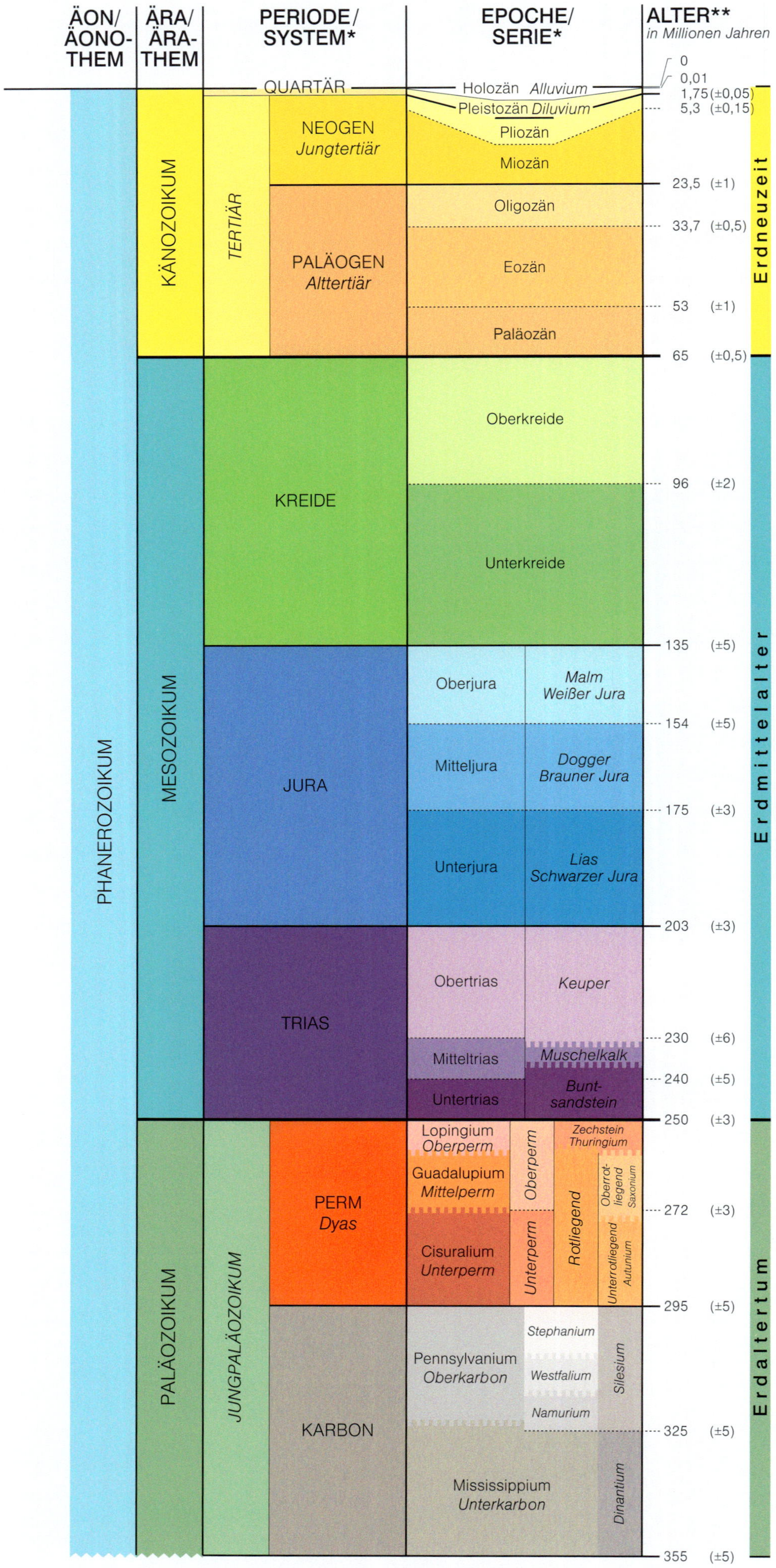

* kursiv: nur regional gültige Serien/Stufen bzw. informelle oder ältere Bezeichnungen

** Phanerozoikum: 10 Mio. Jahre ≙ 7 mm
Präkambrium: 10 Mio. Jahre ≙ 0,3 mm

Zusammenstellung: D. Hänsgen

Grafik: K. Baum

Allgemeines Glossar

Erläuterung der mit blauem Hohlpfeil gekennzeichneten Fachbegriffe aus den Textbeiträgen; dieses Glossar ersetzt kein Fachlexikon und erhebt keinen Anspruch auf inhaltliche Vollständigkeit. Ein Teil der Definitionen ist mit freundlicher Genehmigung des Spektrum Akademischer Verlags dem Lexikon der Geographie (2002) entnommen.

▸ Verweis auf die geologische Zeittafel

▷ = Querverweis auf einen anderen Eintrag in diesem Glossar

Abrasion – mechanische Abtragung von Fest- und Lockergesteinen durch Brandungswirkung

Abtragung – Zerstörung der Formen der Erdoberfläche durch ▷ Massenverlagerungsprozesse

Aerosole – in der Atmosphäre schwebende feste oder flüssige Kleinstpartikel (ohne Niederschläge)

Alluvium – frühere Bezeichnung für ▸ Holozän; **alluvial** in Wortverbindungen auch für Schwemm…

Altmoräne(nlandschaft) – flache, sandige Hügellandschaft aus ursprünglich stärker ▷ reliefierten Ablagerungen älterer ▷ Eiszeiten (vor der Weichsel- bzw. der Würm-Kaltzeit); Abtragung und Einebnung während der letzten Eiszeit durch ▷ periglaziale Prozesse; ▷ Moränen

anthropogen – auf den Einfluss des Menschen zurückgehend

äolisch – windbürtig, vom Wind geschaffen

aquatisch – im Wasser lebend, wasserbedingt

arid – klimatisch trocken; potenzielle Verdunstung höher als der Niederschlag

Atmosphäre – Lufthülle der Erde (zu 77% aus Stickstoff und zu 20,7% aus Sauerstoff bestehend)

Ausfallen, Ausfällung – Absonderung fester Stoffe aus übersättigten Lösungen

Ausstreichen – das Austreten von Gesteinsschichten an der Oberfläche

Aussüßung – schrittweise Entsalzung von Wasser oder Boden durch Einschränkung der Salzwasserzufuhr und/oder als Folge von Süßwasserzufluss durch Flüsse

biogen – durch Tätigkeit von Lebewesen entstanden oder durch (abgestorbene) Lebewesen gebildet

Boreal, boreal – klimatischer Zeitabschnitt des ▸ Holozäns, ca. 7000-5000 v.Chr.; dem kalten Klima der nördlichen Nordhalbkugel zugehörig

Braunerde – Bodentyp, gekennzeichnet durch Verbraunung und Verlehmung

Braunkohle – Energierohstoff, überwiegend im ▸ Tertiär durch Umwandlung von pflanzlicher Substanz entstanden, mit Kohlenstoffgehalt von 60-75%

Bronzezeit – vorgeschichtliche Epoche, durch Verarbeitung von Bronze für Geräte, Schmuck und Waffen gekennzeichnet, in Europa etwa ab 2200 bis ca. 800 v.Chr.

Buntsandstein – Epoche der ▸ Trias

C^{14}, ^{14}C – Isotop des Kohlenstoffs (C), zur Altersdatierung organischer Substanzen genutzt, da nach Absterben schrittweiser Zerfall des Isotops

Chemismus – Ablauf chemischer Stoffumsetzung, auch chemische Zusammensetzung

Deckgebirge – der dem ▷ Grundgebirge aufliegende sedimentäre Gesteinsstapel

Devon – Periode des ▸ Paläozoikums

Diluvium – frühere Bezeichnung für ▸ Pleistozän; **diluvial** in Wortverbindungen auch für eiszeit…

Diskordanz – ungleichmäßige Folge von Gesteinsschichten; Winkel, unter dem die Reliefoberfläche die darunter liegenden Gesteinsschichten schneidet

Dolomit – weißes, farbloses oder bräunliches Mineral, oft gesteinsbildend; ▷ Karstgestein

Driften – eine laterale Bewegung von Fest- oder Lockergesteinen mit einem Einsinken in die liegenden, weniger kompetenten Schichten ohne intensive Scherung auf Gleitflächen

edaphisch – Boden…, bodenabhängig

Eiszeit – auch ▷ Glazial; eine Kaltzeit mit ausgedehnten Vereisungen in Nord- und Süddeutschland (vgl. Beitrag S. 66)

Eiszeitalter – ▷ Quartär; Zeit starker Klimaschwankungen und Wechsel von ▷ Kalt- und Warmzeiten (vgl. Beitrag S. 66)

Endmoräne – Ablagerung austauenden Gesteinsschuttes bei Rückzug der Vereisungen der Kaltzeiten; markiert den Rand einer über einen längeren Zeitraum stationär liegenden Eismasse; ▷ Moränen

endogen – von innen heraus, aus dem Erdinneren stammend

Eozän – Epoche des ▸ Tertiärs

Erosion – ▷ Abtragung von Gestein oder Boden durch oberflächlich abfließendes Wasser (Wassererosion), durch Wind (Winderosion), Brandung, Schneeschmelze und ▷ gravitative Bodenverlagerung (▷ Massenverlagerung)

Eutrophierung – Anreicherung von Nährstoffen, insbesondere Stickstoff und Phosphat, in ▷ terrestrischen und ▷ aquatischen Ökosystemen

Evaporation – Verdunstung von Wasser-, Eis und Schneeflächen, von unbewachsenem Boden und versiegelten Flächen sowie von Niederschlagswasser auf Oberflächen (**Interzeption**)

Transpiration – Feuchtigkeitsabgabe der Pflanzen an die Atmosphäre aufgrund biotischer Prozesse

Evapotranspiration – Summe aus ▷ Evaporation und ▷ Transpiration

exogen – von außen beeinflusst

Fallen – größtenteils frei fallendes, springendes oder rollendes Abstürzen von Fels- oder Lockergestein. Die Ablösung des Materials erfolgt entlang von Flächen, an der geringe oder keine Scherbewegungen stattfinden.

Faltung – Deformation und Verbiegung ehemals horizontal lagernder Gesteinsschichten durch seitlichen Druck

Faulschlamm – Anreicherung und Zersetzung von Mikroorganismen (v.a. Plankton) unter Sauerstoffabschluss in stehenden Binnengewässern und Meeresbereichen

Fazies – in der Geologie Bezeichnung für den verschiedenen Habitus, den ein Gestein besitzt. Dieser Habitus ist die Summe der durch das Sediment und den organischen Inhalt charakterisierten Eigenschaften. Die Fazies wird maßgeblich durch den Ort der Bildung bestimmt (terrestrische Fazies, limnische Fazies etc.)

Fließen – in der Geomorphologie eine kontinuierliche, irreversible Deformation von Fest- oder Lockergesteinen, bei der die Geschwindigkeitsverteilung der bewegten Masse der einer viskosen Flüssigkeit gleicht

Flussästuar – durch Gezeiteneinwirkung trichterartig erweiterte Flussmündungsbucht

fluvial – durch fließendes Wasser verursacht

Förde – lang gestreckte, schmale, oft weit ins Land reichende Meeresbucht, die als Schmelzwasserrinne und/oder Gletscherzungenbecken in den Kaltzeiten entstanden und durch den nacheiszeitlichen Meeresspiegelanstieg überflutet wurde

fossil – in früheren Zeiten entstanden und durch jüngere Ablagerungen überdeckt und konserviert

Furkation – verwilderter Flusslauf mit mehrfadigem Gerinnebettmuster, dessen einzelne Gerinne durch Bänke und Inseln getrennt sind. Das charakteristische Merkmal von verwilderten Gerinnebetten ist die sich wiederholende Trennung und Wiedervereinigung der Gerinne.

Geest – nordwestdeutsches ▷ Altmoränen-

gebiet aus unfruchtbaren Sandflächen und -platten, heute oft Heidelandschaften

Geestplatte – von Gletschern zusammengepresste Sand- und Kiesfläche

geogen – durch die natürlichen Prozesse der Erdentwicklung verursacht

Geomorphogenese – Entstehung und Umwandlung der Oberflächenformen der Erde

Geomorphologie, geomorphologisch – Lehre von den Formen der festen Erdoberfläche und den Faktoren und Prozessen ihrer Entstehung und Entwicklung

Gips – gesteinsbildendes Mineral (Calciumsulfat), das in Salzlagerstätten anzutreffen ist; Entstehung aus Anhydrit durch Wasseraufnahme und Eindampfung (Flachwassermeere) bzw. Verdunstung (Gipsausfällung im Boden)

Glazial, glazial – Eiszeit bzw. eiszeitlich (auch: **glaziär**); durch Eis entstandene bzw. gesteuerte Formen und Prozesse

glazifluvial – durch glaziales Schmelzwasser abgelagert, gebildet

glazigen – vom Gletscher geformt oder abgelagert

Gleiten – Vorgang, bei dem Fest- oder Lockergestein eine hangabwärts gerichtete Bewegung auf Gleitflächen oder dünnen Zonen intensiver Scherverformung vollzieht

Gletscherzungenbecken – durch Gletschereis ausgeschürftes Becken, z.B. der Bodensee im Alpenvorland

Gneis – metamorphes Gestein, im Wesentlichen aus Feldspat, Quarz und Glimmer bestehend

Granit – Tiefengestein, aus den Hauptgemengeteilen Kalifeldspat, Quarz und Glimmer

Grauwacke – dunkles Sedimentgestein aus ganz unterschiedlich großen Trümmern kristalliner Gesteine, von Kiesel und Tonschiefern sowie Mineralfragmenten, die durch kieseliges oder toniges Bindemittel verkittet werden

Gravitation, gravitativ – Schwerkraft, durch die Schwerkraft verursacht

gravitative Massenverlagerung – ▷ Massenverlagerung

Grundgebirge – Sockel aus ▷ magmatischen und/oder ▷ metamorphen Gesteinen, von jüngeren, meist Sedimentgesteinsschichten (▷ Deckgebirge) überlagert

Grundmoräne – Ablagerung austauenden oder ausgeschwemmten Gesteinsschuttes aus der Gletschersohle; ▷ Moränen

Grundwasserspiegel – Grenzfläche des Grundwassers zum luftgefüllten Porenraum

Haff – Lagune, eine vom Meer durch eine Nehrung oder durch Strand- oder Dünenwälle abgetrennte Bucht

halin – salzhaltig

Hallig – unbedeichte Marscheninsel, bei hohen Wasserständen und Sturmfluten vom Festland getrennt

Härtling – Stein, Fels oder Höhenzug, der aufgrund seiner größeren Härte weniger stark als seine Umgebung abgetragen wurde

Hohlform – geomorphologischer Begriff für Mulden, Einbrüche und andere Vertiefungen im Relief

Holozän – gegenwärtiges Erdzeitalter (zur detaillierten Gliederung s. S. 66)

humid – feuchtes Klima, Niederschlag höher als potenzielle Verdunstung

Humus – abgestorbene organische Substanz im Boden, die vielfältigen Zersetzungsprozessen unterliegt und eine wesentliche Quelle der Bodenfruchtbarkeit darstellt

Hydrogeologie – Wissenschaft von den Erscheinungen des unterirdischen Wassers und dem wasserführenden Gesteinskörper, Grundwasserkunde

Hydrographie – beschreibende Wissenschaft von den Gewässern und dem Wasserhaushalt der Erde; in der Kartographie Bezeichnung für alle Wasserelemente

Hydrologie – Gewässerkunde einschließlich der Meeresgewässerkunde (Ozeanologie)

Hydrosphäre – die Wasserhülle der Erde, umfasst Meere, Binnengewässer, Grundwasserkörper, Eisflächen

Intrusivgestein, Plutonit – Gestein, das in großer Tiefe durch Abkühlung von ▷ Magma oder infolge chemischer Veränderung vorhandener Gesteine gebildet wurde

Jungmoräne(nlandschaft) – während der letzten Eiszeit geformte, ▷ reliefierte Landschaft mit kuppigen ▷ Endmoränengürteln, Sanderflächen, versumpften Senken, wassergefüllten ▷ Toteislöchern (Sölle) und Seen; ▷ Moränen

Jura, jurassisch – Periode des ▶ Mesozoikums

Kaledoniden – vor etwa 500 bis 370 Mio. Jahren im ▶ Altpaläozoikum aufgefalteter Gebirgszug mit Erstreckung von Irland, Schottland und Norwegen bis nach Nordwestgrönland

Kalisalze – natürlich vorkommende Salze und Doppelsalze des Kaliums, deren Lagerstätten durch Verdunstung früherer Meere entstanden sind

Kaltzeit – kühlere oder eiszeitliche Phase der Erdgeschichte, oft mit dem ▷ Eiszeitalter gleichgesetzt (vgl. Beitrag S. 66)

Känozoikum – Erdneuzeit, Ära des ▶ Phanerozoikums

Kaolin – vorwiegend aus dem Tonmineral Kaolinit bestehendes Tongestein, das unter tropischen Klimabedingungen als Verwitterungsprodukt aus ▷ magmatischem Gestein entstanden ist; in reinem Zustand weiß, Grundstoff der Porzellanherstellung

Kar – durch Gletschererosion geschaffene Hohlform in Gipfelbereichen von Hochgebirgen; oft Bildung von **Karseen**

Karbon – Periode des ▶ Paläozoikums

Karst – ▷ Karstlandschaft

Karstgesteine – Gesteine, in denen Lösungsvorgänge formprägend stattfinden

Karstlandschaft – durch Karstformen gekennzeichnete Landschaft, geprägt von Lösungsvorgängen in Karstgesteinen mit einer typischen Karsthydrologie (vgl. Beitrag S. 94)

Kerbtal – V-Tal, Tal mit typischem V-förmigem Querprofil und steilen gestreckten Hängen, Resultat von starker Tiefenerosion

Keuper – Epoche der ▶ Trias

Kies – Sedimente der Korngrößenklasse zwischen 2-63 mm Durchmesser mit gerundeten Partikeln

Kippen – Vorwärtsrotation von Fest- oder Lockergestein eines Hanges um einen Punkt oder eine Achse unterhalb ihres Schwerpunktes

klastische Gesteine – Sedimentgesteine, deren Komponenten aus mechanisch aufgearbeiteten Gesteinen oder Mineralkörnern bestehen

komplexe Massenbewegung – verschiedene Massenbewegungsprozesse in Kombination (▷ Fallen, ▷ Kippen, ▷ Gleiten, ▷ Driften, ▷ Fließen), wobei sich der anfängliche Typ während der Hangabwärtsbewegung verändert

Kontamination – Verunreinigung, Vergiftung

Konvektion, Konvektionsströme – in der Geologie Bezeichnung für Bewegungen von geschmolzenen Gesteinen im Erdmantel; Antrieb wahrscheinlich Temperaturunterschiede zwischen Kern und Mantel. In der Klimatologie eine durch das Aufsteigen erwärmter Luft verursachte vertikale Luftbewegung, die mit einem gleichzeitigen Absinken kälterer Luft in der Umgebung verbunden ist.

Kreide – Periode des ▶ Mesozoikums; weiches ▷ Sedimentgestein

kretazisch – aus der ▶ Kreide stammend

kristallin – eine Kristallstruktur besitzend, d.h. eine regelmäßige Anordnung der atomaren Bestandteile (Kristallgitter), nach außen durch klare Flächen begrenzt

Lauge – Salzlösung; Lösung der Alkalihy-

Geologische Zeittafel (2) Devon bis Erdfrühzeit

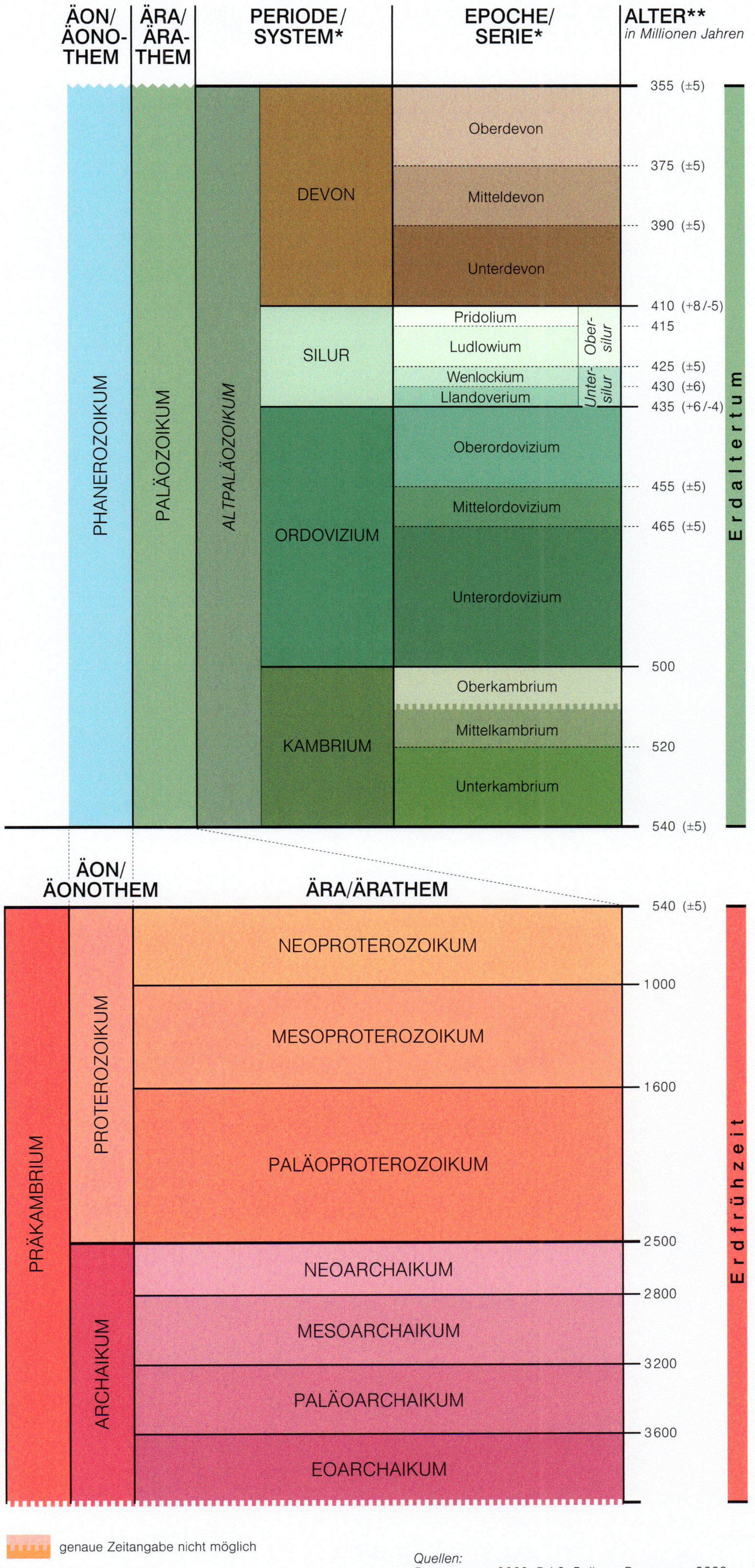

Quellen:
BRUNOTTE u.a. 2002, Bd. 2, Beilage; REMANE u.a. 2000; ROTHE 2000, S. 193-215; STANLEY 2001, S. 656-658
▶▶ Anhang Beitrag Liedtke/Mäusbacher/Schmidt, S. 157

droxyde
Lava – glutflüssiges ▷ Magma bei seinem Austritt an die Erdoberfläche
Lehm – Sedimente mit einem Korngrößengemisch aus ▷ Sand, ▷ Schluff und ▷ Ton
Letten – dunkle Bodenart aus feuchtfettem Schieferton
limnisch – im Süßwasser lebend, im Süßwasser gebildet
Limnologie, limnologisch – Kunde der stehenden Binnengewässer, Teil der Hydrologie
Lithogenese – Gesteinsentstehung
Lithologie, lithologisch – Gesteinskunde
Lithosphäre – Bereich der festen bis ca. 100 km dicken Erdrinde, umfasst die Erdkruste und Teile des oberen Erdmantels
Lockergestein, Lockersedimente – nicht verfestigte Ablagerungen
Löss – feinkörniges homogenes, meist ungeschichtetes ▷ äolisches ▷ Sediment, während der ▷ Kaltzeiten aus ▷ Periglazialgebieten ausgeblasen und im Vorland von Höhenzügen bzw. in deren Windschatten bei nachlassender Schleppkraft des Windes abgesetzt; meist kalkreich; Ausgangsmaterial fruchtbarer Böden
Mäander – Flussschlinge, natürlicher Verlauf des Flussbetts im Tiefland bei geringem Gefälle
Magma – flüssige Gesteinsschmelze im Erdinneren
magmatisches Gestein, Magmatit – durch Erstarrung aus dem ▷ Magma entstandenes Gestein; Unterscheidung je nach Ort der Erkaltung, Kristallisation und Gefügebildung in Plutonite (Tiefengesteine), Ganggesteine und Vulkanite (Ergussgesteine)
Malm – Epoche des ▶ Jura
Marsch – von Hochwasser, besonders aber von Sturmfluten überschwemmter Flachküstenbereich mit Ablagerungen von geschichteten ▷ Sanden, ▷ Schluffen, ▷ Tonen und organischen Substanzen
Massenverlagerung – Bewegung von Fest- und Lockermaterial durch die Schwerkraft; Unterscheidung der Bewegungstypen ▷ Fallen, ▷ Kippen, ▷ Gleiten, ▷ Driften, ▷ Fließen und ▷ komplexe Massenverlagerung
Mergel – weiches Gestein, bestehend aus einem Gemisch von Kalk und 35-65% Ton
Mesolithikum – Mittelsteinzeit, Zeitalter des ▶ Holozäns, 11.590-7500 Jahre vor heute
Mesozoikum – Erdmittelalter; Ära des ▶ Phanerozoikums
metamorphe Gesteine – Gesteine, die durch Metamorphose entstanden ist, d.h. durch allmähliche Umwandlungen von Gesteinen als Folge der Erhöhung von Temperatur und Druck mit Veränderungen in Gefüge und Mineralbestand
Miozän – Epoche des ▶ Tertiärs
Molasse – Sedimentgestein aus Schuttansammlungen in vorgelagerten Sedimentbecken aufsteigender Gebirge; im engeren Sinne eine bedeutende tertiäre Ablagerungsfolge im nördlichen Alpenvorland
Moräne – Ablagerung der Vereisungen der Kaltzeiten aus einem wenig sortierten Gemisch aus ▷ Ton, ▷ Schluff, Sand, ▷ Kies und Steinen; entsteht unter dem Eis durch Absetzen (Grundmoräne) oder als Rückstände nach dem Ausschmelzen; in Norddeutschland überwiegend infolge von Abscherung und Stauchung des Untergrunds durch Gletschervorstöße; je nach Lage zum Gletscher werden u.a. unterschieden: Seitenmoräne, ▷ Endmoräne, Grundmoräne; Formen der letzten ▷ Eiszeit werden als ▷ Jungmoräne, jene der älteren Eiszeiten als ▷ Altmoräne bezeichnet.
Morphogenese – Entstehung der Oberflächenformen
Morphologie – Formen- und Gestaltlehre, in der physischen Geographie durch die ▷ Geomorphologie als Formenlehre vom Relief vertreten
morphostratigraphisch – auf die Gestalt der Abfolge von Schichten bezogen, die nach Umformungsprozessen nicht unbedingt ihrer chronologischen Abfolge entsprechen muss
Muschelkalk – Epoche der ▶ Trias
Nordische Vereisung – Ausbreitung eines Inland-Eisschildes von Skandinavien bis an den Nordrand der Mittelgebirge; drei Hauptvorstoßphasen: Elster-, Saale- und Weichselvereisung (vgl. Beitrag S. 66)
Oberkarbon – Epoche des ▶ Karbons
Oberperm – Epoche des ▶ Perms
Oligozän – Epoche des ▶ Tertiärs
Ordovizium – Periode des ▶ Paläozoikums
Orographie – das ▷ Relief beschreibende Darstellung
Paläoboden – ▷ reliktischer oder ▷ fossiler, von ▷ Sedimenten oder ▷ Vulkaniten bedeckter Boden und Bodenrest, der vor dem Ende der letzten Kaltzeit entstanden ist (vgl. Beitrag S. 116)
Paläozoikum – Erdaltertum, Ära des ▶ Phanerozoikums
Parabraunerde – Bodentyp mit Tonverlagerung, verbreitet in Löss- und Moränenlandschaften
Pedosphäre – Bereich der Erdoberfläche, in dem sich die ▷ Lithosphäre, ▷ Hydrosphäre, ▷ Atmosphäre und Biosphäre durchdringen und in dem die Bodenbildung stattfindet
periglazial, periglaziär – (*griech.* peri – um, herum; *lat.* glacies – Eis) durch frostgesteuerte Prozesse geprägt; zwischen nordischem und alpinem Vereisungsgebiet gelegen
Perm – Periode des ▶ Paläozoikums
Permafrost – Dauerfrostboden; über mindestens zwei Jahre dauerhaft gefrorener Boden, bei dem in kurzen Sommerperioden nur die oberste Schicht auftaut
pH – logarithmische Maßzahl für die Kennzeichnung von basischen, neutralen oder sauren Reaktionen von Lösungen
Plattengrenzen – die Ränder der tektonischen Platten der Erdkruste, die die größte Dynamik aufweisen
Plattentektonik – Theorie über die Struktur und Dynamik der Erdkruste. Danach wird angenommen, dass die Erdkruste aus 10-25 ozeanischen und kontinentalen Platten besteht, die auf einer viskosen Unterlage des Erdmantels mehr oder weniger unabhängig voneinander driften.
Pleistozän – Epoche des ▶ Quartärs, wird auch mit dem ▷ Eiszeitalter gleichgesetzt
Pliozän – Stufe des ▶ Jungtertiärs
Plutonit – Tiefengestein, ▷ Intrusivgestein
Podsol – nährstoffarmer, stark saurer Bodentyp mit Auflagehumus, Eisen- und Humusverlagerung
Polder – Rückhalteraum für Hochwasser an Flussläufen, der in hochwasserfreien Zeiten als Weide- oder Grünland genutzt wird; an Küsten eingedeichtes Marschland, mit hohem Grundwasserstand aufgrund seiner tiefen Lage
präquartär – vor dem ▶ Quartär entstanden
Priel – von den Gezeitenströmungen durchflossene, lang gestreckte und talartige Hohlform, meist mit flussartigen Verzweigungen
Quartär – jüngste Periode des ▶ Känozoikums; zu einer detaillierten Untergliederung s. S. 66
Quarz – ▷ kristalline Kieselsäure, eines der wichtigsten gesteinsbildenden Minerale, Hauptmasse von Sanden, weite Verbreitung in ▷ metamorphen und ▷ magmatischen Gesteinen sowie ▷ Sedimenten
Quarzit – metamorphes Gestein, das hauptsächlich aus Quarz besteht und durch Rekristallisation von Sandstein oder kieseligem Ausgangsmaterial gebildet wurde
Relief, reliefiert – dreidimensionale Form der Geländeoberfläche
Reliefenergie – maximaler Höhenunterschied innerhalb von definierten, kleinräumigen Rasterzellen, dient als Maß des Erosionspotenzials eines Bereiches (vgl. Beitrag S. 26)
reliktisch, Reliktformen – als Restform bzw. Überbleibsel älterer ▷ Morphogenese
Rendzina – flachgründiger Bodentyp, häufig stark steinig auf Carbonatgestein
rezent – kürzlich erfolgt bzw. gegenwärtig auftretend
Rhät – Stufe im ▶ Keuper
Röt – oberste Stufe im ▶ Buntsandstein
Rotliegend(es) – Epoche des ▶ Perms
Sand - Ablagerungen der Korngrößenklasse von 0,063-2 mm
Sander – ▷ glazifluviales ▷ Lockersediment, bei Gletscherrückzug durch Schmelzwässer in verwilderten Flussläufen als Sanderkegel, im Flachland als Sanderfläche aufgeschüttet
Schelfmeer – der seichte, meist nicht mehr als 200 m tiefe Bereich des Meeres, der sich über einem Kontinentalsockel befindet
Schichtkamm – Schichtstufe (dazu s. Beitrag S. 84ff.) mit mehr als 10° Neigungswinkel
Schluff – Ablagerungen der Korngrößenklasse von 0,002-0,063 mm
Schwarzerde – tiefgründige Böden mit hohem Humusgehalt, schwarzer Färbung und einem stabilen Aggregatgefüge
Sediment – Material, das durch Wasser, Luft oder Eis transportiert und in Schichten abgelagert wird
Sedimentation – Prozess der Ablagerung von Produkten der Gesteinsverwitterung und Erosion. Die ursprünglich horizontale Schichtung kann durch ▷ tektonische Prozesse verändert werden (▷ Kippung, ▷ Faltung).
Seismik, seismische Aktivität, Seismizität – Erschütterungen der Erdoberfläche durch Erdbeben
Silikate – Gruppe von Mineralen, zu der alle Verbindungen von SiO_2 mit basischen Oxiden gehören
Sole – hochkonzentrierte Salzlösung; voll gesättigte Sole hat bei 15 °C eine Dichte von 1,204 g/cm³ und einen Salzgehalt von 26,4%.
Steinkohle – ▷ biogenes ▷ Sediment mit einem Kohlenstoffgehalt zwischen 78 und 90%; durch fortgeschrittene Inkohlung aus der ▷ Braunkohle hervorgegangen, in Deutschland v.a. aus Ablagerungen des ▷ Karbon
Steinsalz – *Halit* oder Kochsalz (NaCl); wichtigstes Mineral in Salzlagerstätten, durch Verdunstung und ▷ Ausfällung in konzentrierten Lösungen entstanden
Stratigraphie, stratigraphisch – (Lehre von der) Abfolge der Gesteinsschichten und ihre® Alters- und Lagebeziehungen
Stratosphäre – thermisch gegliederte Schicht der Atmosphäre oberhalb der ▷Troposphäre, zwischen 11 und 47 km über der Erdoberfläche
Streichen – das Verlauf von Gesteinsschichten
subglazial – unter dem Eis, unter einem Gletscher
subterran – unter der Erdoberfläche
Sukzession – allgemein der Wandel der Artenzusammensetzung an einem bestimmten Ort im Laufe der Zeit; pflanzensoziologisch die zeitliche Aufeinanderfolge von Pflanzengesellschaften
technogen – durch technische Mittel geschaffen
Tektonik, tektonisch – Bereich der Geologie, der sich mit dem Aufbau der Erdkruste und den strukturbildenden Kräften und Bewegungen beschäftigt
terrestrisch – auf dem Festland lebend oder entstanden, mit der Erde verbunden
Terra fusca – Bodenart in ▷ Karstlandschaften: auf Kalkstein verwitterter Braunlehm
Tertiär – Periode des ▶ Känozoikums
Tide – Gezeitenverlauf von einem Niedrigwasser bis zum folgenden Niedrigwasser (ca. 12 Std. 24 Min.)
Tidenhub – mittlere Höhendifferenz zwischen Tideniedrigwasser und Tidehochwasser
Tiefenerosion – ▷ Erosion
Ton, tonig – feinkörnige Ablagerungen der Korngrößenklasse <0,002 mm
Tonstein – verfestigtes Sedimentgestein mit Komponenten von vorwiegend <0,064 mm Durchmesser
Topographie – Beschreibung und kartographische Darstellung des Geländes
Toteis – vom aktiven Gletscher abgetrenntes Eis, das meist vertikal abtaut und so einen spezifischen Formenschatz schafft
Trias – Periode des ▶ Mesozoikums
Troposphäre – untere Schicht der Atmosphäre bis ca. 11 km oberhalb der Erdoberfläche, innerhalb der sich infolge konvektiver Prozesse das Wetter abspielt
Tuff – verfestigte Masse aus vulkanischen Auswurfprodukten
Tundra – nahezu baumfreie Vegetationszone der Subpolargebiete
Tunneltal – bis zu mehrere hundert Meter tief eingeschnittene Rinnen, die in der südlichen Randzone der nordeuropäischen Vereisungen weit verbreitet sind. Ihre Entstehung geht auf ▷ subglaziale Schmelzwassererosion zurück.
Unterperm – Epoche des ▶ Perms
Urstromtal – *durch die Schmelzwässer der Eiszeitgletscher geschaffenes, breites Tal*, in Norddeutschland etwa dem Rand der ▷ Nordischen Vereisung folgend; kennzeichnet die Umstellung des Entwässerungsnetzes während der letzten ▷ Eiszeit
variszische (*auch:* variskische) **Gebirgsbildung** – gebirgsbildender Vorgang im mittleren ▷ Paläozoikum, in Mitteleuropa vorwiegend im ▶ Oberkarbon; teilweise von jüngeren Sedimenten überdeckt. Das variszische Gebirge bzw. die **Varisziden** erstrecken sich von der iberischen Halbinsel über Frankreich und Südwestengland, West- und Mitteldeutschland bis hin zu den Sudeten.
Verwerfung – Fläche oder Zone zerbrochenen Gesteins, an der zwei Schollen oder Schichten relativ zueinander verschoben wurden
Verwitterung – fortschreitender Zerfall von Gesteinen durch klimatische Einflüsse, mechanische Lockerung (physikalische Verwitterung) oder chemische Umwandlung; sind Lebewesen beteiligt, spricht man auch von biologischer Verwitterung.
Vorfluter – Mündungsgewässer (fließend oder stehend), das das abfließende Wasser der Gewässer niederer Ordnung und des Oberflächenabflusses aufnimmt
Vulkanit – auch vulkanisches Gestein, Erguss-, Eruptiv-, Effusivgestein; durch Vulkanismus entweder explosiv herausgeschleudert oder fließend als ▷ Lava erstarrt; meist feinkörnig oder glasig
Wasserdargebot – nutzbare Menge an wirtschaftlich verwertbarem Grund- bzw. Oberflächenwasser
Weichsel-Würm-Kaltzeit/Eiszeit – letzte Kaltzeit vom Ende der Eem-Warmzeit bis zum Beginn des ▷ Holozäns; in Norddeutschland als Weichsel-Kaltzeit, im alpinen Vereisungsgebiet als Würm-Kaltzeit bezeichnet (vgl. S. 66)
Würm-Kaltzeit/Eiszeit – ▷Weichsel-Würm-Kaltzeit
Zechstein – Epoche des ▶ Perms
Zeugenberg – durch rückschreitende ▷ Erosion vollständig abgetrennter Rest einer Schichtstufe, der als allein stehender Berg meist in einem Flusstal sichtbar ist

Quellenverzeichnis

Verwendete Abkürzungen

aktual.	aktualisiert(e) (Auflage)
Aufl.	Auflage
Bearb.	bearbeitet, Bearbeitung
BfG	Bundesanstalt für Gewässerkunde
BfLR	Publikationen des BBR vor 1998, Bundesforschungsanstalt für Landeskunde und Raumordnung
BGR	Bundesanstalt für Geowissenschaften und Rohstoffe
BKG	Bundesamt für Kartographie und Geodäsie (ehem. IfAG)
BMU	Bundesministerium für Umwelt, Naturschutz und Reaktorsicherheit
BSH	Bundesamt für Seeschifffahrt und Hydrographie
DLR	Deutsches Zentrum für Luft- und Raumfahrt Oberpfaffenhofen
durchges.	durchgesehene (Auflage)
erg.	ergänzte (Auflage)
erweit.	erweiterte (Auflage)
GFZ	GeoForschungsZentrum Potsdam
HAD	Hydrologischer Atlas von Deutschland
IfAG	Institut für Angewandte Geodäsie
IfL	Institut für Länderkunde
IHF	Institut für Hydrologie der Universität Freiburg i.Br.
Konstr.	Konstruktion, Kartenentwurf, Kartographische Datenaufbereitung bzw. -verarbeitung
neubearb.	neubearbeitet(e) (Auflage)
o.J.	ohne Jahr
Red.	redaktionell, Redaktion
StBA	Statistisches Bundesamt
überarb.	überarbeitet(e) (Auflage)
unveränd.	unverändert(e) (Auflage)
unveröff.	unveröffentlicht(e)
versch.	verschiedene
zgl.	zugleich

Nationalatlas Bundesrepublik Deutschland

Nationalatlas Bundesrepublik Deutschland
Herausgeber: Institut für Länderkunde, Schongauerstr. 9, 04329 Leipzig
Projektleitung: Prof. Dr. A. Mayr, Dr. S. Tzschaschel
Verantwortliche
für Redaktion: Dr. S. Tzschaschel
für Kartenredaktion: Dr. K. Großer
Mitarbeiter
Redaktion: Dipl.-Geogr. V. Bode, D. Hänsgen (M.A.), Dr. S. Tzschaschel unter Mitarbeit von: H. Bullmann, C. Fölber, G. Mayr, S. Naumann
Kartenredaktion: Dr. K. Großer, Dipl.-Ing. f. Kart. B. Hantzsch, Dipl.-Ing. (FH) W. Kraus, Dipl.-Ing. (FH) S. Dutzmann
Kartographie: Dipl.-Ing. (FH) K. Baum, Dipl.-Ing. (FH) J. Blauhut, Kart. R. Bräuer, Dipl.-Ing. (FH) S. Dutzmann, Dipl.-Ing. f. Kart. B. Hantzsch, S. Kanters, Dipl.-Ing. (FH) W. Kraus, Dipl.-Ing. (FH) A. Müller, Kart. P. Mund, Kart. R. Richter, K. Ronniger, M. Schmiedel
Elektr. Ausgabe: Dipl.-Geogr. C. Hanewinkel, Dipl.-Geogr. E. Losang
Layout, Gesamtgestaltung und Technik: Dipl.-Ing. J. Rohland
Bildauswahl: Dipl.-Geogr. V. Bode
Repro.-Fotographie: K. Ronniger

S. 10-11: Deutschland auf einen Blick

Autoren: Dirk Hänsgen, M.A., Dipl.-Ing. f. Kart. Birgit Hantzsch, Institut für Länderkunde, Schongauerstr. 9, 04329 Leipzig

Kartographische Bearbeiter

Abb. 1: Konstr: J. Blauhut, U. Hein; Bearb: J. Blauhut

Abb. 2: Red: B. Hantzsch; Bearb: B. Hantzsch, R. Bräuer

Literatur

Breitfeld, K. u.a. (1992): Das vereinte Deutschland. Eine kleine Geographie. Leipzig.

Friedlein, G. u. F.-D. Grimm (1995): Deutschland und seine Nachbarn. Spuren räumlicher Beziehungen. Leipzig.

Sperling, W. (1997): Germany in the Nineties. In: Hecht, A. u. A. Pletsch (Hrsg.): Geographies of Germany and Canada. Paradigms, Concepts, Stereotypes, Images. Hannover (= Studien zur internationalen Schulbuchforschung. Band 92), S. 35-49.

StBA (Hrsg.) (2002a): Bodenfläche nach Art der tatsächlichen Nutzung [Auszug]. Methodische Erläuterungen und Eckzahlen 2001. Wiesbaden (= Fachserie 3: Land- und Forstwirtschaft, Fischerei. Reihe 5.1). Online im Internet unter: http://www.destatis.de/download/veroe/eckzahlen01.pdf

StBA (Hrsg.) (2002b): Gemeindeverzeichnis GV 2000 (Auszug aus den Gemeindedaten) Jahresausgabe zum 31.12.2001. Wiesbaden.

StBA (Hrsg.) (jährlich): Statistisches Jahrbuch für die Bundesrepublik Deutschland. Wiesbaden.

StBA: Basisdaten Geographie online im Internet unter: http://www.destatis.de

Quellen von Karten und Abbildungen

Abb. 1: Bevölkerungsdichte: StBA (Hrsg.) (2002b).

Abb. 2: Geographische Übersicht: BKG (Hrsg.): Digitales Landschaftsmodell 1:1.000.000 (DLM 1000). BSH (Hrsg.) (versch. Jahre): Seekarte Nord- und Ostsee (Übersichtskarte). Blätter: 50 Deutsche Bucht 1:375.000 (1995), 61 Die südliche Ostsee von Arkona bis Rozewie (Rixhöft) 1:300.000 (1995) u. 64 Südliche Ostsee, westlicher Teil, Belte und Sund 1:300.000 (1997). Sonderstelle für Vermessungswesen beim Wasser- und Schifffahrtsamt Regensburg (2002): Bundeswasserstraßen. Informationen für die Sportschifffahrt. Ca. 1:3.000.000. Common Wadden Sea Secretariat u. Rijksinstituut voor Kust en Zee (1998): Das Ems-Dollart Gebiet / The Ems-Dollard Area. Ca. 1:194.000.

S. 12-25: Relief, Boden und Wasser – eine Einführung

Autoren: Prof. em. Dr. Herbert Liedtke, Geographisches Institut der Ruhr-Universität Bochum, Universitätsstr. 150, 44801 Bochum

Prof. Dr. Roland Mäusbacher, Institut für Geographie der Friedrich-Schiller-Universität Jena, Löbdergraben 32, 07743 Jena

Prof. Dr. Karl-Heinz Schmidt, Institut für Geographie der Martin-Luther-Universität Halle-Wittenberg, Domstr. 5, 06108 Halle (Saale)

Kartographische Bearbeiter

Abb. 1, 7, 9, 10: Red: K. Großer; Bearb: R. Richter

Abb. 4: Red: K. Großer; Bearb: K. Baum

Abb. 5: Konstr: M. Unbenannt, W. Kraus; Red: W. Kraus; Bearb: R. Bräuer

Abb. 6: Red: W. Kraus; Bearb: R. Bräuer

Abb. 11: Red: K. Großer; Bearb: M. Schmiedel

Abb. 16: Konstr: J. Strub; Red: W. Kraus; Bearb: R. Bräuer, W. Kraus

Literatur

Agricola, G. (1556): De re metallica libri XII. [Bergbau und Hüttenkunde, 12 Bücher in denen die Ämter, Instrumente, Maschinen und alle Dinge, die zum Berg- und Hüttenwesen gehören, nicht nur aufs deutlichste beschrieben, sondern auch durch Abbildungen, die am gehörigen Orte eingefügt sind, unter Angabe der lateinischen und deutschen Bezeichnungen aufs klarste vor Augen gestellt werden]. Basel. [Übersetzte u. bearb. Ausgabe, Berlin, 1974].

Ahnert, F. (1996): Einführung in die Geomorphologie. 2. verbesserte Aufl. Stuttgart (= UTB für Wissenschaft: Große Reihe 8103).

Barsch, D. u.a. (Hrsg.) (1994): Messungen in fluvialen Systemen. Feld- und Labormethoden zur Erfassung des Wasser- und Stoffhaushaltes. Berlin u.a.

Bauer, J. u.a. (2002): Physische Geographie kompakt. Heidelberg, Berlin (= Spektrum Lehrbuch).

Baumgartner, A. u. H.-J. Liebscher (1996): Allgemeine Hydrologie – quantitative Hydrologie. 2. Aufl. Berlin, Stuttgart (= Lehrbuch der Hydrologie. Band 1).

BfLR [Hrsg.] (1948/49-1994): Geographische Landesaufnahme 1:200.000. Naturräumliche Gliederung Deutschlands. 65 Kartenblätter mit Erläuterungsheften. Bonn-Bad Godesberg.

Blume, H. (1994): Das Relief der Erde. Ein Bildatlas. 2. durchges. Aufl. Stuttgart.

Blume, H.-P. (Hrsg.) (1992): Handbuch des Bodenschutzes. Bodenökologie und -belastung. Vorbeugende und abwehrende Schutzmaßnahmen. 2. überarb. u. wesentlich erweit. Aufl. Landsberg/Lech.

Brockhaus-Redaktion (Hrsg.) (2000): Lebensraum Erde. Leipzig, Mannheim (= Brockhaus. Mensch – Natur – Technik).

Brunner, U. (1983): Die Erforschung der antiken Oase von Marib mit Hilfe geomorphologischer Untersuchungsmethoden. Mainz (= Forschungen des Deutschen Archäologischen Instituts in Marib und der Umgebung der Sabäerhauptstadt. Archäologische Berichte aus dem Yemen. Band 2).

Brunotte, E. u.a. (Hrsg.) (2001-2002): Lexikon der Geographie in vier Bänden. Heidelberg, Berlin.

Büdel, J. (1937): Eiszeitliche und rezente Verwitterung und Abtragung im ehemals nicht vereisten Teil Mitteleuropas. Gotha (= Ergänzungsheft zu Petermanns Geographische Mitteilungen. Nr. 229).

Büdel, J. (1977): Klima-Geomorphologie. Berlin, Stuttgart (= Arbeiten aus der Kommission für Geomorphologie der Bayerischen Akademie der Wissenschaften 1).

Bundes-Bodenschutzgesetz (BBodSchG, Gesetz zum Schutz vor schädlichen Bodenveränderungen und zur Sanierung von Altlasten vom 17. März 1998) (1998). In: Bundesgesetzblatt, Teil 1. Nr. 16 vom 24.03.1998, S. 502 ff.

Childe, V. G. (1929): The Danube in prehistory. Oxford.

Dyck, S. u. G. Peschke (1995): Grundlagen der Hydrologie. 3. stark bearb. Aufl. Berlin.

Eitel, B. (1999): Bodengeographie. Braunschweig (= Das Geographische Seminar).

Ernsting, B. [Hrsg.] (1994): Georgius Agricola, Bergwelten 1494-1994. Essen

(= zgl. Veröffentlichungen aus dem Deutschen Bergbaumuseum. Band 55).
GOHL, D. (1972): Strukturen und Skulpturen der Landschaft. Die Methodik der Darstellung am Beispiel einer Karte von Deutschland. Mit einer Karte 1:1.000.000. Bonn-Bad Godesberg (= Forschungen zur deutschen Landeskunde. Band 184).
GOUDIE, A. (2002): Physische Geographie. Eine Einführung. 4. Aufl. Heidelberg, Berlin (= Spektrum Lehrbuch).
GRUBER, R. u. H. WESTRAM (2002): Deutschland Schicht um Schicht / Wissen & Bildung / Bayerischer Rundfunk: online im Internet unter: http://www.br-online.de
HENDL, M. u. H. LIEDTKE (Hrsg.) (1997): Lehrbuch der Allgemeinen Physischen Geographie. 3. überarb. u. erweit. Aufl. Gotha (= Perthes GeographieKolleg).
HENNINGSEN, D. u. G. KATZUNG (2002): Einführung in die Geologie Deutschlands. 6. Aufl. Berlin, Heidelberg.
HEUSINGER, F. (1826): Die Verwandlung der Bergseiten in ebene Beete, und der Gießbäche in Abzuggräben; oder die Terrassirung der Berge mit der Wasserleitung; als die beste und wohlfeilste Art, Berge zu benutzen, sie vor Verödung zu schützen und Ueberschwemmungen zu verhüten. Auf eigene Erfahrung gegründet, und mit Benutzung einer von der Königl. Societät der Wissenschaften zu Göttingen gekrönten Preisschrift desselben Verfassers dargestellt. Leipzig.
JESSEN, O. (1936): Reisen und Forschungen in Angola. Berlin.
KALIS, A. J., J. MERKT u. J. WUNDERLICH (2002): Environmental changes during the Holocene climatic optimum in central Europe – human impact and natural causes. In: Quaternary Science Reviews. Heft 1, S. 33-79.
KÜSTER, H. (1995): Geschichte der Landschaft in Mitteleuropa. Von der Eiszeit bis zur Gegenwart. München.
KUNTZE, H., G. ROESCHMANN u. G. SCHWERTFEGER (1994): Bodenkunde. 5. neubearb. u. erweit. Aufl. Stuttgart (UTB für Wissenschaft: Große Reihe 8076).
Leonardo da Vinci, Der Codex Leicester (1506-1508/10). In: HAUS DER KUNST u. MUSEUM DER DINGE (Hrsg.) (1999): [Katalog anlässlich der Ausstellung „Leonardo da Vinci: Joseph Beuys. Der Codex Leicester im Spiegel der Gegenwart" im Haus der Kunst, München, 15.10.1999-9.1.2000 und im Museum der Dinge, Martin-Gropius-Bau, 30.1.-12.3.2000]. München, Berlin, S. 71-217.
LIEBIG, J. v. (1840): Die organische Chemie in ihrer Anwendung auf Agricultur und Physiologie. Braunschweig.
LIEDTKE, H. u. J. MARCINEK (Hrsg.) (2002): Physische Geographie Deutschlands. 3. überarb. u. erweit. Aufl. Gotha, Stuttgart (= Perthes GeographieKolleg).
LÜNING, J. (2000): Steinzeitliche Bauern in Deutschland. Die Landwirtschaft im Neolithikum. Bonn (= Universitätsforschungen zur prähistorischen Archäologie. Band 58).
MARCINEK, J. u. E. ROSENKRANZ (1996): Das Wasser der Erde. Eine geographische Meeres- und Gewässerkunde. 2. überarb. u. erweit. Aufl. Gotha (= Perthes GeographieKolleg).
MEYNEN, E. u. J. SCHMITHÜSEN (Hrsg.) (1953-1962): Handbuch der naturräumlichen Gliederung Deutschlands. Gemeinschaftsveröffentlichung des Instituts für Landeskunde und des Deutschen Instituts für Länderkunde. Unter Mitwirkung des Zentralausschusses für deutsche Landeskunde. 2 Bände in 9 Lieferungen. Bad Godesberg.
MÜCKENHAUSEN, E. (1993): Die Bodenkunde und ihre geologischen, geomorphologischen, mineralogischen und petrologischen Grundlagen. 4. erg. Aufl. Frankfurt a.M.
ORTH, A. (1870): Die geologischen Verhältnisse des norddeutschen Schwemmlandes mit besonderer Berücksichtigung der Mark Brandenburg und die Anfertigung geognostisch-agronomischer Karten. Habilitationsschrift. Universität Halle-Wittenberg. Halle.
PASSARGE, S. (1912): Physiologische Morphologie. In: Mitteilungen der Geographischen Gesellschaft in Hamburg. Band 26, S. 133-337.
PROBST, E. (1999): Deutschland in der Urzeit. Von der Entstehung des Lebens bis zum Ende der Eiszeit. München
REMANE, J. u.a. (2000): Explanatory note to the International Stratigraphic Chart. Mit einer Farbtafel „International Stratigraphic Chart" hrsg. von der International Union of Geological Sciences (IUGS) und der United Nations Educational, Scientific and Cultural Organisation (UNESCO). Trondheim. Auch online im Internet unter: http://www.iugs.org/iugs/pubs/intstratchart.htm
RENNERS, M. (1991): Geoökologische Raumgliederung der Bundesrepublik Deutschland. Mit einer Karte 1:1.000.000. Trier (= Forschungen zur deutschen Landeskunde. Band 235).
RICHTER, G. (Hrsg.) (1998): Bodenerosion. Analyse und Bilanz eines Umweltproblems. Darmstadt.
RICHTER, H. (1978): Eine naturräumliche Gliederung der DDR auf der Grundlage von Naturraumtypen (mit einer Karte 1:500.000). Mit einem Beitrag von H. BARSCH. In: HAASE, G. (Bearb.): Arbeiten zur Bodengeographie. Berlin (= Beiträge zur Geographie. Band 29), S. 323-340.
RICHTHOFEN, F. v.(1886): Führer für Forschungsreisende. Anleitung zu Beobachtungen über Gegenstände der physischen Geographie und Geologie. Berlin. [Unveränderter reprografischer Nachdruck, Darmstadt, 1973].
ROTHE, P. (2000): Erdgeschichte. Spurensuche im Gestein. Darmstadt.
SAPPER, K. (1935): Geomorphologie der feuchten Tropen. Leipzig, Berlin (= Geographische Schriften. Heft 7).
SCHEFFER, F. u. P. SCHACHTSCHABEL (2002): Lehrbuch der Bodenkunde. Neu bearb. u. erweit. v. Blume, H.-P. u.a. 15. Aufl. Heidelberg, Berlin (= Spektrum Lehrbuch).
SCHMIDT, K.-H. (1984): Der Fluß und sein Einzugsgebiet. Hydrogeographische Forschungspraxis. Wiesbaden (= Wissenschaftliche Paperbacks Geographie).
SCHULTZE, J. H. (1959): Die Bodenerosion in Thüringen. Wesen, Stärke und Abwehrmöglichkeiten. 2. erg. Aufl. Gotha (= Ergänzungsheft zu Petermanns Geographische Mitteilungen. Nr. 247).
SEMMEL, A. (1991): Grundlagen der Physischen Geographie I. Relief, Gestein, Boden. Darmstadt (= Die Geographie).
SEMMEL, A. (1996): Geomorphologie der Bundesrepublik Deutschland. Grundzüge, Forschungsstand, aktuelle Fragen, erörtert an ausgewählten Landschaften. 5. völlig überarb. u. regional erweit. Aufl. Stuttgart (= Erdkundliches Wissen. Heft 30).
STANLEY, S. M. (2001): Historische Geologie. 2. deutsche Aufl. hrsg. v. V. Schweizer. Heidelberg, Berlin. (= Spektrum Lehrbuch).
STRAHLER, A. H. u. A. N. STRAHLER (1999): Physische Geographie. Aus dem Englischen übersetzt und bearbeitet von Prof. Dr. F. Ahnert. Stuttgart (= UTB für Wissenschaft: Große Reihe 8159).
STREMME, H. (1926):Grundzüge der praktischen Bodenkunde. Berlin.
STREMME, H. (1936): Die Böden des Deutschen Reiches und der Freien Stadt Danzig. Erläuterung zur Übersichtsbodenkarte 1:1.000.000 des Deutschen Reiches und der Freien Stadt Danzig. Gotha (= Ergänzungsheft zu Petermanns Geographische Mitteilungen. Nr. 226).
THAER, A. (1831): Grundsätze der rationellen Landwirthschaft. Band 2. Berlin.
VARENIUS, B. (1650): Geographia Generalis. In qua affectiones generales Telluris explicantur. [Allgemeine Geographie. Eine Klärung der Grundbestimmungen der Erde.] Amsterdam.
WAGENBRETH, O. (1999): Die Geschichte der Geologie in Deutschland. Stuttgart.
WAGENBRETH, O. u. W. STEINER (1990): Geologische Streifzüge. Landschaft und Erdgeschichte zwischen Kap Arkona und Fichtelberg. 4. unveränd. Aufl. Leipzig.

Quellen von Karten und Abbildungen

Abb. 1: ERATOSTHENES' Berechnung des Erdumfangs: Entwurf H. Liedtke.
Abb. 2: Karte von Weinerus 1579, Ausschnitt Bad Reichenhall bis zum Königssee: WEINER[US], P. (1579): Chorographia Bavariae. Beschreibung Des Lanndts und Loblichen Fürstenthumbs Obern und Nidern Bayrn u. sambt denn umbligenden anstössen anderer Herrschaften Dar-Inen die Stöt, Märckht, Clöster, Schlösser, Dörffer, Gebürg, Wälldt, Wasserfluss, See, Weÿer und anders auf das fleissigest verzaichnet seÿen. [Karte in 24 Teilen auf 22 Blättern nach dem Holzschnitt von P. Apian]. Ca. 1:140.000. [München], Teil 23: © IfL, Geographische Zentralbibliothek, At 53 mi.
Abb. 3: Karte von Leopold von Buch 1826, Ausschnitt Harz und Umgebung: BUCH, L. v. [1826]: Geognostische Karte von Deutschland und den umliegenden Staaten. In 42 Blättern. Nach den vorzüglichsten mitgetheilten Materialien hrsg. von Simon Schropp et Comp. Ca. 1:1.100.000. Berlin, Blatt [15] Magdeburg: © Kartenabteilung der Staatsbibliothek zu Berlin – Preußischer Kulturbesitz, Kart. W 12741-15.
Abb. 4: Vermutliche Verteilung von Land und Meer vom Devon bis zum Oligozän: nach PROBST, E. (1999), S. 52, 67, 95, 113, 145, 190 u. 249. Muschelkalk nach BUBNOFF, S. v. (1936): Geschichte und Bau des deutschen Bodens. Berlin (= Deutscher Boden. Band 1), S. 59, Abb. 31.
Abb. 5: Höhenstufen: BKG (Hrsg.): Digitales Landschaftsmodell 1:1.000.000 (DLM 1000).
Abb. 6: Reliefbildkarte: Satellitenbild: © DLR. Entwurf H. Liedtke.
Abb. 7: Pollendiagramm 9580-6810 v.h.: KALIS, A. J., J. MERKT u. J. WUNDERLICH (2002), S. 46, Abb. 4.
Abb. 8: Bodenbewertungsverfahren 1831 von Thaer: STREMME, H. (1936), Tafel 1.
Abb. 9: Bodenbelastung durch Schwermetalle in Straßennähe: SCHEFFER, F. u. P. SCHACHTSCHABEL (2002), S. 367, Abb. 7.3-4.
Abb. 10: Schwermetalleinträge in Großstädten und ländlichen Gebieten sowie Grenzwerte gemäß Klärschlammverordnung 1992: BLUME, H.-P. (Hrsg.) (1992), S. 291, Tab. 2.7.3/10. SCHEFFER, F. u. P. SCHACHTSCHABEL (2002), S. 409, Tab. 7.4-2.
Abb. 11: Reproduktion der Bodenkarte des Deutschen Reiches 1:1.000.000 von 1936: STREMME, H. (1936), Tafel 15.
Abb. 12: Geognostisch-agronomische Karte der Umgegend von Rüdersdorf, auf Grund der Eck'schen geologischen Karte agronomisch bearbeitet von Albert Orth: ORTH, A. (1877): Rüdersdorf und Umgegend. Auf geognostischer Grundlage agronomisch bearbeitet. Mit einer geognostisch-agronomischen Karte. Berlin (= Abhandlungen zur geologischen Specialkarte von Preussen und den Thüringischen Staaten. Band 2, Heft 2), Kartenbeilage.
Abb. 13: Karte der Bodenerosion von J. H. SCHULTZE: SCHULTZE, J. H. (1959), Figur 53.
Abb. 14: Skizze eines Flussmäanders von Leonardo da Vinci: Leonardo da Vinci, Der Codex Leicester (1506-1508/10), Blatt 5 B – Folio 32 R, [S. 111].
Abb. 15: „Du siehst hier zwei Flüsse mit der gleichen Wassermenge und von gleicher Länge [...]: Leonardo da Vinci, Der Codex Leicester (1506-1508/10), Blatt 5 A – Folio 5 R, [S. 107].
Abb. 16: Gewässernetz: STRUB, J. u.a. (2000): 1.1 Orohydrographie. 1:2.000.000. IHF. In: BMU (Hrsg.) (2000ff.): Hydrologischer Atlas von Deutschland. Projektleitung: BfG, IHF. Berlin. Loseblattausgabe, 1. Lieferung, Blatt 1.1.

Bildnachweis

S. 12: Die deutschen Großlandschaften: Nordseeküste: © SAVE-BILD, Uwe Walz; Tiefland: © Tetzlaft - Helga Lade Fotoagentur; Mittelgebirge: © Werner Otto/OKAPIA; Hochgebirge: © Ostwald Eckstein/OKAPIA
S. 13: Alpenpanorama von Ernst Vollbehr: © IfL, Archiv für Geographie, Bildarchiv, Gemälde-Sammlung Ernst Vollbehr, Nr. 294: Panoramablick I vom Wendelstein
S. 14: Der Geomorphologe Ferdinand Freiherr von Richthofen (1833-1905): © IfL, Archiv für Geographie, Kasten: Forscher und Gelehrte; Faksimile des „Führers für Forschungsreisende": © IfL, Geographische Zentralbibliothek, III F 3
S. 14: Alexander v. Humboldt (1769-1859) in seinem Arbeitszimmer in Berlin: IfL, Archiv für Geographie, Bildarchiv
S. 15: Der Geomorphologe Julius Büdel (1903-1983): IfL, Archiv für Geographie, Bildarchiv
S. 15: Alfred Hettner (1859-1941): © IfL, Archiv für Geographie, Kasten: Forscher und Gelehrte
S. 16: Der etwa 20 Mio. Jahre alte Basaltkegel Landeskrone bei Görlitz: © Staatliches Museum für Naturkunde Görlitz
S. 16: Die Bohlenwand bei Saalfeld: © J. Baade
S. 16: Der mäanderartige, canyonähnliche Einschnitt des Rheins in das Rheinische Schiefergebirge: © LMZ RP/Gustav Rittstieg
S. 18: Durch Kombination verschiedener Satellitendaten und Methoden der digitalen Bildverarbeitung erzeugtes digitales Geländemodell: © DLR
S. 19: Briefmarke Thaer: © Deutsche Post AG 2000
S. 22: Briefmarke Bodenschutz: © Deutsche Post AG 2000
S. 22: Probensequenz aus einem Nebenfluss des Neckars bei Hochwasser: © A. Schütte
S. 22: Durch Überschwemmung abgetragenes Bodenmaterial auf landwirtschaftlich genutzter Fläche: © R. Mäusbacher
S. 23: Römisches Aquädukt bei Vussem in der Eifel: © Robert Janke, Bildarchiv Monheim
S. 24: Die Jahrhundertflut – Hochwasser der Mulde bei Eilenburg am 15. August 2002: © Profiluftbild, H. Pfeifer

S. 26-27: Reliefenergie – wo die Höhenunterschiede am stärksten sind

Autoren: Dipl.-Geogr. Antje Burak und Prof. Dr. Harald Zepp, Geographisches Institut der Ruhr-Universität Bochum, Universitätsstr. 150, 44801 Bochum
Prof. Dr. Ludwig Zöller, Fachgruppe Geowissenschaften der Universität Bayreuth, 95447 Bayreuth

Kartographische Bearbeiter

Abb. 1: Konstr: A. Burak, H. Zepp, L. Zöller; Red: A. Burak, H. Zepp, L. Zöller, B. Hantzsch; Bearb: S. Becker
Abb. 2: Konstr: A. Burak, H. Zepp, L. Zöller; Red: A. Burak, H. Zepp, L. Zöller; Bearb: B. Hantzsch
Abb. 3: Konstr: A. Burak, H. Zepp, L. Zöller; Red: A. Burak, H. Zepp, L. Zöller, B. Hantzsch; Bearb: K. Baum

Literatur

ESRI (Environmental Systems Research Institute, Inc.) (1991): Cell-based Modelling with GRID. Analysis, display and management. Redlands (= Arc/Info User's Guide).
Liedtke, H. u. J. Marcinek (Hrsg.) (2002): Physische Geographie Deutschlands. 3. überarb. u. erweit. Aufl. Gotha, Stuttgart (= Perthes GeographieKolleg).
Waldbaur, H. (1958): Zur Karte „Landformen im mittleren Europa" 1:2.000.000. In: Wissenschaftliche Veröffentlichungen des Deutschen Instituts für Länderkunde, Neue Folge. Band 15/16, S. 133-177.
Zepp, H. (2002): Grundriß allgemeine Geographie: Geomorphologie. Eine Einführung. Paderborn u.a. (= UTB für Wissenschaft: Uni-Taschenbücher 2164).
Zöller, L. (1985): Geomorphologische und quartärgeologische Untersuchungen im Hunsrück-Saar-Nahe-Raum. Trier (= Forschungen zur deutschen Landeskunde. Band 225).

Quellen von Karten und Abbildungen

Abb. 1: Reliefenergie und Bezugsraum: Eigener Entwurf.
Abb. 2: Absolute Höhen und Reliefenergie – Nord-Süd-Profil: Konstruktion u. Berechnung nach Abb. 3.
Abb. 3: Höhenunterschiede: Amt für Militärisches Geowesen (Hrsg.) (1996): [CD-ROM:] Digital Landmass System. Digital Terrain Elevation Data (DLMS-DTED). Level 1 Coverage. Gebietsabdeckung: Bundesrepublik Deutschland. Ausgabe 1-DMG - Februar 1996. Euskirchen. Eigene Berechnung.

Bildnachweis

S. 26: Taleinschnitt der Elbe im Elbsandsteingebirge: © L. Zöller

S. 28-29: Geoökologische Landschaftstypen

Autoren: Dipl.-Geogr. Antje Burak und Prof. Dr. Harald Zepp, Geographisches Institut der Ruhr-Universität Bochum, Universitätsstr. 150, 44801 Bochum

Kartographische Bearbeiter

Abb. 1: Konstr: A. Burak, H. Zepp, J. Blauhut; Red: B. Hantzsch; Bearb: S. Kanters
Abb. 2: Konstr: A. Burak, H. Zepp; Red: A. Burak, H. Zepp, B. Hantzsch; Bearb: S. Becker
Abb. 3: Red: B. Hantzsch; Bearb: S. Becker
Abb. 4: Konstr: A. Burak, H. Zepp, J. Blauhut; Red: A. Burak, H. Zepp; Bearb: P. Mund

Literatur

Haase, G. (1991): Naturraumerkundung und Landnutzung. Geochorologische Verfahren zur Analyse, Kartierung und Bewertung von Naturräumen. Berlin (= Beiträge zur Geographie. Band 34).
Hartwich, R. u.a. (1995): Bodenübersichtskarte der Bundesrepublik Deutschland 1:1.000.000. Karte mit Erläuterungen, Textlegende und Leitprofilen (BÜK 1000). [Karte mit Erläuterungsheft]. BGR. Hannover.
Steinhardt, U. u. M. Volk (2001): Scales and spatio-temporal dimensions in landscape research. In: Krönert, R., U. Steinhardt u. M. Volk (Hrsg.): Landscape balance and landscape assessment. Berlin u.a., S. 137-162.
Zepp, H. (1999): Integrative Kennzeichnung von Ökosystemen und Ausweisung landschaftsökologischer Raumeinheiten. In: Zepp, H. u. M. J. Müller (Hrsg.): Landschaftsökologische Erfassungsstandards. Ein Methodenhandbuch. Bearbeitet vom Arbeitskreis Geoökologische Kartierung und Leistungsvermögen des Landschaftshaushaltes der Deutschen Akademie für Landeskunde. Flensburg (= Forschungen zur deutschen Landeskunde. Band 244), S. 439-461.

Quellen von Karten und Abbildungen

Abb. 1: Groß- und Teillandschaften: Eigener Entwurf nach Abb. 4.
Abb. 2: Innere Struktur von Landschaftstypen: Eigener Entwurf.
Abb. 3: Anteil der geoökologischen Landschaftstypen an den Großlandschaften: Eigene Berechnung nach Abb. 4.
Abb. 4: Geoökologische Landschaftstypen: BGR (1999): Bodenübersichtskarte der Bundesrepublik Deutschland 1:1.000.000. Digitale Version (BÜK 1000). Unveröff. Datenbestand des Digitalen Archivs FISBo BGR. Hannover. StBA (Hrsg.) (1997): [CD-ROM:] Daten zur Bodenbedeckung für die Bundesrepublik Deutschland. Wiesbaden. Amt für Militärisches Geowesen (Hrsg.) (1996): [CD-ROM:] Digital Landmass System. Digital Terrain Elevation Data (DLMS-DTED). Level 1 Coverage. Gebietsabdeckung: Bundesrepublik Deutschland. Ausgabe 1-DMG - Februar 1996. Euskirchen. Eigener Entwurf.

S. 30-31: Landschaften und ihre Namen

Autor: Prof. em. Dr. Herbert Liedtke, Geographisches Institut der Ruhr-Universität Bochum, Universitätsstr. 150, 44801 Bochum

Kartographische Bearbeiter

Abb. 1, 2: Konstr: H. Liedtke; Red: S. Steinert, B. Hantzsch, W. Kraus; Bearb: S. Steinert, R. Bräuer, S. Becker
Abb. 3: Konstr: H. Liedtke; Red: S. Steinert, B. Hantzsch, W. Kraus; Bearb: S. Steinert, R. Bräuer

Literatur

Bach, A. (1974-1981): Deutsche Namenkunde. Band 1,1 u.1,2: Die deutschen Personennamen. Band 2,1 u. 2,2: Die deutschen Ortsnamen. Band 3: Register, bearb. von D. Berger. 2. u. 3. unveränd. Aufl. Heidelberg.
Bahlow, H. (1965): Deutschlands geographische Namenwelt. Etymologisches Lexikon der Fluss- und Ortsnamen alteuropäischer Herkunft. Frankfurt a.M.
Berger, D. (1993): Duden. Geographische Namen in Deutschland. Herkunft und Bedeutung der Namen von Ländern, Städten, Bergen und Gewässern. Mannheim u.a. (= Duden-Taschenbücher. Band 25).
Bürgener, M. (1967): Die Landschaftsnamen Deutschlands. Erläuterungen zur Übersichtskarte „Deutschland. Relief und Landschaftsnamen". In: Meynen, E. (Hrsg.): Institut für Landeskunde. 25 Jahre Amtliche Landeskunde. Beiträge der Mitarbeiter. Bad Godesberg, S. 338-343.
Förster, U. (1999): Landschaftsnamen in Deutschland. Ein Spiegel von Natur- und Menschengeschichte. Mit einer farbigen Kartenbeilage. In: Brogiato, H. P. (Hrsg.): Geographische Namen in ihrer Bedeutung für die landeskundliche Forschung und Darstellung. Referate des 8. Arbeitstreffens des Arbeitskreises Landeskundliche Institute und Forschungsstellen in der Deutschen Akademie für Landeskunde, Trier, 21.-23. März 1998. Trier (= DL – Berichte und Dokumentationen 2), S. 155-168.
Hottes, K. H., E. Meynen u. E. Otremba (1972): Wirtschaftsräumliche Gliederung der Bundesrepublik Deutschland. Geographisch-landeskundliche Bestandsaufnahme 1960-1969. Bonn-Bad Godesberg (= Forschungen zur deutschen Landeskunde. Band 193).
Kapfhammer, G. (1987): Über Namen und Abgrenzungen von Landschaften in Bayern. Bemerkungen zu einer Initiative des 'Ständigen Ausschusses für geographische Namen'. In: Blätter für oberdeutsche Namenforschung. Band 24, S. 50-57.
Köbler, G. (1995): Historisches Lexikon der deutschen Länder. Die deutschen Territorien und reichsunmittelbaren Geschlechter vom Mittelalter bis zur Gegenwart. 5. vollständig überarb. Aufl. München (= Beck's historische Bibliothek).
Liedtke, H. (1997): Doppelblatt Landschaften und Landschaftsnamen. In: Geographische Kommission für Westfalen Landschaftsverband Lippe (Hrsg.): Geographisch-landeskundlicher Atlas von Westfalen. Themenbereich I: Westfalen – Begriff und Raum. Münster, Lieferung 9, Doppelblatt 1 mit Begleittext.
Liedtke, H. (2002): Namen und Abgrenzungen von Landschaften in der Bundesrepublik Deutschland. Mit einem Anhang von U. Förster: Zum grammatischen Geschlecht von Landschaftsnamen auf der amtlichen Übersichtskarte der Bundesrepublik Deutschland 1:1.000.000, Landschaften – Namen und Abgrenzungen. 3. Aufl. Flensburg (= Forschungen zur deutschen Landeskunde. Band 239).
Meynen, E. u. J. Schmithüsen (Hrsg.) (1953-1962): Handbuch der naturräumlichen Gliederung Deutschlands. Gemeinschaftsveröffentlichung des Instituts für Landeskunde und des Deutschen Instituts für Länderkunde. Unter Mitwirkung des Zentralausschusses für deutsche Landeskunde. 2 Bände in 9 Lieferungen. Bad Godesberg.
Ministerium des Inneren, Verwaltung Vermessungs- und Kartenwesen (Hrsg.) (1982): Regionale geographische Namen der Deutschen Demokratischen Republik. [Bearbeitung Dr. E. Haack]. Ca. 1:800.000. Berlin.
Reichardt, L. (1984): Zur Anlage und Herstellung landschaftlicher Namenbücher. In: Beiträge zur Namenforschung, Neue Folge. Heft 2, S. 184-200.
Schützeichel, R. (1989): Althochdeutsches Wörterbuch. 4. überarb. u. erg. Aufl. Tübingen.
Seel, K. A. (1998): Landschaftsnamen und Rechtschreibreform. In: Glatthaar, D. u. J. Herget (Hrsg.): Physische Geographie und Landeskunde. Festschrift für Herbert Liedtke. Bochum (= Bochumer Geographische Arbeiten: Sonderreihe. Band 13), S. 86-89.
Sievers, J. u. I. Hausner (2000): Rechtschreibreform und geographische Namen. In: Kartographische Nachrichten. Heft 4, S. 179-180.
Sperling, W. (1980): Die internationale Standardisierung von Landschaftsnamen. Ein Beitrag zur Geotopologie. In: Berichte zur deutschen Landeskunde. Band 54, S. 103-123.
Stallhofer, B. (2000): Grenzenloser Böhmerwald? – Landschaftsnamen, Regionen und regionale Identitäten. Bayerischer Wald, Oberpfälzer Wald, Šumava, Český les und Mühlviertel im geographisch-empirischen Vergleich. Kallmünz (= Regensburger Beiträge zur Regionalgeographie und Raumplanung. Band 7/2000).
Steger, H. (1977): Probleme der Namenforschung im deutschsprachigen Raum. Darmstadt (= Wege der Forschung. Band 383).

Quellen von Karten und Abbildungen

Abb. 1: Ursprung von Landschaftsnamen: Liedtke, H. (2002), Kartenbeilage.
Abb. 2: Landschaften und naturräumliche Gliederung: Liedtke, H. (2002), Kartenbeilage. Meynen, E. u. J. Schmithüsen (Hrsg.) (1953-1962), Kartenbeilage.
Abb. 3: Landschaften: Liedtke, H. (2002), Kartenbeilage.

Bildnachweis

S. 30: Der waldbedeckte Elm: © GEOSPACE, Original Data © ESA 1997, Distributed by Eurimage

S. 32-35: Die Geologie von Deutschland – ein Flickenteppich

Autoren: Dipl.-Geol. Kristine Asch, Dr. Lothar Lahner und Dr. Arnold Zitzmann, Referat B1.25 Internationale Kartierung, Karten, Bundesanstalt für Geowissenschaften und Rohstoffe, Stilleweg 2, 30655 Hannover

Kartographische Bearbeiter

Abb. 1: Red: K. Großer; Bearb: S. Kanters
Abb. 2: Konstr: BGR; Red: BGR, K. Großer; Bearb: W. Weinmann, R. Richter
Abb. 3, 5: Red: K. Großer; Bearb: S. Kanters
Abb. 4: Red: K. Großer; Bearb: H. Hummel, B. Locmelis, K. Baum

Literatur

BGR: Startseite Internetangebot Bundesanstalt für Geowissenschaften und Rohstoffe, Hannover – Homepage Website BGR: online im Internet unter: http://www.bgr.de
BGR (Hrsg.) (1993): Geologische Karte der Bundesrepublik Deutschland. Blatt 1: Grundkarte. Blatt 2: Legende und Kartengrundlagen. 1:1.000.000. Hannover.
Deutsche Stratigraphische Kommission (Hrsg.) (2002): Stratigraphische Tabelle von Deutschland 2002: STD 2002. Stratigraphic Table of Germany: STG 2002. Farbtafel und Beiheft. Potsdam.
Remane, J. u.a. (2000): Explanatory note to the International Stratigraphic Chart. Mit einer Farbtafel „International Stratigraphic Chart" hrsg. von der International Union of Geological Sciences (IUGS) und der United Nations Educational, Scientific and Cultural Organisation (UNESCO). Trondheim. Auch online im Internet unter: http://www.iugs.org/iugs/pubs/intstratchart.htm

Quellen von Karten und Abbildungen

Abb. 1: Geologischer Querschnitt durch Deutschland: BGR (Hrsg.) (1993).
Abb. 2: Geologie: Asch, K. [in Vorbereitung]: International Geological Map of Europe and Adjacent Areas 1:5.000.000 [Karte und GIS]. Unveröff. Datenbestand. BGR. Hannover. BGR (Hrsg.) (1993). Liedtke, H. (2001): Karte der Eisrandlagen. Unveröff. Manuskriptkarte. Bochum.
Abb. 3: Ries und Trümmermassen: nach Hüttner, R. u. H. Schmidt-Kaler (1999): Die geologische Karte des Rieses

1:50.000 (2. überarb. Aufl.). Erläuterungen zu Erdgeschichte, Bau und Entstehung des Kraters sowie zu den Impaktgesteinen. München (= Geologica Bavarica. Nr. 104), S. 12, Abb. 1.
Abb. 4: Erdgeschichte im Überblick: Entwurf BGR, Referat B1.25.
Abb. 5: Geologischer Querschnitt durch den Alpenrand bei Rosenheim: nach Doben, K. u. O. Ganss. In: Ganss, O. (Bearb.) (1980): Geologische Übersichtskarte der Bundesrepublik Deutschland 1:200.000. Blatt CC 8734 Rosenheim. BGR. Hannover.

Bildnachweis

S. 32: Ammonit (*Xylophonerites*) aus dem mittleren Jura: © K. Hoffmann, BGR
S. 34: Der Brocken – Ausschnitt aus der geologischen Übersichtskarte: © BGR: Waldeck, H. (Bearb.) (1986): Geologische Übersichtskarte der Bundesrepublik Deutschland 1:200.000. Blatt CC 4726 Goslar. BGR. Hannover.

Anmerkung

Alle Zeitangaben stammen von der Internationalen Stratigraphischen Zeittafel der International Union of Geological Sciences (Remane, J. u.a. 2000).

S. 36-37: Der tektonische Bau Deutschlands

Autoren: Dr. Martina Küster und Prof. Dr. Bernhard Stöckhert, Institut für Geologie, Mineralogie und Geophysik der Ruhr-Universität Bochum, Universitätsstr. 150, 44801 Bochum

Kartographische Bearbeiter

Abb.1, 2: Konstr: M. Küster, B. Stöckhert; Red: K. Großer; Bearb: R. Bräuer
Abb. 3, 4: Konstr: M. Küster, B. Stöckhert; Red: K. Großer; Bearb: S. Becker
Abb. 5: Konstr: M. Küster, B. Stöckhert; Red: K. Großer; Bearb: R. Richter

Literatur

BGR (Hrsg.) (1993): Geologische Karte der Bundesrepublik Deutschland. Blatt 1: Grundkarte. Blatt 2: Legende und Kartengrundlagen. 1:1.000.000. Hannover.
Henningsen, D. u. G. Katzung (2002): Einführung in die Geologie Deutschlands. 6. Aufl. Berlin, Heidelberg.
Oncken, O. u.a. (2000): Passive margin detachment during arc-continent collision (Central European Variscides). In: Franke, W. u.a. (Hrsg.): Orogenic Processes: quantification and modelling in the Variscan Belt. London (= Geological Society Special Publication 179), S. 199-216.
Schmidt-Thomé, P. (1972): Lehrbuch der Allgemeinen Geologie. Band 2: Tektonik. Stuttgart.
Wagenbreth, O. u. W. Steiner (1990): Geologische Streifzüge. Landschaft und Erdgeschichte zwischen Kap Arkona und Fichtelberg. 4. unveränd. Aufl. Leipzig.

Quellen von Karten und Abbildungen

Abb. 1: Nordrand des Harzes bei Thale: nach Wagenbreth, O. u. W. Steiner (1990), S. 63.
Abb. 2: Salzstock im Untergrund Norddeutschlands: nach Schmidt-Thomé, P. (1972).
Abb. 3: Oberrheingraben: Eigener Entwurf.
Abb. 4: Rheinisches Schiefergebirge: nach Oncken, O. u.a. (2000).
Abb. 5: Tektonik: BGR (Hrsg.) (1993). Eigener Entwurf.

S. 38-41: Naturwerksteine – Vorkommen und Verwendung

Autor: Prof. Johannes H. Schroeder, Ph.D., Institut für Angewandte Geowissenschaften der Technischen Universität Berlin, Ernst-Reuter-Platz 1, 10587 Berlin

Kartographische Bearbeiter

Abb. 1: Red: K. Großer; Bearb: B. Dunker, R. Richter
Abb. 2: Konstr: J. H. Schroeder; Red: K. Großer; Bearb: B. Dunker, W. Weinmann, R. Richter
Abb. 3: Red: K. Großer; Bearb: B. Dunker, R. Geffe, P. Mund
Abb. 4: Aufnahme: O. Hartenstein, G. Schirrmeister, J. H. Schroeder; Red: K. Großer; Bearb: B. Dunker, G. Schirrmeister, J. Blauhut

Literatur

Beeger, D. (1992): Naturstein in Dresden. Dresden (= Schriften des Staatlichen Museums für Mineralogie und Geologie zu Dresden. Nr. 4)
Frank, W. H. (1981): Die Naturwerksteine in der Altstadt von Goslar und ihre Vorkommen in der Umgebung der Stadt. Clausthal-Zellerfeld (= Clausthaler Geologische Abhandlungen. Band 40).
Fuchs, K. (1997): Natursteine aus aller Welt. Entdecken, bestimmen, anwenden. Mit Farb- und Symbolleitsystem. 2 Bände. München (= Callwey STEINkartei).
Fürst, M. u. G. Santowski (1985): Natursteine historischer Baudenkmäler Bambergs und seiner Umgebung. In: Geologische Blätter für Nordost-Bayern und angrenzende Gebiete. Band 34/35, S. 563-602.
Geldhauser, J., T. Hugues u. J., Weber (1992): Natursteinführer München. München (= Technische Universität München: FAKTUM. Band 4).
Grimm, W.-D. (1990): Bildatlas wichtiger Denkmalgesteine der Bundesrepublik Deutschland. München (= Arbeitshefte des Bayerisches Landesamt für Denkmalpflege. Heft 50).
Katschmann, L. (1989): Vorkommen, Verwitterung und Beständigkeit von Naturwerksteinen in innerstädtischen Bereichen der Kreisstädte des Bezirkes Erfurt. Unveröff. Dissertation. Hochschule für Architektur und Bauwesen Weimar. Weimar.
Mehling, G. (Hrsg.) (1993): Naturstein-Lexikon. Werkstoff, Werkzeuge und Maschinen, Wirtschaft und Handel, Gestaltung und Techniken von der Antike bis heute. 4. völlig überarb. u. aktual. Aufl. München.
Müller, F. (1990ff.): Internationale Naturstein-Kartei. 3. Aufl. Ulm. Loseblattausgabe.
Müller, F. (2001): Gesteinskunde. Lehrbuch und Nachschlagewerk über Gesteine für Hochbau, Innenarchitektur, Kunst und Restaurierung. 6. komplett überarb. Aufl. Ulm.
Pätzold, J. (2002): Naturbausteine der Bremer Innenstadt. [Universität] Bremen (= Bremer Geo-Touren. Heft 2).
Reinsch, D. (1991): Natursteinkunde. Eine Einführung für Bauingenieure, Architekten, Denkmalpfleger und Steinmetze. Stuttgart.
Schroeder, J. H. (Hrsg.) (1999): Naturwerksteine in Architektur und Baugeschichte von Berlin. Gesteinskundliche Stadtbummel zwischen St. Marienkirche und Siegessäule. Berlin (= Führer zur Geologie von Berlin und Brandenburg. Nr. 6).
Schwate, W. (2000): [Serie:] Naturstein Deutschland 2000 [Granite I+II, Sandsteine I-IV, Kalksteine I+II, Vulkanite]. In: Stein. Das Magazin für den Natursteinmarkt. H. 4, S. 72-73; H. 5, S. 72-73; H. 6, S. 66-67; H. 7, S. 66-67; H. 8, S. 58-59; H. 9, S. 82-83; H. 10, S. 70-71; H. 11, S. 66-67 u. H. 12, S. 58-59.
Schwate, W. (2001): [Serie:] Naturstein Deutschland 2000 [Metamorphite, Jurakalkstein, Solnhofener Platten]. In: Stein. Das Magazin für den Natursteinmarkt. H. 1, S. 54-55; H. 2, S. 60-61; H. 3, S. 68-69.
Seidel, G. u. W. Steiner (1988): Baustein und Bauwerk in Weimar. Weimar (= Tradition und Gegenwart, Weimarer Schriften. Heft 32/32A).
Singewald, C. (1992): Naturwerkstein. Exploration und Gewinnung. Untersuchung, Bewertung, Verfahren, Kosten. Köln.
Weber, R. u. D. Hill (1998): Naturstein für Anwender. Beurteilen – verkaufen – verlegen. Ulm.

Quellen von Karten und Abbildungen

Abb. 1: Naturwerksteine in der Erdgeschichte: Zeitangaben nach Remane, J. u.a. (2000): Explanatory note to the International Stratigraphic Chart. Mit einer Farbtafel „International Stratigraphic Chart“ hrsg. von der International Union of Geological Sciences (IUGS) und der United Nations Educational, Scientific and Cultural Organisation (UNESCO). Trondheim. Entwurf G. Schirrmeister, J. H. Schroeder.
Abb. 2: Naturwerksteine: Geologie: Beitrag Asch/Lahner/Zitzmann, S. 33. Eigener Entwurf.
Abb. 3: Kreislauf der Gesteine: Eigener Entwurf.
Abb. 4: Naturwerksteine im Kaisertreppenhaus: Aufnahme O. Hartenstein, G. Schirrmeister, J. H. Schroeder.

Bildnachweis

S. 38: Bilder 1, 2, 3, 4: © J. H. Schroeder
S. 40: Bilder 5, 6, 7, 8, 9: © J. H. Schroeder
S. 41: Bild 10 © Photo Rainer Gaertner D6Ph/publican Verlag, Berlin; Bilder 11, 12, 13, 15: © J. H. Schroeder; Bild 14 © Kleeberg

S. 42-43: Temperatur im Untergrund – Erdwärme als Mega-Energiequelle

Autoren: Prof. em. Dr. Fritz Rummel, Institut für Geologie, Mineralogie und Geophysik der Ruhr-Universität Bochum, Universitätsstr. 150, 44801 Bochum
Dipl. Geophys. Rüdiger Schellschmidt, Sektion Geothermik und Grundwasserhydraulik, Institut für Geowissenschaftliche Gemeinschaftsaufgaben, Stilleweg 2, 30655 Hannover

Kartographische Bearbeiter

Abb. 1: Red: K. Großer; Bearb: R. Richter
Abb. 2: Red: K. Großer; Bearb: K. Baum
Abb. 3: Konstr: R. Schellschmidt, K. Großer; Red: K. Großer; Bearb: K. Baum, A. Müller

Literatur

Institut für Geowissenschaftliche Gemeinschaftsaufgaben (GGA) Homepage: online im Internet unter: http://www.gga-hannover.de
Rummel, F. u. O. Kappelmeyer (Hrsg.) (1993): Erdwärme – Energieträger der Zukunft? Fakten – Forschung – Zukunft. Karlsruhe.
Schellschmidt, R., C. Clauser u. B. Sanner (2000): Geothermal energy use in Germany at the turn of the millenium. In: Iglesias, E. u.a. (Hrsg.): Proceedings of the World Geothermal Congress 2000. Kyushu – Tohoku, Japan, May 28 – June 10, 2000. Kyushu, S. 427-432.

Quellen von Karten und Abbildungen

Abb. 1: Temperatur-Tiefenprofil für Deutschland: Institut für Geowissenschaftliche Gemeinschaftsaufgaben, Hannover 2002.
Abb. 2: Strom aus geothermischen Kraftwerken 1990-2005: Huttrer, G. W. (2000): The status of world geothermal power generation 1995-2000. In: Iglesias, E. u.a. (Hrsg.): Proceedings of the World Geothermal Congress 2000. Kyushu – Tohoku, Japan, May 28 – June 10, 2000. Kyushu, S. 23-37, Tab. 1.
Abb. 3: Erdwärme in 2000 m Tiefe und Erdwärmenutzung: Institut für Geowissenschaftliche Gemeinschaftsaufgaben, Hannover 2002. Schellschmidt, R., C. Clauser u. B. Sanner (2000), S.430-431, Tab. 1 u. 2.

Bildnachweis

S. 42: Dampferzeugung im Europäischen Hot-Dry-Rock Forschungsprojekt Soultz-sous-Forêts im Elsaß: © F. Rummel
S. 42: Nutzung von Geothermie aus 2300 m Tiefe im Thermalbad in Erding: © RAG Saarberg AG, Abdruck mit freundlicher Genehmigung

S. 44-45: Wo in Deutschland die Erde bebt

Autor: Dr. Gottfried Grünthal, GeoForschungsZentrum Potsdam, Telegrafenberg F451, 14473 Potsdam

Kartographische Bearbeiter

Abb. 1, 2, 3, 4: Konstr: GFZ; Red: G. Grünthal, GFZ, K. Baum; Bearb: U. Lemgo, K. Baum

Literatur

Bolt, B. A. (1995): Erdbeben – Schlüssel zur Geodynamik. Heidelberg, Berlin, Oxford.
GFZ: Projektbereich 5.3, Rezentes Spannungsfeld und Erdbebengefährdung: online im Internet unter: http://seismohazard.gfz-potsdam.de
Grünthal, G. (1998): European Macroseismic Scale 1998 (EMS-98). Luxembourg (= Cahiers du Centre Européen de Géodynamique et de Séismologie. Band 15).
Grünthal, G., D. Mayer-Rosa u. W. A. Lenhardt (1998): Abschätzung der Erdbebengefährdung für die D-A-CH-Staaten – Deutschland, Österreich, Schweiz. In: Bautechnik. Heft 10, S. 753-767.
Grünthal, G. u. R. Wahlström (2003): An Earthquake Catalogue for Central, Northern and Northwestern Europe based on Mw magnitudes. Potsdam (= GFZ: Scientific Technical Report STR 03/02).
Neumann, W., F. Jacobs u. B. Tittel (1986): Erdbeben. Leipzig.
Schneider, G. (1992): Erdbebengefährdung. Darmstadt.

Quellen von Karten und Abbildungen

Abb. 1: Ausgewählte Schadenbeben der letzten 250 Jahre: Grünthal, G. u. R. Wahlström (2003).
Abb. 2: Erdbebengefährdung,
Abb. 3: Vollständigkeitsabschätzung von Katalogeinträgen: Grünthal, G., D. Mayer-Rosa u. W. A. Lenhardt (1998).
Abb. 4: Epizentren der katalogisierten Beben: modifiziert nach Grünthal, G. u. R. Wahlström (2003). Vgl. Grünthal, G. (1988): Erdbebenkatalog des Territoriums der Deutschen Demokratischen Republik und der angrenzenden Gebiete von 823 bis 1984. Potsdam (= Veröffentlichungen des Zentralinstituts für Physik der Erde. Nr. 99). Leydecker, G. (1986): Erdbebenkatalog für die Bundesrepublik Deutschland mit Randgebieten für die Jahre 1000-1981. Hannover (= Geologisches Jahrbuch. Reihe E: Geophysik. Band 36), S. 3-38.

Bildnachweis

S. 45: Schwere Schäden gab es beim Erdbeben von Roermond am 13. April 1992 auch in Bonn: © dpa

S. 46-47: Das Erdbeben von Roermond

Autor: Dr. Rolf Pelzing, Fachbereich 35: Geophysik, Erdbebensicherheit, Geologischer Dienst Nordrhein-

Westfalen – Landesbetrieb, De-Greiff-Str. 195, 47803 Krefeld
Kartographische Bearbeiter
Abb. 1, 3, 4: Konstr: GD NRW; Red: K. Großer; Bearb: S. Kanters
Abb. 2: Red: K. Großer; Bearb: K. Baum, R. Richter
Literatur
GD NRW (Geologischer Dienst Nordrhein-Westfalen): Erdbebendienst: online im Internet unter: http://www.gd.nrw.de
Leydecker, G. (1986): Erdbebenkatalog für die Bundesrepublik Deutschland mit Randgebieten für die Jahre 1000-1981. Hannover (= Geologisches Jahrbuch. Reihe E: Geophysik. Band 36).
Sieberg, A. (1940): Beiträge zum Erdbebenkatalog Deutschlands und angrenzender Gebiete für die Jahre 58 bis 1799. Berlin (= Mitteilungen des Deutschen Reichs-Erdbebendienstes. Heft 2).
Smolka, A. (1999): Erdbebensituation Deutschland. Gefährdung, Risiko, Forschungs- und Handlungsbedarf. In: Deutsche Gesellschaft für Erdbebeningenieurwesen und Baudynamik: D-A-CH-Mitteilungsblatt. Band 18, Nr.1, S. 5-10.
Quellen von Karten und Abbildungen
Abb. 1: Erdbebentätigkeit 1980-2000: GD NRW.
Abb. 2: Vertikalseismometer/ Horizontalseismometer: Skinner, B. J. u. S. C. Porter (1995): The Dynamic Earth. An Introduction to Physical Geology. 3. Aufl. New York, S. 434.
Abb. 3: Erdbebentätigkeit in der Zeit vom 13. April bis 31. Mai 1992,
Abb. 4: Seismogramm des Erdbebens von Roermond am 13. April 1992 an der Erdbebenstation Großhau: GD NRW.
Bildnachweis
S. 46: Erdbebenschaden in der Niederrheinischen Bucht: © R. Pelzing

S. 48-51: Lagerstätten von mineralischen und Energierohstoffen

Autor: Dr. Lothar Lahner, Referat B1.25 Internationale Kartierung, Karten und Dr. Walter Lorenz, Referat B1.22 Nichtmetallrohstoffe, Explorationsmethoden, Bundesanstalt für Geowissenschaften und Rohstoffe, Stilleweg 2, 30655 Hannover
Kartographische Bearbeiter
Abb. 1, 2, 3, 6: Red: K. Großer; Bearb: S. Kanters
Abb. 4: Konstr: L. Lahner; Red: B. Hantzsch; W. Kraus; Bearb: S. Kanters
Abb. 5: Red: K. Großer; Bearb: P. Mund
Abb. 7: Konstr: BGR; Red: B. Locmelis, K. Großer, W. Kraus; Bearb: S. Kanters
Literatur
BGR (Hrsg.) (2000): Bundesrepublik Deutschland. Rohstoffsituation 1999. Stuttgart (= Rohstoffwirtschaftliche Länderstudien. Band 23).
Niedersächsisches Landesamt für Bodenforschung (Hrsg.) (2001): Erdöl und Erdgas in der Bundesrepublik Deutschland 2000. Hannover.
Quellen von Karten und Abbildungen
Abb. 1: Lagerstättentypen: Entwurf L. Lahner.
Abb. 2: Beispiele für Erdöl-/Erdgasfallen: Entwurf L. Lahner.
Abb. 3: Entstehung von Salzlagerstätten: Entwurf L. Lahner.
Abb. 4: Lagerstätten und Bergwerke: BGR (Hrsg.) (2000). Bundesministerium für Wirtschaft (1995): Wismut. Fortschritte der Stillegung und Sanierung. Bonn (= BMWI-Dokumentation. Nr. 370). DEBRIV (Deutscher Braunkohlen-Industrie-Verein e.V.) (o.J.): [Poster:] Braunkohlenreviere in Deutschland. Köln. Gesamtverband des Deutschen Steinkohlebergbaus (1999): Steinkohlenbergbau in Deutschland. Essen. Häusser, I. (1993): Zur Produktion mineralischer Rohstoffe in der DDR. In: BGR (Hrsg.): Festschrift zum 65. Geburtstag von Heinrich Rexhäuser. Hannover (= Geologisches Jahrbuch. Reihe A: Allgemeine und regionale Geologie Bundesrepublik Deutschland und Nachbargebiete, Tektonik, Stratigraphie, Paläontologie. Heft 142), S. 347-381. Niedersächsisches Landesamt für Bodenforschung (Hrsg.) (2001).
Abb. 5: Abbau von Massenrohstoffen 1995 und 2000: BGR (Hrsg.) (2000).
Abb. 6: Schnitt durch das Ruhrgebiet: nach Gesamtverband des Deutschen Steinkohlebergbaus (2000): Unsere Steinkohle. Essen, S. 31.
Abb. 7: Mineralische Massenrohstoffe: BGR (Hrsg.) (2000). Eigener Entwurf.

S. 52-53: Die Bergbaufolgelandschaft bei Ronneburg

Autoren: Dipl.-Geogr. Uwe Hoepfner und Dr. Michael Paul, WISMUT GmbH, Jagdschänkenstr. 29, 09117 Chemnitz
Kartographische Bearbeiter
Abb. 1: Konstr: U. Hoepfner, Stefanie Sittig; Red: S. Dutzmann; Bearb: P. Mund
Abb. 2, 3: Konstr: U. Hoepfner, V. Loschek; Red: S. Dutzmann; Bearb: S. Dutzmann
Literatur
Gatzweiler, R., A. T. Jakubick u. F. Pelz (1996): WISMUT-Sanierung. Konzept und Technologien. In: Geowissenschaften. Heft 11, S. 448-451.
Lange, G. u.a. (1991): Der Uranerzbergbau in Thüringen und Sachsen – ein geologisch-bergmännischer Überblick. In: Erzmetall. Heft 3, S. 162-171.
Strahlenschutzkommission (1991): Strahlenschutzgrundsätze für die Nutzung von durch den Uranbergbau kontaminierten Flächen zu forst- und landwirtschaftlichen Zwecken sowie als Grünanlage (Parkanlage) und Wohngebiet. Empfehlungen der Strahlenschutzkommission. Verabschiedet auf der 105. Sitzung der Strahlenschutzkommission am 07./08. Oktober 1991. In: BMU (Hrsg.) (1992): Strahlenschutzgrundsätze für die Verwahrung, Nutzung oder Freigabe von kontaminierten Materialien, Gebäuden, Flächen oder Halden aus dem Uranerzbergbau. Empfehlungen der Strahlenschutzkommission mit Erläuterungen. Stuttgart u.a. (= Veröffentlichungen der Strahlenschutzkommission. Band 23).
Weise, W. u.a. (1996): Geochemische Aspekte der Haldensanierung am Standort Ronneburg. In: Geowissenschaften. Heft 11, S. 470-475.
Quellen von Karten und Abbildungen
Abb. 1: Uranabbau und Aufbereitungsbetriebe 1946-1990: Stams, M. u. W. (1976): Bevölkerungsverteilung und Siedlungsnetz in der DDR. Zur Entwicklung und Auswertung der Karte „Bevölkerungsverteilung" im Atlas DDR. In: Geographische Berichte. Heft 78 (1/1976), S. 1-14, Kartenbeilage. Lange, G. u.a. (1991), S. 165, Tab. 1. Wismut GmbH.
Abb. 2: Übertagesituation des Ronneburger Reviers 1999: © Wismut GmbH, Bildflug 03/99, Registriernummer B 338/8.
Abb. 3: Aufstandsfläche Gessenhalde: Wismut GmbH.
Bildnachweis
S. 52: Verfüllung des Tagebaus Lichtenberg mit Haldenmaterial: © Wismut GmbH

S. 54-55: Landschaft nach der Kohle – der Südraum Leipzig

Autor: PD Dr. A. Berkner, Regionale Planungsstelle Leipzig, Regionaler Planungsverband Westsachsen, Bautzner Str. 67, 04347 Leipzig
Kartographische Bearbeiter
Abb. 1: Red: B. Hantzsch; Bearb: P. Mund
Abb. 2: Konstr: Regionaler Planungsverband Westsachsen; Red: B. Hantzsch; Bearb: P. Mund, R. Richter
Abb. 3: Red: B. Hantzsch; Bearb: K. Baum, P. Mund
Abb. 4: Red: B. Hantzsch; Bearb: B. Hantzsch, A. Müller
Literatur
Berkner, A. (2001): Von der Tagebau- zur Seenlandschaft. Wasserwirtschaftliche Sanierung im Mitteldeutschen Braunkohlenrevier. In: Geographische Rundschau. Heft 9, S. 11-18.
Berkner, A. u. G. Zinke (2001): Die hydrologische und wasserwirtschaftliche Situation in den Einzugsgebieten von Mulde und unterer Saale. In: Berkner, A. u.a. (Hrsg.): Exkursionsführer Mitteldeutschland. Braunschweig (= Das Geographische Seminar – spezial), S. 168-187.
Braunkohlenausschuss des Landes Brandenburg (Hrsg.) (1998): Braunkohlen- und Sanierungsplanung im Land Brandenburg. Grundlagen, Zusammenhänge, Eckdaten. Cottbus.
DEBRIV (Deutscher Braunkohlen-Industrie-Verein e.V.) (2002): Jahresbericht 2001. Köln.
LMBV (Lausitzer und Mitteldeutsche Bergbau-Verwaltungsgesellschaft mbH, Hrsg.) (1997): Nach der Kohle kommt das Wasser. Berlin. Aktual. Ausgabe auch online im Internet unter: http://www.lmbv.de
Pflug, W. (Hrsg.) (1998): Braunkohlentagebau und Rekultivierung. Landschaftsökologie – Folgenutzung – Naturschutz. Berlin, Heidelberg, New York.
Sächsisches Staatsministerium des Innern (Hrsg.) (2000): Braunkohlenplanung im Freistaat Sachsen. Dresden.
Quellen von Karten und Abbildungen
Abb. 1: Braunkohleförderreviere: Eigener Entwurf.
Abb. 2: Neue Wasserlandschaft Mitteldeutschland: Tagebaurestseen im Mitteldeutschen Revier (2001). Ca. 1:350.000. In: Regionaler Planungsverband Westsachsen (Hrsg.) (2000ff.): Planungsatlas Region Westsachsen. Grimma. Loseblattausgabe, Blatt G 4 Neue Wasserlandschaft Mitteldeutschland.
Abb. 3: Landschaftszustand im Südraum Leipzig: Regionaler Planungsverband Westsachsen (Hrsg.) (1993): Südraum Leipzig – Realnutzung. Unter besonderer Berücksichtigung von bergbaulicher Flächeninanspruchnahme und Wiedernutzbarmachung. 1:50.000. Leipzig. Berkner, A., S. Gerold u. R. Thomas (Bearb.) (2001): Braunkohlenplanung in Westsachsen. Endzustand der Bergbaufolgelandschaft im Südraum Leipzig. 1:100.000. In: Regionaler Planungsverband Westsachsen (Hrsg.) (2000ff.): Planungsatlas Region Westsachsen. Grimma. Loseblattausgabe, Blatt G 3. Eigener Entwurf.
Abb. 4: Betriebsflächen und Wiedernutzbarmachung im Braunkohlenbergbau 2001: DEBRIV (Bundesverband Braunkohle) (2002), Anlage 12.

S. 56-57: Salzlagerstätten und Auslaugung – das Beispiel Südwestthüringen

Autor: Dr. habil. Jürgen Ellenberg, Gottfried-Keller-Weg 5, 07751 Jena-Wogau
Kartographische Bearbeiter
Abb. 1: Red: K. Großer; Bearb: R. Mendler, K. Baum, P Mund
Abb. 2, 3, 4: Red: K. Großer; Bearb: R. Mendler, K. Baum
Literatur
Beer, W. W. (1996): Kalilagerstätten in Deutschland. In: Kali und Steinsalz. Heft 1, S. 18-30.
Ellenberg, J. (1975): Schwermineralverteilung, Sedimentation und Stratigraphie im Quartär der mittleren Werra. In: Zeitschrift für Geologische Wissenschaften. Heft 11, S. 1389-1404.
Ellenberg, J. (1986): Zur zeitlichen Fixierung von Subrosionsprozessen im Quartär. In: Zeitschrift für Geologische Wissenschaften. Heft 2, S. 193-198.
Ellenberg, J. (1995): Neotektonik. In: Seidel, G. (Hrsg.): Geologie von Thüringen. Stuttgart, S. 418-422.
Ellenberg, J. u. G. Kuhn (1967): Kieselgur im Werra-Kaligebiet. In: Hallesches Jahrbuch für Mitteldeutsche Erdgeschichte. Band 8 (1966), S. 67-86.
Fulda, E. (1924): Salzauslaugung. In: Jahrbuch des Halleschen Verbandes für die Erforschung der mitteldeutschen Bodenschätze und ihrer Verwertung. Band 4, Lieferung 2, S. 369-379.
Hoppe, W. (1944): Die Auslaugungserscheinungen im Werra-Kaligebiet, ihre Bedeutung für die Lagerstätte und die Landschaftsformen. In: Jahrbuch des Reichsamts für Bodenforschung. Band 62 (1941), S. 248-271.
Kästner, H. (1964): Zur Kenntnis von Auslaugungserscheinungen im südlichen Werra-Kaligebiet. In: Bergakademie. Heft 3, S. 147-153.
Weber, H. (1930): Zur Systematik der Auslaugung. In: Zeitschrift der Deutschen Geologischen Gesellschaft. Band 82, S. 179-186.
Quellen von Karten und Abbildungen
Abb. 1: Dauer der Senkungsvorgänge als Folge der Salzauslaugung: Ellenberg, J. (1995), S. 422, Abb. 4.6.4-4.
Abb. 2: Salzgesteine des Zechsteins mit Kalilagerstätten: Beer, W. W. (1996), S. 18, Bild 1.
Abb. 3: Auslaugungserscheinungen und Auslaugungszeiten: Ellenberg, J. (1975), S. 1390, Abb. 1. Kästner, H. (1964), S. 148, Bild 1.
Abb. 4: Sedimentfüllung der Auslaugungssenke Kieselbach: Ellenberg, J. u. G. Kuhn (1967), S. 72, Abb. 3.
Bildnachweis
S. 56: Auslaugungssenke Kieselbach: © J. Ellenberg

S. 58-59: Grundzüge der Reliefgliederung

Autoren: Prof. em. Dr. Herbert Liedtke, Geographisches Institut der Ruhr-Universität Bochum, Universitätsstr. 150, 44801 Bochum
Prof. Dr. Roland Mäusbacher, Institut für Geographie der Friedrich-Schiller-Universität Jena, Löbdergraben 32, 07743 Jena
Kartographische Bearbeiter
Abb. 1: Red: S. Dutzmann, K. Großer; Bearb: R. Mendler, S. Dutzmann
Literatur
Liedtke, H. (2002): [2] Oberflächenformen. In: Liedtke, H. u. J. Marcinek (Hrsg.): Physische Geographie Deutschlands. 3. überarb. u. erweit. Aufl. Gotha, Stuttgart (= Perthes GeographieKolleg), S. 127-156.
Pösges, G. u. M. Schieber (1994). Das Rieskrater-Museum Nördlingen. Museumsführer und Empfehlungen zur Gestaltung eines Aufenthalts im Ries. München (= Akademie für Lehrerfortbildung, Dillingen: Akademiebericht. Nr. 253).

Quellen von Karten und Abbildungen

Abb. 1: Oberflächenformen: nach Liedtke, H. (2002), S. 138-139, Abb. 2.4. Erweiterter Entwurf.

Bildnachweis

S. 58: Dünen an der Nordsee: © SAVE-BILD, G. Schulz; Das Nahetal bei Bad Münster am Stein (Ortsteil Ebernburg): © LMZ RP/Gustav Rittstieg; Altarme des Rheins bei Otterstadt südlich von Ludwigshafen: © LMZ RP/Manfred Czerwinski; Der Watzmann (2713 m) – das Wahrzeichen des Berchtesgadener Lands: © D. Rose - Helga Lade Fotoagentur

S. 60-63: Als in Deutschland die Berge noch Feuer spien

Autor: Prof. Dr. Hans-Ulrich Schmincke, Abteilung Vulkanologie und Petrologie, Forschungszentrum für marine Geowissenschaften (GEOMAR) der Christian-Albrechts-Universität zu Kiel, Wischhofsstr. 1-3, 24148 Kiel

Kartographische Bearbeiter

Abb. 1: Konstr: H.-U. Schminke, M. Sumita; Red: H.-U. Schminke, B. Hantzsch; Bearb: M. Sumita, K. Baum

Abb. 2, 3, 4: Konstr: H.-U. Schminke, M. Sumita; Red: H.-U. Schminke, K. Großer; Bearb: M. Sumita, K. Baum

Abb. 5, 7: Konstr: H.-U. Schminke, M. Sumita; Red: H.-U. Schminke, B. Hantzsch; Bearb: M. Sumita, R. Bräuer, S. Kanters

Abb. 6: Konstr: H.-U. Schminke, M. Sumita; Red: H.-U. Schminke, B. Hantzsch; Bearb: M. Sumita, P. Mund

Literatur

Schmincke, H.-U. (1988): Vulkane im Laacher See-Gebiet. Ihre Entstehung und heutige Bedeutung. Haltern.

Schmincke, H.-U. (2000): Vulkanismus. 2. überarb. u. erweit. Aufl. Darmstadt.

Schmincke, H.-U., P. v. d. Bogaard u. A. Freundt (1990): Quaternary Eifel Volcanism. Excursion 1 AI. Workshop on Expolsive Volcanism, August 27 to September 2. IAVCEI International Volcanological Congress Mainz (FGR) 1990. Witten.

Schmincke, H.-U., C. Park u. E. Harms (1999): Evolution and environmental impacts of the eruption of Laacher See Volcano (Germany) 12,900 a BP. In: Quaternary International. Band 61, Heft 1, S. 61-72.

Quellen von Karten und Abbildungen

Abb. 1: Plumes – Aufschmelzbereiche des Erdmantels: nach Granet, M., M. Wilson u. U. Achauer (1995): Imaging a mantle plume beneath the French Massif Central. In: Earth and Planetary Science Letters. Band 136, Heft 3-4, S. 281-296. Schmincke, H.-U. (2000), S. 95, Abb. 7.13.

Abb. 2: Junge Vulkangebiete Europas (Ausschnitt): nach Schmincke, H.-U. (2000), S. 88, Abb. 7.3.

Abb. 3: Quartäre Vulkanfelder: nach Schmincke, H.-U. (2000), S. 90, Abb. 7.6.

Abb. 4: Junge Vulkangebiete Deutschlands: nach Schmincke, H.-U. (2000), S. 88, Abb. 7.3.

Abb. 5: Aschenfächer des Laacher See-Vulkans: nach Schmincke, H.-U. (2000), S. 171, Abb. 11.27.

Abb. 6: Prä-eruptives Magma-Reservoir des Laacher See-Vulkans: nach Schmincke, H.-U. (2000), S. 33, Abb. 3.17.

Abb. 7: Ablagerungen des Laacher See-Vulkans: nach Schmincke, H.-U. (2000), S. 171, Abb. 11.27.

Bildnachweis

S. 60: Querschnitt durch den ca. 200.000 Jahre alten Schlackenkegel Eppelsberg im Laacher See-Gebiet: © H.-U. Schmincke

S. 61: Tertiärer phonolitischer Dom Hohentwiel: Kupferstich von Matthaeus Merian d.Ä. aus der „Topographia Germaniae", Bd.2: „Topographia Sueviae" (Schwaben), Frankfurt am Main 1643.

S. 62: Etwa 30 m mächtige Ablagerungen des Laacher See-Vulkans am Wingertsberg bei Mendig: © H.-U. Schmincke

S. 62: Laacher See mit Abtei Maria Laach im Vordergrund: © Deutsche Post AG

S. 62: Mikrofoto des blauen Halbedelsteins Hauyn: H.-U. Schmincke

S. 63: Montage der Eruptionssäule der Pinatuboeruption vom 15.6.1991 über dem Laacher See: © H.-U. Schmincke, Eruptionssäule: © D. Harlow (Juni 1991)

S. 63: Ulmener Maar, ca. 11.000 Jahr alt (Westeifel): © H.-U. Schmincke

S. 64-65: Der Kaiserstuhl – ein Vulkan im Oberrheingraben

Autoren: Prof. Dr. Rüdiger Mäckel und Jochen Seidel, M.A., Institut für Physische Geographie der Albert-Ludwigs-Universität Freiburg, Werderring 4, 79085 Freiburg

Kartographische Bearbeiter

Abb. 1: Red: R. Mäckel, B. Hantzsch; Bearb: P. Mund

Abb. 2: Red: R. Mäckel, B. Hantzsch; Bearb: J. Seidel, R. Richter

Abb. 3: Konstr: A. Friedmann; Red: R. Mäckel, B. Hantzsch; Bearb: J. Seidel, S. Becker

Abb. 4: Red: B. Hantzsch; Bearb: S. Kanters

Literatur

Friedmann, A. u. R. Mäckel (1998): Die Landschaftsentwicklung in den Lößgebieten des Kaiserstuhls und Tunibergs. In: Mäckel, R. u. A. Friedmann (Hrsg.): Wandel der Geo-Biosphäre in den letzten 15000 Jahren im südlichen Oberrheintiefland und Schwarzwald. Freiburg i.Br. (= Freiburger Geographische Hefte. Heft 54), S. 99-112.

Mäckel, R. (1997): Naturraum des Mittleren und Südlichen Schwarzwaldes und des Oberrheintieflandes. In: Mäckel, R. u. B. Metz (Hrsg.): Schwarzwald und Oberrheintiefland. Eine Einführung in das Exkursionsgebiet um Freiburg im Breisgau. 2. Aufl. Freiburg i.Br. (= Freiburger Geographische Hefte. Heft 36), S.1-23.

Schreiner, A. (1996): Tektonische Bewegungen und Entstehung der Landschaft im Tertiär und Quartär. In: Geologisches Landesamt Baden-Württemberg (Hrsg.): Erläuterungen zum Blatt Freiburg i.Br. und Umgebung. 3. erg. Aufl. Freiburg (= Geologische Karte von Baden-Württemberg 1: 50.000), S. 242-249.

Wilmanns, O. (1989): Einführung. In: Wilmanns, O., W. Wimmenauer u. G. Fuchs, S. 11-38.

Wilmanns, O. (1989): Vegetation. In: Wilmanns, O., W. Wimmenauer u. G. Fuchs, S. 89-204.

Wilmanns, O., W. Wimmenauer u. G. Fuchs (1989): Der Kaiserstuhl. Gesteine und Pflanzenwelt. 3. neubearb. Aufl. Stuttgart.

Wimmenauer, W. (1989): Gesteine und Minerale. In Wilmanns, O., W. Wimmenauer u. G Fuchs, S. 39-88.

Quellen von Karten und Abbildungen

Abb. 1: Querschnitt durch einen Lösshohlweg: Mäckel, R. (1997), S. 18, Abb. 8.

Abb. 2: Geologie und naturräumliche Einheiten: Wimmenauer, W. (1989), S. 40. Hüttner, R. (Bearb.) (1999): Geologische Karte des Landkreises Emmendingen. 1:100.000. In: Landesarchivdirektion Baden-Württemberg (Hrsg.): Der Landkreis Emmendingen. 3 Bände. Stuttgart (= Kreisbeschreibungen des Landes Baden-Württemberg).

Abb. 3: Aufbau des Lösssohlentales Spürenloch: Friedmann, A. u. R. Mäckel (1998), S. 101, Abb. 2.

Abb. 4: Tektonisch-morphologische Entwicklung am Rand des Oberrheingrabens: nach Schreiner, A. (1996).

Bildnachweis

S. 64: Lösshohlweg bei Bickensohl (NSG Eichberg): © R. Mäckel

S. 65: Blick vom Tuniberg auf den Kaiserstuhl; Anlage von Großterrassen 1977 in Bötzingen: © R. Mäckel

S. 66-67: Deutschland zur letzten Eiszeit

Autor: Prof. em. Dr. Herbert Liedtke, Geographisches Institut der Ruhr-Universität Bochum, Universitätsstr. 150, 44801 Bochum

Kartographische Bearbeiter

Abb. 1: Konstr: H. Liedtke; Red: S. Steinert, B. Hantzsch; Bearb: S. Steinert, R. Bräuer, S. Kanters

Abb. 2: Konstr: B. Hantzsch; Red: B. Hantzsch; Bearb: S. Becker

Abb. 3: Konstr: B. Hantzsch; Red: B. Hantzsch; Bearb: R. Bräuer

Abb. 4: Konstr: H. Liedtke; Red: S. Steinert, B. Hantzsch, W. Kraus; Bearb: S. Steinert, R. Bräuer, S. Kanters

Literatur

Altermann, M. (1993): Gliederung von pleistozänen Lagen. In: Deutsche Bodenkundliche Gesellschaft: Jahrestagung 1993. 4. bis 11. September 1993, Kiel. Referate und Posterbeiträge. Heft 2. [Göttingen] (= Mitteilungen der Deutschen Bodenkundlichen Gesellschaft. Band 72, 2), S. 825-828.

Behre, K.-E. u. U. Lade (1986): Eine Folge von Eem und 4 Weichsel-Interstadialen in Oerel/Niedersachsen und ihr Vegetationsablauf. In: Eiszeitalter und Gegenwart. Band 36, S. 11-36.

Benda, L. (Hrsg.) (1995): Das Quartär Deutschlands. Im Auftrag der Deutschen Quartärvereinigung gemeinsam mit den Geologischen Diensten der Bundesrepublik Deutschland zum 14. Kongreß der Internationalen Quartärvereinigung (INQUA) in Berlin 1995. Berlin, Stuttgart.

Bramer, H. u.a. (1991): Physische Geographie. Mecklenburg-Vorpommern, Brandenburg, Sachsen-Anhalt, Sachsen, Thüringen. Gotha.

Ehlers, J. (1990): Untersuchungen zur Morphodynamik der Vereisungen Norddeutschlands unter Berücksichtigung benachbarter Gebiete. Bremen (= Bremer Beiträge zur Geographie und Raumplanung. Heft 19).

Eissmann, L. (1975): Das Quartär der Leipziger Tieflandsbucht und angrenzender Gebiete um Saale und Elbe. Modell einer Landschaftsentwicklung am Rand der europäischen Kontinentalvereisung. Berlin (= Schriftenreihe für geologische Wissenschaften. Heft 2).

Eissmann, L. (1994): Grundzüge der Quartärgeologie Mitteldeutschlands (Sachsen, Sachsen-Anhalt, Südbrandenburg, Thüringen). In: Eissmann, L. u. T. Litt (Hrsg.): Das Quartär Mitteldeutschlands. Ein Leitfaden und Exkursionsführer. Mit einer Übersicht über das Präquartär des Saale-Elbe-Gebietes. Altenburg (= Altenburger Naturwissenschaftliche Forschungen. Heft 7), S. 55-135.

Fischer, K. (1989): The landforms of the German Alps and the Alpine Foreland. In: Ahnert, F. (Hrsg.): Landforms and landform evolution in West Germany. Published in Connection with the Second International Conference on Geomorphology, Frankfurt a.M., September 3-9, 1989. Cremlingen-Destedt (= Catena: Supplement. Band 15), S. 69-83.

Habbe, K. A. (1989): Die pleistozänen Vergletscherungen des süddeutschen Alpenvorlandes. Ein Resümee. In: Mitteilungen der Geographischen Gesellschaft in München. Band 74, S. 27-51.

Hagedorn, J. (1964): Geomorphologie des Uelzener Beckens. Göttingen (= Göttinger Geographische Abhandlungen. Heft 31).

Hantke, R. (1978-1983): Eiszeitalter. Die jüngste Erdgeschichte der Schweiz und ihrer Nachbargebiete. Band 1: Klima, Flora, Fauna, Mensch – Alt- und Mittel-Pleistozän – Vogesen, Schwarzwald, Schwäbische Alb, Adelegg. Band 2: Letzte Warmzeiten, Würm-Eiszeit, Eisabbau und Nacheiszeit der Alpen-Nordseite vom Rhein- zum Rhone-System. Band 3: Westliche Ostalpen mit ihrem bayerischen Vorland bis zum Inn-Durchbruch und Südalpen zwischen Dolomiten und Mont Blanc. Thun.

Husen, D. v. (1987): Die Ostalpen in den Eiszeiten. [Mit einer paläogeographischen Karte der letzten Eiszeit 1:500.000]. Wien (= Aus der geologischen Geschichte Österreichs).

Jerz, H. (1993): Das Eiszeitalter in Bayern. Erdgeschichte, Gesteine, Wasser, Boden. Stuttgart.

Karte, J. (1981): Zur Rekonstruktion des weichselhochglazialen Dauerfrostbodens im westlichen Mitteleuropa. In: Liedtke, H. (Hrsg.): Beiträge zur Glazialmorphologie und zum periglaziären Formenschatz. Paderborn (= Bochumer Geographische Arbeiten. Heft 40), S. 59-71.

Klostermann, J. (1992): Das Quartär der Niederrheinischen Bucht. Ablagerungen der letzten Eiszeit am Niederrhein. Krefeld.

Liedtke, H. (1981): Die nordischen Vereisungen in Mitteleuropa. 2. erweit. Aufl. Trier (= Forschungen zur deutschen Landeskunde. Band 204).

Liedtke, H. (2001): Das nordöstliche Brandenburg während der Weichseleiszeit. In: Bussemer, S. (Hrsg.): Das Erbe der Eiszeit. Festschrift zum 70. Geburtstag von Joachim Marcinek. Langenweißbach, S. 119-133.

Liedtke, H. u. J. Marcinek (Hrsg.) (2002): Physische Geographie Deutschlands. 3. überarb. u. erweit. Aufl. Gotha, Stuttgart (= Perthes GeographieKolleg).

Lowe, J. J. u. M. J. C. Walker (1997): Reconstructing quaternary environments. 2. Aufl. Harlow.

Marcinek, J. (1998): Die eiszeitliche Prägung der Jungmoränenlandschaft südlich der Ostsee. In: DVWK (Deutscher Verband für Wasserwirtschaft und Kulturbau e.V., Hrsg.): Zukunftsfähige Schutzstrategien der Wasserwirtschaft. Bonn (= Schriftenreihe des DVWK, Heft 122), S. 13-32.

Marcinek, J. u. B. Nitz (1973): Das Tiefland der Deutschen Demokratischen Republik. Leitlinien seiner Oberflächengestaltung. Gotha, Leipzig.

Meyer, K.-D. (1983): Zur Anlage der Urstromtäler in Niedersachsen. In: Zeitschrift für Geomorphologie, Neue Folge. Heft 2, S. 147-160.

Rother, K. (1995): Die eiszeitliche Vergletscherung der deutschen Mittelgebirge im Spiegel neuerer Forschungen. In: Petermanns Geographische Mitteilungen. Heft 1, S. 45-52.

Schreiner, A. (1992): Einführung in die Quartärgeologie. Stuttgart.

Skupin, K., E. Speetzen u. J. G. Zandstra

(1993): Die Eiszeit in Nordwestdeutschland. Zur Vereisungsgeschichte der Westfälischen Bucht und angrenzender Gebiete. Krefeld.

Stephan, H.-J. (1994): Der Jungbaltische Gletschervorstoß in Norddeutschland. In: Schriften des Naturwissenschaftlichen Vereins für Schleswig-Holstein. Band 64, S. 1-15.

Walther, M. (1990): Untersuchungsergebnisse zur jungpleistozänen Landschaftsentwicklung Schwansens (Schleswig-Holstein). Berlin (= Berliner Geographische Abhandlungen. Heft 52).

Quellen von Karten und Abbildungen

Abb. 1: Gliederung der Weichseleiszeit,

Abb. 2: Flächen der Eisbedeckung vor 20000 Jahren,

Abb. 3: Gliederung des Eiszeitalters: Eigene Entwürfe.

Abb. 4: Höhepunkt der letzten Eiszeit vor 20000 Jahren: Geologische Landesämter und Dienste der Länder Bayern, Brandenburg, Mecklenburg-Vorpommern, Niedersachsen, Sachsen, Sachsen-Anhalt und Thüringen: Geologische Übersichtskarten von 1:300.000 bis 1:500.000. Geologische Landesämter und Dienste der Länder Baden-Württemberg, Nordrhein-Westfalen und Schleswig-Holstein: Geologische Übersichtskarten 1:200.000.

S. 68-69: Das Relief der Jung- und Altmoränenlandschaften

Autoren: Prof. em. Dr. Herbert Liedtke, Geographisches Institut der Ruhr-Universität Bochum, Universitätsstr. 150, 44801 Bochum

Prof. em. Dr. Joachim Marcinek, Geographisches Institut der Humboldt-Universität zu Berlin, Chausseestr. 86, 10115 Berlin

Kartographische Bearbeiter

Abb. 1, 2, 4: Red: B. Hantzsch; Bearb: R. Richter

Abb. 3: Konstr: R. Richter; Red: B. Hantzsch; Bearb: R. Richter

Literatur

Siehe Anhang zum Beitrag Liedtke, Deutschland zur letzten Eiszeit

Quellen von Karten und Abbildungen

Abb. 1: Endmoränengebiet: Landesvermessungsamt Mecklenburg-Vorpommern (Hrsg.) (1995): Topographische Karte 1:25.000. Blatt 2646 Feldberg. Mit Genehmigungsvermerk: © LVermA M-V, Nr. A-61/2002. Liedtke, H. (1980): Die nordischen Vereisungen in Mitteleuropa. 1:1.000.000. IfAG. Frankfurt a.M. In: Liedtke 1981, Kartenbeilage.

Abb. 2: Seenreiches Jungmoränengebiet: Bayerisches Landesvermessungsamt (Hrsg.) (1991): Topographische Karte 1:25.000. Blatt 8040 Eggstätt. Mit Genehmigungsvermerk: © Bayerisches Landesvermessungsamt München, 3984/ 02, http://www.geodaten.bayern.de

Abb. 3: Anteil des im Eiszeitalter jemals vergletscherten Gebietes an der Gesamtfläche Deutschlands: Eigener Entwurf.

Abb. 4: Zertaltes Altmoränengebiet: Landesvermessung und Geobasisinformation Niedersachsen (Hrsg.) (1997): Topographische Karte 1:25.000. Blatt 3415 Damme. Mit Genehmigungsvermerk: Vervielfältigt mit Erlaubnis des Herausgebers: LGN – Landesvermessung und Geobasisinformation Niedersachsen – D2278. Liedtke, H. (1980).

Bildnachweis

S. 68: Seeon von Norden mit den beiden Zwiebeltürmen des Klosters in der Bildmitte; Altmoränengebiet der Dammer Berge vom Mordkuhlenberg (142,1 m) nach Südosten: © H. Liedtke

S. 70-71: Die Wurzeln der Riss-Iller-Lech-Platten

Autor: Prof. Dr. Karl Albert Habbe, Institut für Geographie der Friedrich-Alexander-Universität Erlangen-Nürnberg, Kochstr. 4, 91054 Erlangen

Kartographische Bearbeiter

Abb. 1, 2, 3: Konstr: K. A. Habbe; Red: K. Großer; Bearb: R. Richter

Literatur

Eichler, H. (1970): Das präwürmzeitliche Pleistozän zwischen Riss und oberer Rottum – Ein Beitrag zur Stratigraphie des nordöstlichen Rheingletschergebietes. Heidelberg (= Heidelberger Geographische Arbeiten. Heft 30).

Fesseler, W. u. W. Goos (1988): Erläuterungen zu Blatt 8026 Aitrach. Stuttgart (= Geologische Karte 1:25.000 von Baden-Württemberg).

Graul, H. u. I. Schaefer (1953): Zur Gliederung der Würmeiszeit im Illergebiet. München (= Geologica Bavarica. Nr. 18).

Habbe, K. A. (1985): Erläuterungen zur Geomorphologischen Karte 1:25.000 der Bundesrepublik Deutschland (GMK 25). Blatt 18/8127 Grönenbach. Berlin (= Geomorphologische Detailkartierung in der Bundesrepublik Deutschland).

Habbe, K. A. (1997): Zur Problematik der mittelpleistozänen Ablagerungen des nordöstlichen Rhein- und des Illergletschers – Eine Auseinandersetzung mit Ingo Schaefers „Das Alpenvorland im Zenit des Eiszeitalters". In: Quartär. Band 47/48, S. 51-88.

Habbe, K. A. (2002): [11] Das deutsche Alpenvorland. In: Liedtke, H. u. J. Marcinek (Hrsg.): Physische Geographie Deutschlands. 3. überarb. u. erweit. Aufl. Gotha, Stuttgart (= Perthes GeographieKolleg), S. 591-638.

Jerz, H. u.a. (1975): Erläuterungen zur Geologischen Übersichtskarte des Iller-Mindel-Gebietes 1:100.000. München.

Kupsch, F. u. D. Willibald (1982): Hydrogeologische Karte von Baden-Württemberg – Erolzheimer Feld/Illertal – Erläuterungen. Freiburg i.Br., Karlsruhe.

Löscher, M. (1976): Die präwürmzeitlichen Schotterablagerungen in der nördlichen Iller-Lech-Platte, Heidelberg (= Heidelberger Geographische Arbeiten. Heft 45).

Penck, A. (1901): Die Schottergebiete des nördlichen Alpenvorlandes. In: Penck, A. u. E. Brückner (Hrsg.) (1901/09): Die Alpen im Eiszeitalter. 1. Lieferung. Leipzig, S. 27-124.

Schädel, K. (1952): Die Stratigraphie des Altdiluviums im Rheingletschergebiet. In: Jahresberichte und Mitteilungen des Oberrheinischen Geologischen Vereins, Neue Folge. Band 34, S. 1-20.

Schaefer, I. (1973): Das Grönenbacher Feld – Ein Beispiel für Wandel und Fortschritt der Eiszeitforschung seit Albrecht Penck. In: Eiszeitalter und Gegenwart. Band 23/ 24, S. 168-200.

Schaefer, I. (1995): Das Alpenvorland im Zenit des Eiszeitalters – Forschungen in seinem Kerngebiet zwischen Riß und Lech. Band 1: Textband. Band 2: Ergänzungsband. Stuttgart.

Schreiner, A. (1996): Erläuterungen zu Blatt 8025 Bad Wurzach. Freiburg i.Br. (= Geologische Karte von Baden-Württemberg 1:25.000).

Schreiner, A. u. R. Ebel (1981): Quartärgeologische Untersuchungen in der Umgebung von Interglazialvorkommen im östlichen Rheingletschergebiet (Baden-Württemberg). Hannover (= Geologisches Jahrbuch. Reihe A: Allgemeine und regionale Geologie Bundesrepublik Deutschland und Nachbargebiete, Tektonik, Stratigraphie, Paläontologie. Heft 59).

Sinn, P. (1972): Zur Stratigraphie und Paläogeographie des Präwürm im mittleren und südlichen Illergletscher-Vorland. Heidelberg (= Heidelberger Geographische Arbeiten. Heft 37).

Weidenbach, F. (1964): Erläuterungen zu Blatt 8024 Waldsee [Unveränderte Ausgabe der 1. Aufl. von 1936]. Stuttgart (= Geologische Karte von Baden-Württemberg 1:25.000).

Wenninger, A. (1994): Erläuterungen zu Blatt 8126 Leutkirch im Allgäu-Ost. Freiburg i.Br. (= Geologische Karte von Baden-Württemberg 1:25.000).

Quellen von Karten und Abbildungen

Abb. 1: Räumlicher Kontext der Hauptkarte: IfAG (Hrsg.) (1965): Deutschland 1:1.000.000. Orohydrographische Ausgabe. BKG: DLM 1000.

Abb. 2: Längsprofil entlang dem Eschach-Aitrach-Iller-Talzug: geologische u. geomorphologische Karten der Abb. 3 sowie angelehnt an Schädel, K. (1952); Schreiner, A. u. R. Ebel (1981); Kupsch, F. u. D. Willibald (1982); Fesseler, W. u. W. Goos (1988) u. Wenninger, A. (1994).

Abb. 3: Die Wurzeln der Riss-Iller-Lech-Platten: [Königlich Preussische Landesaufnahme/Reichsamt für Landesaufnahme, Hrsg.] (o.J.): Topographische Übersichtskarte des Deutschen Reiches 1:200.000. Orohydrographische Ausgabe, Blatt 179 Ulm u. Blatt 187 Lindau. Geologisches Landesamt Baden-Württemberg (Hrsg.) (1962): Geologische Karte von Baden-Württemberg 1:200.000. Blatt 4. 3. Aufl. Geologisches Landesamt Baden-Württemberg (Hrsg.) (1988): Übersichtskarte des Iller-Riß-Gebiets 1:100.000. 3. Aufl. Bayerisches Geologisches Landesamt (Hrsg.) (1975): Geologische Übersichtskarte des Iller-Mindel-Gebietes 1:100.000. [Geologisches Landesamt Baden-Württemberg, Hrsg.] (versch. Jahre): Geologische Karte von Baden-Württemberg 1:25.000. Blätter: 8024 Waldsee (1964), 8025 Bad Wurzach (1996), 8026 Aitrach (1988) u. 8126 Leutkirch im Allgäu-Ost (1994). Habbe, K. A. (Aufnahme) (1985): Geomorphologische Karte 1:25.000 der Bundesrepublik Deutschland (GMK 25). Blatt 18/8127 Grönenbach. Berlin (= Geomorphologische Detailkartierung in der Bundesrepublik Deutschland).

S. 72-73: Blockhalden in Mittelgebirgen – Relikte der Eiszeiten

Autoren: Dr. Martin Gude, Institut für Geographie der Friedrich-Schiller-Universität Jena, Löbdergraben 32, 07743 Jena

Dr. Roland Molenda, Institut für Natur-, Landschafts- und Umweltschutz, Biogeographie der Universität Basel, St. Johanns-Vorstadt 10, 4056 Basel, CH

Kartographische Bearbeiter

Abb. 1: Konstr: M. Gude; Red: B. Hantzsch; Bearb: M. Gude, P. Mund

Abb. 2: Konstr: M. Gude; Red: B. Hantzsch; Bearb: R. Mendler, P. Mund, H. Wege

Abb. 3: Konstr: M. Gude; Red: B. Hantzsch; Bearb: M. Gude, K. Baum

Abb. 4: Konstr: R. Molenda; Red: B. Hantzsch; Bearb: B Hantzsch

Abb. 5: Konstr: M. Gude; Red: B. Hantzsch; Bearb: K. Baum

Literatur

Möseler, B. M. u. R. Molenda (Hrsg.) (1999): Lebensraum Blockhalde. Zur Ökologie periglazialer Blockhalden im außeralpinen Mitteleuropa. Tagungsband zum Symposium vom 13. und 14. September 1997 an der Friedrich-Schiller-Universität in Jena. Bonn (= DECHENIANA-Beihefte. Nr. 37).

Quellen von Karten und Abbildungen

Abb. 1: Untersuchte Blockhalden in Mittelgebirgen: IfL-Kartographie. Datenzusammenstellung M. Gude u. R. Molenda.

Abb. 2: Schema einer Blockhalde: Entwurf M. Gude.

Abb. 3: Typische Luftzirkulation in einer Blockhalde: Hintergrundbild: © M. Gude. Entwurf M. Gude.

Abb. 4: Alpine Pflanzen und Insekten: © R. Molenda

Abb. 5: Blockhalden in der Rhön: Hintergrundbild: © Landsat TM. Blockhalden Arzberg, Dietrich, Baier u. Stoffelskuppe: © H. Griebsch/S. David, Institut für Geographie, Universität Jena. Datenzusammenstellung M. Gude.

S. 74-75: Das Antlitz der deutschen Küsten

Autor: Prof. Dr. Manfred J. Müller, Institut für Geographie und ihre Didaktik, Landeskunde und Regionalforschung der Universität Flensburg, Auf dem Campus 1, 24943 Flensburg

Kartographische Bearbeiter

Abb. 1: Red: K. Großer; Bearb: M Schmiedel

Abb. 2: Konstr: G. Edelmann; Red: K. Großer; Bearb: K. Baum

Literatur

Bantelmann, A. (1967): Die Landschaftsentwicklung an der schleswig-holsteinischen Westküste dargestellt am Beispiel Nordfriesland. Eine Funktionschronik durch fünf Jahrtausende. Neumünster (= Untersuchungen aus dem Schleswig-Holsteinischen Landesmuseum für Vor- und Frühgeschichte in Schleswig, dem Landesamt für Vor- und Frühgeschichte von Schleswig-Holstein in Schleswig und dem Institut für Ur- und Frühgeschichte an der Universität Kiel, Neue Folge. Band 21).

Binot, F. (1988): Strukturentwicklung des Salzkissens Helgoland. In: Zeitschrift der Deutschen Geologischen Gesellschaft. Band 139, Teil 1, S. 51-62.

Dittmer, E. (1952): Die nacheiszeitliche Entwicklung der schleswig-holsteinischen Westküste. In: Meyniana. Band 1, S. 138-168.

Duphorn, K. u.a. (1995): Die deutsche Ostseeküste. Berlin, Stuttgart (= Sammlung Geologischer Führer. Band 88).

Leier, M. (Hrsg.) (2001): Weltatlas der Ozeane. Mit den Tiefenkarten der Weltmeere, die der Kanadische Hydrographische Dienst veröffentlicht hat. (General Bathymetric Chart of the Oceans, GEBCO). München.

Quellen von Karten und Abbildungen

Abb. 1: Salztorfabbau in Nordfriesland: nach Bantelmann, A. (1967), S. 43.

Abb. 2: Deutsche Nordsee- und Ostseeküste mit angrenzenden Meeren: Leier, M. (Hrsg.) (2001), S. 244, 245, 254 u. 255.

Bildnachweis

S. 74: Frischer Abbruch am Kliff der Halbinsel Holnis 1991; Dieselbe Abbruchstelle im Winter 1996: © M. J. Müller

S. 75: Das Rote Kliff vor Wenningstedt auf Sylt; Fehmarn – Steinfischer an der Mole von Puttgarden (1963): © M. J. Müller

S. 76-77: Nacheiszeitliche Küstenentwicklung an der Nordsee

Autor: Prof. Dr. Karl-Ernst Behre, Niedersächsisches Institut für historische Küstenforschung (NIhK), Viktoriastr. 26/

28, 26382 Wilhelmshaven

Kartographische Bearbeiter

Abb. 1, 2, 4: Konstr: NIhK; Red: B. Hantzsch; Bearb: M. Spohr, S. Kanters

Abb. 3: Konstr: NIhK; Red: K. Großer; Bearb: NIhK, P. Mund

Abb. 5: Konstr: NIhK; Red: B. Hantzsch; Bearb: NIhK, S. Becker

Literatur

Behre, K.-E. (1999): Die Veränderungen der niedersächsischen Küstenlinien in den letzten 3000 Jahren und deren Ursachen. In: Probleme der Küstenforschung im südlichen Nordseegebiet. Band 26, S. 9-34.

Behre, K.-E. (2002): [7.1] Die deutsche Nordseeküste. In: Liedtke, H. u. J. Marcinek (Hrsg.) (2002): Physische Geographie Deutschlands. 3. überarb. u. erweit. Aufl. Gotha, Stuttgart (= Perthes GeographieKolleg), S. 324-343.

Jelgersma, S. (1979): Sea-level changes in the North Sea basin. In: Oele, E., R. T. E. Schüttenhelm u. A. J. Wiggers (Hrsg.): The quaternary history of the North Sea. Uppsala (= Acta Universitatis Upsaliensis: Symposia Universitatis Upsaliensis annum quingentesimum celebrantis 2), S. 233-248.

Prange, W. (1986): Die Bedeichungsgeschichte der Marschen in Schleswig-Holstein. In: Probleme der Küstenforschung im südlichen Nordseegebiet. Band 16, S. 1-53.

Streif, H. (1990): Das ostfriesische Küstengebiet. Nordsee, Inseln, Watten und Marschen. 2. völlig neubearb. Aufl. Berlin, Stuttgart (= Sammlung Geologischer Führer. Band 57).

Quellen von Karten und Abbildungen

Abb. 1: Anstieg des Mitteltidehochwassers,

Abb. 2: Vermutete frühere Küstenlinien 12000 bis 6000 v.Chr.: Eigene Entwürfe.

Abb. 3: Von der eiszeitlichen Geest in die nacheiszeitliche Seemarsch: nach Behre, K.-E. (1998): Die Entstehung und Entwicklung der Natur- und Kulturlandschaft der ostfriesischen Halbinsel. In: Behre, K.-E. u. H. van Lengen (Hrsg.): Ostfriesland. Geschichte und Gestalt einer Kulturlandschaft. 3. durchges. Aufl. Aurich, S. 5-37.

Abb. 4: Verlagerung der Küstenlinie von 0 bis 1500: Eigener Entwurf.

Abb. 5: Beispiel einer Flussmarschlandschaft: nach Behre, K.-E. (1998).

S. 78-79: Küstenformen an der Nordsee: Inseln, Watt und Marsch

Autor: Prof. Dr. Manfred J. Müller, Institut für Geographie und ihre Didaktik, Landeskunde und Regionalforschung der Universität Flensburg, Auf dem Campus 1, 24943 Flensburg

Kartographische Bearbeiter

Abb. 1: Konstr: W. Fraedrich; Red: K. Großer; Bearb: K. Baum

Abb. 2: Konstr: P. Wurster; Red: K. Großer; Bearb: K. Baum

Abb. 3: Red: K. Großer; Bearb: K. Baum

Literatur

Dierssen, K. (1997): Ökosysteme der Nordseemarschen. In: Fischer, L. (Hrsg.): Kulturlandschaft Nordseemarschen. Bräist/Bredstedt (= Nordfriisk Instituut. Nr. 129), S. 15-26.

Ehlers, J. (1988): The morphodynamics of the Wadden Sea. Rotterdam.

Ehlers, J. (1994): [1.1] Geomorphologie und Hydrographie des Wattenmeeres. In: Lozán, J. L. u.a., S. 1-11.

Ehlers, J. u. H. Mensching (1983): Besonderheiten geomorphologischer Kartierung im Wattenmeer, dargestellt am Beispiel des Blattes 10 der GMK 25 Wangerooge. In: Zeitschrift für Geomorphologie, Neue Folge. Heft 4, S. 495-510.

Förster, M.-B. u.a. (2000): Felseninsel Helgoland. Ein geologischer Führer. Stuttgart.

Hahne, U. u.a. (1990): Die Halligen Hooge und Gröde. Eine wirtschafts- und sozialgeographische Untersuchung. Flensburg (= Flensburger Regionale Studien. Band 1).

Kramer, J. (1989): Kein Deich – kein Land – kein Leben. Geschichte des Küstenschutzes an der Nordsee. Leer.

Kunz, H. u. A. Panten (1997): Die Köge Nordfrieslands. Bräist/Bredstedt (= Nordfriisk Instituut. Nr. 144).

Lozán, J. L. u.a. (Hrsg.) (1994): Warnsignale aus dem Wattenmeer. Wissenschaftliche Fakten. Berlin u.a. (= Blackwell-Fachwissen).

Muuss, U. (Übersetzung) (1976): Wattenmeer. Ein Naturraum der Niederlande, Deutschlands und Dänemarks. Hrsg. von Landelijke Vereniging tot Behoud van de Waddenzee u. Vereniging tot Behoud van Natuurmonumenten in Nederland. Neumünster.

Reineck, H.-E. (Hrsg.) (1978): Das Watt. Ablagerungs- und Lebensraum. 2. neubearb. u. erweit. Aufl. Frankfurt a.M.

Schmidt-Thomé, P. (1987): Helgoland. Seine Dünen-Insel, die umgebenden Klippen und Meeresgründe. Berlin, Stuttgart (= Sammlung Geologischer Führer. Band 82).

Seedorf, H. H. u. H.-H. Meyer (1992): Landeskunde Niedersachsen. Natur- und Kulturgeschichte eines Bundeslandes. Band 1: Historische Grundlagen und naturräumliche Ausstattung. Neumünster.

Streif, H. (1990): Das ostfriesische Küstengebiet. Nordsee, Inseln, Watten und Marschen. 2. völlig neubearb. Aufl. Berlin, Stuttgart (= Sammlung Geologischer Führer. Band 57).

Wurster, P. (1962): Geologisches Porträt Helgolands. In: Die Natur. Band 70, S. 135-150.

Quellen von Karten und Abbildungen

Abb. 1: Geologisches Profil durch die Salzstruktur: Förster, M.-B. u.a. (2000), S. 69, Abb. 38 nach Binot, F. (1988): Strukturentwicklung des Salzkissens Helgoland. In: Zeitschrift der Deutschen Geologischen Gesellschaft. Band 139, Teil 1, S. 55, Abb. 3.

Abb. 2: Natürliche Gestaltung der Felsküste: Wurster, P. (1962), S. 139, Bild 6.

Abb. 3: Wattenmeer mit Rinnensystem: nach Seedorf, H. H. u. H.-H. Meyer (1992), S. 123, Abb. 63. Ehlers, J. u. H. Mensching (1983).

Bildnachweis

S. 78: Helgoland – Blick auf die „Lange Anna“ und die Schutzmauer: © M. J. Müller

S. 78: Die Deutsche Bucht und die deutsche Nordseeküste im Satellitenbild: © GKSS Forschungszentrum GmbH, Quelle: Landsat 7-TM v. 09.05.01, Zusammenschnitt von zwei Szenen Path/Row 197-22 und 197-23. Pixelauflösung 30 Meter

S. 79: Luftbild der Hallig Gröde: © M. J. Müller

S. 80-81: Nacheiszeitliche Küstenentwicklung an der Ostsee

Autor: Prof. Dr. Reinhard Lampe, Geographisches Institut der Ernst-Moritz-Arndt-Universität Greifswald, Friedrich-Ludwig-Jahn-Str. 16, 17487 Greifswald

Kartographische Bearbeiter

Abb. 1: Konstr: R. Lampe; Red: K. Großer; Bearb: P. Wiese; H. Wege

Abb. 2: Konstr: R. Lampe; Red: B. Hantzsch; Bearb: P. Wiese, S. Becker

Abb. 3: Konstr: R. Lampe; Red: K. Großer; Bearb: H. Meyer, S. Becker

Abb. 4: Konstr: R. Lampe; Red: B. Hantzsch; Bearb: P. Wiese, S. Kanters

Literatur

Behre, K.-E. (1993): Die nacheiszeitlichen Meeresspiegelbewegungen und ihre Auswirkungen auf die Küstenlandschaft und deren Besiedlung. In: Schellnhuber, H.-J. u. H. Sterr (Hrsg.): Klimaänderung und Küste. Einblick ins Treibhaus. Berlin u.a., S. 57-76.

Björck, S. (1995): A review of the history of the Baltic Sea, 13.0-8.0 ka BP. In: Quaternary International. Band 27, S. 19-40.

Dietrich, R. u. G. Liebsch (2000): Zur Variabilität des Meeresspiegels an der Küste von Mecklenburg-Vorpommern. In: Zeitschrift für Geologische Wissenschaften. Heft 6, S. 615-624.

Duphorn, K. (1979): The Federal Republic of Germany. In: Gudelis, V. u. L.-K. Königsson (Hrsg.): The quaternary history of the Baltic. Uppsala (= Acta Universitatis Upsaliensis: Symposia Universitatis Upsaliensis annum quingentesimum celebrantis 1), S. 195-206.

Janke, W. u. R. Lampe (2000): Zu Veränderungen des Meeresspiegels an der vorpommerschen Küste in den letzten 8000 Jahren. In: Zeitschrift für Geologische Wissenschaften. Heft 6, S. 585-600.

Lübke, H. (2000): Timmendorf-Nordmole und Jäckelberg-Nord. Erste Untersuchungsergebnisse zu submarinen Siedlungsplätzen der endmesolithischen Ertebølle-Kultur in der Wismar-Bucht, Mecklenburg-Vorpommern. In: Nachrichtenblatt Arbeitskreis Unterwasserarchäologie. Band 7, S. 17-35.

Quellen von Karten und Abbildungen

Abb. 1: Meeresspiegeländerung und Küstenentwicklung: Eigener Entwurf.

Abb. 2: Anstieg des Meeresspiegels seit 9000 Jahren: nach Duphorn, K. (1979), S. 200. Janke, W. u. R. Lampe (2000), S. 587, Abb. 1. Umgerechnet nach Beitrag Behre, S. 76-77. Eigener Entwurf.

Abb. 3: Ablagerungen am Boddenboden: Eigener Entwurf.

Abb. 4: Mittlerer jährlicher Meeresspiegelanstieg während der letzten 150 Jahre: nach Dietrich, R. u. G. Liebsch (2000), S. 617. Eigener Entwurf.

Bildnachweis

S. 80: Leitarten der Ostsee-Entwicklungsstadien: © R. Lampe

S. 81: Unterwasserarchäologe an Torfbank in 6 m Tiefe vor der Insel Poel: © Archäologisches Landesmuseum und Landesamt für Bodendenkmalpflege Lübstorf, H. Lübke

S. 81: Salzwiese am Greifswalder Bodden mit Torfzersetzungshorizont, Sedimentkern in Abb. 3: © R. Lampe

S. 82-83: Küstentypen der Ostsee

Autor: Prof. Dr. Reinhard Lampe, Geographisches Institut der Ernst-Moritz-Arndt-Universität Greifswald, Friedrich-Ludwig-Jahn-Str. 16, 17487 Greifswald

Kartographische Bearbeiter

Abb. 1: Konstr: R. Lampe; Red: K. Großer, B. Hantzsch; Bearb: P. Wiese, K. Baum, S. Kanters

Abb. 2: Konstr: R. Lampe; Red: K. Großer; Bearb: P. Wiese, K. Baum

Abb. 3: Konstr: R. Lampe; Red: K. Großer, B. Hantzsch; Bearb: P. Wiese, K. Baum, B. Hantzsch

Abb. 4: Konstr: R. Lampe; Red: K. Großer; Red: P. Wiese, K. Baum, B. Hantzsch

Abb. 5: Konstr: R. Lampe; Red: K. Großer; Red: P. Wiese, H. Wege, S. Becker

Abb. 6: Konstr: R. Lampe; Red: K. Großer; Red: P. Wiese, K. Baum

Literatur

Duphorn, K. u.a. (1995): Die deutsche Ostseeküste. Berlin, Stuttgart (= Sammlung Geologischer Führer. Band 88).

Koske, P. H. (1989): Belüftung der Flensburger Innenförde. Wirksamkeit und Standort. Unveröff. Forschungsbericht. Christian-Albrechts-Universität zu Kiel. Kiel.

Lampe, R. (1996): Die Küsten der Ostsee und ihre Dynamik. In: Lozán, J. L. u.a. (Hrsg.): Warnsignale aus der Ostsee. Wissenschaftliche Fakten. Berlin, S. 41-47.

Umweltministerium Mecklenburg-Vorpommern (Hrsg.) (versch. Jahre): Gewässergütebericht. Schwerin.

Quellen von Karten und Abbildungen

Abb. 1: Morphogenese und Bohrprofile: Barthel, A. (2002): Aufbau und Entwicklung der holozänen Sedimente der Insel Rügen und deren Modellierung mit geostatistischen Methoden. Unveröff. Diplomarbeit. Ernst-Moritz-Arndt-Universität Greifswald. Greifswald. Möbus, G. (2000): Geologie der Insel Hiddensee (südliche Ostsee) in Vergangenheit und Gegenwart – eine Monographie. Greifswald (= Greifswalder Geowissenschaftliche Beiträge. Heft 8). Schütze, H. (1931): Die Haken und Nehrungen der Außenküste von Rügen. Greifswald (= Beihefte zum Jahrbuch der Pommerschen Geographischen Gesellschaft. 1. Beiheft zum Jahrbuch 49/50 von 1931/32), Karte 2e. Eigener Entwurf.

Abb. 2: Holozäner Meeresspiegelanstieg und Küstentypen: Eigener Entwurf.

Abb. 3: Hypsographische Kurven ausgewählter Küstengewässer: Materialien des BSH, 2001. Correns, M. (1976): Charakteristische morphometrische Daten der Bodden- und Haffgewässer der DDR. In: Vermessungstechnik. Heft 12, S. 459-461. Kögler, F.-C. u. J. Ulrich (1985): Bodengestalt und Sedimente der Kieler Förde. In: Schriften des Naturwissenschaftlichen Vereins für Schleswig-Holstein. Band 55, S. 1-33. Eigener Entwurf.

Abb. 4: Jahreszeitliche Schwankungen des Salz- und Sauerstoffgehaltes 1989: Koske, P. H. (1989). Eigener Entwurf.

Abb. 5: Sturmflutwasserstände 1995: Materialien des BSH, 2001. Eigener Entwurf.

Abb. 6: Salzgehalt, Nährstoffgehalt und Makrozoobenthos: Umweltministerium Mecklenburg-Vorpommern (Hrsg.) (versch. Jahre). Schriftliche Mitteilungen F. Gosselck u. B. Günther, 2001. Eigener Entwurf.

S. 84-87: Schichtstufenlandschaften

Autoren: Dipl.-Geogr. Ingo Beyer und Prof. Dr. Karl-Heinz Schmidt, Institut für Geographie der Martin-Luther-Universität Halle-Wittenberg, Domstr. 5, 06108 Halle (Saale)

Kartographische Bearbeiter

Abb. 1, 2: Konstr: I. Beyer, F. Bukowski; Red: K. Großer; Bearb: P. Mund

Abb. 3: Konstr: I. Beyer, F. Bukowski; E. Schröter; Red: K. Großer; Bearb: R. Bräuer

Abb. 4, 6: Konstr: I. Beyer; Red: K. Großer; Bearb: K. Baum

Abb. 5: Konstr: I. Beyer; Red: K. Großer; Bearb: R. Bräuer

Abb. 7: Konstr: I. Beyer, M. Eichhorn, C. Zenner; Red: K. Großer; Bearb: K. Baum

Literatur

Ackermann, E. (1958): Die Sturzfließung am Schickeberg südlich Eschwege. In: Notizblatt des Hessischen Landesamtes

für Bodenforschung zu Wiesbaden. Band 87 [1959], S. 172-187.
BEYER, I. (2002): Massenverlagerungen an der Wellenkalk-Schichtstufe im Thüringer Becken und ihre Abhängigkeit von morphometrischen Steuerungsfaktoren. In: BAUMHAUER, R. u. B. SCHÜTT (Hrsg.): AK Geomorphologie 2000 in Trier. Beiträge der 26. Jahrestagung. Trier (= Trierer Geographische Studien. Heft 25), S. 143-160.
BEYER, I. u. K.-H. SCHMIDT (1999): Untersuchungen zur Verbreitung von Massenverlagerungen an der Wellenkalk-Schichtstufe im Raum nördlich von Rudolstadt (Thüringer Becken). In: Hallesches Jahrbuch für Geowissenschaften. Reihe A: Geographie und Geoökologie. Band 21, S. 67-82.
BLUME, H. (1971): Probleme der Schichtstufenlandschaft. Darmstadt (= Erträge der Forschung. Band 5).
JOHNSEN, G. (1974): Blockbewegungen an der Wellenkalktrauf Thüringens. In: Zeitschrift für Geologische Wissenschaften. Heft 4, S. 449-455.
KRAUTER, E. (1994): Hangrutschungen und deren Gefährdungspotential für Siedlungen. In: Geographische Rundschau. Heft 7/8, S.422-428.
SCHMIDT, K.-H. (1988): Die Wellenkalk-Schichtstufe in Nordhessen. In: Berichte zur deutschen Landeskunde. Band 62, Heft 2, S. 337-355.
SCHMIDT, K.-H. u. I. BEYER (2001): Factors controlling mass movement susceptibility on the Wellenkalk-scarp in Hesse and Thuringia. In: DIKAU, R. u. K.-H. SCHMIDT (Hrsg.): Mass movements in South, West and Central Germany. Berlin, Stuttgart (= Zeitschrift für Geomorphologie, Neue Folge. Supplementband 125), S. 43-63.
SCHMIDT, K.-H. u. I. BEYER (2003): High-magnitude landslide events on a limestone-scarp in central Germany: morphometric characteristics and climatic controls. In: Geomorphology. Band 49, Heft 3/4, S. 323-342.
SEIDEL, G. (1992): Thüringer Becken. Berlin, Stuttgart (= Sammlung Geologischer Führer. Band 85).

Quellen von Karten und Abbildungen

Abb. 1A: Hangprofile von Schichtstufen und Schichtkämmen – Kreide-Schichttafelberge bei Königstein, Sächsische Schweiz: KÖNIGLICHES FINANZMINISTERIUM [Sachsen] (Hrsg.) (1893): Blatt Königstein [GK25: 5050].
Abb. 1B: Hangprofile von Schichtstufen und Schichtkämmen – Jura-Schichtstufe bei Hechingen: PREUSSISCHE GEOLOGISCHE LANDESANSTALT (Hrsg.) (1926): Blatt Hechingen [GK25: 7619].
Abb. 1C: Hangprofile von Schichtstufen und Schichtkämmen – Keuper-Schichtstufe der Hassberge: BAYERISCHES GEOLOGISCHES LANDESAMT (Hrsg.) (1976): Blatt Hofheim [GK25: 5829].
Abb. 1D: Hangprofile von Schichtstufen und Schichtkämmen – Muschelkalk-Schichtstufe bei Reinstädt: PREUSSISCHE GEOLOGISCHE LANDESANSTALT (Hrsg.) (1892): Blatt Blankenhain [GK25: 5134].
Abb. 1E: Hangprofile von Schichtstufen und Schichtkämmen – Buntsandstein-Schichtstufe bei Eschwege: PREUSSISCHE GEOLOGISCHE LANDESANSTALT (Hrsg.) (1872): Blatt Eschwege [GK25: 4826].
Abb. 1F: Hangprofile von Schichtstufen und Schichtkämmen – Zechstein-Schichtkamm bei Morungen: PREUSSISCHE GEOLOGISCHE LANDESANSTALT (Hrsg.) (1930): Blatt Wippra [GK25: 4433].
Abb. 2: Elemente der Schichtstufenlandschaft: Autorenvorlage.
Abb. 3: Schichtstufenlandschaften: nach GOHL, D. (1972): Strukturen und Skulpturen der Landschaft. Die Methodik der Darstellung am Beispiel einer Karte von Deutschland. Mit einer Karte 1:1.000.000. Bonn-Bad Godesberg (= Forschungen zur Deutschen Landeskunde. Band 184), Kartenbeilage.
Abb. 4: Blockverlagerungen an der Wellenkalk-Schichtstufe: nach BEYER, I. u. K.-H. SCHMIDT (1999), S. 72, Abb. 4.
Abb. 5: Geologischer Aufbau der Muschelkalk-Schichtstufe: nach BEYER, I. u. K.-H. SCHMIDT (1999), S. 69, Abb. 2.
Abb. 6: Formenschatz der Massenverlagerung an der Wellenkalk-Schichtstufe: nach BEYER, I. u. K.-H. SCHMIDT (1999), zwischen S. 72 u. 73, Abb. 5.
Abb. 7: Massenverlagerungen an den Schichtstufen im Muschelkalk: THÜRINGER LANDESVERMESSUNGSAMT (1991): Rasterdaten der TK 100 (Bessel Ellipsoid). THÜRINGER LANDESVERMESSUNGSAMT (Hrsg.) (versch. Jahre): Topographische Karte 1:100.000. Blätter: C 4726 Mühlhausen (Thüringen) (1996), C 4730 Nordhausen (1996), C 4734 Halle (Saale) (1997), C 5126 Eisenach (1996), C 5130 Erfurt (1992), C 5134 Jena (1998), C 5530 Suhl (1996), C 5534 Saalfeld (Saale) (1996).

Bildnachweis

S. 84: Bilder in Abb. 1: A, D, E, F: © I. Beyer; B: © FWU Institut für Film und Bild, Grünwald; C: © K.-H. Schmidt
S. 86: Bilder in Abb. 6: © I. Beyer

S. 88-89: Rumpfflächenlandschaften

Autoren: Prof. Dr. Klaus Hüser, Fachgruppe Geowissenschaften der Universität Bayreuth, Universitätsstr. 30, 95447 Bayreuth
Prof. Dr. Arno Kleber, Institut für Geographie der Technischen Universität Dresden, Helmholtzstr. 10, 01069 Dresden

Kartographische Bearbeiter

Abb. 1: Red: S. Dutzmann; Bearb: R. Bräuer
Abb. 2: Konstr: A. Kleber; Red: S. Dutzmann; Bearb: P. Mund

Literatur

BRAMER, H. u.a. (1991): Physische Geographie. Mecklenburg-Vorpommern, Brandenburg, Sachsen-Anhalt, Sachsen, Thüringen. Gotha.
BÜDEL, J. (1957): Grundzüge der klimamorphologischen Entwicklung Frankens. In: BÜDEL, J. (Hrsg.): Beiträge zur Geographie Frankens. Festschrift zum 31. Deutschen Geographentag in Würzburg 29. Juli bis 3. August 1957. Würzburg (= Würzburger Geographische Arbeiten. Heft 4/5), S. 5-46.
EITEL, B. (2002): Flächensystem und Talbildung im östlichen Bayerischen Wald (Großraum Passau-Freyung). In: RATUSNY, A. (Hrsg.): Flusslandschaften an Inn und Donau. Passau (= Passauer Kontaktstudium Erdkunde. Band 6), S. 19-34.
GOHL, D. (1972): Strukturen und Skulpturen der Landschaft. Die Methodik der Darstellung am Beispiel einer Karte von Deutschland. Mit einer Karte 1:1.000.000. Bonn-Bad Godesberg (= Forschungen zur deutschen Landeskunde. Band 184).
HÜSER, K. (1973): Die tertiärmorphologische Erforschung des Rheinischen Schiefergebirges. Ein kritischer Literaturbericht. Karlsruhe (= Karlsruher Geographische Hefte. Heft 5).
LIEDTKE, H. u. J. MARCINEK (Hrsg.) (2002): Physische Geographie Deutschlands. 3. überarb. u. erweit. Aufl. Gotha, Stuttgart (= Perthes GeographieKolleg).
SEMMEL, A. (1996): Geomorphologie der Bundesrepublik Deutschland. Grundzüge, Forschungsstand, aktuelle Fragen, erörtert an ausgewählten Landschaften. 5. völlig überarb. u. regional erweit. Aufl. Stuttgart (= Erdkundliches Wissen. Heft 30).

Quellen von Karten und Abbildungen

Abb. 1: Typische Rumpfflächentreppe: nach EITEL, B. (2002), S. 30, Abb. 9.
Abb. 2: Abtragungsflächen: GOHL, D. (1972). Freundliche Mitteilung Prof. Dr. W. Kaulfuß, Dresden. Eigene Erhebungen.

Bildnachweis

S. 88: Abtragungsflächen über schräg stehenden Tonschiefern nördlich von Marburg, Hessen: © A. Kleber

S. 90-91: Fluss- und Tallandschaften

Autor: Dr. Jürgen Herget, Geographisches Institut der Ruhr-Universität Bochum, Universitätsstr. 150, 44801 Bochum

Kartographische Bearbeiter

Abb. 1: Konstr: L. Eissmann; Red: K. Großer; Bearb: K. Baum
Abb. 2: Konstr: E. Bibus; Red: K. Großer; Bearb: K. Baum
Abb. 3: Konstr: J. Herget; Red: W. Kraus; Bearb: M. Schmiedel

Literatur

AHNERT, F. (1996): Einführung in die Geomorphologie. 2. verbesserte Aufl. Stuttgart (= UTB für Wissenschaft: Große Reihe 8103).
BARSCH, D. u. R. MÄUSBACHER (1993): Flüsse und Flußlandschaften. Die Erfassung der fluvialen Dynamik. In: Geographische Rundschau. Heft 12, S. 736-743.
BROSE, F., J. MARCINEK u. F. PRÄGER (1987): Neuere Ergebnisse zur Urstromtalforschung und Entwicklung des Gewässernetzes im mitteleuropäischen Einflußbereich des nordischen Inlandeises. In: Petermanns Geographische Mitteilungen. Heft 2, S. 113-124.
HANTKE, R. (1993): Flußgeschichte Mitteleuropas. Skizzen zu einer Erd-, Vegetations- und Klimageschichte der letzten 40 Millionen Jahre. Stuttgart.
HERGET, J. (1997): Die Flußentwicklung des Lippetals. Bochum (= Bochumer Geographische Arbeiten. Heft 62).
LIEDTKE, H. u. J. MARCINEK (Hrsg.) (2002): Physische Geographie Deutschlands. 3. überarb. u. erweit. Aufl. Gotha, Stuttgart (= Perthes GeographieKolleg).
RUTTE, E. (1987): Rhein, Main, Donau. Wie, wann, warum sie wurden. Eine geologische Geschichte. Sigmaringen.
SEMMEL, A. (1996): Geomorphologie der Bundesrepublik Deutschland. Grundzüge, Forschungsstand, aktuelle Fragen, erörtert an ausgewählten Landschaften. 5. völlig überarb. u. regional erweit. Aufl. Stuttgart (= Erdkundliches Wissen. Heft 30).

Quellen von Karten und Abbildungen

Abb. 1: Sedimentfolge und Morphologie eines jungquartären Tales: nach EISSMANN, L. u. T. LITT (Hrsg.): (1994): Das Quartär Mitteldeutschlands. Ein Leitfaden und Exkursionsführer. Mit einer Übersicht über das Präquartär des Saale-Elbe-Gebietes. Altenburg (= Altenburger Naturwissenschaftliche Forschungen. Heft 7), S. 97 u. 98, Abb. 20.
Abb. 2: Terrassen am unteren Mittelrhein: nach BIBUS, E. (1980): Zur Relief-, Boden- und Sedimententwicklung am unteren Mittelrhein. Frankfurt a.M. (= Frankfurter Geowissenschaftliche Arbeiten. Serie D: Physische Geographie. Band 1), S. 249, Abb. 47.
Abb. 3: Fluviale Ablagerungen in Flusslandschaften: BGR (Hrsg.) (1993): Geologische Karte der Bundesrepublik Deutschland. Blatt 1: Grundkarte. Blatt 2: Legende und Kartengrundlagen. 1:1.000.000. Hannover. Eigene Ergänzung.

S. 92-93: Stromregulierung des Oberrheins

Autoren: Prof. Dr. Rüdiger Mäckel und Jochen Seidel, M.A., Institut für Physische Geographie der Albert-Ludwigs-Universität Freiburg, Werderring 4, 79085 Freiburg

Kartographische Bearbeiter

Abb. 1: Red: K. Großer; Bearb: M. Schmiedel
Abb. 2: Konstr: W. Kraus; Red: W. Kraus; Bearb: M. Schmiedel
Abb. 3: Konstr: R. Keller, H.-J. Paul; Red: W. Kraus; Bearb: H.-J. Paul, M. Schmiedel

Literatur

KELLER, R. u. H.-J. PAUL (1978): Der Oberrhein bei Breisach im Wandel der Zeit. 1:50.000. In: KELLER, R. (Gesamtleitung) (1978-1979): Hydrologischer Atlas der Bundesrepublik Deutschland. Teil 1: Karten und Erläuterungen. Teil 2: Textband. Boppard, Teil 1, Blatt 68.
LANDESANSTALT FÜR UMWELTSCHUTZ BADEN-WÜRTTEMBERG [Hrsg.] (1994): Der Oberrhein im Wandel. Heft 7[,1]: Gewässerschutz im Integrierten Rheinprogramm. 1. unveränderter Nachdruck. Stand Juni 1992. Karlsruhe.
LIEHL, E. (1988): Oberflächenformen und Landschaftsgeschichte. In: LANDKREIS BREISGAU-HOCHSCHWARZWALD (Hrsg.): Breisgau-Hochschwarzwald. Land vom Rhein über den Schwarzwald zur Baar. 2. Aufl. Freiburg, S. 36-52.

Quellen von Karten und Abbildungen

Abb. 1: Veränderung des Grundwasserspiegels vor und nach der Rheinkorrektur: nach LIEHL, E. (1988).
Abb. 2: Rückhalteräume für Hochwasserschutz und Auenrevitalisierung 2002: GEWÄSSERDIREKTION NÖRDLICHER OBERRHEIN: 4GwD – Die vier Gewässerdirektionen in Baden-Württemberg: online im Internet unter: http://www.4gwd.de GEWÄSSERDIREKTION SÜDLICHER OBERRHEIN/HOCHRHEIN (2002): Rückhalteräume am Oberrhein. Ca. 1:850.000. Kartenkopie. LANDESANSTALT FÜR UMWELTSCHUTZ BADEN-WÜRTTEMBERG [Hrsg.] (1994). OBERRHEINAGENTUR (Hrsg.) (1996): Rahmenkonzept des Landes Baden-Württemberg zur Umsetzung des Integrierten Rheinprogramms. Teil I: Wiederherstellung des Hochwasserschutzes. Teil II: Erhaltung und Renaturierung der Auelandschaft am Oberrhein. Lahr (= Materialien zum Integrierten Rheinprogramm. Band 7), S. 28, Abb. I-11 u. Anlage 7.
Abb. 3: Veränderungen durch Ausbaumaßnahmen im 19. und 20. Jahrhundert: KELLER, R. u. H.-J. PAUL (1978). LANDESVERMESSUNGSAMT BADEN-WÜRTTEMBERG (Hrsg.) (1998): Topographische Karte 1:50.000. Blatt L 7910 Breisach am Rhein. Mit Genehmigungsvermerk: © Landesvermessungsamt Baden-Württemberg (www.lv-bw.de), vom 12.03.03, Az.: 2851.2-A/517.

Bildnachweis

S. 92: Blick auf den kanalisierten Rhein bei Niffer (Elsaß) nach Süden; Staustufe Rhinau: © R. Mäckel

S. 94-95: Karstlandschaften

Autor: Prof. Dr. Karl-Heinz Pfeffer, Geographisches Institut der Eberhard Karls Universität Tübingen, Hölderlinstr. 12, 72074 Tübingen

Kartographische Bearbeiter

Abb. 1: Konstr: K.-H. Pfeffer; Red: W. Kraus; Bearb: M. Schmiedel
Abb. 2: Red: W. Kraus; Bearb: R. Bräuer
Abb. 3: Red: W. Kraus; Bearb: M. Schmiedel

Literatur

DUCKECK, J.: Karsterscheinungen in Deutschland: online im Internet unter: http://

www.showcaves.com/german/de/Maps/index.html
Gerstenhauer, A. (1969): Die Karstlandschaften Deutschlands mit einer zweifarbigen Karte. München (= Abhandlungen zur Karst- und Höhlenkunde. Reihe A: Speläologie. Heft 5).

Quellen von Karten und Abbildungen

Abb. 1: Geomorphologie der Kuppenalb: Landesvermessungsamt Baden-Württemberg (Hrsg.) (1994): Topographische Karte 1:50.000. Blatt L 7720 Albstadt.
Abb. 2: Naturräumliche und morphologische Gliederung: Borcherdt, C. (1991): Bundesrepublik Deutschland. Band V: Baden-Württemberg. Darmstadt (= Wissenschaftliche Länderkunden. Band 8), S. 8. Geyer, O. F. u. M. P. Gwinner (1991): Geologie von Baden-Württemberg. 4. neubearb. Aufl. Stuttgart. S. 316.
Abb. 3: Karstlandschaften: Gerstenhauer, A. (1969), Kartenbeilage. Duckeck, J., Internetkarte. Beitrag Asch/Lahner/Zitzmann, Abb. 2 u. Beitrag Schroeder, Abb. 2.

Bildnachweis

S. 94: Karstlandschaft der Schwäbischen Alb bei St. Johann – Kuppenalb mit flachen Trockentälern: © K.-H. Pfeffer

S. 96-97: Relief und Prozesse im Alpenraum

Autoren: Prof. Dr. Michael Becht, Dipl.-Geogr. Tobias Heckmann, Dipl.-Geogr. Timm Mittelsten Scheid und Dipl.-Geogr. Volker Wichmann, Geographisches Institut der Georg-August-Universität Göttingen, Goldschmidtstr. 5, 37077 Göttingen

Kartographische Bearbeiter

Abb. 1, 2, 3: Konstr: M. Becht, T. Heckmann, T. Mittelsten Scheid, V. Wichmann; Red: K. Großer; Bearb: V. Wichmann, J. Blauhut

Literatur

Becht, M. (1995): Untersuchungen zur aktuellen Reliefentwicklung in alpinen Einzugsgebieten. München (= Münchener Geographische Abhandlungen. Reihe A. Band A 47).
Becht, M. u. D. Rieger (1997a): Debris flows on alpine slopes. In: Géomorphologie. Reliefs, Processus, Environnement, Heft 1, S. 33-41.
Becht, M. u. D. Rieger (1997b): Spatial and temporal distribution of debris flow occurrence on slopes in the Eastern Alps. In: Chen, C.-L. [Hrsg.]: Debris-Flow hazard Mitigation. Mechanics, Prediction, and Assessment. Proceedings of first International Conference, San Francisco, California, August 7-9, 1997. New York, S. 516-529.
Laatsch, W. u. W. Grottenthaler (1972): Typen der Massenverlagerung in den Alpen und ihre Klassifikation. In: Forstwissenschaftliches Centralblatt, Heft 6, S. 309-339.
Perla, R., T. T. Cheng u. D. M. McClung (1980): A two-parameter model of snow-avalanche motion. In: Journal of Glaciology. Band 26, Heft 94, S. 197-207.
Rieger, D. (1999): Bewertung der naturräumlichen Rahmenbedingungen für die Entstehung von Hangmuren. Möglichkeiten zur Modellierung des Murpotentials. München (= Münchener Geographische Abhandlungen. Reihe A. Band A 51).
Schrott, L. u.a. [im Druck]: Spatial distribution of sediment storage types and quantification of valley fill deposits in an Alpine basin, Reintal, Bavarian Alps, Germany. In: Geomorphology.
Wichmann, V., T. Mittelsten Scheid u. M. Becht (2002): Gefahrenpotential durch Muren: Möglichkeiten und Grenzen einer Quantifizierung. In: Baumhauer, R. u. B. Schütt (Hrsg.): AK Geomorphologie 2000 in Trier. Beiträge der 26. Jahrestagung. Trier (= Trierer Geographische Studien. Heft 25), S. 131-142.

Quellen von Karten und Abbildungen

Abb. 1: Aktualgeomorphologische Prozesse und Speichertypen: Schrott, L. u.a. [im Druck]. Eigener Entwurf.
Abb. 2: Potenzielle Gefährdung durch Murabgänge (Modellierung): Rieger, D. (1999), S. 117, Abb. 52. Wichmann, V., T. Mittelsten Scheid u. M. Becht (2002), S. 136, Abb. 2. Eigener Entwurf.
Abb. 3: Lage der Untersuchungsgebiete in den Alpen: Amt für Militärisches Geowesen (Hrsg.) (1996): [CD-ROM:] Digital Landmass System. Digital Terrain Elevation Data (DLMS-DTED). Level 1 Coverage. Gebietsabdeckung: Bundesrepublik Deutschland. Ausgabe 1-DMG - Februar 1996. Euskirchen. Eigener Entwurf.

Bildnachweis

S. 96: Bilder 1 bis 5: © M. Becht
S. 97: Bilder 6 bis 9: © M. Becht

S. 98-99: Nationale Gefahrenhinweiskarte gravitativer Massenbewegungen

Autoren: Prof. Dr. Richard Dikau und Dr. Thomas Glade, Geographisches Institut der Rheinischen Friedrich-Wilhelms-Universität Bonn, Meckenheimer Allee 166, 53115 Bonn

Kartographische Bearbeiter

Abb. 1: Konstr: S. Jäger; Red: B. Hantzsch; Bearb: B. Hantzsch
Abb. 2, 3: Red: B. Hantzsch; Bearb: B. Hantzsch
Abb. 4: Konstr: R. Bell; Red: B. Hantzsch; Bearb: B. Hantzsch

Literatur

Cruden, D. M. u. D. J. Varnes (1996): Landslide types and processes. In: Turner, A. K. u. R. L. Schuster (Hrsg.): Landslides: investigation and mitigation. Washington, D.C. (= Transportation Research Board: Special Report. Band 247), S. 36-75.
Dikau, R. u.a. (2001): [2.3] Massenbewegungen. In: Plate, E. J. u. B. Merz (Hrsg.): Naturkatastrophen. Ursachen – Auswirkungen – Vorsorge. [End of Decade Bericht des Deutschen IDNDR-Komitees]. Stuttgart, S. 115-138.
Dikau, R. u.a. (Hrsg.) (1996): Landslide recognition. Identification, movement and causes. Chichester (= International Association of Geomorpologist: Publication 5. Zgl. Report of the European Commission Environment Programme 1).
Dikau, R. u. T. Glade (2002): Gefahren und Risiken durch Massenbewegungen. In: Geographische Rundschau. Heft 1, S. 38-45.
Dikau, R. u. K.-H. Schmidt (Hrsg.) (2001): Mass movements in South, West and Central Germany. Berlin, Stuttgart (= Zeitschrift für Geomorphologie, Neue Folge. Supplementband 125).
Glade, T. u. R. Dikau (2001): Gravitative Massenbewegungen – vom Naturereignis zur Naturkatastrophe. In: Petermanns Geographische Mitteilungen. Heft 6, S. 42-53.
Jäger, S. (1997): Fallstudien zur Bewertung von Massenbewegungen als geomorphologische Naturgefahr. Heidelberg (= Heidelberger Geographische Arbeiten. Heft 108).
Prinz, H. (1997): Abriß der Ingenieurgeologie. Mit Grundlagen der Boden- und Felsmechanik, des Erd-, Grund- und Tunnelbaus sowie der Abfalldeponien. 3. neu bearb. u. erweit. Aufl. Stuttgart.
WP/WLI (International Geotechnical Societies UNESCO Working Party on World Landslide Inventory) (1993): Multilingual Landslide Glossary. [Canadian Geotechnical Society]. Richmond, B.C.

Quellen von Karten und Abbildungen

Abb. 1: Hangrutschungsgefährdung: Jäger, S. (1997).
Abb. 2: Prozesstypen gravitativer Massenbewegungen: Dikau, R. u. T. Glade (2002), S.38, Abb. 1.
Abb. 3: Klassifikation von Massenbewegungen: Dikau, R. u. T. Glade (2002) nach Cruden, D. M. u. D. J. Varnes (1996). Dikau, R. u.a. (Hrsg.) (1996).
Abb. 4: Gefahrenhinweiskarte gravitativer Massenbewegungen: BKG (2002): [CD-ROM:] DGM 50 M745. Digitales Geländemodell Bundesrepublik Deutschland. Lambert (winkeltreue Kegelabbildung). Auflösung ca. 30m x 15m. Datenstand 1985-1990. Frankfurt a.M. ATKIS®, DGM50 M745; Copyright © Amt für Militärisches Geowesen und BKG 2002.

Bildnachweis

S. 98: Rutschung an einem künstlichen Hang an der A 61 bei Bonn in tief verwitternden devonischen Gesteinen: © R. Dikau

Methodische Anmerkung zu Abb. 4

Die dargestellte Karte stützt sich auf die geologische Karte im Maßstab 1:1 Mio. und auf ein Hangneigungsmodell, das auf einem digitalen Höhenmodell mit einer Gitterweite von 25 m basiert. Durch Kombination der geologischen Einheit mit den Hangneigungsklassen wurden Gefahrenhinweisklassen ermittelt. Die Bewertung beruht für bestimmte Regionen auf Expertenbefragungen und auf Literaturauswertungen. Die verbleibenden Gebiete sind anhand der Einteilung von Prinz (1997) klassifiziert worden. In einem weiteren Schritt wurde das Raster der Auflösung 25 m auf eine Rastergröße von 150 m aggregiert. Die linienhafte Gefahrenbewertung an der Nord- und Ostseeküste basiert ausschließlich auf den Angaben zur Erosionsanfälligkeit der Küsten des Staatlichen Amtes für Umwelt und Natur, Rostock, und des Landesamtes für Natur und Umwelt des Landes Schleswig-Holstein und schließt bei den Nehrungen Durchbrüche mit ein. Es muss betont werden, dass aufgrund des Maßstabes der vorliegenden Karte Deutschlands nicht auf die lokale Gefahr durch Massenbewegungen zurückgeschlossen werden kann. Nur regionale Dispositionen sind ableitbar, die keinesfalls die lokalen Untersuchungen und Analysen ersetzen können.

Danksagung

Für die Bereitstellung von Basisdaten wird folgenden Institutionen gedankt: Bundesanstalt für Geowissenschaften und Rohstoffe (digitale geologische Karte), Staatliches Amt für Umwelt und Natur, Rostock und Landesamt für Natur und Umwelt des Landes Schleswig-Holstein (Charakterisierung der Küstenabschnitte). Prof. Becht (Göttingen), Prof. Bunza (München), Dr. Chang-Jo (Ottawa, Kanada), Prof. Embeleton-Hamann (Wien, Österreich), Prof. Feeser (Kiel), Prof. Grunert (Mainz), Prof. Kuntsche (Wiesbaden), Prof. Moser (Erlangen), Dr. Schmidt (Flintbeck), Prof. Schmidt (Halle), Dipl.-Geogr. Scholze (Osterode), Prof. Sterr (Kiel), PD Dr. Theilen-Willige (Stockach) und Dr. Tiepolt (Rostock) wird für Expertenratschläge gedankt, die im Algorithmus der Bewertung des Gefährdungsgrades Eingang fanden. Herr Dipl.-Geogr. Rainer Bell sei gedankt für die GIS-gestützte Umsetzung der Konzeption. Wir danken dem Amt für Militärisches Geowesen für die Überlassung des DHM M745 als Grundlage für Abb. 4.

S. 100-103: Böden im Überblick

Autoren: Prof. Dr. Wolf Eckelmann, Direktor und Professor Fachgruppe B4.2 Mineralogie, Bodenkunde, Bundesanstalt für Geowissenschaften und Rohstoffe, Stilleweg 2, 30655 Hannover
Dr. Gert Adler, Dr. Jürgen Behrens, Dr. Reinhard Hartwich und Dipl.-Ing. Andreas Richter, Referat B4.24 Informationsgrundlagen im Boden- und Umweltschutz, Bundesanstalt für Geowissenschaften und Rohstoffe, Dienstbereich Berlin, Wilhelmstr. 25-30, 13593 Berlin

Kartographische Bearbeiter

Abb. 1: Konstr: M. Fuchs, A. Richter; Red: BGR, K. Großer; Bearb: R. Richter
Abb. 2: Konstr: M. Fahrak, M. Fuchs; Red: BGR, K. Großer; Bearb: K. Baum
Abb. 3: Konstr: R. Hartwich; Red: BGR, K. Großer; Bearb: M. Schmiedel

Literatur

AG (Arbeitsgruppe) Boden (1994): Bodenkundliche Kartieranleitung. Hrsg. von der BGR und den Geologischen Landesämtern der Bundesrepublik Deutschland. 4. verbesserte und erweit. Aufl. 1994. Berichtigter Nachdruck (1996). Hannover.
BGR: Startseite Internetangebot Bundesanstalt für Geowissenschaften und Rohstoffe, Hannover – Homepage Website BGR: online im Internet unter: http://www.bgr.de
Eckelmann, W. (1999): Soil Information in Germany: The 1998 Position. In: Bullock, P., R. J. A. Jones u. L. Montanarella (Hrsg.): Soil Resources of Europe. [Proceedings Meeting Heads of Soil Survey, Silsoe 1998]. Ispra (= European soil bureau research report. Nr. 6. Zgl. EUR 18991 EN), S. 75-82.
Hartwich, R. u.a. (1995a): Bodenübersichtskarte der Bundesrepublik Deutschland 1:1.000.000. Karte mit Erläuterungen, Textlegende und Leitprofilen (BÜK 1000). [Karte mit Erläuterungsheft]. BGR. Hannover.
Hartwich, R. u.a. (1995b): Die Bodenübersichtskarte der Bundesrepublik Deutschland im Maßstab 1:1.000.000. In: Zeitschrift für Angewandte Geologie. Band 41, Heft 1, S. 31-36.

Quellen von Karten und Abbildungen

Abb. 1: Böden: BGR (2000): Bodenübersichtskarte der Bundesrepublik Deutschland 1:1.000.000. Digitale Version (BÜK 1000, Vers. 2.0). Unveröff. Datenbestand des Digitalen Archivs FISBo BGR. Hannover.
Abb. 2: Beispielhafte Bodenprofile ausgewählter Legendeneinheiten: Hartwich, R. u.a. (1995a).
Abb. 3: Bodenregionen: BGR (2000): Bodenregionenkarte der Bundesrepublik Deutschland 1:5.000.000. Digitale Version (BÜK 5000), Vers. 1.0). Unveröff. Datenbestand des Digitalen Archivs FISBo BGR. Hannover.

Bildnachweis

S. 102: Profilaufnahmen in Abb. 2: © Landesamt für Geowissenschaften und Rohstoffe Brandenburg, Kleinmachnow 2002: Bodendatenbank des Bodeninformationssystems des Landes Brandenburg; © Niedersächsisches Landesamt für Bodenforschung, Hannover 1996: Böden in Niedersachsen: online im Internet unter: http://www.nlfb.de/boden/downloads/bodnds.htm
S. 103: Die Bodenart ist eine wichtige Voraussetzung für die landwirtschaftliche Nutzung: © SAVE-BILD, Wittek

Danksagung
Für die Bereitstellung von Profilaufnahmen danken wir dem Niedersächsischen Landesamt für Bodenforschung in Hannover und dem Landesamt für Geowissenschaften und Rohstoffe Brandenburg in Kleinmachnow.

S. 104-105: Bodengüte der landwirtschaftlichen Nutzflächen

Autoren: Prof. em. Dr. Herbert Liedtke und Prof. Dr. Bernd Marschner, Geographisches Institut der Ruhr-Universität Bochum, Universitätsstr. 150, 44801 Bochum

Kartographische Bearbeiter
Abb. 1: Konstr: B. Marschner; Red: K. Großer; Bearb: R. Bräuer
Abb. 2: Red: K. Großer; Bearb: J. Blauhut
Abb. 3: Konstr: H. Liedke; Red: H. Liedke, B. Hantzsch; Bearb: S. Steinert, R. Richter

Literatur
Arens, H. (1960): Die Bodenkarte 1:5000 auf der Grundlage der Bodenschätzung, ihre Herstellung und ihre Verwendungsmöglichkeiten. Krefeld (= Fortschritte in der Geologie von Rheinland und Westfalen. Band 8).
Engel, E. (2001): Die Bodenschätzung in Deutschland und deren Perspektiven. In: Hugenroth, P. [Red.]: Referate. Bodenkundlicher Kongress der Deutschen und der Österreichischen Bodenkundlichen Gesellschaft. 01. bis 09. September 2001 in Wien. Heft 2. [Göttingen] (= Mitteilungen der Deutschen Bodenkundlichen Gesellschaft. Band 96, 2), S. 491-492.
Keil, B. (2000): Die Bodenschätzung der Finanzbehörden: Aktueller Stand und Nutzungsmöglichkeiten für den Pedotopschutz in der Stadt. In: Hugenroth, P. [Red.]: Referate der Gemeinsamen Tagung der AG „Bodenökologie", des AK „Urbane Böden" und der AG „Bodenschätzung und -bewertung" zum Thema „Pedotopschutz in der Stadt, Bodenökologie und Bodenbewertung". 01. bis 03. Juni 2000 in Osnabrück. [Göttingen] (= Mitteilungen der Deutschen Bodenkundlichen Gesellschaft. Band 93), S. 23-26.
Liedtke, H. (1988): Naturräume der Bundesrepublik Deutschland und ihr Naturraumpotential. In: Geographische Rundschau. Heft 1, S. 12-19.
Preis, M. u.a. (2001): Bodenkundliche Aussagekraft von Bodenwertzahlen der Bodenschätzung. In: Hugenroth, P. [Red.]: Referate. Bodenkundlicher Kongress der Deutschen und der Österreichischen Bodenkundlichen Gesellschaft. 01. bis 09. September 2001 in Wien. Heft 2. [Göttingen] (= Mitteilungen der Deutschen Bodenkundlichen Gesellschaft. Band 96, 2), S. 545-546.
Rothkegel, W. (1950): Geschichtliche Entwicklung der Bodenbonitierungen und Wesen und Bedeutung der deutschen Bodenschätzung. Stuttgart.
Rothkegel, W. u. H. Herzog (1935): Das Bodenschätzungsgesetz. Berlin (= Taschen-Gesetzsammlung 168).
Taschenmacher, W. (1963): Zur Übersichtskarte der Bodengüte der landwirtschaftlich genutzten Flächen in der Bundesrepublik Deutschland. Mit einer Karte im Anhang. In: Berichte zur deutschen Landeskunde. Band 30, Heft 1, S. 95-100, Kartenbeilage.
Wendland, F. u.a. (Hrsg.) (1993): Atlas zum Nitratstrom in der Bundesrepublik Deutschland. Rasterkarten zu geowissenschaftlichen Grundlagen, Stickstoffbilanzgrößen und Modellergebnissen. Berlin u.a.

Quellen von Karten und Abbildungen
Abb. 1: Anteile der Bodengüteklassen an der landwirtschaftlichen Nutzfläche: Berechnung B. Marschner nach Abb. 3.
Abb. 2: Ausschnitt aus der Bodenschätzkarte Hamm (Westfalen) 1989: Landesvermessungsamt Nordrhein-Westfalen (Hrsg.) (1989): Deutsche Grundkarte 1:5.000. Bodenschätzkarte. Nr. 4313/26 Hamm, Kump. 3420 Rechts, 5718 Hoch.
Abb. 3: Bodengüte: Liedtke, H. (1988). Taschenmacher, W. (1963). Blatt 2112: Bodengüte der landwirtschaftlich genutzten Flächen nach Gemeinden. 1: 1.000.000. In: StBA, Institut für Länderkunde u. Institut für Raumforschung (Hrsg.) (1965-1996): Die Bundesrepublik Deutschland in Karten. Mainz. Matz, R. (1956): Agraratlas über das Gebiet der Deutschen Demokratischen Republik. Gotha. Martin-Luther-Universität Halle-Wittenberg (Hrsg.) (1985): Durchschnittliche Ackerzahlen der sozialistischen Landwirtschaftsbetriebe der Pflanzenproduktion in der DDR. Unveröff. Nur für den Dienstgebrauch.

Bildnachweis
S. 104: Faksimile des „Gesetz über die Schätzung des Kulturbodens (Bodenschätzungsgesetz)": Rothkegel, W. u. H. Herzog (1935), S. 7.

Methodische Anmerkung
Das Zusammenbringen der Bodenwertzahlen aus dem Gebiet der alten Bundesländer mit denen der ehemaligen DDR machte gewisse Schwierigkeiten, die sich aus der Verbreitung der Wälder ergaben. In den alten Bundesländern waren in den meisten Wäldern Ertragsmesszahlen festgelegt worden, so dass die Waldflächen sehr reduziert wiedergegeben wurden (Liedtke 1988). Dagegen sind die Werte der ehemaligen DDR nur für landwirtschaftlich genutzte Flächen angegeben worden. Um die Vergleichbarkeit der Waldflächen in Ost und West zu gewährleisten, wurden bei Abb. 3 die größeren zusammenhängenden Waldflächen in den alten Bundesländern wieder eingetragen. Sie fallen im Allgemeinen mit den Ertragsmesszahlen unter 33 zusammen.

S. 106-109: Bodenerosion

Autoren: Prof. Dr. Nicola Fohrer, Ökologie-Zentrum der Christian-Albrechts-Universität zu Kiel, Schauenburger Str. 112, 24118 Kiel
Dr. Konrad Mollenhauer, Institut für Landschaftsökologie und Ressourcenmanagement der Justus-Liebig-Universität Gießen, Heinrich-Buff-Ring 26-32, 35392 Gießen
Prof. Dr. Thomas Scholten, Institut für Geographie der Friedrich-Schiller-Universität Jena, Löbdergraben 32, 07743 Jena

Kartographische Bearbeiter
Abb. 1, 3: Red: K. Großer; Bearb: A. Müller
Abb. 2: Konstr: V. Hennings; Red: K. Großer; Bearb: A. Müller
Abb. 4: Konstr: A. Michael; Red: K. Großer; Bearb: A. Müller
Abb. 5: Konstr: M. v. Werner; Red: K. Großer; Bearb: S. Dutzmann, A. Müller

Literatur
Böhner, J. u.a. [2003]: The WEELS model: methods, results and limitations. In: Catena. Special Issue, 21 S. [im Druck].
Deutscher Verband für Wasserwirtschaft und Kulturbau (Hrsg.) (1996): Bodenerosion durch Wasser – Kartieranleitung zur Erfassung aktueller Erosionsformen. Bonn (= DVWK-Merkblätter zur Wasserwirtschaft. Heft 239).
Hempel, L. (1957): Das morphologische Landschaftsbild des Unter-Eichsfeldes unter besonderer Berücksichtigung der Bodenerosion und ihrer Kleinformen. Remagen/Rh. (= Forschungen zur deutschen Landeskunde. Band 98).
Michael, A. (2001): Anwendung des physikalisch begründeten Erosionsprognosemodells EROSION 2D/3D – Empirische Ansätze zur Ableitung der Modellparameter. Freiberg (= Freiberger Forschungshefte. Reihe C: Geoökologie. Heft 488).
Morgan, R. P. C. u.a. (1998): The European Soil Erosion Model (EUROSEM): a dynamic approach for predicting sediment transport from fields and small catchments. In: Earth Surface Processes and Landforms. Heft 6, S. 527-544.
Nearing, M. A. u.a. (1989): A process-based soil erosion model for USDA-Water Erosion Prediction Project Technology. In: Transactions of the American Society of Agricultural Engineers. Heft 5, S. 1587-1593.
Schmidt, J., M. v. Werner u. A. Michael (1996): EROSION 2D/3D. Ein Computermodell zur Simulation der Bodenerosion durch Wasser. Hrsg. von der Sächsischen Landesanstalt für Landwirtschaft und dem Sächsisches Landesamt für Umwelt und Geologie. Dresden.
Schwertmann, U., W. Vogl u. M. Kainz (1987): Bodenerosion durch Wasser. Vorhersage des Abtrags und Bewertung von Gegenmaßnahmen. Stuttgart.
Werner, M. v. (2000): Einsatz hochauflösender Erosionsprognosekarten zur Verbesserung des vorsorgenden Schutzes von Boden und Gewässern. Unveröff. FuE-Abschlussbericht. Sächsisches Landesamt für Umwelt und Geologie. Dresden.
Wischmeier, W. H. u. D. D. Smith (1978): Predicting rainfall erosion losses. A guide to conservation planning. Washington (= United States Department of Agriculture: Agriculture Handbook. Nr. 537).
Woodruff, N. P. u. F. H. Siddoway (1965): A Wind Erosion Equation. In: Soil Science Society of America: Proceedings. Heft 5, S. 602-608.

Quellen von Karten und Abbildungen
Abb. 1: Prozesse und Steuerfaktoren der Flächenerosion durch Wasser: Entwurf N. Fohrer.
Abb.2: Erosionsgefährdung ackerbaulich genutzter Böden durch Wasser: BGR: Fachinformationssystem Bodenkunde. Unveröff. Datenbestand des Digitalen Archivs FISBo BGR. Hannover. Bearb. V. Hennings 2001.
Abb. 3: Schadbild in einer Landschaft nach einem Erosionsereignis durch Wasser: nach Deutscher Verband für Wasserwirtschaft und Kulturbau (Hrsg.) (1996), S. 2, Abb. 2.
Abb. 4: Erosionsgefährdung durch Wasser: Michael, A. (2001), S. 123, Abb. 8-4.
Abb. 5: Szenarienrechnungen zur Abschätzung der Wirkung von Erosionschutzmaßnahmen: Werner, M. v. (2000), Kartenanhang F-1.

Bildnachweis
S. 106: Karte aus dem 18. Jh. mit schweren Erosionsschäden auf einer Hochackerflur im Eichsfeld: Hempel, L. (1957), Karte IV.
S. 108: Lineare Erosionsformen auf einer Ackerfläche in Brandenburg: © Mo. Frielinghaus, Müncheberg

Danksagung
Die Autoren danken der Bundesanstalt für Geowissenschaften und Rohstoffe Hannover (Dr. W. Eckelmann, Dr. V. Hennings), Dr. A. Michael und Prof. Dr. J. Schmidt (TU Freiberg), Dr. M. von Werner (Geognostics, Berlin), dem Sächsisches Landesamt für Umwelt und Geologie Freiberg und Prof. Dr. Mo. Frielinghaus (Müncheberg) für die Herstellung und Überlassung der verwendeten Karten, deren Erläuterungen und des Bildmaterials.

S. 110-111: Bodenerosion durch Wind

Autoren: Dr. Konrad Mollenhauer, Institut für Landschaftsökologie und Ressourcenmanagement der Justus-Liebig-Universität Gießen, Heinrich-Buff-Ring 26-32, 35392 Gießen
Prof. Dr. Thomas Scholten, Institut für Geographie der Friedrich-Schiller-Universität Jena, Löbdergraben 32, 07743 Jena

Kartographische Bearbeiter
Abb. 1: Konstr: G. Schollmeyer; Red: K. Großer; Bearb: A. Müller
Abb. 2: Red: K. Großer; Bearb: A. Müller
Abb. 3: Konstr: Arbeitsgruppe J. Böhner; Red: K. Großer; Bearb: A. Müller

Literatur
Böhner, J. u.a. [2003]: The WEELS model: methods, results and limitations. In: Catena. Special Issue, 21 S. [im Druck].
Breburda, J. (1983): Bodenerosion – Bodenerhaltung. Frankfurt a.M.

Quellen von Karten und Abbildungen
Abb. 1: Erosionsgefährdung ackerbaulich genutzter Flächen durch Wind: Landesvermessung und Geobasisinformation Niedersachsen: ATKIS-DLM 25 u. TK 50 Rasterdaten. Niedersächsisches Landesamt für Bodenforschung: Daten des Niedersächsischen Bodeninformationssystems NIBIS, Dezember 2001.
Abb. 2: Transportprozesse bei Winderosion: nach Breburda, J. (1983), S. 56, Abb. 18.
Abb. 3: Auswehungs- und Ablagerungsbilanzen bei Winderosion: Böhner, J. u.a. (2003).

Bildnachweis
S. 110: Winderosion in der nordwestdeutschen Geest: © A. Thiermann, Bremen

Danksagung
Die Autoren danken dem Niedersächsischen Landesamt für Bodenforschung Hannover/Bremen (Dr. W. Schäfer, G. Schollmeyer, A. Thiermann) und der Arbeitsgruppe J. Böhner (Universität Göttingen) für die Herstellung und Überlassung der verwendeten Karten, deren Erläuterungen und des Bildmaterials.

S. 112-113: Bodenbelastung durch Schwermetalle

Autor: Prof. Dr. Jörg Völkel, Institut für Geographie der Universität Regensburg, Universitätsstr. 31, 93053 Regensburg

Kartographische Bearbeiter
Abb. 1: Konstr: BGR; Red: S. Dutzmann; Bearb: R. Bräuer
Abb. 2: Konstr: J. Völkel; Red: S. Dutzmann; Bearb: S. Dutzmann
Abb. 3: Konstr: BGR; Red: S. Dutzmann; Bearb: P. Mund

Literatur
Bayerisches Landesamt für Wasserwirtschaft (Hrsg.) (1998): Untersuchungen zur Belastungssituation von Boden und Grundwasser in den Flußauen unterhalb von Marktredwitz. München (= Bayerisches Landesamt für Wasserwirtschaft: Materialien. Nr. 78).
[BMU 2002]: Schriftliche Mitteilung des Referates WA II 4 - Siedlungsabfälle. Bonn.
Kloke, A. (1980): Orientierungsdaten für tolerierbare Gesamtgehalte einiger Elemente in Kulturböden. In: Mitteilungen des Verbandes Deutscher Landwirtschaftlicher Untersuchungs- und Forschungsanstalten, Heft 1-3, S. 9-11.
LABO (Bund-Länder-Arbeitsgemeinschaft

Bodenschutz) (1998): Hintergrundwerte für anorganische und organische Stoffe in Böden. 2. überarb. und erg. Aufl. In: Rosenkranz, D. u.a. (Hrsg.) (1988ff.): Bodenschutz. Ergänzbares Handbuch der Maßnahmen und Empfehlungen für Schutz, Pflege und Sanierung von Böden, Landschaft und Grundwasser. Berlin. Loseblattausgabe, Lieferung XII/98, Kennziffer 9006.
Müller-Westermeier, G. (1996): Klimadaten von Deutschland Zeitraum 1961-1990. (Lufttemperatur, Luftfeuchte, Niederschlag, Sonnenschein, Bewölkung). Offenbach a.M.
Ruppert, H. u. F. Schmidt (1987): Natürliche Grundgehalte und anthropogene Anreicherungen von Schwermetallen in Böden Bayerns. München (= GLA-Fachberichte 2).
Scheffer, F. u. P. Schachtschabel (2002): Lehrbuch der Bodenkunde. Neu bearb. u. erweit. v. Blume, H.-P. u.a. 15. Aufl. Heidelberg, Berlin (= Spektrum Lehrbuch).
Siewers, U. u. U. Herpin (1998) Schwermetalleinträge in Deutschland. Moos-Monitoring 1995/96. Hannover (= Geologisches Jahrbuch. Sonderhefte Reihe D: Mineralogie, Petrographie, Geochemie, Lagerstättenkunde. Heft SD 2).
Utermann, J. u.a. (1999): Methodische Anforderungen an die Flächenrepräsentanz von Hintergrundwerten in Oberböden. Forschungsbericht 297 71 010, UBA-FB 99-066. Berlin (= Umweltbundesamt: Texte. Nr. 95/99).
Völkel, J. (1995): Periglaziale Deckschichten und Böden im Bayerischen Wald und seinen Randgebieten als geogene Grundlagen landschaftsökologischer Forschung im Bereich naturnaher Waldstandorte. Berlin, Stuttgart (= Zeitschrift für Geomorphologie, Neue Folge. Supplementband 96).

Quellen von Karten und Abbildungen

Abb. 1: Hintergrundwerte Nickel 1999: Utermann, J. u.a. (1999), modifiziert durch BGR 2003.

Abb. 2: Tiefenverteilung von Schwermetallen: Völkel, J. (1995).

Abb. 3: Hintergrundwerte Blei 1999: Utermann, J. u.a. (1999), modifiziert durch BGR 2003.

S. 114-115: Bodenbelastung durch Radionuklide

Autor: Prof. Dr. Jörg Völkel, Institut für Geographie der Universität Regensburg, Universitätsstr. 31, 93053 Regensburg

Kartographische Bearbeiter

Abb. 1: Konstr: J. Völkel; Red: S. Dutzmann; Bearb: S. Dutzmann

Abb. 2, 3: Konstr: Bundesamt für Strahlenschutz; Red: S. Dutzmann; Bearb: P. Mund

Literatur

Bayer, A., A. Kaul u. C. Reiners (Hrsg.) (1996): Zehn Jahre nach Tschernobyl, eine Bilanz. Seminar des Bundesamtes für Strahlenschutz, München. 6.-7. März 1996.
Bundesrat (Hrsg.) (2002): Umweltradioaktivität und Strahlenbelastung im Jahr 2001. Unterrichtung durch die Bundesregierung. Berlin (= Bundesrats-Drucksache 765/02 vom 09.10.02).
Siehl, A. (Hrsg.) (1996): Umweltradioaktivität. Berlin (= Geologie und Ökologie im Kontext).
Völkel, J. (1997): Modelle zur Cäsiumfixierung in Böden radioaktiv hoch belasteter Gebiete Ostbayerns. Unveröff. Forschungsbericht. Bayerisches Staatsministerium für Landesentwicklung und Umweltfragen. München.
Völkel, J. (1998): Radioökologisches Monitoring zur Entwicklung der Cäsiumkontamination süddeutscher Waldgebiete und Maßnahmen zur Reduktion der Cäsiumaufnahme durch Pflanzen. In: BMU (Hrsg.): 10. Fachgespräch zur Überwachung der Umweltradioaktivität, 28.-30.4.98, Hamburg. Tagungsbericht. Bonn, S. 419-424.

Quellen von Karten und Abbildungen

Abb. 1: Cäsium-Tiefenverteilung (^{137}Cs) im Waldboden: Völkel, J. (1997).

Abb. 2: Bodenkontamination mit Cäsium (^{137}Cs) 1986 nach Reaktorunfall von Tschernobyl: Bundesamt für Strahlenschutz 1991.

Abb. 3: Natürliches Radon in der Bodenluft 2001: Bundesamt für Strahlenschutz 2001.

S. 116-117: Paläoböden

Autoren: Prof. Dr. Bernhard Eitel, Geographisches Institut der Ruprecht-Karls-Universität Heidelberg, Im Neuenheimer Feld 348, 69120 Heidelberg
Prof. Dr. Peter Felix-Henningsen, Institut für Bodenkunde und Bodenerhaltung der Justus-Liebig-Universität Gießen, Heinrich-Buff-Ring 26-32, 35392 Gießen

Kartographische Bearbeiter

Abb. 1, 2: Konstr: C. Brückner; Red: B. Eitel, P. Felix-Henningsen, B. Hantzsch; Bearb: C. Brückner, R. Bräuer

Abb. 3: Konstr: C. Brückner; Red: B. Eitel, P. Felix-Henningsen, B. Hantzsch; Bearb: C. Brückner, P. Mund

Literatur

Bleich, K. u.a. (1982): Paläoböden in Baden-Württemberg. In: BGR (Hrsg.): Inventur der Paläoböden in der Bundesrepublik Deutschland. Hannover (= Geologisches Jahrbuch. Reihe F: Bodenkunde. Heft 14), S.63-100.
Felix-Henningsen, P. u. K. Bleich [2000]: [Kapitel] 4.5.1 Böden und Bodenmerkmale unterschiedlichen Alters. In: Blume, H.-P. u.a. (Hrsg.) (1996ff.): Handbuch der Bodenkunde. [Loseblattwerk mit Ergänzungslieferungen]. Landsberg/Lech, I, 10 S.

Quellen von Karten und Abbildungen

Abb. 1: Vorkommen von Paläoböden und holozänen Böden unterschiedlichen Alters in einer Landschaft: nach Felix-Henningsen, P. u. K. Bleich [2000], S. 4, Abb. 2.

Abb. 2: Löss-Paläoböden-Sammelprofil für das Jungpleistozän in Südwestdeutschland: nach Eitel, B. (2001): Bodengeographie. 2. Aufl. Braunschweig (= Das Geographische Seminar).

Abb. 3: Gut untersuchte Vorkommen von Paläoböden: Extrakte aus den Exkursionsführern der Arbeitstagungen 1978-2002 des AK Paläopedologie der Deutschen Bodenkundlichen Gesellschaft. Eigener Entwurf.

Bildnachweis

S. 116: Komplexe pleistozäne Löss-Paläobodensequenz von Besigheim (Enz-Neckar-Gebiet): © B. Eitel

S. 117: Ferrallit-Vorkommen bei Lich (Hessen): © P. Felix-Henningsen

S. 118-119: Nord- und Ostsee: Gezeiten, Strömungen, Wasserschichtung

Autor: Dr. Ekkehard Mittelstaedt, Referat M22 Strömungen, Seegang, Bundesamt für Seeschifffahrt und Hydrographie, Bernhard-Nocht-Str. 78, 20359 Hamburg

Kartographische Bearbeiter

Abb. 1: Red: K. Großer; Bearb: A. Müller

Abb. 2: Red: K. Großer; Bearb: A. Müller

Abb. 3: Red: K. Großer; Bearb: A. Müller

Literatur

Bock, K.-H. (1971): Monatskarten des Salzgehalts der Ostsee dargestellt für verschiedene Tiefenhorizonte. Hamburg (= Ergänzungsheft zur Deutschen Hydrographischen Zeitschrift. Reihe B. Nr. 12).
BSH (Hrsg.) (2000): Gezeitentafeln für das Jahr 2001. Europäische Gewässer. Hamburg, Rostock [= BSH-Bestellnr. 2115].
Goedecke, E., J. Smed u. G. Tomczak (1967): Monatskarten des Salzgehaltes der Nordsee dargestellt für verschiedene Tiefenhorizonte. Hamburg (= Ergänzungsheft zur Deutschen Hydrographischen Zeitschrift. Reihe B. Nr. 9).
Lenz, W. (1971): Monatskarten der Temperatur der Ostsee dargestellt in verschiedenen Tiefenhorizonten. Hamburg (= Ergänzungsheft zur Deutschen Hydrographischen Zeitschrift. Reihe B. Nr. 11).
Tomczak, G. u. E. Goedecke (1964): Die thermische Schichtung der Nordsee auf Grund des mittleren Jahresganges der Temperatur in 1/2 °- und 1°-Feldern. Hamburg (= Ergänzungsheft zur Deutschen Hydrographischen Zeitschrift. Reihe B. Nr. 8).

Quellen von Karten und Abbildungen

Abb. 1: Temperatur und Salzgehalt des Meereswassers im August (Monatsmittel): Deutsche Bucht nach Tomczak, G. u. E. Goedecke (1964). Goedecke, E., J. Smed u. G. Tomczak (1967). Westliche Ostsee nach Lenz, W. (1971). Bock, K.-H. (1971).

Abb. 2: Gezeiten: nach BSH (Hrsg.) (2000).

Abb. 3: Tiefenverteilung und mittlere Zirkulation: Eigener Entwurf.

Bildnachweis

S. 118: Nordseeküste bei Ebbe: © Ingo Barth/OKAPIA

Anmerkung

Aktuelle Modell-Vorhersagen der Strömungsverhältnisse an der Meeresoberfläche und in der Tiefe in Nord- und Ostsee bietet das Bundesamt für Seeschifffahrt und Hydrographie im Internet an (www.bsh.de).

S. 120-121: Sturmfluten und Küstenschutz

Autor: Prof. Dr. Manfred J. Müller, Institut für Geographie und ihre Didaktik, Landeskunde und Regionalforschung der Universität Flensburg, Auf dem Campus 1, 24943 Flensburg

Kartographische Bearbeiter

Abb. 1: Red: K. Großer; Bearb: A. Müller

Abb. 2: Red: K. Großer; Bearb: A. Müller

Abb. 3: Red: K. Großer; Bearb: P. Mund

Abb. 4: Red: K. Großer; Bearb: A. Müller

Literatur

Kramer, J. (1989): Kein Deich – kein Land – kein Leben. Geschichte des Küstenschutzes an der Nordsee. Leer.
Kunz, H. u. A. Panten (1997): Die Köge Nordfrieslands. Bräist/Bredstedt (= Nordfriisk Instituut. Nr. 144).
Lozán, J. L. u.a. (Hrsg.) (1994): Warnsignale aus dem Wattenmeer. Wissenschaftliche Fakten. Berlin u.a. (= Blackwell-Fachwissen).
Meier, D. (1994): [1.2] Geschichte der Besiedlung und Bedeichung im Nordseeküstenraum. In: Lozán, J. L. u.a., S. 11-17.
Meier, D. (1997): Frühe Besiedlungsmuster und der Wandel des Naturraumes zur Kulturlandschaft in Eiderstedt und Dithmarschen. In: Fischer, L. (Hrsg.): Kulturlandschaft Nordseemarschen. Bräist/Bredstedt (= Nordfriisk Instituut. Nr. 129), S. 45-66.
Petersen, M. u. H. Rohde (1979): Sturmflut. Die großen Fluten an den Küsten Schleswig-Holsteins und in der Elbe. 2. verbesserte Aufl. Neumünster.
Ministerium für ländliche Räume, Landesplanung, Landwirtschaft und Tourismus des Landes Schleswig-Holstein (2001): Generalplan Küstenschutz. Integriertes Küstenschutzmanagement in Schleswig-Holstein 2001. Kiel. Auch online im Internet unter: http://landesregierung.schleswig-holstein.de

Quellen von Karten und Abbildungen

Abb. 1: Wetterlage am 16. und 17. Februar 1962: Dt. Wetterdienst. In: Petersen, M. u. H. Rohde (1979), Abb. 19.

Abb. 2: Profil eines verstärkten Deiches: nach Kramer, J. (1989).

Abb. 3: Extreme Hochwasserstände an Nord- und Ostsee im 19. und 20. Jahrhundert: Petersen, M. u. H. Rohde (1979).

Abb. 4: Perioden der Bedeichung seit dem 15. Jh.: nach Wieland, P. (1990): Küstenfibel. Ein ABC der Nordseeküste. Heide., S. 205, Abb. 180.

Bildnachweis

S. 120: Tetrapodenbuhne auf Sylt bei Hörnum, Aufspülung auf Sylt bei Kampen, Deichbau an der Nordsee: © M. J. Müller

S. 120: Sturmflut in Hamburg 1962: © Landesmedienzentrum Hamburg, Negativ Nr. 7681a/16, Aufnahme GERMIN

S. 122-123: Natürliche Bedingungen und Schadstoffbelastungen in Nord- und Ostsee

Autoren: Dr. Hartmut Heinrich, Referat M51 Planung und Koordination der Meeresüberwachung, Bundesamt für Seeschifffahrt und Hydrographie, Bernhard-Nocht-Straße 78, 20359 Hamburg
Dr. Günther Nausch, Institut für Ostseeforschung Warnemünde (IOW), Seestr. 15, 18119 Rostock

Kartographische Bearbeiter

Abb. 1: Konstr: S. Dutzmann; Red: S. Dutzmann; Bearb: P. Mund

Abb. 2, 3, 4, 5: Red: S. Dutzmann; Bearb: H. Wege

Abb. 6, 8, 9: Red: S. Dutzmann; Bearb: S. Dutzmann

Abb. 7: Konstr: S. Dutzmann; Red: S. Dutzmann; Bearb: S. Dutzmann

Abb. 10: Red: S. Dutzmann; Bearb: P. Mund

Literatur

BSH, Sekretariat BLMP Nord- und Ostsee (Hrsg.) (2000): Zustandsbericht 1994-1996 für Nordsee und Ostsee. [Meeresumwelt 1994-1996]. Hamburg (= Messprogramm Meeresumwelt. Heft 2). Auch online im Internet unter: http://www.bsh.de/Meeresumweltschutz/BLMP/index.htm
Koslowski, G. (1989): Die flächenbezogene Eisvolumensumme, eine neue Maßzahl für die Bewertung des Eiswinters an der Ostseeküste Schleswig-Holsteins und ihr Zusammenhang mit dem Charakter des meteorologischen Winters. In: Deutsche Hydrographische Zeitschrift. Band 42, Heft 2, S. 61-80.
Larsson, U., R. Elmgren u. F. Wulff (1985): Eutrophication and the Baltic Sea: Causes and Consequences. In: Ambio. Band 15, Heft 1, S. 9-14.
Matthäus, W. u. G. Nausch [2003]: Hydrographic-hydrochemical variability in the Baltic Sea during the 1990s in relation to changes during the 20th century. Kopenhagen (= ICES Cooperative Research Report) [im Druck].
Siegel, H. u.a. (1999): Seasonal and interannual variations in satellite derived sea surface temperature of the Baltic Sea

in the 1990s. In: Deutsche Hydrographische Zeitschrift. Band 51, Heft 4, S. 407-422.
Strübing, K. (1996): The Ice Winter of 1995/96 on the German Coasts between Ems and Oder, with a Survey of the Entire Baltic Area. In: Deutsche Hydrographische Zeitschrift. Band 48, Heft 1, S. 73-87.
Strübing, K. (1999): The Ice Winter of 1998/99 on the German Coasts between Ems and Oder, with a Survey of the Entire Baltic Area. In: Deutsche Hydrographische Zeitschrift. Band 51, Heft 1, S. 85-95.

Quellen von Karten und Abbildungen

Abb. 1: α-HCH-Konzentration im Meerwasser im April 1994: BSH, Sekretariat BLMP Nord- und Ostsee (Hrsg.) (2000), S. 124, Abb. 24.
Abb. 2: Lindankonzentration im Meerwasser 1976-1996: BSH, Sekretariat BLMP Nord- und Ostsee (Hrsg.) (2000), S. 43, Abb. 25 u. S. 124, Abb. 25.
Abb. 3: Lindankonzentration in Schollenlebern 1990-1996: BSH, Sekretariat BLMP Nord- und Ostsee (Hrsg.) (2000), S. 46, Abb. 26b.
Abb. 4: PCB-Gehalt in Dorschlebern 1980-1995: BSH, Sekretariat BLMP Nord- und Ostsee (Hrsg.) (2000), S. 131, Abb. 28.
Abb. 5: Einträge von Gesamtphosphor und -stickstoff 1900 und 1985: Larsson, U., R. Elmgren u. F. Wulff (1985), S. 13, Tab. 6.
Abb. 6: Salzwassereinbrüche 1880-2000: W. Matthäus u. G. Nausch, IOW.
Abb. 7: Vergleich der Phosphatkonzentrationen: Referat M31 Chemie des Meerwassers, BSH, Hamburg 2001. G. Nausch, IOW.
Abb. 8: Flächenbezogene Eisvolumensumme 1879-2001: K. Strübing, Referat M12 Eisdienst, BSH, Hamburg (07/2001).
Abb. 9: Vereisung der westlichen Ostsee am 9.2.1996: NOAA-AVHRR Satellitendaten des BSH. Bearbeitung IOW nach Siegel, H. u.a. (1999), S. 421, Fig. 12.
Abb. 10: Sauerstoffverarmung im Tiefenwasser 2000: W. Matthäus u. G. Nausch, IOW.

S. 124-125: Die Hauptflüsse und ihre Einzugsgebiete

Autoren: Dr. Ralf Busskamp und Dipl.-Met. Peter Krahe, Bundesanstalt für Gewässerkunde, Kaiserin-Augusta-Anlagen 15-17, 56068 Koblenz

Kartographische Bearbeiter

Abb. 1: Konstr: BfG, J. Blauhut; Red: W. Kraus; Bearb: J. Blauhut, R. Richter
Abb. 2: Konstr: J. Strub, J. Blauhut; Red: HAD, W. Kraus; Bearb: A. Müller, W. Kraus, M. Schmiedel

Literatur

Krahe, P. u. R. Busskamp (2000): 3.2 Flußgebiete. 1:2.000.000. BfG, Koblenz. In: BMU (Hrsg.) (2000ff.): Hydrologischer Atlas von Deutschland. Projektleitung: BfG, IHF. Berlin. Loseblattausgabe, 1. Lieferung, Blatt 3.2.

Quellen von Karten und Abbildungen

Abb. 1: Große Flussgebiete in Europa: Krahe, P. u. R. Busskamp (2000), Abb. 1. BfG.
Abb. 2: Flussgebiete: Krahe, P. u. R. Busskamp (2000). Czerny, A. (1995): 32.1 Wody powierzchniowe / Surfaces Waters. 1:1.500.000. In: Polska Akademia Nauk / Polish Academy of Sciences (Hrsg.) (1993-1997): Atlas Rzeczypospolitej Polskiej / Atlas of the Republic of Poland. Warschau. Loseblattausgabe, Teil 2, Blatt 32.1.

Bildnachweis

S. 124: Die Leine bei Hannover: © V. Bode

S. 126-129: Mittlerer jährlicher Abfluss und Abflussvariabilität

Autoren: Dr. Ralf Busskamp, Bundesanstalt für Gewässerkunde, Kaiserin-Augusta-Anlagen 15-17, 56068 Koblenz
Prof. Dr. Karl-Heinz Schmidt, Institut für Geographie der Martin-Luther-Universität Halle- Wittenberg, Domstr. 5, 06108 Halle (Saale)

Kartographische Bearbeiter

Abb. 1, 4, 5: Red: K. Großer; Bearb: K. Baum
Abb. 2: Red: K. Großer; Bearb: P. Mund
Abb. 3: Konstr: F. Loy, J. Strub, J. Blauhut; Red: HAD, K. Großer; Bearb: K. Baum
Abb. 6: Red: B. Hantzsch; Bearb: B. Hantzsch
Abb. 7: Red: K. Großer; Bearb: P. Mund

Literatur

Busskamp, R. u. K.-H. Schmidt (2003): 3.9 Mittlerer jährlicher Durchfluss und Durchflussvariabilität. 1:2.000.000. BfG, Koblenz, Universität Halle-Wittenberg. In: BMU (Hrsg.) (2000ff.): Hydrologischer Atlas von Deutschland. Projektleitung: BfG, IHF. Berlin. Loseblattausgabe, 3. Lieferung, Blatt 3.9.
Marcinek, J. u. K.-H. Schmidt (2002): [3] Gewässer und Grundwasser. In: Liedtke, H. u. J. Marcinek (Hrsg.): Physische Geographie Deutschlands. 3. überarb. u. erweit. Aufl. Gotha, Stuttgart (= Perthes GeographieKolleg), S. 157-182.
Schmidt, K.-H. (1984): Der Fluß und sein Einzugsgebiet. Hydrogeographische Forschungspraxis. Wiesbaden (= Wissenschaftliche Paperbacks Geographie).
Schmidt, K.-H. (1985): Hydrologische Struktur der Bundesrepublik Deutschland. In: Berichte zur deutschen Landeskunde. Band 59, Heft 1, S. 85-105.

Quellen von Karten und Abbildungen

Abb. 1: Abflusshauptzahlen für eine Pegelstation: Busskamp, R. u. K.-H. Schmidt (2003), Tab. 1. Eigener Entwurf.
Abb. 2: Hauptzahlen und Abflussvariabilität ausgewählter Pegelstationen: Busskamp, R. u. K.-H. Schmidt (2003), Tab. 2. BfG u. Gewässerkundliche Dienststellen der Länder (Hrsg.) (jährlich): Deutsches Gewässerkundliches Jahrbuch.
Abb. 3: Mittlerer jährlicher Abfluss und Abflussvariabilität: Busskamp, R. u. K.-H. Schmidt (2003).
Abb. 4: Veränderung des Abflussregimes im Längsverlauf des Rheins: Schmidt, K.-H. (1985), S. 100, Abb. 6.
Abb. 5: Abfluss-Längsschnitt des Rheins: Busskamp, R. u. K.-H. Schmidt (2003), Abb. 2. Commission International de l'Hydrologie du Bassin du Rhin/Internationale Kommission für die Hydrologie des Rheingebietes [1978]: Das Rheingebiet. Hydrologische Monographie / Le bassin du Rhin. Monographie hydrologique. [Den Haag], S. 112.
Abb. 6: Wetterlage am 12. August 2002: © DLR.
Abb. 7: Extremhochwasser im August 2002: © DLR.

Bildnachweis

S. 126: Die Ruhr bei Bochum bei Trockenwetterabfluss und bei Hochwasser: © K.-H. Schmidt
S. 126: Historische Hochwassermarken der Saale: © G. Zinke

S. 130-131: Wasserreiche und wasserarme Regionen

Autoren: Dr. Gerhard Glugla, Abteilung M21, Bundesanstalt für Gewässerkunde, Kaiserin-Augusta-Anlagen 15-17, 56068 Koblenz
Dipl.-Met. Petra Jankiewicz, Projektgruppe Elbe-Ökologie, Bundesanstalt für Gewässerkunde, Außenstelle Berlin, Schnellerstr. 140, 12439 Berlin und Institut für Meteorologie der Freie Universität Berlin, Carl-Heinrich-Becker-Weg 6-10, 12165 Berlin

Kartographische Bearbeiter

Abb. 1, 2: Red: B. Hantzsch; Bearb: B. Hantzsch
Abb. 3: Red: K. Großer; Bearb: K. Baum
Abb. 4: Konstr: J. Strub, J. Blauhut; Red: HAD, B. Hantzsch; Bearb: K. Baum

Literatur

Glugla, G. u.a. (2001): 3.5 Mittlere jährliche Abflusshöhe. 1:2.000.000. BfG, Berlin/Koblenz; Deutscher Wetterdienst, Geschäftsfeld Hydrometeorologie, Berlin. In: BMU (Hrsg.) (2000ff.): Hydrologischer Atlas von Deutschland. Projektleitung: BfG, IHF. Berlin. Loseblattausgabe, 2. Lieferung, Blatt 3.5.
Glugla, G. u.a. [2003]: Wasserhaushaltsverfahren BAGLUVA zur Berechnung vieljähriger Mittelwerte der tatsächlichen Verdunstung und des Gesamtabflusses. Berlin, Koblenz (= BfG-Bericht. Nr. 1342) [in Vorbereitung].

Quellen von Karten und Abbildungen

Abb. 1: Eingangsgrößen für das BAGLUVA-Verfahren zur Bestimmung der tatsächlichen Verdunstungs- und Abflusshöhe: Glugla, G. u.a. (2001), Abb. 2.
Abb. 2: Profile der mittleren jährlichen Abflusshöhe und klimatischen Wasserbilanz: Glugla, G. u.a. (2001), Abb. 5 u. 6.
Abb. 3: Abflussbildung als Teil des Wasserkreislaufs: Glugla, G. u.a. (2001), Abb. 1.
Abb. 4: Abflusshöhe: Glugla, G. u.a. (2001).

S. 132-133: Hochwasserschutz

Autoren: Dr. Ralf Busskamp und Dr. Klaus Wilke, Bundesanstalt für Gewässerkunde, Kaiserin-Augusta-Anlagen 15-17, 56068 Koblenz

Kartographische Bearbeiter

Abb. 1: Red: K. Großer; Bearb: R. Richter
Abb. 2: Konstr: H.-J. Paul, J. Strub, J. Blauhut; Red: HAD, K. Großer; Bearb: R. Richter

Literatur

Busskamp, R., H.-J. Liebscher u. R. Reiche (2003): 7.4 Hochwasserschutz. 1:2.000.000. BfG, Koblenz mit Unterstützung der Wasserwirtschaftsverwaltungen der Länder. In: BMU (Hrsg.) (2000ff.): Hydrologischer Atlas von Deutschland. Projektleitung: BfG, IHF. Berlin. Loseblattausgabe, 3. Lieferung, Blatt 7.4.
IKSR (Internationale Kommission zum Schutz des Rheins, Hrsg.) (2001): [Rhein-Atlas. Atlas 2001]. Atlas der Überschwemmungsgefährdung und möglichen Schäden bei Extremhochwasser am Rhein. Koblenz. Als „IKSR Rheinatlas 2001" auch online im Internet unter: http://www.iksr.org/rheinatlas

Quellen von Karten und Abbildungen

Abb. 1: Schema des Hochwassermelde- und Warndienstes: Busskamp, R., H.-J. Liebscher u. R. Reiche (2003), Abb. 2.
Abb. 2: Hochwasserschutz 2002: Busskamp, R., H.-J. Liebscher u. R. Reiche (2003).

Bildnachweis

S. 132: Der Ort Gruna im Landkreis Delitzsch, südlich von Bitterfeld: © Profiluftbild, H. Pfeifer

S. 134-135: Die Wasserqualität unserer Flüsse

Autorinnen: Katrin Blondzik und Dr. Bettina Rechenberg, FG II 3.4, Umweltbundesamt, Bismarckplatz 1, 14193 Berlin.

Kartographische Bearbeiter

Abb. 1, 2: Konstr: LAWA, UBA, J. Blauhut; Red: HAD, K. Großer; Bearb: R. Richter

Literatur

LAWA (Länderarbeitsgemeinschaft Wasser, Hrsg.) (1996): Gewässergüteatlas der Bundesrepublik Deutschland. Biologische Gewässergütekarte 1995. Berlin.
LAWA (Hrsg.) (2002): Gewässergüteatlas der Bundesrepublik Deutschland. Biologische Gewässergütekarte 2000. Hannover.
LAWA u. Umweltbundesamt (2003): 7.9 Biologische Gewässergüte (2000). 1:2.000.000. LAWA in Zusammenarbeit mit dem Umweltbundesamt. In: BMU (Hrsg.) (2000ff.): Hydrologischer Atlas von Deutschland. Projektleitung: BfG, IHF. Berlin. Loseblattausgabe, 3. Lieferung, Blatt 7.9.
Richtlinie 2000/60/EG des Europäischen Parlaments und des Rates vom 23. Oktober 2000 zur Schaffung eines Ordnungsrahmens für Maßnahmen der Gemeinschaft im Bereich der Wasserpolitik. In: Amtsblatt der Europäischen Gemeinschaften. L 327 vom 22. Dezember 2000, S. 1-72.
Umweltbundesamt (Hrsg.) (1997): Daten zur Umwelt. Der Zustand der Umwelt in Deutschland. Ausgabe 1997. Berlin.
Umweltbundesamt (Hrsg.) (2001): Daten zur Umwelt. Der Zustand der Umwelt in Deutschland 2000. Berlin.

Quellen von Karten und Abbildungen

Abb. 1: Biologische Gewässergüte der Flüsse 1995 und 2000: LAWA u. Umweltbundesamt (2003), Tab. 1.
Abb. 2: Biologische Gewässergüte der Flüsse 2000: LAWA u. Umweltbundesamt (2003).

Bildnachweis

S. 134: Einleitung in die Warnow bei Bützow, Mecklenburg-Vorpommern: © Bernhard Nimtsch, Greenpeace

S. 136-137: Schwebstofftransport – die Fließgewässer als Transportbänder

Autoren: Prof. Dr. Karl-Heinz Schmidt und Dipl.-Geogr. Maik Unbenannt, Institut für Geographie der Martin-Luther-Universität Halle-Wittenberg, Domstr. 5, 06108 Halle (Saale)

Kartographische Bearbeiter

Abb. 1, 2: Konstr: K.-H. Schmidt, M. Unbenannt; Red: M. Unbenannt, W. Kraus; Bearb: R. Bräuer
Abb. 3: Konstr: K.-H. Schmidt, M. Unbenannt; Red: M. Unbenannt, W. Kraus; Bearb: R. Bräuer, W. Kraus

Literatur

Asselman, N. E. M. (1997): Suspended sediment in the river Rhine. The impact of climate change on erosion, transport, and deposition. Utrecht (= Nederlandse geografische studies 234).
Barsch, D. u.a. (Hrsg.) (1994): Messungen in fluvialen Systemen. Feld- und Labormethoden zur Erfassung des Wasser- und Stoffhaushaltes. Berlin u.a.
Deutscher Verband für Wasserwirtschaft und Kulturbau (1986): Schwebstoffmessungen. Hamburg, Berlin (=DVWK-Regeln zur Wasserwirtschaft. Heft 125).
Gölz, E. (1990): Suspended Sediment an Bed load Problems of the Upper Rhine – Schwebstoff- und Geschiebeprobleme des Oberrheins. In: Catena. Band 17, Heft 2, S. 127-140.
Hinrich, H. (1971): Schwebstoffgehalt und Schwebstofffracht der Haupt- und einiger Nebenflüsse in der Bundesrepublik Deutschland. In: Deutsche Gewässerkundliche Mitteilungen. Band 15, S. 113-129.
Schmidt, K.-H. (1996): Messung und

Bewertung der zeitlichen und räumlichen Variabilität des Schwebstofftransportes. In: MÄUSBACHER, R u. A. SCHULTE (Hrsg.): Beiträge zur Physiogeographie. Festschrift für Dietrich Barsch. Heidelberg (= Heidelberger Geographische Arbeiten. Heft 104), S. 352-372.

Quellen von Karten und Abbildungen

Abb. 1: Beziehung zwischen Abflussmenge und Schwebstoffkonzentration,

Abb. 2: Mittlere jährliche Schwebstofffracht ausgewählter Flüsse: BfG, Koblenz.

Abb. 3: Schwebstofftransport in Flüssen: IfL-Kartographie. BfG, Koblenz.

Bildnachweis

S. 136: Zusammenfluss von Rhein und Mosel am Deutschen Eck in Koblenz: © K.-H. Schmidt

Danksagung

Die Schwebstoffdaten für die Bundeswasserstraßen wurden von der Bundesanstalt für Gewässerkunde (Koblenz) durch Prof. Emil Gölz und Dr. Silke Wieprecht zur Weiterverarbeitung zur Verfügung gestellt. Dafür sei herzlich gedankt.

S. 138-139: Natürliche und künstliche Seen

Autoren: Dipl.-Geogr. Franz-Josef Kern und Prof. Dr. Christian Leibundgut, Institut für Hydrologie der Albert-Ludwigs-Universität Freiburg, Fahnenbergplatz, 79098 Freiburg

Kartographische Bearbeiter

Abb. 1: Red: K. Großer; Bearb: P. Mund

Abb. 2: Konstr: J. Strub, J. Blauhut; Red: HAD, K. Großer; Bearb: K. Baum

Literatur

KERN, F.-J., J. STRUB u. C. LEIBUNDGUT (2000): 3.3 Übersicht Stehende Gewässer. 1:2.000.000. IHF. In: BMU (Hrsg.) (2000ff.): Hydrologischer Atlas von Deutschland. Projektleitung: BfG, IHF. Berlin. Loseblattausgabe, 1. Lieferung, Blatt 3.3.

Quellen von Karten und Abbildungen

Abb. 1: Anzahl der Seen: KERN, F.-J., J. STRUB u. C. LEIBUNDGUT (2000), Abb. 1.

Abb. 2: Stehende Gewässer: KERN, F.-J., J. STRUB u. C. LEIBUNDGUT (2000).

Bildnachweis

S. 138: In der Oberrheinebene – Naturschutzgebiet Taubergießen: © R. Mäckel

S. 138: Bodensee-Untersee bei Konstanz: © F.-J. Kern

Anmerkung zur Datengrundlage DLM 1000

DLM 1000 – Kartengrundlage, die für die Geometrie der Deutschlandkarten im Nationalatlas allgemein und für die vorliegende Karte speziell verwendet wurde. Es handelt sich um das Digitale Landschaftsmodell im Maßstab 1:1 Mio. vom Bundesamt für Kartographie und Geodäsie.

S. 140-141: Die Gewässergüte im Potsdamer Seengebiet

Autor: PD Dr. Olaf Mietz, Institut für angewandte Gewässerökologie GmbH, Schlunkendorfer Str. 2e, 14554 Seddiner See

Kartographische Bearbeiter

Abb. 1: Red: B. Hantzsch; Bearb: R. Richter

Abb. 2, 3: Konstr: O. Mietz; Red: H. Liedtke, B. Hantzsch; Bearb: P. Mund, R. Richter

Literatur

LAWA (LÄNDERARBEITSGEMEINSCHAFT WASSER, Hrsg.) (1999): Gewässerbewertung - stehende Gewässer. Vorläufige Richtlinie für eine Erstbewertung von natürlich entstandenen Seen nach trophischen Kriterien 1998. Berlin.

MIETZ, O. (1996): Allgemeiner hydrogeographisch-limnologischer Überblick über die Seen Brandenburgs und die Entwicklung eines Klassifikationsmodells für die glazialen Seen des Norddeutschen Tieflandes. Potsdam (= Institut für angewandte Gewässerökologie in Brandenburg (Potsdam): Studien und Arbeitsberichte. Heft 2).

MIETZ, O. (2001): Erarbeitung eines Gutachtens zur Bewertung von Seesanierungsmaßnahmen im Landkreis Potsdam-Mittelmark. Unveröff. Forschungsbericht.

Quellen von Karten und Abbildungen

Abb. 1: Trophiesituation Ende der 1990er Jahre: Potsdam-Mittelmark: MIETZ, O. (2001), Brandenburg: MIETZ, O. (1996).

Abb. 2: Trophiezustand der Seen: INSTITUT FÜR ANGEWANDTE GEWÄSSERÖKOLOGIE (2002): Der Trophiezustand der Seen des Potsdamer Seengebietes. 1:200.000. Unveröff. Karte. Seddin.

Abb. 3: Potenziell natürlicher Trophiezustand und Naturräume: LIEDTKE, H. (2002): Generalisierung der geologischen Einheiten. Unveröff. Manuskriptkarte. Bochum. INSTITUT FÜR ANGEWANDTE GEWÄSSERÖKOLOGIE (2002): Der potentiell natürliche Trophiezustand der Seen des Potsdamer Seengebietes. 1:200.000. Unveröff. Karte. Seddin.

Bildnachweis

S. 140: Blick auf den hoch eutrophen geschichteten Kleinen Lienewitzsee im Frühjahr 1999; Der Große Seddiner ist ein typischer polymiktischer eutropher Flachsee: © O. Mietz

S. 142-143: Grundwasserergiebigkeit

Autor: Dr. Hellmut Vierhuff, Fachgruppe B1.2 Mineralische Rohstoffe, Energierohstoffe, Grundwasser, Bundesanstalt für Geowissenschaften und Rohstoffe, Stilleweg 2, 30655 Hannover

Kartographische Bearbeiter

Abb. 1: Konstr: A. Richts, H. Vierhuff, W. Kraus; Red: W. Kraus; Bearb: R. Bräuer

Abb. 2: Konstr: H. Vierhuff; Red: W. Kraus; Bearb: R. Bräuer

Abb. 3: Konstr: A. Müller, U. Phillip, J. Strub, H. Vierhuff, J. Blauhut; Red: HAD, W. Kraus; Bearb: R. Bräuer

Literatur

MÜLLER, A., U. PHILIPP u. H. VIERHUFF (2001): 5.2 Ergiebigkeit der Grundwasservorkommen. 1:2.000.000. BGR, Hannover/Berlin. In: BMU (Hrsg.) (2000ff.): Hydrologischer Atlas von Deutschland. Projektleitung: BfG, IHF. Berlin. Loseblattausgabe, 2. Lieferung, Blatt 5.2.

VIERHUFF, H., W. WAGNER u. H. AUST (1981): Die Grundwasservorkommen in der Bundesrepublik Deutschland. Hannover (= Geologisches Jahrbuch. Reihe C: Hydrogeologie, Ingenieurgeologie. Heft 30).

Quellen von Karten und Abbildungen

Abb. 1: Flächenanteile der Ergiebigkeitsklassen von Grundwasservorkommen: nach MÜLLER, A., U. PHILLIP u. H. VIERHUFF (2001), Abb. 1.

Abb. 2: Grundwasserneubildung und -nutzung: nach EUROGEOSURVEYS BUREAU (o.J.): [Faltblatt:] Groundwater Resources Topic Network. Brüssel.

Abb. 3: Ergiebigkeit der Grundwasservorkommen: MÜLLER, A., U. PHILLIP u. H. VIERHUFF (2001).

S. 144-145: Mittlere jährliche Grundwasserneubildung

Autoren: Dipl.-Geol. Jörg Neumann und Prof. Dr. Peter Wycisk, Institut für Geologische Wissenschaften und Geiseltalmuseum der Martin-Luther-Universität Halle-Wittenberg, Domstr. 5, 06108 Halle (Saale)

Kartographische Bearbeiter

Abb. 1: Konstr: J. Neumann, P. Wycisk; Red: K. Großer; Bearb: K. Baum

Abb. 2: Konstr: J. Neumann, P. Wycisk, B. Hantzsch; Red: B. Hantzsch; Bearb: K. Baum, B. Hantzsch

Abb. 3: Konstr: J. Strub, J. Blauhut; Red: HAD, B. Hantzsch; Bearb: R. Richter

Literatur

NEUMANN, J. u. P. WYCISK (2003): 5.5 Mittlere jährliche Grundwasserneubildung. 1:2.000.000. Universität Halle-Wittenberg im Auftrag der BGR. In: BMU (Hrsg.) (2000ff.): Hydrologischer Atlas von Deutschland. Projektleitung: BfG, IHF. Berlin. Loseblattausgabe, 3. Lieferung, Blatt 5.5.

Quellen von Karten und Abbildungen

Abb. 1: Abflussganglinie: Eigener Entwurf.

Abb. 2: Wasserhaushaltsgrößen: HAD (2000ff.).

Abb. 3: Grundwasserneubildung: NEUMANN, J. u. P. WYCISK (2003).

Methodische Anmerkung

Für die vorliegende Karte wurde eine Herangehensweise gewählt, die auf den gemessenen Gesamtabfluss zurückgreift. Aus der am Pegel aufgezeichneten Abflussganglinie eines Einzugsgebietes lassen sich auf rechnerischem Weg die darin enthaltenen Basisabflussanteile abtrennen. Hier erfolgte dies, indem aus den Abflusstageswerten in 106 ausgewählten Einzugsgebieten die monatlichen Niedrigwasserabflüsse abgeleitet und im langjährigen Mittel (Zeitreihe 1961/90) der Grundwasserneubildung gleichgesetzt wurden.

Mit einem multivariaten statistischen Schätzverfahren (multiple lineare Regression) konnten anschließend die neubildungsrelevanten Gebietseigenschaften identifiziert und in Beziehung zu den Basisabflusskennwerten gesetzt werden. Die maßgeblichen Regressionsvariablen und zugrunde liegenden Basisdaten sind nachfolgend aufgeführt:

Gesamtabfluss: Abflusshöhe (vgl. Beitrag Glugla/Jankiewicz, S. 130)

Klassifizierte Hydrogeologie: Hydrogeologische Regionen (vgl. Beitrag Hiltmann/Kantor, S. 146)

Hangneigung: digitales Höhenmodell

Gewässernetzdichte: Gewässernetz

Bodenbedeckung: Landnutzung

Nutzbare Feldkapazität, Grundwasserflurabstand: Bodenkundliche Übersichtskarte (vgl. Beitrag Eckelmann u.a., S. 100)

S. 146-147: Geogene Grundwasserbeschaffenheit

Autoren: Dr. Werner Hiltmann und Dr. Wilfried Kantor, Referat B4.16 Hydro- und Bodengeochemie, Bundesanstalt für Geowissenschaften und Rohstoffe, Stilleweg 2, 30655 Hannover

Kartographische Bearbeiter

Abb. 1: Red: S. Dutzmann; Bearb: S. Dutzmann

Abb. 2: Konstr: J. Strub, A. Tallig; Red: S. Dutzmann; Bearb: B. Hantzsch

Abb. 3: Konstr: J. Strub, A. Tallig, J. Blauhut; Red: HAD, S. Dutzmann; Bearb: R. Bräuer

Literatur

HILTMANN, W. u. W. KANTOR (2001): 5.7 Geogene Grundwasserbeschaffenheit. 1:2.000.000. BGR, Hannover. In: BMU (Hrsg.) (2000ff.): Hydrologischer Atlas von Deutschland. Projektleitung: BfG, IHF. Berlin. Loseblattausgabe, 2. Lieferung, Blatt 5.7.

RICHTS, A. u. H. VIERHUFF (2001): 5.1 Hydrogeologische Regionen. 1:2.000.000. BGR, Hannover. In: BMU (Hrsg.) (2000ff.): Hydrologischer Atlas von Deutschland. Projektleitung: BfG, IHF. Berlin. Loseblattausgabe, 2. Lieferung, Blatt 5.1.

Verordnung zur Novellierung der Trinkwasserverordnung vom 21. Mai 2001. In: Bundesgesetzblatt. Teil 1, Nr. 24 vom 28. Mai 2001, S. 959-980.

Quellen von Karten und Abbildungen

Abb. 1: Wassertypisierung im Vierstoffdiagramm nach PIPER: HILTMANN, W. u. W. KANTOR (2001), Abb. 1.

Abb. 2: Wasserhärte: HILTMANN, W. u. W. KANTOR (2001), Abb. 2.

Abb. 3: Geogene Grundwasserbeschaffenheit: HILTMANN, W. u. W. KANTOR (2001).

S. 148-149: Abflussbilanz und Bilanzierung der Wasserströme

Autoren: Dipl.-Met. Petra Jankiewicz, Projektgruppe Elbe-Ökologie, Bundesanstalt für Gewässerkunde, Außenstelle Berlin, Schnellerstr. 140, 12439 Berlin und Institut für Meteorologie der Freie Universität Berlin, Carl-Heinrich-Becker-Weg 6-10, 12165 Berlin

Dipl.-Met. Peter Krahe, Abteilung M2, Bundesanstalt für Gewässerkunde, Kaiserin-Augusta-Anlagen 15-17, 56068 Koblenz

Kartographische Bearbeiter

Abb. 1: Red: K. Großer; Bearb: A. Müller

Abb. 2, 3: Red: K. Großer; Bearb: R. Bräuer

Abb. 4: Konstr: J. Strub, J. Blauhut; Red: HAD, B. Hantzsch; Bearb: P. Mund

Literatur

KRAHE, P. u. P. JANKIEWICZ (2003): 6.7 Abflussbilanz von Deutschland. 1:2.000.000. BfG, Koblenz/Berlin. In: BMU (Hrsg.) (2000ff.): Hydrologischer Atlas von Deutschland. Projektleitung: BfG, IHF. Berlin. Loseblattausgabe, 3. Lieferung, Blatt 6.7.

Quellen von Karten und Abbildungen

Abb. 1: Mittlere jährliche Wasserbilanz Deutschlands 1961-1990: KRAHE, P. u. P. JANKIEWICZ (2003), Tab. 2. Bundesverband der deutschen Gas- und Wasserwirtschaft e.V. Deutscher Wetterdienst. StBA.

Abb. 2: Jährliche Abflusshöhe und Wasserverfügbarkeit der Länder: KRAHE, P. u. P. JANKIEWICZ (2003), Tab. 3.

Abb. 3: Abfluss und Fläche der Länder: KRAHE, P. u. P. JANKIEWICZ (2003), Tab. 3.

Abb. 4: Abflussbilanz: KRAHE, P. u. P. JANKIEWICZ (2003).

S. 150-151: Unsere Wasserversorgung

Autor: Dr. Ralf Busskamp, Bundesanstalt für Gewässerkunde, Kaiserin-Augusta-Anlagen 15-17, 56068 Koblenz

Kartographische Bearbeiter

Abb. 1: Red: K. Großer; Bearb: M. Schmiedel

Abb. 2: Konstr: J. Strub, M. Schmiedel; Red: K. Großer; Bearb: M. Schmiedel

Abb. 3: Konstr: J. Strub, J. Blauhut; Red: HAD, K. Großer; Bearb: J. Blauhut

Literatur

REICHE, H. u. R. BUSSKAMP (2001): 7.2 Wasserversorgung. 1:2.000.000. BfG, Koblenz In: BMU (Hrsg.) (2000ff.): Hydrologischer Atlas von Deutschland. Projektleitung: BfG, IHF. Berlin. Loseblattausgabe, 2. Lieferung, Blatt 7.2.

Quellen von Karten und Abbildungen

Abb. 1: Jährlicher Wasserbedarf 1975-1995: REICHE, H. u. R. BUSSKAMP (2001), Abb. 1. StBA.

Abb. 2: Wassergewinnung für die öffentliche Wasserversorgung 1995: REICHE, H. u. R. BUSSKAMP (2001), Abb. 2.

Abb. 3: Wasserversorgung: REICHE, H. u. R. BUSSKAMP (2001).

Sachregister

A

Abflussbilanz 148f
Abflusshöhe 130f
Abflussmengen 126ff, 130f, 148f
Abflussvariabilität 126ff
Abholzungen 132
Abluation/Abspülung 67, 68, 69, 116, 136
Abrasion 74, 75, 79, 82
Abtragung 26, 32, 34, 40, 58, 60, 65, 74, 88, 89, 92, 94, 95, 96, 108, 100, 103, 106, 108, 109, 110, 111, 116, 124, 136
Abwassereinleitungen 68, 134, 136
Abwassergebühren 150
Abwasserreinigung 113, 134
Agricola, G. 13
Akkordanzfläche 88
Akkumulation 78, 81, 82, 106
Aktualismus 14
Algen 35, 83, 122, 134, 136, 140
Alpenrose 73
Alpenspitzmaus 73
alpine Flora 73
alpine Gletscher 116
alpine Insekten 73
Alte Marsch 78
Altmoränen(landschaften) 18, 28, 58, 59, 68f, 103, 106, 117
Aluminium 112
Aluminiumherstellung 50
Ammonite 32, 35
Amphibien 35
Amphibolit 50
Anhydrit 48, 50
Antike (Wissenschaft) 12f
Antimon 50, 113
äolische Prozesse 18, 58, 64, 68, 110f
Archaikum 35
archäologische Funde 65
Archeopteryx 35
arides Klima 56, 66, 116
Aristoteles 12
Astenosphäre 36
Atmosphäre 23, 112, 114, 122, 130
Atomwaffentests 114, 115
Auenböden 100, 101, 102
Ausfällung (Salz) 48, 56
Ausgangsgesteine 103
Ausgleichsküste 81, 82f
Auslaugung 56f
Aussüßungen 80, 81
Auswehungsbilanz 111

B

Baggerseen 138
Baljen 78
Ballungsräume 112
Basalte 39, 51, 60, 62, 142
Bauer, G. 13
Bauindustrie 50
Baumaterialien 38ff, 48, 61, 63, 75
Bergbau 49, 52, 54f, 126, 139, 142, 150
Bergbaufolgelandschaften 52f, 54f, 139
Bergstürze 96
Bimse 48, 62, 63
Binnengroden 78
Binnenmeer 120
biologische Gewässergüte 134f
Blaiken 96, 97
Blei 50, 112, 113, 122
Blockhalden 72f
Blockverlagerungen 86
Boddenausgleichsküste 81, 82f
Böden 19f, 100ff, 104f, 106ff, 110f, 112f, 114f, 116f
Bodenbelastungen (Schwermetalle) 19, 112f
Bodenbewertung 19, 104f
Bodenbildung 100, 102
Bodenchemie 20, 21
Bodendegradation 106, 108, 110
Bodenerosion 22, 23, 65, 68, 95, 100, 104, 106ff, 110f, 136
Bodenfracht 136
bodengeographische Ordnung 100
Bodengüte 19, 104f
Bodenkontamination 19, 112, 114, 115
Bodenkunde 12, 20f, 100f, 104f, 106f, 110f, 112f, 114f, 116f
Bodenluft 114, 115
Bodenregionen 102, 103
Bodensanierung 113
Bodenschätzung 104
Bodenschutz 20, 21, 22f, 100, 103, 105
Bodentypen 100ff
Bodenversauerung 100
Bohnerze 94, 95, 117
Börden 102, 104, 105, 106, 110, 117
Boreal 76
Brachiopoden 35
Brackwasser 74, 82
Brandung 74, 79
Brauchwasser 150
Braunerden 100, 101, 102, 105, 117
Braunkohle(tagebau) 30, 34, 48, 49, 50, 54f, 57, 128, 138
Bronzezeit 120
Bruchschollen 90
Brunnen 142
Buch, L. von 14
Buchten 74, 82, 83
Büdel, J. 15, 16
Buhnen 79, 92, 120
Bundesbodenschutzrecht 22, 106, 113
Buntsandstein 15, 32, 56, 79, 84, 88, 98

C

Cadmium 112, 122
Calcium 112
Carus, C. G. 13
Cäsium 114f
chemische Verwitterung 18, 88, 89
Chloride 136, 146
Chrom 112
Conti, P. G. 43
CORINE Land Cover 108
Cuvier, G. de 14

D

Dampferzeugung 42
Dauerfrostboden 66, 67, 68, 69, 94, 96
Davis, W. M. 16
Deckgebirge 32, 36f, 57, 58, 89
Deiche/Deichbau 24, 61, 74, 77, 78, 105, 120, 121, 126, 132, 133, 134
Denkmalschutz 54
Deponien 113
Depression (morphologische) 56, 57
Devon 15, 32, 35, 38, 60, 88
Diabas 51
digitale Geländemodelle 18, 26, 108
Diorit 50
Diskordanz 16, 88, 89
Dolinen 57, 94, 95, 96
Dolomite 18, 32, 50, 51, 142
Doppelküste 83
Dorsche 122
Drumlins 59
Ducarla-Bonifas, M. 14
Dünen 16, 18, 58, 67, 68, 78, 79, 82, 83, 102, 103, 121
Dünger 113, 114
Dupain-Triel, M. 14

E

edaphische Standorte 95
Edelgase 52
Eem Warmzeit 66, 116
Egel 134
Eindeichung 132, 134
Einzugsgebiete (Flüsse) 124f
Eisen 49, 112
Eisenerze 50, 60
Eisenherstellung 50
Eisenoxide 112
Eisenzeit 120
Eiskeile 67
Eisrandlagen 33, 35, 59, 67, 132, 139
Eisstau 132
Eiszeitalter 24, 26, 69
Eiszeiten 16, 18, 50, 58, 59, 66, 66f, 68f, 70, 72, 73, 75, 76, 90, 91, 102, 138, 140
Endmoränen 26, 34, 58, 66, 67, 68, 69, 70, 71, 82, 83
endogene Prozesse 16f
Energiegewinnung 42f, 92, 138
Energiehaushalt (Erde) 42
Energierohstoffe 48f
Entkalkung 102
Entwaldung 96, 106
Entwicklung des Lebens 35f
Eozän 56
Epizentren/Erdbeben 44f, 46f
Eratosthenes 12
Erdbeben 16, 34, 44f, 46f
Erdfälle 57, 95
Erdgas 48, 49
Erdgeschichte 15, 32ff, 38, 154f
Erdkruste/-mantel 36f, 42, 56, 60, 64
Erdöl 34, 48, 49
Erdwärme 42f
Erdwärmenutzung 42f
Erosion 34, 60, 65, 68, 74, 78, 92, 94, 95, 96, 108, 100, 103, 106, 108, 109, 110, 111, 116, 124
Erosionsmodelle 106, 108, 109, 111
Ertragsmesszahlen (Boden) 105
Erze 34, 94, 112, 114
Essexit 64, 65
Eutrophierung 74, 75, 82, 83, 122, 140
Evapotranspiration 130, 144
exogene Prozesse 16f

F

Fahlerde 100, 101, 102, 103
Faltengebirge 34
Faulschlämme 48, 134
Feldspat 50, 62, 65
Felsküsten 58, 79
Fernwasserversorgung 150, 151
Ferrallit 116, 117
Feuersteine 69
Findlinge 38, 40, 58, 69, 75
Fische 122
flächenhafter Bodenabtrag 106ff, 110f
Flächenversiegelung 126
Flechten 72
Fließgewässer 24, 26, 70, 90f, 124f, 126f, 132, 134f, 136f
Flohkrebse 83
Flöze 48, 50
Flugsanddecken 110
Fluss(einzugs)gebiete 86, 124f, 131, 132f, 136, 137, 144, 148f
Flussablagerungen 35, 90f
Flussanzapfungen 86, 124
Flussästuare 118
Flussauen 29, 136
Flussbegradigungen 92, 126
Flüsse 23, 58, 112, 124, 126ff, 130f, 132f, 134f, 136f, 142
Flusslandschaften 58, 81, 90f, 102, 122, 124, 126ff, 130f, 132f, 134f, 136f, 144
Flussmarschen 77
Flussnetz 68, 69, 124, 126ff, 130f, 132f, 134f, 136f,
Flussordnungskonzept 124
Flussquerschnitte 124
Flussspat 50
Flussverlegungen 68
Flussverschmutzungen 112, 134f
Flutungspolder 133
Förden(küste) 82, 83
Forstwirtschaft 105, 132
Fossilien 13, 14, 32, 34, 35, 39, 41, 61, 87
Frostsprengung 18, 72
Fruchtbarkeit (Böden) 104f

G

Gamma-Strahlung 52
Ganggesteine 39
Gebirgsbildung 16, 32, 35, 39, 88
Geest 69, 76, 78, 110, 111, 121, 124
Gefahrenhinweiskarte (Massenbewegungen) 98, 99
Geländemodelle (digitale) 18, 26, 108
geodeterministische Haltung 12
Geologie (Überblick) 12, 14, 32ff, 85, 146, 154f
geologische Gliederung 146
geologische Zeittafel 154f
geoökologische Landschaftstypen 28f
Geopysik 12, 14, 36, 42f
Geothermie 42f
geowissenschaftliche Disziplinen 14f
germanotype Tektonik 88, 89
Gesteine 15, 16, 32, 38ff, 64, 72, 89
Gesteinskreislauf 40
Gewässerausbau 132
Gewässerbewertungen 134, 140
Gewässergüte 134f, 140f
Gewässernetz 25
Gewässerrenaturierung 132, 140
Gezeiten 74, 78, 118f
Gipse 50, 87, 88, 95
Glasindustrie 50
glazialeustatische Bewegungen 80, 81
glazialisostatische Bewegungen 80, 81
Glaziologie 24
Gletscher 16, 18, 24, 26, 35, 58, 67, 68, 70, 72, 80, 82, 96, 116, 124, 126
Gleye 100, 101, 102, 103, 117
globale Erwärmung 80
Gneise 39, 50, 51, 88
Gondwana 35, 89
Gräben 16, 36, 37
Grabenbrüche 16
Granite 32, 36, 37, 38, 39, 50, 51, 88, 114
Granitporphyr 39
Granulit 50
Graptolithen 35
Grauwacken 50, 51
Gravitationsenergie 42
gravitative Prozesse 42, 72f, 96f, 98ff, 109
Großlandschaften 10, 28, 29
Grundgebirge 32, 36f, 50, 88, 113
Grundmoränen 34, 58, 68, 83
Grundwasser 24, 28, 42, 50, 52, 63, 78, 92, 115, 126, 128, 130, 140, 142f, 144f, 146f, 148
Grundwasserbeschaffenheit 146f
Grundwasserneubildung 144f
Grüppen 121

H

Hafenbecken 136
Haffe 82, 83
Haken 58, 81, 82, 83
Halden 52, 53, 72, 102
Halligen 78, 79, 121
Hauptwasserscheiden 125
Hauyn 62
Hebungsprozesse 26, 36f, 40, 56, 60, 80, 88, 89, 96
Hettner, A. 12, 15, 16
Heusinger, F. 22
historische Karten 13, 14, 20, 21
Hochgebirge 28, 34, 35, 36, 50, 58, 59, 73, 90, 96f, 98, 101, 103
Hochwasser 24, 53, 74, 92f, 96, 119, 121, 124, 126, 128, 129, 132f, 136, 138
Hochwassermanagement 132
Hochwasserrückhaltebecken 133
Hoff, K. E. A. von 14
Höhenunterschiede 26f
Höhlen 18, 38, 72, 95
Hohlwege 64, 65
Holozän 35, 66, 68, 82, 90, 92, 96, 116
Honsell, M. 92
Humboldt, A. von 14
Humus 19, 20, 102, 112, 111
Hydrogenkarbonate 146
Hydrologie 23f, 83, 126, 138
hydrologische Prozesse 23f
Hypertrophierung 82, 83

I

Ignimbrite 60, 63
Insekten 73
Inseln 74, 78f, 81, 121

J

Jungmoränen(landschaften) 18, 19, 28, 58, 59, 68f, 74, 90, 103, 106, 138
Jura 15, 32, 84, 86, 88, 94, 95, 98

K

Käfer 73
Kalibergbau 50, 57
Kalidünger 114
Kalisalze 32, 50
Kalium 42, 112, 115, 146
Kalksteine 18, 32, 34, 39, 50, 51, 88, 95, 96
Kaltluftseen 65
Kambrium 32
Kanalisierung 92
Känozoikum 32, 33, 48, 88
Kaoline 48, 50, 89, 94, 116
Karbon 15, 35, 38, 60, 88
Karbonate 64, 65, 136
Kare 66, 67
Karren 95, 96
Karseen 66, 138
Karst(landschaften) 18, 94f, 96, 142
Katastrophentheorie 14
keramische Produkte 50
Kerbtäler 90
kerntechnische Anlagen 114
Keuper 30, 32, 84, 88, 98
Kfz-Verkehr 20, 113
Kies 50, 51, 67, 69
Kippungen 90
Klärschlämme 113
Klärschlammverordnung 20, 21, 113
Klei 78, 100, 101, 102
Kliffe 74, 78, 79
Klüfte 95
Kobalt 112
Kohle 30, 32, 34, 36, 37, 48, 49, 50, 54f, 57, 128, 138
Kohlenwasserstoffe 122
Kompost 113
Kondensationswärme 73
Kontaminationen 114, 115, 142
kontinentale Erdkruste 36, 42
kontinentale Tiefbohrung 36
Kontinentalverschiebung 16, 36
Koog 78
Korallen 15, 35
korrigierter Niederschlag 130
Krebse 83
Kreide 34, 35, 38, 84, 88, 89, 96
Kultstätten 38
Kulturlandschaft 12
Kupfer 50, 112
Kuron, H. 23
Küsten 15, 28, 58, 74f, 76f, 78f, 80f, 82f, 90, 102, 111, 120f, 122
Küstengewässer 83f
Küstenschutz 75, 78, 120f

L

Lagerstätten(kunde) 15, 38ff, 48ff, 52, 56f
Lagunen 80, 81
Lahnungen 121
Länderkunde 14
Landgewinnung 92, 121
Landschaftsmodelle 19
Landschaftsnamen/-bezeichnungen 30f
Landschaftstypen 28f
Landsenkungen 80, 82
Landwirtschaft 18, 19, 20, 22, 23, 28, 78, 104f, 106, 110, 113, 122, 132, 134, 148, 150
landwirtschaftliche Nutzflächen 92, 104f, 106, 109, 134
Längsverlauf (Fluss) 128
Lapilli 62
Lardarel, F. 43
Latschen 73
Lava/Laven 62, 64
Lawinenabgänge 96
Lehmann, J. G. 14
Lehme 116
Leichtmetalle 112
Leitböden 100, 102
Leonardo da Vinci 13, 23, 24
Lias 15
Liebig, J. von 20, 56
Limnologie 24, 138
limnologisches Monitoring 140
Lindankonzentration (Meer) 122
Lithogenese 100
Lithosphäre 36, 37, 42, 112, 114
Litorina-Transgression 80, 82
Lockergesteine/-sedimente 50, 113, 116, 117
Lockersyroseme 103, 116, 117
Löss 16, 18, 19, 30, 31, 58, 61, 64, 65, 67, 68, 94, 95, 101, 102, 103, 104, 105, 108, 116, 117
Lösung 18, 89, 136
Luftzirkulation 72
Lungenfische 35
Lyell, C. 14

M

mäandrierender Fluss 23, 90, 92
Maare 16, 34, 60, 61, 62, 102, 138
Magma/Magmen 32, 36, 50, 61, 62, 64
magmatische Gesteine 33, 39, 89
Magnesium 112, 146
Makrozoobenthos 82, 83
Mammuts 35, 61
Mantelgesteine 42
marin geprägte Landschaftstypen 29
marine Ablagerungen 82
marine Milieus 81
marine Sedimentation 78
maritime Fischzucht 122
Marschen 28, 74, 76, 77, 78, 101, 102, 105, 111, 121
Massenbewegungen 98f, 109
Massenverlagerungen 84, 87
Mauerschollen 86, 87
Meere 32, 74, 78, 79, 80, 81, 82, 85, 94, 95, 105, 118f, 122f, 124
Meeresablagerungen 48, 90, 105
Meeresbrandung 79
Meeresökologie 75
Meeresschutzabkommen 122
Meeresspiegeländerungen 58, 74, 76, 77, 78, 80f, 82f, 95
Meeresströmungen 118
Meeresüberfischung 122
Meeresverunreinigung 122f
Mergel 84
Mesolithikum 116
Mesozoikum 32, 33, 35, 36, 37, 48, 60, 84, 88, 95, 116
Metallrohstoffe 50
metamorphe Gesteine 16, 32, 33, 36, 39, 50, 51, 88, 89
Metamorphose 32
Meteoritenkrater 18, 33, 34
Meteorologie 24
Methan 48
Miesmuscheln 75
Mineralienkunde 13
mineralische Rohstoffe 48f
Miozän 58, 60
Mittelalter (Wissenschaft) 13f
Mittelgebirge 10, 26, 28, 34, 35, 36, 48, 56, 58, 59, 60, 61, 67, 72f, 87, 99, 90, 94, 98, 101, 105, 116, 117, 126, 136, 138, 144
Mittlerer Muschelkalk 56
Molasse 34, 35, 36, 70, 71, 94, 95
Moorböden 100, 101, 102, 110
Moore 76, 77, 78, 81, 100, 101, 102, 105, 110
Moose 72
Moränen(landschaften) 26, 34, 58, 66, 67, 68f, 69, 70, 71, 72, 82, 83, 146
morphologische Depression 56, 57
Moving-Window-Technik 26
Mudden 140
Müller-Regiomontanus, J. 14
Muren 28, 58, 96, 97
Muschelkalk 15, 30, 32, 56, 84,87, 88, 95, 98
Muscheln 39, 80, 83, 122, 134

N

nachhaltige Landschaftsplanung 140
Nährstoffbelastung 122
Nährstoffgehalt (Meer) 83
Napfschnecke 80
Natrium 146
natürliche Strahlenbelastung 114
natürlicher Stoffhaushalt 28
Naturschutz 65, 73
Naturwerksteine 38ff, 50
Naumann, K. F. 14
Nebenflüsse 124, 126, 128
Nehrungen 58, 74, 76, 78, 80, 81, 82, 83
neolithische Revolution 19
Neptunisten 14
Neuzeit (Wissenschaft) 13f
Nickel 50, 112, 113
Niederschläge 24, 78, 106, 126, 130, 144
Niederterrassen 28, 92
Niederterrassenbereiche 28
Nitrate 22, 146
Nordische Vereisungen 16, 66, 90

O

Oberer Buntsandstein 56, 87
Oberflächenabfluss 108, 130
Oberflächengewässer 148f
Oberflächenwasser 124ff, 142, 150
Oberkarbon 32, 35, 36, 88
Oberperm 56
öffentliche Wasserversorgung 150
Ökosysteme 28, 52, 72, 115, 122
Oligozän 15, 56,58, 60
Olivin 42, 112, 113
Ordovizium 60
Orographie 100, 124
Orohydrographie 130
Orth, A. 22
Orthocerasen 35
Oser 59
Ozeanographie 24, 118f, 120f, 122f

P

Paläoböden 94, 116f
Paläoökologie 116
Paläozoikum 24, 32, 33, 35, 36, 48, 50, 60, 84, 88, 116
Parabraunerden 95, 100, 101, 102, 103, 113, 116, 117
Pararendzina 100, 101
Passarge, S. 16
Pedoregionen 100, 103
Pedosphäre 103, 112, 114
Pegel 23, 81, 83, 126, 128, 130, 132, 133, 136, 144
Pelosole 103
Penck, A. 70
periglaziale Deckschichten 95
periglaziale Lagen 94
periglaziale Überformung 68
Periglazialgebiete 16, 66, 67, 116
Periglazialklima 66, 67
Perm 16, 32, 35, 36, 58, 60, 88
Permafrost 66, 67, 68, 69, 94, 96
Pestizide 22, 122
Pflanzennährstoffe 140
Pflanzenschutzmittel 113
Phonolithe 60, 62, 64, 65
Phosphatdünger 114
Phosphate 22, 122, 136
Phosphorverbindungen 122
Phylit 50
Plankton 82, 83, 140
Plattentektonik 15, 16, 36f, 66
Plattmuscheln 83
Pleistozän 34, 64, 70, 116, 117
Pliozän 58, 116
Plutonisten 14
Plutonite 32, 37, 39
Plutonium 114
Podsole 100, 101, 102, 103, 105, 116, 117
Polder 133
Pollenanalyse 19, 57
Pollendiagramm 19
Porosität (Gesteine) 39
Porphyr 39, 41
Porzellanindustrie 50
Potamologie 24
prähistorische Siedlungen 81
Präkambrium 32, 35
Priele 120
Primärbiotope 72
Proterozoikum 35
Pseudogley 100, 101, 102, 103, 116, 117
Pultschollen 16
Pythagoras 12

Q

Quartär 26, 34, 36, 37, 66, 70, 78, 86, 90, 94, 113,
Quarzgänge 88
Quecksilber 112, 113
Quellen 95
Quellflüsse 124
Quellwasser 142, 150

R

radioaktive Isotope 42
radioaktiver Zerfall 114
Radionuklide 20, 52, 114
Radon 52, 114
Ranker 103
Raspe, R. E. 61
Ratzel, F. 12
Reaktorunfälle 114
Regensimulatoren 109
Regosol 100, 101
Reinluftgebiete 112
Rekultivierungen 54f
Relief 12, 16f, 18f, 26f, 58f, 68f, 88, 100, 116
Reliefdarstellungen 18f
Reliefenergie 19, 26f, 58, 88, 100, 138
Relief-Messverfahren 19
Rendzina 95, 102, 103
Reptilien 35
Restauration (Seen) 140
Rhät 86
Rhyolith 51
Richthofen, F. von 14
Riffbögen 79
Riffe 58
Riffkuppen 94
Rohstoffe 48ff, 52f, 54f, 56f
Röt 87
Rotliegend 32, 36, 50, 56, 88
Rückhaltebecken 132, 136, 139
rückschreitende Erosion 124
Rumpfflächen 16, 26, 58, 59, 84, 88f
Rutschungen 28, 58, 74, 96

S

Saltation (Boden) 111
Salzausfällung 48, 56
Salzauslaugung 56
Salzbelastungen 134
Salze 32, 36, 37, 49, 52, 88
Salzgehalt (Meer) 74, 82, 83, 118, 119
Salzgewinnung 74
Salzlagerstätten 48, 50, 56f, 146
Salzstöcke 36, 48, 56, 57
Salztorfabbau 74, 75
Salzwassereinbrüche 74, 122
Salzwiesen 78
Sand 18, 50, 51, 67, 69, 78, 104, 136
Sander 58, 59, 68
sandige Böden 111
Sandplaten 78, 79
Sandsteine 32, 34, 39, 50, 51, 96
Sanidinkristalle 60, 62
Sanierung (Bergbau) 52, 53
Sapper, K. 16
Saprobiensystem 134
Saprolite 88, 89, 116, 117
Satellitendaten 18
Sauerstoffgehalt (Meer) 82
Sauerstoffhaushalt 134
Sauerstoffmangel 122
Saurier 35
Sausure, B. de 14
Schadstoffbelastungen/-einträge 10, 20, 21, 22, 112f, 114f, 122f, 134f
Schelfmeere 36, 119
Schichtstufen(landschaften) 18, 26, 34, 36, 58, 59, 84f, 85, 87, 90, 94, 98
Schiefer 32, 38, 39, 40, 50, 88, 126, 128, 142
Schifffahrt 92, 122, 126, 136
Schlacken 50, 60, 61
Schlackenkegel 60, 61
Schleusen 136
Schlick 79, 83, 121
Schluff 18, 50, 58, 64, 67, 78, 104, 108, 110, 111, 136
Schmelzwasser 58, 67, 68, 70, 80, 128
Schnecken 83, 134
Schneebedeckung 130
Schneegrenze 66, 96
Schneeschmelze 90, 108, 126, 132
Schollen 122
Schorre 74, 78, 79
Schotter(flächen) 50, 64, 70f, 138
Schraffenkarten 14
Schummerung 18, 19
Schuttmassen/-halden 34, 67, 72f, 90
Schwarzerden 104, 108
Schwebstoffabtrag 136
Schwebstofffracht 22, 136
Schwebstofftransport 24, 136f
Schwefelwasserstoffe 122, 134
Schwemmfächer 96
Schwemmland 78
Schwerkraft 18, 110
Schwermetalle 19, 20, 52, 112f, 134, 136
Schwerspat 50
Sedimente 32, 33, 34, 35, 36, 37, 39, 51, 57, 58, 76, 79, 81, 88, 89, 92, 102, 109, 111, 112, 113, 140
Sedimentenanalysen 57
Seegangsenergie 82
Seegats 78
Seen 68f, 54f, 132, 138f, 140f, 142
Seenlandschaften 68f, 54f, 138f, 140f
Seevögel 122
seismische Aufzeichnungen 45, 46, 47
seismische Wellen 46, 47
Seismizitätszonen 44
Senkungsgebiete 90, 91
Serpentinit 112, 113
Sickerwasser 28, 52, 108, 115, 130, 144
Siedesalz 48, 50
Siele 78
Sietland 76, 78
Silber 50
Silikate 42, 114
Silizium 112
Silur 32
Snellius, W. 14
Solifluktion 67, 68

Spalten 86
Spritzwasserversatz 106, 108
städtischer Verdichtungsraum 28
Starkregen 96
Staunässe 78
Stauseen 138
Staustufen 136
Stauwasser 28
stehende Gewässer 54f, 132, 138f, 140f, 142
Steilufer/-küsten 74, 83, 98
Steinbrüche 38, 39, 60
Steinkohle 32, 36, 37, 48, 49
Steinsalz 32, 50
Steinschlag 28, 96
Stickstoffverbindungen 122, 136
Stoffhaushalt (natürlicher) 28
Strahlenbelastung 52, 53, 81, 114
Strände 74, 76, 78, 80, 81
Strandschnecke 80
Strandwälle 74, 76, 78
Stratigraphische Tabelle 32
Stratosphäre 62
Stremme, H. 19, 22
Stromerzeugung 43
Stromgebiete 148f
Stromregulierungen 92f
Strömungen 78, 80, 118f
Strontium 114
Sturmfluten 58, 74, 77, 78, 80, 83, 118, 120f
subaerischer Abtrag 88, 89
Subrosion 56, 57
Substrate 100, 103, 104
Sukzession 138
Sulfate 146
Suspension 111, 136
sustainable development 100

T

Tafelberge 84, 85
Tagebaue 28, 50, 52, 53, 54, 55, 102
Tagebaurestseen 54, 55
Talauen 24, 98, 111
Täler 18, 26, 28, 58, 69, 90f, 94, 96, 98
Talsperren 109, 128, 132, 133, 136, 138, 139, 150
Teichlandschaften 139
Teillandschaften 28, 29
Tektonik 15, 16, 36f, 46, 60, 80
tektonische Bewegungen 46
tektonische Erdkrustensenkungen 80
Tephrite 62, 64, 65
Terra fusca 95
Terrae calcis 116, 117
Terrassen 64, 65, 70, 71, 90f, 92, 96
Tertiär 16, 26, 34, 35, 36, 37, 48, 56, 57, 58, 60, 64, 78, 86, 92, 94, 113, 116
Tetrapoden 121
Thaer, A. von 19
Thermalbäder 42, 43
Thorium 42
Tiden 74, 78, 118f
Tiefbohrungen 36, 42, 43
Tiefdruckgebiete 128, 129
Tiefenerkundung 36
Tiefengesteine 39, 42, 43, 50, 51
Tiefland 28, 117
Titan 112
Ton 50, 51, 67, 78, 89, 94, 102, 104, 108, 111, 136, 142
Tonsteine 32, 34
Torf 48, 65, 74, 77, 78, 81
Torricelli, E. 14
Toteishohlformen 59, 66
Toteisreste 68
Tourismus 26, 28, 55, 63, 92
Trachyt 60, 62
Transpiration 130, 148
Trassablagerungen 63
Treibhauseffekt 132
Trias 32, 34, 38, 50, 56, 87
Trilobiten 35
Trinkwasser 115, 134, 146, 150
Trinkwasserpreise 150
Trinkwasserversorgung 43, 109, 138, 142
Tritium 114
Trochitenkalkbänke 87
Trockengebiete 144
Trogtäler 96
Trophie 83, 138, 140, 141
Troposphäre 120
Tschernoseme 101, 102, 103
Tuff 60, 62, 64, 63
Tulla, J. G. 92
Tundra 116, 117
Tunneltäler 82

U

Überfischung 122
Überflutungen 22, 24, 34, 78, 90, 92,120
Überschwemmungsgebiete 132
Uferbefestigungen 75
Uferböschungen 98
Uferdämme 23
Uferverlagerungen 80
ultrabasische Gesteine 112
Umweltforschung 12
Umweltmonitoring 52, 53
Unterer Gipskeuper 56
Unterjura 15
Unterkarbon 32, 88
Unterwasservegetation 83
Uran 42, 50, 52, 114
Urkontinent 89
Urstromtäler 18, 24, 35, 58, 59, 67, 68, 110, 142

V

Varen(ius), B. 14
variszische Gebirgsbildung 32, 35, 36, 88
Vegetation 19, 69, 72, 83, 92
Verdichtungsräume 28
Verdunstung 24, 73, 126, 130, 144
Verdunstungskälte 73
Vergletscherung 32, 35, 66, 68, 69, 116
Verkehrswege 26, 38, 55
Verlandung 78, 138
Vermoorung 32, 138
Versauerung 102
Versiegelung 132
Verwerfungen 16, 46, 47, 89, 92
Verwitterung 15, 16, 18, 26, 39, 50, 58, 72, 79, 88, 89, 96, 98, 100, 111, 112, 113, 116
Viehhaltung 134
Vierstoffdiagramm 146
Vögel 35, 122
Vollbehr, E. 13
Vorfluter 53, 130, 144
Vulkanismus 15, 16, 32, 35, 36, 37, 42, 50, 51, 58, 60ff, 64f
Vulkanite 34, 39, 116, 117

W

Waldbestände 72
Waldböden 115
Waldnutzung 28
Waldrodung 68
Warfen/Warften 77, 120, 121
wasserarme Gebiete 130f
wasserbauliche Maßnahmen 24, 75, 92f, 126, 132, 134
Wasserbedarf 150
Wasserbilanz 23, 126, 144, 148
Wasserchemismus 146
Wasserdargebot 23, 106, 130, 148f, 150f
Wassergewinnung 148, 150
Wasserhärten 146
Wasserhaushalt 78, 138, 144, 148ff
Wasserknappheit 126
Wasserkraftwerke 92
Wasserkreislauf 23, 24, 148
Wassernutzung 148
Wasserpreise 150
Wasserqualität 24, 134f
Wasserrahmenrichtlinie (EG) 134
wasserreiche Gebiete 130f
Wasserscheiden 124, 125
Wasserschichtung (Meer) 118f
Wasserspiegelschwankungen 83
Wasserströme 148f
Wassertemperaturen (Meer) 119
Wassertypisierung 146
Wasserverbrauch 126
Wasserverfügbarkeit 130
Wasserversorgung 23, 24, 130, 150f
Wasserverunreinigungen 134
Wasservorkommen 150
Wasserwirtschaft 78, 126, 128, 132, 136, 142, 144, 150
Wasserzirkulation (Meer) 118
Watt(en) 28, 78f, 100, 101, 102
Wattenmeer 78f
Weichseleiszeit 66f, 74, 140, 146
Weidenutzung 28
Weinbau 65
Weinbauterrassen 109
Weiner(us), P. 13
Wellenkalk 87
Winderosion 109, 110f
Würmeiszeit 66f
Würmer 134
Wurten 77, 120, 121
Wüstensandablagerungen 32

Z

Zechstein 15, 32, 36, 50, 56, 79, 84, 87, 88
Zechsteinmeer 88
Zementherstellung 50
Zeugenberge 84, 85, 87
Zink 50, 112
Zinn 50
Zweckverbände (Wasserwirtschaft) 150

Ortsregister

A

Aachen 44, 46, 47, 48
Aachener Revier 48
Aare 126
Aitrachtal 70
Alb 28
Albstadt 44
Aller 124
Allgäu 30
Alpen 10, 12, 13, 15, 16, 24, 26, 28, 34, 35, 36, 50, 58, 59, 66, 73, 88, 96f, 103
Alpenvorland 10, 16, 24, 26, 28, 35, 36, 50, 58, 59, 70f, 84, 86, 94, 102, 108, 110, 116, 138, 142, 146
Altmühltal 86
Amberger Revier 50
Ammersee 18
Amrum 74, 78
Andernacher Pforte 62
Arkonasee 122, 123
Aue 50
Augsburg 18

B

Bad Königshofen 84
Bad Münster am Stein 58
Bad Reichenhall 13, 50
Bad Salzuflen 56
Bad Salzungen 56
Badberg 64
Bamberg 58
Barby 126
Bayerischer Wald 24, 26, 28, 32, 50, 65, 88, 89, 112, 113, 116, 142
Berchtesgaden 50
Berchtesgadener Land 58
Bernhäuser Kutte 57
Besigheim 116
Bleicheröder Berge 86, 87
Bodensee 10, 54, 138
Bodenseebecken 70
Bonn 45, 47, 98
Bonndorfer Graben 64
Bötzingen 65
Breisgau 34
Bremen 124
Brocken 65, 130

C

Cloppenburger Geest 111
Cochem 128
Cottbuser See 54

D

Dagebüll 120
Dammer Berge 68, 69
Darß 83
Darßer Schwelle 119
Deister 34
Deutsche Bucht 118f, 120, 121, 122
Dierhagen/Fischland 82
Dithmarschen 12, 76, 121
Dollart 77
Donau 10, 58, 70, 94, 124, 128, 130, 136,
Donaueinzugsgebiet 86, 144, 148
Donautal 18
Drachenfels 60
Drei Gleichen 86
Dümmer 138
Dün 87
Düren 44, 47
Düsseldorf 126

E

Eggegebirge 34
Eichelspitze 64
Eichsfeld 106
Eider 12
Eiderstedt 76, 77
Eifel 16, 28, 38, 50, 58, 60, 61, 62, 63, 138
Elbe 10, 58, 68, 126, 128, 129
Elbeeinzugsgebiet 130, 144
Elbsandsteingebirge 16, 26, 34, 58, 84
Elm 30
Ems 124, 130
Emseinzugsgebiet 144
Emsland 124
Enz-Neckar-Gebiet 116
Erding 43
Erzgebirge 16, 28, 30, 32, 37, 48, 50, 52, 58, 84, 88, 108, 129, 138
Eschelbach 128
Eschweger Becken 84
Euskirchen 46

F

Feldberger Seenlandschaft 68
Fichtelgebirge 24, 50, 88, 89, 116
Fischland 83
Flensburger Förde 74
Föhr 74, 78
Franken 84
Frankenwald 142
Frankfurt/O. 129
Fränkische Alb 18, 24, 50, 58, 84, 86, 98, 116, 142

Fränkisches Seenland 138
Freiburg i.Br. 18, 38
Fulda 124
Fulda-Werra-Bergland 30

G

Garzweiler See 54
Geiseltalsee 54
Gera 45
Gittersee 50
Gobert 87
Greifswalder Bodden 83
Großalmerode (Hessen) 50
Großer Arber 65
Großer Seddiner See 140
Gruna 132
Günz 90

H

Habichtswald 34, 61
Hainich 86
Hainleite 87
Hallertau 30, 56
Hallstadt 56
Hambacher See 54
Hamburg 10, 78
Hannover 104
Harz 32, 36, 37, 38, 48, 50, 58, 60, 65, 84, 88, 98, 113, 130, 138
Harzrand 16, 28, 30, 34, 50, 87, 110
Hassberge 84, 86
Havel 68, 124, 128, 130, 140
Hechingen 84
Heilbronn 50
Heinsberg 47
Helgoland 36, 58, 74, 78f
Helmstedter Revier 30, 34
Hiddensee 82
Hildesheimer Börde 104
Hirschau 50
Hochmiesing 96
Hohenhöwen 60
Hohenstauffen 60
Hohentwiel 34, 60, 61
Hohenzollern 84, 86
Hohwacht-Bucht 82
Höllental 96
Holsteinische Schweiz 69
Hornisgrinde 65
Hörselberge 87
Hufeisen 86
Hunsrück 28, 58, 88
Husum 74

I

Ibbenbürener Revier 48
Iller 90
Iller-Canyon 70
Ilm-Kalk-Platte 87
Inn 128
Innerste 112
Ith-Hils-Bergland 58

J

Jadebusen 77
Jülich 46, 47
Jülicher Börde 104

K

Kaiserstuhl 16, 34, 37, 58, 64f
Kannenbäcker Land 89
Karwendelgebirge 97
Katharinenberg 64
Kellerwald 60
Kleiner Arber 65
Kleiner Lienewitzsee 140
Kleinheubach 128
Klettgau 84
Knüll 34
Köln 10, 44, 46, 47, 48
Königstein (Sachsen) 50, 84
Konstanz 128
Kraichgau 104, 108

L

Laacher See-Gebiet 16, 60ff
Lahn 124
Lahn-Dill-Gebiet 50, 60
Lahnenwiesgraben 97
Lainbachtal 97
Landeskrone 16
Langeoog 78
Lappwald 30
Lausitz 34, 50, 54, 55
Lausitzer Bergland 32
Lausitzer Granitmassiv 16, 84
Lausitzer Revier 34, 54, 138, 150
Lechtal 18, 70f, 90
Leine 136
Leinebergland 34
Leipzig 104
Leipziger Tieflandsbucht 16, 30, 90
Leybucht 77
Lich 116, 117
Lilienstein 84
Limberg 64
Lübecker Bucht 81, 82
Lüneburg 36

M

Maaseinzugsgebiet 148
Mädelegabelgruppe 12
Magdeburg 126
Magdeburger Börde 104, 105, 106, 110
Main 58, 124, 128, 136
Maingebiet 86
Maintal 90
Mangfall 68
Mangfallgebirge 96
Mansfelder Revier 50
Märkische Schweiz 69
Marktredwitz 113
Mecklenburger Bucht 82
Mecklenburgische Schweiz 69
Meißen 60
Meißner 34
Memmingen 70
Mindeltal 70
Mitteldeutsches Revier 34, 54f, 138
Mittelfranken 110
Mittelrhein 90, 98
Morungen 84
Mosel 90, 92, 98, 126, 128
Moseltal 58, 88
Mulde 128, 129, 132
Muldetal 90
Münchberg 32
München 10, 15
Münden 124
Münsterland 124
Münsterländisches Becken 86
Müritz 138

N

Nahe 124
Nahetal 58
Neckar 58, 94
Neubrandenburg 43
Neuenburger Rheinebene 92
Neustadt-Glewe 43
Neuwieder Becken 62, 63
Niederbayern 50
Niederrhein 28
Niederrheinische Bucht 24, 37, 46f, 90, 124, 142
Niederrheinisches Revier 34
Niederrheinisches Tiefland 46
Niederstriegis (Sachsen) 108
Norddeutsches Tiefland 10, 26, 28, 32, 66, 67, 84, 90, 102, 105, 124, 138, 142, 146
Nordfriesland 74, 77, 78, 79, 121
Nördlinger Ries 18, 58, 86
Nordsee(küste) 15, 24, 58, 76f, 104, 105, 118f, 120ff, 148, 149
Nordstrand 78

O

Oberhessische Schwelle 30
Oberlausitz 138
Obermain 86
Oberpfalz 26, 42, 50
Oberpfälzer Hügelland 28
Oberpfälzer Wald 32, 113
Oberrhein 92f
Oberrheinebene 64
Oberrheingebiet 102
Oberrheingraben 16, 24, 26, 36, 37, 42, 43, 44, 59, 64, 65, 66, 142, 144
Oberrheinische Tiefebene 110
Oberrheintal 90
Oberrheintiefland 64, 92f
Ochsenkopf 88
Odenwald 28, 32, 50, 60
Oder 68, 124, 128, 129, 130
Oderbruch 90
Oker 112
Oldenburger Münsterland 30
Osterzgebirge 26
Ostfriesische Inseln 76, 78, 79, 121
Osthessisches Bergland 30
Ostsee(küste) 24, 28, 58, 66, 68, 69, 80f, 82f, 118f, 120f, 148, 149
Ostthüringen 44
Otterstadt 58

P

Papenburg 124
Peine/Ilsede 50
Peißenberg 48
Pellworm 78
Penzberg 48
Pfälzerwald 24, 28, 87, 142
Pfälzisch-Saarländisches Stufenland 108
Porta Westfalica 124
Potsdam 140
Potsdamer Seengebiet 140f
Prenzlau 43
Puttgarden/Fehmarn 75

Q

Querfurter Börde 104

R

Rammelsberg (b. Goslar) 50
Rathenow 128
Regensburg 112
Reinsberge 86
Reinstädt 84
Rheiderland 77
Rhein 10, 22, 24, 58, 60, 94, 124, 126, 128, 130, 136
Rheineinzugsgebiet 86, 128, 144, 148
Rheingebiet 44
Rheingraben 104
Rheinhessen 98
Rheinisches Revier 54
Rheinisches Schiefergebirge 24, 26, 30, 32, 36, 37, 46, 50, 58, 84, 88, 98, 113, 116, 128, 142
Rheinisches Schild 60
Rheinland 46, 48
Rhein-Main-Gebiet 30, 104
Rheintal 62, 88
Rhön 16, 28, 34, 73
Risstal 70
Rochlitz 41
Ronneburg 50, 52
Ronneburger Revier 52f
Rosenheim 35
Rotenfels 58
Rothtal 70
Rotttal 43
Rüdersdorf 21, 36
Rügen 10, 34, 83
Ruhr 126, 128
Ruhrgebiet 30, 32

S

Saale 10, 58
Saalfeld 16
Saar 58, 136
Saar/Nahe 50
Saar-Nahe-Bergland 108
Saar-Nahe-Gebiet 16, 32
Saarrevier 48
Salzgitter 50, 56
Salzunger See 57
Sasbach-Jechtinger Höhen 64
Sauerland 28, 50, 138
Schelinger Berg 64
Schlei 81, 82
Schmücke 87
Schneeberg 88
Schobüll 74
Schönebeck 104
Schwäbische Alb 18, 24, 44, 50, 58, 86, 89, 94f, 98, 116, 142
Schwarzwald 26, 32, 38, 48, 50, 58, 65, 84, 86, 113
Schweriner See 10, 138
Seeon (Bayern) 68, 69
Senne 124
Siebengebirge 34, 38
Sieg 124
Siegerland 50, 60
Soester Börde 104
Sperenberg 36
Spessart 28, 32, 142
Spiekeroog 78
Spree 10, 68, 128
St. Goar 136
Steinheimer Becken 58
Steinhuder Meer 138
Straubing 43
Stuttgart 104
Sylt 10, 74, 75, 76, 77, 78, 118, 121

T

Tannrodaer Gewölbe 87
Taunus 28
Terik/Poel 82
Teutoburger Wald 34, 58, 124
Thüringer Becken 28, 84, 86, 87, 98, 106, 110
Thüringer Wald 12, 16, 128, 56, 87, 142
Thüringisch-Fränkisch-Sächsisches Schiefergebirge 32
Tollhausen 46
Totenkopf 64
Tübingen 86

U

Uelzen 69
Ulmener Maar 16, 60
Unterfranken 89
Usedom 10, 83

V

Vogelsberg 16, 24, 28, 34, 60, 116, 142
Vogtland 26, 28, 44, 138
Vorpommern 81

W

Waldeck (Hessen) 50
Wangerooge 78
Waren (Müritz) 43
Warnow 130
Watzmann 10, 58
Weißeritz 129
Werra 124, 130, 136
Weser 10, 124, 128, 130
Weserbergland 28, 34, 86, 87
Westerhever 12
Westerwald 34, 50, 89
Westfälisches Tiefland 28
Westhessisches Bergland 30
Wetterau 19, 104
Wettersteingebirge 96
Wingertsberg 62
Wismarbucht 82
Wurzacher Becken 70

Z

Ziltendorfer Niederung 129
Zinnwald 129
Zittau 34
Zugspitze 10, 58, 96
Zülpicher Börde 104
Zwickau 48